膨大なデータを徹底整理する

サイトカイン・増殖因子キーワード事典

編集／宮園浩平，秋山　徹
宮島　篤，宮澤恵二

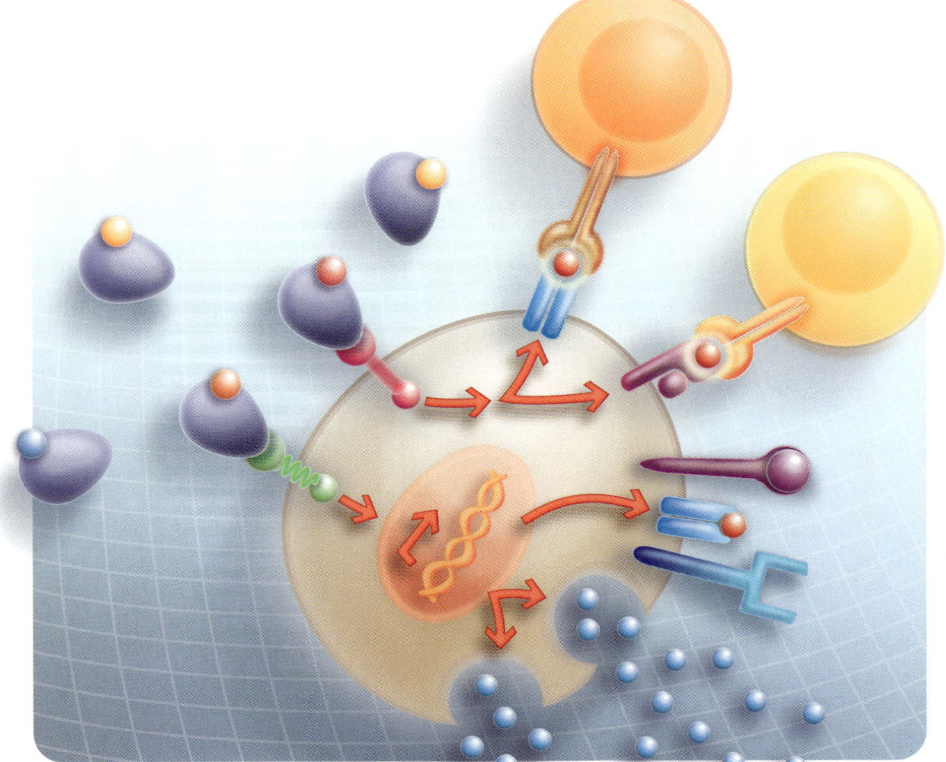

羊土社
YODOSHA

序

本書「膨大なデータを徹底整理する サイトカイン・増殖因子キーワード事典」の原点は1995年に初版が刊行されたBio Science用語ライブラリーシリーズ「サイトカイン・増殖因子」である．サイトカイン・増殖因子の研究は分子生物学の進歩とともに1980年代から盛んに行われた．これらの因子は生体内に微量にしか存在しないが，それにもかかわらず分子生物学的手法で次々と新たな分子が同定され，その遺伝子がクローニングされた．その後，受容体遺伝子のクローニング，細胞内シグナル伝達機構の解明が急速に進み，生命科学の教科書が大きく書きかえられたという歴史がある．また，この分野におけるわが国の研究者の業績がきわめて大きかったことも特記すべきことであり，日本の生命科学の歴史に残る業績である．その後，遺伝子改変マウスを用いた研究が進み，サイトカイン・増殖因子の生体内での作用が詳細に明らかになり，21世紀に入るとEGF受容体やIL-6，TNF α の研究に代表されるように，研究の成果ががんや免疫疾患の治療に用いられる時代となってきた．

急速に発展するサイトカイン・増殖因子の研究に伴い，多くの若手研究者からこの分野は分子の種類が多すぎて理解しにくいとの意見が聞かれるようになった．サイトカイン・増殖因子はその研究の歴史からさまざまな名称がつけられており，1つの分子が複数の名前をもっていたり，機能のうえでは縁もゆかりもない分子が類似した名称をもち，番号だけが異なる場合もある．こうした背景もあり，1995年に刊行されたBio Science用語ライブラリーシリーズはサイトカイン・増殖因子に関する必要不可欠な情報をコンパクトにまとめて好評を博した．その後1998年に第2版が刊行，さらには2005年に大幅に改訂し「サイトカイン・増殖因子用語ライブラリー」として衣替えして発刊された．この用語ライブラリーのめざしたところは「デジタルな情報誌」であった．最近ではインターネットでサーチするとほとんどの情報を即座に得ることができる．しかしそれでもサイトカイン・増殖因子に関する必要不可欠な情報をコンパクトにかつバランスよく整理し，研究の場でも即座に使えるような本にまとめることで，多くの研究者に有用な情報を提供してきたのではないかと自負している．

本書はこれまで発刊した用語ライブラリーシリーズをあらためて大幅に改訂してまとめたものである．古典的ともいえる分子については本書の前身である「サイトカイン・増殖因子 用語ライブラリー」と変更がないものもあるが，その点についてはご了承いただきたい．科学における事実は時代が変わっても変わらないことから，あえて変更を最小限に留めたものもある．一方で最近明らかになった分子を数多く取り入れてサイトカイン・増殖因子に関する情報をより広範に網羅し，バランスよく理解していただけるように配慮したつもりである．

「サイトカイン・増殖因子 用語ライブラリー」がたいへん好評だったこともあり，これまでに劣らぬものをということで羊土社の編集者の方々とも議論を重ねながら編集を行った．一部の分子についてはわが国に専門の方が少なく，無理なお願いを聞き入れて執筆してくださった方もおられ，この場を借りて改めてお礼を申し上げたい．本書「膨大なデータを徹底整理する サイトカイン・増殖因子キーワード事典」を多くの研究者に愛用していただくことを期待する．

2015年3月

編者を代表して
宮園浩平

― 目次概略 ―

※このページは『目次概略』です．本書の構成の全体を把握するためにご活用ください．

膨大なデータを徹底整理する

サイトカイン・増殖因子キーワード事典

目次

第2章 インターフェロン

第3章 造血因子

第4章 TNFスーパーファミリー

第5章 ケモカインファミリー

Ⅵ VEGF ファミリーと受容体

Ⅶ その他の増殖因子と受容体

第7章 TGF-βファミリー

Ⅰ TGF-β，アクチビンとその受容体，アンタゴニスト

Ⅱ BMP とその受容体，アンタゴニスト

第8章 脂質メディエーター

第9章 Notchシグナル

第10章 Wntシグナル

第11章 Hedgehogシグナル

第12章 Hippoシグナル

第13章 セマフォリン

第14章 その他の細胞外因子

別名・和名・略称一覧表

本書に掲載されている因子には，キーワードとして取り上げた名称（**Keyword**）以外にも別名・和名・略称をもつものが多数あります．以下に本書中で紹介されている**別名・和名・略称**を一覧として示しました．頭の整理にお役立てください．

別名・和名・略称	Keyword	ページ
数字		
Ⅰ型インターフェロン	IFN-α/β	93
Ⅱ型インターフェロン	IFN-γ	95
Ⅲ型インターフェロン	IFN-λ	97
4-1BB-L	4-1BBL	123
4-1BBリガンド	4-1BBL	123
6Ckine	CCL21	182
A		
α-taxilin	IL-14	82
acidic FGF	FGF-1	242
ACRP30	アディポネクチン	404
Act-2	CCL4	175
ACT35	OX40	141
ActR Ⅱ	アクチビン受容体	310
ActR Ⅱ B	アクチビン受容体	310
ACVR1	BMP受容体	322
ACVR1A	MIS受容体	324
ACVRL1	BMP受容体	322
ACVRLK1	ALK1	304
ADCAD2	LRP6	362
AdipoQ	アディポネクチン	404
AGEPC	PAF	336
AGF	ANGPTL6	287
AGIF	IL-11	55
AITRL	GITRL	137
AK155	IL-26	76
ALK1	BMP受容体	322
ALK2	BMP受容体	322
ALK2	MIS受容体	324
ALK3	BMP受容体	322
ALK3	MIS受容体	324
ALK4	アクチビン受容体	310
ALK6	BMP受容体	322
ALK6	MIS受容体	324
ALK7	アクチビン受容体	310
ALRH	IL-13	47
AMAC-1	CCL18	170
AMH	MIS	324
Amhr2	MIS受容体	324
Ang	angiopoietin	283
Angpt	angiopoietin	283
apM1	アディポネクチン	404
Apo3L	TWEAK	154
AR	amphiregulin	219
AREG	amphiregulin	219
ARIA	neuregulin 1	225
ARTN	GDNFファミリー	275
ATAC	XCL1	208
Ath1	OX40L	141
B		
β-ウロガストロン	EGF	215
βc	Common β鎖	33
B-TCGF	IL-10	74
basic FGF	FGF-2	242
BCA-1	CXCL13	200
BCDF	IL-6	54
BCGF	IL-4	44
BDNF	neurotrophin	272
beta torophin	ANGPTL8	287
BHR1	IL-13	47
BLC	CXCL13	200
BLR-1	CXCR5	200
BLR-2	CCR7	182
BLyS	BAFF	127
BMAC	CXCL14	202
BMND1	LRP5	362
BMP-11	GDF-11	318
BMP-12	GDF-7	318
BMP-13	GDF-6	318
BMP-14	GDF-5	318
BMP-15	GDF-9b	318
BMP-2A	BMP-2	315
BMP-2B	BMP-4	315
BMP-3b	GDF-10	318
BMP-9	GDF-2	318
BMPRIA	BMP受容体	322
BMPR1A	MIS受容体	324
BMPRIB	BMP受容体	322
BMPR1B	MIS受容体	324
Bonzo	CXCR6	203
BRAK	CXCL14	202
BSF-1	IL-4	44
BSF2	IL-6	54
BTC	betacellulin	223
C		
γc	Common γ鎖	40
c-FMS	FMS	110
c-kit	KIT	114
c-MPL	TPO受容体	107
c-RET	RET	277
C20orf182	R-spondin 4	371
cachectin	TNFα	146
CALEB	neuregulin 6	229
Ccl8	mCCL8	170
CD100	Sema4D	393
CD105	エンドグリン	302
CD110	TPO受容体	107
CD114	G-CSFR	103
CD115	FMS	110
CD117	KIT	114
CD130	gp130	52
CD131	Common β鎖	33
CD132	Common γ鎖	40
CD134	OX40	141

CD153	CD30L	131
CD154	CD40L	133
CD252	OX40L	141
CD253	APO2L (TRAIL)	151
CD254	RANKL	143
CD255	TWEAK	154
CD256	APRIL	125
CD257	BAFF	127
CD258	LIGHT	139
CD27LG	CD27L	129
CD27リガンド	CD27L	129
CD30LG	CD30L	131
CD30リガンド	CD30L	131
CD358	DR6	135
CD40LG	CD40L	133
CD40リガンド	CD40L	133
CD70	CD27L	129
CDMP-1	GDF-5	318
CDMP-2	GDF-6	318
CDMP-3	GDF-7	318
Cek5	Eph	281
CKβ8	CCL23	179
CLMF	IL-12	71
CRGF	amphiregulin	219
CRISTIN1	R-spondin 3	371
CRISTIN2	R-spondin 2	371
CRISTIN3	R-spondin 1	371
CRISTIN4	R-spondin 4	371
CSF-1	M-CSF	110
CSF-1R	FMS	110
CSF-2	GM-CSF	38
CSIF	IL-10	74
CSPG5	neuregulin 6	229
CTACK	CCL27	191
CTF1	CT-1	63
CTLA-8	IL-17A	78

D・E

別名・和名・略称	Keyword	ページ
DC-CK1	CCL18	170
DIA	LIF	59
DIF	TNFα	146
Dll-1	Delta	352
Dll-3	Delta	352
Dll-4	Delta	352
DON-1	neuregulin 2	227
DR3LG	TWEAK	154
DTR	HB-EGF	221
EBI1	CCR7	182
EBI3/IL-27p28	IL-27	57
EBI3/IL-30	IL-27	57
ECK	Eph	281
EEK	Eph	281
EFN	ephrin	279

別名・和名・略称	Keyword	ページ
EGFR	EGF受容体	230
ELC	CCL19	182
ELK	Eph	281
ENA-78	CXCL5	193
eotaxin (-1)	CCL11	177
eotaxin-2	CCL24	177
eotaxin-3	CCL26	177
EPGN	epigen	223
EPHA	Eph	281
EPHB	Eph	281
EPHT	Eph	281
epithelial mitogen	epigen	223
EPLG	ephrin	279
EPO-R	EPO受容体	105
ErbB1	EGF受容体	230
ErbB2	HER2	232
EREG	epiregulin	223
Eta-1	オステオポンチン	406
EVR1	LRP5	362
EVR4	LRP5	362
exodus (-1)	CCL20	187
exodus-2	CCL21	182

F

別名・和名・略称	Keyword	ページ
FEX	LGR5	371
FGFR	FGF受容体	250
FL	FLT3リガンド	112
Flk-1	VEGFR2	269
Flk-2	FLT3	112
Flt-1	VEGFR1	269
Flt-4	VEGFR3	269
FLT3 L	FLT3リガンド	112
FLT3LG	FLT3リガンド	112
fractalkine	CX₃CL1	206
FS	フォリスタチン	312
FST	フォリスタチン	312
FSTL3	FLRG	312
fusin	CXCR4	198
Fz	Frizzled	360
Fzd	Frizzled	360

G

別名・和名・略称	Keyword	ページ
GBP28	アディポネクチン	404
GCP-2	CXCL6	193
GDF-2	BMP-9	316
GDF-8	マイオスタチン	308
GDNF	GDNFファミリー	275
GFL	GDNFファミリー	275
GGF	neuregulin 1	225
GH	成長ホルモン	84
gp34	OX40L	141
gp39	CD40L	133
GPR-9-6	CCR9	189
GPR-CY4	CCR6	187
GPR2	CCR10	191
GPR49	LGR5	371
GPR5	XCR1	208
GPR67	LGR5	371

別名・和名・略称一覧表

別名・和名・略称	Keyword	ページ
TNFSF4	OX40L	141
TNFSF5	CD40L	133
TNFSF7	CD27L	129
TNFSF8	CD30L	131
TNFSF9	4-1BBL	123
TPO-R	TPO受容体	107
TR	neuregulin 5	229
TRANCE	RANKL	143
TRAP	CD40L	133
TRDL1	APRIL	125
TXA$_2$	トロンボキサンA$_2$	331
TXGP1	OX40L	141
TXGP1L	OX40	141
TYMSTR	CXCR6	203
TβRⅠ（Ⅰ型受容体）	TGF-β受容体	301
TβRⅡ（Ⅱ型受容体）	TGF-β受容体	301
TβRⅢ	ベータグリカン	302
U～Z		
uropontin	オステオポンチン	406
V28	CX$_3$CR1	206
VBCH2	LRP5	362
Vgr1	BMP-6	315
ZCYTO10	IL-20	76
ZTNF2	APRIL	125
zTNF4	BAFF	127
あ		
アルク1	ALK1	304
アンジオポエチン	angiopoietin	283
アンジオポエチン様因子	ANGPTL	287
アンフィレグリン	amphiregulin	219
インスリン	insulin	252
インスリン受容体	INSR	255
インスリン様増殖因子	IGF-1/2	252
インスリン様増殖因子-1/2受容体	IGF-1R/2R	255
インスリン様増殖因子結合タンパク質-1～6	IGFBP-1～6	253
エピジェン	epigen	223
エピレグリン	epiregulin	223
エフリン	ephrin	279
エフリン受容体	Eph	281
エリスロポエチン	EPO	105
エリトロポエチン	EPO	105
オンコスタチンM	OSM	61
か		
カケクチン	TNFα	146
顆粒球・マクロファージコロニー刺激因子	GM-CSF	38
顆粒球コロニー刺激因子	G-CSF	103
幹細胞因子	SCF	114
肝細胞増殖因子	HGF	258
共通β鎖	Common β鎖	33
共通サイトカイン受容体γ鎖	Common γ鎖	40
グリア細胞株由来神経栄養因子ファミリー	GDNFファミリー	275
形質転換増殖因子アルファ	TGF-α	218
血管内皮増殖因子A/E	VEGF-A/E	264

別名・和名・略称	Keyword	ページ
血管内皮増殖因子B	VEGF-B	266
血管内皮増殖因子C/D	VEGF-C/D	267
血管内皮増殖因子受容体	VEGF受容体	269
血小板活性化因子	PAF	336
血小板由来増殖因子A, B	PDGF-A, B	234
血小板由来増殖因子C, D	PDGF-C, D	236
血小板由来増殖因子受容体α, β	PDGFR-α, β	237
骨形成因子-2/4/6/7	BMP-2/4/6/7	315
骨形成因子-9/10	BMP-9/10	316
骨形成因子受容体	BMP受容体	322
コロニー刺激因子1	M-CSF	110
さ		
催乳ホルモン	プロラクチン	86
シアロプロテイン1	オステオポンチン	406
ジフテリア毒素受容体	HB-EGF	221
腫瘍壊死因子	TNFα	146
上皮成長因子受容体	EGF受容体	230
上皮増殖因子（上皮成長因子）	EGF	215
スフィンゴシン-1-リン酸	S1P	342
線維芽細胞増殖因子受容体	FGF受容体	250
潜在型トランスフォーミング増殖因子-β	潜在型TGF-β	299
ソニックヘッジホッグ	Shh	379
ソマトトロピン	成長ホルモン	84
ソマトロピン	成長ホルモン	84
た		
胎盤増殖因子	PlGF	266
デスレセプター6	DR6	135
トランスフォーミング増殖因子-β	TGF-β	297
トロンボポエチン	TPO	107
は		
白血病阻止因子	LIF	59
肥満細胞増殖因子	SCF	114
プレイオトロフィン	pleiotrophin	402
プロスタサイクリン	プロスタグランジンI$_2$	331
ベータセルリン	betacellulin	223
ヘパリン結合性EGF様増殖因子	HB-EGF	221
ま		
マイオスタチン	GDF-8	318
マクロファージ活性化タンパク質	MSP	261
マクロファージコロニー刺激因子	M-CSF	110
マスト細胞増殖因子	SCF	114
マンモトロピン	プロラクチン	86
ミオスタチン	マイオスタチン	308
ミッドカイン	midkine	400
ミュラー管抑制因子	MIS	324
毛様体神経栄養因子	CNTF	64
ら		
リゾホスファチジルセリン	LysoPS	341
リゾホスファチジン酸	LPA	339

15

疾患 -Keyword 対応表

本書に掲載されている因子には，疾患との関連が示唆されているものが多数あります．以下に，本書中で取り上げている Keyword と関連する**特徴的な疾患**との対応を表としてまとめました．研究にお役立てください．

特徴的な疾患	Keyword	ページ
数字		
2型糖尿病	IL-1	67
	CCL2/7/8/13, mCCL12, CCR2	172
	RANKL	143
A～C		
Alagille 症候群	Delta, Jagged	352
ATL	IL-2	42
Basedow 病	LysoPS	341
Beckwith-Wiedeman 症候群	insulin, IGF-1/2	252
Brugada 症候群	イントラクライン FGF	248
B 型肝炎ウイルス	IFN- α / β	93
	IL-9/13/15/21	47
B 細胞リンパ腫	IL-14	82
CMT（Charcot-Marie-Tooth）病	neuregulin 2～4	227
C 型肝炎	CXCL16, CXCR6	203
	Eph	281
C 型肝炎ウイルス（HCV）感染	IFN- λ	97
C 型慢性肝炎	IFN- λ	97
E～H		
EB ウイルス血症	CD27L	129
Gaucher 病	CCL1, CCL18, mCCL8, CCR8	170
GH 不応症（GHI）	成長ホルモン	84
GH 分泌不全症（GHD）	成長ホルモン	84
Grebe 型骨・軟骨異形成症	GDF	318
HBV	IFN- α / β	93
HHT	ALK1	304
	BMP-9/10	316
	BMP 受容体	322
	ベータグリカン，エンドグリン	302
HIV	IL-9/13/15/21	47
Hunter -Thompson 型骨・軟骨異形成症	GDF	318
L～X		
IgA 腎症	Gas6	289
LADD 症候群	パラクライン FGF	243
Silver-Russell 症候群	insulin, IGF-1/2	252
TRAPS	TNF α	146
T 細胞性急性リンパ性白血病（T-ALL）	IL-7	45
	Notch	354
WHIM 症候群	CXCL12, CXCR4, CXCR7（ACKR3）	198
Wilm's 腫瘍	insulin, IGF-1/2	252
XX 性転換	R-spondin, LGR5	371
X 連鎖巨大角膜症	BMP アンタゴニスト	320
X 連鎖精神遅滞	イントラクライン FGF	248
X 連鎖先天性全身性多毛症	イントラクライン FGF	248

特徴的な疾患	Keyword	ページ
あ		
悪性黒色腫	4-1BBL/4-1BB	123
悪性腫瘍	CD27L	129
	GITRL	137
	Ror1/2	363
悪性腫瘍	TGF- β	297
悪性リンパ腫	CD40L	133
アトピー性皮膚炎	CCL1, CCL18, mCCL8, CCR8	170
	CCL11/24/26, CCR3	177
	CCL19/21, CCR7	182
	CCL27/28, CCR10	191
	IL-4	44
	IL-23/35	72
	OSM	61
	TSLP	51
アルツハイマー病	CCL14/15/16/23	179
	DR6	135
	IL-3	35
	LRP5/6	362
アレルギー	PAF	336
アレルギー性疾患	CCL17/22, CCR4	184
アレルギー性喘息	CCL1, CCL18, mCCL8, CCR8	170
アレルギー性鼻炎	ロイコトリエン	333
胃がん	HGF 受容体（Met）	259
	LysoPS	341
易感染性	IL-12	71
移植片拒絶反応	CD40L	133
移植片対宿主皮膚炎	CCL19/21, CCR7	182
移植片対宿主病（GVHD）	CD30L	131
異所性骨化	Wnt アンタゴニスト	366
異所性リンパ組織形成	CCL19/21, CCR7	182
遺伝性筋疾患	フォリスタチンと FLRG	312
遺伝性血小板増加症	TPO	107
遺伝性骨軟骨形成不全症	Ror1/2	363
遺伝性出血性末梢血管拡張症	ALK1	304
	BMP-9/10	316
	BMP 受容体	322
	ベータグリカン，エンドグリン	302
インスリン抵抗性	OSM	61
インフルエンザ	IFN- λ	97
インフルエンザウイルス感染	CD27L	129
	レゾルビンとプロテクチン	344
ウイルス易感染性	IFN- γ	95
ウイルス感染	IFN- α / β	93
鬱血性心不全	CT-1	63
鬱病	neurotrophin	272
炎症	HETE, LX	334
	オステオポンチン	406
炎症性肝細胞腺腫	gp130	52
炎症性筋線維芽細胞性腫瘍	ALK	291

特徴的な疾患	Keyword	ページ
炎症性疾患	IL-10	74
	midkine	400
	PAF	336
	VEGF受容体	269
炎症性腸疾患	CCL25, CCR9	189
	LIGHT	139
	MSPとMSP受容体	261
か		
潰瘍性大腸炎	CXCL13, CXCR5	200
拡張型心筋症	HB-EGF	221
家族性高リン血症性腫瘍状石灰沈着症	エンドクラインFGF	246
家族性若年性ポリポーシス	BMP受容体	322
家族性滲出性硝子体網膜症	Frizzled	360
	LRP5/6	362
家族性大腸ポリポーシス	APC, Axin	366
カポジ肉腫	OX40/OX40L	141
粥状硬化症	PDGF-A, B	234
粥状動脈硬化症	CD40L	133
	GITRL	137
加齢黄斑変性症（AMD）	CCL11/24/26, CCR3	177
	VEGF-A/E	264
加齢性筋肉減少症（サルコペニア）	マイオスタチン	308
がん	APRIL	125
	βカテニン	369
	BMP-2/4/6/7	315
	EGF受容体	230
	Eph	281
	HETE, LX	334
	INSR, IGF-1R/2R	255
	LPA	339
	midkine	400
	OX40/OX40L	141
	PAF	336
	pleiotrophin	402
	TGF-β受容体	301
	VEGF-A/E	264
	Wntアンタゴニスト	366
がん悪液質	アクチビン受容体	310
眼球低形成症	BMPアンタゴニスト	320
眼瞼融合障害	アクチビンとインヒビン	306
肝硬変	フォリスタチンとFLRG	312
がん細胞の浸潤・転移	HGF	258
間質性肺炎	Sema7A	397
関節リウマチ	ANGPTL	287
	APRIL	125
	CX3CL1, CX3CR1	206
	GITRL	137
	IFN-γ	95
	IL-6	54
	IL-17A/17B/17C/17D/17E/17F	78
	IL-18/33/36/37	69
	IL-32	83
	LIGHT	139
	LTα/LTβ	149
	Sema3A/3E	391
	TNFα	146
	ロイコトリエン	333

特徴的な疾患	Keyword	ページ
乾癬	amphiregulin	219
	CCL19/21, CCR7	182
	CD40L	133
	IL-12	71
	IL-17A/17B/17C/17D/17E/17F	78
	IL-18/33/36/37	69
感染	C1q	373
乾癬性関節炎	CXCL16, CXCR6	203
冠動脈疾患	ANGPTL	287
	LRP5/6	362
間脳下垂体腫瘍	成長ホルモン	84
がんの増殖・転移	VEGF受容体	269
気管支喘息	CCL20, CCR6	187
	IL-4	44
	IL-9/13/15/21	47
	ロイコトリエン	333
偽神経膠腫症候群	LRP5/6	362
寄生虫感染	IL-3	35
基底細胞がん	Ptch, Smo	380
基底細胞母斑症候群	Ptch, Smo	380
気道過敏性	IL-5	36
キャッスルマン病	IL-6	54
急性炎症	CXCL1〜3/5〜8, CXCR1/2	193
急性骨髄性白血病M4型	M-CSF/IL-34/FMS	110
虚血障害	EPO	105
虚血性疾患	VEGF-A/E	264
近位合指症	BMPアンタゴニスト	320
筋萎縮性疾患	アクチビン受容体	310
筋萎縮性側索硬化症（ALS）	VEGF-A/E	264
	VEGF受容体	269
クラミジア	IFN-α/β	93
グリオーマ	EGF受容体	230
クリオピリン関連周期性発熱症候群（CAPS）	IL-1	67
クローン病	CCL25, CCR9	189
	IL-10	74
	IL-12	71
	IL-27	57
	TNFα	146
軽度高血圧	フォリスタチンとFLRG	312
結核菌	IFN-γ	95
血小板減少	IL-11	55
	TPO	107
結腸直腸がん	IL-16	82
原発性硬化性胆管	MSPとMSP受容体	261
原発性肺高血圧症	BMP受容体	322
高PRL血症	プロラクチン	86
高インスリン血症	IGFBP-1〜6	253
	INSR, IGF-1R/2R	255
高血圧性心疾患	CT-1	63
硬結性骨化症	BMPアンタゴニスト	320
膠原病	IL-6	54
好酸球増多症候群（HES）	IL-5	36
	PDGFR-α, β	237

特徴的な疾患	Keyword	ページ
喘息	angiopoietin	283
	CCL3/3L1/4/5, CCR1/5	175
	CCL11/24/26, CCR3	177
	CXCL1～3/5～8, CXCR1/2	193
	IL-5	36
	IL-11	55
	IL-27	57
	OSM	61
	OX40/OX40L	141
	TSLP	51
	レゾルビンとプロテクチン	344
線虫類感染	amphiregulin	219
先天性筋疾患	マイオスタチン	308
先天性赤血球増加症	EPO	105
先天性難聴	パラクラインFGF	243
先天性貧毛症	LPA	339
先天性無巨核球性血小板減少症	TPO	107
先天性無痛無汗症	TrkA/B/C	273
蠕動障害	GDNFファミリー	275
	RET, GFRα1～4（GDNFファミリー受容体複合体）	277
前立腺がん	CXCL14	202
	FGF-1/2	242
創傷治癒	HB-EGF	221
	PDGF-A, B	234
創傷治癒の遅延	FGF-1/2	242
足根管症候群	BMPアンタゴニスト	320
側頭葉てんかん	内因性カンナビノイド	346
た		
大顆粒リンパ球性白血病	IL-9/13/15/21	47
大腸がん	APC, Axin	367
	insulin, IGF-1/2	252
多嚢胞性卵巣症候群	MISとMIS受容体	324
多発性胸部繊維腺腫患者	プロラクチン	86
多発性硬化症	APO2L（TRAIL）	151
	APRIL	125
	BAFF	127
	CCL2/7/8/13, mCCL12, CCR2	172
	CCL3/3L1/4/5, CCR1/5	175
	CCL20, CCR6	187
	DR6	135
	Sema4A/4B/4D	393
多発性骨髄腫	BAFF	127
	CCL3/3L1/4/5, CCR1/5	175
	FGF受容体	250
多発性骨癒合症候群	BMPアンタゴニスト	320
	パラクラインFGF	243
短指症	BMPアンタゴニスト	320
タンパク尿	angiopoietin	283
遅延型過敏症（DTH）	IL-17A/17B/17C/17D/17E/17F	78
中毒性皮膚壊死症	CCL27/28, CCR10	191

特徴的な疾患	Keyword	ページ
低ゴナドトロピン性性腺機能低下症	パラクラインFGF	243
低マグネシウム血症4型	EGF	215
転移性腎細胞がん	IL-2	42
頭頸部扁平上皮がん	APO2L（TRAIL）	151
統合失調症	EGF	215
	neuregulin 1	225
	neuregulin 2～4	227
	内因性カンナビノイド	346
動静脈奇形	ALK1	304
疼痛	PAF	336
糖尿病	angiopoietin	283
	ANGPTL	287
	insulin, IGF-1/2	252
動脈硬化	CCL2/7/8/13, mCCL12, CCR2	172
	CCL14/15/16/23	179
	CX3CL1, CX3CR1	206
	HB-EGF	221
	PIGF, VEGF-B	266
	VEGF受容体	269
特発性血小板減少性紫斑病	TPO	107
特発性大脳基底核石灰化症	PDGF-A, B	234
な		
乳がん	ANGPTL	287
	APO2L（TRAIL）	151
	CXCL14	202
	FGF受容体	250
	HER2	232
	LRP5/6	362
	RANKL	143
乳頭腎がん	HGF受容体（Met）	259
脳梗塞	angiopoietin	283
	midkine	400
脳塞栓	ALK1	304
は		
パーキンソン病	GDNFファミリー	275
	midkine	400
	パラクラインFGF	243
肺がん	CXCL14	202
	EGF受容体	230
	ephrin	279
	HGF受容体（Met）	259
敗血症	angiopoietin	283
肺線維症	CCL1, CCL18, mCCL8, CCR8	170
	潜在型TGF-β	299
	ロイコトリエン	333
肺胞蛋白症	Common β鎖	33
	GM-CSF	38
白質脳症	M-CSF/IL-34/FMS	110
発がん	Hippo	384
	PDGF-C, D	236
白血病	MSPとMSP受容体	261
半陰陽	R-spondin, LGR5	371
非症候性口唇裂口蓋裂	パラクラインFGF	243
非小細胞肺がん	ALK	291

特徴的な疾患	Keyword	ページ
非定型慢性骨髄性白血病	G-CSF	103
皮膚T細胞性リンパ腫	IL-9/13/15/21	47
皮膚疾患	IL-19/20/22/24/26	76
非ホジキンリンパ腫	4-1BBL/4-1BB	123
肥満	ANGPTL	287
	CNTF	64
	FGF-1/2	242
	IGFBP-1～6	253
	LPA	339
	成長ホルモン	84
	レプチンとアディポネクチン	404
びまん性大細胞Bリンパ腫	Notch	354
ヒルシュスプルング（Hirschsprung）病	GDNF ファミリー	275
	RET, GFR α 1～4（GDNF ファミリー受容体複合体）	277
貧血性血液疾患	アクチビン受容体	310
副甲状腺がん	LRP5/6	362
副腎腫瘍	アクチビンとインヒビン	306
婦人科悪性腫瘍	MIS と MIS 受容体	324
ヘパリン誘発性血小板減少症	CXCL4/9～11. CXCR3	195
ヘリコバクター・ピロリ胃炎	CXCL13, CXCR5	200
辺縁帯B細胞（MZB）リンパ腫	Notch	354
膀胱がん	neuregulin 2～4	227
ホジキンリンパ腫	CD30L	131
	IL-3	35
	M-CSF/IL-34/FMS	110
ま		
膜性腎症	CXCL16, CXCR6	203
まだら症	SCF/KIT	114
マルファン症候群	TGF- β受容体	301
慢性炎症	CXCL4/9～11. CXCR3	195
慢性炎症性疾患	XCL1/2, XCR1	208
慢性関節リウマチ	CCL2/7/8/13, mCCL12, CCR2	172
	CCL14/15/16/23	179
	CCL20, CCR6	187
	CXCL13, CXCR5	200
	CXCL16, CXCR6	203
慢性好中球性白血病	G-CSF	103
慢性骨髄単球性白血病（CMML）	M-CSF/IL-34/FMS	110
	Notch	354
	PDGFR- α，β	237
慢性腎不全	CCL14/15/16/23	179
慢性皮膚炎	betacellulin, epiregulin, epigen	223
慢性閉塞性肺疾患	IL-27	57
未分化大細胞リンパ腫	CD30L	131
ミュラー管遺残症候群	MIS と MIS 受容体	324
免疫拒絶	IL-16	82
免疫神経芽細胞腫	XCL1/2, XCR1	208
免疫不全症	CXCL12, CXCR4, CXCR7（ACKR3）	198
や・ら		
疣贅	CXCL12, CXCR4, CXCR7（ACKR3）	198
卵巣肉腫	ALK	291
リーシュマニア	IFN- γ	95
リウマチ	GM-CSF	38
リウマチ関節炎	BAFF	127
	TWEAK	154
緑内障	TGF- β	297
リンパ腫	LysoPS	341
リンパ節転移	CCL19/21, CCR7	182
	VEGF-C/D	267
リンパ浮腫	VEGF-C/D	267
ループス腎炎	Gas6	289
	TWEAK	154
裂脳症	Shh	379
ロイスディーツ症候群	TGF- β受容体	301

本書の使い方

本書は，事典としてキーワード（＝サイトカイン，増殖因子やその受容体など）の詳細を理解するだけでなく，キーワード同士の関係性やファミリーのなかでの位置づけも把握できるように工夫されています．

※索引も充実しており，各キーワードに「総索引」，「別名・和名・略称一覧表」，「疾患-Keyword 対応表」から飛ぶこともできます

1 概論とイラストマップで全体像をつかむ

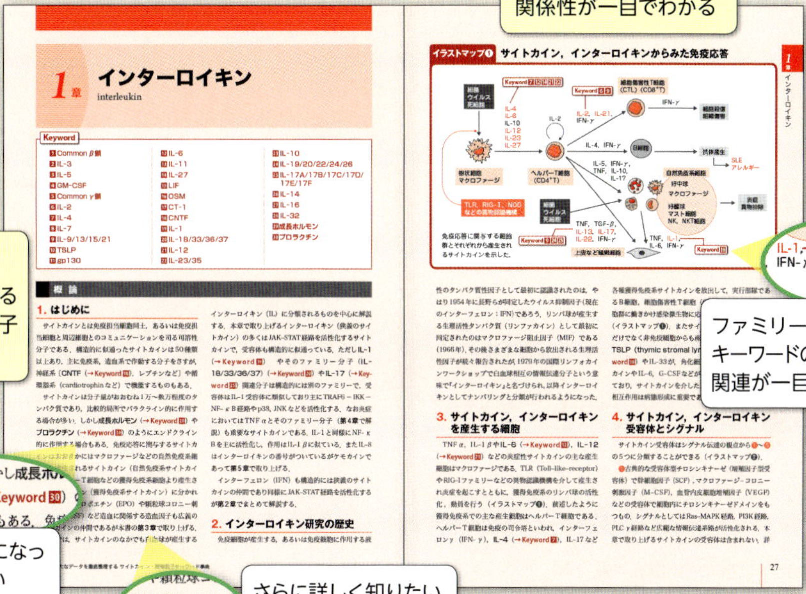

イラストマップ
キーワード同士の関係性が一目でわかる

概論
各ファミリーの関与する生命現象・疾患や分子機構の全体像を解説

ファミリーのなかの各キーワードの位置づけ・関連が一目瞭然

・キーワードが太字になっていて見つけやすい
・キーワード解説の番号も色文字で明記

さらに詳しく知りたいときのために関連項目を明記

2 キーワードごとに詳細情報をチェック

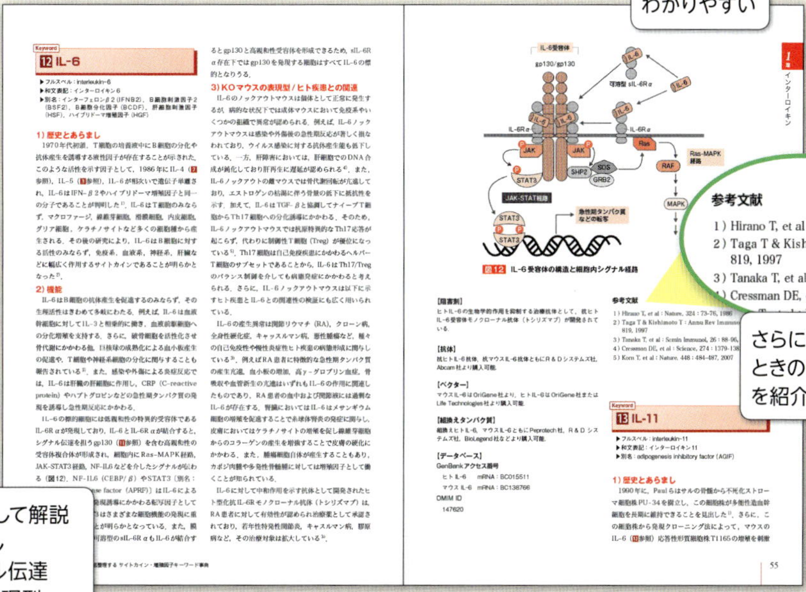

図表が豊富でわかりやすい

さらに詳しく学びたいときのために参考文献を紹介

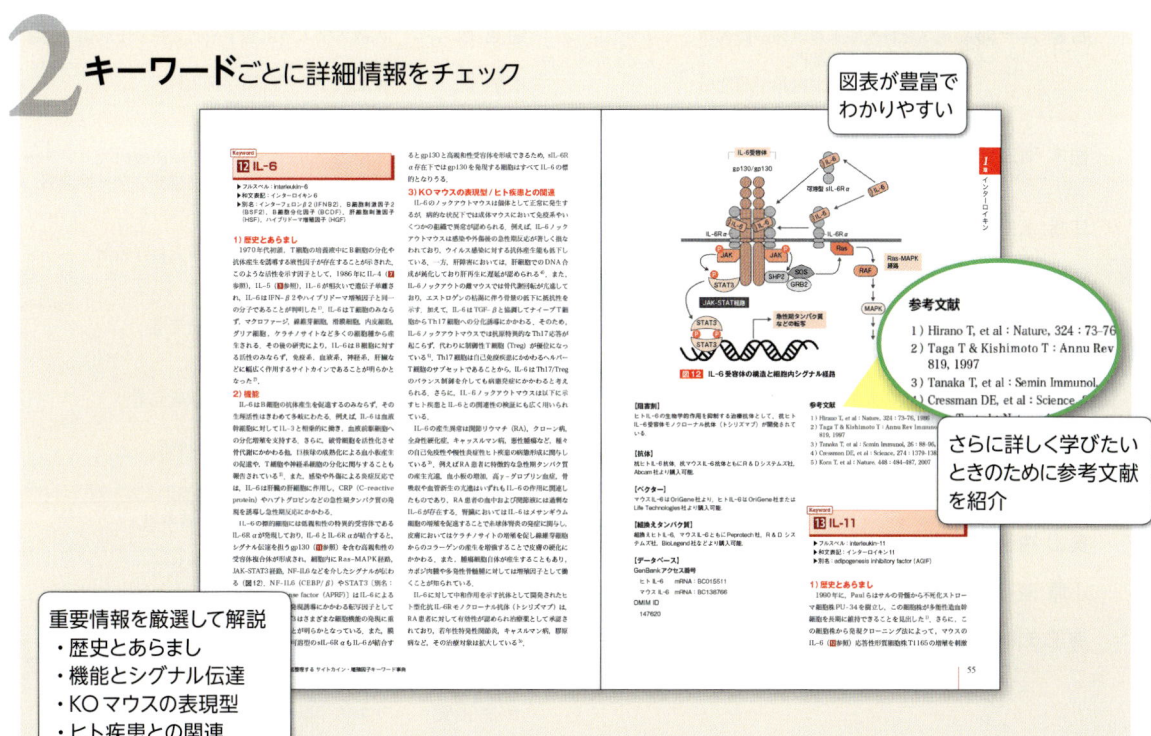

重要情報を厳選して解説
・歴史とあらまし
・機能とシグナル伝達
・KOマウスの表現型
・ヒト疾患との関連

執筆者一覧

■ 編　集

宮園 浩平　東京大学大学院医学系研究科病因・病理学専攻分子病理学分野

秋山 徹　東京大学分子細胞生物学研究所分子情報研究分野

宮島 篤　東京大学分子細胞生物学研究所発生・再生研究分野

宮澤 恵二　山梨大学大学院総合研究部医学域生化学講座

■ 執　筆（50音順）

青木 淳賢　東北大学大学院薬学研究科分子細胞生化学分野

秋津 葵　東京理科大学生命医科学研究所実験動物学研究部門

秋山 徹　東京大学分子細胞生物学研究所分子情報研究分野

浅尾 敦子　東北大学大学院医学系研究科免疫学分野

有田 誠　理化学研究所統合生命医科学研究センターメタボローム研究チーム

石井 直人　東北大学大学院医学系研究科免疫学分野

石井 陽子　富山大学大学院医学薬学研究部病態病理学

伊藤 信行　京都大学国際高等教育院

今井 浩孝　北里大学薬学部衛生化学教室

今村 健志　愛媛大学大学院医学系研究科分子病態医学講座

岩倉 洋一郎　東京理科大学生命医科学研究所実験動物学研究部門／東京理科大学生命医科学研究所ヒト疾患モデル研究センター

植木 浩二郎　東京大学大学院医学系研究科糖尿病・代謝内科

江指 永二　SBIバイオテック株式会社・研究開発本部

江幡 正悟　東京大学ライフイノベーション・リーディング大学院

遠藤 光晴　神戸大学大学院医学研究科細胞生理学分野

尾池 雄一　熊本大学大学院生命科学研究部分子遺伝学分野

大庭 伸介　東京大学大学院工学系研究科バイオエンジニアリング専攻

奥山 祐子　東北大学大学院医学系研究科免疫学分野

小原 直　筑波大学血液内科

海部 知則　東京理科大学生命医科学研究所実験動物学研究部門

角田 茂　東京大学大学院農学生命科学研究科獣医学専攻実験動物学研究室

加藤 貴康　筑波大学血液内科

門松 健治　名古屋大学大学院医学系研究科生物化学講座

門松 毅　熊本大学大学院生命科学研究部分子遺伝学分野

門脇 孝　東京大学大学院医学系研究科糖尿病・代謝内科

可野 邦行　東北大学大学院薬学研究科分子細胞生化学分野

狩野 方伸　東京大学大学院医学系研究科機能生物学専攻神経生理学分野

神谷 知憲　東京理科大学生命医科学研究所実験動物学研究部門

川崎 善博　東京大学分子細胞生物学研究所癌幹細胞制御研究分野

菊池 章　大阪大学大学院医学系研究科分子病態生化学

木瀬 亮次　東北大学大学院薬学研究科分子細胞生化学分野

北村 俊雄　東京大学医科学研究所先端医療研究センター細胞療法分野／幹細胞治療センター幹細胞シグナル制御部門

熊ノ郷 淳　大阪大学大学院医学系研究科呼吸器・免疫アレルギー内科学

後藤 典子　金沢大学がん進展制御研究所分子病態研究分野

小西 守周　神戸薬科大学微生物化学研究室

酒井 克也　金沢大学がん進展制御研究所腫瘍動態制御研究分野

坂田（柳元）麻実子　筑波大学血液内科

坂本 太郎　北里大学薬学部衛生化学教室

笹原 正清　富山大学大学院医学薬学研究部病態病理学

佐藤 朗　大阪大学大学院医学系研究科分子病態生化学

渋谷 正史　上武大学医学生理学研究所

清水 謙次　東京理科大学生命医科学研究所 実験動物学研究部門

新上 雄司　東北大学大学院薬学研究科 分子細胞生化学分野

進藤 英雄　国立国際医療研究センター 脂質シグナリングプロジェクト

菅谷 佑樹　東京大学大学院医学系研究科 機能生物学専攻神経生理学分野

杉本 幸彦　熊本大学大学院生命科学研究部（薬学系）

杉山 拓也　東京大学大学院医学系研究科 糖尿病・代謝内科

鈴木 信　東北大学大学院医学系研究科免疫学分野

宗 孝紀　東北大学大学院医学系研究科免疫学分野

高木 智　国立国際医療研究センター 肝炎・免疫研究センター免疫制御研究部

高倉 伸幸　大阪大学微生物病研究所情報伝達分野

髙橋 恵生　東京大学大学院医学系研究科 病因・病理学専攻分子病理学分野

髙橋 雅英　名古屋大学大学院医学系研究科分子病理学

多久和 陽　金沢大学大学院医薬保健学総合研究科 血管分子生理学

武井 延之　新潟大学脳研究所分子神経生物学

田中 伸幸　宮城県立がんセンター研究所 がん先進治療開発研究部

田中 稔　国立国際医療研究センター研究所 細胞療法開発研究室

千葉 滋　筑波大学血液内科

千葉 由貴　東北大学大学院医学系研究科免疫学分野

鄭 琇絢　東京理科大学生命医科学研究所 実験動物学研究部門

土田 邦博　藤田保健衛生大学総合医科学研究所

鄭 雄一　東京大学大学院医学系研究科附属 疾患生命工学センター臨床医工学部門／東京大学大学院工学系研究科 バイオエンジニアリング専攻

唐 策　東京理科大学生命医科学研究所 実験動物学研究部門

徳岡 涼美　東京大学大学院医学系研究科 リピドミクス社会連携講座

長島 宏行　東北大学大学院医学系研究科免疫学分野

中村 仁　京都大学大学院医学研究科腎臓内科学講座

西出 真之　大阪大学大学院医学系研究科 呼吸器・免疫アレルギー内科学

野田 政樹　東京医科歯科大学難治疾患研究所分子薬理学

林 隆也　東北大学大学院医学系研究科免疫学分野

東山 繁樹　愛媛大学大学院医学系研究科 生化学・分子遺伝学教室

福永 理己郎　大阪薬科大学生化学研究室

藤田 剛　東北大学大学院医学系研究科免疫学分野

松浦 憲　東京大学分子細胞生物学研究所 分子情報研究分野

松尾 光一　慶應義塾大学医学部細胞組織学研究室

松本 邦夫　金沢大学がん進展制御研究所 腫瘍動態制御研究分野

松本 真司　大阪大学大学院医学系研究科分子病態生化学

間野 博行　東京大学大学院医学系研究科細胞情報学分野

丸田 大貴　東京理科大学生命医科学研究所 実験動物学研究部門

三井 伸二　名古屋大学大学院医学系研究科腫瘍病理学

南 康博　神戸大学大学院医学研究科細胞生理学分野

宮澤 恵二　山梨大学大学院総合研究部医学域生化学講座

宮園 浩平　東京大学大学院医学系研究科 病因・病理学専攻分子病理学分野

村山 正承　東京理科大学生命医科学研究所 実験動物学研究部門

柳田 素子　京都大学大学院医学研究科腎臓内科学講座

矢部 力朗　千葉大学真菌医学研究センター感染免疫分野

山内 敏正　東京大学大学院医学系研究科 糖尿病・代謝内科

山本 英樹　大阪大学大学院医学系研究科分子病態生化学

横溝 岳彦　順天堂大学大学院医学研究科生化学第一講座

横山 泰久　筑波大学血液内科

義江 修　近畿大学医学部細菌学講座

吉村 昭彦　慶應義塾大学医学部微生物免疫学教室

米沢 朋　長崎大学大学院医歯薬総合研究科 創薬薬理学分野

渡部 徹郎　東京薬科大学生命科学部腫瘍医科学研究室

膨大なデータを徹底整理する

サイトカイン・増殖因子キーワード事典

1章 インターロイキン
interleukin

Keyword

1 Common β鎖
2 IL-3
3 IL-5
4 GM-CSF
5 Common γ鎖
6 IL-2
7 IL-4
8 IL-7
9 IL-9/13/15/21
10 TSLP
11 gp130
12 IL-6
13 IL-11
14 IL-27
15 LIF
16 OSM
17 CT-1
18 CNTF
19 IL-1
20 IL-18/33/36/37
21 IL-12
22 IL-23/35
23 IL-10
24 IL-19/20/22/24/26
25 IL-17A/17B/17C/17D/17E/17F
26 IL-14
27 IL-16
28 IL-32
29 成長ホルモン
30 プロラクチン

概　論

1. はじめに

サイトカインとは免疫担当細胞同士，あるいは免疫担当細胞と周辺細胞とのコミュニケーションを司る可溶性分子である．構造的に似通ったサイトカインは50種類以上あり，主に免疫系，造血系で作動する分子をさすが，神経系〔**CNTF**（→**Keyword 18**），レプチンなど〕や循環器系（cardiotrophinなど）で機能するものもある．

サイトカインは分子量がおおむね1万〜数万程度のタンパク質であり，比較的局所でパラクライン的に作用する場合が多い．しかし**成長ホルモン**（→**Keyword 29**）や**プロラクチン**（→**Keyword 30**）のようにエンドクライン的に作用する場合もある．免疫応答に関与するサイトカインはおおまかにはマクロファージなどの自然免疫系細胞より産生されるサイトカイン（自然免疫系サイトカイン）とヘルパーT細胞などの獲得免疫系細胞より産生されるサイトカイン（獲得免疫系サイトカイン）に分かれる．またエリスロポエチン（EPO）や顆粒球コロニー刺激因子（G-CSF）など造血に関係する造血因子も広義のサイトカインの仲間であるが本書の**第3章**で取り上げる．

本章では，サイトカインのなかでも白血球が産生するインターロイキン（IL）に分類されるものを中心に解説する．本章で取り上げるインターロイキン（狭義のサイトカイン）の多くはJAK-STAT経路を活性化するサイトカインで，受容体も構造的に似通っている．ただし**IL-1**（→**Keyword 19**）やそのファミリー分子（**IL-18/33/36/37**）（→**Keyword 20**）や**IL-17**（→**Keyword 25**）関連分子は構造的には別のファミリーで，受容体はIL-1受容体に類似しており主にTRAF6－IKK－NF-κB経路やp38, JNKなどを活性化する．なお炎症においてはTNFαとそのファミリー分子（**第4章**で解説）も重要なサイトカインである．IL-1と同様にNF-κBを主に活性化し，作用はIL-1βに似ている．またIL-8はインターロイキンの番号がついているがケモカインであって**第5章**で取り上げる．

インターフェロン（IFN）も構造的には狭義のサイトカインの仲間であり同様にJAK-STAT経路を活性化するが**第2章**でまとめて解説する．

2. インターロイキン研究の歴史

免疫細胞が産生する，あるいは免疫細胞に作用する液

イラストマップ❶ サイトカイン，インターロイキンからみた免疫応答

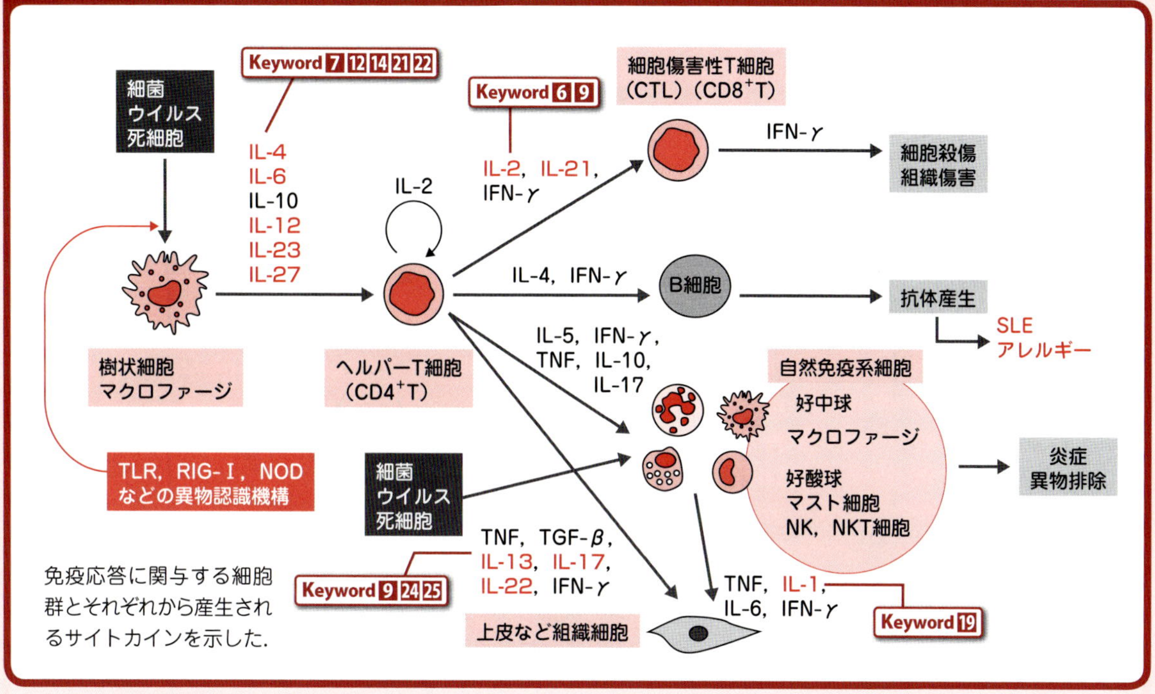

免疫応答に関与する細胞群とそれぞれから産生されるサイトカインを示した.

性のタンパク質性因子として最初に認識されたのは，やはり1954年に長野らが同定したウイルス抑制因子(現在のインターフェロン：IFN)であろう．リンパ球が産生する生理活性タンパク質（リンファカイン）として最初に同定されたのはマクロファージ阻止因子（MIF）である(1966年)．その後さまざまな細胞から放出される生理活性因子が続々報告されたが，1979年の国際リンフォカインワークショップで白血球相互の情報伝達分子という意味で『インターロイキン』と名づけられ，以降インターロイキンとしてナンバリングと分類が行われるようになった.

3. サイトカイン，インターロイキンを産生する細胞

TNF α，IL-1 βや**IL-6**（→**Keyword 12**），**IL-12**（→**Keyword 21**）などの炎症性サイトカインの主な産生細胞はマクロファージである．TLR（Toll-like-receptor）やRIG-Iファミリーなどの異物認識機構を介して産生され炎症を起こすとともに，獲得免疫系のリンパ球の活性化，動員を行う（**イラストマップ❶**）．前述したように獲得免疫系での主な産生細胞はヘルパーT細胞である．ヘルパーT細胞は免疫の司令塔といわれ，インターフェロンγ（IFN-γ），**IL-4**（→**Keyword 7**），IL-17など各種獲得免疫系サイトカインを放出して，実行部隊であるB細胞，細胞傷害性T細胞（CTL），自然免疫系の細胞群に働きかけ感染微生物に応じた免疫応答を引き出す（**イラストマップ❶**）．またサイトカインは免疫細胞からだけでなく非免疫細胞からも産生される．上皮細胞から**TSLP（thymic stromal lymphopoietin）**（→**Keyword 10**）やIL-33が，角化細胞や線維芽細胞からケモカインやIL-6，G-CSFなどが産生されることが知られており，サイトカインを介した非免疫細胞と免疫細胞の相互作用は病態形成に重要である.

4. サイトカイン，インターロイキン受容体とシグナル

サイトカイン受容体はシグナル伝達の観点から❶～❺の5つに分類することができる（**イラストマップ❷**）.

❶古典的な受容体型チロシンキナーゼ（増殖因子型受容体）で幹細胞因子（SCF），マクロファージ-コロニー刺激因子（M-CSF），血管内皮細胞増殖因子（VEGF）などの受容体で細胞内にチロシンキナーゼドメインをもつもの．シグナルとしてはRas-MAPK経路，PI3K経路，PLC γ経路など広範な情報伝達系路が活性化される．本章で取り上げるサイトカインの受容体は含まれない．詳

イラストマップ❷ 代表的なサイトカインシグナル

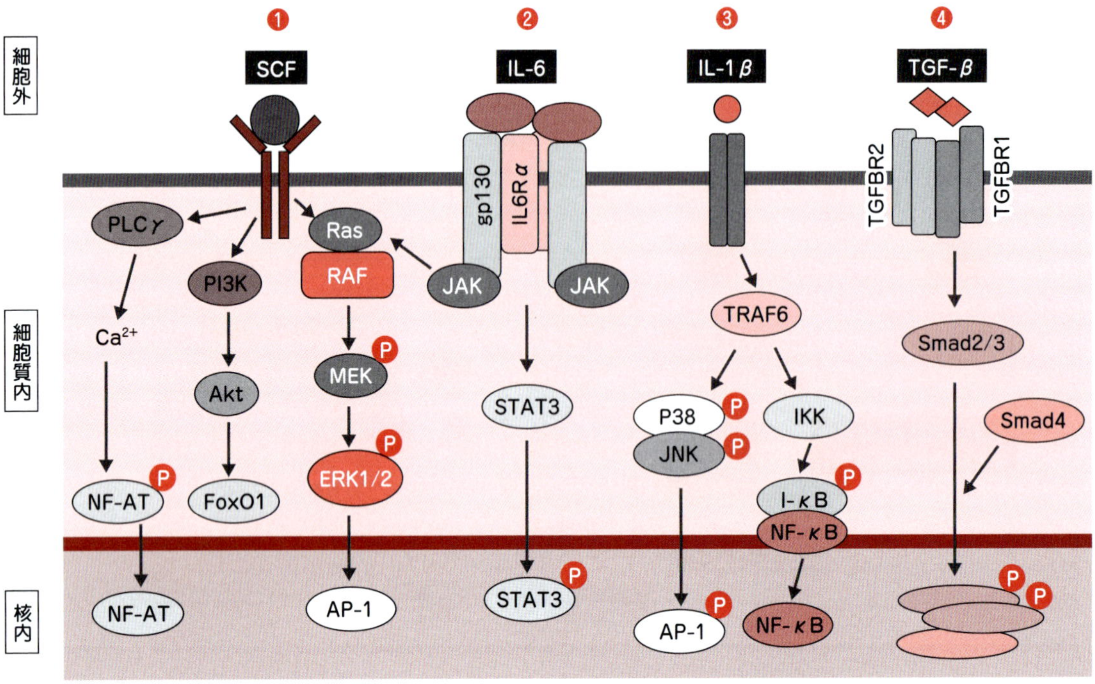

ここではSCF，IL-6，IL-1β，TGFB-βを例にシグナル伝達経路を示した．❶古典的な受容体型チロシンキナーゼ（増殖因子型受容体）．❷インターロイキンやインターフェロンなどの受容体．❸IL-1βやTNFα受容体．❹TGF-β受容体．

細は**第6章**を参照．

❷本章で取り上げるインターロイキンやIFNなどの免疫制御因子，G-CSF，EPOなどの造血因子，その他成長ホルモン，レプチンなどの狭義のサイトカインの受容体で，JAK型チロシンキナーゼが非共有結合で会合する．この受容体ファミリーはclass Iとclass IIからなり，class I受容体は**IL-2**（**→Keyword 6**），IL-4，IL-6，IL-12，**IL-23/35**（**→Keyword 22**）やEPOの受容体であり，細胞外にTrp-Ser-X（任意のアミノ酸）-Trp-Ser配列からなるWSXWSモチーフがよく保存されている．class IIであるIFN-α/βや**IL-10**（**→Keyword 23**）受容体にはこのようなモチーフは存在しないが全体的な構造はclass Iと似ている．JAKは転写因子STATおよびRas-ERK経路やAkt経路を活性化する．

さらにこのタイプのサイトカイン受容体は共通サブユニットに応じて❶〜❹の4つのサブグループに分類される（**イラストマップ❸**）．これらは複数のサブユニットにより高親和性受容体を形成し，かつ異なるリガンドに対して1つのサブユニットが共有されるという特徴をもつ．例えば❶**IL-3**（**→Keyword 2**），**IL-5**（**→Keyword 3**），**GM-CSF**（**→Keyword 4**）はそれぞれのリガンドに固有のα鎖と低親和性に会合するが，このα鎖とすべてのリガンドに共通の**common β鎖**（**→Keyword 1**）とヘテロ二量体を形成することではじめて高親和性の受容体として機能する．❷同様にIL-2，IL-4，**IL-7**（**→Keyword 8**），**IL-9/15/21**（**→Keyword 9**）受容体などは**IL-2受容体γ鎖**（**→Keyword 5**）を共有する．❸**gp130**（**→Keyword 11**）やその相同分子を共有するグループも存在する．IL-6はIL-6受容体α鎖（IL-6Rα）とgp130（IL-6とは直接結合しない）とで高親和性受容体を形成する．実際には，はじめにIL-6とIL-6Rαが結合し次にgp130と会合してヘテロ六量体を形成する．**LIF**（**→Keyword 15**）はLIF受容体（gp130の相同分子）と低親和性で結合し，さらにgp130とのヘテロ二量体形成を促進する．LIFそのものはgp130に親和性をもたないがLIF受容体とgp130の

イラストマップ❸ 受容体の構造で分類した４つのサイトカイン受容体サブグループ

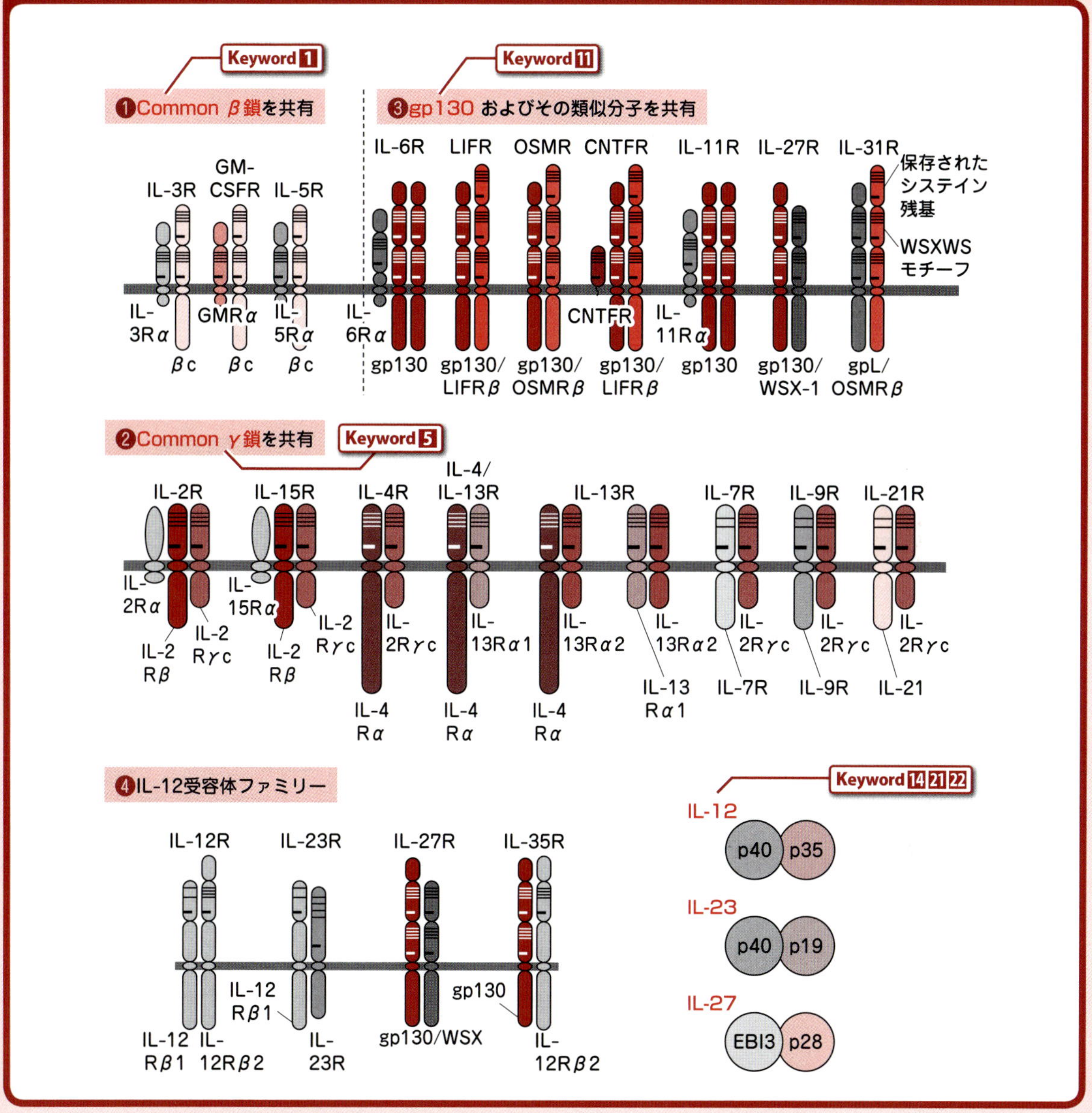

ヘテロ二量体はLIFと高親和性に結合する．その他 **CT-1**（→**Keyword 17**），**IL-11**（→**Keyword 13**），**OSM**（→**Keyword 16**）もこの仲間である．❹IL-12，IL-23/35，**IL-27**（→**Keyword 14**）はリガンドそのものがヘテロ二量体であり，受容体はそれぞれに応じた組合わせが使われる．IL-35は主に制御性T細胞（Treg）によって産生され，免疫抑制に関与するサイトカインとして知られる．IL-12サイトカインファミリーのメンバーであり，p35サブユニット（IL-12のサブユニットでもある）およびEBI3サブユニット（IL-27のサブユニットでもある）から構成され，IL-12Rβ2およびgp130を介してシグナルを伝達する．その他，IL-10，**IL-19**，**IL-20**，**IL-22**，**IL-24**，**IL-26**（→**Keyword 24**）も受容体サブユニットを共有するファミリーである．さらに❶～❹に分類されないG-CSF受容体，EPO受容体，成長ホルモン受容体，プロラクチン受容体などは一種類の分子のホモ二量体化によって活性化される．

❸IL-1やTNFの受容体のようにTRAFなどのアダプ

イラストマップ❹ JAK-STAT経路

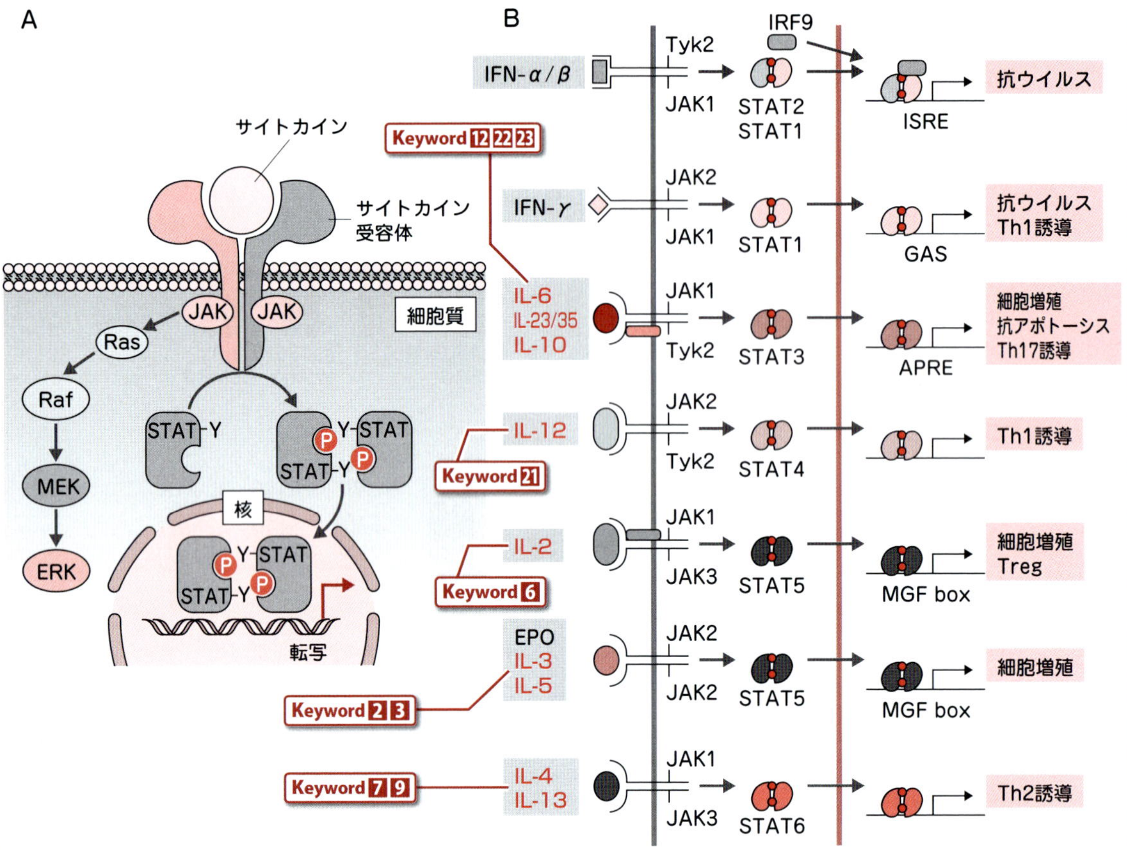

A）サイトカインによって活性化されたサイトカイン受容体には，JAK型チロシンキナーゼが会合し，その結果Ras-ERK経路と転写因子STATが活性化される．B）STATは6種類，JAKは4種類知られており，サイトカインによってどのJAK，どのSTATを使うかはある程度決まっている．どのSTATが活性化されるかでサイトカインの生理機能が決まる．ここではいくつかのシグナルを抜粋して示した．

ター群を介してIKKやJNK，p38を活性化し，転写因子NF-κBを活性化するタイプの受容体（IL-1/TNF受容体）も存在する．このタイプの受容体のシグナル経路はサイトカイン受容体ではないTLRのものと似ている．IL-1，**IL-18/33/36/37**（**→Keyword 20**）はIL-1のファミリーである．また**IL-17A〜E**（**→Keyword 25**）も似通っておりTRAF6を介したシグナルを活性化する．**イラストマップ❷C**ではIL-1βを例に示した．

❹免疫抑制性サイトカインTGF-βの受容体はセリンスレオニンキナーゼドメインを有し，Smad転写因子を活性化する．詳細は**第7章**参照．

❺ケモカイン受容体は7回膜貫通しαヘリックス構造をもつ三量体Gタンパク質共役型の受容体である（GPCR）．詳細は**第5章**参照．

5. JAK-STAT経路

1) JAK

サイトカインによって活性化されたサイトカイン受容体には，JAK型チロシンキナーゼが会合し，その結果Ras-ERK経路と転写因子STATが活性化される．JAKは約130 kDaの非受容体型チロシンキナーゼで，分子内にキナーゼドメインを2つもつことから，二面神ヤヌスにちなみ“Janus kinase”とよばれる．チロシンキナーゼとしての活性ドメイン（JH1）はC末端側にあり，N末端側のキ

イラストマップ❺ CIS/SOCSファミリーとサイトカインシグナルの抑制機構

A

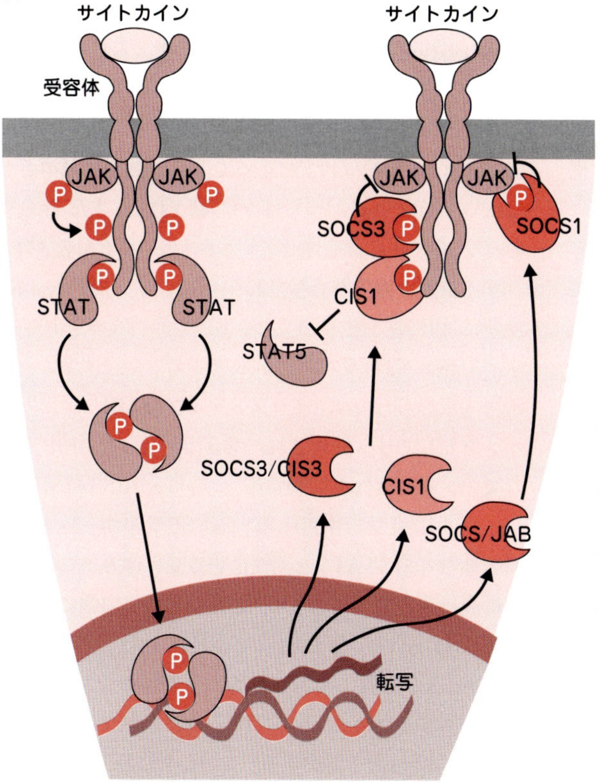

B

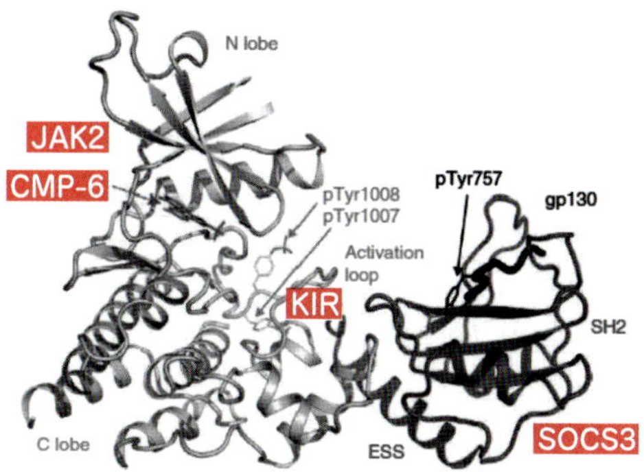

CIS/SOCSファミリーには現在8個のメンバーが知られている．サイトカインシグナルの制御にかかわるのは主にCIS（CIS1ともよばれる），SOCS1（JABともよばれる），SOCS3（CIS3ともよばれる）である．A）CIS1，SOCS1，SOCS3はJAK-STAT経路によって誘導され，CIS1は受容体に，SOCS1はJAKに直接，SOCS3は受容体とJAK両者に会合することでJAKの活性化を抑制する．Ⓟはチロシン残基のリン酸化を示す．B）SOCS1とSOCS3のN末端には保存されたKIR配列が存在し，疑基質として働く．SOCS3とJAK1の共結晶構造解析によって証明された．CMP-6：ATPと競合する化合物．参考文献1より引用．

ナーゼドメイン（JH2）は酵素活性がなく偽キナーゼドメインでJH1の調節機能をもつ．N末端領域が受容体の細胞内ドメインとの会合に関与している．JAKはJAK1～3，Tyk2の4種類知られており（**イラストマップ❹**），このうちJAK1，JAK2，Tyk2は広範な組織，細胞に発現されているがJAK3の発現はリンパ球などに限定されている．JAK3はIL-2受容体γ鎖に会合しその情報を伝える．常染色体遺伝性免疫不全患者のなかにはJAK3の変異がみつかっておりIL-7のシグナルが伝わらないためにT細胞が欠損する．Tyk2はIL-6，IL-10，IL-12，IL-23とIFN-αのサイトカインのシグナル伝達に関与する．Tyk2の変異はII型の高IgE症候群でアトピー性皮膚炎をもち，抗酸菌やサルモネラのような細胞内寄生細菌やウイルスによる感染症を繰り返す患者にみつかっている．同様な症状はIL-12受容体β2欠損やIFN-γ受容体欠損でも認められる．この理由としてIL-12やIFN-γのシグナルが働かないことからTh1の誘導が阻害されTh2優位になるものと考えられる．JAK2のJH2ドメインの機能向上型変異（V617F）が，真性多血症などの慢性骨髄増殖性疾患に高頻度に認められる．またヒトの腫瘍細胞でも同様のJAK1の活性化型変異がみつかっている．低分子JAK阻害剤は関節炎リウマチなどの炎症性疾患治療薬，あるいは骨髄線維症の治療薬として承認されている．

2) STAT

STATはSTAT1～6の6種類知られており，サイトカインによってどのSTATが主に活性化されるか決まっている（**イラストマップ❹**）．これはSTATのSH2ドメインがサイトカイン受容体の細胞内ドメインのリン酸化サイトを認識してリクルートされてリン酸化を受けるためである．例えばSTAT1はIFN-γの作用に必須であり，免疫系に関与する分子（Fc受容体やMHC分子）や抗ウイルス作用をもつ分子を誘導する．またヘルパーT細胞のうちTh1の分化に必須の役割を果たす．STAT2は単独では機能せずIFN-α/βの刺激でSTAT1とIRF9とヘテロ三量体をつくってISRE配列を認識し抗ウイルス分子やclass I-MHC分子の誘導にかかわる．STAT3はIL-6の他，LIF，レプチン，IL-10などのシグナルに必須である．STAT3は肝臓での急性期タンパク質を誘導するほか多くの細胞で細胞増殖や抗アポトーシス遺伝子を誘導する．がん細胞の多くでSTAT3の恒常的な活性化がみられる．STAT3はIL-6の他IL-21，IL-23などによっても活性化され免疫系ではTh17誘導に必須である．また乾癬では皮膚で，関節炎では滑膜で活性化がみられる．高IgE症候群1型の主要原因遺伝子がSTAT3の機能欠失変異であり，Th17の誘導が欠損していることがわかっている．STAT5も多様なサイトカインによって活性化されるが，IL-2やEPOのように細胞増殖に寄与することが多い．免疫系では制御性T細胞（Treg）の生存に必須である．またプロラクチンの場合はカゼインなどのミルクタンパク質を誘導する．STAT4は特にIL-12によって活性化されTh1誘導に，STAT6はIL-4やIL-13によって活性されTh2誘導に必須である．G-CSFによる好中球誘導ではSTAT3が抑制因子SOCS3（suppressor of cytokine signaling-3）を誘導し，好中球の数を抑制する働きがある．

6. サイトカインの制御因子（SOCS）

CIS/SOCSファミリーはJAK系サイトカインのシグナルを抑制する分子として単離された．このファミリーは中央にSH2ドメインをもちC末端に約40アミノ酸からなるSOCS-boxをもつ．多くはサイトカインの刺激で発現が誘導され，免疫系ではCIS1，SOCS1，SOCS3が精力的に研究されている．SOCS-boxはユビキチン化に関与するelonginBC複合体と会合し，ユビキチンリガーゼ複合体をリクルートすることでSH2ドメインやN末端領域と会合するタンパク質の分解を促進する．

CIS1（cytokine inducible SH2-protein-1）は受容体に結合してSTATの活性化を抑制する（**イラストマップ❺A**）．CIS欠損マウスの解析によるとCISはIL-4で強く誘導されSTAT3, STAT5, STAT6の活性化を負に制御しているとされる．CIS1欠損マウスは肺の気道炎症を自然発症し，Th2型のアレルギーモデルに感受性が高く，CIS1はTh2とTh9の分化を負に制御していることが示された．

SOCS1はそのSH2ドメインを介してJAK2の活性化ループに存在するリン酸化されたY1007に結合する（**イラストマップ❺A**）．またSOCS1/3はN末端部分のキナーゼ阻害領域（kinase inhibitory region：KIR）でJAKの活性中心に結合し，基質がJAKキナーゼの活性中心に入り込む過程をブロックしているものと考えられる（**イラストマップ❺B**）．SOCS1はIFN-γによって最も強力に誘導されるのでSTAT1-Th1分化を抑制することが多い．一方でSOCS1欠損は状況によってTh1が強力に誘導されるためにTh2やTh17の分化が抑制される．またTregにおいてSOCS1は炎症性サイトカインのシグナルをブロックする重要な機能を有しており，SOCS1欠損Tregは炎症時にはIFN-γやIL-17を産生して抑制機能を失う．

一方SOCS3は受容体とJAKと両者と会合することで阻害効果をもたらす（**イラストマップ❺AB**）．SH2ドメインを介してリン酸化された受容体と会合し，KIRを介してキナーゼ活性を抑制する[1]．特にSOCS3のSH2ドメインはIL-6受容体gp130，G-CSF受容体，レプチン受容体などのSTAT3を活性化する受容体のチロシン残基に高い親和性で結合する．したがってT細胞においてSOCS3はTh17の分化を負に制御している．一方T細胞でSOCS3が過剰に発現するとIL-12やIL-23のシグナルを抑制するためにTh1，Th17の分化が抑制され，結果的にTh2分化を促進する．このためにSOCS3はアレルギーと関連することが示されている．なおIL-10の場合，SOCS3はIL-10受容体に会合しないためにSTAT3の活性化を抑制しない．したがってマクロファージにおけるIL-6とIL-10の作用の差異はSOCS3によって規定される．IL-10はSOCS3による抑制を受けないために長期間STAT3の活性化が持続し，その結果NF-κBの活性化が抑制される．

参考文献

1）Kershaw NJ, et al：Nat Struct Mol Biol, 20：469-476, 2013

代表的文献

1）Iwakura Y, et al：Immunol Rev, 226：57-79, 2008
2）O'Shea JJ, et al：J Immunol, 187：5475-5478, 2011
3）Yoshimura A, et al：J Biochem, 147：781-792, 2010
4）Yoshimura A, et al：Nat Rev Immunol, 7：454-465, 2007
5）Villarino AV, et al：J Immunol, 194：21-27, 2015

（吉村昭彦）

I Common β鎖を介して作用するサイトカイン

Keyword

1 Common β鎖

▶フルスペル：common cytokine receptor beta chain
▶和文表記：共通β鎖
▶略称：βc
▶別名：CD131

1) Common β鎖の構造

ヒトCommon β鎖（βc）は1990年にGM-CSF（4参照）受容体のサブユニットとして同定された897アミノ酸からなるI型の膜タンパク質である（**図1**）[1]．422アミノ酸からなる細胞外ドメインは2つのサイトカイン受容体モジュール（CRM）によって構成され，それぞれWSXWSとよばれるサイトカイン受容体に特徴的なモチーフ（WS box）を有する．膜貫通部位（TM）は疎水性アミノ酸を多く含む27アミノ酸で構成され，細胞内ドメイン（IM）は432アミノ酸で構成されるがBox1とよばれる部分がシグナル伝達に必要である．ここでは歴史的経緯も含めてβcについて紹介する．

2) Common β鎖同定の歴史的経緯と意義

現在では，サイトカイン受容体は複数のサブユニットにより構成され，一部のサブユニットは異なるサイトカイン受容体に共有されること（**イラストマップ❸**），このことが異なるサイトカイン間での作用の重複性（redundancy）の分子基盤となっていることはよく知られている．しかしながら，1990年まではサイトカインと受容体は1対1対応であると信じられていた．また，IL-3やGM-CSFなどのサイトカインが細胞内タンパク質のチロシンリン酸化を誘導するので，これらの受容体もまた，PDGF受容体やEGF受容体と同様チロシンキナーゼ型受容体であろうと想像されていた．

βcがIL-3，IL-5，GM-CSFの受容体の共通サブユニットであるという1991年の報告[2) 3)]が共有サブユニット（共通鎖）の存在の最初の証明となった（**図2**）．その後，IL-2受容体のγ鎖がIL-4，IL-7，IL-9，IL-15，IL-21受容体に共有されること，IL-6受容体のシグナル伝達ユニットgp130（11参照）がIL-11，OSM，LIF，CT-1，CNTF，IL-27の受容体に共有されること，IL-10受容体β鎖が，IL-10，IL-20，IL-26，IF-γの受容体に共有されること，IL-12受容体β1鎖がIL-12とIL-23受容体に共有されることなどが明らかにされた．今では，サブユニットの共有はサイトカイン受容体の1つの特徴であり，サイトカインによる細胞内シグナルの統合的調節機構において重要であると考えられている．

3) Common β鎖の機能

IL-3，GM-CSF，IL-5受容体のα鎖はこれらのサイトカインに対して低親和性の結合を示すが，βcは単独ではこれらのサイトカインに結合が認められない（厳密にいうと，結合能はあるがふつうの方法では検出できない）．βcがα鎖に結合すると受容体のサイトカインに対する親和性を高めることが明らかとなった．特にヒトIL-3受容体α鎖は単独ではIL-3にほとんど結合しないが，βcが共存することによって100 pMという高親和性の受容体を構築する[2)]．また構造上，α鎖は細胞内ドメインが短いのに対して，βcは大きな細胞内ドメインを有しシグナル伝達に重要である．この部分にはBox1とよばれる保存されたドメインがあり，JAK2などシグナル伝達に重要な分子に結合してシグナルを伝える役割を果たしている．

4) マウスとヒトの比較

βcはマウスIL-3結合分子として同定されたAIC2Aに相同性のあるヒト分子KH97として同定された[1)]が，GM-CSF受容体の親和性を高め[1)]，シグナルを伝達する[4)]サブユニットであることが判明した．その後，IL-3受容体α鎖とIL-5受容体α鎖のcDNAがクローニングされ，KH97がこれら3つのサイトカイン受容体に共有されるシグナル伝達サブユニット（β鎖）であることが判明し，βcと命名された[2) 3)]．興味深いことにマウスではβcに相同性を有する2種の受容体AIC2AとAIC2Bが存在し，このうちAIC2BがヒトのβCに相当

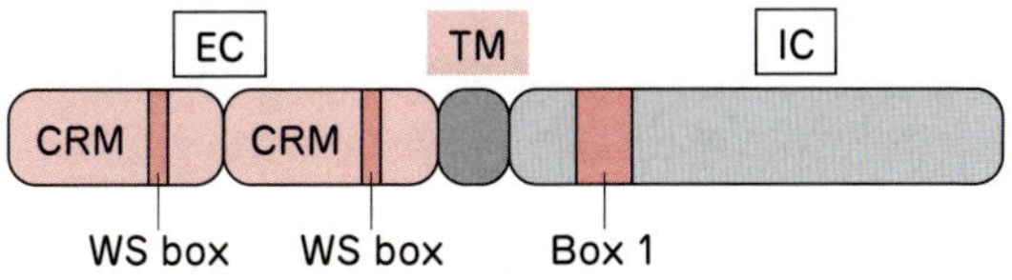

図1 共通β鎖（βc）の構造
CRM：サイトカイン受容体モジュール，EC：細胞外ドメイン，TM：細胞膜貫通部位，IC：細胞内ドメイン，WS box：WSXWSモチーフ．

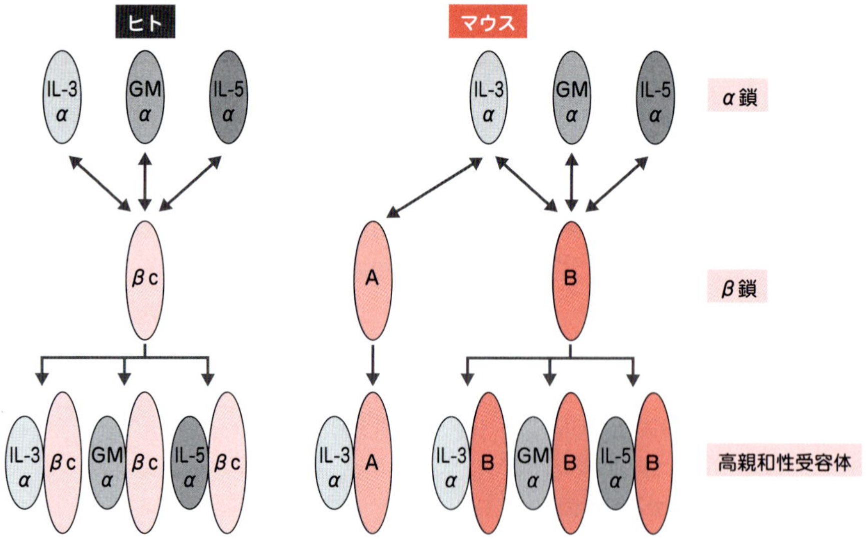

図2 ヒトとマウスのIL-3，IL-5，GM-CSF受容体の構造

GM：GM-CSF，βc：Common β鎖，A：AIC2A，B：AIC2B．文献2をもとに作成．

し，AIC2Aはヒトでは存在しないもう1つのIL-3受容体のサブユニットであることがわかった．その結果として，ヒトと異なりマウスではα鎖は同一でβ鎖が異なる2種類のIL-3受容体が存在することになる[3]．これら2種類のIL-3受容体の機能に関しては，以下に述べるノックアウトマウスの表現型からredundantであると考えられている．ただ，AIC2Aをサブユニットとする IL-3受容体に特別な機能がある可能性も否定できない．

βc（AIC2B）のノックアウトマウスではリンパ球浸潤を伴う肺胞蛋白症の発症，免疫反応の抑制などが認められ[5]，肺胞蛋白症患者の一部でβcの変異が報告されている．一方，AIC2Aのノックアウトマウスには明らかな表現型がない．活性型の変異体（I347N）が任意変異導入によって人工的に同定されているが，同様の変異は白血病などの造血器腫瘍では今のところみつかっていない．

5) EPO受容体としての機能

βcがエリスロポエチン（EPO）（**第3章-2参照**）受容体のサブユニットとしても機能しているという論文が発表されているがまだ結論には至っていない[6][7]．われわれはβcのクローニング当初，βc発現が高くなる条件でサイトカイン依存性TF-1細胞に対するIL-3，IL-5，GM-CSFの結合が増加することに加えて，EPOの結合も増加することから，EPO受容体にもβcが関与する可能性を考え，いろいろと実験をしたが，ポジティブな結果が得られなかった．

【データベース】

GenBank（http://www.ncbi.nlm.nih.gov/nuccore/NM_000395.2）

【抗体】

数社から抗体が販売されているが以下の2社が種々の抗体を販売している．

- R & Dシステムズ社（http://www.rndsystems.com/product_results.aspx?m=1100）
- Santa Cruz Biotechnology社（http://www.scbt.com/table-il_3_il_5_gm_csfr_beta.html）

【ベクター】

筆者（北村俊雄：kitamura@ims.u-tokyo.ac.jp）より入手可能．

参考文献

1) Hayashida K, et al：Proc Natl Acad Sci U S A, 87：9655-9659, 1990
2) Kitamura T, et al：Cell, 66：1165-1174, 1991
3) Miyajima A, et al：Annu Rev Immunol, 10：295-331, 1992
4) Kitamura T, et al：Proc Natl Acad Sci U S A, 88：5082-5086, 1991
5) Nishinakamura R, et al：Immunity, 2：211-222, 1995
6) Jubinsky PT, et al：Blood, 90：1867-1873, 1997
7) Scott CL, et al：Blood, 96：1588-1590, 2000

（北村俊雄）

Keyword

2 IL-3

▶フルスペル：interleukin-3
▶和文表記：インターロイキン3

1）歴史とあらまし

IL-3は造血誘導に関与するサイトカインのなかで最初に遺伝子クローニングされた分子である．造血前駆細胞からの多系統の細胞のコロニー形成刺激活性（Multi-CSF活性），マスト細胞増殖因子活性など多様な生物活性を示し，単一分子が多様な活性をもつというサイトカインの特徴がIL-3遺伝子の同定を契機として次々と明らかにされた[1]．

IL-3は約28kDaの糖タンパク質で，4本のαヘリックスが交互に重なった構造（IL-5やGM-CSFにもみられる）を特徴とする．ヒトIL-3とマウスIL-3はアミノ酸レベルで29％が同一であるが生物活性は種特異的であり，ヒトIL-3はマウス細胞に活性がない．主に活性化されたヘルパーT細胞（Th1やTh2など）より産生され，アレルギー性炎症においてはマスト細胞や好酸球からも分泌される（図3）．

2）機能

IL-3は主に活性化ヘルパーCD4$^+$T細胞より産生され（Th1，Th2ともに産生する），その他にマスト細胞，好酸球，ケラチノサイト，神経細胞により分泌される．IL-3は造血幹細胞や前駆細胞に対して増殖と分化を誘導する[1)2)]．造血前駆細胞に働き多系統コロニーの形成を維持し，マクロファージ，好中球，マスト細胞，および巨核球のコロニー形成を誘導する．他のサイトカインと合わせて，造血幹細胞や前駆細胞の培養に用いられることも多い．好塩基球の増殖を誘導し，接着や遊走を促進する．好塩基球に対する作用はGM-CSF（4参照）やIL-5（3参照）よりも強力である．マスト細胞に対しては生存を延長する作用があり，マスト細胞自身から産生される場合にもオートクライン的に作用し生存延長に寄与する．樹状細胞（DC），形質細胞様樹状細胞（pDC）の誘導にも働く[3)]．またIL-2と相互作用してTリンパ球の増殖を促進することも報告されている．定常状態での造血への関与は少ないが，感染や炎症時の造血誘導，好塩基球やマスト細胞の誘導と活性化に働くと考えられる．

IL-3は標的細胞の細胞膜に存在する特異的な受容体（IL-3R）に結合することによりその生理作用を発揮する．機能的な高親和性IL-3Rは，IL-3に特異的に結合するα鎖IL-3Ra（CD123）と，IL-5RやGM-CSFRとも共通のシグナル伝達分子であるCommonβ鎖（βc鎖，CD131）（1参照）より構築される．α鎖単独で存在する場合は低親和性にリガンドを結合するがシグナルは伝達しない．マウスでは，βc鎖（AIC2B）に相同性があ

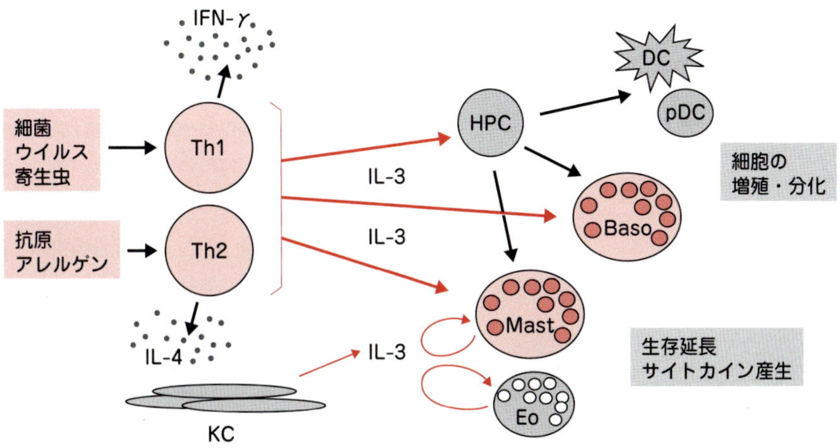

図3 IL-3の主な産生細胞と標的細胞

活性化されたヘルパーT細胞より産生されるIL-3は，炎症時の好塩基球やマスト細胞の誘導や活性化に働く．→はIL-3の作用．Th1：1型ヘルパーT細胞，Th2：2型ヘルパーT細胞，Mast：マスト細胞，Baso：好塩基球，Eo：好酸球，HPC：造血前駆細胞，DC：樹状細胞，pDC：形質細胞様樹状細胞，KC：ケラチノサイト．

り単独で低親和性にIL-3を結合するβ_{IL-3}鎖（AIC2A）も存在する．このβ_{IL-3}鎖は，α鎖とともに機能的なIL-3Rを形成するが，IL-5RやGM-CSFRのβ鎖としては機能しない．α鎖，βc鎖，β_{IL-3}鎖はすべてサイトカイン受容体スーパーファミリーに属する．機能的IL-3RにIL-3が結合するとJAK2-STAT5経路，Ras-MAPK経路の活性化が起こり，下流の遺伝子発現が誘導される[4) 5)]．IL-3Rは，好塩基球，マスト細胞，造血前駆細胞，マクロファージ，好酸球，巨核球に発現し，さまざまな白血病細胞に発現が認められる．

3) KOマウスの表現型/ヒト疾患との関連

IL-3ノックアウトマウスの定常状態での造血，成長，生存に異常はみられない．一方で，寄生虫感染時のマスト細胞や好塩基球の誘導に障害があり，その結果虫体排除に障害が生じる[6)]．疾患との関連としては慢性炎症やアレルギー疾患でのマスト細胞や好塩基球の産生供給や活性化に深く関与しており，病態形成と維持の一端を担うと考えられる[7)]．またホジキンリンパ腫をはじめIL-3産生性腫瘍が報告されている．B細胞性ALL（acute lymphocytic leukemia）やAML（acute myeloid leukemia）では，IL-3Rの発現がみられる例があり腫瘍増殖にかかわる可能性が報告されている．神経グリア細胞，アルツハイマー病患者脳組織でIL-3および受容体の発現が認められ，神経組織の炎症や変性疾患に関与する可能性も指摘されている[8)]．

【リガンド】

PeproTech社，R & Dシステムズ社など数社より供給あり．

【抗体】

R & Dシステムズ社，BioLegend社など数社より供給あり．

【データベース】

UniGene ID

ヒトIL-3　Hs.694

マウスIL-3　Mm.983

OMIM ID

147740

参考文献

1) Arai KI, et al : Annu Rev Biochem, 59 : 783-836, 1990
2) Martinez-Moczygemba M & Huston DP : J Allergy Clin Immunol, 112 : 653-666, 2003
3) Lutz MB : Immunobiology, 209 : 79-87, 2004
4) Miyajima A, et al : Annu Rev Immunol, 10 : 295-331, 1992
5) Broughton SE, et al : Immunol Rev, 250 : 277-302, 2012
6) Lantz CS, et al : Nature, 392 : 90-93, 1998
7) Voehringer D : Eur J Immunol, 42 : 2544-2550, 2012
8) Araujo DM & Lapchak PA : Neuroscience, 61 : 745-754, 1994

（高木　智）

Keyword

3 IL-5

▶フルスペル：interleukin-5
▶和文表記：インターロイキン5

1) 歴史とあらまし

IL-5は，結核菌由来PPD（ツベルクリン）感作マウスの抗体産生機構の研究から，T細胞由来B細胞増殖分化因子（T-cell replacing factor：TRF）として発見された．遺伝子クローニングによって，独立して報告されていた好酸球分化因子（eosinophil differentiation factor：EDF）と同一の分子であることが判明しIL-5と命名された[1)]．

約46kDaの糖タンパク質で，ホモ二量体の形成によりIL-3（2参照）やGM-CSF（4参照）と類似した4本のαヘリックスが重なった構造が連結した形をとる．単量体では生理活性を示さない点が特徴的である．ヘルパーT細胞より産生され，IL-4とともにTh2細胞が産生するサイトカインとして知られる（**図4**）．さらにIL-5とIL-13を大量に産生する2型自然免疫系リンパ球様細胞（type 2 innate lymphoid cell：ILC2）が同定され，注目されている．IL-5は好酸球の分化や増殖ならびに生存延長を引き起こし，さまざまな組織や末梢血中の好酸球増加に重要である．マウスでみられるB細胞に対する作用はヒトでははっきりしない．

2) 機能

IL-5は主に抗原により活性化したTh2細胞よりGATA-3依存性に産生される．IL-4とともにTh2分化を示す主要マーカーの1つとなっており，寄生虫感染時やアレルギー炎症での好酸球増多を誘導する．好酸球は細胞内に好酸球主要塩基性タンパク質，好酸球カチオン性タンパク質などを含んだ顆粒を保持しており寄生虫の排除に寄与している．気管支喘息や接触性過敏症といったアレルギー反応においては炎症局所に浸潤し顆粒内物質によって組織障害やリモデリングを引き起こす．喘息モデルではTh2細胞のなかでもEomes発現を失ったTh2

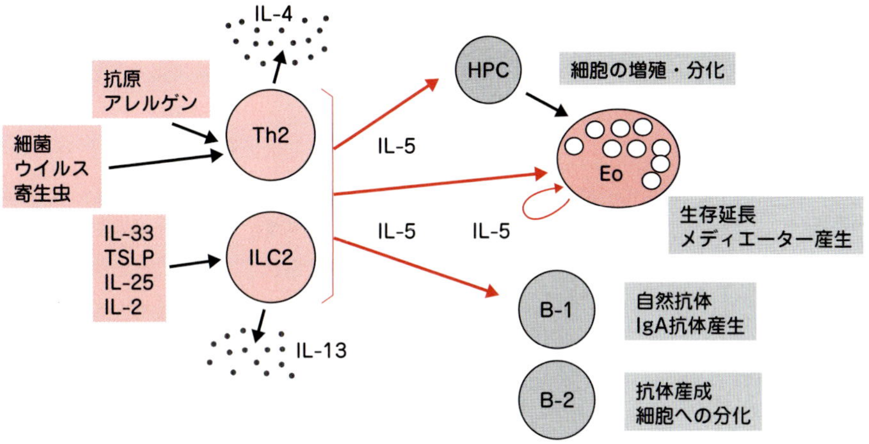

図4 IL-5の主な産生細胞と標的細胞

IL-5は抗原により活性化したTh2（の一部）やサイトカイン刺激を受けたILC2より産生され，好酸球増多および活性化を誘導する．→はIL-5動き．のTh2：2型ヘルパーT細胞，ILC2：2型自然免疫系リンパ球様細胞，Eo：好酸球，HPC：造血前駆細胞，B-1：B-1細胞．B-2：B-2細胞．

細胞がIL-5を産生し気道過敏性の上昇を引き起こすことが報告されている[2]．新規Th2サイトカイン産生細胞として注目されるILC2は，組織障害やプロテアーゼ活性をもつアレルゲンなどにより誘導されるIL-33，TSLP，IL-25，IL-2などのサイトカインにより活性化され，IL-5とIL-13を大量に産生する[3]．IL-5はマウスにおいて腹腔や胸腔内で自己複製により維持され，自然抗体の産生に寄与するB-1細胞の生存や活性化に作用する．骨髄で産生されるB-2細胞に対しては抗原や菌体成分刺激による活性化の後に作用し，Blimp-1の誘導亢進により抗体産生細胞への分化を促す．

IL-5は標的細胞の細胞膜に存在する特異的な受容体（IL-5R）に結合することによりその生理作用を発揮する．機能的な高親和性IL-5Rは，IL-5に特異的に結合するα鎖〔IL-5Ra（CD125）〕と，IL-3RやGM-CSFRとも共通のシグナル伝達分子であるCommon β鎖（βc鎖，CD131）（**1**参照）より構築される．α鎖単独では低親和性受容体として機能するがシグナルは伝達しない[4]．α鎖，βc鎖はすべてサイトカイン受容体スーパーファミリーに属する．特異性を決定するIL-5R α鎖は，造血前駆細胞，好酸球，B細胞（B-1細胞や活性化B細胞）に発現する．機能的受容体にIL-5が結合するとJAK2-STAT5経路，Ras-MAPK経路の活性化が起こり，下流の遺伝子発現が誘導される．IL-5R α鎖に特異的なシグナルとしてsynteninが結合しSox4が活性化することが報告されている[5]．

3) KOマウスの表現型/ヒト疾患との関連

IL-5またはIL-5Ra遺伝子欠損マウスでは抗原感作後の気道への好酸球集積と気道過敏性の上昇が認められないことから，喘息の好酸球の活性化にIL-5シグナルが重要であることが示されている[1]．好酸球増多を伴う難治性喘息に対してヒト化抗IL-5抗体の投与が試みられており，ステロイド減量や症状緩和，気道閉塞の緩和に有効であることが報告されている．組織障害を伴う好酸球増多症候群（hypereosinophilic syndrome：HES）に対しても抗IL-5抗体や抗IL-5R抗体の検討が進められている．

B-1細胞は胎仔期につくられ自己複製により維持される．B-1細胞はBTKをはじめB細胞受容体シグナルに関与する分子を欠損するマウスで減少することから，持続的な抗原刺激により維持されると考えられる．B-1細胞はIL-5Rを恒常的に発現しており，IL-5Ra欠損マウスではB-1細胞の減少と細胞径縮小，種々の刺激に対する反応性低下がみられる．このことからIL-5もまたB-1細胞の活性化・維持に重要である．なお，ヒトB-1細胞については組織分布を含めその存在や性状に議論が残るところでありIL-5応答性にも結論が出ていない．

【リガンド】

PeproTech社，R & Dシステムズ社など数社より供給あり．

【抗体】

BDバイオサイエンス社，BioLegend社，R & Dシステムズ社など数社より供給あり．

【データベース】

UniGene ID

ヒトIL-5　Hs.2247

マウスIL-5　Mm.4461

OMIM ID

147850

参考文献

1) Takatsu K：Proc Jpn Acad Ser B Phys Biol Sci, 87：463-485, 2011
2) Endo Y, et al：Trends Immunol, 35：69-78, 2014
3) Scanlon ST & McKenzie AN：Curr Opin Immunol, 24：707-712, 2012
4) Takatsu K, et al：Adv Immunol, 57：145-190, 1994
5) Geijsen N, et al：Science, 293：1136-1138, 2001

（高木　智）

Keyword

4 GM-CSF

▶フルスペル：granulocyte-macrophage colony-stimulating factor

▶和文表記：顆粒球・マクロファージコロニー刺激因子

▶別名：CSF-2（colony stimulating factor 2）

1) 歴史とあらまし

顆粒球・マクロファージコロニー刺激因子（GM-CSF）は，細菌由来のLPSを投与したマウスの肺の細胞の培養上清に含まれる造血前駆細胞から好中球やマクロファージの産生を誘導するコロニー刺激因子として同定された[1) 2)]．

GM-CSFは約22kDaの糖タンパク質であり，4本のαヘリックスが交互に重なった構造〔IL-3（**2**参照）やIL-5（**3**参照）にもみられる〕を特徴とする．T細胞（Th1，Th17など），上皮細胞，平滑筋細胞，マスト細胞，好酸球，NKT細胞，B細胞，マクロファージなど広範囲の細胞から，抗原やサイトカインなどさまざまな刺激依存性に産生される（**図5**）．役割としては，感染や組織炎症時において好中球やマクロファージの産生誘導，活性化や機能維持に重要な働きをしている．定常状態では肺胞マクロファージの機能維持に必須であるが，恒常的な造血には必要ない．Th細胞が介する炎症においてはTh細胞中のGM-CSF産生能を獲得した分画が炎症や組織障害の進展に重要である[1) 2)]．

2) 機能

GM-CSFは，造血前駆細胞に働き好中球やマクロファージ，樹状細胞の産生を促進する．好酸球前駆細胞，巨核球前駆細胞，赤芽球系前駆細胞にも作用し増殖を誘導する．定常状態での造血への関与は少なく，感染や炎症の際に産生され，造血誘導因子として働くと考えられる．末梢の成熟細胞に対しては，好中球，単球/マクロファージ，好酸球の生存を維持する．樹状細胞に対しては，造血前駆細胞からの増殖および分化を誘導し産生を促進する．クロスプレゼンテーション能をもつ$CD103^+$樹状細胞の分化や維持，レチノイン酸産生能をもつ樹状細胞の誘導に働く．IL-6によりTh17細胞が誘導される際にIL-23刺激によってRORγTおよびNF-κB依存性にGM-CSFが産生されることがわかり，このGM-CSF産生性Th17が組織障害の進行に重要であることが示された．Th1応答が主体となる組織障害でも一部GM-CSFを産生するTh1分画が存在し，これが好中球やマクロファージの集積による炎症の進展，病態形成に重要であることが報告されている[3) 4)]．

GM-CSFは標的細胞の細胞膜に存在する特異的な受容体（GM-CSFR）に結合することによりその生理作用を発揮する．機能的な高親和性GM-CSFRは，GM-CSFに特異的に結合するα鎖〔GM-CSFRa（CD116）〕と，IL-5やIL-3の受容体とも共通した構成成分であるCommonβ鎖（βc鎖，CD131）（**1**参照）より構築される．α鎖単独では低親和性受容体として機能するがシグナルは伝達しない．α鎖，βc鎖はすべてサイトカイン受容体スーパーファミリーに属する．機能的受容体にGM-CSFが結合するとJAK2-STAT5経路，Ras-MAPK経路の活性化が起こり，下流の遺伝子発現が誘導される．機能的GM-CSF受容体は，造血前駆細胞，マクロファージ，マスト細胞，好塩基球，好酸球，巨核球などに由来するさまざまな白血病細胞に発現する．感覚神経細胞でもGM-CSF受容体が発現することがわかり注目されている．また関節炎の際，関節腔で産生される高濃度のGM-CSFが痛みの発生や増強に関与している可能性が示されている[1)]．

3) KOマウスの表現型/ヒト疾患との関連

GM-CSFノックアウトマウスでの造血は正常である．好中球，マクロファージ，樹状細胞の産生や分化も正常

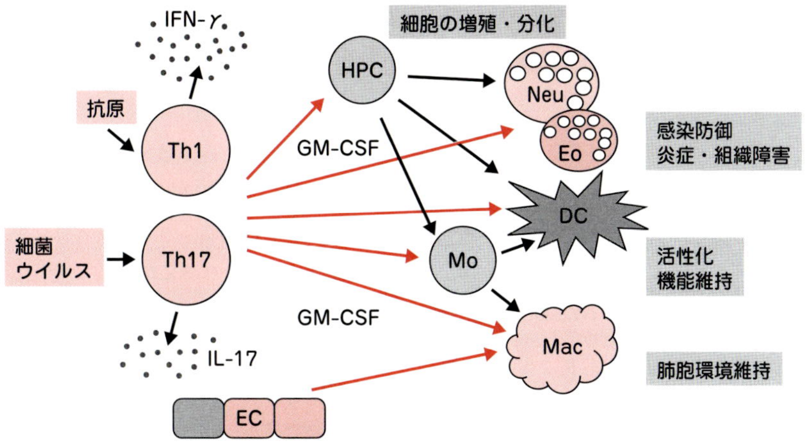

図5 GM-CSFの主な産生細胞と標的細胞

GM-CSFはT細胞や上皮細胞など広範囲の細胞からさまざまな刺激依存性に産生され，感染や炎症時に好中球やマクロファージの誘導や活性化に関与する．また，Th1，Th17細胞の一部が産生するGM-CSFは組織炎症に重要である．なお，定常状態では肺胞マクロファージの機能維持に必須である．→はGM-CSFの動き．Th1：1型ヘルパーT細胞，Th17：IL-17産生性ヘルパーT細胞，HPC：造血前駆細胞，Neu：好中球，Eo：好酸球，DC：樹状細胞，Mo：単球，Mac：マクロファージ，EC：上皮細胞．

であるが，肺胞マクロファージの機能不全によって肺胞蛋白症に似た症状を呈する．GM-CSF，IL-3，IL-5の受容体に共通するβc鎖ノックアウトマウスでも定常状態の造血は正常であるが，GM-CSFノックアウトマウスと同様の肺の異常が認められる[5]．肺胞蛋白症患者で抗GM-CSF抗体が多量に存在する例，先天性βc鎖欠損が報告されている．GM-CSFノックアウトマウスは，関節炎，実験的脳脊髄炎モデルの誘導に対して抵抗性を示す[1) 2)]．これはTh17細胞やTh1細胞からのGM-CSF産生が自己免疫性炎症の進行に必要なことを示す結果である．この結果をふまえて抗GM-CSF抗体によるリウマチ治療が臨床試験中である．治験量の抗体投与によって肺胞蛋白症様の症状は認められていない．他にも，樹状細胞への作用から腫瘍ワクチンとしてペプチドや細胞抗原とともに標的細胞へのGM-CSF遺伝子導入が試みられており有効性を示す結果が得られている．

【リガンド】

PeproTech社，R & Dシステムズ社など数社より供給あり．

【抗体】

BioLegend社，R & Dシステムズ社など数社より供給あり．

【データベース】

UniGene ID

ヒトGM-CSF　Hs.1349

マウスGM-CSF　Mm.4922

OMIM ID

138960

参考文献

1）van Nieuwenhuijze A, et al：Mol Immunol, 56：675-682, 2013
2）Hamilton JA & Achuthan A：Trends Immunol, 34：81-89, 2013
3）Codarri L, et al：Nat Immunol, 12：560-567, 2011
4）El-Behi M, et al：Nat Immunol, 12：568-575, 2011
5）Nishinakamura R, et al：Immunity, 2：211-222, 1995

（高木　智）

Keyword

5 Common γ鎖

▶略称：γc，IL-2Rγc
▶フルスペル：common cytokine receptor gamma chain, cytokine receptor common subunit gamma, IL-2 receptor gamma chain
▶和文表記：共通サイトカイン受容体γ鎖，IL-2受容体γ鎖
▶別名：SCIDX1，CD132

1) 歴史とあらまし

IL-2受容体（IL-2R）は，1984年にα鎖（CD25），1989年にβ鎖（CD122）がクローニングされた．しかし，線維芽細胞にこれら遺伝子を導入しても，リンパ球に認められる高親和性の受容体は再現できなかった．竹下らはリンパ球をIL-2刺激した際にβ鎖と共沈するp64を見出し，1992年にγ鎖遺伝子としてクローニングした．γ鎖はαβ鎖とともにヘテロ三量体（高親和性受容体）を形成しており，シグナル伝達機能を有する．1993年に，γ鎖の遺伝子変異がX連鎖重症複合免疫不全症（X-SCID）の原因であることが報告された[1]．IL-2欠損症とX-SCIDは明らかに異なる病態であったことから，γ鎖はIL-2のみならずIL-4/7/9/15/21の受容体の構成分子でもあることが明らかとなった．この共有性にちなみ，γ鎖はCommon γ鎖（γc）とよばれるようになった．

2) Common γ鎖を共有するサイトカイン受容体

γcは典型的なサイトカイン受容体スーパーファミリーに属する膜タンパク質である．ヒトγcは22アミノ酸からなるシグナル配列を含む369アミノ酸から構成される．IL-2Rαβγ分子のうち，α鎖はIL-2結合能を示すがシグナル伝達能はない．シグナル伝達を行うのは，βγ（中間親和性），αβγ（高親和性）の組合わせである[2]．IL-15RはIL-2Rβγに加えて，IL-2Rαに似たIL-15Rαを使う．IL-4/7/9/21受容体は，それぞれ特有のα鎖とγcのヘテロ二量体で構成される（**図6**）．γcを共有するサイトカイン受容体は，JAK1とJAK3がシグナル伝達を行う．しかし，JAKがリン酸化し活性化するSTATは同じとは限らない．IL-2/7/9/15は主にSTAT5（STAT5AおよびSTAT5B）を活性化するが，IL-4はSTAT6を，IL-21はSTAT3を活性化する．このほかPI3K, AktおよびMAPK系も活性化し，細胞生存や増殖シグナルを伝える．γcを受容体に共有するサイトカインは多くのリンパ球に恒常的に発現しており，免疫制御に大きな役割を担う．γc欠損マウスでは，胸腺から末梢に放出される成熟T細胞数が極端に少ない．IL-7はαβ型受容体をもつ$CD4^+$ナイーブT細胞の維持にきわめて重要である．メモリーT細胞の生存増殖には，IL-7およびIL-15が必要である．また，エフェクターT細胞のクローン増殖には，活性化T細胞自身が分泌するIL-2がきわめて重要であるが，樹状細胞が出すIL-15も増殖を助ける．IL-7は$CD8^+$T細胞とNK細胞の生存・増殖を助ける．

3) Common γ鎖を受容体に共有するサイトカインの機能

γcを受容体に共有するサイトカインはT細胞の運命決定にかかわる．ナイーブ$CD4^+$T細胞は，Th1，Th2，Th17などのエフェクター細胞に分化し，それぞれ異なる役割を担う．Th1細胞分化では，IL-2がT-betとIL-12Rβの転写を亢進する．Th2分化ではIL-4が主要な分化誘導因子でありSTAT6を介したGATA3転写が必須であるが，分化初期にはIL-2も重要である．IL-4はTh9細胞分化にも必須であり，肥満細胞の生存と増殖を助ける．感染防御や自己免疫に関与するTh17細胞分化にはIL-6とTGF-βが必要であるが，IL-21はTh17細胞の増殖を正に制御する．一方，IL-2はTh17分化を抑制する．またIL-2は免疫系の過剰な働きによって生じる自己反応性を抑制する．さらにIL-2，IL-7，IL-15は胸腺において$Foxp3^+$Treg細胞（nTreg）分化に必須である．一方，末梢でできる誘導性Treg細胞（iTreg）分化では，TGF-βに加えてIL-2が必要であり，クローン増殖にもIL-2が必須である．濾胞性ヘルパーT（Tfh）細胞はIL-21を分泌し，B細胞の抗体産生を助ける．γcはB細胞分化にも重要であり，マウスではIL-7シグナルがB細胞分化に必要である．またIL-4は免疫グロブリンのクラススイッチに必須である．IL-9は免疫グロブリン産生を促進する．γcはIL-2Rβとともに樹状細胞に発現している．感染によって分泌されるI型およびII型IFNやTLR刺激によりIL-15およびIL-15Rαが発現誘導さ

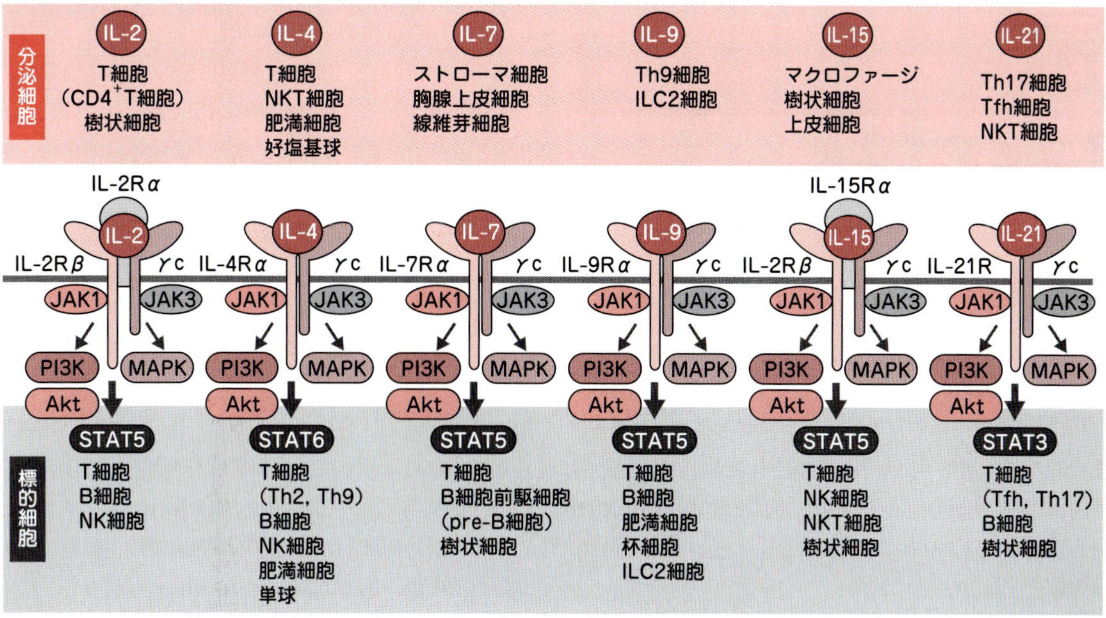

図6 Common γ鎖を介して作用するサイトカインとそのシグナル経路
詳細は本文参照．文献2を参考に作成．

れると，樹状細胞が活性化される．

4) KOマウスの表現型/ヒト疾患との関連

γcノックアウトマウスはT細胞，B細胞およびNK細胞をほとんど欠損し，樹状細胞機能不全のため，重症の免疫不全を呈する．γcノックアウトマウスをNOD-SCIDマウスと交配して免疫不全をさらに高めた，いわゆる超免疫不全マウス（NOGマウスおよびNSGマウスなど）が開発されている[3]．これらのマウスは免疫能がほぼ完全に欠損しているため，ヒト造血幹細胞が生着する．したがって，ヒト免疫系を再構築したヒト化マウスの作製が可能である．さらに，ヒトがん組織が比較的簡単に生着するため腫瘍研究などに利用されている．

ヒト疾患であるX-SCIDは重症複合免疫不全症のなかで最も頻度が高くその約半数を占め，約10万人に1人の割合で男児だけに発症する．X染色体上の*γc*遺伝子の変異により乳児期から易感染性を示し重症化する．T細胞とNK細胞がほぼ欠損しており，B細胞は存在するが機能しない．*JAK3*欠損症はγc欠損とよく似た免疫不全を呈する．T細胞欠損はIL-7，NK細胞欠損はIL-15の機能不全が原因であり，B細胞機能欠損はIL-4およびIL-21シグナル伝達が欠損することによる．治療には骨髄移植が行われるが，抗がん剤などの前処置を抑えたより安全性の高いミニ移植の可能性が模索されている．JAK3阻害剤tofacitinibは関節リウマチおよび乾癬などの治療薬として開発されており，γcシグナル阻害による免疫抑制作用を発揮する．

【抗体】

FACS用としてBDバイオサイエンス社，eBioscience社，BioLegend社からヒト（TUGh4），マウスに対する抗体（TUGm2など）が販売されている．

【データベース】

	GenBank ID	UniprotKB/Swiss-Prot
ヒト γc	NM_000206.2	P31785
マウス γc	NM_000206.2	P34902

参考文献

1) Rochman Y, et al：Nat Rev Immunol, 9：480-490, 2009
2) Yamane H & Paul WE：Nat Immunol, 13：1037-1044, 2012
3) Shultz LD, et al：Nat Rev Immunol, 12：786-798, 2012

（田中伸幸）

Keyword

6 IL-2

▶フルスペル：interleukin-2
▶和文表記：インターロイキン２
▶別名：TCGF

1) 歴史とあらまし

IL-2はPHA（植物性血球凝集素）で刺激したヒト末梢血リンパ球培養上清に含まれるT細胞増殖因子（T cell growth factor：TCGF）として1976年に報告され，1983年に谷口らによってクローニングされた．その後，IL-2はT細胞増殖のみならずT細胞分化および免疫寛容を誘導することが明らかとなった．IL-2受容体（IL-2R）はαβγの3分子が同定され，サイトカイン受容体解析の先駆けとなった．

2) 構造と機能

IL-2は15.5 kDaの糖タンパク質であり，抗原刺激を受けたCD4$^+$T細胞が主たる産生細胞である[1]（**図7**）．CD8$^+$T細胞，NK細胞，NKT細胞，活性化樹状細胞，肥満細胞もIL-2を分泌する．IL-2の転写には，カルシウムシグナルとPKCの活性化が必要である．転写因子としてはNFATが必須であり，シクロスポリンAおよびFK506はNFATの核移行を阻害することでIL-2分泌を抑制する．IL-2受容体（IL-2R）は，α（CD25），β（CD122）およびγc（CD132）の3つのサブユニットが同定されている（**5**も参照）．IL-2Rαは単独で低親和性受容体，IL-2RβおよびγcのヘテロニD量体は中間親和性受容体，αβγは高親和性受容体となるが，シグナル伝達を行えるのは後二者のみである．IL-2Rβ，γcにはそれぞれチロシンキナーゼJAK1とJAK3が会合し，主にSTAT5を活性化する．さらに，PI3K，AktおよびMAPK系の活性化が起こる．

IL-2はさまざまなT細胞の増殖に働く．抗原刺激を受けたCD8$^+$T細胞はIL-2の欠損によって増殖が極端に減少し，約1/3～1/15となる．実際に，CD8$^+$T細胞ではナイーブ，エフェクター，メモリーの全分化段階にわたって，IL-2が抗原依存性増殖を制御している．IL-2は胸腺でできる内在性制御性T細胞（nTreg）および末梢でできる誘導性制御性T細胞（iTreg）両者の分化に必要である[2]．Th17細胞はRORγt陽性のIL-17分泌細胞であり，感染時に炎症を惹起する．IL-2ノックアウトでは，Tregの減少に加えTh17が増加することから，IL-2はTh17細胞の分化を抑制している．IL-2は転写因子T-betおよびIL-12Rβの誘導を介してTh1細胞分化を正に制御する[3]．Th2細胞の分化では，IL-4遺伝子，IL-13遺伝子およびIL-4Rα遺伝子の転写活性化を介してTh2細胞分化を誘導する．濾胞性ヘルパーT（Tfh）細胞はリンパ節濾胞においてB細胞の抗体産生を補助する細胞である．高濃度のIL-2はTfh分化を抑制するが，IL-2Rαの発現の低い細胞はIL-21のシグナルによってTfhに分化する．Th細胞分画の分化だけではなく，ナイーブCD8$^+$T細胞をエフェクターCD8$^+$T細胞（細胞障害性T細胞）に分化させるのも，IL-2の働きである．感染や炎症によって抗原刺激されたナイーブCD8$^+$T細胞は，IFN-γ，パーフォリン（perforin），グランザイムB（granzymeB）を分泌する細胞障害性T細胞に分化する．この際，IL-2は転写因子Eomesを誘導し，パーフォリンの転写を活性化する[4]．

一般にIL-2シグナルが強いとCD4$^+$T，CD8$^+$T細胞ともにエフェクターに分化し短期間で死滅するが，低容量シグナルではTfhおよびメモリーT細胞として生存する傾向を示す．抗原受容体とIL-2受容体が刺激されたT細胞の細胞死はFasおよびFasL誘導に依存しており，AICD（activation induced cell death）とよばれる．樹状細胞やランゲルハンス細胞などの抗原提示細胞はIL-2Rαを発現しており，少量ながらIL-2の分泌も行う．抗原提示細胞上でIL-2はIL-2Rαに結合しながら，さらにT細胞上のIL-2Rβγcにトランスで結合する．IL-2は，NK細胞およびNKT細胞の増殖・活性化も行う．

3) KOマウスの表現型／ヒト疾患との関連

IL-2ノックアウトマウスは4～5週齢より脾腫とリンパ節腫脹を伴う溶血性貧血・炎症性腸炎により死亡する．Treg細胞の分化欠損による全身性自己免疫症を発症することが原因である．Treg細胞はIL-2Rα発現が高く，IL-2RαノックアウトマウスおよびIL-2Rβノックアウトマウスでも同様に自己免疫疾患を発症する．Treg細胞の移植により，自己免疫疾患の発症は抑制される．

ヒトでは，ATL（adult T cell leukemia）の病初期にIL-2依存性の白血球の増殖期が認められることがよく知られている．免疫療法としてのIL-2投与は1992年より米国で認可されており，転移性腎細胞がんにおける完全寛解率は5～10％である．なお，IL-2の投与はときに血管内皮細胞の透過性が異常亢進し肺水腫や血圧低下

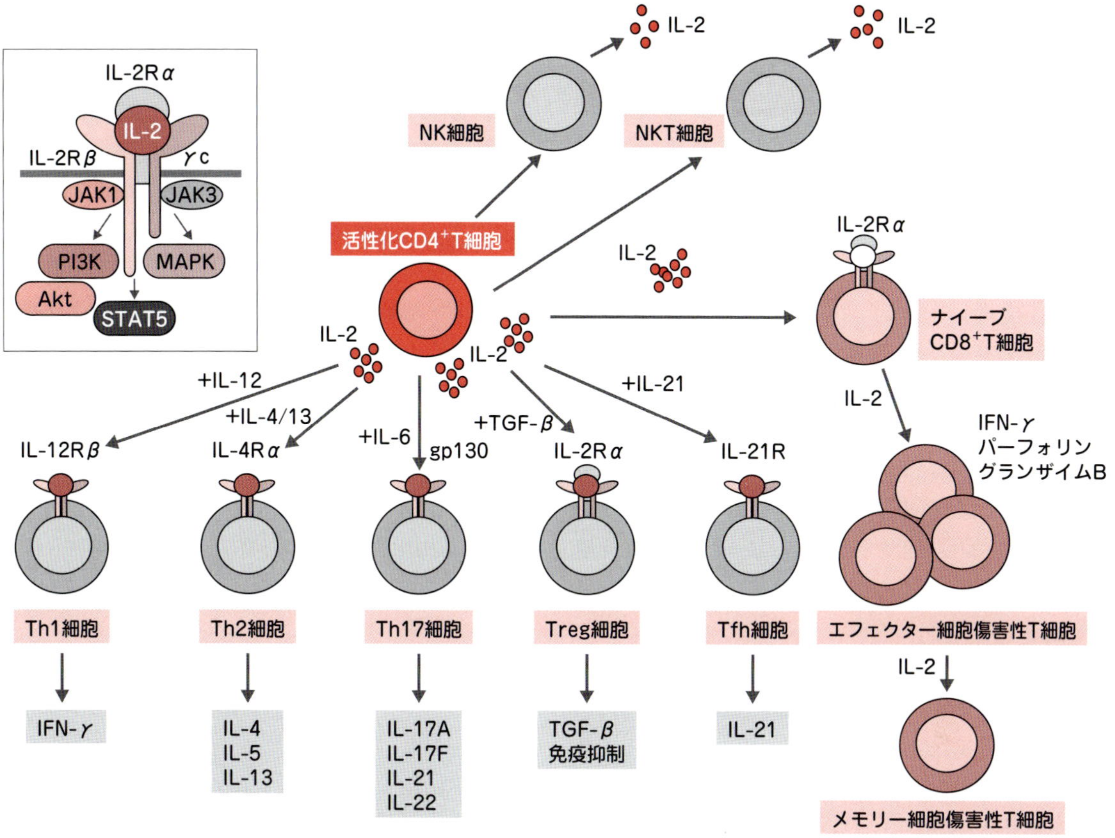

図7 IL-2のシグナル経路

詳細は本文参照．文献1を参考に作成．

などの重篤な副作用が発生する（vascular leak syndromeまたはcapillary leak syndrome）．ヒト化した抗IL-2Rα抗体（daclizumab）は，腎移植後の拒絶反応を抑制する目的で米国FDAに認可されているが，ATLおよび多発性硬化症（MS）にも有効であると報告されている．

【リガンド】

ヒトIL-2は，和光純薬工業社，PeproTech社，Miltenyi Biotec社，R & Dシステムズ社などから，マウスIL-2はPeproTech社，Miltenyi Biotec社，R & Dシステムズ社などから購入可能である．

【データベース】

	GenBank ID	UniprotKB/Swiss-Prot
ヒト IL-2	NM_000586.3	P60568
マウス IL-2	NM_008366.3	P04351

【阻害剤】

タクロリムス（FK506），シクロスポリンはIL-2分泌阻害作用をもつ免疫抑制剤である．

参考文献

1）Liao W, et al：Immunity, 38：13-25, 2013
2）Boyman O & Sprent J：Nat Rev Immunol, 12：180-190, 2012
3）Yamane H & Paul WE：Nat Immunol, 13：1037-1044, 2012
4）Pipkin ME, et al：Immunity, 32：79-90, 2010

（田中伸幸）

Keyword

7 IL-4

▶フルスペル：interleukin-4
▶和文表記：インターロイキン4
▶別名：BCGF，BSF-1

1) 歴史とあらまし

IL-4はB細胞増殖因子（BCGF）およびB細胞刺激因子（BSF-1）などとして知られ，1986年にマウスヘルパーT細胞cDNAライブラリーおよび活性化ヒトT細胞cDNAライブラリーより遺伝子クローニングされた．その後，IL-4は$CD4^+$T細胞のサブセットであるTh2細胞を分化させるほか，B細胞の分化・抗体産生およびM2マクロファージの分化を制御するなど多彩な機能を発揮することが明らかとなった[1]（**図8**）．

2) 構造と機能

IL-4は12〜20 kDaの糖タンパク質である．アミノ酸配列と構造・受容体・シグナル伝達・機能など多くの点において，IL-13との類似性が高い．IL-4の主たる産生細胞は抗原刺激を受けた$CD4^+$T細胞であるが，肥満細胞，好塩基球，好酸球も分泌する（**図8**）．哺乳類のIL-4遺伝子は，染色体上のいわゆるTh2遺伝子座にIL-5およびIL-13遺伝子と並んで存在する．IL-4受容体（IL-4R）は，IL-4Rα（CD124）およびγc（CD132）のヘテロ二量体（タイプⅠ）が有名であるが（**5**も参照），IL-4Rα（CD124）およびIL-13Rα1（CD213A1）のヘテロ二量体（タイプⅡ）も存在する．IL-4Rα，γc，IL-13RαにはそれぞれチロシンキナーゼJAK1，JAK3，TYK2/JAK2が会合しており，刺激を受けると下流のSTAT6を活性化する．同時にPI3K，AktおよびMAPKも活性化される．

IL-4は，抗原刺激されたナイーブ$CD4^+$T細胞をTh2細胞に分化・増殖させる[2]．IL-4はSTAT6を介してGATA3を転写活性化することで，IL-4遺伝子座のエピジェネティックな活性化を惹起する．Th2細胞はIL-4およびIL-4Rを発現することから，ポジティブフィードバックが働くと考えられる．しかしながら，抗原刺激によるT細胞受容体（TCR）シグナル自体もGATA3を誘導する能力があるため，IL-4はTh2分化に必ずしも必須ではない．Th2細胞はIL-4/5/9/13/25などの，いわゆるTh2サイトカインを分泌する．Th2細胞は，気管支喘息やアレルギーの原因の1つと考えられており，B細胞の免疫グロブリンのクラススイッチを誘導しIgEおよびIgG_1を産生させる．一方，好塩基球や肥満細胞に作用してIgE受容体（FcεR）の発現を上昇させる．IgEと結合した肥満細胞は脱顆粒し，放出されたヒスタミンなどの炎症性メディエーターが即時型アレルギー症状を起こす．同時にTh2細胞は肺や腸管に移動・定着し，IL-5を分泌して好酸球を遊走・活性化し，IL-9を分泌して肥満細胞を遊走・増殖させる．IL-4はIL-9と共同で上皮細胞に働き，ムチン産生を促すほか，杯細胞（goblet cell）の過形成を誘導する．さらに平滑筋の感受性亢進と気道過敏性，気道の再構築（リモデリング）などを誘導することで気管支喘息を誘発する．一方，アトピー性皮膚炎においてもTh2サイトカインが病態の一部を担っている．IL-4は線虫感染などのTh2型感染に際し，胸腔や腹腔などに常在する組織マクロファージの増殖を助ける．IL-4によって増殖したマクロファージは創傷の治癒，炎症の収束などに関与する．実際にIL-4はIL-13と協調してM2マクロファージへの分化を誘導する．M2マクロファージは抗寄生虫，組織修復活性を有するため，抗細菌・抗ウイルス活性をもつM1マクロファージと区別される．さらに，IL-4はTGF-βとともにTh9細胞の分化を誘導する．IL-21が誘導する濾胞性ヘルパーT（Tfh）細胞の分化においてIL-4は必須ではないが，Tfh細胞のなかにはIL-4を分泌する集団が含まれる．IL-4は線維芽細胞や血管内皮細胞の接着分子発現誘導，造血幹細胞のコロニー形成促進などの働きも担っている．

3) KOマウスの表現型/ヒト疾患との関連

IL-4ノックアウトマウスはT細胞およびB細胞は正常であるが，IgEとIgG_1およびTh2サイトカインの分泌量が極端に低値である．一方，NODマウスをバックグラウンドとするIL-4ノックアウトマウスを野生型NODマウスと比べても糖尿病（IDDM）発症率には差異がない．一方，IL-4を高発現するトランスジェニックマウスはIgEとIgG_1が高値を示す．IL-4/IL-13ダブルノックアウトマウスでは，Th2反応はほとんど消失する．

気管支喘息患者では血中および気管支肺胞洗浄液（BAL）中のIL-4の発現が高く，Th2優位の免疫系が病態であると考えられてきた．実際に，IL-4およびIL-13を標的とした分子標的療法が開発途上にある．好酸球が増加した中等症以上の気管支喘息患者に対しIL-4Rαを標的とした抗体（dupilumab；IL-4/IL-13の受容体結合を阻害する）を投与する臨床研究が行われ，約87％

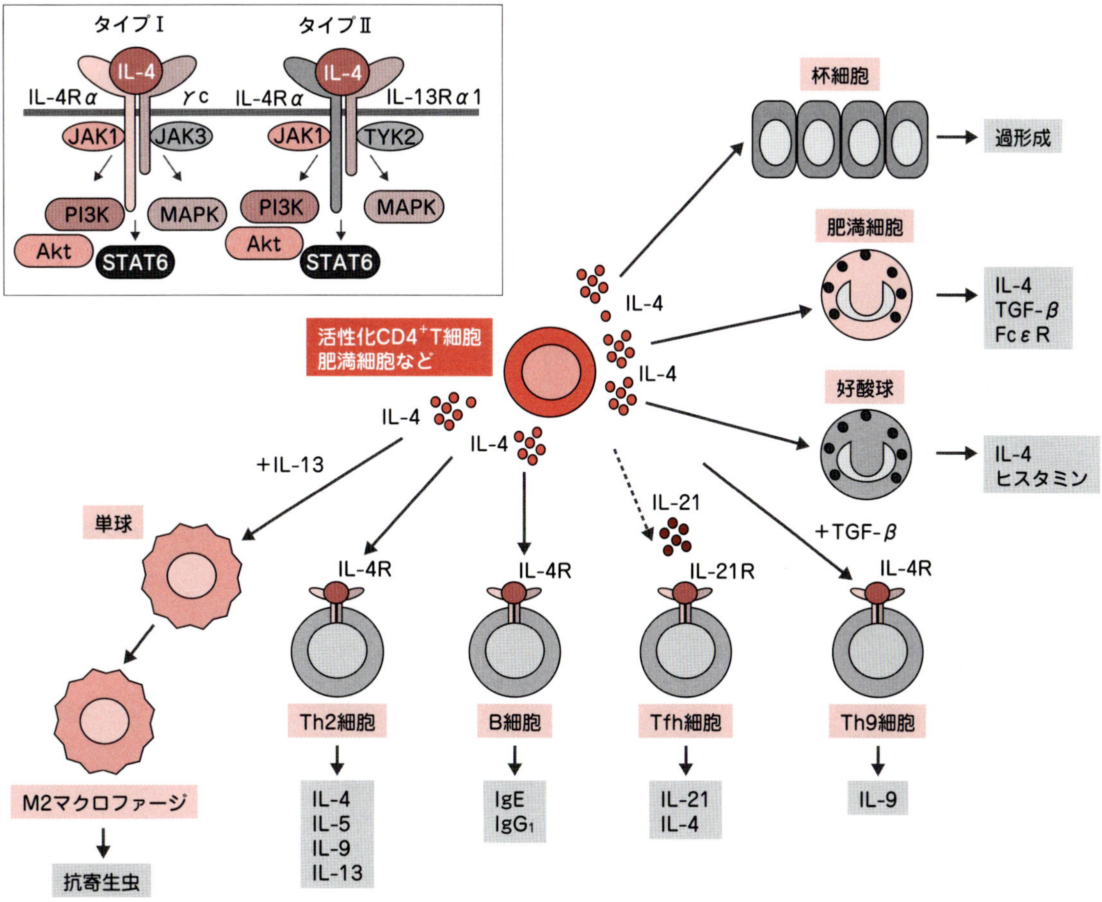

図8 IL-4のシグナル経路

詳細は本文参照.

の患者に奏功したと報告されている[3]．アトピー性皮膚炎に対しても治験がはじまっている．Th2サイトカインを標的とした治療は一部の症例には有効である可能性が高いものの，治療対象を選択する必要があると考えられる．

【リガンド】

ヒトおよびマウスIL-4は，和光純薬工業社，PeproTech社，Miltenyi Biotec社，R & Dシステムズ社などから購入可能である.

【データベース】

	GenBank ID	UniprotKB/Swiss-Prot
ヒト IL-4	NM_000589.3	P05112
マウス IL-2	NM_021283.2	P07750

参考文献

1) Paul WE & Zhu J：Nat Rev Immunol, 10：225-235, 2010
2) Yamane H & Paul WE：Nat Immunol, 13：1037-1044, 2012
3) Wenzel S, et al：N Engl J Med, 368：2455-2466, 2013

（田中伸幸）

Keyword

8 IL-7

▶フルスペル：interleukin-7
▶和文表記：インターロイキン7

1) 歴史とあらまし

IL-7は1988年にB細胞前駆細胞（pre-B細胞）の増殖を促進する因子として同定された，12～20kDaの糖タンパク質である．その後，IL-7やIL-7受容体α鎖（IL-7Rα）ノックアウトマウスが解析され，リンパ球の発生と維持にきわめて重要であることが明らかとなった．

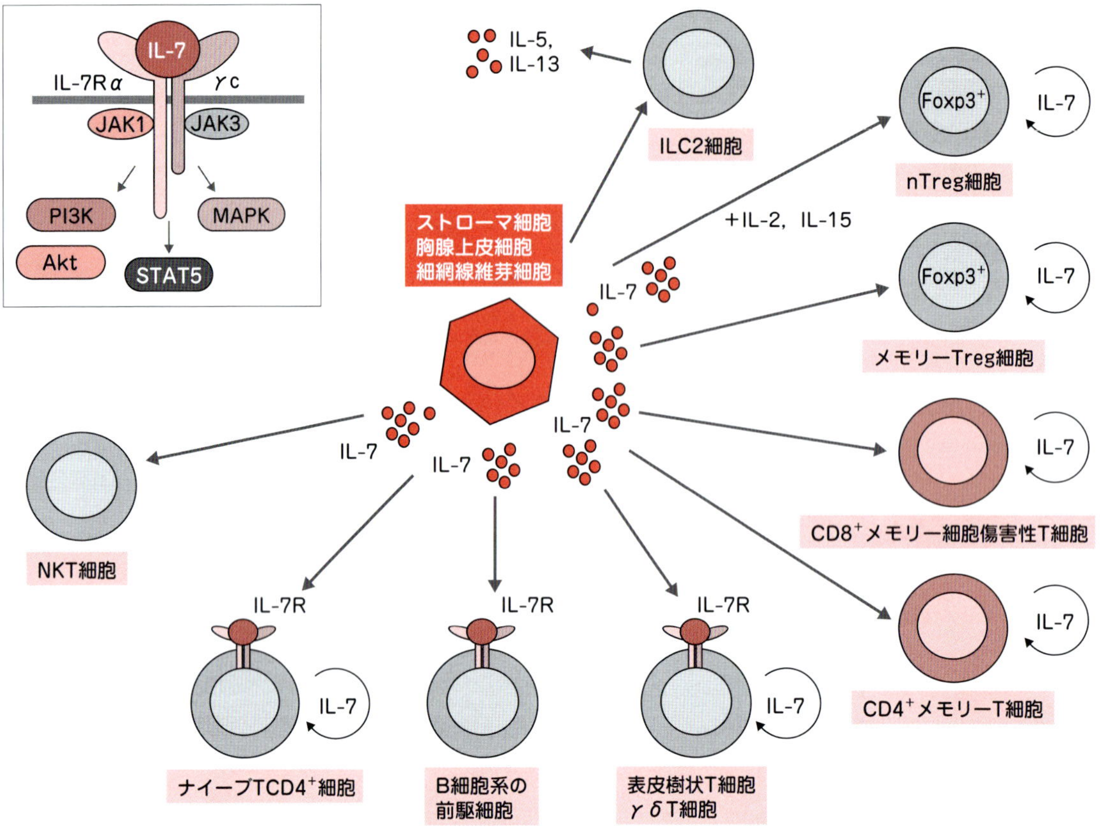

図9 IL-7のシグナル経路
詳細は本文参照.

2) 機能

IL-7の主たる産生細胞はリンパ組織の間質細胞〔ストローマ細胞および細網線維芽細胞（FRC）〕や胸腺上皮細胞であり（**図9**），細胞外マトリクスに結合した形でリンパ球上のIL-7受容体（IL-7R）に結合する．これにより，T細胞の初期分化が促進される．一方，骨髄・皮膚・腸管・肝臓のストローマ細胞は恒常的にIL-7を組織および血中に分泌し，末梢T細胞の量的維持に働いている．実際に，末梢のナイーブT細胞はIL-7がないと1～2日で死滅する．すなわちIL-7は，末梢T細胞プールの大きさを規定し「恒常性維持増殖（homeostatic proliferation）」を支える重要なサイトカインである．IL-7Rは，IL-7Rα（CD127）およびγc（CD132）のヘテロ二量体である（**5**も参照）．IL-7Rα，γcにはそれぞれチロシンキナーゼJAK1，JAK3が会合し，主にSTAT5を活性化する[1]．さらに，PI3K，AktおよびMAPK系が活性化され，Bcl-2の発現誘導を介して抗アポトーシス作用を発揮する．

IL-7は，T細胞の発生にきわめて重要である．IL-7シグナルはCD8の転写を活性化するため，CD8$^+$T細胞の分化にも貢献している．さらに，ナイーブおよびメモリーT細胞の生存に必要である．IL-7のシグナルはT細胞受容体（TCR）シグナルとともに，ナイーブCD4$^+$T細胞の分化・生存，メモリーCD4$^+$T細胞の維持に働くが，これにはBcl-2のアポトーシス抑制によるところが大きい．一方，活性化したエフェクター細胞ではIL-7Rαの発現が低く，IL-7ではなくIL-2による増殖が特徴となっている（**6**参照）．一方，IL-7はγδT細胞の分化に必須であり，TCRγ鎖遺伝子のV（D）Jリコンビネーションに必要である．組織におけるIL-7分泌は，末梢組織中に存在するT細胞の生存に関与する．ケラチノサイトが分泌するIL-7は，皮膚γδT細胞（表皮樹状T細胞；DETC）の維持を行っており，炎症・創傷治癒・腫瘍監視などに役立っている．IL-7は制御性T（Treg）細胞の胸腺内分化を補助している．胸腺由来Treg（nTreg）は自己ペプチド/MHC複合体に高親和性のあるTCRを発現する．nTregの前駆細胞は主にIL-2によりFoxp3^{+}胸腺細胞に成熟するが，さらにIL-7とIL-15が分化を促進する．IL-7Rαノックアウトマウスを用いた近年の報告によれば，IL-7Rを介したシグナルはNKT細胞の分化においても重要である．IL-7は一般の骨髄由来NK細胞の分化には必須ではないが，一部の胸腺由来NK細胞の発生には必要である．自然リンパ球のうちILC2（innate lymphoid cell-2）の分化においてIL-7が重要であることが明らかとなった．ILC2はIL-5やIL-13を分泌し好酸球性のアレルギー反応などを誘導する．IL-7はB細胞分化にも重要である[2]．B細胞分化のきわめて初期にあたるpre-pro-B細胞の増殖と分化はIL-7のシグナルが必要である．さらに，pro-B細胞とpre-B細胞の増殖もIL-7に依存しており，マウスではIL-7RシグナルがB細胞分化に必須である．ヒトではIL-7Rα欠損症患者においてもB細胞が存在するが，末梢B 細胞の機能は不十分である．B細胞分化におけるIL-7依存性はマウスとヒトで異なっている．

3) KOマウスの表現型/ヒト疾患との関連

IL-7ノックアウトマウスではマウス末梢T細胞およびB細胞が減少し，γδT細胞が完全に欠損する．脾細胞数は約1/10程度となる．一方，IL-7を高発現するトランスジェニックマウスでは末梢のナイーブT細胞が増加する．IL-7RαノックアウトはIL-7ノックアウトマウスと同様にγδT細胞欠損，αβT細胞およびB細胞の減少を認める[3]．なお，IL-7Rαを共有するサイトカインとしてTSLPが同定されており，IL-7ノックアウトマウスとTSLP高発現トランスジェニックマウスを交配するとリンパ球減少が消失する．

ヒトにおけるIL-7Rα欠損患者はT細胞欠損によって免疫不全を発症する（IL-7Rα欠損SCID）．マウスと異なりB細胞とNK細胞は存在する．一方，IL-7シグナルの過剰はヒト白血病の原因となる．また，胸腺細胞由来のT細胞性急性リンパ性白血病（T-ALL）の約10％では，IL-7Rαの活性型変異が認められ悪性化の原因となっており，活性変異型IL-7Rαを発現するマウスは白血病を発症する[4]．炎症性疾患ではIL-7が病態形成に関与する．Th17細胞はIL-7Rαの発現が高いため，IL-7シグナルをブロックするとTh17細胞の炎症誘導能が消失し実験的自己免疫性脳脊髄炎（EAE）が改善する．関節リウマチに罹患した関節ではIL-7分泌が高い．近年のゲノム解析によると，多発性硬化症（MS）および1型糖尿病などの自己免疫疾患においてIL-7α遺伝子との相関が示されている．

【リガンド】

ヒトおよびマウスIL-7は，和光純薬工業社，PeproTech社，Miltenyi Biotec社，R & Dシステムズ社などから購入可能である．

【データベース】

	GenBank ID	UniprotKB/Swiss-Prot
ヒト IL-7	NC_000008.11	P13232
マウス IL-7	NM_008371.4	P10168

参考文献

1）Rochman Y, et al：Nat Rev Immunol, 9：480-490, 2009
2）Clark MR, et al：Nat Rev Immunol, 14：69-80, 2014
3）Tani-ichi S, et al：Proc Natl Acad Sci U S A, 110：612-617, 2013
4）Yokoyama K, et al：Blood, 122：4259-4263, 2013

（田中伸幸）

Keyword

9 IL-9/13/15/21

▶フルスペル：interleukin-9/13/15/21
▶和文表記：インターロイキン9/13/15/21

【IL-9】

▶別名：p40, T cell growth factor Ⅲ

【IL-13】

▶別名：p600，NC30，ALRH，BHR1

1) 歴史とあらまし

IL-9/15/21はIL-2/4/7とともにIL-2Rγ（γc）を受容体として共有するサイトカインである[1)2)]（図10）（5も参照）．

IL-9は，T細胞増殖因子として1988年に同定された．抗原刺激したマウスリンパ節から樹立したヘルパーT細胞に対して抗原刺激下で細胞増殖を維持する．

IL-13はTh2細胞に特異的に発現する因子として同定された．γcを受容体としないが，IL-4とIL-4Rαを共有するため，両者の機能には部分的な重複性がある．

IL-15はIL-2と受容体を共有するT細胞増殖因子として1994年にクローニングされた．IL-2とIL-2Rβおよびγcを共有することから，IL-2と比較されながら，解析が進められた．

IL-21については受容体の同定がまず先んじた．サイトカイン受容体として2000年にDNAデータベース探索によって発見されたIL-21Rを用いて，刺激因子の機能的スクリーニングが行われ，マウスB細胞前駆細胞（pro-B細胞）株を増殖させる因子として同定された．IL-21はT細胞増殖とB細胞制御にかかわるのみならず，多彩な機能を果たしていることが明らかとなった．

2）機能

i）IL-9

IL-9は肥満細胞を活性化し寄生虫排除を行う一方で，アレルギーや炎症を誘導する[3]．好酸球の動員，肺上皮細胞（杯細胞）の過形成，気道過敏性亢進などにより，気管支喘息様の病態形成に関与している[4) 5]．ヒトの気道平滑筋細胞はIL-9Rを発現しており，IL-9はERKを活性化してCCL11とIL-8を分泌させる．CCL11の分泌にはSTAT3の活性化が必要である．T細胞に対する作用は増殖と生存の支持である．B細胞に対しては，B1細胞の増殖を促進するほか，IL-4によるIgE，IgG_1産生を助ける．神経細胞に対しては，抗アポトーシス作用を示す．IL-9分泌細胞としてTh2細胞が注目されていたが，後にIL-4産生細胞（Th2細胞）（7参照）とIL-9産生細胞は別であることが示された．*in vitro*実験系において，抗原刺激を受けたナイーブ$CD4^+$細胞は，IL-2/IL-4/TGF-βの存在下でIL-9を分泌するTh9細胞に分化する．ところが，IL-9産生細胞に関する新たな発見があった．IL-9レポーターマウスを用いた実験によって，*in vivo*におけるIL-9の主な産生細胞はヘルパーT細胞ではなく自然リンパ球（innate lymphoid cell-2：ILC2）であることが判明したのである[6) 7]．組織中のILC2は，IL-2とIL-33刺激を受けて活性化し，IL-9を分泌する．IL-9はオートクラインによってILC2自身を活性化し，IL-5，IL-13，amphiregulinを分泌させ，好酸球・好塩基球をリクルートし粘液産生を促すことでアレルギー反応を誘導する．

ii）IL-13

IL-13は，アレルギー性炎症の病態形成に深く関与している．特に気管支喘息における気道過敏性，杯細胞過形成，好酸球性炎症において中心的役割を果たす[8]．IL-13はB細胞に作用して免疫グロブリンのクラススイッチを促進し，IgEの産生を亢進させる．B細胞の成熟と分化を促進し，CD23/72/80/86，MHCクラスIIの発現を誘導する．好酸球に作用して活性化するほか，生存シグナルを伝える．IL-13は肥満細胞の増殖やIL-6などのサイトカイン産生に働く[9]．血管内皮に作用してVCAM-1を発現誘導し，炎症関連細胞を組織へと動員する．IL-13の機能はIL-4（7参照）と重複する部分が多いが，その理由として①IL-4とIL-13が染色体上で近接しており転写調節が重複すること，②IL-13とIL-4が受容体サブユニットとしてIL-4Rαを共有すること，などがあげられる．IL-13分泌細胞はとしては，$CD4^+$細胞サブセットのうちTh2細胞が有名であり，Th2細胞はIL-4，IL-5とともにIL-13を分泌する．一方，2010年にILC2がIL-5とともにIL-13を分泌することが明らかとなった[10]．ILC2は組織損傷に由来するIL-25とIL-33によって分化する．ILC2は喘息につながる気道過敏性を誘導するが，この作用はIL-13に依存している．

iii）IL-15

IL-15はNK細胞の発生に必要である[11]．*in vitro*においてIL-15存在下でヒト$CD34^+$造血幹細胞を培養すると，機能的なNK細胞が出現する．IL-15RαノックアウトマウスにおいてNK細胞が消失することから，NK細胞の発生にはIL-15シグナルが必須であることが証明された．さらに，IL-15はNKT細胞の生存に必要である．IL-15はCD44を高発現するメモリー$CD8^+$T細胞の維持にも必須であり，ナイーブ$CD8^+$T細胞数はIL-15によって維持されている．*in vitro*実験系ではIL-15，IL-7とIL-21が協調してメモリー$CD8^+$T細胞の増殖を支えている．ナイーブ$CD4^+$T細胞に対するIL-15の影響はない．その他IL-15は，腸管上皮のγδT細胞，腸管粘膜などに存在するCD8αα TCRαβT細胞（ヒト腸管上皮間リンパ球：iEL）の生存・維持と成熟に重要である．なお，分泌されたIL-15はまず同一分泌細胞上のIL-15Rαに結合し，さらに標的細胞上のIL-2Rβγc複合体にトランスで結合して機能する．主なIL-15産生細胞は，単球，マクロファージ，樹状細胞（DC）であるが，ケラチノサイト，線維芽細胞および神経細胞なども分泌する．

iv）IL-21

IL-21はB細胞の免疫グロブリン産生を制御する[12]．マウスではIgG（IgG_1，IgG_{2b}）産生を促し，抗体のアフィニティー成熟を誘導する．一方IgE産生は強く抑制する．ヒトではIL-21は活性化B細胞に対して免疫グロブリンのクラススイッチを誘導してIgG_1，IgG_3を産生させる．IgA産生に関しては，IL-21とTGF-βが協調している．なお，IgE産生についてはIL-4に依存している．

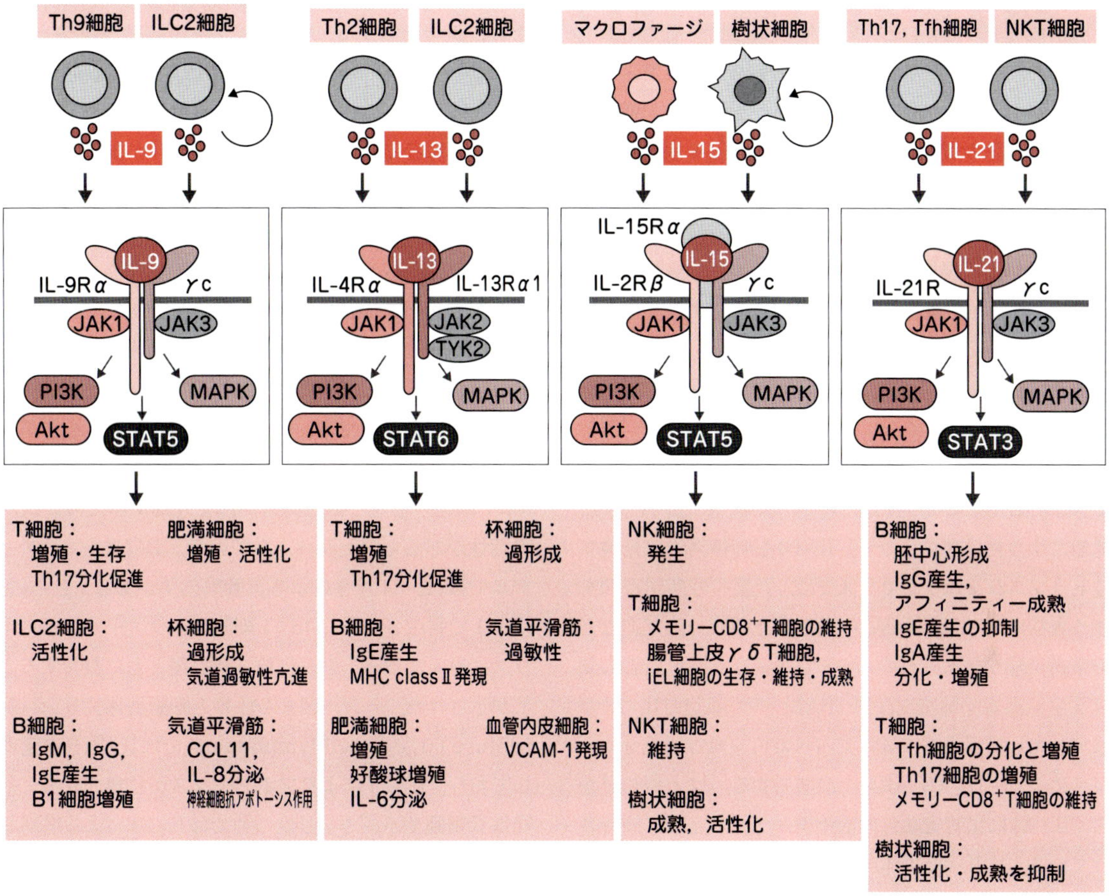

図10 IL-9/13/15/21のシグナル経路
詳細は本文参照.

IL-21はT細胞とともにB細胞の分化・増殖を正に制御する．IL-21とB細胞受容体（BCR）刺激が協調して，ナイーブB細胞を形質細胞（抗体産生細胞）へと分化させる．特に胚中心（GC）B細胞の生存と分化にはIL-21が直接B細胞に作用することが必須であり，Bcl6の発現を誘導する．一方，IL-21単独ではBimを介してB細胞のアポトーシスを誘導することもある．IL-21は一般的な骨髄球系樹状細胞（myeloid/conventional DC：mDC/cDC）の活性化と成熟を抑制し，抗原提示機能を抑制する．リンパ球系樹状細胞（plasmacytoid DC：pDC）に対する作用はない．IL-21はナイーブCD4$^+$T細胞の発生には関与しない．一方，IL-21はTh17細胞の増殖を促進する．Th17細胞はIL-6とTGF-βにより分化するCD4$^+$T細胞のサブセットであり，炎症を誘導する．Th17細胞はIL-17A，IL-17FとともにIL-21を分泌するため，自身の増殖と維持に関して，IL-21によるポジティブフィードバック系が存在することになる．一方，IL-21は濾胞性ヘルパーT（Tfh）細胞の分化・増殖を制御している．Tfh細胞はCXCR5を発現するCD4$^+$T細胞亜集団でありIL-21，IL-4およびIFN-γを分泌するサブセットである．Tfhは胚中心においてB細胞に働いて免疫グロブリン産生を促進する．IL-21はCD8$^+$T細胞の発生・分化には影響を与えないが，IL-7またはIL-15と同時に作用すると細胞増殖を促進する．また，抗原特異的活性化CD8$^+$T細胞の増殖を促進する．IL-21は活性化エフェクター細胞数を低く保つ作用がある一方，メモリーCD8$^+$T細胞の維持を促す．さらにIL-21は制御性T（Treg）細胞の誘導を抑制する機能も報告されている．

3) KOマウスの表現型/ヒト疾患との関連

i）IL-9

IL-9ノックアウトマウスでは，寄生虫卵接種による肉芽腫形成モデルにおいて杯細胞過形成と肥満細胞増加反応が失われる．肺特異的にIL-9を発現するトランスジェニックマウスでは，重篤な呼吸器炎症を発症し，肥満細胞・リンパ球の遊走やコラーゲン沈着などを呈する．ヒト疾患とのかかわりでは，アレルギー患者にTh9細胞が多いこと，Th9細胞は自己免疫病態（実験的脳脊髄炎：EAE）や自己免疫性腸炎を悪化させること，抗腫瘍活性をもつことなどが報告されている．IL-9は気管支喘息で気道炎症の発症と維持に貢献しているため，既存の喘息治療薬に抗IL-9抗体を追加する臨床治験が行われている．

ii）IL-13

IL-13ノックアウトマウスでは，Th2分化は正常である．寄生虫感染により特異的IgG_1およびIgG_{2a}高値，IgE低値により慢性感染となる．IL-13を肺特異的に発現するトランスジェニックマウスでは，大量の好酸球浸潤を伴う炎症が起こり，杯細胞の過形成と粘液分泌亢進などの気道炎症が認められる．ヒトでは気管支喘息患者の気管支生検標本や肺胞洗浄液（BAL）中の細胞でIL-13が増加している．また，気管支内への抗原投与（チャレンジ）により，IL-13 mRNAが増加する．以上の知見から，IL-13は気管支喘息の治療ターゲットとして期待されている．抗IL-13抗体（lebrikizumab）による気管支喘息患者を対象とした臨床治験では，症状の大幅な改善があると報告されている．抗IL-4R α抗体（dupilumab）とともに，気管支喘息治療への展開が期待される．

iii）IL-15

IL-15ノックアウトマウスは，メモリーT細胞減少，NK細胞欠損があり，NKT細胞がほとんどない．IL-15R αノックアウトマウスも同様の症状を呈する．IL-15は，ヒト疾患では$CD4^+$T細胞由来のリンパ腫である皮膚T細胞性リンパ腫（cutaneous T-cell lymphoma：CTCL），大顆粒リンパ球性白血病（LGL leukemia），成人T細胞性白血病（ATL）の細胞増殖因子である．一方，IL-15はワクチンへの応用が検討されている．IL-2と異なりTregに影響がなく，エフェクター$CD8^+$T細胞をアポトーシスから守るため，NK細胞賦活とともに抗腫瘍効果が期待される．

iv）IL-21

IL-21Rノックアウトマウスでは，IgG_1，IgG_{2b}が低値であるが，IgEは高い[13]．また，$CD4^+$T細胞では，Tfhサブセット細胞の減少はあっても軽度である．メモリーB細胞と長期生存型形質細胞（LL-PC）機能が低下するため，抗原に対する抗体産生の二次応答が障害される．IL-21トランスジェニックマウスでは，樹状細胞が増加する．IL-21Rの変異による免疫不全症患者が報告された．この患者では変異によってIL-21Rが細胞膜上に発現しないために，機能的な障害が発生しており，慢性的な肺炎・胆管炎を伴う肝硬変・腸炎などに罹患していた．T/B/NK細胞数は正常だが，B細胞の免疫グロブリンクラススイッチに異常がありIgG低値・IgE高値を認めた．またNK細胞の細胞傷害活性とT細胞の抗原刺激応答が低いため，細菌感染や真菌感染を繰り返す．さらにHIV感染長期未発症者では，$CD8^+$T細胞がIL-21を分泌している．他にもIL-21は$CD8^+$T細胞，NK細胞およびNKT細胞の増殖と細胞傷害活性を亢進するため，抗腫瘍活性があるものと期待されている．実際に，マウスモデルではIL-21投与による抗腫瘍効果がある．さらに，IL-21で刺激された$CD8^+$T細胞をメラノーマ担がんマウスに導入すると，生存日数・腫瘍径ともに改善することが示された．一方，びまん性B大細胞型悪性リンパ腫（diffuse large B-cell lymphoma）ではIL-21Rを発現しており，IL-21によりアポトーシスが誘導できる．多発性骨髄腫やホジキンリンパ腫ではIL-21による増殖が認められ，IL-21をブロックすることで腫瘍縮小が期待できる．以上のことから，IL-21補充によるB型肝炎ウイルス（HBV）やHIVに対する治療が模索されている．逆に，関節リウマチや全身性エリテマトーデス（SLE）などの自己免疫疾患に対してIL-21をブロックする治療法の開発が進んでいる．

【リガンド】

マウスIL-9/13/15/21は，PeproTech社，R & Dシステムズ社から，ヒトIL-9/13/15はMiltenyi Biotec社などから入手可能である．

【データベース】

	GenBank ID	UniprotKB/Swiss-Prot
ヒト IL-9	NM_000590.1	P15248
マウス IL-9	NM_008373.1	P15247
ヒト IL-13	NM_002188.2	P35225
マウス IL-13	NM_008355.3	P20109
ヒト IL-15	NM_000585.4	P40933
マウス IL-15	NM_008357.2	P48346
ヒト IL-21	NM_001207006.2	Q9HBE4
マウス IL-21	NM_021782.3	Q9ES17

参考文献

【γc】

1）Rochman Y, et al：Nat Rev Immunol, 9：480-490, 2009

2）Asao H, et al：J Immunol, 167：1-5, 2001

【IL-9】

3）Wilhelm C, et al：Nat Immunol, 13：637-641, 2012

4）Goswami R & Kaplan MH：J Immunol, 186：3283-3288, 2011

5）Kaplan MH：Immunol Rev, 252：104-115, 2013

6）Schmitt E, et al：Trends Immunol, 35：61-68, 2014

7）Lund S, et al：Curr Immunol Rev, 9：214-221, 2013

【IL-13】

8）Grünig G, et al：Am J Clin Exp Immunol, 1：20-27, 2012

9）Klein Wolterink RG, et al：Eur J Immunol, 42：1106-1116, 2012

10）Stassen M, et al：Ann N Y Acad Sci, 1247：56-68, 2012

【IL-15】

11）Kemeny DM：Cell Mol Immunol, 9：386-389, 2012

【IL-21】

12）Linterman MA, et al：J Exp Med, 207：353-363, 2010

13）Spolski R & Leonard WJ：Nat Rev Drug Discov, 13：379-395, 2014

（田中伸幸）

Keyword

10 TSLP

▶フルスペル：thymic stromal lymphopoietin

1）歴史とあらまし

TSLPは1994年にマウス胸腺ストローマ細胞株からB細胞の分化を促進する因子として同定されたIL-7（8参照）様のサイトカインである[1]．その後，2001年にヒトTSLPが同定され，その遺伝子がヒト染色体のTh2サイトカインクラスターの近接領域に存在することが明らかとなった．

TSLPの機能的受容体はIL-7受容体α鎖（IL-7Rα）とTSLPに特異的なTSLPR鎖のヘテロ二量体からなる（IL-7Rα/TSLPR heterodimer）．また，TSLPR鎖はγc（CD132）（5参照）と最も相同性が高く，IL-7がIL-7Rα/γc受容体と結合してSTAT5を活性化するように，TSLPはその受容体結合によりSTAT5を活性化する．

TSLPは主に上皮細胞に産生されると考えられているが，線維芽細胞，平滑筋細胞，マスト細胞などもTSLPを産生する．

2）機能

TSLPは受容体にIL-7Rαを用いていることからもわかるように，リンパ球の初期分化を維持・促進するIL-7と似た機能を有していることがよく知られている．一方で，TSLPR鎖とγc鎖とのダブル遺伝子欠損マウスでは，γc鎖単独遺伝子欠損マウスと比較してリンパ球発生に大きな異常をみせる[2]．このことはTSLPがリンパ球発生においてIL-7とは異なった機能を有していることを示している．事実，γc鎖単独遺伝子欠損マウスにTSLPを投与するとT細胞・B細胞の増殖が誘導される．

しかしながら，TSLPの最も特徴的な機能はアレルギー性炎症反応において見出されている．TSLPの過剰発現はアトピー性皮膚炎患者の炎症部皮膚や気管支喘息患者の肺胞などで観察される．このTSLPは主に障害を受けた上皮細胞により産生されており，樹状細胞を活性化する．このTSLPにより活性化された樹状細胞はナイーブ$CD4^+$T細胞をIL-4/IL-5/IL-13/TNFαを産生するTh2タイプの炎症性T細胞へと分化させる．また，このTh2タイプの炎症性T細胞の分化にはTSLP刺激により樹状細胞上に発現誘導されるOX40Lが必要であることも明らかとなっている[3]．

3）KOマウスの表現型/ヒト疾患との関連

*TSLPR*遺伝子欠損マウスはIL-12やIFN-γを産生する強いTh1タイプの反応を示す一方で，IL-4/IL-5/IL-13をあまり産生しない．また，この*TSLPR*遺伝子欠損マウスは抗原感作喘息モデルにおいて肺の炎症を起こさないことが報告されている．したがって，前述のヒト細胞における*in vitro*の実験結果と合わせると，TSLPは樹状細胞を活性化し，Th2タイプのT細胞を誘導することでアレルギー性炎症反応を引き起こしているといえる[3]．また，アトピー性皮膚炎患者や喘息患者の炎症部位でTSLPの発現増強が観察されるのみならず，多角的ゲノム解析でも*TSLP*遺伝子がアレルギー性疾患の関連因子として度々同定されている．以上により，TSLPを標的としたアレルギー疾患治療薬の開発が期待されている．

【組換えタンパク質】

ヒトおよびマウス組換えTSLPはPeprotech社，R & Dシステムズ社から購入可能である．

参考文献

1）Friend SL, et al：Exp Hematol, 22：321-328, 1994

2）Al-Shami A, et al：J Exp Med, 200：159-168, 2004

3）Ito T, et al：Allergol Int, 61：35-43, 2012

（江指永二）

Ⅲ gp130を介して作用するサイトカイン

Keyword

11 gp130

▶フルスペル：glycoprotein130
▶別名：interleukin 6 signal transducer（IL6ST），CD130

1）歴史とあらまし

IL-6（12参照）の受容体を探索する過程で，1988年にまず80 kDaの低親和性受容体であるIL-6受容体（IL-6R）が同定された．IL-6Rの細胞内領域は非常に短く，細胞内領域を欠失させたIL-6Rを発現させた細胞でもIL-6に応答可能であったことから，細胞内にシグナルを伝達できる別の受容体の存在が示唆された．1989年にIL-6で細胞を刺激した場合にのみIL-6Rと会合する130 kDaの細胞膜糖タンパク質の存在が明らかとなり，gp130と名づけられた．翌年，その遺伝子が単離され，構造が明らかとなった．

ヒトgp130は22アミノ酸のシグナル配列を含む918アミノ酸からなるⅠ型サイトカイン受容体であり，細胞外領域はN末端側から順に1つのイムノグロブリン様ドメイン，2つのサイトカイン受容体相同ドメイン，3つのフィブロネクチンⅢ型モジュールで構成され，サイトカイン受容体スーパーファミリーに特徴的なWSXWSモチーフ（WはTrp，SはSer，Xは任意のアミノ酸）をもつ．IL-6はgp130に単独では結合できないが，IL-6Rの細胞外領域を介してgp130とともに高親和性の複合体を形成し，細胞内にシグナルを伝達する．その後の研究から，gp130はIL-6のシグナル伝達分子として機能するだけでなく，広範な組織で発現し，IL-11（13参照），LIF（15参照），CNTF（18参照），CT-1（17参照），OSM（16参照），IL-27（14参照）などのサイトカインに対する受容体の構成分子としても機能していることが明らかとなった（図11）．そのため，これらのサイトカインはIL-6ファミリーサイトカインとよばれ，gp130を介して共通した活性を示す一方で，それぞれ特有の生理活性を示すことも知られる．このような機能の多様性や重複性はgp130を共有する受容体構造によって理解されることとなった[1]．なお，IL-31は受容体としてgp130を共有しないが，OSM受容体を共有するためIL-6のファミリーに加えられる（16参照）．また，IL-35は受容体としてgp130を共有するが，IL-12ファミリーに加えられる（22参照）．

2）機能

gp130はリガンド（サイトカイン）の種類に応じて，ホモ二量体あるいはLIFR，OSMR，WSX-1とのヘテロ二量体を形成し，転写因子であるSTAT経路やRas-MAPK経路を活性化させ，細胞内シグナル伝達を担う．gp130の細胞内領域はキナーゼ活性を有さないが，box1とよばれる領域に構成的にJAK1，JAK2，Tyk2キナーゼといったJAKキナーゼが会合している（図12参照）．リガンドの結合によりgp130がホモ二量体化またはヘテロ二量体化すると，活性化したJAKキナーゼはgp130の細胞内領域のチロシン残基をリン酸化する．このうちgp130のYXXQモチーフ（Yはチロシン，Xは任意のアミノ酸残基）の4カ所のリン酸化チロシン部位に，STAT3がSH2ドメインを介して結合する．さらにSTAT3はJAKキナーゼによるチロシンリン酸化を受けた後，二量体化して核内に移行しSTAT応答性遺伝子の転写に寄与する．

一方，マウスでは757番目，ヒトでは759番目のチロシン残基がリン酸化されるとSHP2が結合し，活性化したSHP2からさらに下流のRas-MAPK経路へとシグナルが伝達される．また，このリン酸化チロシン部位にはサイトカインシグナル抑制因子であるSOCS3（suppressor of cytokine signaling 3）も結合する．このような一連のシグナル伝達や調節機構により，細胞外のリガンドからgp130を介してさまざまな細胞内シグナルが核内に伝達され，細胞種ごとの機能発現に寄与する．

3）KOマウスの表現型／ヒト疾患との関連

gp130を全身で欠損させたマウスは胎生致死となるが，生後に膜貫通領域を含むエキソンを欠失させたコンディショナルノックアウトマウスでは神経系や免疫系，肝臓，肺など多岐にわたって異常が認められる[2]．また，心室でgp130を欠損させたマウスでは心臓の構造や機能に異常は認められないものの，心筋細胞のアポトーシスの亢進と早期の拡張型心筋症の発症が認められた[3]．一方，SHP2とSOCS3の結合部位である759番目のチロシンをフェニルアラニンに置換したヒトgp130の細胞内領域をマウスにノックインすると，STAT3の持続的な活性化を引き起こし，生後1年ほどで慢性関節リウマチ様の自己

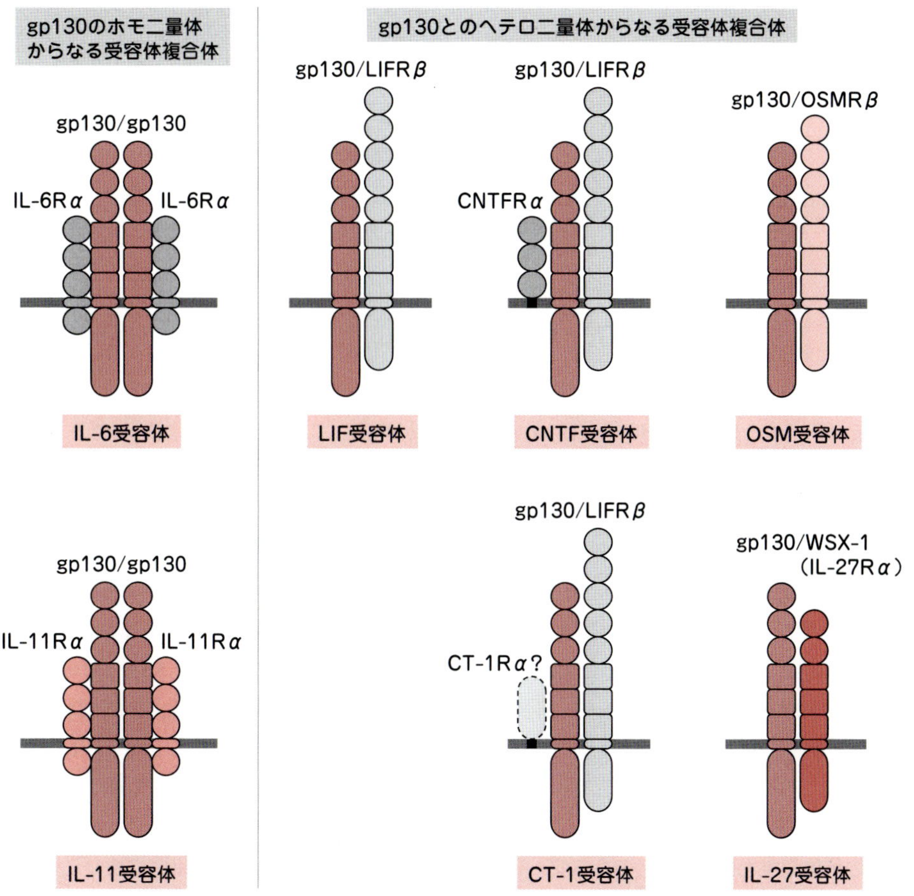

図11 gp130を共有するIL-6ファミリーサイトカインの受容体構造

免疫疾患を発症する[4]．また，マウスgp130の757番目のチロシンをフェニルアラニンに置換したノックインマウスでは生後3カ月までに胃腺腫を発症することが報告されている[5]．ヒトにおいても，炎症性肝細胞腺腫でgp130のIL-6結合部位にインフレーム欠損が高確率で認められており，これらの変異体はリガンド非依存的にSTAT3を活性化させることが示されている[6]．

【抗体】

抗gp130抗体はAbcam社，R & Dシステムズ社，BDバイオサイエンス社，MBL International社などで購入可能．

【ベクター】

マウスgp130はOriGene社より，ヒトgp130はOriGene社またはLife Technologies社より購入可能．

【データベース】

GenBankアクセス番号

ヒトgp130　mRNA：M57230

マウスgp130　mRNA：M83336

OMIM ID

600694

参考文献

1) Taga T & Kishimoto T：Annu Rev Immunol, 15：797-819, 1997
2) Betz UA, et al：J Exp Med, 188：1955-1965, 1998
3) Hirota H, et al：Cell, 97：189-198, 1999
4) Atsumi T, et al：J Exp Med, 196：979-990, 2002
5) Tebbutt NC, et al：Nat Med, 8：1089-1097, 2002
6) Rebouissou S, et al：Nature, 457：200-204, 2009

（田中　稔）

Keyword

12 IL-6

- ▶フルスペル：interleukin-6
- ▶和文表記：インターロイキン6
- ▶別名：インターフェロンβ2（IFNB2），B細胞刺激因子2（BSF2），B細胞分化因子（BCDF），肝細胞刺激因子（HSF），ハイブリドーマ増殖因子（HGF）

1）歴史とあらまし

1970年代初頭，T細胞の培養液中にB細胞の分化や抗体産生を誘導する液性因子が存在することが示された．このような活性を示す因子として，1986年にIL-4（7参照），IL-5（3参照），IL-6が相次いで遺伝子単離され，IL-6はIFN-β2やハイブリドーマ増殖因子と同一の分子であることが判明した[1]．IL-6はT細胞のみならず，マクロファージ，線維芽細胞，滑膜細胞，内皮細胞，グリア細胞，ケラチノサイトなど多くの細胞種から産生される．その後の研究により，IL-6はB細胞に対する活性のみならず，免疫系，血液系，神経系，肝臓などに幅広く作用するサイトカインであることが明らかとなった[2]．

2）機能

IL-6はB細胞の抗体産生を促進するのみならず，その生理活性はきわめて多岐にわたる．例えば，IL-6は血液幹細胞に対してIL-3と相乗的に働き，血液前駆細胞への分化増殖を支持する．さらに，破骨細胞を活性化させ骨代謝にかかわる他，巨核球の成熟化による血小板産生の促進や，T細胞や神経系細胞の分化に関与することも報告されている[3]．また，感染や外傷による炎症反応では，IL-6は肝臓の肝細胞に作用し，CRP（C-reactive protein）やハプトグロビンなどの急性期タンパク質の発現を誘導し急性期反応にかかわる．

IL-6の標的細胞には低親和性の特異的受容体であるIL-6Rαが発現しており，IL-6とIL-6Rαが結合すると，シグナル伝達を担うgp130（11参照）を含む高親和性の受容体複合体が形成され，細胞内にRas-MAPK経路，JAK-STAT3経路，NF-IL6などを介したシグナルが伝わる（**図12**）．NF-IL6（CEBP/β）やSTAT3〔別名：acute phase response factor（APRF）〕はIL-6による急性期タンパク質の発現誘導にかかわる転写因子として同定されたが，STAT3はさまざまな細胞機能の発現に重要な役割を果たすことが明らかとなっている．また，膜貫通領域をもたない可溶型のsIL-6RαもIL-6が結合するとgp130と高親和性受容体を形成できるため，sIL-6Rα存在下ではgp130を発現する細胞はすべてIL-6の標的となりうる．

3）KOマウスの表現型/ヒト疾患との関連

IL-6のノックアウトマウスは個体として正常に発生するが，病的な状況下では成体マウスにおいて免疫系やいくつかの組織で異常が認められる．例えば，IL-6ノックアウトマウスは感染や外傷後の急性期反応が著しく損なわれており，ウイルス感染に対する抗体産生能も低下している．一方，肝障害においては，肝細胞でのDNA合成が鈍化しており肝再生に遅延が認められる[4]．また，IL-6ノックアウトの雌マウスでは骨代謝回転が亢進しており，エストロゲンの枯渇に伴う骨量の低下に抵抗性を示す．加えて，IL-6はTGF-βと協調してナイーブT細胞からTh17細胞への分化誘導にかかわる．そのため，IL-6ノックアウトマウスでは抗原特異的なTh17応答が起こらず，代わりに制御性T細胞（Treg）が優位になっている[5]．Th17細胞は自己免疫疾患にかかわるヘルパーT細胞のサブセットであることから，IL-6はTh17/Tregのバランス制御を介しても病態発症にかかわると考えられる．さらに，IL-6ノックアウトマウスは以下に示すヒト疾患とIL-6との関連性の検証にも広く用いられている．

IL-6の産生異常は関節リウマチ（RA），クローン病，全身性硬化症，キャッスルマン病，悪性腫瘍など，種々の自己免疫性や慢性炎症性ヒト疾患の病態形成に関与している[3]．例えばRA患者に特徴的な急性期タンパク質の産生亢進，血小板の増加，高γ-グロブリン血症，骨吸収や血管新生の亢進はいずれもIL-6の作用に関連したものであり，RA患者の血中および関節液には過剰なIL-6が存在する．腎臓においてはIL-6はメサンギウム細胞の増殖を促進することで糸球体腎炎の発症に関与し，皮膚においてはケラチノサイトの増殖を促し線維芽細胞からのコラーゲンの産生を増強することで皮膚の硬化にかかわる．また，腫瘍細胞自体が産生することもあり，カポジ肉腫や多発性骨髄腫に対しては増殖因子として働くことが知られている．

IL-6に対して中和作用を示す抗体として開発されたヒト型化抗IL-6Rモノクローナル抗体（トシリズマブ）は，RA患者に対して有効性が認められ治療薬として承認されており，若年性特発性関節炎，キャスルマン病，膠原病など，その治療対象は拡大している[3]．

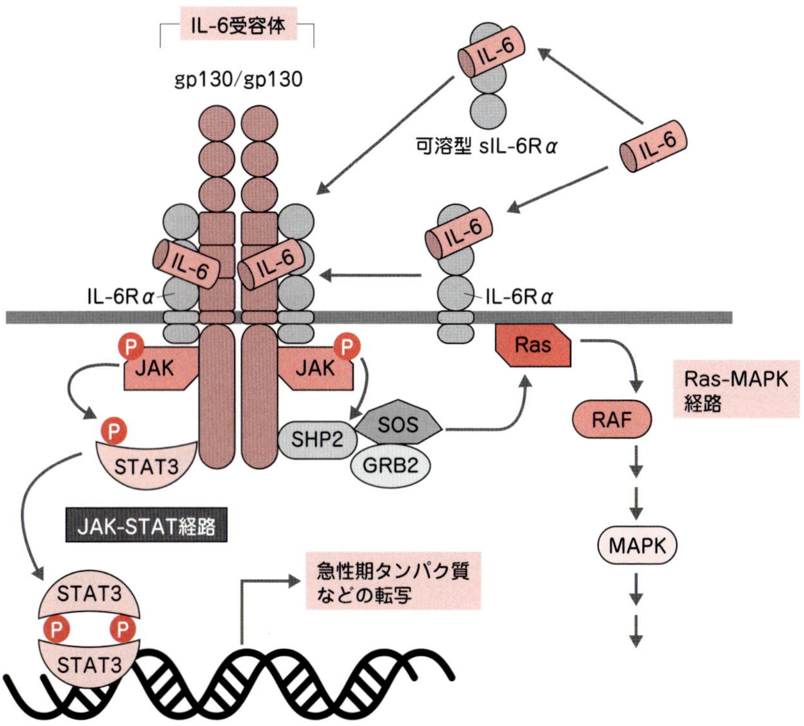

図12 IL-6受容体の構造と細胞内シグナル経路

【阻害剤】

ヒトIL-6の生物学的作用を抑制する治療抗体として，抗ヒトIL-6受容体モノクローナル抗体（トシリズマブ）が開発されている．

【抗体】

抗ヒトIL-6抗体，抗マウスIL-6抗体ともにR & Dシステムズ社，Abcam社より購入可能．

【ベクター】

マウスIL-6はOriGene社より，ヒトIL-6はOriGene社またはLife Technologies社より購入可能．

【組換えタンパク質】

組換えヒトIL-6，マウスIL-6ともにPeprotech社，R & Dシステムズ社，BioLegend社などより購入可能．

【データベース】

GenBankアクセス番号

ヒト IL-6　mRNA：BC015511

マウス IL-6　mRNA：BC138766

OMIM ID

147620

参考文献

1）Hirano T, et al：Nature, 324：73-76, 1986
2）Taga T & Kishimoto T：Annu Rev Immunol, 15：797-819, 1997
3）Tanaka T, et al：Semin Immunol, 26：88-96, 2014
4）Cressman DE, et al：Science, 274：1379-1383, 1996
5）Korn T, et al：Nature, 448：484-487, 2007

（田中　稔）

Keyword

13 IL-11

▶フルスペル：interleukin-11
▶和文表記：インターロイキン11
▶別名：adipogenesis inhibitory factor（AGIF）

1）歴史とあらまし

1990年に，Paulらはサルの骨髄から不死化ストローマ細胞株PU-34を樹立し，この細胞株が多能性造血幹細胞を長期に維持できることを見出した[1]．さらに，この細胞株から発現クローニング法によって，マウスのIL-6（12参照）応答性形質細胞株T1165の増殖を刺激する因子として，IL-11の遺伝子が単離された．ヒトIL-11はT細胞依存的なイムノグロブリン（Ig）産生B細胞の分化を支持し，IL-3（2参照）と協調してマウスの巨核球コロニーの形成を促進するなどの活性を示した．翌年，川島らはヒト骨髄ストローマ細胞株KM-102からマウス脂肪前駆細胞株3T3-L1の脂肪細胞分化を抑制する因子としてAGIF（adipogenesis inhibitory factor）を同定したが，IL-11と同一であることが判明した．

IL-11は造血において，臍帯血や骨髄，末梢血中の血液前駆細胞の増殖を支持し，巨核球の分化や成熟化を刺激することで血小板産生を促進するなどの活性を示すことから，骨髄造血環境の制御にかかわるサイトカインであると考えられている[2]．IL-11は199アミノ酸の前駆体として産生され，N末端の21アミノ酸が切断されて178アミノ酸からなる23 kDaの成熟IL-11となる．なお，マウスのIL-11は1996年にマウス胎仔胸腺細胞株T2より遺伝子単離されている．

2) 機能

IL-11はマウスでは中枢神経系や骨組織，生殖器，肺，胸腺など，幅広い組織で発現することが報告されている．また，線維芽細胞や骨芽細胞などの間葉系細胞でもIL-1やTGF-βなどの刺激によりIL-11は発現する．IL-11はIL-6（12参照），LIF（15参照），CT-1（17参照），CNTF（18参照），OSM（16参照），IL-27（14参照）などとともにIL-6ファミリーサイトカインに含まれる．他のIL-6ファミリーサイトカインの受容体がgp130/LIFR, gp130/OSMR, gp130/WSX-1などのヘテロ二量体で構成されるのに対し，IL-11はIL-6と同様に，低親和性の特異的受容体であるIL-11Rα（IL-6ではIL-6Rα）に結合した後，gp130のホモ二量体を形成し，細胞内にJAK-STAT経路やRas-MAPK経路によるシグナルを伝達する（図13）（11参照）．そのため，IL-11は多くのIL-6と共通した活性を示す一方で，骨形成や心疾患などではIL-6とは逆の作用を示すことも報告されている[3]．このような活性の違いは，それぞれの特異的受容体であるα鎖により規定された標的細胞種の違いによるものと考えられる．なお，IL-11は造血系以外に，妊娠，骨代謝，炎症，再生，発がんなどにおいても多彩な機能を発揮する[3]．

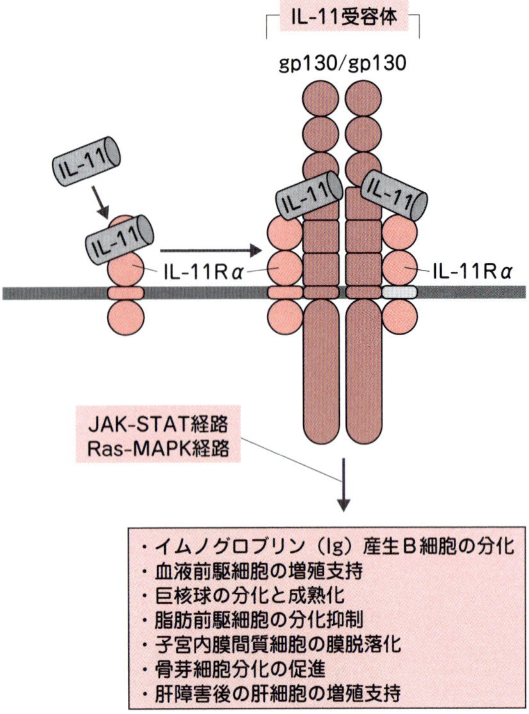

図13 IL-11の受容体構造と作用

3) KOマウスの表現型/ヒト疾患との関連

IL-11のノックアウトマウスはこれまでのところ報告がなく，生体内でのIL-11の機能は主にIL-11Rαのノックアウトマウスの解析から調べられている[3]．IL-11Rαノックアウトマウスは妊娠の成立に必要な子宮内膜間質細胞の脱落膜化に異常があり，不妊となる．また，肺でIL-13を過剰発現させたトランスジェニック（Tg）マウスによる喘息モデルでは，IL-11Rαの欠損で症状が軽減するとの報告や，逆に肺でIL-11を過剰発現させたTgマウスでは，炎症や線維化を伴った気道閉塞が誘導されるという報告がある．一方，心臓ではIL-11Rαは心筋細胞と心臓線維芽細胞で発現しており，マウスを用いた冠動脈結紮による虚血再灌流モデルや心筋梗塞モデルにおいて，IL-11を投与すると病態が改善することから，IL-11は心臓の傷害の軽減や機能の維持にかかわると考えられる．肝臓においても，アセトアミノフェン投与による急性肝障害では，酸化ストレス依存的に誘導されたIL-11が肝細胞の増殖を促し再生に寄与する．また，IL-11は*in vitro*において，BMP（第7章10～14参照）を介した骨芽細胞分化を促進する作用を示し，IL-11 Tgマウスでは長骨の皮質骨の厚みが増し，加齢に伴う骨量の減少に抵抗性を示す[4]．

ヒト疾患との関連については，IL-11のシグナルを十分に伝えられないIL-11Rαのミスセンス変異が頭蓋骨癒合症や過剰歯の原因となることが報告されている．また，IL-11は健常人の肺組織ではほとんど発現していないが，喘息患者の好酸球や上皮細胞から産生され，その発現量は病態の重症度と相関するとの報告がある．ヘリコバクター・ピロリ菌感染胃炎の生検では，IL-6とIL-11の発現上昇とともにSTAT3のリン酸化が亢進しており，IL-11によるSTAT3の活性化が胃がんへの進行や増殖にかかわる可能性が指摘されている．同様に，大腸がんにおいても，がん細胞から産生されるTGF-βががん関連線維芽細胞に作用することでIL-11を産生させ，逆にIL-11がIL-11Rαとgp130を介してがん細胞のSTAT3を活性化させることで，転移の促進や転移がん細胞の生存を支持するモデルも提唱されている[5]．IL-11製剤は，重度の血小板減少症の患者の血小板産生を増加させる治療薬としてFDAにより認可されている．

【阻害剤】

147番目のトリプトファンをアラニンに置換したIL-11（W147A）はIL-11Rαに結合できるがgp130を二量体化できないため，アンタゴニストとして働くとの報告がある．

【抗体】

抗ヒトIL-11抗体はR & Dシステムズ社，Abcam社より，抗マウスIL-11抗体はR & Dシステムズ社より購入可能．

【ベクター】

マウスIL-11はOriGene社より，ヒトIL-11はOriGene社またはLife Technologies社より購入可能．

【組換えタンパク質】

組換えヒトIL-11，マウスIL-11ともにPeproTech社，R & Dシステムズ社より購入可能．

【データベース】

GenBankアクセス番号

ヒトIL-11　mRNA：M57765

マウスIL-11　mRNA：BC134354

OMIM ID

147681

参考文献

1) Paul SR, et al：Proc Natl Acad Sci U S A, 87：7512-7516, 1990
2) Du X & Williams DA：Blood, 89：3897-3908, 1997
3) Garbers C & Scheller J：Biol Chem, 394：1145-1161, 2013
4) Takeuchi Y, et al：J Biol Chem, 277：49011-49018, 2002
5) Calon A, et al：Cancer Cell, 22：571-584, 2012

（田中　稔）

Keyword

14 IL-27

▶フルスペル：interleukin-27
▶和文表記：インターロイキン27
▶別名：EBI3/IL-27p28, EBI3/IL-30

1）歴史とあらまし

2002年にKasteleinらはデータベース探索からIL-6（12参照）の類似遺伝子としてすでに同定されていたp28（後にIL-30と命名）と，機能不明の可溶性クラスIサイトカイン受容体として報告されていたEBI3（Epstein-Barr virus-induced gene 3）が非共有結合の複合体を形成して細胞外へ分泌されることを見出した[1]．IL-27と命名されたEBI3/IL-30（IL-27p28）ヘテロ二量体は，活性化した抗原提示細胞から産生され，ナイーブ$CD4^+$ T細胞の増殖を支持し，IL-12（21参照）と協調してTh1細胞への分化を促進してIFN-γの産生を亢進させることが示された．

2）機能

IL-27の受容体はWSX-1（IL-27Rα）とgp130（11参照）のヘテロ二量体によって構成され，IL-27が結合することによりJAK-STAT経路やMAPK経路を介した細胞内シグナルが伝達される（**図14**）．しかし，IL-27のサブユニットであるIL-30を高発現させるとgp130を介したシグナルが抑制されることから，IL-30は単独ではgp130の低親和性アンタゴニストとして働く可能性がある．IL-27はTh1細胞応答を誘導するサイトカインとして同定されたが，その後の*in vitro*や遺伝子改変マウスを用いた*in vivo*の研究から，多くのT細胞サブセットにおいては抑制的に働くことが示された[2]．

IL-27受容体からのシグナルでは，STAT1の活性化とT-betの誘導によりTh1分化が促進される一方，GATA3やRORγtの発現抑制によりTh2細胞やTh17細胞への分化は制限される．また，感染や自己免疫の状況下では，IL-27はヘルパーT細胞サブセットのTh1, Th2, Th17, Tr1細胞を活性化させ，IL-10（23参照）の産生を促すことも報告されている[3]．制御性T細胞（Treg）の分化においては，IL-27は負の制御に働くという報告と正の

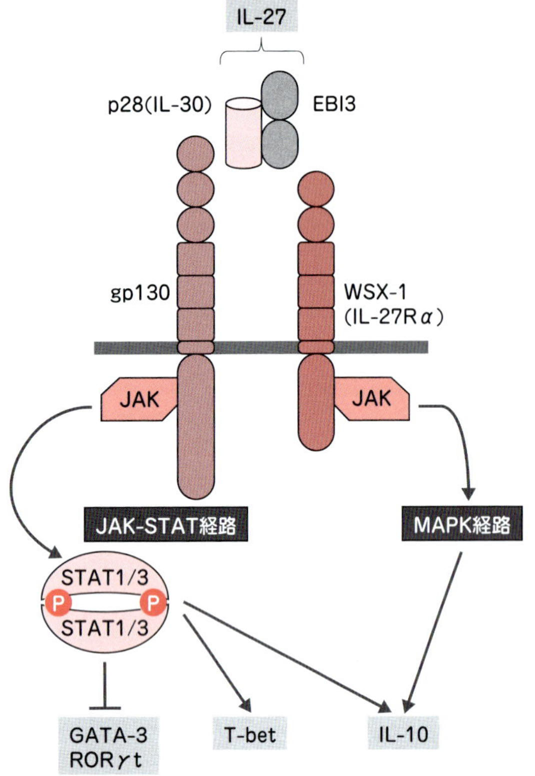

図14 IL-27受容体の構造とT細胞分化における細胞内シグナル経路

制御に働くという報告がある．しかし，IL-27RαノックアウトマウスではTregの存在比率は正常であり，IL-27はTregの分化に重要なFoxp3の発現を抑制しないことから，Treg分化におけるIL-27の作用は直接的というよりはIL-2（6参照）やTGF-βの発現制御を介した間接的なものである可能性が考えられる．

3) KOマウスの表現型／ヒト疾患との関連

IL-27は多くのT細胞サブセットに作用することから，免疫システムの異常を伴う自己免疫疾患や感染性疾患などの病態形成に関与することが数多く報告されている．例えばTh2細胞やTh17細胞による異常な免疫応答は気道，腸管，皮膚などのバリア部位における病態の形成にかかわることが知られている．実際にIL-27Rαノックアウトマウスを用いた喘息モデルではTh2応答の亢進を伴って病態が悪化する．また，ドデシル硫酸ナトリウム（DSS）誘導性の大腸炎モデルにおいても，IL-27Rαノックアウトマウスは Th17応答の亢進を伴って症状が悪化することから[4]，IL-27はこれらの疾患に対して抑制的に作用していることが示唆される．しかし，DSS投与を少量にした場合には，逆にIL-27は大腸炎の発症に寄与することも報告されている．これはTh17細胞が産生するIL-17の影響と考えられており，IL-17は単に発病にかかわるだけでなく，腸管のバリア機能を高め組織破壊を抑制する役割も担っているためと解釈される．すなわち，疾患発症過程においては，病態形成におよぼすIL-27の役割は一様ではないことを意味する．また，IL-27の投与はコラーゲン誘導性の関節炎では症状を軽減する一方で，プロテオグリカン誘導性の関節炎では内因性のIL-27が発症を促進するとの報告もある．多発性硬化症のマウスモデルである実験的自己免疫性脳脊髄炎（EAE）では，IL-27投与は発症を遅らせる効果があり，逆にIL-27Rαノックアウトマウスでは Th17細胞の増加を伴って病態が増悪することが報告されている[5]．

ヒトにおいては，IL-30遺伝子座の一塩基多型（SNP）と，喘息，慢性閉塞性肺疾患やクローン病などとの関連性が報告されている．これらの変異はIL-30の産生低下を引き起こすものと考えられており，IL-27はこれらの疾患発症に対して抑制的に働いている可能性が指摘されている．また，IL-27はヒトTh17応答を抑制し，抗炎症性のIL-10の産生を促進することから，治療薬やバイオマーカーとしての有効性が提唱されている．しかし，マウスを用いた研究では，用いる疾患モデルによってIL-27は炎症促進性にも抗炎症性にも働きうることや，IL-30サブユニットは受容体のアンタゴニストとして働きうることなどから，治療薬としての課題も多い．そのため，IL-27の産生異常を伴う疾患の背景やステージ間でのIL-27の機能の違いなど，さらに詳細な病態形成にかかわる機能の解明が望まれる．

【抗体】

抗IL-27抗体はAbcam社，R & Dシステムズ社より購入可能．

【ベクター】

マウスIL-27はOriGene社より，ヒトIL-27はOriGene社またはLife Technologies社より購入可能．組換えIL-27はAbcam社，R & Dシステムズ社より購入可能．

【データベース】

GenBankアクセス番号

ヒト EBI3	mRNA：L08187
ヒト IL-30	mRNA：AY099296
マウス EBI3	mRNA：AF013114
マウス IL-30	mRNA：AY099297

OMIM ID

EBI3　605816

IL-30　608273

参考文献

1) Pflanz S, et al : Immunity, 16 : 779-790, 2002
2) Kastelein RA, et al : Annu Rev Immunol, 25 : 221-242, 2007
3) Fitzgerald DC, et al : Nat Immunol, 8 : 1372-1379, 2007
4) Troy AE, et al : J Immunol, 183 : 2037-2044, 2009
5) Batten M, et al : Nat Immunol, 7 : 929-936, 2006

（田中　稔）

Keyword

15 LIF

▶フルスペル：leukemia inhibitory factor

▶和文表記：白血病阻止因子

▶別名：cholinergic differentiation factor, D-factor, differentiation inhibiting activity (DIA), human interleukin for DA cells (HILDA)

1) 歴史とあらまし

1980年代，腹水腫瘍細胞株や線維芽細胞株の培養上清中に，マウス骨髄性白血病細胞株をマクロファージ様細胞に分化させる因子が含まれていることが見出された．Metcalfらは，白血病細胞株M1を分化させて増殖を抑制するこの因子を白血病阻止因子（leukemia inhibitory factor：LIF）と命名し，1987年にマウスLIF遺伝子を，翌年にはヒトLIF遺伝子を単離することに成功した[1]．その後，マウス白血病細胞株DA1aの増殖を支持する因子（HILDA）や，胚性幹細胞（ES細胞）の分化を抑制し未分化性を維持する活性（DIA）がLIFと同一であることが明らかとなった．

LIFは202アミノ酸からなる約20kDaのタンパク質であり，その受容体にgp130を含むことから，IL-6ファミリーに属するサイトカインである．OSM（16参照）とは構造的類似性を示し，いずれの遺伝子もヒト染色体22q12.2にマップされる．LIFは多能性幹細胞の未分化性を維持する活性を有することから，ES細胞やiPS細胞の研究の発展に最も重要な役割を果たしたサイトカインの1つといえる．

2) 機能

LIFは白血病細胞株の増殖抑制や血小板の産生亢進など，IL-6ファミリーの他のサイトカインと類似した活性を示す．神経系においては，LIFはコリン作動性ニューロンの分化や，BMP2と協調して神経前駆細胞からアストロサイトへの分化を誘導する．その他，CNTF（18参照）と同様に，さまざまな神経傷害に対して防護作用を示す．骨代謝においては，骨芽細胞の分化を誘導し骨形成を促進する．また，LIFは受精卵の着床に先立って子宮内膜で発現が一過的に上昇し，胚盤胞の着床に寄与する．一方でES細胞に対して，分化を抑制し多能性を維持したまま増殖させる自己複製活性を有する（**図15**）．LIFが特異的に結合する受容体は190kDaのLIFR βである．LIFは低親和性でLIFR βに結合した後，gp130（11参照）と会合してLIFR β/gp130のヘテロ二量体からなる高親和性受容体を形成し，細胞内にJAK-STAT経路，Ras-MAPK経路，PI3K-Akt経路などのシグナルを伝達する．LIF受容体からのJAK-STAT経路ではJAK1，JAK2，Tyk2のリン酸化とSTAT1，STAT3，STAT5の活性化が誘導されるが，ES細胞の自己複製能の維持には特にJAK1-STAT3経路からのKlf4の活性化が重要とされる（**図15**）[2]．LIF受容体であるLIFR β/gp130のヘテロ二量体は，CNTF（18参照），CT-1（17参照），NNT1/BSF-3に対してもそれぞれに特異的α鎖とともに受容体複合体の形成に寄与し，ヒトにおいてはOSM（16参照）の受容体としても機能する．LIFはLIFR β/gp130からのシグナル伝達にα鎖を必要としないことから，より広範囲の標的細胞に作用すると考えられる．

3) KOマウスの表現型/ヒト疾患との関連

LIFノックアウトマウスは正常に発生するが，骨髄や脾臓における血液幹/前駆細胞数の減少が報告されている[3]．また，骨芽細胞の形成と機能に異常が認められ，骨減少症となる．LIFノックアウトの雄は生殖能力を有するが，雌では胚盤胞が着床できないことにより不妊となる．しかし，LIFノックアウトマウスの胚盤胞は野生型マウスの子宮には着床して正常に発生するため，不妊は胚盤胞の異常ではなく子宮側の異常によるものと考えられる．一方，LIFR βのノックアウトマウスは胎盤の構造異常や骨量の大幅な減少，脳幹，脊髄，顔面における運動神経の喪失などを伴い，生後24時間以内に死亡する．このような重篤な形質は，前述のようにLIFR βがLIFだけではなく，多くのIL-6ファミリーサイトカインの受容体として共有されていることによるものである[4]．

これまでにLIFの投与やノックアウトマウスによる動物実験から，神経変性を伴うような動物モデルでは，LIF

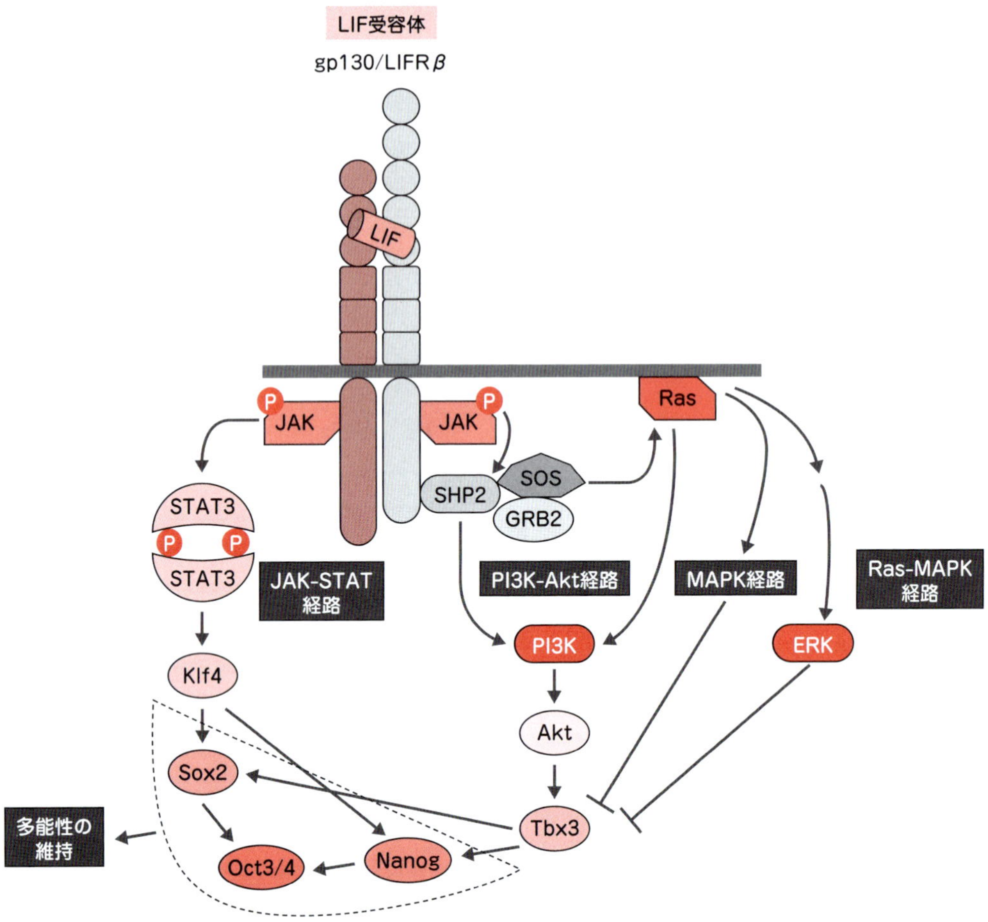

図15　LIF受容体の構造とES細胞の多能性維持にかかわる細胞内シグナル経路
文献2をもとに作成.

はニューロンやグリア細胞に対して保護的に働くことが多数報告されている[4]．また，T細胞は活性化するとLIF受容体の発現が上昇し，LIFによってIL-6誘導性のIL-17産生の抑制が生じる．このような神経系や免疫系におけるLIFの有効性を示す多くの研究報告にもとづき，神経変性疾患や自己免疫疾患におけるLIFの治療薬としての可能性について検討がなされてきた[5]．まず，化学療法を受けたがん患者を対象に第I相試験が行われ，プラセボに比べて造血能が高まるなど，有効性と安全性が示された．1995年には，化学療法剤誘発末梢神経障害の患者に対して第II相ランダム化二重盲検プラセボ対照比較試験が行われた．しかし，この試験では神経障害に対する有為な改善作用は認められなかった．LIFは神経系や免疫系，造血系などを含めて非常に広い範囲の細胞を標的とし，その作用も病態の背景によって一様ではないことから，治療薬への応用にはさらなる時間を要するものと考えられる．

【抗体】

抗LIF抗体はThermo Fisher Scientific社，Santa Cruz Biotechnology社などより購入可能.

【ベクター】

マウスLIF，ヒトLIFともにOriGene社またはLife Technologies社より購入可能.

【組換えタンパク質】

組換えヒトLIF，マウスLIFともにPeproTech社，Abcam社より購入可能.

【データベース】

GenBank アクセス番号

ヒト LIF　mRNA：BC069540

マウス LIF　mRNA：AF065918

OMIM ID

159540

参考文献

1) Gough NM, et al：Proc Natl Acad Sci U S A, 85：2623-2627, 1988
2) Niwa H, et al：Nature, 460：118-122, 2009
3) Escary JL, et al：Nature, 363：361-364, 1993
4) Ware CB, et al：Development, 121：1283-1299, 1995
5) Slaets H, et al：Trends Mol Med, 16：493-500, 2010

（田中　稔）

Keyword

16 OSM

▶ フルスペル：oncostatin M
▶ 和文表記：オンコスタチン M

1) 歴史とあらまし

1986年，Zarlingらは組織球性リンパ腫細胞株をホルボールエステルで刺激したときの培養上清中に，A375メラノーマ細胞や多くのヒト腫瘍細胞の増殖を抑制する因子が含まれることを見出し，オンコスタチンM（OSM）と命名した[1]．OSMの遺伝子は1989年に単離され，名前の由来である抗腫瘍作用のみならず，多彩な機能を担う分子であることが明らかとなった．

OSMは25アミノ酸のシグナル配列を含む252アミノ酸からなる前駆体として翻訳された後，C末端の31アミノ酸が除かれ，最終的に196アミノ酸の約28kDaの成熟型となる．ヒトOSMはLIF（15参照）と構造的な類似性があり，いずれの遺伝子もヒト染色体22q12.2にマップされることから，これらの遺伝子は複製により生じたものと考えられている．マウスOSMは1996年にJAK-STAT5経路で転写誘導される遺伝子の1つとして単離され，骨髄や脾臓といった造血器で高く発現していることが明らかとなった．OSMはLIF（15参照），CNTF（18参照），CT-1（17参照），IL-11（13参照）などとともにIL-6ファミリーに属するサイトカインであり，その受容体複合体のなかにgp130を共有するが，gp130に直接結合できるのはOSMのみである．なお，IL-31は受容体としてgp130を共有しないが，OSM受容体を共有するためIL-6ファミリーに加えられる．OSMは主に活性化したマクロファージや1型ヘルパーT（Th1）細胞から産生されるのに対して，IL-31は主に2型ヘルパーT（Th2）細胞から産生される．

2) 機能

i）OSM

OSMはその受容体サブユニットであるgp130を介して，他のIL-6ファミリーサイトカインと共通の活性を示す一方で，OSMに特有の活性も有する[2]．特有の活性としては，滑膜細胞におけるTIMP-1（tissue inhibitor of metalloproteinase-1）の発現誘導やIL-8, GM-CSFの発現抑制作用などが知られる．また，成体型造血系が発生する場であるAGM領域（大動脈—生殖隆起—中腎）の初代培養系において血液前駆細胞の増殖を促進する．脂肪前駆細胞の*in vitro*培養では脂肪細胞への分化を強く抑制する．さらに，胎仔期の未分化な肝細胞の分化や成熟化を強く誘導するため，最近ではES細胞やiPS細胞からの肝細胞への分化誘導系に利用されている．これらのOSM特有の活性や標的細胞はOSM特異的受容体であるOSMRβによって規定されている．

OSMはその受容体としてOSMRβとgp130（11参照）のいずれにも低親和性で結合できるが，単独で結合しても細胞内にシグナルは伝達できない．OSMはOSMRβとgp130のヘテロ二量体に対して高親和性に結合することで，Ras-MAPK経路の活性化や，JAK-STAT経路によるSTAT3，STAT5の活性化が起こり，細胞内シグナルが伝達される（**図16**）．IL-6（12参照）はIL-6Rαに結合するとgp130をホモ二量体化してシグナルを伝えるが，その場合にはSTAT5は活性化されないため，STAT5の活性化はOSMRβ鎖によるものと考えられる．また，マウスOSMはOSMRβ/gp130複合体のみから細胞内シグナルを伝達するのに対し，ヒトOSMはOSMRβ/gp130だけでなく，LIF受容体であるLIFR/gp130複合体からもシグナルを伝えることができる．一方，OSMRβはIL-31RA鎖とヘテロ二量体を形成することでIL-31の受容体としても機能する（**図16**）．

ii）IL-31

IL-31の特異的受容体であるIL-31RAはバイオインフォマティクスを利用したデータベース探索からgp130様の構造を有する受容体として見出され，GLM-R（gp130-like monocyte receptor）またはGLP（gp130-

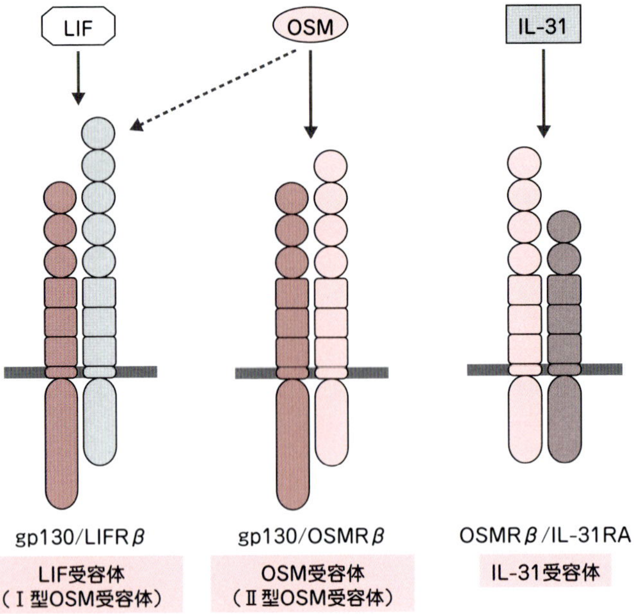

図16 OSMの受容体構造
ヒトOSMはOSM受容体以外にLIF受容体も活性化できるが，マウスOSMは活性化できない．また，OSMRβ鎖はOSM受容体のみならずIL-31受容体にも共有されている．

like receptor）とよばれていた．その後，IL-31RAとOSMRを同時に発現する細胞にシグナルを伝達できる分子としてIL-31が単離された．IL-31は免疫細胞，線維芽細胞，上皮細胞などに作用して，サイトカインやケモカインの産生を誘導し，炎症や免疫応答の制御にかかわる．

3) KOマウスの表現型/ヒト疾患との関連

i）OSM

OSMとOSMRβのノックアウトマウスはいずれも正常に発生し，外見的な異常はみられないが，成体マウスでは末梢血の赤血球数と血小板数が減少しており，軽度の貧血を呈する[3]．また，ノックアウトマウスでは骨髄中の血液前駆細胞数が野生型マウスに比べて減少しており，逆に脾臓や末梢血中で増加が認められることから，OSMの骨髄での作用が予想されたが，OSMは脂肪形成と骨形成のバランスを調節することで骨髄内造血環境の維持に寄与していることが明らかとなった．また，OSMRβノックアウトマウスでは，急性肝障害後の肝細胞の増殖が低下しており，TIMP-1の発現低下によるゼラチナーゼ活性の亢進が組織破壊を持続させる結果，肝再生が遅延することが示された[4]．さらに，OSMRノックアウトマウスは加齢や高脂肪食負荷により著しい高インスリン血症を呈し，インスリン抵抗性を示すようになることが明らかとなった．脂肪組織ではOSMは活性化マクロファージから産生されオートクライン的に作用すること，活性化様式を変化させインスリン抵抗性の改善に寄与することが示された[5]．

ii）IL-31

IL-31はTh2応答を介したアレルギー性疾患にかかわることが示されている．例えば，アトピー性皮膚炎や喘息の患者の血中IL-31濃度は上昇しており，重症度と相関することが報告されている．また，IL-31のトランスジェニックマウスやIL-31を投与された野生型マウスは，ヒトのアトピー性皮膚炎に近い症状を示す．一方，マンソン住血吸虫卵を用いた感染実験では，IL-31RAノックアウトマウスは野生型マウスに比べて肺炎の増悪がみられたことから，IL-31/IL-31RAシグナルはTh2応答を抑制すると考えられた．しかし，IL-31RAには複数のアイソフォームの存在が報告されており，ドミナントネガティブとして働く分子も含まれる．そのため，アレルギー性疾患の発症やTh2応答おけるIL-31の作用機序のさらなる解明が待たれる．また，ともにOSMRβを共有しTh1サイトカインであるOSMとTh2サイトカインであるIL-31の関係性についても注目したい.

【抗体】

抗ヒトOSM抗体はAbcam社，R & Dシステムズ社より購入可能.

【ベクター】

マウスOSMはOriGene社より，ヒトOSMはOriGene社またはLife Technologies社より購入可能.

【組換えタンパク質】

組換えヒトOSMはPeproTech社，R & Dシステムズ社，BioLegend社より購入可能.

【データベース】

GenBankアクセス番号

ヒトOSM　mRNA：NM_020530

マウスOSM　mRNA：NM_001013365

OMIM ID

165095

参考文献

1) Zarling JM, et al : Proc Natl Acad Sci U S A, 83 : 9739-9743, 1986
2) Tanaka M & Miyajima A : Rev Physiol Biochem Pharmacol, 149 : 39-52, 2003
3) Tanaka M, et al : Blood, 102 : 3154-3162, 2003
4) Nakamura K, et al : Hepatology, 39 : 635-644, 2004
5) Komori T, et al : J Biol Chem, 289 : 13821-13837, 2014

（田中　稔）

Keyword

17 CT-1

▶フルスペル：cardiotrohpin-1
▶別名：CTF1

1) 歴史とあらまし

1995年にPennicaらはマウスES細胞から分化させた胚様体の培養上清中に，ラット胎仔の心筋細胞を肥大化させる因子が含まれることを見出した．発現クローニング法によって遺伝子単離された活性因子は203アミノ酸からなる約21.5kDaのタンパク質をコードしており，CT-1（cardiotrophin-1）と命名された[1]．そのアミノ酸情報から，CT-1はLIF（15参照），OSM（16参照），CNTF（18参照），IL-6（12参照），IL-11（13参照）と同じIL-6ファミリーに属するサイトカインであることが明らかとなった．CT-1は，心筋細胞に対して0.1nM以下という非常に低い濃度でも活性を示し，他のIL-6ファミリーサイトカインのなかで最も強い活性を示した[1]．翌年，マウスCT-1をプローブとして用いたヒト心臓のcDNAライブラリーのスクリーニングから，201アミノ酸をコードするヒトCT-1遺伝子が単離された．CT-1は心臓のみならず，骨格筋や肝臓，肺，腎臓など多くの組織で発現しており，標的細胞に応じて異なる機能を発揮する．

2) 機能

CT-1はLIFの受容体でもあるLIFRβの細胞外領域に直接結合することができ，LIFRβ/gp130の受容体複合体を介して，細胞内にJAK-STAT経路，Ras-MAPK経路，PI3K-Akt経路などによりシグナルを伝達する（図17）．CT-1の作用において，MAPK経路を止めるMEK1阻害剤を用いた実験から，MAPK経路は分化細胞の生存維持にかかわることが示されている[2]．また，虚血再灌流による細胞傷害からの保護にはMAPK経路とPI3K-Akt経路が協調的に働くことが示されている．一方，多くの研究から，心筋細胞の肥大にはJAK-STAT3経路がかかわることが報告されているが，MEK5-ERK5経路が関与するという報告もある．その他，JAK-STAT経路は種々の細胞傷害やストレスからの心筋細胞の保護や，血管新生の促進，線維化の軽減など，多くの有益な作用にかかわることが知られる．しかしながら，CT-1は細胞傷害の初期においてはこのような有益な作用を示す一方で，動物実験から長期的なCT-1の曝露は心臓の肥大や線維化の進行といった増悪化因子となりうることも示されている．

CT-1は心筋細胞以外にも，CNTFやLIFと同様に，運動ニューロンの長期生存を支持する活性を有する[3]．このような活性はホスファチジルイノシトール特異的なホスホリパーゼC（PLC）で処理すると阻害されたことから，CT-1にはCNTF特異的受容体であるCNTFRαのようなPLCで膜から切断されうるGPIアンカー型の特異的受容体が存在し，LIFRβ/gp130と受容体複合体を形成していると考えられた（図17）[3]．なお，CT-1はCNTFRαには結合しないことから，新規受容体の存在が示唆されたが，現在のところ，その実体は明らかとなっていない．

3) KOマウスの表現型/ヒト疾患との関連

CT-1ノックアウトマウスでは，胎齢14日から生後1週までの間の脳幹と脊髄の運動ニューロンにおいて細胞

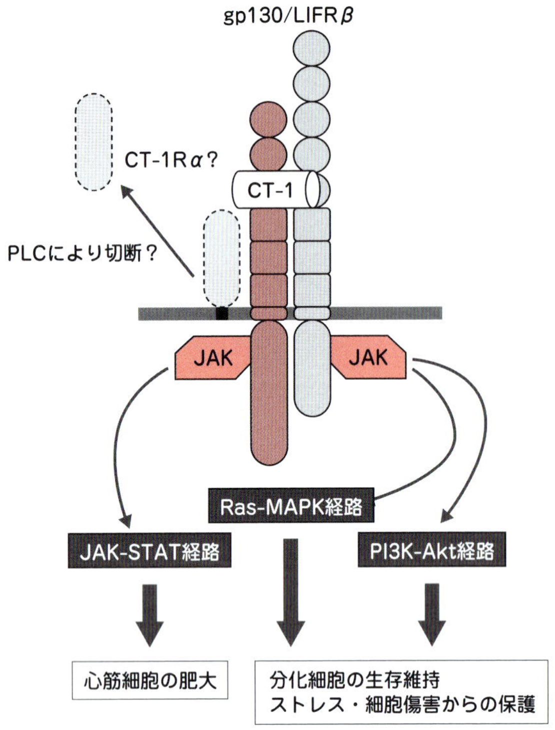

図17 CT-1受容体の構造と細胞内シグナル

死の増加が認められる．しかし，CNTFやLIFのノックアウトマウスとは異なり，それ以降の運動神経の消失の増加は認められないことから，CT-1は発生過程の一部の運動ニューロンの生存に必要であると考えられる[4]．

ヒト疾患との関連については，CT-1は高血圧，心臓弁膜症，冠動脈疾患，鬱血性心不全といった循環器疾患に共通してみられる心臓や血管の構造変化において重要な役割をしていることが多数報告されている[5]．例えば高血圧性心疾患では，コラーゲンの蓄積による線維化が進行することで左室リモデリングという形態の変化が起こり，左室肥大が引き起こされる．この左室肥大の発症にはIL-6ファミリーサイトカインやgp130を介したシグナル経路の関与が示唆されていたが，実際に高血圧の患者の血中CT-1濃度は健常者に比べて高い傾向にあり，そのなかでも左室肥大の患者ではより高値を示すことが報告されている．また，高血圧に対する治療により，左室肥大が軽減した患者では血中CT-1濃度が正常化しているのに対し，左室肥大の持続とCT-1濃度の上昇は相関すると報告されている．さらに全身性高血圧ではさまざまな物理的負荷が掛かるが，心室のねじれや圧迫によってCT-1の分泌が刺激されると考えられており，鬱血性心不全においても血中CT-1濃度は重篤度にしたがって上昇する．

このように，CT-1は循環器疾患の兆候や病期，治療の効果や予後を診断するために有用なバイオマーカーとなりうることが示唆されている．しかし，CT-1は心疾患のステージによって作用が異なることや，終末分化した細胞と未分化な細胞に対して作用が異なることなどから，CT-1自体を治療標的とすることには慎重を要する．

【抗体】
抗ヒトCT-1抗体，マウスCT-1抗体ともにR & Dシステムズ社，Abcam社より購入可能．

【ベクター】
マウスCT-1はOriGene社より，ヒトCT-1はOriGene社またはLife Technologies社より購入可能．

【組換えタンパク質】
組換えヒトCT-1，マウスCT-1はともにPeproTech社，R & Dシステムズ社より購入可能．

【データベース】
GenBankアクセス番号
ヒト CTF1 mRNA：U43030
マウス CTF1 mRNA：BC024381
OMIM ID
600435

参考文献

1) Pennica D, et al：Proc Natl Acad Sci U S A, 92：1142-1146, 1995
2) Sheng Z, et al：J Biol Chem, 272：5783-5791, 1997
3) Pennica D, et al：Neuron, 17：63-74, 1996
4) Oppenheim RW, et al：J Neurosci, 21：1283-1291, 2001
5) Calabrò P, et al：J Mol Cell Cardiol, 46：142-148, 2009

（田中　稔）

Keyword

18 CNTF

▶フルスペル：ciliary neurotrophic factor
▶和文表記：毛様体神経栄養因子

1) 歴史とあらまし

神経栄養因子とはニューロンの生存や増殖，分化，機能にかかわる因子である．毛様体神経栄養因子（ciliary

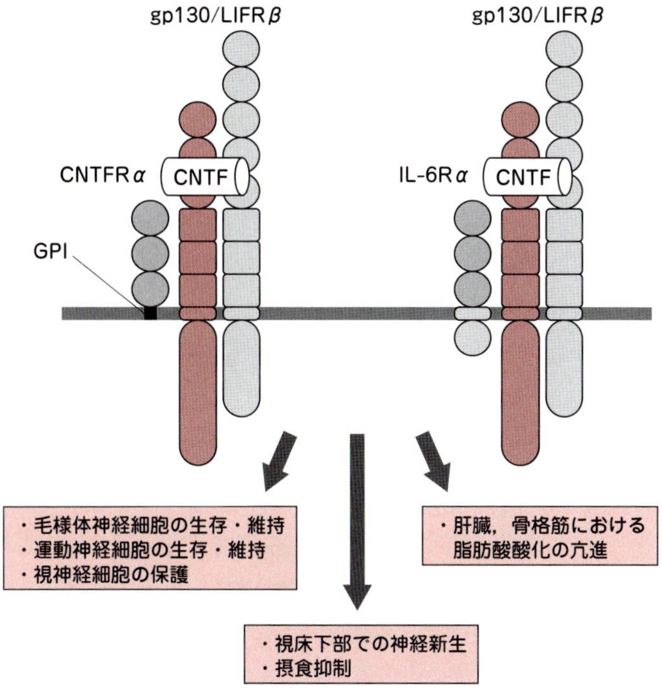

図18 CNTFの受容体構造と作用

neurotrophic factor：CNTF）は，1979年に毛様体神経の生存を維持する活性因子としてニワトリ胚ではじめて発見された．1989年にラットとウサギの座骨神経からCNTF遺伝子は同定され，その遺伝子配列情報をもとに1991年にヒトCNTFの遺伝子が同定された[1]．

ヒトCNTFは200アミノ酸からなる約22.7kDaのタンパク質として翻訳されるが，分泌のためのコンセンサス配列や糖鎖付加部位がないことから，どのように細胞外に放出されるのかは不明である．そのため，病的状況下や細胞傷害時に放出されて機能する可能性が想定されている．なお，CNTFは多くの神経組織でニューロンの栄養因子として作用するのみならず，骨格筋や肝臓，脂肪などの末梢組織にも作用し，エネルギー代謝のバランス制御にもかかわることが示されている．

2) 機能

CNTFはIL-6ファミリーサイトカインに属し，その特異的受容体であるCNTFαに結合した後，LIFRβ/gp130（11参照）からなる受容体複合体を形成してJAK-STAT経路やRas-MAPK経路などの細胞内シグナルを伝達する（**図18**）．一方，IL-6Rα/LIFRβ/gp130の受容体複合体にも結合し，細胞内シグナルを伝えるという報告もある[2]．CNTFRαはGPI（glycosylphosphatidylionsitol）で細胞膜上にアンカーされて存在し，それ自体は細胞内にシグナルを伝えないが，CNTFの標的細胞を規定する役割を果たす．CNTFRαは多くの神経組織で発現しており，CNTFは毛様体神経以外にも感覚神経や運動神経などのさまざまなニューロンに作用し，その生存や分化，遺伝子発現の制御を行う．また，眼の変性疾患においては網膜桿体光受容細胞や網膜神経節に対して神経保護作用を示す．

一方，CNTFの作用については，食欲と代謝の制御に重要な役割を果たすレプチン（**第14章-3**参照）との関連も報告されている．CNTFRαとレプチンの受容体であるLRbは視床下部のエネルギーバランスの調節にかかわる領域に共局在しており，レプチンもCNTFもともにSTAT3を活性化することや，視床下部弓状核に作用しうることから，CNTFはレプチンと同様に摂食抑制に働くことが示唆された．実際に，肥満モデルマウスにCNTFを投与すると摂餌量および体重の減少やインスリン抵抗性の改善がみられた．この作用はレプチンやレプチン受容体の欠損マウスにおいても認められたことから，レプチンとは異なる経路の関与も示唆されている[2]．また，

CNTFによる体重減少の効果は，投与を中止した後も持続する．この際，細胞分裂阻害剤で処置すると体重増加に転じることから，このような持続効果にはCNTFによる視床下部での神経新生が関与していると考えられる[3]．

一方，CNTFR αは骨格筋を含む多くの末梢組織にも発現しており，肝臓や骨格筋においてCNTFは脂肪の燃焼にかかわる脂肪酸酸化を亢進させ，脂肪の蓄積を減少させる．このように，CNTFは中枢神経系と末梢組織に別々に作用することで，肥満やインスリン抵抗性の改善に寄与する．

3) KOマウスの表現型/ヒト疾患との関連

CNTFノックアウトマウスは正常に成体まで生育し，神経発生にも異常は認められないが，加齢にしたがって，軽微な筋力低下を伴った運動ニューロンの減少と進行性萎縮症を呈する．そのため，CNTFは脊髄運動ニューロンの分化にはあまり関与しないが，維持には必要であると考えられた．一方，ヒトにおいては，高橋らは日本人の約2.3％がCNTFの機能喪失突然変異（null mutation）のhomozyoteであるが，神経疾患との関連は認められないと報告している[4]．

CNTFの抗肥満作用は，筋萎縮性側索硬化症（ALS）の患者にCNTF投与による治療を施した際に，著しい体重減少が認められたことから明らかとなった．その後，肥満動物モデルによる検証実験からその作用は実証された．CNTFのアナログ製剤としては$CNTF_{AX15}$が開発されている．O'Dellらは59歳〜73歳までの白人男性575人の遺伝子検査を行った結果，CNTFの機能喪失突然変異のhomozyoteは全体の約1.9％存在し，その欠損は体重にして10 kgの増加およびBMI値の上昇に相関があったと報告している[5]．一方，女性や若年性肥満においては，CNTFの機能喪失突然変異との相関性は認められていない．

【阻害剤】
抗ラットCNTF中和抗体はLifeSpan BioSciences社より購入可能．

【抗体】
抗CNTF抗体はAbcam社，R & Dシステムズ社などより購入可能．

【ベクター】
マウスCNTFはOriGene社より，ヒトCNTFはOriGene社またはLife Technologies社より購入可能．

【組換えタンパク質】
組換えマウスCNTFはPeproTech社より，組換えヒトCNTFはPeproTech社，R & Dシステムズ社，MBL international社などより購入可能．

【データベース】
GenBankアクセス番号
　ヒト CNTF　mRNA：BC068030
　マウス CNTF　mRNA：BC027539
OMIM ID
　118945

参考文献

1) Lam A, et al：Gene, 102：271-276, 1991
2) Watt MJ, et al：Nat Med, 12：541-548, 2006
3) Kokoeva MV, et al：Science, 310：679-683, 2005
4) Takahashi R, et al：Nat Genet, 7：79-84, 1994
5) O'Dell SD, et al：Eur J Hum Genet, 10：749-752, 2002

（田中　稔）

Ⅳ その他の受容体を介して作用するサイトカイン

Keyword

19 IL-1

▶フルスペル：interleukin-1
▶和文表記：インターロイキン1

1) 歴史とあらまし

もともとIL-1は1940年代に内在性発熱因子Pyrexinとしてみつかった．その後，leukocyte endogenous mediator，haematopoietin 1，catabolin，osteoclast activating factorなどさまざまな名前で同定された．1980年代にこれらすべてが同じくIL-1というタンパク質だとわかった．

IL-1は代表的な炎症誘導性のサイトカインであり，IL-1 αとIL-1 βという2つの分子が存在する（**図19**）．どちらも31kDaの前駆体として翻訳されて，酵素による限定分解を受けて17kDaの成熟体となるが，両者のアミノ酸相同性は低い．IL-1 βの前駆体が活性をもたないのに対し，IL-1 αの前駆体は弱い活性をもっている．IL-1 αを限定分解するカルパインは細胞死などに伴うカルシウムイオン（Ca^{2+}）の流入によって活性化する．つまりIL-1 αはネクローシスによって炎症を誘導するDAMPs（damage-associated molecular patterns）であるといえる．IL-1 βを限定分解するカスパーゼ-1はPAMPs（pathogen-associated molecular patterns）や尿酸結晶などによるインフラマソームの形成を介して活性化される．IL-1の受容体はIL-1R1とIL-1RAcPのヘテロ二量体である．IL-1R1の下流ではMyD88－IRAK－TRAF6－TAK1というシグナル経路が動き，NF-κBおよびAP-1といった転写因子を活性化する．受容体にはIL-1R2も存在するが，細胞質内にシグナル伝達モチーフをもたず，デコイ受容体と考えられている．IL-1のファミリーには他にIL-1受容体アンタゴニスト（IL-1Ra）が存在する．IL-1RaはIL-1R1に結合するがシグナルを伝達しないので，IL-1のシグナルを競合的に阻害する[1)～3)]．

2) 機能

成熟体のIL-1 αとIL-1 βに生理活性の違いはないと考えられている．どちらも血管内皮細胞，線維芽細胞に作用して，接着分子，ケモカイン，血管拡張因子などの発現を誘導し，白血球の浸潤を促進する．また，脳視床下部の温度中枢に作用して，PGE_2（**第8章-1参照**）を介して発熱を誘導する．その他にも，滑膜細胞の増殖，破骨細胞の活性化，肝細胞からの急性期タンパク質産生促進なども誘導する．近年は一部のT細胞からのIL-17産生を誘導することもわかっている．

単球，マクロファージ，樹状細胞などのミエロイド系細胞がPAMPsを認識するとIL-1 βの発現が上昇し，インフラマソームの活性化に伴い分泌される．血管平滑筋細胞ではIL-1 αが恒常的に発現しており，ネクローシスに伴い分泌される[1)～3)]．

3) KOマウスの表現型／ヒト疾患との関連

IL-1 αノックアウトマウス，IL-1 βノックアウトマウス，IL-1 α / βダブルノックアウトマウスの表現型は少し異なる．例えばテレピン油による発熱反応とメチル化BSA誘導遅延型過敏症はIL-1 βノックアウトで抑制されるが，IL-1 αノックアウトでは抑制されない．逆にハプテン誘導接触性皮膚炎はIL-1 αノックアウトで抑制されるが，IL-1 βノックアウトでは抑制されない．実験的自己免疫性脳脊髄炎（EAE）はIL-1 α / βダブルノックアウトマウスでは抑制されるが，IL-1 αおよびIL-1 β単独のノックアウトマウスでは抑制されない．またIL-1ノックアウトマウスはさまざまな細菌・真菌に対する防御応答が低下するが，細菌・真菌の種類によって，IL-1 αとIL-1 βの依存性は異なる．つまり，IL-1 αとIL-1 βの生理活性自身に違いはないが，分泌細胞や活性化メカニズムの違いにより，ノックアウトマウスの表現型も異なることがわかる．以上のような免疫機能の他にも，IL-1ノックアウトマウスでは破骨細胞が減少することで骨が太くなることが知られている．またIL-1Ra ノックアウトマウスはBALB/C背景において関節炎，皮膚炎を自然発症する．C57BL/6背景のオスにおいては削痩がみられる他，若齢において抗鬱様の行動が観察される．以上の結果からIL-1は免疫系だけではなく，代謝系・神経系においても重要な役割を果たしていることがわかる．

ヒトにおいて，インフラマソームの構成分子であるNALP3の活性化を伴う変異は，IL-1 βの過剰分泌によりクリオピリン関連周期性発熱症候群（CAPS）の発症を引き起こす．CAPSは生後から乳幼児期に発症し，患

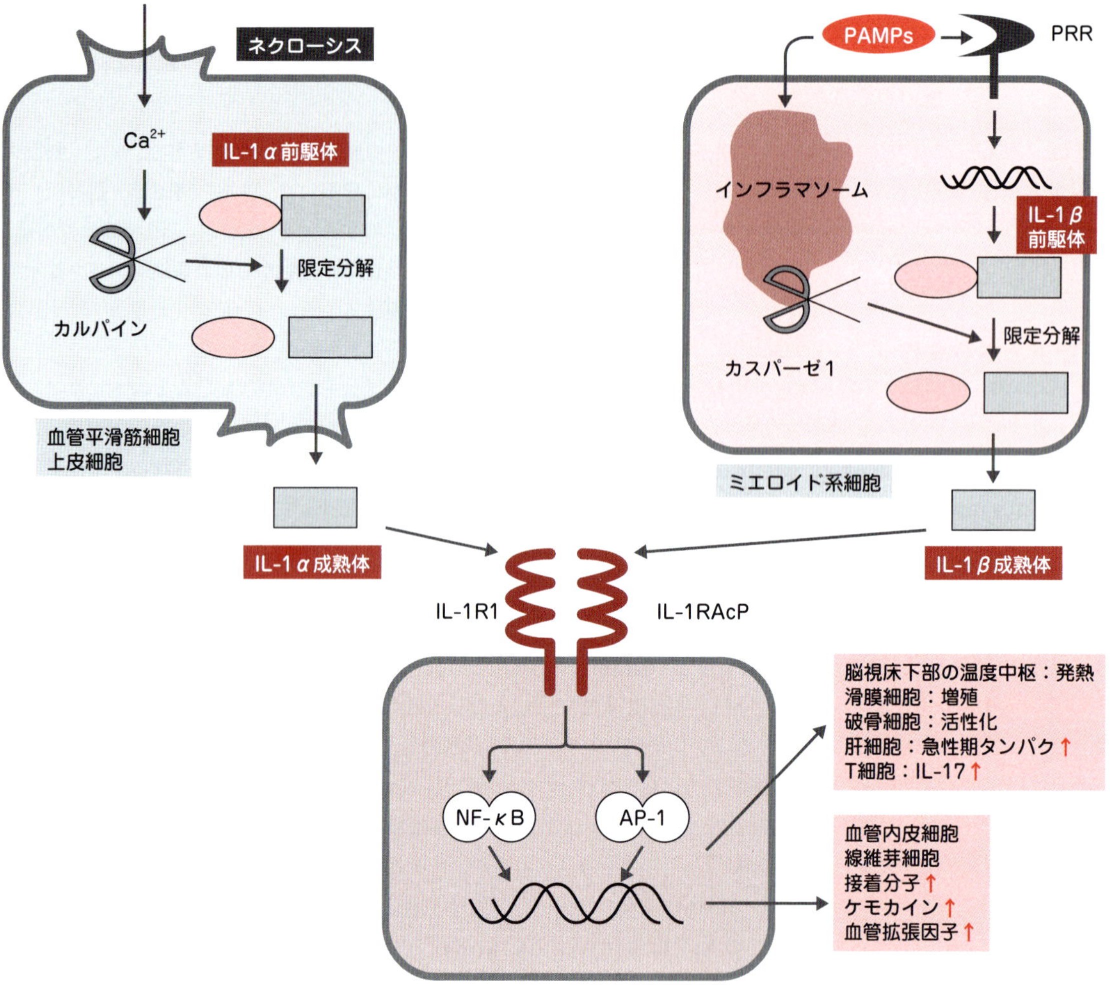

図19 IL-1の分泌機構と作用

IL-1 αとIL-1 βは異なる細胞種から異なる機構によって分泌されるが，共通の生理活性をもつ．詳細は本文も参照．

者は発熱と全身炎症を周期的に繰り返す．CAPS患者にはカナキヌマブ（抗IL-1 β抗体），アナキンラ（リコンビナントIL-1Ra）による治療が効果的である．また，IL-1Ra遺伝子欠損や不活性型変異をもつヒトは，IL-1シグナルが過剰に入ることにより生後間もなく致死性の全身炎症を生じる．これらの患者もアナキンラの投与により症状を抑えることが可能である．IL-1Raの発現低下を伴うIL-1RaプロモーターのSNPは2型糖尿病患者でよくみられ，アナキンラによる治療で症状が緩和される．IL-1を標的とした治療はその他にも関節リウマチ，痛風関節炎，骨関節炎の治療にも有効である[4) 5)]．

【抗体入手先】

ヒトIL-1 α	R & Dシステムズ社 / MAB200, Santz Cruz Biotechnology社 / sc-1253
マウスIL-1 α	Santa Cruz Biotechnology社 / sc-12741, R & Dシステムズ社 / AF-400
ヒトIL-1 β	R & Dシステムズ社 / MAB201, CST社 / 2021
マウスIL-1 β	eBioscience社 / 14-7012, R & Dシステムズ社 / AF-401

【データベース】

NCBI Gene / Ensembl / UniProtKB / OMIM or MGI

ヒトIL-1 α
3552 / ENSG00000115008 / P01583 / 147760

マウスIL-1 α
16175 / ENSMUSG00000027399 / P01582 / 96542
ヒトIL-1 β
3553 / ENSG00000125538 / P01584 / 147720
マウスIL-1 β
16176 / ENSMUSG00000027398 / P10749 / 96543

参考文献

1）Garlanda C, et al：Immunity, 39：1003-1018, 2013
2）Dinarello CA：Annu Rev Immunol, 27：519-550, 2009
3）Sims JE & Smith DE：Nat Rev Immunol, 10：89-102, 2010
4）Dinarello CA：Blood, 117：3720-3732, 2011
5）Gabay C, et al：Nat Rev Rheumatol, 6：232-241, 2010

（清水謙次，岩倉洋一郎）

Keyword

20 IL-18/33/36/37

【IL-18】
▶和文表記：インターロイキン18
▶別名：interferon gamma-inducing factor

【IL-33】
▶和文表記：インターロイキン33
▶別名：IL-1F11

【IL-36】
▶和文表記：インターロイキン36
▶別名：IL-36 α→IL-1F6，IL-36 β→IL-1F8，IL-36 γ→IL-1F9

【IL-37】
▶和文表記：インターロイキン37
▶別名：IL-1F7

1）歴史とあらまし

IL-1（19参照）は免疫系，神経系，代謝系で作用するサイトカインであり，IL-1サイトカインファミリーとしてIL-18, IL-33, IL-36（IL-36 α，IL-36 β，IL-36 γ），とIL-37が同定された．これらのサイトカインは，共通したイントロン配列をもつ遺伝子構造と，12本のストランドからなるβバレル構造の形成に重要なアミノ酸を保持することから，祖先遺伝子の重複によって誕生したと考えられる．IL-18（ヒト11番染色体）とIL-33（ヒト9番染色体）を除いて，IL-36（α / β / γ）とIL-37はIL-1とともにヒト2番染色体の400kb領域内にマップされる．

IL-1（IL-1 α，IL-1 β）がIL-1R1（IL-1 receptor 1）とIL-1RAcP（IL-1R accessary protein）のヘテロ二量体からなる受容体と結合するのと同様に，IL-18，IL-33とIL-36（IL-36 α / β / γ）はヘテロ二量体の受容体に結合する（図20）．IL-18はIL-18R αに結合した後IL-18RAcPと会合する．IL-33はST2に結合し，IL-33/ST2複合体はIL-1RAcPと会合する．また，IL-36 α / β / γはIL-36R（IL-1RL2）と結合した後，IL-1RAcPと会合する．IL-37はIL-18R αと結合することが報告されているが，IL-37/IL-18R α複合体が生理機能をもつかどうかは明らかではない[1]．

2）機能

i）IL-18

IL-18は樹状細胞，マクロファージ，上皮細胞やケラチノサイトに発現する．IL-18はIFN- γ -inducing factorとよばれIFN- γを産生するTh1細胞分化因子だと考えられ，IL-18R αはIL-12刺激で誘導したTh1細胞に特異的に発現する．しかし，IL-18欠損はTh1細胞分化に影響をおよぼさないため，IL-18はTh1細胞の増殖およびIFN- γ産生の増強因子であることがわかった．IL-18の生理活性は，IL-18BP（IL-18 binding protein）によって抑制的に制御されている．

ii）IL-33

IL-33は内皮細胞，上皮細胞やリンパ節・皮膚・肺などのさまざまな細胞や組織に発現している．IL-33は樹状細胞やマクロファージ，好中球，好酸球，好塩基球などの細胞に作用し主にTh2型サイトカイン産生を誘導することで，寄生虫感染などの感染防御機構に関与している．また，これらの細胞はアレルギー応答を惹起する免疫細胞群であることから，アレルギー炎症に重要な役割を果たしていることもわかる．マウスの内臓脂肪組織内にIL-33に応答して速やかにTh2型サイトカインを産生するナチュラルヘルパー細胞が報告され，IL-33を介した感染防御機構の新たな側面が示された[2]．IL-33の受容体のサブユニットの1つであるST2は膜型と遊離型（sST2）が存在し，sST2はIL-33のアンタゴニストと考えられている．

iii）IL-36

IL-36は単球，マクロファージ，上皮細胞や皮膚に発現している．ケラチノサイトや線維芽細胞はIL-36とIL-36R（IL-1RL2）を発現していることからオートクライン的に作用すると考えられている．IL-36Rは下流でNF- κ BやMAPKを活性化し，IL-17などの炎症性サイトカインの誘導を介して炎症を誘導する．IL-36 αをケラチノサイト特異的に強発現させたトランスジェニックマウス（IL-36 α Tg）は，T細胞，B細胞非依存的な慢性皮膚炎症を発症する[3]．IL-36 α TgマウスでIL-36Ra（IL-36 receptor

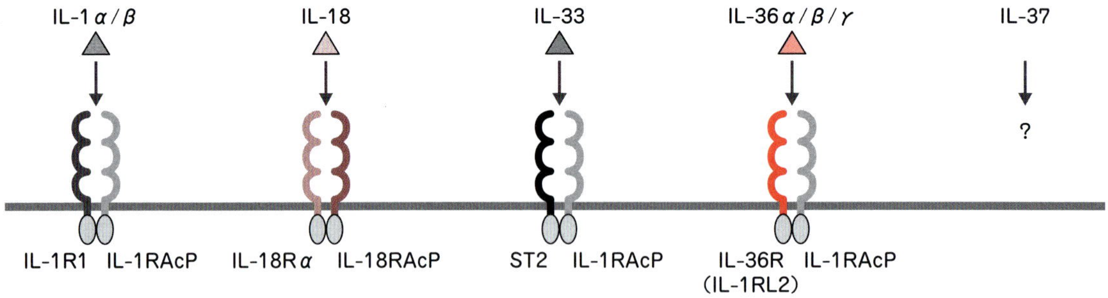

図20 IL-1ファミリーサイトカインと受容体

IL-18，IL-33，IL-36 α / β / γはIL-1と同様にヘテロ二量体受容体と結合する．IL-37はIL-18R αと結合するが生理機能を発揮する受容体は不明．AcP：accessory protein，R：receptor，RL：receptor-like.

antagonist）を欠損させると慢性炎症が増悪化したことから，IL-36Raはアンタゴニストとして作用している．一方，imiquimod誘導乾癬モデルにおいては，IL-36Rを欠損させると皮膚炎が減弱することから，樹状細胞からIL-36が産生され，IL-36Rを発現するケラチノサイトに作用して表皮の肥厚と炎症を惹起することが明らかになっている[4]．しかし，IL-36 α , IL-36 β , IL-36 γのそれぞれの機能的特異性については明らかではない．

iv）IL-37

IL-37は5種類のスプライシングバリアントが存在しIL-37bが最も長いタンパク質構造をもっている．IL-37は他のIL-1サイトカインファミリーと同様のタンパク質構造を保持しているが，ヒトに特異的でマウスには相同分子が存在しない．ヒトIL-37bを発現させたTgマウスの解析からIL-37は抗炎症性サイトカインであると考えられている[5]．さらにヒト末梢血細胞におけるIL-37遺伝子発現を抑制すると炎症性サイトカイン産生が上昇することからも，IL-37は自然免疫を抑制するサイトカインであると考えられる．

3) KOマウスの表現型/ヒト疾患との関連

IL-18がIFN- γ産生を誘導することから，感染排除にIFN- γを必要とする病原体に対してIL-18ノックアウトマウスは感受性が高くなるが，IL-18の生理的重要性は病原体によって異なる．IL-18はさまざまな炎症疾患に関与しており，IL-18ノックアウトマウスではLPS誘導肝障害，関節リウマチ，急性移植片対宿主病などの急性炎症疾患が軽症化する．リウマチ患者由来の滑膜細胞はIL-18を産生することが報告されており，疾患発症・増悪化に関連していると考えられている．

IL-33ノックアウトマウスの解析から，IL-33は自然免疫応答によって引き起こされる炎症性疾患において重要な役割を果たしていることが明らかになっている．例えばDSS誘導型の大腸炎やT細胞非依存的気道炎症に対してIL-33ノックアウトマウスは軽症となる．他にもアレルギー喘息やアトピー性皮膚炎の患者においてIL-33遺伝子領域の遺伝子多型がみつかっており，患者検体ではIL-33の発現が高いこと，また関節リウマチ患者の病変部位でIL-33の発現が増加していることが示され，IL-33と疾患との関連が指摘されている．

IL-36 α TgやIL-36Rノックアウトマウスの解析からIL-36 αと皮膚疾患との関連が示されているが，IL-36 α, IL-36 β，IL-36 γのノックアウトマウスの解析報告はない．ヒトの乾癬皮膚病変部位においてIL-36（α / β / γ）とIL-36Rの発現上昇が示されていることから，IL-36（α / β / γ）ノックアウトマウスの解析が待たれる．また，遺伝子変異によるIL-36Raの機能喪失が乾癬の重篤化を招くことが報告され，IL-36とIL-36Raの発現バランスが乾癬の病態形成に重要であることが示唆されている．

【データベース】

UniProtKB（http://www.uniprot.org）

IL-18	ヒト：Q14116	マウス：P70380
IL-33	ヒト：O95760	マウス：Q8BVZ5
IL-36 α	ヒト：Q9UHA7	マウス：Q9JLA2
IL-36 β	ヒト：Q9NZH7	マウス：Q9D6Z6
IL-36 γ	ヒト：Q9NZH8	マウス：Q8R460
IL-37	ヒト：Q9NZH6	

参考文献

1）Sims JE & Smith DE：Nat Rev Immunol, 10：89-102, 2010

2) Moro K, et al : Nature, 463 : 540-544, 2010
3) Blumberg H, et al : J Exp Med, 204 : 2603-2614, 2007
4) Tortola L, et al : J Clin Invest, 122 : 3965-3976, 2012
5) Nold MF, et al : Nat Immunol, 11 : 1014-1022, 2010

（海部知則，岩倉洋一郎）

Keyword

21 IL-12

▶フルスペル：interleukin-12
▶和文表記：インターロイキン12
▶別名：NKSF (natural killer cell stimulatory factor),
CLMF (cytotoxic lymphocyte maturation factor)

1) 歴史とあらまし

1989年にNK細胞を活性化する因子（natural killer stimulatory factor：NKSF）として，1990年に細胞傷害性T細胞（CTL）を活性化する因子（cytotoxic lymphocyte maturation factor：CLMF）として精製単離された．1991年，DNAクローニングが行われ，得られたアミノ酸情報からNKSFとCLMFは同一のタンパク質と判明した．以後，IL-12と呼称が統一される[1]．IL-12は，*Il12b*にコードされるIL-12p40と*Il12a*にコードされるIL-12p35からなるヘテロ二量体から構成される．この発見は当時のサイトカインの常識を打ち破るものであった．1996年にIL-12p40およびIL-12p35のそれぞれの欠損マウスが樹立された．1998年にヒトでIL-12p40の変異が発見された．

2) 機能

i) リガンドと受容体

IL-12（約70 kDa）は，相同性のないIL-12p40（約40 kDa）とIL-12p35（約35 kDa）の2つのサブユニットが1つのジスルフィド結合を介して構成される糖タンパク質である（**図21**）．複合体形成は細胞質内あるいは細胞外のいずれかの環境で行われる．生理条件下ではIL-12p40は単量体でも存在するが，ホモ二量体（IL-12p80；約80 kDa）も血清中に少量検出される．ただし，各サブユニット単独ではサイトカイン活性を示さない．おのおののタンパク質をコードする遺伝子（*Il12a*および*Il12b*）は，別々の染色体上に配座され，独立して発現調節を受けている．また，IL-12p40はIL-23とサブユニットを共有する（IL-23 ： IL-12p40＋IL-23p19）．IL-12受容体は，IL-12Rβ1およびIL-12Rβ2から構成される．IL-12Rβ1は結合に必要で（ヒトではRβ2も必須），IL-12Rβ2はシグナル伝達に重要である．

ii) シグナルの流れ

IL-12は樹状細胞，マクロファージ，単球などのミエロイド細胞から主に産生される（**図21**）[2]．これら自然免疫細胞上のToll様受容体などのセンサー分子が病原体（細菌，真菌など）を感知した際，あるいは活性化NK細胞からの刺激を受けた際にIL-12の産生が誘導される．産生したIL-12は，T細胞やNK細胞に作用し，細胞増殖を誘導する．また，IL-12はナイーブT細胞に作用し，

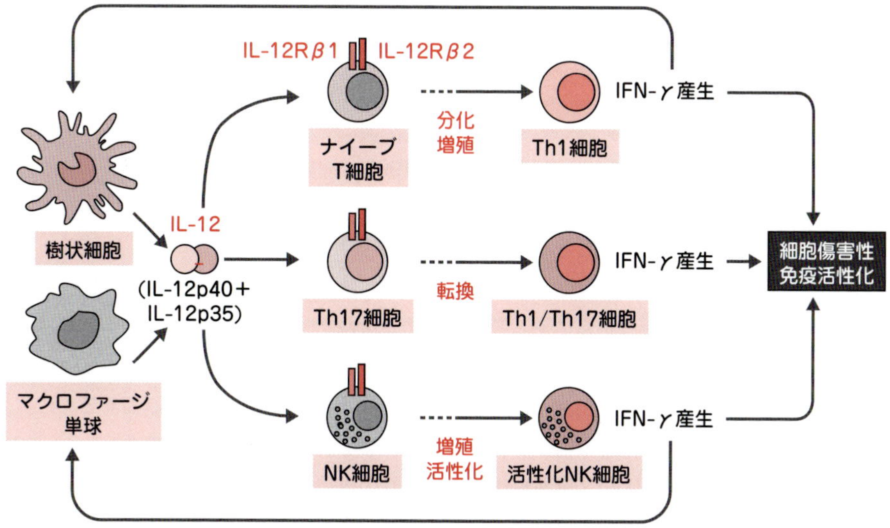

図21 IL-12とその作用

JAK2/Tyk2-STAT4経路を活性化させてIFN-γ産生を亢進させ，Th1細胞（IFN-γ^+CD4$^+$T細胞）へと分化させる．Th1細胞のマスター転写因子はT-betである．NK細胞やT細胞から産生されたIFN-γはマクロファージを活性化し，細胞性免疫反応を亢進させる．これにより，感染防御および抗腫瘍免疫などに対し重要な役割を果たす．また，樹状細胞からのIL-12およびT細胞からのIFN-γはお互いにポジティブフィードバックを成立させ，Th1応答を増強させる．Th2細胞（IL-4$^+$CD4$^+$T細胞）やTh17細胞（IL-17$^+$CD4$^+$T細胞）（IL-4は7，IL-17は25参照）と対比される．また，IL-12はTh17細胞へ作用し，Th1/Th17細胞へと転換させ，自己免疫疾患を増悪化させることが示唆されている[3]．

3) KOマウスの表現型

IL-12p40，IL-12p35およびIL-12Rβ1ノックアウトマウスはともに若齢では外見上異常は観察されない．細胞性免疫，IFN-γ産生，NK細胞活性と典型的なTh1型免疫反応の減弱がみられる．ただし，IFN-γ産生や感染防御反応は残存しているため，Th1分化にとって必要不可欠な因子ではなく，維持に関与する因子であると考えられている．このとき，IFN-αおよびIL-27（14参照）がTh1細胞分化の代償をしていると考えられている．IL-12シグナリングの欠損は，Th1型の細胞傷害活性の低下を招き，細胞内寄生性の結核菌などの細菌や原虫に対して易感染性を示す．また，真菌感染においてもIL-12が感染免疫防御に関与することが示唆されている．一方，ウイルス感染防御機構には関与しない場合が多い．IL-12p40ノックアウトマウスは自己免疫性脳脊髄炎（EAE）に対して抵抗性を示すが，IL-12p35欠損マウスは増悪化を示す．

4) ヒト疾患との関連

遺伝的にIL-12p40あるいはIL-12Rβ1に変異をもつヒトが報告され，BCG（ウシ型結核菌），非結核性抗酸菌およびサルモネラに対し易感染性を示すことが知られている．これらヒトリンパ球ではIFN-γ産生低下が認められる．他病原体への感染防御機能は正常であるとされている．

ヒト化抗IL-12p40ブロッキング抗体が樹立されている．臨床試験において，クローン病や乾癬の治療に有効であると報告されている[1) 4)]．また，IL-12単独療法やがん抗原との併用アジュバント療法などがん治療薬として，臨床試験が実施されている．

【阻害剤】

ウステキヌマブ（ブロッキング抗体）

ABT-874（ブロッキング抗体）

【抗体】

BD バイオサイエンス社，eBioscience社，BioLegend社，Santa Cruz Biotechnology社などの一般的な抗体会社で購入可能である．

【データベース】

GenBank ID

ヒト IL12A（IL-12p35）	NG_033022
ヒト IL12B（IL-12p40）	NG_009618
マウス Il12a（IL-12p35）	NC_000069
マウス Il12b（IL-12p40）	NC_000077

参考文献

1) Del Vecchio M, et al：Clin Cancer Res, 13：4677-4685, 2007
2) Vignali DA & Kuchroo VK：Nat Immunol, 13：722-728, 2012
3) Lee YK, et al：Immunity, 30：92-107, 2009
4) Mannon PJ, et al：N Engl J Med, 351：2069-2079, 2004

（矢部力朗，岩倉洋一郎）

Keyword

22 IL-23/35

▶フルスペル：interleukin-23/35
▶和文表記：インターロイキン23/35

1) 歴史とあらまし

インターロイキン23（IL-23）とインターロイキン35（IL-35）は，IL-12ファミリーメンバーであり，それぞれIL-23 p40サブユニット（1990年同定）とIL-23 p19サブユニット（2000年同定），IL-35 p35サブユニット（1990年同定）とEBI3サブユニット（1996年同定）からなるヘテロ二量体タンパク質である（**図22**）．IL-12（21参照）はp40サブユニットとp35サブユニットのヘテロ二量体であることから，IL-23とIL-12は密接な関係にある．2つのサイトカインとも抗原提示細胞（antigen-presenting cell：APC）から産生されるが，IL-12がTh1細胞の分化を誘導するのに対し，IL-23はある条件下でTh1細胞の誘導にもかかわるが，主にTh17細胞の維持に関与する．IL-35はIL-6とgp130（11参照）を受容体として共有するが，IL-12ファミリーに分類される．同ファミリーメンバーであるIL-27（14参照）

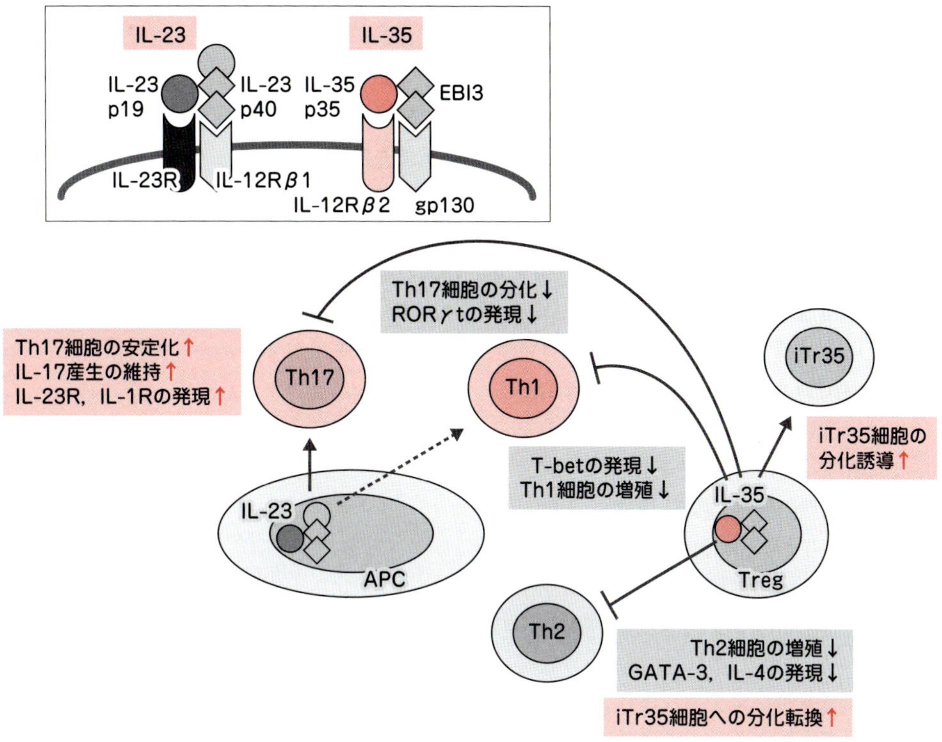

図22 IL-23およびIL-35の構造と作用機序

とはEBI3サブユニットを共有するため，IL-27と同じく免疫応答を負に調節する機能をもっている．このように，IL-12ファミリーは，ポジティブに免疫応答を制御するIL-12とIL-23と，ネガティブに制御するIL-27とIL-35の2つの相補的な集団からなっている．

2）機能

i）IL-23

2000年にIL-23が新規のサイトカインとして同定され，2002年にIL-23の受容体であるIL-23Rがクローニングされて以来，IL-23の免疫機能が次々に明らかとなった．多発性硬化症のマウスモデルである実験的自己免疫性脳脊髄炎（EAE）を用いた研究から，発症にはIL-12p35でなく，IL-23p40（IL-12p40ともよばれる）とIL-23p19が必須であることがわかり[1]，同時にIL-23はCD4$^+$T細胞からIL-17の発現を誘導できることも明らかとなった．2006年になり，IL-17を産生するCD4$^+$T細胞サブセットはTh17細胞という新たなヘルパーT細胞として命名された．IL-23はTh17細胞の生存や病原性に関与することによって，多発性硬化症，乾癬，炎症性腸疾患などの自己免疫疾患の発症・増悪化に重要な役割を果たしていると考えられている．

IL-23Rシグナルは下流のJAK1-STAT3という炎症性免疫応答を惹起する核内転写因子を活性化する．しかし，活性化されていないナイーブCD4$^+$T細胞はIL-23Rを発現していないため，IL-23はナイーブCD4$^+$T細胞を活性化してTh17細胞の分化を誘導することはできない．一方，TGF-βとIL-6（12参照）はナイーブCD4$^+$T細胞に作用してTh17細胞分化に必要な転写因子であるRORγtを誘導することができ，ナイーブT細胞からTh17細胞を分化誘導することができる．これらのサイトカインによって誘導されたRORγtはTh17細胞上でIL-23Rの発現を誘導し[2]，IL-23Rを介してSTAT3を活性化し，さらにSTAT3下流でRORγt，IL-23R，IL-1Rを誘導することができる．RORγtはIL-17の発現を誘導するとともに，IL-1RとIL-23Rシグナルを増強することで，高レベルのIL-17発現を維持することができる．分化したTh17細胞を安定に維持することはIL-23の主な機能の1つである．

IL-23Rはγδ T細胞上で恒常的に発現しており，IL-23とIL-1（19参照）は協調的にRORγtを活性化してγδT細胞でIL-17を誘導する．また，IL-23は直接自然リンパ球（innate lymphoid cell：ILC）のRORγtを活性化することによってIL-17を誘導し，自己免疫とは異なる自然免疫を介する炎症性腸疾患の発症・増悪化にも関与していることがわかった[3]．

ii）IL-35

IL-35は一部の制御性CD4$^+$T細胞（regulatory T cell：Treg）から産生され，T-bet，GATA-3，RORγtなどの転写因子の発現を抑制することにより，獲得免疫応答（Th1，Th2，Th17）を抑制する[4]．IL-35はTh2細胞に作用し，IL-4（7参照）の発現を下げ，IL-35自身のサブユニットIL-12p35とEBI3の発現を上げることによって，誘導性IL-35産生性制御性T細胞（induced IL-35-producing regulatory T cell：iTr35）を誘導する．この細胞はFoxp3$^-$IL-10$^-$なので，TregやTr1（IL-10-producing Foxp3$^-$ regulatory T cells）とは異なる[5]．

IL-35の受容体はIL-12Rβ2とgp130のサブユニットからなる．IL-12Rβ2とgp130はそれぞれIL-12，IL-6受容体のサブユニットでもあり，これらは下流でSTAT4とSTAT3という核内転写因子を活性化することが知られている．ところが，IL-35がIL-35Rに結合すると，IL-35の2つのサブユニットによってSTAT3ではなく，STAT4とSTAT1とが同時に活性化され，これらの転写因子は核内に移行する過程でSTAT1-STAT4ヘテロ二量体を形成することがわかった．このようにして形成された特殊なヘテロ二量体は，IL-12p35およびEBI3遺伝子のプロモーター領域に結合し，これら2つのIL-35サブユニットの発現を誘導することにより，自らの発現を増強する[6]．IL-35と異なり，IFN-γやIL-6，IL-12などのサイトカインはSTAT1，あるいはSTAT3，STAT4などのホモ二量体しか誘導できないため，IL-12p35やEBI3の発現は誘導できない．このため，IL-35はIL-12やIL-6とは異なり，免疫抑制的な役割を果たすものと考えられている．

3）KOマウスの表現型/ヒト疾患との関連

IL-23p19の遺伝子欠損マウスでは，EAEやコラーゲン誘導関節炎，アトピー性皮膚炎，自然発症大腸炎などの症状は緩和される．実際，IL-23p40に対する抗体は乾癬や関節リウマチの治療薬として用いられている．IL-35EBI3の遺伝子欠損マウスでは，遅発性過敏症が悪化する．IL-35p35の遺伝子欠損マウスでは自己免疫性ブドウ膜炎の症状が悪化する．

【阻害剤】

Anti-Mouse IL-23 p19 Functional Grade Purified
Anti-Mouse Il-35 EBI3 subunit Monoclonal Antibody

【抗体入手先】

eBiosciences社（16-7232-81/85）
Shenandoah Biotechnology社（MAB-2000-IL3522）

【ベクター入手先】

IL23a：KOMP Prepository社
p35（subunit of IL-35&IL-12）：KOMP Repository

【データベース】

NCIB Gene ID

ヒト IL-23A	51561
マウス IL-23a	83430
ヒト IL-35（EBI3 subunit）	10148
マウス IL-35（EBI3 subunit）	50498
ヒト IL-35（p35 subunit）	3592
マウス IL-35（p35 subunit）	16159

OMIM ID

IL-23A（p19 subunit）	605580
IL-35（EBI3 subunit）	605816
（p35 subunit）	161560

参考文献

1）Cua DJ, et al：Nature, 421：744-748, 2003
2）Zhou L, et al：Nat Immunol, 8：967-974, 2007
3）Buonocore S, et al：Nature, 464：1371-1375, 2010
4）Collison LW, et al：Nature, 450：566-569, 2007
5）Collison LW, et al：Nat Immunol, 11：1093-1101, 2010
6）Collison LW, et al：Nat Immunol, 13：290-299, 2012

（唐　策，岩倉洋一郎）

Keyword

23 IL-10

▶フルスペル：interleukin-10
▶和文表記：インターロイキン10
▶別名：CSIF（cytokine synthesis inhibitory factor），
B-TCGF（B cell derived T cell growth factor），
TGIF（T-cell growth inhibitory factor），
MCGF-Ⅲ（mast cell growth factor），
GVHDS，IL10A

1）歴史とあらまし

IL-10は“サイトカイン産生を抑制する分子（cytokine synthesis inhibitory factor：CSIF）”として同定され，その名の通り抑制性の活性をもつ．当初はTh2細胞から

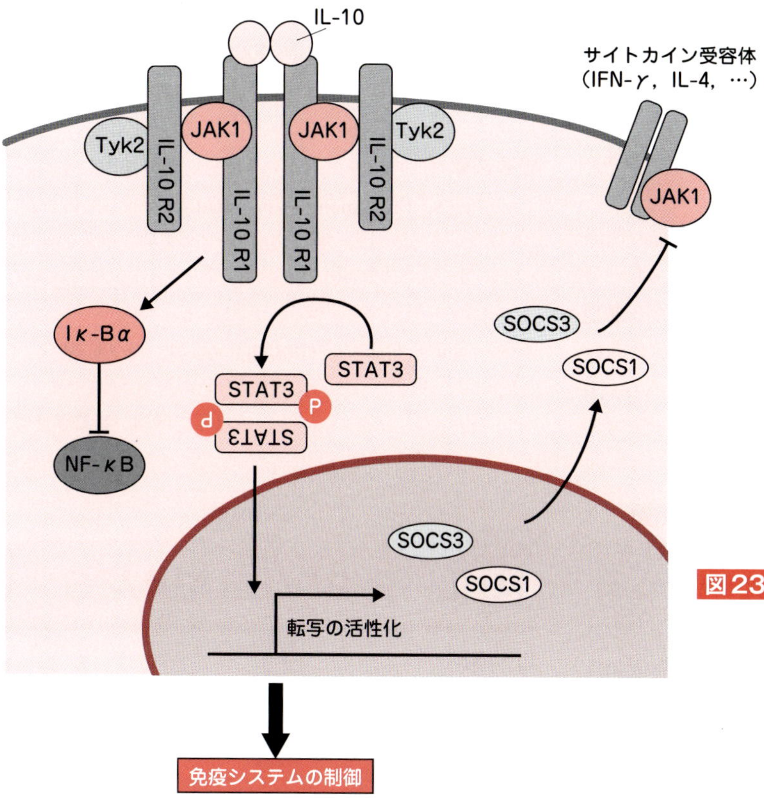

図23 IL-10のシグナル伝達による免疫制御

IL-10はIL-10R1, IL-10R2のヘテロ四量体で構成されるIL-10受容体に結合し, STAT3依存的/非依存的な経路により免疫系の活性化を抑制する. IL-10R1 : IL-10 receptor 1, IL10R2 : IL-10 receptor 2. 文献5をもとに作成.

産生され, Th1細胞や樹状細胞などに作用し, 炎症性サイトカインの産生を低下させることで免疫系を抑制すると考えられていた[1)~3)]. その後レポーターマウスやコンディショナルノックアウトマウスを用いた研究から, IL-10は制御性T細胞 (Treg) の分化/増殖を促進したり, Treg誘導性の樹状細胞の分化を誘導したり, マクロファージに作用して炎症性サイトカインやケモカイン受容体の発現を抑えたりするなど多様であることや, 産生細胞についてもマスト細胞などが報告されており, 生体での生理作用は当初考えられていたより複雑である.

Epstein-Barウイルスや2型馬ヘルペスウイルス, 水痘ウイルス, サイトメガロウイルスなどはIL-10に相同性をもつ因子をコードしており, IL-10と同様の作用を宿主の免疫応答に与えることが知られている[1)~4)]. またIL-10ノックアウトマウスおよび各種コンディショナルノックアウトマウスにおいて, 腸炎が自然発症したり, アレルギーなどに対する感受性が亢進するなど免疫系が活性化することから, 炎症の場においてIL-10は抑制性シグナルとして働くと考えられる.

また, がん細胞に対する免疫応答においては, NK細胞のキラー活性を促進させる一方で, Th1細胞のサイトカイン産生や活性化を抑制するとの報告もあり, その抗がん免疫における役割についてはまだ結論が出されていない.

2) 機能

IL-10はN末端に糖鎖結合部位をもち, ホモ二量体を形成しIL-10受容体 (IL-10R) に結合する. IL-10RはIL-10R1とIL-10R2のヘテロ四量体で形成される. IL-10R1にはJAK1が, IL-10R2にはTyk2が結合しており, リガンドの結合によりお互いのTyrをリン酸化し, そこへSTAT3が結合して活性化し, 核に移動して種々の炎症抑制性の遺伝子の転写を誘導する (**図23**). なかでも, STAT3はSOCS1, SOCS3の産生を誘導し, これらの分子がJAKキナーゼの活性化を抑えることが報告されており (**概論のイラストマップ❺**参照), IFN-γやIL-4などのサイトカイン受容体のシグナルを抑制する. 一方, STAT3非依存的経路によってもNF-κBの活性抑制が起こり, TNF-αの産生が低下することも報告されている.

IL-10はT細胞, マクロファージ, B細胞, 樹状細胞などから産生され, その受容体もほぼすべての血球細胞に発現している．IL-10は抗原提示細胞のCD80やCD86などの共刺激分子やMHCクラスII，IL-12（21参照）などのサイトカイン産生を抑制することにより，T細胞の増殖，活性化を抑制する．またIL-10は制御性T細胞の分化を誘導する．

B細胞においては増殖やMHCクラスIIの発現，抗体産生能を亢進させる[5]．しかし，全身性エリテマトーデス（SLE）など炎症の場においてはIL-10産生性B細胞が抑制的機能を果たすことが知られており，生体における役割についてはさらなる解析を必要とする．一方IL-10はNK細胞や細胞傷害性T細胞（CTL）に対してキラー活性を促進するとの報告もある．

3) KOマウスの表現型/ヒト疾患との関連

IL-10ノックアウトマウスは炎症性腸炎を自然発症し，このとき制御性T細胞によるIL-10の分泌が重要とされたが，マクロファージ特異的IL-10ノックアウトマウス（LysMCre-IL10$^{flox/flox}$マウス）においても炎症性大腸炎がみられており，自然免疫細胞によるIL-10の産生も重要であることがわかった．

一方ヒト疾患に関しては，SLE患者やクローン病患者においてIL-10遺伝子のプロモーター領域のSNPが存在することから，IL-10が炎症性疾患の発症にかかわることが示唆されている．しかしIL-10の投与や，IL-10受容体の抑制による治療効果はあまり認められておらず，IL-10の作用メカニズムの理解にもとづいた新たな治療戦略が必要であると考えられる．

【阻害剤】

抗IL-10Ra抗体をR & Dシステムズ社で入手可能.

【抗体】

抗マウスIL-10抗体，抗マウスIL-10R抗体：フローサイトメトリー用抗体を，BD Biosciences社，eBioscience社で，ELISAキットをBioLegend社で入手可能.

【ベクター】

マウスIL-10，ヒトIL-10，マウスIL-10R，ヒトIL-10Rクローニングベクターを RIKEN BRC で入手可能.

【データベース】

GenBank ID

マウス IL-10	遺伝子	16153
	RNA	NM_010548.2
	タンパク	NP_034678.1
ヒト IL-10	遺伝子	3586
	RNA	NM_000572.2
	タンパク	NP_000563.1

参考文献

1) Pestka S, et al：Annu Rev Immunol, 22：929-979, 2004
2) 鎌仲正人：IL-10.「サイトカイン-増殖因子用語ライブラリー」（菅村和夫，他/編），pp32-34，羊土社，2005
3) Moore KW, et al：Annu Rev Immunol, 19：683-765, 2001
4) Mocellin S, et al：Trends Immunol, 24：36-43, 2003
5) Kühn R, et al：Cell, 75：263-274, 1993

（鄭　琇絢，岩倉洋一郎）

Keyword

24 IL-19/20/22/24/26

【IL-19】
- ▶フルスペル：interleukin-19
- ▶和文表記：インターロイキン19
- ▶別名：MDA1（melanoma differentiation-associated 1）

【IL-20】
- ▶フルスペル：interleukin20
- ▶和文表記：インターロイキン20
- ▶別名：ZCYTO10

【IL-22】
- ▶フルスペル：interleukin-22
- ▶和文表記：インターロイキン22
- ▶別名：IL-TIF（IL-10-related T-cell-derived inducible factor）

【IL-24】
- ▶フルスペル：interleukin-24
- ▶和文表記：インターロイキン24
- ▶別名：MDA-7（melanoma differentiation-associated 7）

【IL-26】
- ▶フルスペル：interleukin-26
- ▶和文表記：インターロイキン26
- ▶別名：AK155

1) 歴史とあらまし

IL-19/20/22/24/26はIL-10（23参照）のサブファミリー分子であり，各分子は単量体で存在しているがその受容体はヘテロ二量体を形成している．IL-19はIL-20R1/IL-20R2，IL-20とIL-24は同じ受容体（IL-20R1/IL-20R2，IL-22R1/IL-20R2）に結合し，IL-22はIL-22R1/IL-10R2，IL-26はIL-20R1/IL-10R2を受容体としている．産生細胞は単球やT細胞，自然リンパ球である（**図24**）．また，IL-26のホモログは2015年1月現在マウスではみつかっていない[1) 2)]．

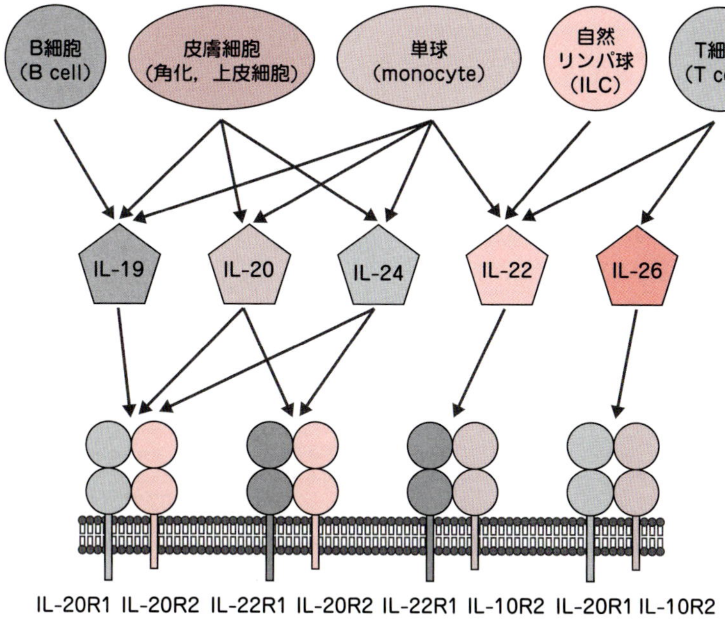

図24 IL-19/20/22/24/26産生細胞とその受容体の組合わせ

IL-19はIL-10のホモログ解析により発見され，IL-20（ZCYTO10）は構造的な解析により，IL-10の同族体として同定された．IL-24（MDA-7）は，ヒトメラノーマ細胞に増殖抑制やアポトーシスを誘導する分子としてハイブリダイゼーション法によって同定され[3)]，IL-22（IL-TIF）は，IL-9によりT細胞やマスト細胞にて誘導されたサイトカインとして同定された．また，IL-26（AK155）はHVS（*Herpesvirus saimiri*）により形質転換したヒトCD4$^+$T細胞にて同定された．

IL-10サブファミリーは，IL-10が抑制性の機能を有しているように，主に制御性のサイトカインとして機能している．組織修復のための細胞増殖を促す一方で，IL-22などは，上皮細胞を増殖させる働きが，乾癬の原因であるともいわれている．

2) 機能

i）IL-19

IL-19は単球やB細胞などの免疫細胞だけでなく，皮膚の角化細胞や上皮細胞からも産生が認められ，IL-20/24と同様にSTAT3を介したシグナルを伝達してサイトカイン産生を誘導する．IL-19は皮膚以外にも大腸での発現が確認されており，IL-19ノックアウトマウスはマウス大腸炎誘導モデルの症状が増悪化する[4)]．

ii）IL-20

IL-24と同じ受容体に結合するIL-20は，IL-24と同様に，STAT3を介したシグナル伝達経路を誘導する．IL-20は単球や皮膚での産生が認められ，角化細胞を刺激する．実際に，IL-20のトランスジェニックマウスは皮膚の異常形成により新生仔のうちに死に至る．

iii）IL-22

IL-22は種々の免疫細胞から産生され，好中球や単球，NK細胞，マクロファージや樹状細胞，ヘルパーT細胞，そして近年注目を集めている自然リンパ球細胞からも産生されている．IL-22を産生するヘルパーT細胞，Th17/Th22細胞はIL-23（22参照），またはIL-6（12参照）の刺激を受けることでIL-22を産生し，単球や好中球も同様のサイトカインにてIL-22を産生する．

IL-22受容体（IL-22R1/IL-10R2）はさまざまな組織の上皮細胞に発現し，STAT3を介したシグナルを伝達する．皮膚の角化細胞では，IL-22は細胞の増殖を促すとともに，抗菌ペプチドの発現を誘導することで皮膚のバリアを形成している．その一方で，IL-22のトランスジェニックマウスを用いた研究では，角化細胞の過増殖を引き起こし皮膚を肥厚化させてしまうと同時に，角化細胞の終末分化を阻害し皮膚のバリアに関連するタンパク質の発現を低下させることが知られている[5)]．またIL-22

は，上皮細胞への働きのなかでも消化管組織にて注目され，ノックアウトマウスを用いた研究が進められている．

iv）IL-24

IL-24（MDA-7）は活性化した単球や皮膚，Th2細胞などから産生され，さまざまなヒトがん細胞の増殖を抑制する機能を有する．IL-24はその受容体IL-20R1/IL-20R2，IL-22R1/IL-20R2の下流で，STAT3のリン酸化やJAK-STATタンパク質を誘導することでアポトーシスの誘導，細胞増殖の抑制を行う．

v）IL-26

そして，AK155として発見されたIL-26は，メモリーT細胞以外のT細胞での発現は認められず，その機能もあまり解析されていない．

3) KOマウスの表現型/ヒト疾患との関連

IL-19，IL-20，IL-22，IL-24のノックアウトマウスはどれも同様に皮膚の異形成が症状として現れるため，皮膚疾患のモデルとして用いられる．これらのIL-10サブファミリーと皮膚疾患との関連についての解析が進められており，皮膚角化細胞におけるIL-10サブファミリーの生理機能をさらに解析することで，皮膚疾患への新規治療法が見出されることが期待される．

IL-22ノックアウトマウスは消化管粘膜組織，とりわけ腸管機能の解析に用いられ，IL-22ノックアウトマウスでは腸管上皮細胞の抗菌ペプチド産生能が低下し，腸内細菌が粘膜バリアーを超えて，炎症が引き起こされてしまう．また，サイトロバクターの感染モデルでは，腸管を介し他組織への浸潤が野生型と比較し多くみられる[6]．粘膜組織におけるIL-22の産生制御も消化管疾患への治療法として大いに期待される．

【抗体入手先】

Abcam社

IL-20 antibody（ab17426）
IL-22 antibody（ab18499）
IL-24 antibody（ab56811）
IL-26 antibody（ab102977）

【データベース】

NCBI Gene ID

	ヒト	マウス		ヒト	マウス
IL-20	50604	58181	IL-24	11009	93672
IL-22	50616	50929	IL-26	55801	

参考文献

1) Conti P, et al：Immunol Lett, 88：171-174, 2003
2) Fickenscher H, et al：Trends Immunol, 23：89-96, 2002
3) Fisher PB, et al：Cancer Biol Ther, 2：S23-S37, 2003
4) Azuma YT, et al：Inflamm Bowel Dis, 16：1017-1028, 2010
5) Fujita H：Nihon Rinsho Meneki Gakkai Kaishi, 35：168-175, 2012
6) Zindl CL, et al：Proc Natl Acad Sci U S A, 110：12768-12773, 2013

（神谷知憲，岩倉洋一郎）

Keyword

25 IL-17A/17B/17C/17D/17E/17F

▶和文表記：インターロイキン-17A/17B/17C/17D/17E/17F

【IL-17A】

▶別名：IL-17，cytotoxic T-lymphocyte associated antigen-8（CTLA-8）

【IL-17E】

▶別名：interleukin-25（IL-25）

1) 歴史とあらまし

インターロイキン17A（interleukin-17A：IL-17A）は，1993年にマウスのT細胞ハイブリドーマよりクローニングされ，1995年に新しいサイトカインとしてIL-17（IL-17Aともよぶ）と命名された．マウスとヒトのIL-17Aは，アミノ酸レベルで63％の相同性を有しており，どちらもジスルフィド結合した二量体を形成することによって細胞外に分泌される．その後，相同性検索からIL-17B，IL-17C，IL-17D，IL-17E（IL-25ともよぶ），IL-17Fが同定され，IL-17は6つの遺伝子からなるファミリーを形成していることが知られるようになった[1]．IL-17Aは，広範囲にわたる細胞に作用して，炎症性サイトカインやケモカインの誘導，好中球の遊走を強力に行うことによって炎症を誘導する．これまでの研究により，IL-17Aはさまざまな自己免疫疾患やアレルギー疾患，細菌感染防御に重要な役割を果たしていることが明らかとなっている．一方，最近になって他のIL-17ファミリーの機能や細胞内シグナルの詳細も徐々に明らかとなってきている．

IL-17受容体は種々の細胞で恒常的に発現している．リガンドと同様に受容体もファミリー（IL-17RA，IL-17RB，IL-17RC，IL-17RD，IL-17RE）を形成している．IL-17受容体ファミリーはホモ二量体，ヘテロ二量

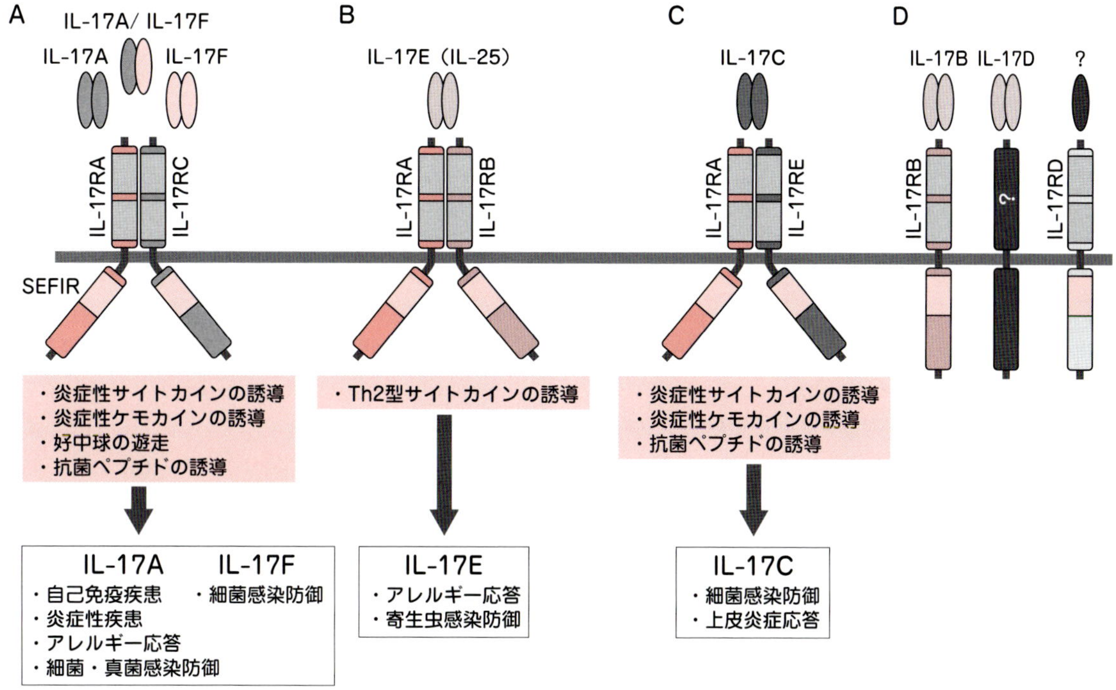

図25　IL-17/IL-17受容体ファミリーと機能

6つのIL-17ファミリー（IL-17A～IL-17F）と5つのIL-17受容体ファミリー分子（IL-17RA～IL-17RE）が同定されている．A）IL-17AとIL-17FはIL-17RAとIL-17RCからなるIL-17受容体に結合する．IL-17Aが自己免疫疾患，アレルギー応答，細菌・真菌感染防御に重要な役割を果たしているのに対し，IL-17Fは主に細菌感染防御に関与している．B）IL-17E（IL-25）はIL-17RAとIL-17RBからなるIL-25受容体に結合し，Th2型アレルギー応答や寄生虫感染防御に重要な役割を担っている．C）IL-17CはIL-17RAとIL-17REからなるIL-17C受容体に結合し，上皮細胞における炎症応答，細菌感染防御にオートクライン的に働く．D）IL-17BはIL-17RBと結合するが，下流のシグナルはわかっていない．また，IL-17Dに結合する受容体，IL-17RDのリガンドも不明である．文献1をもとに作成．

体を形成することで機能すると考えられている（図25）．

2）機能

i）IL-17AとIL-17F

IL-17FはIL-17ファミリーのなかでIL-17Aと最も相同性が高く，遺伝子座もIL-17Aと同一染色体上に隣接して存在しており，受容体も共有する．したがって，これらは同様の生理活性を有すると考えられてきた．実際，IL-17AとIL-17FはIL-1（19参照）やIL-6（12参照），TNF-αなどの炎症性サイトカイン，CXCL1などのケモカイン，マトリクスメタロプロテアーゼ，βディフェンシンやcalprotectin（S100A8/S100A9複合体）といった抗菌ペプチドの発現や好中球の遊走を誘導することが知られており，これらの活性によって炎症誘導や感染防御に関与していると考えられている[1]．しかしながら，IL-17Fは炎症誘導能がIL-17Aに比べて低いこと，腸管上皮細胞などの広範囲にわたる細胞から産生されることなどから，両者の機能的な相違が少しずつ明らかになってきている[2]．

当初，IL-17AとIL-17Fは主に活性化$CD4^+$T細胞（Th17細胞）から産生されると考えられていた．Th17細胞は，TGF-β（transforming growth factor-β）とIL-6やIL-21（9参照）によってマスターレギュレーターであるRORγt（retinoic acid receptor-related orphan receptor-γt）の発現が誘導されることにより，ナイーブ$CD4^+$T細胞から分化する．IL-1βやIL-23（22参照）はその増殖や生存に重要な役割を果たしている．しかしながら，近年Th17細胞以外にも$CD8^+$T細胞，γδT細胞やNK T細胞といった他のT細胞サブセットや，3型自然リンパ球（group 3 innate lymphoid cell：ICL3），NK細胞，好中球，マクロファージといった自然免疫細胞からもIL-17Aが産生されることがわかってきた．これらTh17細胞以外の細胞の分化誘導機構や役割，またこれらの細胞から産生されるIL-17AとIL-17Fの病態形成における役割の相違などについてはまだ不明な点が多い．

IL-17AとIL-17FはIL-17受容体ファミリーのうちIL-17RAとIL-17RCからなるヘテロ二量体に結合し，シグナルを伝える[1)]．IL-17AとIL-17Fは受容体に結合した後，NF-κB，MAPK，C/EBPを活性化するが，その際，受容体とAct1のSEFIRドメイン同士が会合し，TRAF6，TAK1がリクルートされることが必要である．

ii）IL-17E（IL-25）

IL-17EはIL-17ファミリーのなかでIL-17Aとのアミノ酸レベルでの相同性が16％と最も低く，Th2型免疫応答に関与しアレルギー応答や寄生虫感染防御に重要な役割をもつ．IL-17EはTh2細胞，マスト細胞，好酸球などから産生され，IL-4（7参照），IL-5（3参照），IL-13（9参照）といったTh2型サイトカインの産生やIgE産生を誘導する[3)]．このとき，IL-17EはTh2細胞の活性化を促進させる一方，T細胞以外のナチュラルヘルパー（NH）細胞，MPP^{type2}（multiple potent progenitor type 2）細胞，nuocyte，Ih2（innate type2 helper）細胞といった自然免疫細胞を活性化してIL-5やIL-13を誘導し，Th2型免疫に傾かせることがわかっている．これらの細胞は2型自然リンパ球（group 2 innate lymphoid cell：ILC2）という新しい細胞集団として分類されている．IL-17E受容体は，IL-17RAとIL-17RBからなるヘテロ二量体であることが知られており，IL-17Eと結合した後，NF-κBやMAPK，C/EBPの活性化を行う．

iii）IL-17C

IL-17Cは，IL-17Aと異なり主に上皮細胞から産生され，炎症性サイトカインやケモカイン，抗菌ペプチドを誘導する[4)]．IL-17RAとIL-17REのヘテロ二量体からなるIL-17C受容体も上皮細胞に発現しており，IL-17Cは上皮の炎症応答を促進することがわかっている．IL-17CのシグナルS伝達にはAct1が必要なこと，また，IL-17Cが受容体に結合した後，NF-κBやMAPKを活性化することが明らかとなっている．

iv）IL-17B，IL-17D

IL-17B，IL-17Dの機能については，どちらも炎症性サイトカインを誘導することが報告されているが，機能の詳細は不明である．IL-17BはIL-17RBと弱く結合することがわかっているが，そのシグナル伝達経路は明らかとされていない．IL-17Dはさまざまな組織に発現しているが，免疫細胞においては休止期CD4$^+$T細胞やB細胞でのみ発現が認められる．受容体は明らかとなっていない．

3) KOマウスの表現型／ヒト疾患との関連

i）IL-17AとIL-17F

これまでのノックアウトマウスを用いた研究によりIL-17Aはさまざまな自己免疫疾患や炎症性疾患，アレルギー疾患に重要な役割を果たしていることが明らかとなっている．IL-17Aノックアウトマウスでは，コラーゲン誘導関節炎（CIA）や実験的自己免疫性脳脊髄炎（EAE）の発症が強く抑制される．また，HTLV-Ⅰ（human T-cell leukemia virus-Ⅰ）トランスジェニックマウスやIL-1受容体アンタゴニスト（IL-1Ra）ノックアウトマウスといった関節リウマチ（RA）によく似た自己免疫性の関節炎を自然発症するモデルマウスにおいて，IL-17Aを欠損させると関節炎の発症が強く抑制される[5)]．さらに，RA患者の滑膜でIL-17Aの産生が高まっていることや，骨の破壊・吸収を行う破骨細胞を誘導するT細胞がTh17細胞であることもわかってきており，IL-17AがRAの発症，および病態形成に重要な役割を果たしていると考えられる．乾癬は慢性の炎症性皮膚疾患である．マウスにIMQ（imiquimod）を塗布，またはIL-23を皮内投与することにより乾癬様病変を誘導できるが，これらの病態はIL-17Aノックアウトマウスにおいて抑制される．また，このときの病態形成に重要なIL-17A産生細胞はTh17細胞ではなく，皮膚に存在するγδT細胞であることもわかってきた．遅延型過敏症（DTH）と接触型過敏症（CHS）はどちらもⅣ型に分類されるアレルギー疾患であり，IL-17Aノックアウトマウスにこれらの疾患を誘導すると発症が抑制されることから，アレルギー疾患においてもIL-17Aが病態形成に関与していることが明らかとなっている[1)]．

一方，IL-17Fノックアウトマウスは，CIA，EAE，DTH，CHSにおける病態形成を抑制できないことから，自己免疫疾患，アレルギー応答においてはIL-17FよりもIL-17Aが中心的な役割を果たしていることが明らかとなっている．しかしながら，粘膜上皮感染防御においては，IL-17AとIL-17Fどちらもが重要であることがわかっている．これは，IL-17AやIL-17Fが腸管上皮からディフェンシンなどの抗菌ペプチドを誘導することによって起こる[2)]．

ii）IL-17E（IL-25）

IL-17Eノックアウトマウスを用いた解析から，IL-17Eは好酸球増加症やアレルギー疾患を増悪化させることや，寄生虫感染防御に重要な役割を果たしていることが明らかとなっている[3]．一方，EAE誘導時において，IL-17EはTh17細胞を抑制することによって病態形成を負に制御することが報告されている．

iii）IL-17C

IL-17CノックアウトマウスやIL-17REノックアウトマウスを用いた解析により，細菌やTNF-α，IL-1βといった炎症性サイトカインに応答し上皮細胞から産生されるIL-17Cが，上皮細胞上のIL-17C受容体に作用することでオートクライン的に細菌感染防御に働くことが明らかとなっている[4]．一方，自己免疫疾患においては，IL-17CはTh17細胞に発現している受容体に結合し，IL-17A産生を亢進させることによって，EAEを増悪化させることが報告されている．

iv）IL-17B，IL-17D

IL-17B，IL-17Dの機能については不明な点が多く，ヒト疾患との関連性もほとんど明らかとなっていない．ノックアウトマウスを用いたさらなる解析が期待される．

4）まとめ

以上に述べたように，IL-17ファミリーサイトカインはさまざまな疾患に重要な役割を果たしていることが明らかとなっている．実際，IL-17AやIL-17RAに対する中和抗体を用いた臨床試験の結果，乾癬の治療に著功を発揮することが報告され，乾癬治療薬として開発が進められている．また，RAに対しても有効であることが報告されている．今後，IL-17ファミリーの機能がさらに詳細に解析されることにより自己免疫疾患・炎症性疾患や細菌感染の新しい治療法の開発につながることが期待される．

【抗体】

Mouse IL-17A mAb（clone：TC11-18H10.1）（BioLegend社）（Flow Cytometory）

Human/Mouse IL-17B Affinity Purified Polyclonal Ab（R & Dシステムズ社）（Western Blot）

Mouse IL-17F mAb（clone：eBio18F10）（eBioscience社）（Flow Cytometory）

【ELISA】

Mouse IL-17A（Ready-Set-Go）（eBioscience社）

【ノックアウトマウス】

IL-17A KO（MGI：2388010）：岩倉洋一郎（東京理科大学）より入手可能．

IL-17C KO（MGI：5297496）：Chen Dong（The University of Texas MD Anderson Cancer Center）が系統を維持している．

IL-17E KO（MGI：4442365）：Chen Dong（The University of Texas MD Anderson Cancer Center）が系統を維持している．

IL-17E KO（MGI：3720374）：Andrew NJ McKenzie（Medical Research Council Laboratory of Molecular Biology）が系統を維持している．

IL-17F KO（MGI：3830035）：岩倉洋一郎（東京理科大学）より入手可能．

IL-17A/F DKO（MGI：3830038）：岩倉洋一郎（東京理科大学）より入手可能．

【データベース】

種類（NCBI Gene/ Ensembl/ UniProtKB/ MGI or OMIM）

マウス IL-17A（16171/ ENSMUSG00000025929/ Q62386/ 107364）

ヒト IL-17A（3605/ ENSG00000112115/ Q16552/ 603149）

マウスIL-17B（56069/ ENSMUSG00000024578/ Q9QXT6/ 1928397）

ヒトIL-17B（27190/ ENSG00000127743/ Q9UHF5/ 604627）

マウス IL-17C（234836/ ENSMUSG00000046108/ Q8K4C5/ 2446486）

ヒト IL-17C（27189/ ENSG00000124391/ Q9P0M4/ 604628）

マウス IL-17D（239114/ ENSMUSG00000050222/ なし/ 2446510）

ヒト IL-17D（53342/ ENSG00000172458/ Q8TAD2/ 607587）

マウス IL-17E（140806/ ENSMUSG00000040770/ なし/ 2155888）

ヒト IL-17E（64806/ ENSG00000166090/ Q9H293/ 605658）

マウス IL-17F（257630/ ENSMUSG00000041872/ Q7TNI7/ 2676631）

ヒト IL-17F（112744/ ENSG00000112116/ Q96PD4/ 606496）

参考文献

1）Iwakura Y, et al：Immunity, 34：149-162, 2011
2）Ishigame H, et al：Immunity, 30：108-119, 2009
3）Fallon PG, et al：J Exp Med, 203：1105-1116, 2006
4）Ramirez-Carrozzi V, et al：Nat Immunol, 12：1159-1166, 2011
5）Iwakura Y, et al：Immunol Rev, 226：57-79, 2008

（秋津　葵，岩倉洋一郎）

Keyword

26 IL-14

▶フルスペル：interleukin-14
▶和文表記：インターロイキン14
▶別名：HMW-BCGF（high molecular weight-B-cell growth factor），α-taxilin（a syntaxin's friend（friend is philin in Greek））

1）歴史とあらまし

IL-14は1985年にB細胞増殖因子として同定され，1993年にcDNA配列が明らかとなった．2003年にsyntaxinファミリーに結合する因子としても同定されたためα-taxilinともよばれ，細胞内小胞輸送に関与することが示唆されている．

ヒトIL-14は546アミノ酸（53 kDa）からなりC末端側にcoiled-coilドメインをもつ．syntaxinファミリーとはcoiled-coilドメイン同士を介して相互作用している．また，IL-14には2つの転写産物（IL-14αとIL-14β）が存在し，それぞれのトランスジェニックマウスが作製され，機能解析が進められている．（IL-14αはエキソン3-10を正の向きに転写され，IL-14βはエキソン10のみを逆向きに転写される）

2）機能

IL-14は全身でユビキタスに発現しており，IL-14受容体を介してB細胞の増殖を促進する（図26A）．また，いくつかのsyntaxin分子と結合するが，細胞内小胞輸送における詳しい生理機能は明らかになっていない．

3）Tgマウスの表現型/ヒト疾患との関連

ヒトIL-14遺伝子は1p34-6に位置しているが1p36遺伝子座は全身性エリテマトーデス（SLE）の感受性遺伝子座であることが報告されている．また，加齢したIL-14αトランスジェニックマウスは自己抗体が増加しシェーグレン症候群やSLEに類似した表現型を示すとともにB細胞リンパ腫を自然発症する．一方，IL-14βトランスジェニックマウスは自己抗体の産生などはみられないが，B細胞リンパ腫を自然発症する[1)2)]．これらの知見より，IL-14は自己免疫疾患やB細胞腫に対する新たな治療標的として期待される．

【データベース】

NCBI Gene ID

ヒト IL-14　200081

マウス IL-14　109658

【トランスジェニックマウスの入手先】

3) で述べたトランスジェニックマウスをDivision of Allergy, Immunology and Rheumatology, Department of Medicine, School of Medicine and Biomedical Sciences, State University of New Yorkで系統を維持．

参考文献

1）Shen L, et al：J Immunol, 177：5676-5686, 2006
2）Xuan J, et al：Int J Cancer Res, 8：83-94, 2012

（村山正承，岩倉洋一郎）

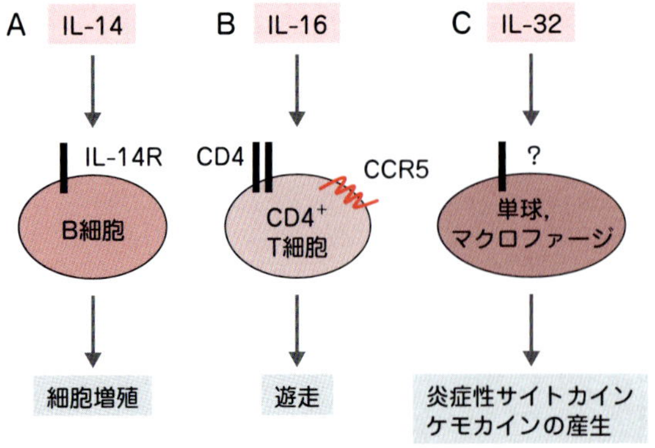

図26　IL-14/16/32の作用

A）IL-14はB細胞上のIL-14Rを介し，B細胞の増殖を促進する．B）IL-16が作用したCD4は二量体化し，CCR5と協調的に働き細胞遊走を促進する．C）IL-32は未知の受容体を介し単球やマクロファージに作用し炎症性サイトカインやケモカインの産生を促進する．

Keyword

27 IL-16

▶フルスペル：interleukin-16
▶和文表記：インターロイキン16
▶別名：LCF（lymphotactic factor）

1）歴史とあらまし

IL-16は1982年にリンパ球の遊走を促進する因子（lymphotactic factor）として同定され，1994年にcDNA配列が明らかとなった．

ヒトIL-16には選択的スプライシングにより中枢神経系で発現する1,322アミノ酸（エキソン1-19）からなる141 kDaのIL-16（neuronal IL-16）と，他の多くの組織で発現する67 kDaのIL-16（leukocyte IL-16）の2

つの転写産物が存在する．leukocyte IL-16前駆体は631アミノ酸（C末端の7エキソン）からなり，PDZモチーフをもつ．カスパーゼ3によってプロセシングされたC末端側の121アミノ酸（14 kDa）の成熟型IL-16は自己凝集して四量体となり分泌されるが，N末端側のIL-16プロドメインは細胞質や核内に局在がみられ，転写因子としての機能が示唆されている[1) 2)]．

2) 機能

成熟型IL-16はCD4$^+$T細胞の遊走を促進する機能をもつ．IL-16の受容体はCD4であり，IL-16の4つのアミノ酸（$R^{106}RKS^{109}$）およびCD4の6つのアミノ酸（$W^{344}QALLS^{349}$）の相互作用が重要である．CD4が二量体化され，p56lckやPKCと相互作用しCCR5と協調的に働く（**図26B**）．一方，IL-16プロドメインはSkp2の発現を抑制することで細胞増殖を促進している．また，neuronal IL-16はカスパーゼ3によってプロセシングされたN末端側がイオンチャネルの足場タンパク質として機能する[3)]．

3) KOマウスの表現型/ヒト疾患との関連

ヒトIL-16遺伝子は15q26.1-3に，マウスIL-16は7 D2-D3にそれぞれ位置し，結腸直腸がんにおいて遺伝子多型が同定されている．ヒトとマウスではカスパーゼ3によりプロセシングされたN末端側が75 %，C末端側は82 %の相同性がある．また，IL-16の欠損により移植臓器の拒絶が抑制されたことから，免疫拒絶などに対する治療薬の開発に期待される[4)]．しかし，2つの転写産物の機能的な違いやIL-16プロドメインの生理機能などはまだほとんどわかっておらず，さらなる解析が求められている．

【データベース】

NCBI Gene ID

ヒト IL-16　3603

マウス IL-16　16170

【ノックアウトマウスの入手先】

3) で述べたノックアウトマウスをDivision of Pulmonary and Critical Care Medicine, University of Massachusetts Medical Schoolで系統を維持．

参考文献

1) Bannert N, et al：J Biol Chem, 278：42190-42199, 2003
2) Cruikshank WW, et al：J Leukoc Biol, 67：757-766, 2000
3) Deng JM & Shi HZ：Chin Med J, 119：1017-1025, 2006
4) Kimura N, et al：J Heart Lung Transplant, 30：1409-1417, 2011

（村山正承，岩倉洋一郎）

Keyword

28 IL-32

▶フルスペル：interleukin-32
▶和文表記：インターロイキン32
▶別名：NK4

1) 歴史とあらまし

IL-32は1992年にNK4とよばれるヒト活性化NK細胞および活性化T細胞において発現する27 kDaの分泌タンパク質として同定された．細胞接着活性を示すRGDモチーフをもつことから細胞接着に関与することが示唆されていたが，同定から13年間，機能解析は進展していなかった．しかし2005年，IL-18（20参照）刺激によって応答するサイトカインであることが明らかになり，IL-32とよばれるようになった．IL-32には6つの転写産物（IL-32 α，IL-32 β，IL-32 γ，IL-32 δ，IL-32 ε，IL-32 ζ）が存在するが，すべてIL-32 γのpro-mRNAからスプライシングされたものである．また，既知のサイトカインと類似した構造的な特徴はない．IL-32 γ以外の機能解析は進んでいないのが現状である[1)]．

2) 機能

IL-32 γはNK細胞，T細胞，単球，マクロファージ，内皮細胞より産生されるが，IL-32の受容体はいまだ同定されていない（**図26C**）．一方でウイルス・真菌感染によって発現が亢進し，マクロファージや単球に作用することで炎症性サイトカインおよびケモカインの産生を誘導することは明らかとなっている．また，TNF-αとの共刺激によりがん細胞株の細胞増殖を阻害し細胞死を誘導することから，がんに対する治療薬として期待される．

3) ヒト疾患との関連

ヒトIL-32遺伝子は16p13.3に位置するが，マウスには遺伝子そのものが存在しない．IL-32の発現は関節リウマチ患者の滑液中の炎症性サイトカイン量と相関があり，抗TNF-α抗体により発現が低下することから，関節リウマチをはじめとする慢性炎症性疾患に関与することが考えられる．

【データベース】
NCBI Gene ID
ヒト IL-32　9235

参考文献

1）Joosten LA, et al：Cell Mol Life Sci, 70：3883-3892, 2013

（村山正承，岩倉洋一郎）

Keyword

29 成長ホルモン

▶フルスペル：growth hormone
▶略称：GH
▶別名：ソマトトロピン，ソマトロピン

1）歴史とあらまし

成長ホルモン（GH）は191アミノ酸からなるポリペプチドであり，ソマトトロピンまたは，ソマトロピンともよばれ，下垂体前葉から分泌され，血中を介して全身に作用する．その名の通り，筋形成，軟骨形成や骨形成を促し，個体の成長を調節し，また，作用した細胞や組織の代謝を調節する非常に重要なホルモンの1つである．主な作用としては，成長ホルモン受容体（GHR）を介した直接的なものと，肝臓へGHが作用した後に，放出されるインスリン様成長因子-1（insulin-like growth factor-1：IGF-1）を介した作用に分類できる（**図27**）．

研究の歴史は古く，1921年にはEvansとLongがウシ下垂体抽出物をラットに投与することにより巨大なラットを作製することに成功し，下垂体のなかには成長促進因子が存在することが示唆された[1]．1944年には，LiおよびEvansが分子量44,250および等電点pH6.85のタンパク質をウシ下垂体抽出物より単離し，このタンパク質が成長を促進する効果を保持することを明らかとした[2]．ヒト疾患の治療としては，1958年に，Rabenが成長ホルモン分泌不全性低身長症（GHD）の男子にヒトGHを投与して，治療に成功した[3]．近年でも，ワールドカップを賑わせているサッカー選手のLionel Andrés Messi CuccittiniがGH補充治療を受けていたのが記憶に新しい．

2）機能

GHはすべての脊椎動物で高度に保存されており，非常に異化作用の強いホルモンである．前述の通り，筋形成，軟骨形成や骨形成を促し，個体の成長を促進する．サイトカインスーパーファミリーに属する．GHが結合したGHRは，JAK2-STAT5B経路を活性化させる（**図27**）．マウスやヒトでは，選択的スプライシングによるGHRのアイソフォームが存在し，GH binding proteinとよばれる分泌型GHRをつくっており，血中に分泌され，デコイ受容体として機能している．

骨形成では，カルシウム代謝および骨化を促進し，骨量を増やす．筋肉では，筋繊維の肥大化を促す．異化応答として，脂肪組織では脂肪分解を促進し，肝臓では，血中グルコースの取り込みおよび糖新生を促す．脳を除く，すべての細胞および臓器において，タンパク質合成を促進させ，臓器の発達を調節する．また，膵島におけるインスリンや，甲状腺におけるT3（triiodothyronine）およびT4（thyroxine），性ホルモンなどの内分泌の調節にも重要である．視床下部，膵島δ細胞や腸管から分泌されるソマトスタチンにより，GH分泌は負に制御されていることがよく知られている（**図27**）．

また，免疫担当細胞においてもGHRの発現が確認されており，免疫機能にも関与することがわかっている．GH投与治療を受けた患者のなかには，白血病を発症する例も報告されている．しかしながら，直接的な関与は明らかにはなっていない．GHの分泌調節機構は，神経性の制御を受けており，下垂体の上位組織である視床下部から放出されるGHRH（GH releasing hormone）とその受容体GHRHR経路や，近年，リガンドが胃抽出物から同定されたポリペプチドであるグレリン（ghrelin）によるGHSR（GH secretagogue receptor）経路によって制御されている（**図27**）．

3）KOマウスの表現型／ヒト疾患との関連

GH分泌不全マウスは，GHRHR変異体（little mouse），Pit1（pituitary-specific transcription factor 1）変異体（Snell dwarf）やProp-1（homeobox protein prophet of Pit1）変異体（ames dwarf）などの複数の自然変異体が報告されている[4]．加えて，ヒトのLaron syndromeのモデルとして，GHRやSTAT5B欠損マウスが報告されている[4]．いずれの変異体においても，出生仔は野生型と同様の体重および骨格を保持して産まれるが，その後の成長遅延，春機発動や泌乳期の遅延などの表現型がみられる[4]．また，インスリンやIGF-1シグナルとも密接に関与しており，GHR欠損マウスや前述のGH分泌不全マウスでは，長寿になる表現型が報告されている．Snell dwarfマウスでは，T細胞およびB

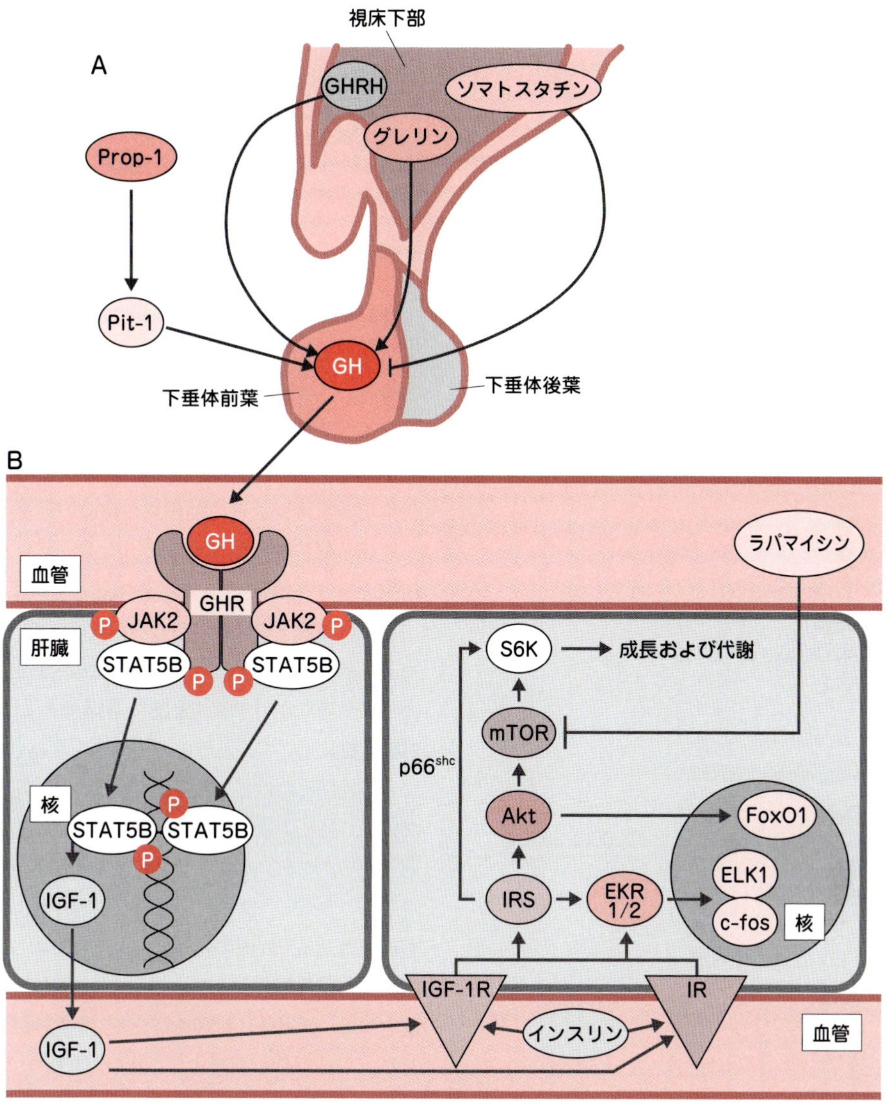

図27 成長ホルモン（GH）の分泌調節および作用機構

A）成長ホルモン（GH）の分泌調節機構は，神経性の制御を受けており，下垂体の上位組織である視床下部から放出されるGHRH（GH releasing hormone）とその受容体GHRHR経路やグレリン（ghrelin）によるGHSR（GH secretagogue receptor）経路，また，Pit1およびProp-1によって発現制御されている．B）GHが結合した成長ホルモン受容体（GHR）はJAK2-STAT5B経路を活性化させることにより，肝臓から血管側へIGF-1放出が促される．IGF-1とインスリンがインスリン受容体（IR）やIGF-1受容体（IGF-1R）と結合することで成長および代謝が促進される．インスリンを受容したIGF-1RおよびIRの下流で，IRS（insulin receptor substrate）がリン酸化され，その下流のmTOR（mammalian target of rapamycin）およびリボソームタンパク質であるS6K（S6 kinase）を活性化する．近年，IRSの下流アダプタータンパク質であるp66^{shc}がインスリンやIGF-1シグナルにおいてmTOR経路の調節を行うことが報告されている．ラパマイシンはmTORを阻害し，IGF-1RおよびIRのシグナルを負に制御する．

細胞の発達障害が認められ，コラーゲン誘導性関節炎においては，野生型に比べて，病態形成が抑制される．

ヒトの疾患としては，GH分泌不全症（GHD）として小児発症型および成人発症型が存在する．GHDでは常染色体劣性遺伝病として，GHおよびGHRHに変異が認められる．成人型の発症率は欧米では，年間100万人に8〜30人であり，日本でも年間1,200人程度発症すると報告されている．成人型では，脂質代謝および耐糖能異常，高血圧および胴回りの肥満などのメタボリックシンドロームの症状を呈し，多くの場合，間脳下垂体腫瘍を併発する．GH補充治療により代謝異常は改善される．また，GH不応症（GHI）も存在し，GHRおよびSTAT5Bに常染色体劣性遺伝として発症する．STAT5Bの劣性遺伝の場合は，免疫応答にも異常が確認される．これはIL-2やIL-7シグナルなどにSTAT5Bが重要なことに一致する．

【阻害剤入手先】

Somatstatin（for GH release）Sigma-Aldrich社：S1763

【抗体入手先】

Anti-Human Growth Hormone 抗体（GH-1）Abcam社（ab9821）

Anti-Human Growth Hormone 抗体（GH-2）Abcam社（ab9822）

【データベース】

Mouse growth hormone（Gh1）

NCBI Gene：14599,
Ensembl：ENSMUSG0000020713,
UniProt：P06880,
MGI：95707,
HomoloGene：47932

Human growth hormone（GH1）

NCBI Gene：2688,
Ensembl：ENSG00000136488/ENSG00000259384,
UniProt：P01241,
OMIM：139250,
HomoloGene：128036

Human growth hormone（GH2）

NCBI Gene：2689,
Ensembl：ENSG00000136487,
UniProt：P01242,
OMIM：139240,
HomoloGene：128757

参考文献

1）Evans HM, et al：Anat Rec, 21：62-63, 1921
2）Li CH & Evans HM：Science, 99：183-184, 1944
3）Raben MS：J Clin Endocrinol Metab, 18：901-903, 1958
4）Walenkamp MJ & Wit JM：Eur J Endocrinol, 157：S15-S26, 2007

（米沢　朋，丸田大貴，岩倉洋一郎）

Keyword

30 プロラクチン

▶フルスペル：prolactin
▶略称：PRL
▶別名：マンモトロピン，催乳ホルモン

1）歴史とあらまし

プロラクチン（PRL）の発見の発端は，1928年にStrickerとCrueterがウシ下垂体抽出物を偽妊娠ウサギに投与したことである．このウサギが泌乳を開始したことから，下垂体のなかには催乳因子が存在することが示唆された[1]．1933年にも，同様の研究として，ハトのそ嚢抽出物もウシ下垂体抽出物と同様の催乳活性を保持していると報告された[2]．1970年には，ヒツジ下垂体よりPRLのアミノ酸配列が同定された．

PRLは199アミノ酸からなるポリペプチドであり，マンモトロピンともよばれ，下垂体前葉から分泌され，血中を介して全身に作用する（**図28**）．催乳ホルモンともよばれ，春機発動に応じて，乳腺の分枝構造を発達させ，妊娠後期から泌乳期にかけて，乳腺葉を発達させ，乳腺上皮細胞において，アミノ酸の取り込みおよび乳タンパク質であるカゼインやラクトアルブミンの産生を促進させ，泌乳を開始させる．加えて，グルコースの取り込みおよび乳糖の合成も促進させる．妊娠の維持にも関与しており，哺乳類では排卵後，黄体形成および機能を維持させプロゲステロン分泌を促し，妊娠時に排卵を抑える．中枢神経でも機能しており，母性行動を調節することが知られている．その他，免疫応答，浸透圧および血管新生の調節機能を保持する．

2）機能

PRLは多くの脊椎動物で高度に保存されており，非常に多くの機能をもつホルモンである．特に妊娠および着床に非常に重要な働きを保持しており，妊娠後の排卵抑制および妊娠期の維持，性腺の発達，子宮内膜の肥厚化，乳腺組織の発達および泌乳の開始を制御する．他にも母性行動などの精神行動，浸透圧調節や免疫細胞の増殖など，非常に多岐にわたる機能を保持している．多くの哺乳類では1つの遺伝子からPRLがつくられるが，齧歯類であるマウスやラット，または，ウシやヒツジなどの反芻動物では，遺伝子重複により，胎盤性ラクトゲンとよばれる多数のプロラクチン様遺伝子が存在する．これらの因子はサイトカインスーパーファミリーに属し，PRLが結合したPRLRは，JAK2-STAT5B経路を活性化

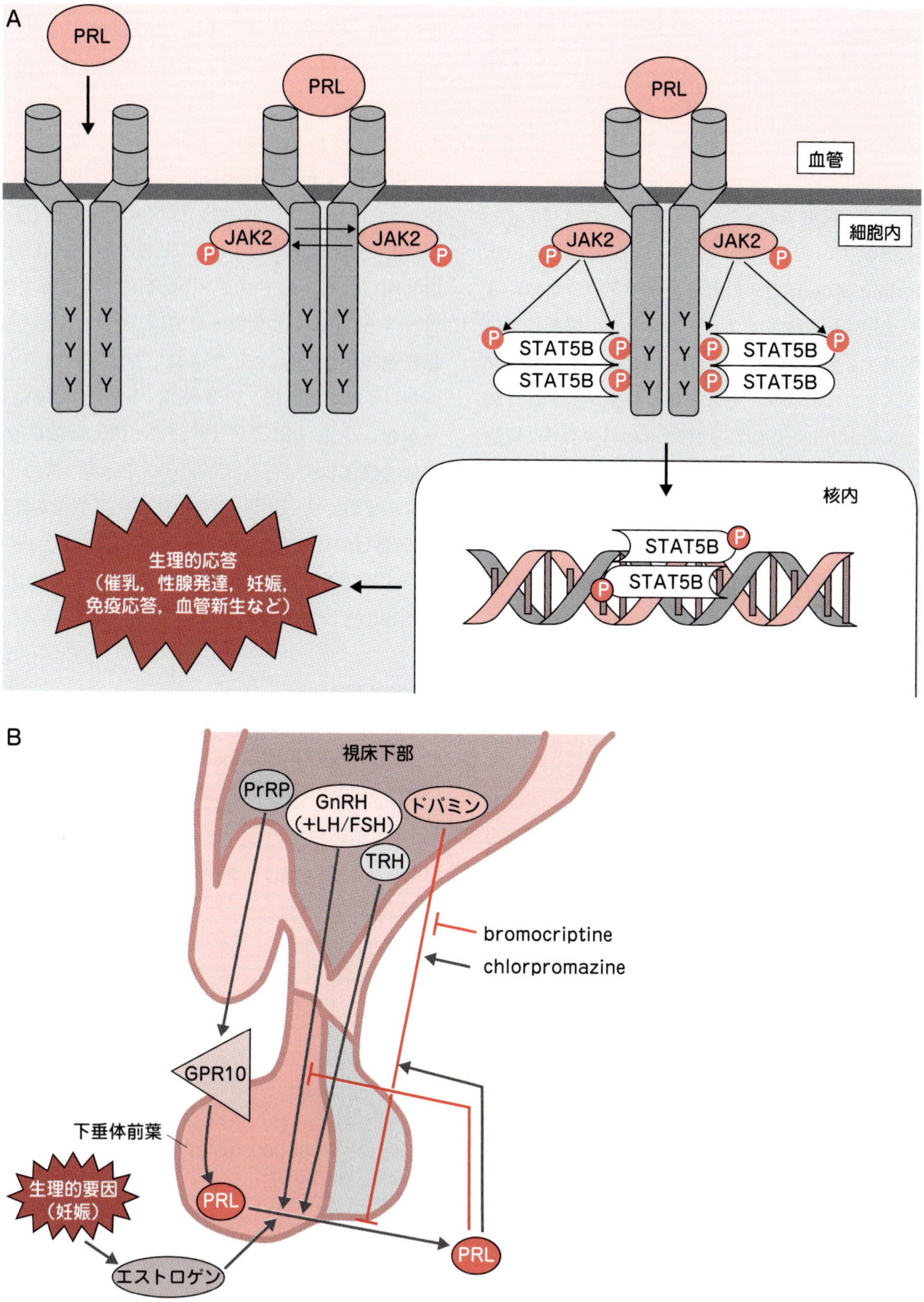

図28　プロラクチン（PRL）の分泌調節および作用機構

A）PRLが結合することによりPRLRが二量体化し，細胞内ドメインにJAK2を2分子リクルートする．JAK2はお互いをリン酸化することにより活性化し，PRLの細胞内ドメインのチロシン残基（Yで表記）をリン酸化させ，それを認識してSTAT5Bがリクルートされ，JAK2によりSTAT5Bがリン酸化され活性化し，二量体となって核内に移行し，転写を開始し生理的応答を引き起こす．文献5をもとに作成．B）PRLの分泌調節機構は，神経性の制御を受けており，下垂体の上位組織である視床下部から放出されるPrRP（PRL releasing peptides）および，その受容体GPR10を介する経路やTRH（thyrotropin-releasing hormone），GnRHやエストロゲンにより，分泌が促進される．また，ドパミンがPRLの分泌を抑制する．負の制御機構として，PRLがドーパミンの分泌を促進，GnRHの分泌を抑制することでPRLの分泌が調節される．

させる（**図28A**）．成長ホルモン受容体（GHR，**29**参照）同様，PRLRには，選択的スプライシングによるアイソフォームが複数存在し，細胞内ドメインの長いロングアイソフォームと，対照的に，短いショートアイソフォームが存在する．また，ラットのNS2リンパ球株でのみ，細胞内領域が中程度のインターメディエイトアイソフォームが報告されている．細胞内ドメインが欠損しているPRL binding proteinとよばれる分泌型PRLRもつくられており血中に分泌されデコイ受容体として機能している．血管新生の調節としては，PRLはカテプシンDやマトリクスメタロプロテナーゼなどによりタンパク質分解を受けvasoinhibinとよばれる16kDaのペプチドに変換される[3]．このペプチドが，非常に強い血管新生抑制因子として働き，がんに対しては発達を抑制する．

PRLの分泌調節機構は，神経性の制御を受けており，下垂体の上位組織である視床下部から放出されるPrRP（PRL releasing peptides）とその受容体GPR10経路やTRH（Thyrotropin-releasing hormone），オキシトシンやエストロゲンにより，分泌が促進される（**図28B**）．また，負の制御機構としてはドパミンがよく研究されており，bromocriptineなどのドパミン作動薬により，分泌が抑制され，chlorpromazineなどのドパミン遮断薬により，分泌が亢進する（**図28B**）．競合的アンタゴニストとして，Del1-9-G129R-hPRL（1～9番目のアミノ酸を欠損および129番目のグリシンをアルギニンに置換したヒトPRL）が樹立されている．

3) KOマウスの表現型／ヒト疾患との関連

PRLノックアウトマウスは，1997年に報告されており，雌では不妊になるが，雄では正常である[4]．また，乳腺組織の乳管形成には異常は確認できないが，葉状構造には異常が認められる．同ノックアウトマウスにおいて，脳の正中隆起におけるドパミン量や血中黄体形成ホルモン量の減少が認められる．加えて，同マウスでは，PRLのN末端の10個のペプチドが残っており，下垂体前葉細胞において異常な蓄積が確認され，その結果，下垂体腺腫になることが報告されている．同欠損マウスの表現型より，PRLが睡眠時のレム眼球運動を調節することや，TRPV1（transient receptor potential cation channel subfamily V member 1），TRPA1（TRP A member 1）およびTRPM8（TRP M member 8）などの神経チャネルに作用して，炎症性痛覚の調節を行っていることが明らかとなっている．

ヒトの遺伝的疾患では，PRLの変異としては，現在までにわずかに3例が報告されている．患者はいずれも女性で，思春期の性腺発育および妊娠は正常に起きるが，分娩後の泌乳が全く起こらず授乳不全が起こる．また，ヒトにおいて高PRL血症が認められる．女性患者では乳汁漏出症や稀発および無月経を呈し，男性患者では，陰萎が起こる．両性において，性欲減退および不妊症に結びつくことが知られている．患者の80～90％がbromocriptineなどのドパミン作動薬により寛解する．PRL受容体（PRLR）の変異としては，欧米人の多発性胸部繊維腺腫患者において，I146L（146番目のイソロイシンがロイシンに置換）の変異が，多数確認され，この変異が起きると，PRLRがリガンドのPRL非依存的に恒常的に活性化し続けることが知られている．また，高PRL血症の患者から，PRLR常染色体優性変異であるH188R（188番目のヒスチジンがアルギニンに置換）がみつかった．この変異は，I146L変異とは対照的に，機能不全型のPRLRをつくり出す．

【阻害剤入手先】

Bromocriptine（for PRL release）Sigma-Aldrich社：B2134
Cabergoline（for PRL release）Sigma-Aldrich社：C0246
Del1-9-G129R-hPRL（競合的PRLRアンタゴニスト）

【抗体入手先】

PRL antibody（11B11）GeneTex社（GTX83801）

【データベース】

Mouse prolactin
- NCBI Gene：19109,
- Ensembl：ENSMUSG0000021342,
- MGI：97762,
- HomoloGene：732

Human prolactin
- NCBI Gene：5617,
- Ensembl：ENSG00000172179,
- UniProt：P01236,
- OMIM：176760,
- HomoloGene：732

参考文献

1) Stricker P, et al：Soc Biol, 99：1978-1980, 1928
2) Riddle O, et al：Am J Physiol, 105：191-216, 1933
3) Bajou K, et al：Nat Med, 20：741-747, 2014
4) Horseman ND, et al：EMBO J, 16：6926-6935, 1997
5) Freeman ME, et al：Physiol Rev, 80：1523-1631, 2000

（米沢　朋，丸田大貴，岩倉洋一郎）

2章 インターフェロン

interferon

Keyword

1 IFN-α / β　**2** IFN-γ　**3** IFN-λ ファミリー（IL-28，IL-29）

概論

1. はじめに

インターフェロン（interferon：IFN）は，ウイルス感染に対して抵抗性を誘導する作用により特徴づけられる一群のサイトカインである．その発見の歴史は古く，1957年にAlick Isaacs，Jean Lindenmannによりウイルス感染を干渉（interference）する因子として報告されたものであり，実に命名から60年近くになろうとしている．実はこの発表の3年前，長野泰一，小島保彦により，ウサギ皮膚のワクシニアウイルス感染組織の抽出液中に，ウイルス感染を阻害する作用をもつ可溶性の物質であるウイルス抑制因子（IFN類似活性をもつ物質）が存在することが世界ではじめて報告されており，日本人研究者にとって重要な歴史的意味をもつサイトカインの1つであるといえる[1]．

IFNは大きく3つのサブファミリーに分類されるが，そのなかでⅠ型IFNファミリー分子はいち早く医薬品として臨床応用が試みられ，これまでに数多くのIFN分子が承認を受け，すでに実用化されている．副作用など解決すべき問題は残されているものの，ウイルス性肝炎やいくつかの腫瘍，白血病の治療に用いられていることから，生物学分野にとどまらず医学・薬学分野においてきわめて重要なサイトカインである．

2. インターフェロン研究の歴史

前述したように，インターフェロンは長野らによるウサギの系，およびIsaacsらによるインフルエンザウイルスを感染させたタマゴ漿尿膜を*in vitro*に移した実験系において発見された．そして1970年後半に生化学的手法を用いてタンパク質分子として完全に精製されたが，発見からおよそ20年の年月が経っていた．その後，分子生物学的手法がいち早く導入され，1980年に長田重一（当時チューリッヒ大学）らがヒト**IFN-α**（**→Keyword 1**）のcDNAのクローニングに成功したのを皮切りに，谷口維紹（当時癌研究会癌研究所）らによる**IFN-β**（**→Keyword 1**）のクローニングと続き，IFN研究において日本人研究者が多大な貢献を果たした[1]．さらに，IFN遺伝子は続々クローニングされていくが，時代とともに手法も変わっていった．2000年代になると，ヒトゲノムのドラフト配列を利用したコンピュータによるORF解析といった新しい手法が用いられ，新しいクラスとして分類されたⅢ型IFN，すなわち**IFN-λ**（**→Keyword 3**）ファミリーが発見，同定されるようになった．

また，当初はウイルス感染などに対する生体防御作用がIFNの主要な生理機能と考えられていたが，研究が進むにつれて免疫調節や抗腫瘍に重要な役割を担っているばかりでなく，ウシにおいては胚の着床に重要な役割を担う因子としてⅠ型IFNのファミリー分子であるIFN-τが発見されるなど[2]，多彩な生理機能が明らかになってきている．

3. 分子構造

1）分類と遺伝子クラスター

IFNファミリーは大きく3つのサブファミリーに分類されている（**イラストマップ，表**）．Ⅰ型IFNは，動物種間できわめて多様性に富んだ多重遺伝子であり，これまでにIFN-α（ヒトにおいては13遺伝子），β（ヒトとマウスでは単一遺伝子であるがウシでは3遺伝子），δ（ヒトとマウスにはなく，ブタで報告），ω，ε，κ，τ

イラストマップ　インターフェロン（IFN）によるシグナル伝達

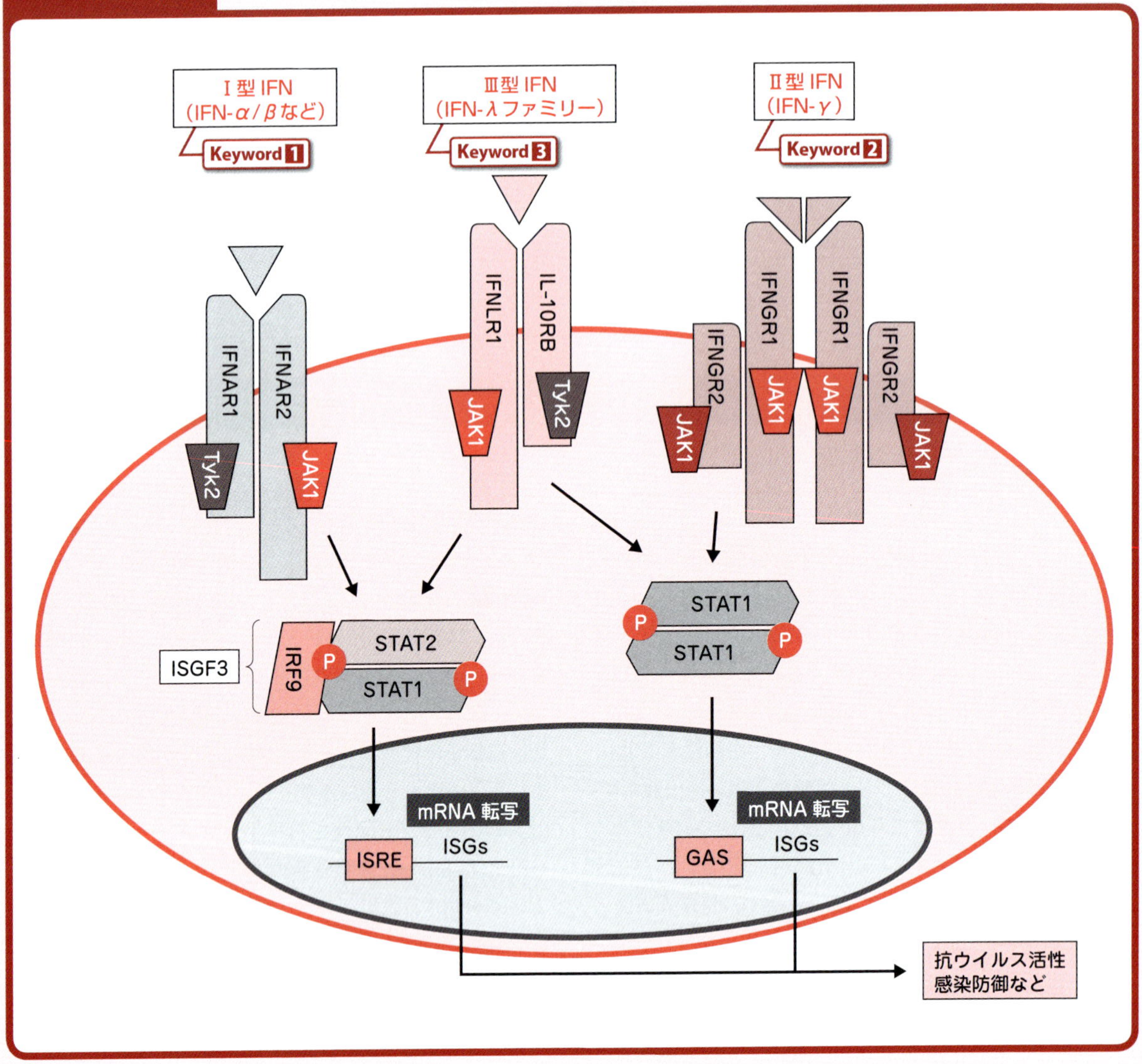

（ヒトとマウスにはなく，反芻獣で報告），ζ（Limitin：ヒトにはなく，マウスで報告）などが報告されている．一方，Ⅱ型IFNは**IFN-γ**（**→Keyword 2**）のみである．Ⅲ型IFN（IFN-λ）はヒトにおいてはλ1（IL-29），λ2（IL-28A），λ3（IL-28B）の3つの遺伝子からなる．これらのIFN遺伝子には，ゲノム中に多数の偽遺伝子も存在している．

IFNファミリーはさらにその分子構造から，IL-10ファミリーサイトカイン（IL-10，IL-19，IL-20，IL-22，IL-24，IL-26）を含めてIL-10/IFNスーパーファミリーに分類される（**表**）．これらのサブファミリー間において相同性は25％を超えず低い値となっているが，二次構造には類似性が認められる．すべてのファミリー分子は逆平行構造の6または7つのαヘリックスからなる立体構造をとると考えられている．

これらのIL-10/IFNスーパーファミリー遺伝子はゲノム中にクラスターを形成して存在しており，ヒトの場合，Ⅰ型IFN遺伝子群は9番染色体9p22（マウス4C），Ⅱ型IFN（IFN-γ）遺伝子は*IL22*，*IL26*（ヒトのみ）とともに12番染色体12q15（マウス10D2），Ⅲ型IFN遺伝子群は19番染色体19q13（マウス7B1），IL-10ファミリー遺伝子群（*IL10*，*IL19*，*IL20*，*IL24*）は1番染色

表　IL-10/IFNスーパーファミリーとその受容体

	IFNファミリー			IL-10ファミリー				
	Ⅰ型	Ⅱ型	Ⅲ型					
リガンド	IFN-α, β, δ, ω, ε, κ, τ, ζ	IFN-γ	IFN-λ1（IL-29）, λ2（IL-28A）, λ3（IL-28B）	IL-10	IL-19	IL-20, 24	IL-22	IL-26
受容体	IFNAR1 IFNAR2	IFNGR1 IFNGR2	IFNLR1 IL-10RB	IL-10RA IL-10RB	IL-20RA IL-20RB	IL-20RA（IL-22RA1） IL-20RB	IL-22RA1 IL-10RB	IL-20RA IL-10RB

体1q32（マウス1E）である[3]．

2) IFN受容体とシグナル伝達

サイトカイン受容体は構造によりいくつかの種類に分類されるが，IL-10/IFNスーパーファミリーが使用している受容体は，Ⅱ型サイトカイン受容体（cytokine receptor family class 2：CRF2）に分類される．CRF2は，N末端側が細胞外となる1回膜貫通型タンパク質であり，細胞外領域にはⅢ型フィブロネクチン領域（FN3）をもつ特徴的な構造を有しているが，WSXWSモチーフとよばれる保存されたアミノ酸残基をもたない点で，Ⅰ型サイトカイン受容体（CRF1）と区別されている．CRF1，CRF2ともに2〜3つのサブユニットで受容体を構成するが，各サブユニットの細胞内領域にJAK（Janus Kinase）ファミリー分子と会合するモチーフをもち，これらが活性化することでシグナルが伝達される（**イラストマップ**）．JAKの下流では，STATファミリー分子がリン酸化を受けることにより活性化，転写因子として機能する．なお，すべてのⅠ型IFNは共通の複合体IFNAR1−IFNAR2を，Ⅱ型（IFN-γ）はIFNGR1−IFNGR2複合体を，Ⅲ型（IFN-λ）はIFNLR1−IL-10RB複合体を受容体として用いる（**イラストマップ**）．Ⅰ/Ⅲ型IFNの受容体にはJAK1/Tyk2が，Ⅱ型IFN受容体にはJAK1/JAK2がそれぞれ会合し，活性化することにより，主としてSTAT1のホモ二量体（標的配列はGASとよばれる）か，STAT1−STAT2−IRF9複合体（ISGF3：標的配列はISREとよばれる）を用いてシグナル伝達を行うことが知られている．

4. インターフェロン（IFN）の機能

1) 抗ウイルス活性

IFNは，歴史的にその抗ウイルス活性により同定されてきたように，ウイルス感染刺激に応答して産生され，標的細胞上の受容体を介してシグナルを伝達すると，ISG（interferon stimulated gene）とよばれる一群の抗ウイルスエフェクター遺伝子を誘導することにより，抗ウイルス状態をつくり出す（**イラストマップ**）．しかしながら，サブファミリーごとにその抗ウイルス誘導活性は大きく異なり，一般的にはIFN-α/βが最も強いとされている．実際，Ⅰ型IFNの受容体を欠損するノックアウトマウスはあらゆるウイルスに対して易感染性となることから，その重要性が明らかになっている．一方，IFN-λの作用はIFN-α/βに近いとされているものの，IFN-λやその受容体の発現組織に組織特異性が認められることから，生体における機能はより限局していると考えられている．しかしながら，IFN-λの機能についてはまだ不明な点が多い．2009年には，ヒトにおける全ゲノム関連解析（GWAS）からIFN-λはC型肝炎ウイルス（HCV）に対する感染防御との関係が示唆された[4]．それ以来，IFN-λは大いに注目を集めている．

2) 免疫調節機能

一方，IFN-γはかつて免疫IFNとよばれたように，その機能はウイルス感染防御よりも細胞性免疫の調節機能の方が重要と考えられている．特に，IFN-γはマクロファージやNK細胞の強力な活性化因子であり，抗酸菌やリーシュマニア原虫などの細胞内寄生性病原体に対する感染防御に重要な役割を担っている．また，IFN-γを特徴的に産生するヘルパーT細胞はTh1とよばれ，自己免疫疾患の病態形成や抗腫瘍免疫にも主要な役割を担っていることから，免疫学分野においてかつておおいに注目を集めていた．このような事情に加えて，IFN-γは他のIFNと異なり，リガンドと受容体が1対1対応するユニークなIFNである．そのため，ノックアウトマウスを用いての機能解析が容易であり，最も研究が進んでいる．

3) 明らかとなりつつある機能

I型IFNのなかには，ウシのIFN-τのように子宮における胚の着床に関与する機能をもつなど，一般的なIFNの機能の概念から外れるものも発見されている．しかしながら，これらのI型IFNのオーソログはヒトやマウスには存在せず，ノックアウトマウスなどの解析ツールが利用できないことから，その分子実態についてはあまり解析が進んでいない．その一方で，最近，I型IFNによる免疫調節作用が注目を集めている[5]．また，自己免疫疾患の1つ全身性エリテマトーデス（SLE）の病態形成には慢性的なI型IFNの産生が重要であると考えられるなど，IFNは生体においてさまざまな機能をもつと考えられるようになっている．

参考文献

1）「サイトカインハンティング—先頭を駆け抜けた日本人研究者たち—」（日本インターフェロン・サイトカイン学会/編），京都大学学術出版会，2010
2）Imakawa K, et al：Nature, 330：377-379, 1987
3）Witte K, et al：Cytokine Growth Factor Rev, 21：237-251, 2010
4）Tanaka Y, et al：Nat Genet, 41：1105-1109, 2009
5）Ivashkiv LB & Donlin LT：Nat Rev Immunol, 14：36-49, 2014

（角田　茂，岩倉洋一郎）

Keyword

1 IFN-α/β

▶フルスペル：interferon-α/β
▶和文表記：インターフェロンα/β
▶分類：I型インターフェロン（type I interferon）

1）歴史とあらまし

抗ウイルス活性で特徴づけられる約20～30 kDaの糖タンパク質で，1950年代に発見された歴史の古いサイトカインである（**概論**参照）．その後，ヒトやマウスで白血球IFNとしてのα型と線維芽細胞IFNとしてのβ型が同定され，遺伝子のクローニングに至ったが，研究が進むにつれ，動物種によりきわめて多様性に富んだ複数種類からなるI型IFNファミリーを形成していることが明らかとなった．

I型IFNは，ほとんどすべてがイントロンをもたない単一エキソン構造をもつ遺伝子として，同一染色体上（ヒトでは9番染色体，そのなかでも9p22に巨大クラスター．マウスでは4番染色体，そのなかで4Cに巨大クラスター）に存在する多重遺伝子であり，これらは共通の祖先遺伝子から派生したと考えられている（**図1**）．これまでI型IFNとしては，α，β，δ，ω，ε，κ，τ，ζ（Limitin）など，動物種により多様性に富んだファミリー遺伝子が報告されている[1]．ヒトやマウスにおいて，IFN-αは13を超える遺伝子（塩基配列で約85％以上の相同性）であるのに対して，IFN-βは単一遺伝子（ウシは3遺伝子が存在）である．αとβ型間の相同性は約40％（アミノ酸配列で約30％）となっている．遺伝子転写産物はN末端に約20アミノ酸からなるシグナルペプチドをもち，その切断によっておよそ160～170アミノ酸残基からなるタンパク質として分泌される．

2）機能

IFN-αは樹状細胞（特にpDCとよばれる形質細胞様樹状細胞）やリンパ球，マクロファージなどによって主に産生されるのに対して，IFN-βは線維芽細胞や上皮細胞が主な産生細胞と考えられている．そして，IFN-α/βを含むすべてのI型IFNは，共通の受容体複合体IFNAR1－IFNAR2により標的細胞にシグナルを伝達する（**イラストマップ**参照）．IFN-α/βは抗ウイルス活性の他に細胞増殖抑制効果，マクロファージの活性化，NK細胞の活性増強，免疫応答調節（抗炎症）作用など，多彩な生理活性を有する．ウイルス以外にも，さまざまな病原体に対する生体防御にも重要な役割を担っていることが知られている．また，I型IFNタンパク質は医療にも応用されており，そのなかでも特にウイルス性肝炎の治療薬として広く用いられている．

3）KOマウスの表現型/ヒト疾患との関連

i）I型IFNのノックアウト

IFN-αは多重遺伝子で機能も重複していると考えられるため，作製されかつ表現型の解析が報告されているノックアウトマウスは，現在のところ*Ifna6*ノックアウト（レポーター）マウスのみである．しかしながら，ある意味予想通り，このマウスはウイルス感染応答におけるIFN-α産生は正常であり，特に表現型は認められない[2]．一方，IFN-βは単一遺伝子ということもあり，複数のグループがノックアウトマウスを作製している．*Ifnb1*ノックアウトマウスでは，活性化T細胞の増殖亢進とTNFα（**第1章-12**参照）の産生低下，B細胞の成熟異常，末梢血中の顆粒球・マクロファージの減少が認められ，ウイルス感染抵抗性が低下することが報告されている[3]．また最近，I型IFNファミリー遺伝子のなかで，*Ifne*ノックアウトマウスが作製され，雌性生殖器においてHSV-2やクラミジアなどに対する感染防御能が低下するという表現型が報告されている[4]．

ii）受容体のノックアウト

これらに対して，IFN-α/βの機能解析は，リガンド分子が複数存在することから，受容体ノックアウトマウスを用いた解析が主流である．*Ifnar1*ノックアウトマウスは複数のグループにより作製されており，極度のウイルス感染防御能の低下に加えて，免疫刺激性DNAに対する反応性の低下が認められる．一方，末梢血および骨髄中のミエロイド系細胞の増加が報告されている．*Ifnar2*ノックアウトマウスの作製および解析は1グループの報告に留まり，*Ifnar1*ノックアウトマウスに比べると解析論文数は圧倒的に少ないが，基本的に表現型は同じと考えられている．

ヒトの疾患との関連においては，これまでに*IFNAR2*遺伝子座にF8S変異を伴うSNPがみつかっており，B型肝炎ウイルス（HBV）の持続感染リスクとの相関が報告されている[5]．

【阻害剤】

B18R Recombinant Protein（Affimetrix社）（Cat. No. 14-8185-62）：I型IFNを阻害する．ただし動物種によって阻

害性が異なり，マウスのIFN-βは中和できない.

【データベース】

	GenBank ID
ヒト IFNA1	NM_024013, NP_076918
ヒト IFNA2	NM_000605, NP_000596
ヒト IFNA4	NM_021068, NP_066546
ヒト IFNA5	NM_002169, NP_002160
ヒト IFNA6	NM_021002, NP_066282
ヒト IFNA7	NM_021057, NP_066401
ヒト IFNA8	NM_002170, NP_002161
ヒト IFNA10	NM_002171, NP_002162
ヒト IFNA13	NM_006900, NP_008831
ヒト IFNA14	NM_002172, NP_002163
ヒト IFNA16	NM_002173, NP_002164
ヒト IFNA17	NM_021268, NP_067091
ヒト IFNA21	NM_002175, NP_002166
マウス Ifna1	NM_010502, NP_034632
マウス Ifna2	NM_010503, NP_034633

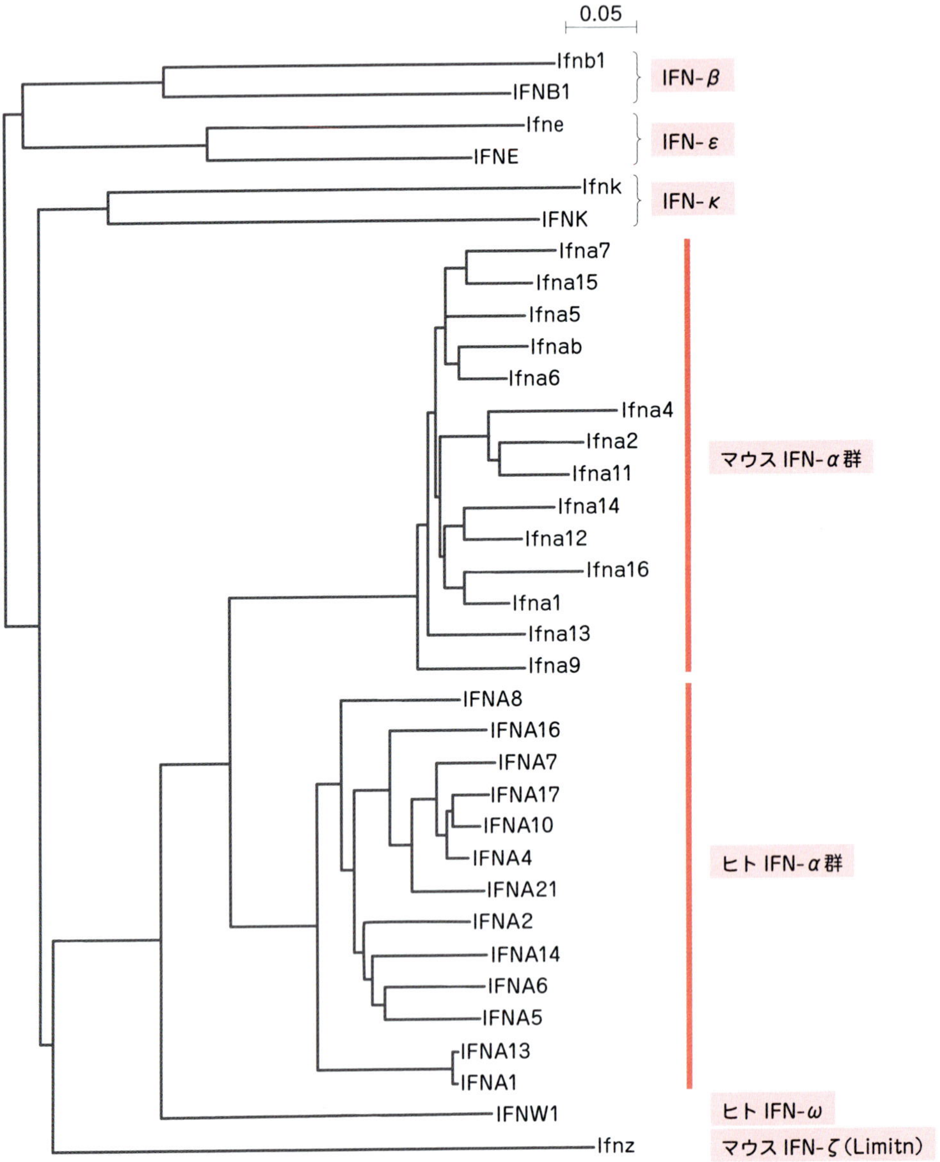

図1　I型IFNの分子系統樹

ヒトおよびマウスのI型IFNファミリー分子についてアミノ酸配列情報をもとに作成.

マウス Ifna4	NM_010504, NP_034634
マウス Ifna6	NM_206871, NP_996754
マウス Ifna9	NM_010507, NP_034637
マウス Ifna11	NM_008333, NP_032359
マウス Ifna12	NM_177361, NP_796335
マウス Ifna13	NM_177347, NP_796321
マウス Ifna14	NM_206975, NP_996858
マウス Ifna15	NM_206870, NP_996753
マウス Ifna16	NM_206867, NP_996750
マウス Ifnab	NM_008336, NP_032362
ヒト IFNB1	NM_002176, NP_002167
マウス Ifnb1	NM_010510, NP_034640
ヒト IFNAR1	NM_000629, NP_000620
マウス Ifnar1	NM_010508, NP_034638
ヒト IFNAR2	NM_000874, NP_000865
マウス Ifnar2	NM_001110498, NP_001103968

	OMIM ID		OMIM ID
IFNA1	147660	IFNA13	147578
IFNA2	147562	IFNA14	147579
IFNA4	147564	IFNA16	147580
IFNA5	147565	IFNA17	147583
IFNA6	147566	IFNA21	147584
IFNA7	147567	IFNB1	147640
IFNA8	147568	IFNAR1	107450
IFNA10	147577	IFNAR2	147583

文献

1) Hardy MP, et al : Genomics, 84 : 331-345, 2004
2) Kumagai Y, et al : Immunity, 27 : 240-252, 2007
3) Takaoka A, et al : Science, 288 : 2357-2360, 2000
4) Fung KY, et al : Science, 339 : 1088-1092, 2013
5) Frodsham AJ, et al : Proc Natl Acad Sci U S A, 103 : 9148-9153, 2006

（角田　茂，岩倉洋一郎）

Keyword

2 IFN-γ

▶フルスペル：interferon-γ
▶和文表記：インターフェロンγ
▶分類：Ⅱ型インターフェロン（type Ⅱ interferon）

1）歴史とあらまし

IFN-γはヒトリンパ球をマイトジェン刺激することにより産生される抗ウイルス作用をもつタンパク質として同定された．その後，ウイルス感染により誘導されるⅠ型IFN（IFN-α/β）（1参照）とはタンパク質の性状が全く異なること（IFN-γは酸性条件下で不安定なのに対して，IFN-α/βは安定），また受容体が全く異なり，IFNGR1−IFNGR2複合体を用いることから，Ⅱ型IFN（あるいは免疫IFN）として区別されるようになった．IFN-γはN末端にシグナルペプチドをもち，切断後，143アミノ酸残基からなる糖タンパク質として分泌される．

遺伝子構造はⅠ型IFNとは大きく異なり4つのエキソンからなる．ヒトでは染色体12q15に，マウスでは染色体10D2に位置し，IL-10/IFNスーパーファミリー遺伝子である*IL26*（マウスでは存在しない），*IL22*遺伝子とクラスターを形成して存在していることがわかっている．

IFN-γは抗原刺激や微生物の感染に応答して主にT細胞，NK細胞，樹状細胞などから分泌され，抗ウイルス能増強に加えて，抗腫瘍作用，細胞増殖抑制，マクロファージやNK細胞の活性化，免疫応答調節などのさまざまな機能をもつ[1]．T細胞のうち，IFN-γを特徴的に産生するヘルパーT細胞（Th1細胞）が細胞性免疫の主役を担うことから（**図2**），免疫学分野では中心的なサイトカインとして精力的に研究が進められてきた．

2）機能

IFN-γは，活性化刺激を受けたNK細胞やT細胞から主に一過性に産生される．微生物感染時にIFN-γはマクロファージの強力な活性化因子として作用し，活性酸素種や一酸化窒素の産生を増強する．そのため，特に結核菌などの細胞内寄生性細菌やリーシュマニアなどの細胞内寄生原虫に対する感染防御にきわめて重要な役割を担っている．また，細胞傷害性T細胞の活性化にも関与し，抗腫瘍免疫監視システムを担うことも報告されている．一方，抗ウイルス作用に関しては，Ⅰ型IFNと比べるとかなり弱いこともわかっている．

IFN-γは抗原提示細胞に対して，抗原提示にかかわる遺伝子群の発現を誘導することにより，獲得免疫の成立に寄与することも知られている．MHCクラスⅠの発現増強に加えて，小胞体トランスポーター（TAP1, TAP2），免疫プロテアソーム構成サブユニット（LMP2, LMP7, PA28）などの細胞内抗原プロセシングに関与する分子群の発現の誘導も行う．

免疫調節作用としてIFN-γは，液性免疫/アレルギー反応を担うTh2細胞やB細胞からのIgE産生，関節炎や

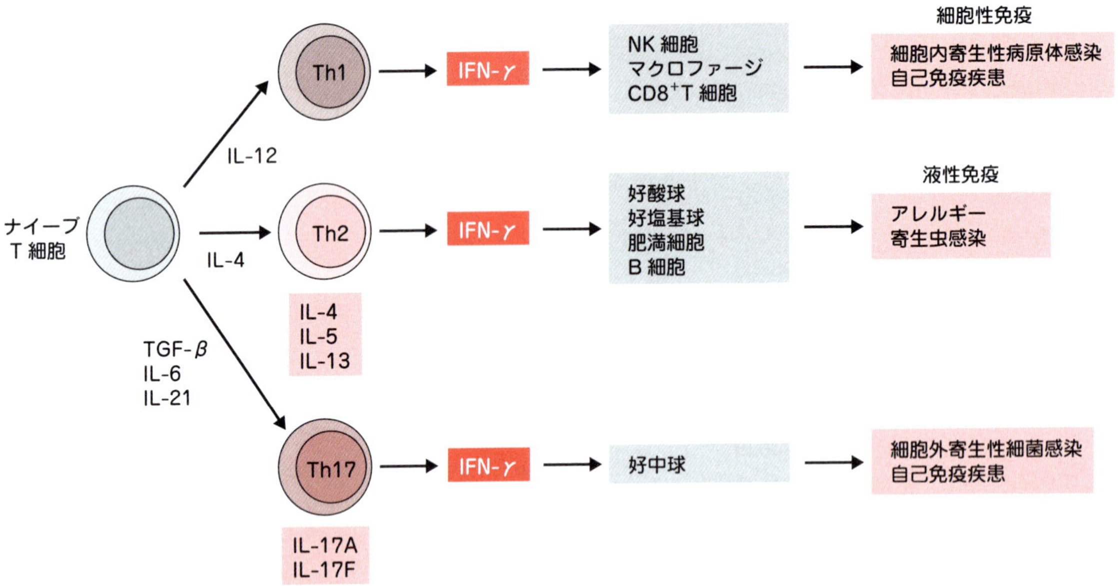

図2 CD4$^+$ヘルパーT細胞サブセットが発現するサイトカインとその機能
IFN-γはTh1細胞から産生され，細胞性免疫の主役を担っている．

脳脊髄炎に代表される炎症性疾患発症に関与するTh17細胞などを抑制することも知られている．

3) KOマウスの表現型/ヒト疾患との関連

Ifng ノックアウトマウスはわが国も含む複数の研究室によって作製されており，免疫学研究をはじめとして広く使用されている[2]．細胞内寄生性病原体に対する感染防御を代表として，Th1細胞依存性の生体反応が著しく低下することが報告されている．*Ifngr1* ノックアウトマウスも同様に複数の研究室での樹立報告があり，表現型も *Ifng* ノックアウトマウスとほぼ同様であり，実験条件に合わせて広く利用されている．*Ifnar1/Ifngr1* ダブルノックアウトマウスはより顕著なウイルス易感染性を示し，感染防御におけるIFNの役割の解析に使われている．一方，*Ifngr2* ノックアウトマウスは1998年に作製が報告され，基本的には *Ifng* ノックアウト，*Ifngr1* ノックアウトと同じ表現型は示すものの，あまり広くは利用されていない．

ヒトにおいては，IFN-γ関連遺伝子でさまざまな多型が発見されている．*IFNG* 遺伝子には発現量に関与するVNTR（反復配列多型）が古くから知られており，関節リウマチの発症率および重症度との関連が報告されている[3]．また，家族性抗酸菌易感染症の原因遺伝子として *IFNGR1* や *IFNGR2* 遺伝子に複数の変異が報告されている．例えば，*IFNGR1* ではI87T変異が最初に報告され[4]，*IFNGR2* 遺伝子ではエキソン3における2塩基欠損でフレームシフトを引き起こす変異や，T168N変異で糖鎖付加異常をもつSNP[5] などが同定されている．

【データベース】

	GenBank ID
ヒト IFNG	NM_000619, NP_000610
マウス Ifng	NM_008337, NP_032363
ヒト IFNGR1	NM_000416, NP_000407
マウス Ifngr1	NM_010511, NP_034641
ヒト IFNGR2	NM_005534, NP_005525
マウス Ifngr2	NM_008338, NP_032364

	OMIM ID
IFNG	147570
IFNGR1	107470
IFNGR2	147569

文献

1) Schoenborn JR & Wilson CB：Adv Immunol, 96：41-101, 2007
2) Tagawa Y, et al：J Immunol, 159：1418-1428, 1997
3) Khani-Hanjani A, et al：Lancet, 356：820-825, 2000
4) Jouanguy E, et al：J Clin Invest, 100：2658-2664, 1997
5) Vogt G, et al：Nat Genet, 37：692-700, 2005

（角田　茂，岩倉洋一郎）

Keyword

3 IFN-λファミリー (IL-28, IL-29)

▶フルスペル：interferon-λ，interleukin-28/29
▶和文表記：インターフェロンλ，インターロイキン28/29
▶分類：Ⅲ型インターフェロン（type Ⅲ interferon）

1）歴史とあらまし

Ⅲ型IFNに分類されるIFN-λファミリー（IL-28, IL-29）は他のIFNとは異なり，2000年代になってからヒトゲノムのドラフト配列を利用したコンピュータによるORF解析といった新しい手法を用いて，2つの独立した研究グループにより発見，同定された比較的歴史の浅いIFNである[1) 2)]．Ⅰ型IFNに類似した抗ウイルス活性を有しているものの，その配列と構造はIL-10（**第1章-23参照**）と類似しており，受容体もIL-10ファミリー分子に一部共通して使われているIL-10RBとⅢ型IFNに固有のIFNLR1（IL-28RA）のヘテロ複合体を用いている（**イラストマップ**参照）．ヒトにおいてはIFN-λ1（IL-29），IFN-λ2（IL-28A），IFN-λ3（IL-28B）の3つのサブタイプからなるが，マウスではIFN-λ1が欠損しているなど，動物種により遺伝子群構成に多様性が存在する．これらの遺伝子はヒトでは19番染色体（19q13），マウスでは7番染色体（7B1）にクラスターを形成している（**図3**）．IFN-λ2とIFN-λ3の遺伝子配列はきわめて類似しており，アミノ酸配列では約97％の相同性を示し，この2つの遺伝子とIFN-λ1との間では約81％の相同性がある．

2009年，C型慢性肝炎の治療効果と関連する宿主因子の探索が行われ，その全ゲノム関連解析（GWAS）において*IFNL3/IL28B*遺伝子周辺に治療抵抗群に有意な関連を示すSNPが発見されたことから[3)]，がぜん注目が集まるようになった（**図3**）．

2）機能

IFN-λは，さまざまなウイルス感染により発現が誘導されるが，その際，TLR（Toll-like receptor）やRLH（RIG-I-like helicase）といったパターン認識受容体からのシグナルを受けて発現が調節されている．IFN-λからのシグナルはIFNLR1－IL10-RBのヘテロ複合体を介して伝達されるが，Ⅰ型IFN受容体複合体と同様にJAK1/Tyk2チロシンキナーゼを主として用いることから，IFN-α/β（**1**参照）と類似の作用をもつと考えられている．

しかしながら，IFN-λを発現する細胞には組織特異性があり，粘膜や皮膚などの組織で特に発現が高い．また，血球系では樹状細胞が主な発現細胞とされているが，サブセットにより発現が異なることも報告されている．一方，受容体についても同様に発現特異性があり，Ⅰ型IFNの場合と大きく異なる．IFNRL1は，特に皮膚や大腸，肝臓といった組織で高発現であることが知られている．そのため，IFN-λによる抗ウイルス作用は組織特異的であると考えられている．

3）KOマウスの表現型/ヒト疾患との関連

マウスにおいては，その作用重複性の問題からリガンドノックアウトマウスの解析については報告されていない．一方で，受容体遺伝子*Ifnlr1*ノックアウトマウスが

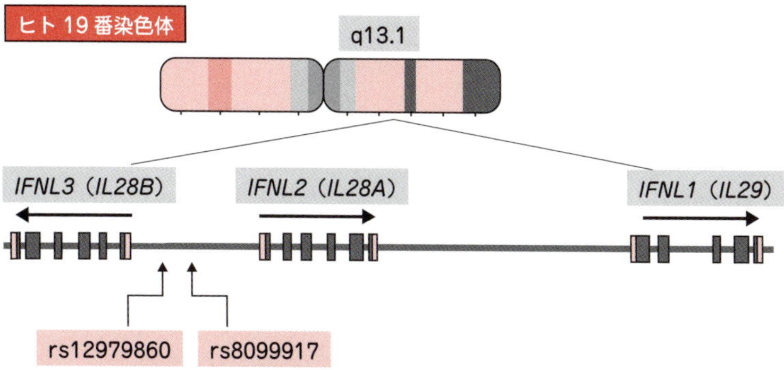

図3 ヒトIFN-λファミリー遺伝子座と*IFNL3*遺伝子に認められたC型慢性肝炎の治療効果と関連するSNP（rs8099917, rs12979860）の位置

作製され，解析に用いられている．*Ifnar1* ノックアウトマウスとの比較解析では，I型IFNに比べて抗ウイルス機能は劣ることが明らかになっている．また，インフルエンザウイルス感染実験においては *Ifnar1/Ifnlr1* ダブルノックアウトマウスで感染防御能低下に相乗効果が認められる一方で，肝指向性を示すリフトバレー熱ウイルスなどではその効果が認められないことが報告されている[4]．

ヒトにおいては，前述のように *IFNL3* 遺伝子多型とC型肝炎ウイルス（HCV）感染との関連が報告されている．現在のところ，*IFNL3* 遺伝子の5′上流のプロモーター領域に存在するrs8099917およびrs12979860のSNPが関連することが統計学的に証明されているが，その分子機構についてはいまだはっきりしていない．また，GWASではrs12979860についてはC型慢性肝炎の治療効果のみならず，HCVの自然排除にかかわることも報告されている[5]．

【データベース】

	GenBank ID
ヒト IFNL1/IL29	NM_172140, NP_742152
ヒト IFNL2/IL28A	NM_172138, NP_742150
マウス Ifnl2/Il28a	NM_001024673, NP_001019844
ヒト IFNL3/IL28B	NM_172139, NP_742151
マウス Ifnl3/Il28b	NM_177396, NP_796370
ヒト IFNLR1/IL28RA	NM_170743, NP_734464
マウス Ifnlr1/Il28ra	NM_174851, NP_777276
ヒト IL10RB/IL10R2	NM_000628, NP_000619
マウス Il10rb/Il10r2	NM_008349, NP_032375

	OMIM ID
IFNL1	607403
IFNL2	607401
IFNL3	607402

	OMIM ID
IFNLR1	607404
IL10RB	123889

文献

1）Sheppard P, et al : Nat Immunol, 4 : 63-68, 2003
2）Kotenko SV, et al : Nat Immunol, 4 : 69-77, 2003
3）Tanaka Y, et al : Nat Genet, 41 : 1105-1109, 2009
4）Mordstein M, et al : PLoS Pathog, 4 : e1000151, 2008
5）Thomas DL, et al : Nature, 461 : 798-801, 2009

（角田　茂，岩倉洋一郎）

3章 造血因子
hematopoietic factor

Keyword

1 G-CSFとその受容体
2 EPOとその受容体
3 TPOとその受容体（MPL）
4 M-CSF（CSF-1），IL-34，および両者の共有受容体（FMS）
5 FLT3リガンドとFLT3
6 SCFとその受容体（KIT）

概　論

1. はじめに

健康な成人の血液1μL中には，350〜550万個の赤血球，15〜35万個の血小板，および3,000〜1万個の白血球が存在する．白血球の約半数が好中球，3割前後がリンパ球であり，残りは単球（2〜10％），好酸球（1〜5％），好塩基球（1％以下）である．これら血液細胞の寿命は限られており，自己複製能をもつ造血幹細胞から持続的に産生されることによって，生体における恒常性が維持されている（**イラストマップ❶**）．

造血幹細胞は，自己複製するとともにその一部が分化して多能性造血前駆細胞になり，次いでリンパ球系あるいは骨髄球系へと運命づけられた前駆細胞を生じる．リンパ球系前駆細胞からはB細胞やT細胞が産生され，骨髄球系前駆細胞からは赤芽球前駆細胞（BFU-E, CFU-E），巨核球前駆細胞（CFU-Meg），好中球/単球前駆細胞（CFU-GM），好酸球前駆細胞（CFU-Eos），好塩基球前駆細胞（CFU-Baso）などを経て，それぞれ成熟した血液細胞が産生される．

巨核球前駆細胞は核型の多倍体化と細胞質の成熟・巨大化を経て成熟巨核球となり，その細胞質が断裂して多数の血小板を放出する．単球はさまざまな組織へ移行して，各組織における貪食や抗原提示に特化したマクロファージ，樹状細胞，上皮ランゲルハンス細胞，肝クッパー細胞，中枢ミクログリアなどへ分化する．骨の吸収や再構築において必須の働きを担う破骨細胞も，単球系の細胞が分化して生じる．

これら血液細胞産生の過程には多くのタンパク質因子が関与しており，造血因子あるいは造血サイトカインと総称される．本章で取り上げる造血因子の役割を大まかに分類すると，SCF（→**Keyword 6**）とFLT3リガンド（FL）（→**Keyword 5**）は造血幹細胞から各系列の前駆細胞の段階に作用して，それらの自己複製や各系列への分化を促進し，G-CSF（→**Keyword 1**），EPO（→**Keyword 2**），TPO（→**Keyword 3**），M-CSF, IL-34（→**Keyword 4**）は，それぞれの造血系列へ運命づけられた前駆細胞の増殖と最終分化を促進する．IL-3, IL-5, GM-CSFも骨髄球系の造血因子であるが，これらについては**第1章**を参照していただきたい．

2. 造血因子研究の概略

造血幹細胞の研究は，1961年にTillとMcCullochが脾コロニー形成実験によって幹細胞の存在を示し，CFU-S（colony forming unit in spleen）と名づけたことにはじまる．さらに1966年にMetcalfらおよびSacsらは軟寒天やメチルセルロースを含む培地を用いた*in vitro*コロニー形成法を樹立し，造血細胞のコロニー形成を促進する液性因子（コロニー刺激因子：colony-stimulating factor＝CSF）を分類・定量化する道を開いた[1]．これによりマクロファージ・顆粒球系のコロニー刺激因子の研究が進み，M-CSF（＝CSF-1），GM-CSF, G-CSF, multi-CSF（＝IL-3）などの精製・クローニングによって，分子構造が解明されていった．また，EPO，TPO，SCFなどは，それぞれ特異的な細胞系列の増殖を指標とするバイオアッセイによって精製・

イラストマップ❶ 造血幹細胞の分化に関与するサイトカインと造血因子

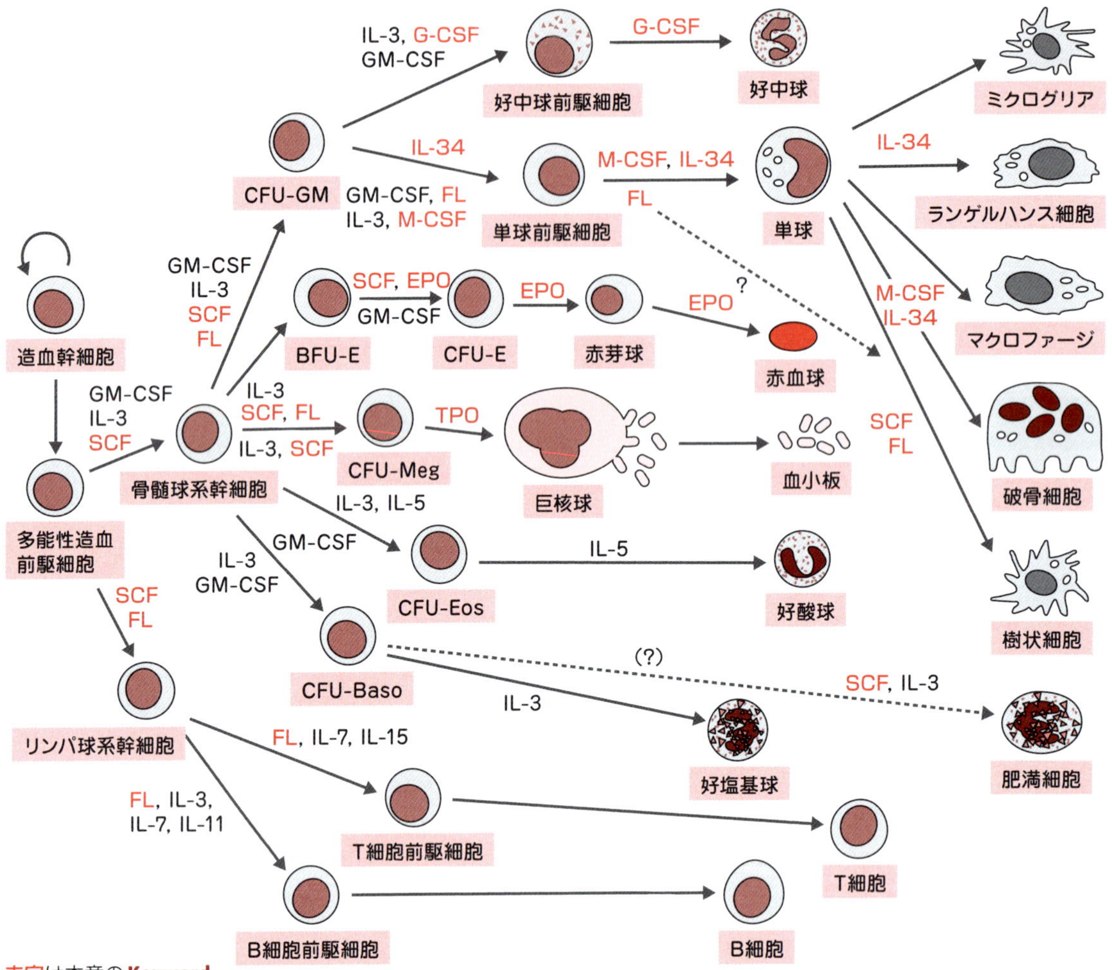

赤字は本章の**Keyword**.
詳細は本文参照.

クローニングが達成された．一方，1970年代末から続々と同定されたがん原遺伝子（c-*onc*）やその類縁遺伝子のなかには，増殖因子受容体をコードすると推定されるものが存在した．それらc-*fms*，c-*kit*，c-*mpl*，*flt-3*の遺伝子産物であるFMS（→**Keyword 4**），KIT（→**Keyword 6**），MPL（→**Keyword 3**），FLT3（→**Keyword 5**）は，後に造血因子（それぞれM-CSF，SCF，TPO，FL）の受容体であることが判明した．その後はヒトゲノム計画の完了によって造血因子ハンティングも終了した感があったが，2008年にM-CSF受容体に対する第2のリガンドが発見され，IL-34と命名された．

3. 造血因子の特徴：共通点と相違点

1) リガンド

インターロイキン（interleukin：IL）や造血因子のアミノ酸配列を比較しても，一部を除いて相同性はほとんど見出されない．しかし，高次構造には共通の特徴があり，いずれの因子も4本のαヘリックス（それぞれ20〜30アミノ酸）が逆平行に束ねられた構造をとることから，ヘリカルサイトカインファミリーとよばれる[2]．ヘリカルサイトカインは成長ホルモンなどの“長鎖型”とIL-2に代表される“短鎖型”に分けられるが，G-CSF，EPO，TPOは長鎖型に属し，M-CSF，IL-34，FL，SCF

イラストマップ❷ ヘリカルサイトカインと受容体の構造

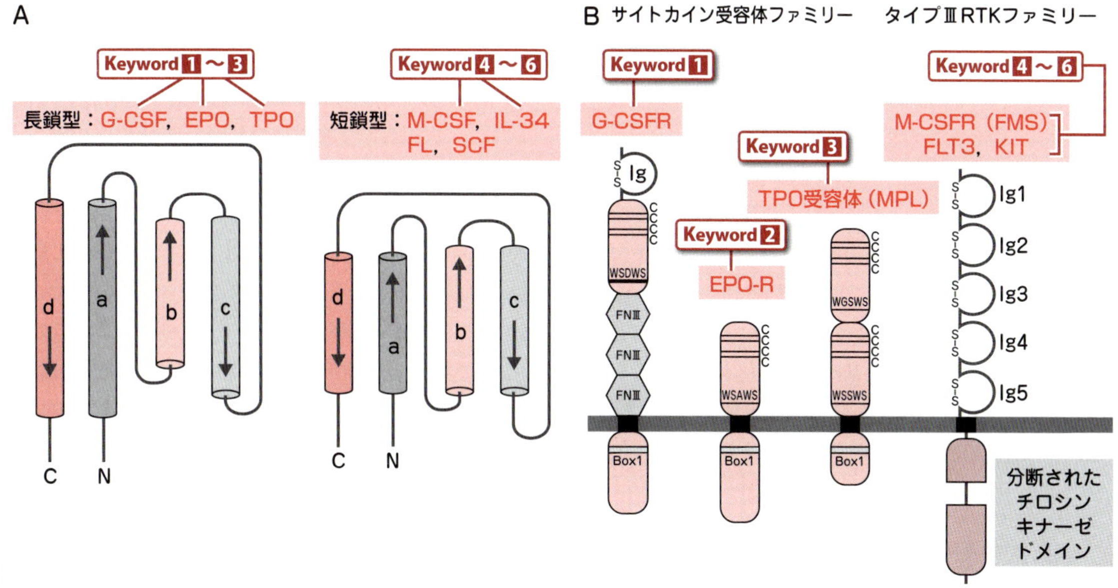

A）造血因子の4本のαヘリックスをa～dで示した．αヘリックスの長さは長鎖型因子で20～30アミノ酸残基，短鎖型で20残基前後である．B）G-CSF，EPO，TPOの受容体（それぞれG-CSFR，EPO-R，TPO-R）はサイトカイン受容体ファミリーに属し，4個のシステイン残基（CCCC）とWSXWSモチーフを含むCRHドメインを有する．M-CSFとIL-34の受容体，FLT3，SCFの受容体（KIT）はタイプⅢ受容体型チロシンキナーゼ（タイプⅢ RTK）ファミリーに属する．Ig：免疫グロブリン様ドメイン．

は短鎖型に分類される（**イラストマップ❷A**）．M-CSF，FL，SCFの3因子はアミノ酸配列の相同性を有する近縁な分子であり，2本あるいは3本存在する分子内ジスルフィド（SS）結合のうちの2本は共通の位置に存在する．一方，G-CSF，EPO，TPO，IL-34は2本の分子内SS結合を有するが，その位置は必ずしも共通しない．G-CSF，EPO，TPOが基本的に単量体として存在するのに対し，IL-34，FL，SCFは非共有結合によるホモ二量体を，M-CSFは1本のSS結合を介したホモ二量体を形成する．

2）受容体とシグナル伝達

G-CSF，EPO，TPOの受容体（それぞれG-CSFR，EPO-R，TPO-R）は，単一膜貫通領域と細胞外のCRH（cytokine receptor homology）ドメインを有するサイトカイン受容体ファミリーに属している（**イラストマップ❷B**）．約200アミノ酸からなるCRHドメインは，4個のシステイン残基とTrp-Ser-X-Trp-Ser配列（WSXWSモチーフ）が共通して見出されるのが特徴である．EPO受容体とTPO受容体の細胞外領域はそれぞれ1個および2個のCRHドメインのみで構成されるのに対し，G-CSF受容体では免疫グロブリン様（Ig-like）ドメイン，CRHドメイン，3個のフィブロネクチンタイプⅢ（FNⅢ）ドメインで構成される．細胞質内領域には酵素活性ドメインは存在せず，膜直下のBox1周辺の領域を介してJAKチロシンキナーゼ（主にJAK2）と会合している．リガンドの結合によって受容体の二量体化が惹起されると，JAKの自己リン酸化・活性化によって受容体細胞質ドメインの複数のチロシン残基がリン酸化される．次いでこれらのホスホチロシン残基に，転写因子STATをはじめGrb2，SHP2，PI3Kなどのシグナル伝達分子が会合してさまざまなシグナル伝達経路を活性化する．G-CSF受容体には主にSTAT3が会合し，EPOやTPOの受容体にはSTAT5が会合する．STATによって速やかに誘導されるSOCSファミリー分子が，受容体やJAKに会合して負のフィードバック制御をもたらす．

一方，M-CSFとIL-34の両者が結合する受容体（CSF-1R），FLの受容体（FLT3），**SCF受容体（KIT）**

（→ Keyword 6）は，細胞質領域にチロシンキナーゼドメインを有する受容体型チロシンキナーゼ（receptor tyrosine kinase：RTK）である．RTKファミリーには20種類のサブタイプが存在するが，これら3つの受容体は，PDGF受容体（第6章-Ⅱ参照）とともにタイプⅢ RTKファミリーを構成する[3]．すべてのタイプⅢ RTKは，5個の免疫グロブリン様ドメインを有する細胞外領域，単一膜貫通領域，2つに分断されたチロシンキナーゼドメインを有する細胞内領域からなる（イラストマップ❷B）．リガンドの結合によって受容体の二量体化が惹起されると，TKドメインの活性化によって細胞質ドメインの複数のチロシン残基がリン酸化される．これらホスホチロシン残基にGrb2，PI3Kなどが会合して，Ras-MAPK経路やAkt経路をはじめさまざまなシグナル伝達経路が活性化される．

4. ライフサイエンスにおける重要性，医療応用の展望など

1) 医薬品としての造血因子

多様な細胞系列に作用するサイトカインは，その多能性ゆえに副作用などの問題が出現する傾向があるが，G-CSF，EPO，TPOはそれぞれの造血系列への特異性が高く，当初から直接の臨床応用が期待された．実際，G-CSFとEPOについては，遺伝子組換え製剤あるいはその誘導体が好中球減少症や腎性貧血の治療に用いられ，劇的な成功を収めている[4]．M-CSF製剤も白血球減少症治療薬として上市されている．TPOについては，それ自体の製剤化は実現していないが，TPO受容体（MPL）アゴニスト活性を有する低分子化合物やペプチド製剤が血小板減少疾患の治療に用いられている．

2) 疾患治療の分子標的としての造血因子受容体

受容体型チロシンキナーゼであるCSF-1R（FMS），FLT3，KITは本質的にがん原遺伝子であり，その活性化変異が種々の悪性腫瘍の原因あるいは増悪素因となる．その具体例については4～6で述べるが，これらを標的とするさまざまなキナーゼ阻害薬が実用化あるいは臨床試験の段階にある．一方，これらのRTKは，炎症やアレルギー反応においてマクロファージや樹状細胞の増殖や活性化に関与することが報告されており，キナーゼ阻害剤や中和抗体が炎症性疾患の治療目的でも研究されている．

3) JAK2や造血因子受容体の体細胞変異と骨髄増殖性疾患[5]

骨髄増殖性腫瘍（myeloproliferative neoplasm：MPN）は，成熟血液細胞の過剰産生を特徴とする慢性の造血細胞増殖性疾患であり，慢性骨髄性白血病（CML），真正赤血球増加症（PV），本態性血小板血症（ET），原発性骨髄線維症（PMF），慢性好中球性白血病（CNL），全身性肥満細胞増加症（SM）などを含む（2008年WHO分類）．CMLについては*BCR-ABL*融合遺伝子に起因することが1980年代初頭に明らかにされたが，他のMPNにかかわる遺伝子変異については長らく不明であった．2005年にMPN患者の多くで*JAK2*遺伝子の体細胞変異（V617F）が存在することが発見され，MPNの分子病態研究は新たな段階に入った．*JAK2*V617F変異は，PV患者の95％以上に存在し，ETやPMFでも半数以上の患者でみつかる．一部のPV患者では*JAK2*の別の変異（エキソン12変異）が存在し，これも含めるとPV患者のほぼ100％に*JAK2*変異が存在する．しかし，家族性PVにおいても*JAK2*V617Fは体細胞変異であることなどから，*JAK2*変異のみに起因するわけではなく，別の遺伝子素因がPVの発症に深く関与していると考えられている．いずれにせよ，JAK2の活性化変異がMPNの病態に深く関連していることは疑いなく，MPNの分子標的薬としてJAK2阻害剤の臨床試験が行われている（5の表）．一方，ETやPMFの一部（3～10％）ではTPO受容体（MPL）の体細胞変異がみつかり，CNLとSMでは，それぞれG-CSF受容体とKITの体細胞変異が高頻度で検出される．メンデル遺伝にしたがって高浸透度で赤血球増加症や血小板増加症を発症する遺伝性の骨髄増殖性疾患については1～6に記載した．

参考文献

1）Metcalf D：Blood, 111：485-491, 2008
2）Bazan JF：Proc Natl Acad Sci U S A, 87：6934-6938, 1990
3）Lemmon MA & Schlessinger J：Cell, 141：1117-1134, 2010
4）Vilcek J & Feldmann M：Trends Pharmacol Sci, 25：201-209, 2004
5）Jones AV & Cross NC：Ther Adv Hematol, 4：237-253, 2013

（福永理己郎）

I　サイトカイン受容体に結合する造血因子

Keyword

1 G-CSFとその受容体

【リガンド：G-CSF】
- ▶フルスペル：granulocyte colony-stimulating factor
- ▶和文表記：顆粒球コロニー刺激因子

【受容体：G-CSFR】
- ▶フルスペル：granulocyte colony-stimulating factor receptor
- ▶和文表記：顆粒球コロニー刺激因子受容体
- ▶別名：CD114

1）歴史とあらまし

1979年，MetcalfグループのNicolaらは顆粒球マクロファージコロニー刺激因子（GM-CSF）を精製する過程で分子性状の異なるCSF（GM-CSF β）を見出した．精製したGM-CSF βは好中球のみからなる小さいコロニーを形成することがわかり，改めてG-CSF（顆粒球コロニー刺激因子）と命名されたが，当初は好中球産生における寄与はGM-CSFに比べて小さいと思われていた[1]．しかし，1986年に長田ら[2]およびSouzaらによってヒトG-CSFがクローニングされると，G-CSFの投与によって末梢血中の好中球数が速やかに上昇することがわかり，ただちにヒトへの臨床応用が開始された．ヒトG-CSFは，174個のアミノ酸残基からなる長鎖型ヘリカルサイトカインであり（**イラストマップ❷**），一次構造においてIL-6（**第1章-12**参照）と弱い相同性を示す．

G-CSF受容体（G-CSFR）は，われわれによって1990年にクローニングされた[3]．G-CSFRはサイトカイン受容体ファミリーに属し，同じく3個のFN IIIドメインを含む特徴をもつgp130（**第1章-11**参照）やLIF/OSM受容体（**第1章-15 16**参照）とともに“のっぽ受容体”（tall receptor）サブファミリーを構成する．G-CSFが受容体に結合すると受容体のホモ二量体化が引き起されるが，これは成長ホルモンやEPOでみられるリガンド1分子：受容体2分子の3分子複合体ではなく，2分子：2分子の4分子複合体である[4]．**図1**に示すように，G-CSF分子の1カ所（サイトIIとよぶ）が片方の受容体分子と結合し，同じG-CSF分子の別の部位（サイトIII）がもう一方の受容体分子のIg様ドメインと結合するという“たすき掛け”（cross-over）様式で結合する．G-CSFRの細胞内シグナルは主にJAK2とSTAT3によって開始され，細胞質ドメインの4個のチロシン残基のリン酸化を介して，好中球前駆細胞の増殖や分化に至るさまざまなシグナル伝達経路が活性化される．

2）G-CSFの機能とKOマウスの表現型

G-CSFは，LPS刺激を受けたマクロファージや，TNF α（**第4章-12**参照）やIL-1などの炎症性サイトカイン刺激を受けた線維芽細胞，血管内皮細胞などによって産生される．G-CSF受容体遺伝子は好中球とその前駆細胞に強く発現しており，単球-マクロファージ系での発現は低い．G-CSF遺伝子（*CSF3*）のノックアウトマウスでは末梢血好中球数が野生型の20～30％程度であり，細菌感染時の好中球産生能も著しく低下する．すなわち，G-CSFは生体内での恒常的好中球産生および緊急的好中球産生の双方において主要な役割を担っている．なお，G-CSF受容体遺伝子（*CSF3R*）のノックアウトマウスも同様の表現型を示す．

G-CSFのもう1つの重要な働きは，造血幹細胞動員作用である．これは，G-CSFをマウスやヒトに投与した場合，通常は骨髄中にのみ存在する造血幹細胞や前駆細胞が末梢血中に大量に放出される現象であり，G-CSF誘導性造血幹細胞動員とよばれる．しかし造血幹細胞はG-CSF受容体を発現しておらず，G-CSFが幹細胞に直接作用するわけではない．G-CSFが好中球や造血前駆細胞に作用して骨髄中の造血幹細胞ニッチ（微小環境）の再構成を誘導することで，間接的に造血幹細胞の自己増殖と骨髄からの放出を促進すると考えられる．

近年，G-CSFの作用として中枢神経や心筋・血管への保護的作用が注目されてきた．その作用機序としてはG-CSFで動員される造血幹細胞が障害部位の回復を促すと考えられており，臨床研究も行われている．また，G-CSFが直接に心筋細胞や神経細胞に働く可能性も報告されているが，これら造血系以外の細胞でも本当にG-CSF受容体が発現しているのか否か，注意深い検討が必要である．

3）G-CSF製剤の臨床応用

動物培養細胞や大腸菌で産生した組換えヒトG-CSF製剤（レノグラスチム，フィルグラスチム，ナルトグラスチムなど）が，化学療法などによる好中球減少からの回復，末梢血幹細胞移植，臍帯血移植などで広く利用さ

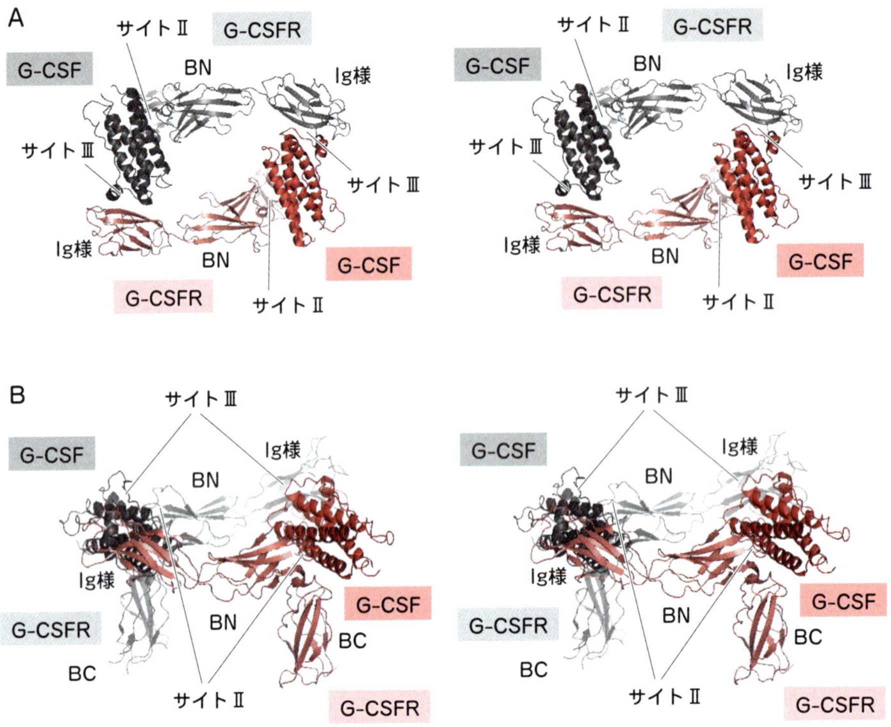

図1 G-CSF—G-CSFR複合体の結晶構造

A）上面図．B）側面図．G-CSFが，受容体の細胞外領域（Ig様ドメインとCRHドメインのみ）に結合した複合体の結晶構造のステレオビュー．4本のαヘリックスからなるG-CSFの2分子が，主にβ構造からなる受容体の2分子と“たすき掛け”で結合している．CRHドメインはN末端側のBNドメインとC末端側のBCドメインからなり，その間の折れ曲がった部分がG-CSFとサイトⅡで結合する．一方，Ig様ドメインはもう1つのG-CSF分子とサイトⅢで結合する．画像は日本原子力研究開発機構の黒木良太博士のご厚意により提供．

れている．また，重度先天性好中球減少症（severe congenital neutropenia：SCN）の多くの例で，G-CSF治療が好中球数の回復に大きな効果を上げている．今後は，PEG化したG-CSF製剤やG-CSFバイオシミラー（後発バイオ医薬品）などの利用が増えると予想される．

4）ヒト疾患との関連

従来より急性骨髄性白血病（acute myeloid leukemia：AML）由来の細胞でG-CSF受容体の体細胞変異が報告されていたが，骨髄増殖性疾患（myeloproliferative neoplasms：MPN）などの系統的解析の報告は少なかった．2009年になって家族性の慢性好中球増多症（chronic neutrophilia）の1家系で，G-CSFRのT640N変異（原報では成熟受容体のアミノ酸番号でT617Nと記載）が報告された．この報告によってT640N変異体は恒常的な活性化状態あるいはG-CSFに高感受性になることが示唆された．さらに2013年には，慢性好中球性白血病（chronic neutrophilic leukemia：CNL）や非定型慢性骨髄性白血病（atypical chronic myeloid leukemia：aCML）の患者の60〜80％においてG-CSF受容体の体細胞変異（T618N，T615Aなど）が存在することが報告され，多くのCNLがG-CSF受容体の活性化変異に起因する可能性が示された[5]．

G-CSF受容体の遺伝子（*CSF3*）の機能喪失変異はSCNなどの慢性好中球減少症の原因になることが予想されるが，代表的なSCNであるKostmann症候群の原因遺伝子として*HAX1*が同定される一方で，G-CSF受容体の変異が原因と考えられるSCNは今のところ報告されていない．一方，SCN患者の多くは長期にわたるG-CSF治療を受けることから，その副作用としてSCNからMDS（骨髄異形成症候群）やAMLへの移行リスクが高まる可能性が指摘されている．これと関連して，SCN患者においてはG-CSFR遺伝子の体細胞変異が高い頻度で見出されており，SCNからMDSやAMLへの移行とG-CSF受容体の活性化変異とのかかわりについて継続的な検討が行われている．

【データベース】

Gene Symbol	リガンド：*CSF3*
	受容体　：*CSF3R*
Gene ID	リガンド（ヒト：1440，マウス：12985）
	受容体　（ヒト：1441，マウス：12986）
UniProt ID	リガンド（ヒト：P09919，マウス：P09920）
	受容体　（ヒト：Q99062，マウス：P40223）
OMIM ID	リガンド：138970
	受容体　：138971

参考文献

1）Metcalf D：Blood, 111：485-491, 2008
2）Nagata S, et al：Nature, 319：415-418, 1986
3）Fukunaga R, et al：Cell, 61：341-350, 1990
4）Tamada T, et al：Proc Natl Acad Sci U S A, 103：3135-3140, 2006
5）Maxson JE, et al：N Engl J Med, 368：1781-1790, 2013

（福永理己郎）

Keyword

2 EPOとその受容体

【リガンド：EPO】
▶フルスペル：erythropoietin
▶和文表記：エリスロポエチン（エポ），エリトロポエチン

【受容体：EPO-R】
▶フルスペル：erythropoietin receptor
▶和文表記：エリスロポエチン受容体，EPO受容体

1）歴史とあらまし

エリスロポエチン（EPO）の歴史は古く，20世紀初頭には，CarnotとDeflandreが貧血ウサギの血清を正常ウサギに注射すると多血症になることを報告している．しかし，より定量的な検出法によって液性因子としてのEPOの研究が本格化したのは1960年代以降である．1977年，宮家らは再生不良性貧血患者の尿（2.6トン！）を出発材料としてEPOの高度精製に成功し[1)]，1985年には2つのグループからヒトEPO cDNAのクローニングが報告された．1989年にはLodishらのグループがEPO受容体（EPO-R）のクローニングに成功した[2)]．

ヒトEPO mRNAにコードされる前駆体タンパク質（193アミノ酸）からN末端シグナル配列（27アミノ酸）とC末端のアルギニン残基が切断除去されることによって，165アミノ酸からなる成熟EPOが生成される．3本のN結合型糖鎖と1本のO結合型糖鎖が付加しており，糖鎖末端のシアル酸が除去されると生体内での安定性が低下する．ヒトの成熟EPO受容体タンパク質は484アミノ酸残基からなり，単一の膜貫通領域によって，1個のCRHドメインからなる細胞外領域（226アミノ酸）と細胞質ドメイン（235アミノ酸）に分割される（**イラストマップ❷B**）．

2）EPOの産生調節と機能

EPOの産生は，胎児期には主に肝臓で，成体では主に腎臓で行われる．腎臓には血液の酸素分圧の低下を検知してEPOを分泌する酸素センサーの存在が知られていたが，2008年になって尿細管近傍間質に存在する神経細胞様の細胞が低酸素でEPOを産生することが示された[3)]．酸素による*EPO*遺伝子の発現制御には主として転写因子HIF-2（低酸素誘導因子2）が関与する（**図2**）．HIF-2のαサブユニットは酸素依存性分解ドメイン（oxygen-dependent degradation domain：ODD）をもっており，酸素が十分に存在する環境下ではプロリン水酸化酵素2（PHD2）によってODD内のプロリン残基（Pro531）が水酸化される（**図2A**）．するとE3ユビキチンリガーゼの標的認識サブユニットであるVHL（von-Hippel-Lindau）因子がODDに結合してユビキチン化することでHIF-2αが分解されるため，*EPO*遺伝子の転写は起こらない．PHD2の基質である分子状酸素（O_2）の細胞内濃度が低下するとPHD2とVHLによるHIF-2αの水酸化とユビキチン化と分解が低下し，安定化したHIF-2αが低酸素応答配列（hypoxia response element：HRE）に結合することにより*EPO*遺伝子の発現が誘導される（**図2B**）．

前期赤芽球前駆細胞（BFU-E）のEPOに対する反応は低く，EPOが強く作用するのは後期赤芽球前駆細胞（CFU-E）から赤芽球にかけての段階である（**イラストマップ❶**）．EPOノックアウトマウスとEPO受容体ノックアウトマウスはともに胎生13日前後で致死であり，胎仔肝における成体型赤血球造血（definitive erythropoiesis）の欠如が認められた．BFU-EやCFU-E前駆細胞は存在しており，胚性造血（primitive erythrooiesis）も弱いながら存在することから，これらの形成にはEPOは必要でないことが示された．EPOとEPO受容体の両

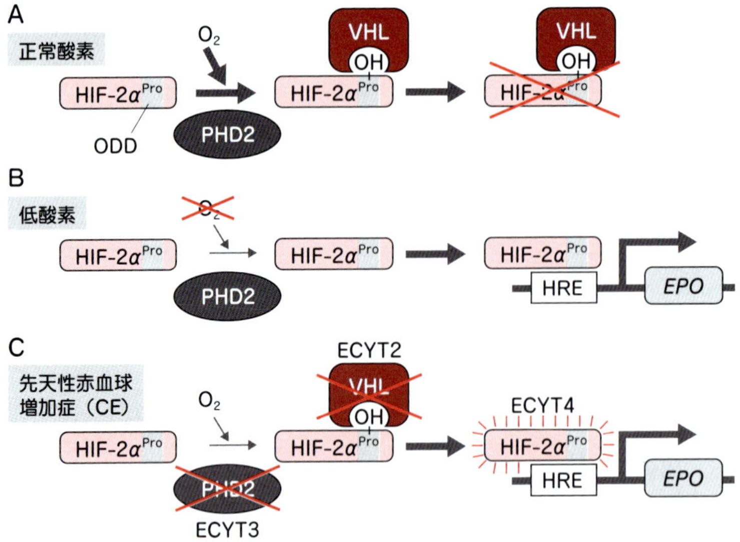

図2　酸素分圧によるEPOの産生制御と遺伝子疾患における破綻

A）正常な酸素濃度環境下では酸素センサーとして働くPHD2によるプロリン（Pro531）の水酸化が起きてHIF-2 αが分解されるため*EPO*遺伝子の転写は起きない．B）酸素濃度が低下すると，PHD2によるプロリン水酸化が起きなくなり，HIF-2 αが安定化してEPOが発現する．C）先天性赤血球増加症（CE）のECYT2～ECYT4では，HIF-2 αの分解機構が破綻して安定化するため，*EPO*遺伝子の恒常的活性化が生じる．Pro：Pro531，HRE：hypoxia response element.

ノックアウトマウスが酷似した表現型を示すことから，EPO機能に関して他のリガンドや受容体は存在しないと考えられる．

3）ヒト疾患との関連

先天性赤血球増加症（congenital erythrocytosis：CE）は，遺伝性の赤血球過剰産生症であり，EPO関連遺伝子の変異によるCEに関してOMIM分類のECYT1～ECYT4が知られている[4]．ECYT1はEPO受容体の変異に起因するCEで，本態性家族性先天性赤血球増加症（PFCP）の原因となる．ECYT1ではEPO受容体の細胞質ドメイン内の変異によってC末端側の負の制御領域が欠損した結果，細胞内シグナルが亢進して赤芽球の過剰増殖が起こる．他のECYTは二次性CEであり，EPOの過剰産生が原因となって赤血球の増加をもたらす．ECYT2とECYT3は，それぞれVHLとPHD2の機能喪失型の変異である（**図2C**）．一方，ECYT4は，HIF-2 αのODDの変異のためにHIF-2 αの分解機構が破綻する機能獲得型の変異である．

4）EPO製剤の臨床応用

EPOは主に腎臓で産生されるため，慢性腎疾患の患者ではEPOの産生低下による腎性貧血が起こりやすい．腎性貧血の治療薬として組換えヒトEPO（エポエチン，ダルベポエチン）やメトキシPEG化誘導体（エポエチンベータペゴル）が広く利用され，画期的な効果を上げている．他にもさまざまなEPO誘導体やペプチド性のEPO受容体アゴニストpeginesatide（旧名hematide）などが登場しており，これらをまとめて赤血球造血刺激因子（erythropoiesis-stimulating agents：ESAs）と称する．近年，虚血障害を受けた心筋細胞や神経細胞に対してEPOが保護作用を示すとの報告があり，臨床研究も行われている．しかし，それらの保護効果に疑問を呈する系統的解析や，EPO投与によって高血圧や血栓塞栓などのリスクが上昇する懸念もあり，今後の注意深い検討が必要である．また，EPO誘導体の1つであるカルバミル化EPO（carbamylated EPO）や一部のEPO変異体について，赤血球造血作用は示さないにもかかわらず神経細胞保護作用や血管内皮細胞増殖作用を示すとの報告がある．しかし，それらが作用すべき受容体の存在については疑問が示されており[5]，いまだ不明な点が多い．

【データベース】

Gene Symbol	リガンド：*EPO*
	受容体　：*EPOR*
Gene ID	リガンド（ヒト：2056，マウス：13856）
	受容体　（ヒト：2057，マウス：13857）
UniProt ID	リガンド（ヒト：P01588，マウス：P07321）
	受容体　（ヒト：P19235，マウス：P14753）
OMIM ID	リガンド：133170
	受容体　：133171

参考文献

1）Miyake T, et al：J Biol Chem, 252：5558-5564, 1977
2）D'Andrea AD, et al：Cell, 57：277-285, 1989
3）Obara N, et al：Blood, 111：5223-5232, 2008
4）Bento C, et al：Hum Mutat, 35：15-26, 2014
5）Jelkmann W & Elliott S：Nutr Metab Cardiovasc Dis, 23：S37-S43, 2013

（福永理己郎）

Keyword

3 TPOとその受容体（MPL）

【リガンド：TPO】
- フルスペル：thrombopoietin
- 和文表記：トロンボポエチン
- 別名：MGDF（megakaryocyte growth and development factor）

【受容体：TPO-R】
- フルスペル：thrombopoietin receptor
- 和文表記：TPO受容体
- 別名：MPL，c-MPL，CD110

1）歴史とあらまし[1)]

血小板は成熟巨核球の細胞質が小さく断裂することによって産生される．造血幹細胞から巨核球前駆細胞（CFU-Meg）がつくられる過程にはIL-3（**第1章-2**参照）をはじめGM-CSFやSCF（**6**参照）が関与し，前駆細胞から成熟巨核球が産生される過程には主としてTPOが関与する（**イラストマップ❶**）．巨核球や血小板の産生を特異的に促進する因子としてのTPOの存在は1950年代末から提唱されていたが，その正体が明らかになったのは，1994年になってからである．この年，2つの研究グループが，骨髄細胞培養系における巨核球の増殖などを指標としてTPOの精製に成功した．

一方，マウス骨髄性白血病ウイルス（MPLV）のがん遺伝子（v-*mpl*）のヒトホモログであるc-*mpl*は，そのコードするアミノ酸配列や発現様式から，当時は仮想的存在であったTPOの受容体である可能性が考えられた．1994年に3つの研究グループがc-MPLに結合するリガンドを精製・クローニングした結果，精製TPOと同じ分子であることが明らかになった．シグナル配列が除去されたヒトTPOは332アミノ酸残基からなり，他の造血因子よりかなり長い[1)]．N末端側ドメイン（153アミノ酸）はEPO（**2**参照）と相同性を示し，ヘリカルサイトカイン構造を取る（**図3A**）．C末端側は多数の糖鎖が結合する領域であり，この領域を除去してもTPO活性は保持される．生体内では分泌後にC末端側領域が切断されることが示唆されている．ヒトの成熟TPO受容体（MPL）は610アミノ酸残基からなり，単一の膜貫通領域によって，2個のCRHドメインからなる細胞外領域（466アミノ酸）と細胞質ドメイン（122アミノ酸）に分割される（**イラストマップ❷B**）．なお，TPOの細胞内シグナル伝達は主にJAK2とSTAT5によって開始される．

2）TPOの機能とKOマウスの表現型

TPOは巨核球前駆細胞の増殖と分化を促進し，軟寒天コロニーアッセイではIL-3とSCF存在下で巨核球のコロニー形成を強く促進する．EPOが酸素濃度に依存した産生調節を受けるのとは対照的に，TPOは主に肝臓で構成的に産生されており，血小板減少による誘導はほとんど認められない．ただし，炎症時にはIL-6（**第1章-12**参照）などによって肝臓での発現が誘導され，骨髄では血小板減少によるTPOのフィードバック誘導が起こると報告されている．また，TPOは骨髄の骨芽細胞でも発現し，造血幹細胞の自己複製や静止状態維持の制御に機能していると考えられている．

TPOノックアウトマウス（*THPO*$^{-/-}$）とTPO受容体（MPL）ノックアウトマウス（*MPL*$^{-/-}$）はともに血小板数と骨髄巨核球の顕著な減少（野生型の12～15％）を示し，TPOが巨核球の増殖・分化と血小板産生において主要な役割を担っていることが示された[1)]．両者の表現型は酷似しているが，*MPL*$^{+/-}$ヘテロ接合マウスが野生型と同様の表現型を示すのに対し，*THPO*$^{+/-}$ヘテロ接合マウスの血小板数は野生型の67％程度であった．このことは，TPOの産生はその遺伝子量（gene dosage）に依存しており，前述したように血小板減少によるフィードバック制御機構があまり働かないことを示している．

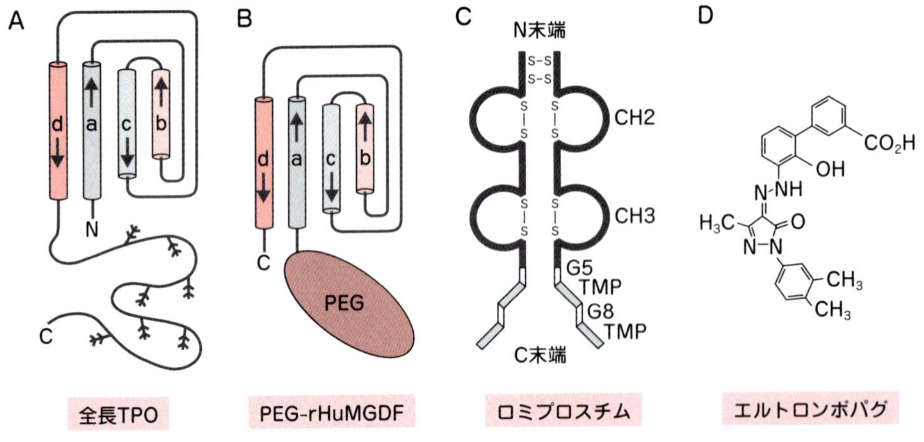

図3 遺伝子組換えTPOとTPO受容体（MPL）アゴニストの構造

A）全長のTPO．C末端側には多数の糖鎖が結合している．B）PEG-rHuMGDFは，TPOのサイトカインドメインのN末端にPEGを付加させたTPO製剤であるが，実用化には至っていない．C）ロミプロスチムは，ヒトIgG-FcドメインのC末端側にグリシンリンカー（G5とG8）を介して2個のTPO受容体アゴニストペプチド（TPO-mimetic peptide：TMP）を接続したバイオ医薬品の“ペプチボディ（peptibody）”である．D）エルトロンボパグは，TPO受容体アゴニスト活性を有する低分子化合物である．文献1をもとに作成．

3）ヒト疾患との関連

i）遺伝性血小板増加症

遺伝性血小板増加症（hereditary thrombocytosis）の約20％は*THPO*遺伝子か*MPL*遺伝子の常染色体優性変異に起因する[2]．*THPO*遺伝子で同定された4種類の変異はすべて5′側非翻訳領域（5′-UTR）の変異である．変異mRNAでは翻訳効率が上昇しており，TPOタンパク質が過剰に産生されるために巨核球の増加をもたらす．一方，*MPL*遺伝子のS505N変異では受容体機能の恒常的活性化が起こる．また，*MPL*遺伝子で同定されたK39NやP106 L変異では，受容体のTPO結合親和性が低下するためにTPOのクリアランスが低下し，結果として血中TPO濃度が上昇すると理解されている．また，弧発性骨髄増殖性腫瘍（MPN）の本態性血小板血症（ET）と原発性骨髄線維症（PMF）（**概論**参照）の約3～10％において，*MPL*遺伝子のW515変異が見出される．

ii）先天性無巨核球性血小板減少症（CAMT）

先天性無巨核球性血小板減少症（congenital amegakaryocytic thrombocytopenia：CAMT）は重度の血小板減少を示す常染色体劣性疾患であり，*MPL*遺伝子の変異としてI型とII型が報告されている[3]．I型変異ではナンセンス変異やフレームシフトによって受容体が欠損する．II型変異はミスセンス変異であり，TPO結合能の喪失（F104S），受容体分子の発現量低下（R102P），安定性低下（P635L）などをもたらす．F104S変異体は，ある種の低分子TPO受容体アゴニスト（LGD-4665）に反応することが報告されており，治療の可能性が開けた．

iii）特発性血小板減少性紫斑病（ITP）

特発性血小板減少性紫斑病（idiopathic thrombocytopenic purpura：ITP）〔別名：免疫性血小板減少症（immune thrombocytopenia：ITP）〕は，血小板に対する自己抗体によって脾臓などで血小板破壊が亢進し，そのために血小板数が減少して紫斑などの出血症状を示す難治性疾患である．後述するTPO受容体アゴニストが慢性ITPの血小板回復に画期的な効果を示すことが明らかとなり，治療薬として使用されている[1]．

4）TPO受容体アゴニストの開発と臨床応用

当初からTPOは種々の血小板減少症の治療に有効であると期待されていた．TPOがクローニングされたことで，全長の組換えヒトTPO（rhTPO）や，N末端側のEPO相似ドメイン（153アミノ酸）にポリエチレングリコール（PEG）を付加したPEG-rHuMGDF（**図3B**）の臨床試験が1990年代後半に試みられた．化学療法における血小板減少からの回復や血小板アフェレーシスの前処置に効果的であると見込まれたが，PEG-rHuMGDFの第I相試験で本剤を投与された人の2.4％に内在性TPOにも結合する中和抗体が生じたため，組換えTPO

の製剤化開発は停止を余儀なくされた[1]．1997年，ペプチドライブラリーの系統的スクリーニングによって，TPOの配列とは無関係でありながらTPO受容体アゴニスト活性を有するペプチド（14アミノ酸）が同定された[4]．このペプチドをIgGのFcドメインのC末端側に2回繰り返して接続したロミプロスチム（romiplostim）（**図3C**）が臨床応用されている．一方，大量高速（high throughput：HTP）スクリーニングによって発見された低分子のTPO受容体アゴニスト[5]をリード化合物として開発されたエルトロンボパグ（eltrombopag）（**図3D**）もすでに経口薬として実用化されており，他にも低分子アゴニストの開発が進行中である．

【データベース】

Gene Symbol	リガンド：*THPO*
	受容体　：*MPL*
Gene ID	リガンド（ヒト：7066，マウス：21832）
	受容体　（ヒト：4352，マウス：17480）
UniProt ID	リガンド（ヒト：P40225，マウス：P40226）
	受容体　（ヒト：P40238，マウス：Q08351）
OMIM ID	リガンド：600044
	受容体　：159530

参考文献

1）Kuter DJ：Br J Haematol, 165：248-258, 2014
2）Teofili L & Larocca LM：Br J Haematol, 152：701-712, 2011
3）Geddis AE：Pediatr Blood Cancer, 57：199-203, 2011
4）Cwirla SE, et al：Science, 276：1696-1699, 1997
5）Erickson-Miller CL, et al：Exp Hematol, 33：85-93, 2005

（福永理己郎）

Ⅱ チロシンキナーゼ型受容体に結合する造血因子

Keyword

4 M-CSF (CSF-1), IL-34, および両者の共有受容体 (FMS)

【M-CSF】
- ▶フルスペル：macrophage colony-stimulating factor
- ▶和文表記：マクロファージコロニー刺激因子
- ▶別名：colony-stimulating factor 1 (CSF-1), コロニー刺激因子1

【IL-34】
- ▶フルスペル：interleukin-34
- ▶和文表記：インターロイキン34

【両者の共有受容体】
- ▶略称：M-CSFR
- ▶フルスペル：M-CSF receptor
- ▶和文表記：M-CSF受容体
- ▶別名：CSF-1R (colony-stimulating factor 1 receptor), FMS, c-FMS, CD115

1) 歴史とあらまし[1]

M-CSFは，Metcalfグループの Stanleyらによって最初に精製されたコロニー刺激因子である．CSF-1とよばれる場合が多く，以降の記述では主にCSF-1という表記を用いる．ヒトCSF-1のcDNAは，1985年にKawasakiらによってクローニングされた．一方，Sherrらは，ネコ肉腫ウイルス（SM-feline sarcoma virus）のがん遺伝子v-*fms*の哺乳類がん原遺伝子であるc-*fms*が，CSF-1の受容体遺伝子であることを示した．ヒトCSF-1は，分泌型糖タンパク質，分泌型プロテオグリカン，細胞膜結合型糖タンパク質の3タイプが存在し，いずれも1本のジスルフィド（SS）結合を介したホモ二量体として機能する．ヒトCSF-1受容体（CSF-1R，FMS）はタイプⅢ RTKであり，5個の免疫グロブリン様ドメインを有する細胞外領域，単一膜貫通領域，2つに分断されたチロシンキナーゼドメインを有する細胞内領域からなる（**図4，イラストマップ❷B**も参照）．このリガンド-受容体系を共有する他の分子は長らく知られていなかったが，生理活性を指標とするHTP解析系を用いた細胞外プロテオームのスクリーニングによって2008年に発見された新規サイトカイン（IL-34）が，CSF-1受容体への結合を介して作用することが示された（**図4**）[2]．IL-34とCSF-1のアミノ酸配列には相同性は認められないが，

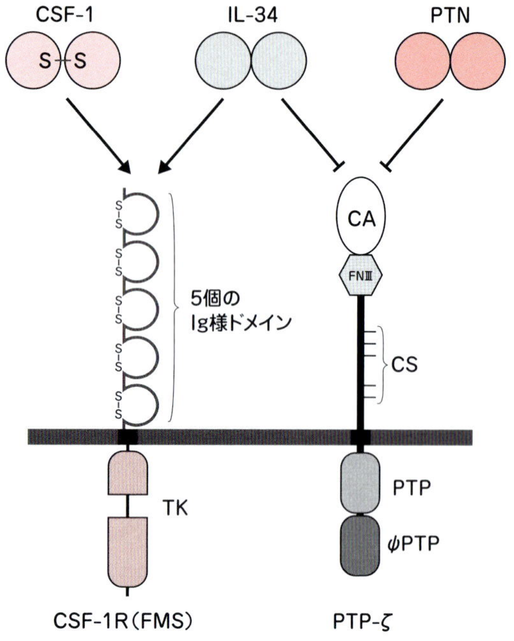

図4 CSF-1，IL-34およびpleiotrophin (PTN) と受容体の相関図

CSF-1とIL-34はともにCSF-1受容体（FMS）に結合し，結合依存的にチロシンキナーゼ（TK）を活性化する．IL-34はpleiotrophin（PTN）の受容体として知られるPTP-ζにも結合し，結合依存的にチロシンホスファターゼを不活性化する．CA：カルボニックアンヒドラーゼ様ドメイン，FNⅢ：フィブロネクチンタイプⅢドメイン，CS：コンドロイチン硫酸結合領域，PTP：プロテインチロシンホスファターゼドメイン，ψPTP:：偽PTPドメイン．

両者とも短鎖型ヘリカルサイトカイン構造をとり（イラストマップ❷A），二量体リガンドが受容体の二量体化・活性化を引き起こす[1]．

2) CSF-1とIL-34の機能とKOマウスの表現型

CSF-1は骨髄ストローマ細胞で発現しており，好中球-マクロファージ前駆細胞（CFU-GM）やマクロファージ前駆細胞（CFU-M）に作用して，単球-樹状細胞-マクロファージ系の細胞増殖と分化を促進する．また，大理石骨病（osteopetrosis）を発症する変異マウス（*op/op*）の原因がCSF-1遺伝子の機能欠失（null）変異であることから，CSF-1が破骨細胞の産生にも重要な役割を担っていることがわかった[3]．破骨細胞は単球系前駆細

胞から増殖・分化し，骨の再構築において骨吸収（骨破壊）を担っている大型の多核貪食細胞である（**イラストマップ❶**）．*op/op* マウスは若齢時には破骨細胞の機能不全を示すが，その症状は週齢とともに徐々に緩和される．一方，CSF-1受容体（FMS）ノックアウトマウスは *op/op* マウスよりも重篤な表現型を示し，加齢による症状低減も認められないことから，CSF-1受容体（FMS）にはCSF-1とは別のアゴニスト因子が存在する可能性が示唆されていた．2008年にクローニングされたIL-34は *in vitro* の骨髄細胞培養系でCFU-Mコロニー形成を促進し，真正M-CSFの1つであることが示された[2]．IL-34は，上皮ケラチノサイトや中枢（主に大脳皮質と海馬）で強く発現しており，肝，肺，脾臓などでの発現は比較的弱い．IL-34ノックアウトマウス（$Il34^{LacZ/LacZ}$）では，ランゲルハンス細胞とミクログリア細胞が激減しており，これらの貪食細胞が関与する接触性過敏症や中枢のウイルス感染防御機能が低下する．マウス成体のランゲルハンス細胞とミクログリア細胞は，それぞれ胎仔肝の単球系前駆細胞および胚性卵黄嚢の初期造血細胞に由来し，出生前に上皮あるいは中枢に移行して局所でゆっくり自己増殖・分化することが報告されており，IL-34はこれらの貪食細胞の増殖と分化を特異的に促進していると考えられる．結論として，M-CSFとIL-34は機能的に重複している部分もあるが，時空間的発現の相違による役割分担が存在することになる[1]．

最近，IL-34が受容体型チロシンホスファターゼPTP-ζに結合して，その不活性化と下流のタンパク質のチロシンリン酸化亢進を引き起こすことが報告された（**図4**）．PTP-ζの不活性化を引き起こすリガンドとしてはすでにpleiotrophin（PTN，**第14章-1**参照）が知られており，その下流のエフェクター分子としてALK（**第6章-39**）が報告されている．IL-34もALKの活性化に関与するのか否か興味がもたれる．

3）ヒト疾患との関連およびCSF-1Rを標的とした治療

i）白血病

1990年に，慢性骨髄単球性白血病（CMML）や急性骨髄性白血病M4型（AML：M4）においてCSF-1Rの変異（L301F/SやY969C/Fなど）が見出されることや，ホジキンリンパ腫（Hodgkin's lymphoma：HL）においてCSF-1やCSF-1受容体が発現していることが報告された．HLのリンパ腫細胞は成熟B細胞に由来するが，CSF-1受容体は通常のB細胞では発現していない．また，主要なHLである古典的ホジキンリンパ腫（classical HL）の悪性リンパ腫細胞であるホジキン/リード＝シュテルンベルグ（Hodgkin/Reed-Sternberg：HRS）細胞では，通常のB細胞で特異的に発現している遺伝子（B細胞特異的遺伝子）の多くについて，その発現が失われていることが知られていた．2010年になって，HRS細胞では *CSF1R* 遺伝子（FMS）の上流に存在する内在性LTRのエピジェネティックな脱抑制が生じており，このLTRからFMS mRNAの転写が起きていることが示された[4]．FMSのチロシンキナーゼ阻害剤がHRS細胞の *in vitro* 増殖を抑制することも示され，HL治療の分子標的としてFMSが検討されることになった．

ii）白質脳症

一方，常染色体優性遺伝形式の大脳白質病変疾患である球状体形成性遺伝性びまん性白質脳症（hereditary diffuse leukoencephalopathy with spheroids：HDLS）の多くの家系で *CSF1R* 遺伝子（FMS）の変異が報告された[5]．これらはチロシンキナーゼドメイン内の機能欠失型変異であり，ハプロ不全またはドミナントネガティブ作用によって発症すると考えられる．FMSの変異による中枢ミクログリアの機能不全が本疾患に関与している可能性があり，今後の展開に興味がもたれる．

FMSのチロシンキナーゼ阻害薬としてGW2580，Ki20227，imatinib，sunitinibなどが知られており，FMSの変異や過剰発現が認められる悪性腫瘍の治療薬として研究されている（**5**の**表**参照）．また，炎症性疾患にマクロファージや破骨細胞が関与することから，FMSのチロシンキナーゼ阻害剤や，CSF-1/IL-34あるいはFMSを標的とする抗体医薬が慢性関節リウマチなどの治療薬として研究されている．

【阻害剤】

GW2580，Ki20227など

【データベース】

Gene Symbol	M-CSF	：*CSF1*
	IL-34	：*IL34*
	受容体	：*CSF1R*
Gene ID	M-CSF	（ヒト：1435，マウス：12977）
	IL-34	（ヒト：146433，マウス：76527）
	受容体	（ヒト：1436，マウス：12978）

UniProt ID	M-CSF（ヒト：P09603，マウス：P07141）
	IL-34 （ヒト：Q6ZMJ4，マウス：Q8R1R4）
	受容体 （ヒト：P07333，マウス：P09581）
OMIM ID	M-CSF：120420
	IL-34 ：612081
	受容体 ：164770

参考文献

1）Wang Y & Colonna M：Eur J Immunol, 44：1575-1581, 2014
2）Lin H, et al：Science, 320：807-811, 2008
3）Yoshida H, et al：Nature, 345：442-444, 1990
4）Lamprecht B, et al：Nat Med, 16：571-579, 2010
5）Rademakers R, et al：Nat Genet, 44：200-205, 2011

（福永理己郎）

Keyword

5 FLT3リガンドとFLT3

【リガンド：FLT3リガンド】
▶フルスペル：fms-like tyrosine kinase-3 ligand
▶英文表記：FLT3 ligand
▶別名：FL，FLT3 L，FLT3LG

【受容体：FLT3】
▶フルスペル：fms-like tyrosine kinase-3
▶別名：fms-related tyrosine kinase-3, Flk-2 (fetal liver kinase-2), STK-1 (stem cell tyrosine kinase 1), CD135

1）歴史とあらまし[1]

1991年に2つのグループが，がん原遺伝子*c-fms*（4参照）や*c-kit*（6参照）と相同性を有する受容体型チロシンキナーゼをクローニングし，それぞれFLT3（fms-like tyrosine kinase-3）およびFlk-2（fetal liver kinase-2）と命名した．FLT3は造血幹細胞や未分化前駆細胞で強く発現しており，それらの自己複製や初期分化に機能すると考えられた．1993～'94年にFLT3リガンド（FLまたはFLT3L）が精製・クローニングされ，骨髄や胸腺のストローマ細胞のほかT細胞もFLを発現することが示された．ヒトFLはI型の膜結合型タンパク質（235アミノ酸）として合成され，細胞外ドメイン（156アミノ酸）のC末端付近がプロテアーゼによって切断されて，可溶型FLとして分泌される．また，選択的スプライシングによって膜貫通ドメインを欠いた分子種の可溶型FLも生成する．可溶型FLはM-CSF（CSF-1）（4参照）やSCF（6参照）と類似の構造を示す短鎖型ヘリカルサイトカインであり（**イラストマップ❷A**），3本の分子内ジスルフィド（SS）結合を有する．M-CSFと同様のHead-to-Head二量体を形成するが，分子間SS結合は存在しない．FLT3はタイプⅢ RTKファミリーに属し，ヒトでは516アミノ酸の細胞外ドメイン，単一膜貫通ドメイン（21アミノ酸），分断されたチロシンキナーゼドメインを含む細胞内ドメイン（431アミノ酸）からなる（**イラストマップ❷B**）．

2）FLの機能とKOマウスの表現型

i）FL（FLT3リガンド）

FLは膜貫通型リガンドとして骨髄や胸腺のストローマ細胞で造血微小環境を形成する一方で，可溶型リガンドとしても作用する．その受容体（FLT3）は，造血幹細胞，B細胞前駆細胞，T細胞前駆細胞，骨髄球系前駆細胞，NK細胞などで発現しており，FLは広範囲の造血細胞に作用する．*in vitro*の実験によると，FLが単独で存在する場合の活性は比較的弱いが，他の造血因子とともに作用することで各系列の前駆細胞増殖を強く促進する．FLをSCFやTPO（3参照）とともに作用させると造血幹細胞の増殖を強く促進し，GM-CSFやM-CSFとの組合わせで単球-マクロファージ系前駆細胞の増殖を，IL-3やIL-7，IL-11との組合わせではB細胞系前駆細胞の増殖を促進する．さらに，FLはIL-7やIL-15とともにそれぞれT細胞系前駆細胞やNK細胞の増殖を促進する．さらに，抗原提示細胞として免疫応答を制御する樹状細胞の産生においてFLが重要な役割を担っていることが明らかにされた．樹状細胞には，古典的樹状細胞（cDC）や形質細胞様樹状細胞（pDC）の2分類に加えてさまざまなサブセットが存在するが，FLと他のサイトカイン（GM-CSF，M-CSF，IL-4，TNFα，TPOなど）との組合わせによって，異なるサブタイプへの分化や増殖が促進されると考えられている[2]．

ii）FLT3

FLT3の下流で活性化される主要な細胞内シグナル伝達系として，Ras-MAPK経路，PI3K-Akt経路，STAT5経路などが知られている．

*FLT3*ノックアウトマウスは健康な成体に育ち，血液中の細胞組成にも顕著な異常は認められないが，造血幹細胞の造血再構築能が低下していることが骨髄移植実験から示された[3]．一方，*FL*ノックアウトマウスは白血球全般の産生低下を起こし，特に骨髄でのB細胞や骨髄球

表 *CSF-1*受容体（*FMS*），*FLT3*，*KIT*（*SCF*受容体），*JAK2*遺伝子の活性化変異が見出される悪性腫瘍や増殖性疾患と，各チロシンキナーゼの阻害剤

TK遺伝子	悪性腫瘍や増殖性疾患	代表的変異	阻害剤
*CSF-1*受容体（*FMS*）	急性骨髄性白血病（AML）	L301F/S Y969C/F	imatinib，GW2580，Ki20227など
	古典的ホジキンリンパ腫（cHL）	（異所性発現？）	
FLT3	急性骨髄性白血病（AML）	ITD D835Y/V	sunitinib，sorafenib，lestaurtinib，quizartinib，KW2449，midostaurinなど
KIT（*SCF*受容体）	消化管間質腫瘍（GIST）	V559D/A K642E	imatinib，regorafenib，sunitinib，sorafenib，masitinibなど
	全身性肥満細胞増加症（SM）	D816V	
	精巣がん（セミノーマ）	D816V/H	
	急性骨髄性白血病（AML）	D816X※ N822K	
	メラノーマ	L576P K642E	
JAK2	真正赤血球増加症（PV）などの骨髄増殖性腫瘍（MPN）	V617F エキソン12変異	TG101348，lestaurtinib，ruxolitinibなど

※D816XのXはVが多いがHやYなどもある

前駆細胞，樹状細胞，脾NK細胞などへの影響が強く現れることが報告された[4]．両マウスの表現型が異なることから，FLにはFLT3以外の受容体が存在する可能性も考えられる．

3) ヒト疾患との関連およびFLT3を標的とした治療

急性骨髄性白血病（acute myeloid leukemia：AML）の30％以上の患者において，FLT3のチロシンキナーゼがリガンド非依存的に活性化する遺伝子変異が認められる．これら活性化変異のおよそ4分の3は細胞膜直下の細胞質領域のアミノ酸配列が重複するITD（internal tandem duplication）変異である．*FLT3*遺伝子のITD変異では，短いもので3塩基，長いものでは約400塩基にわたる重複が起きており，すべてインフレーム（inframe）でアミノ酸配列が続いている．FLT3活性化変異の残り約4分の1はキナーゼドメインのAsp835近傍に生じた置換変異（D835YやD835V）あるいは欠失変異などである．このようにAMLで高頻度に認められるFLT3活性化変異は骨髄性芽球の増殖能を亢進し，予後不良因子となっている（**表**）．

FLT3を標的としたAML治療薬として，sunitinib，midostaurin, lestaurtinib, KW2449などの第1世代阻害薬，あるいはKITやBRAFも阻害するマルチキナーゼ阻害薬として知られるsorafenibなどが，米国などで治験に用いられた[5]．これらの多くは一定の効果が確認される一方で標的特異性や長期効果のうえで問題点が指摘され，他の抗がん剤との併用や，第2世代のFLT3阻害薬であるquizartinibなどが検討されている（**表**）．

【阻害剤】

quizartinib（AC220），KW2449，sorafenib　など

【データベース】

Gene Symbol	リガンド	：*FLT3LG*
	受容体	：*FLT3*
Gene ID	リガンド	（ヒト：2323，マウス：14256）
	受容体	（ヒト：2322，マウス：14255）
UniProt ID	リガンド	（ヒト：P49771，マウス：P49772）
	受容体	（ヒト：P36888，マウス：Q00342）
OMIM ID	リガンド	：600007
	受容体	：136351

参考文献

1) Lyman SD & Jacobsen SE：Blood, 91：1101-1134, 1998
2) Onai N, et al：Immunity, 38：943-957, 2013
3) Mackarehtschian K, et al：Immunity, 3：147-161, 1995
4) McKenna HJ, et al：Blood, 95：3489-3497, 2000
5) Wander SA, et al：Ther Adv Hematol, 5：65-77, 2014

（福永理己郎）

Keyword

6 SCFとその受容体（KIT）

【リガンド（SCF）】

▶フルスペル：stem cell factor
▶和文表記：幹細胞因子
▶別名：KL（kit ligand），kitリガンド，SFまたはSLF（steel factor）MGF（mast cell growth factor），マスト細胞増殖因子，肥満細胞増殖因子

【受容体（KIT）】

▶別名：c-Kit，c-kit，SCF receptor，MGF receptor，CD117

1）歴史とあらまし

SCFの発見とクローニングには多様な研究背景が関与している．古くから知られるマウスの2つの変異体*W*（*white-spotting*）および*Sl*（*Steel*）は，ともに色素細胞や造血系細胞に異常があり，それぞれ受容体とその作用因子の遺伝子である可能性が考えられていた．一方，HZ4ネコ肉腫ウイルスのがん遺伝子（v-*kit*）に対する哺乳類ホモログとして同定されたc-*kit*遺伝子は，その構造から増殖因子の受容体であると予想されていた[1]．1990年に3つの研究グループが，それぞれ造血幹細胞増殖因子（stem cell factor：SCF），肥満細胞増殖因子（MGF：mast cell growth factor），およびc-*kit*遺伝子産物（KIT）の作動因子（KITリガンド）として精製・クローニングしたサイトカインが，同じ*Sl*遺伝子産物であることが明らかになった[2]．なお，*W*遺伝子産物がKITであることもわかっている．

ヒトSCFはⅠ型の膜結合型タンパク質として合成されるが，エキソン6の選択的スプライシングによって2種類のアイソフォームが生成する．長いアイソフォーム（248アミノ酸）では細胞外ドメインのC末端領域（エキソン6由来）に存在するプロテアーゼ認識部位で切断を受け，165アミノ酸の可溶型SCFが分泌される．一方，エキソン6を含まない短いアイソフォーム（220アミノ酸）では，プロテアーゼ認識部位が存在しないので切断されず，膜結合型のリガンドとして機能する．いずれの場合も，リガンドドメインはヘリカルサイトカイン構造をとる（**イラストマップ❷A**）．2本の分子内ジスルフィド（SS）結合と複数の糖鎖結合部位を有し，非共有結合によって二量体を形成する[3]．

2）SCFの機能と変異マウスの表現型

i）SCF

SCFは，造血幹細胞の増殖と初期分化に重要な働きを担っている．骨髄や胸腺のストローマ細胞や骨芽細胞で膜貫通型リガンドとして発現し，造血微小環境を形成する．また，血液中では可溶型SCFが検出される．可溶型SCF単独での前駆細胞への作用は弱いが，EPO（**2**参照）やTPO（**3**参照）とともに作用することにより，赤芽球前駆細胞（BFU-E，CFU-E）や巨核球前駆細胞（CFU-Meg）の増殖を強く促進する（**イラストマップ❶**）．

ii）KIT

SCF受容体であるKITはタイプⅢ RTKファミリー（**イラストマップ❷B**）に属し，ヒトでは499アミノ酸の細胞外ドメイン，単一膜貫通ドメイン（21アミノ酸），分断されたチロシンキナーゼドメインを含む細胞内ドメイン（431アミノ酸）からなる．KITは造血幹細胞をはじめ，赤芽球系，巨核球系，骨髄球系，リンパ球系などの各種前駆細胞で発現しており，各系列に特異的な造血因子と協調して増殖を促進する．KITは成熟血液細胞である肥満細胞や樹状細胞にも発現しており，その生存や活性化にSCFが関与する[3]．

iii）それぞれの変異マウス

SCFあるいはKITの機能欠損マウス（*Sl*や*W*のnull変異マウス）は，胎仔肝造血の顕著な低下により胎生14〜16日で致死となる．*W*や*Sl*の変異マウスにはハプロ不全やドミナントネガティブ阻害作用によるさまざまな表現型があり，造血系細胞だけでなくメラニン細胞や始原生殖細胞などに異常が認められる．また，KITは消化管の筋層に存在する“カハールの介在細胞”（interstitial cells of Cajal：ICC）で発現しており，ICCの細胞表面マーカーとして利用されている．ICCは消化管運動を制御するペースメーカー細胞と考えられており，*W*変異マウスではICCの形成障害が起こる[3]．

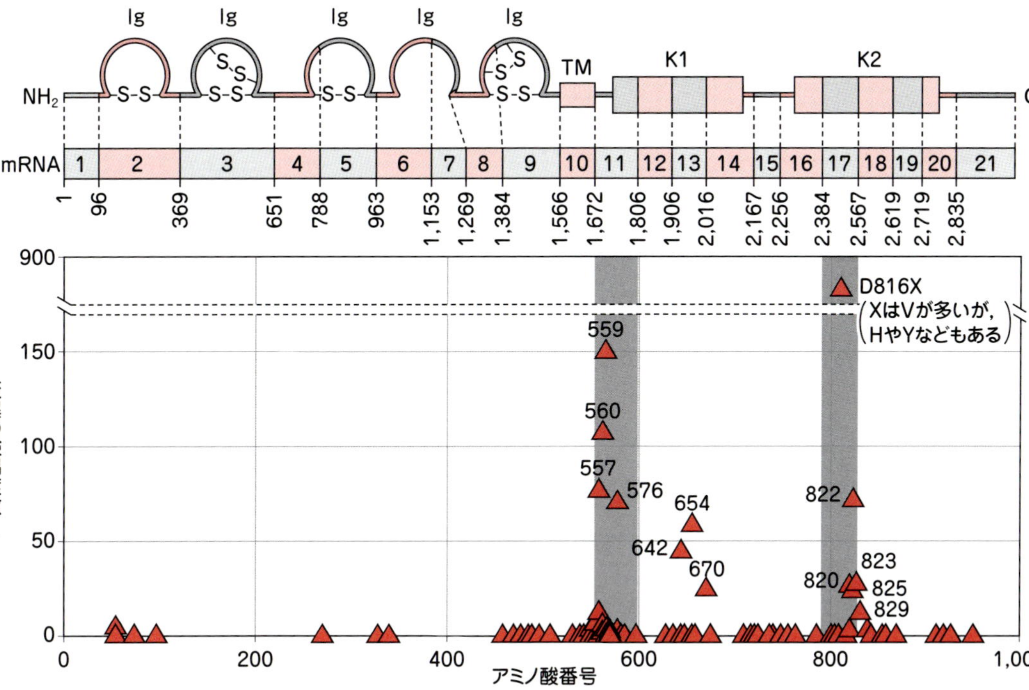

図5 ***KIT*遺伝子において活性化変異が生じるアミノ酸残基と，その検出度数**

ヒトKITタンパク質の構造模式図と，対応するエキソン番号を上に示した．細胞質内ドメインの膜直下領域（エキソン11）およびAsp816周辺（エキソン17）の変異が多いことがわかる．Ig：免疫グロブリン様ドメイン，S–S：ジスルフィド結合，TM：膜貫通ドメイン，K1とK2：チロシンキナーゼドメイン．文献3をもとに作成．

3) ヒト疾患との関連およびKITを標的とした治療

i）体色素に関する疾患

まだら症（piebaldism）は，額や腹部，膝などに先天的に白斑を有する常染色体優性の疾患である．これまで多くのまだら症患者で*KIT*遺伝子の変異が検出されている．これらはマウスの*W*変異と同様，機能欠損型の変異KITが発現することによるハプロ不全またはドミナントネガティブ阻害によって起こる．一方，家族性進行性色素沈着過剰/減少症（familial progressive hyper- and hypopigmentation）の複数の家系でSCFの点変異が見出されており，SCFの活性や局在などの変化によるメラニン細胞の制御異常が示唆されている．

ii）がん

KITの活性化変異による発がんの代表例は，消化管間質腫瘍（gastrointestinal stromal tumor：GIST）である[4]．GISTはICC由来の腫瘍であり，ほぼすべてのGIST細胞がKITを発現しているが，その約85％に*KIT*遺伝子の活性化変異が見出される．最も多いのは膜直下領域の変異（エキソン11，60％以上）であり，次いで細胞外領域（エキソン9，10％強）やキナーゼドメインN末端側領域（K1内のエキソン13，1％以上）の変異が認められるが（**図5**），意外なことにキナーゼドメインC末端側領域（K2）のホットスポット（Asp816やAsn822，後述）を含むエキソン17の変異は非常に少ない（1％以下）[3]．一方，急性骨髄性白血病（acute myeloid leukemia：AML），メラノーマ（悪性黒色腫），セミノーマ（精巣がんの一種）の一部や，全身性肥満細胞増加症（systemic mastocytosis：SM）の成人患者の大多数でもKITの活性化変異が見出されるが，これらの場合にはキナーゼドメイン内（エキソン11～20）の変異が多く，SMで見出される*KIT*変異の90％以上がD816Vである．また，AMLではD816X（XはVが多いがHやYなどもある）やN822K，メラノーマではL576PやK642E，セミノーマではD816V/Hなど，それぞれの疾患に特徴的な活性化変異が報告されており，特にAsp816は活性化変異のホットスポットになっている[3]（**図5**，**5の表**）．

BCR-ABLの亢進したチロシンキナーゼ活性により発

症する慢性骨髄性白血病の治療薬として知られるimatinibはKITやPDGF受容体をも強く阻害することから，外科切除不能あるいは再発GISTの治療薬として用いられる（**5の表**）．好成績が報告される一方で，いわゆる"ゲートキーパー（gatekeeper）変異"などの二次変異によるimatinib耐性細胞の出現が報告されている．imatinib耐性GISTに対してsunitinibやregorafenib，sorafenibなどのマルチキナーゼ阻害薬，あるいはKITに特異性が高いとされるmasitinibなどの臨床試験が進行中である[5]．なお，イヌやネコに比較的多い肥満細胞腫でKITの活性化変異が見出されており，海外では動物の肥満細胞腫の治療薬としてmasitinibが認可されている．

【阻害剤】

imatinib, sorafenib, masitinib など

【データベース】

Gene Symbol	リガンド：*KITLG*
	受容体　：*KIT*
Gene ID	リガンド（ヒト：4254，マウス：17311）
	受容体　（ヒト：3815，マウス：16590）
UniProt ID	リガンド（ヒト：P21583，マウス：P20826）
	受容体　（ヒト：P10721，マウス：P05532）
OMIM ID	リガンド：184745
	受容体　：164920

参考文献

1）Besmer P, et al：Nature, 320：415–421, 1986
2）Lyman SD & Jacobsen SE：Blood, 91：1101–1134, 1998
3）Lennartsson J & Rönnstrand L：Physiol Rev, 92：1619–1649, 2012
4）Hirota S, et al：Science, 279：577–580, 1998
5）Serrano C & George S：Ther Adv Med Oncol, 6：115–127, 2014

（福永理己郎）

4章 TNFスーパーファミリー
tumor necrosis factor super family

Keyword

1 4-1BBL, 4-1BB	6 CD40L	11 RANKL
2 APRIL	7 DR6	12 TNF α
3 BAFF	8 GITRL	13 LT α, LT β
4 CD27L	9 LIGHT	14 APO2L (TRAIL)
5 CD30L	10 OX40L, OX40	15 TWEAK

概論

1. はじめに

およそ半世紀前に，LT α（lymphotoxin α）とTNF α（tumor necrosis factor α）が腫瘍の壊死を引き起こす宿主由来の因子として同定され，TNFスーパーファミリー（TNFSF）分子群による研究が幕をあけた．ヒトでは現在，18種類の*TNFSF*と29種類のTNF受容体スーパーファミリー（*TNFRSF*）遺伝子が同定されている[1)～5)]（**表**）．細胞の内外で形成されるTNFSFとTNFRSFによるネットワークコミュニケーション（**イラストマップ**）は，免疫系，神経系，骨や乳腺の発生と恒常性維持，筋再生，哺乳類における外胚葉の形成，炎症，アポトーシス，がんなどの多様な生命現象・疾患と密接に関係する[1) 3)]．このサイトカインファミリーは，特にヒトの疾患制御における重要性からこれまで活発に研究が行われてきた．関節リウマチや炎症性腸疾患に対してTNF α阻害薬の有効性が確認されたことで，その他のTNFスーパーファミリー分子についても，その機能を調節できる生物製剤の臨床開発が進んでいる[5)]．

2. TNFリガンドと受容体の構造

1) リガンドの構造

TNFリガンド分子は，C末端を細胞外とする1回膜貫通II型膜タンパク質として産生され，その多くは膜結合型リガンドとして機能する．膜結合型として機能するもののうち半数以上のTNFSF分子〔**APO2L**（**→Keyword 14**），**APRIL**（**→Keyword 2**），**BAFF**（**→Keyword 3**），CD40，EDA，FASL，**LIGHT**（**→Keyword 9**），**LT α**（**→Keyword 13**），**RANKL**（**→Keyword 11**），**TNF α**（**→Keyword 12**），**TWEAK**（**→Keyword 15**）〕は，細胞膜上でプロテアーゼ（ズブチリシン様セリンプロテアーゼであるfurinやメタロプロテアーゼなど）により切断され，可溶型リガンドとしても機能を発揮する．リガンド分子の細胞外C末端には約150アミノ酸のTHD（TNFホモロジードメイン）が存在する（**イラストマップ**）．THDは，10個のβシートがコンパクトに折り畳まれた "jelly-roll" とよばれる特徴的な立体構造を形成する．3つの単量体がTHDによって非共有結合で会合し，安定な円錐構造のホモ三量体（LT α1β2やLT α2β1は例外的にヘテロ三量体構造をとる，13参照）が形成され，活性型リガンドが生成する[2)]．

2) 受容体の構造

他方TNF受容体分子は，N末端を細胞外とする1回膜貫通I型膜タンパク質として産生される（BAFFR, BCMA, TACI, EDA2RはIII型膜タンパク質に分類される）．細胞外には1～6個のCRD（システインリッチドメイン）が存在し，この領域を介してリガンドのTHDと会合する（**イラストマップ**）．CRDは約40アミノ酸からなり，6個の保存されたシステイン残基による3つのジスルフィド結合によりリガンドとの結合に関与する立

イラストマップ TNF型リガンドおよび受容体

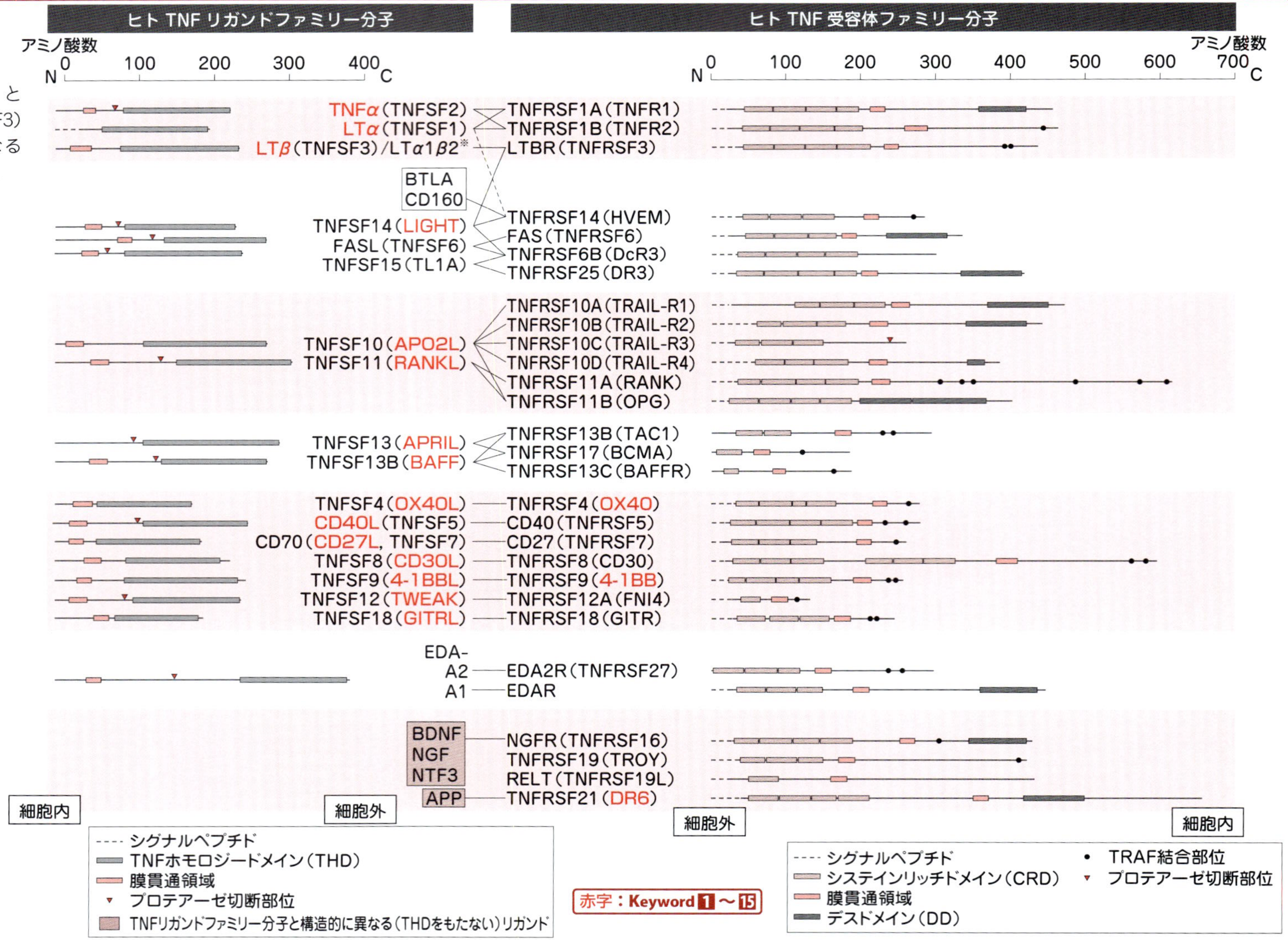
ヒト TNF リガンドファミリー分子
ヒト TNF 受容体ファミリー分子
アミノ酸数
N 0 100 200 300 400 C
N 0 100 200 300 400 500 600 700 C
TNFα (TNFSF2)
LTα (TNFSF1)
LTβ (TNFSF3) / LTα1β2※
TNFRSF1A (TNFR1)
TNFRSF1B (TNFR2)
LTBR (TNFRSF3)
BTLA
CD160
TNFSF14 (LIGHT)
FASL (TNFSF6)
TNFSF15 (TL1A)
TNFRSF14 (HVEM)
FAS (TNFRSF6)
TNFRSF6B (DcR3)
TNFRSF25 (DR3)
TNFSF10 (APO2L)
TNFSF11 (RANKL)
TNFRSF10A (TRAIL-R1)
TNFRSF10B (TRAIL-R2)
TNFRSF10C (TRAIL-R3)
TNFRSF10D (TRAIL-R4)
TNFRSF11A (RANK)
TNFRSF11B (OPG)
TNFSF13 (APRIL)
TNFSF13B (BAFF)
TNFRSF13B (TAC1)
TNFRSF17 (BCMA)
TNFRSF13C (BAFFR)
TNFSF4 (OX40L)
CD40L (TNFSF5)
CD70 (CD27L, TNFSF7)
TNFSF8 (CD30L)
TNFSF9 (4-1BBL)
TNFSF12 (TWEAK)
TNFSF18 (GITRL)
TNFRSF4 (OX40)
CD40 (TNFRSF5)
CD27 (TNFRSF7)
TNFRSF8 (CD30)
TNFRSF9 (4-1BB)
TNFRSF12A (FNI4)
TNFRSF18 (GITR)
EDA-
A2
A1
EDA2R (TNFRSF27)
EDAR
BDNF
NGF
NTF3
APP
NGFR (TNFRSF16)
TNFRSF19 (TROY)
RELT (TNFRSF19L)
TNFRSF21 (DR6)
細胞内
細胞外
細胞外
細胞内
シグナルペプチド
TNFホモロジードメイン (THD)
膜貫通領域
プロテアーゼ切断部位
TNFリガンドファミリー分子と構造的に異なる (THDをもたない) リガンド
赤字：Keyword 1 ～ 15
シグナルペプチド
システインリッチドメイン (CRD)
膜貫通領域
デスドメイン (DD)
TRAF結合部位
プロテアーゼ切断部位

※LTA 1分子と LTB (TNFSF3) 2分子からなるヘテロ三量体.

体構造が形成される．また，TNF受容体は細胞内にDD（デスドメイン）をもつ受容体〔DR3，**DR6**（**→Keyword 7**），EDAR，FAS，NGFR，TNFR1，TRAIL-R1/2〕とDDをもたない受容体〔**4-1BB**（**→Keyword 1**），BAFFR，BCMA，CD27，CD30，CD40，EDA2R，FN14，GITR，HVEM，LT β R，OX40（**→Keyword 10**），RANK，RELT，TACI，TNFR2，TROYなど〕の2つのグループに分けられる[2]．特徴的なものとしては，OPGとDcR3のようにデコイ受容体として可溶型で産生され，それぞれに特異的なリガンドの活性を競合的に阻害するものもある．TRAIL-R3は細胞内ドメインをもたず，グリコシルホスファチジルイノシトールGPI膜結合タンパク質として細胞膜へ固定される（**14**参照）．他にもプロテアーゼによる切断により，あるいは選択的スプライシングにより受容体の細胞外領域が可溶型タンパク質として産生される場合もある．CD40，FAS，TNFR1，TRAIL-R1などのN末端のCRD1には，PLAD（pre-ligand assembly domain）が存在する．PLADどうしが互いに相互作用することで，リガンド非依存的な受容体の活性化が抑制される．

3）遺伝子の位置

18種類のヒト*TNFSF*遺伝子のうち11種類が4カ所のMHC（major histocompatibility complex）-パラロガス領域にコードされる（第1番染色体に***OX40L***（**→Keyword 10**），*FASL*，***GITRL***（**→Keyword 8**），第6番染色体に*TNF* α，*LT* α，*LT* β，第9番染色体に***CD30L***（**→Keyword 5**），*TL1A*，第19番染色体に***CD27L***（**→Keyword 4**），*4-1BBL*，*LIGHT*）．残りの7種類の遺伝子は，X染色体（*EDA*，***CD40L***（**→Keyword 6**）），第3番染色体（*TRAIL*），第13番染色体（*BAFF*，*RANKL*），第17番染色体（*APRIL*，*TWEAK*）に存在する（**表**）．29種類のヒト*TNFRSF*遺伝子は14の異なる染色体にコードされ，そのうち7種類（*4-1BB*，*CD30*，*DR3*，*GITR*，*HVEM*，*OX40*，*TNFR2*）は第1番染色体にコードされる（**表**）．生物進化の過程で遺伝子の重複や転座が起こり，これら複数の*TNFSF*および*TNFRSF*遺伝子が生成したことが示唆されている．

3. シグナル伝達

シグナル伝達機構は，TNFR1（TNF α，LT α 3，LT α 2 β 1の受容体）で最も研究が進んでいる．膜結合型あるいは可溶型の三量体TNFリガンドがTNF受容体と相互作用することにより，受容体が三量体化する．このリガンドと受容体の3：3結合により受容体が膜上でクラスター化し，細胞内へシグナルが伝達される．TNF受容体に対する2価刺激抗体によっても，受容体のクラスター化を誘導できる．受容体自体に酵素活性は存在せず，細胞内領域のDDあるいはTRAF（TNF receptor-associated factor）結合部位を介して種々の細胞内タンパク質が受容体へ集積する．このタンパク質間相互作用は時空間的に制御され，異なる機能をもつシグナル複合体が順次形成されることで下流のシグナルカスケードが活性化される[3]．

1）DD（デスドメイン）

DDは，TNFR1およびFASが細胞死シグナルを伝達するのに必須の領域として同定された．約80アミノ酸からなり，6つの α ヘリックスから構成される特徴的な構造をとる．DDはFASやTNFR1などの受容体のみならず，FADD（Fas-associating protein with death domain），RIP1（receptor interacting protein 1），TRADD（TNF receptor-associated death domain protein）などの細胞内タンパク質にも認められる．DDをもつ分子は，DDを介して互いに結合する．

2）TRAF

TRAFファミリー分子は，TRAF1～7の7種類が存在する．特徴的なコイルドコイル（coiled coil）と8個の β シートからなるTRAFドメインをC末端にもつ（TRAF7には存在しない）．TRAFタンパク質は，コイルドコイルを介して自律的にホモおよびヘテロ多量体を形成する．三量体化TRAFは，アダプター分子としてリガンドとの結合により三量体化した受容体にTRAFドメインを介して結合する．TRAF結合部位は，TNF受容体のみならず，TRADDなどの細胞内タンパク質にも認められる．また，TRAFファミリー分子は，TRAF1を除き，N末端にRING（really interesting new gene）フィンガードメインをもつことでE3ユビキチンリガーゼとして働き，タンパク質のユビキチン化を促進する．

3）細胞の生と死の制御

TNF受容体に結合したDDタンパク質とTRAFタンパク質が構築するシグナル複合体は，細胞の生と死にかかわるシグナル伝達経路を活性化する．DISC（death inducing signaling complex）によるカスパーゼの活性化はアポトーシスを誘導し，IKK（I- κ B kinase）複合体によるNF- κ Bの活性化はアポトーシスを抑制するこ

表 ヒトTNFおよびTNF受容体スーパーファミリー分子（次ページへ続く）

TNFリガンドファミリー				TNF受容体ファミリー			
遺伝子シンボル	遺伝子名／別名	データベース情報	遺伝子座	遺伝子シンボル	遺伝子名／別名	データベース情報	遺伝子座
LTA	LT, LTα (13), TNFB, TNFβ, TNFSF1	HGNC：6709, X01393, NM_000595, NM_001159740, OMIM：153440	6p21.3	TNFRSF1A	CD120a, TNF-R, TNF-R-I, TNF-R55, TNFAR, TNFR1, TNFR60	HGCN：11916, M75866, NM_001065, OMIM：191190	12p13.2
TNF	Cachectin, DIF, TNFA, TNF-alpha, TNFα (12), TNFSF2	HGNC：11892, X02910, NM_000594, OMIM：191160	6p21.3	TNFRSF1B	CD120b, p75, TNF-R-II, TNF-R75, TNFBR, TNFR2, TNFR80	HGNC：11917, M32315, NM_001066, OMIM：191191	1p36.22
LTB	LTβ (13), p33, TNFC, TNFSF3	HGNC：6711, L11015, NM_002341, OMIM：600978	6p21.3	LTBR	LTβR, TNF-R-III, TNFCR, TNFR-RP, TNFR2-RP, TNFRSF3	HGNC：6718, L04270, NM_002342, OMIM：600979	12p13
TNFSF4	CD134L, CD252, gp34, OX-40L, OX40L (10), TXGP1	HGNC：11934, D90224, NM_003326, NM_001297562, OMIM：603594	1q25	TNFRSF4	ACT35, CD134, OX40 (10), TXGP1L	HGNC：11918, X75962, NM_003327, OMIM：600315	1p36
CD40LG	CD154, CD40L (6), gp39, hCD40L, HIGM1, IMD3, T-BAM, TNFSF5, TRAP	HGNC：11935, X67878, NM_000074, OMIM：300386	Xq26	CD40	CDW40, Bp50, p50, TNFRSF5	HGNC：11919, X60592, NM_001250, OMIM：109535	20q12-q13.2
FASLG	APT1LG1, APTL, CD178, FASL, CD95L, TNFSF6	HGNC：11936, U11821, NM_000639, OMIM：134638	1q23	FAS	APO-1, APT1, CD95, FAS1, TNFRSF6	HGNC：11920, M67454, NM_000043, OMIM：134637	10q24.1
				TNFRSF6B	DcR3, DCR3, M68, TR6	HGNC：11921, AF104419, NM_003823, OMIM：603361	20q13.33
CD70	CD27L (4), CD27LG, TNFSF7	HGNC：11937, L08096, NM_001252, OMIM：602840	19p13	CD27	S152, Tp55, TNFRSF7	HGNC：11922, M63928, NM_001242, OMIM：186711	12p13
TNFSF8	CD30L (5), CD30LG, CD153	HGNC：11938, L09753, NM_001244, OMIM：603875	9q33	TNFRSF8	CD30, D1S166E, KI-1	HGNC：11923, M83554, XM_006711049, OMIM：153243	1p36
TNFSF9	4-1BBL (1), CD137L	HGNC：11939, U03398, NM_003811, OMIM：606182	19p13.3	TNFRSF9	4-1BB (1), CD137, ILA	HGNC：11924, L12964, NM_001561, OMIM：602250	1p36
TNFSF10	APO2L (14), CD253, TL2, TRAIL	HGNC：11925, U37518, NM_003810, OMIM：603598	3q26	TNFRSF10A	APO2, CD261, DR4, TRAILR-1, TRAIL-R1	HGNC：11904, U90875, NM_003844, OMIM：603611	8p21
				TNFRSF10B	CD262, DR5, KILLER, TRAIL-R2, TRICK2A, TRICKB	HGNC：11905, AF012628, NM_147187, OMIM：603612	8p22-p21
				TNFRSF10C	CD263, DcR1, LIT, TRAILR3, TRAIL-R3, TRID	HGNC：11906, AF012536, NM_003841, OMIM：603613	8p22-p21
				TNFRSF10D	CD264, DcR2, TRAILR4, TRAIL-R4, TRUNDD	HGNC：11907, AF029761, NM_003840, OMIM：603614	8p21
TNFSF11	CD254, ODF, OPGL, RANKL (11), TRANCE	HGNC：11926, AF013171, NM_003701, OMIM：602642	13q14	TNFRSF11A	CD265, FEO, LOH18CR1, PDB2, RANK, TRANCER	HGNC：11908, AF018253, NM_001270951, OMIM：603499	18q22.1
				TNFRSF11B	OCIF, OPG, TR1	HGNC：11909, U94332, NM_002546, OMIM：602643	8q24

※1 赤字は本章で紹介しているキーワード.

表 ヒトTNFおよびTNF受容体スーパーファミリー分子（前ページからの続き）

TNFリガンドファミリー				TNF受容体ファミリー			
遺伝子シンボル	遺伝子名／別名	データベース情報	遺伝子座	遺伝子シンボル	遺伝子名／別名	データベース情報	遺伝子座
TNFSF12	APO3L, DR3LG, TWEAK（15）	HGNC：11927, AF030099, NM_003809, OMIM：602695	17p13.1	TNFRSF12A	CD266, FN14, TweakR	HGNC：18152, AB035480, NM_016639, OMIM：605914	16p13.3
TNFSF13	APRIL（2）, CD256, TALL2, TRDL-1	HGNC：11928, AF046888, NM_003808, OMIM：604472	17p13.1	TNFRSF13B	CD267, IGAD2, TACI	HGNC：18153, AF023614, NM_012452, OMIM：604907	17p11.2
TNFSF13B	BAFF（3）, BLYS, CD257, TALL1, THANK, TNFSF20, ZTNF4	HGNC：11929, AF136293, NM_006573, OMIM：603969	13q32-q34	TNFRSF13C	BAFFR, BR3, CD268	HGNC：17755, AF373846, NM_052945, OMIM：606269	22q13.1-q13.3
TNFSF14	CD258, HVEM-L, LIGHT（9）, LTg	HGNC：11930, AF036581, NM_172014, OMIM：604520	19p13.3	TNFRSF14	ATAR, CD270, HVEA, HVEM, LIGHTR, TR2	HGNC：11912, U70321, NM_003820, XM_006711018, OMIM：602746	1p36.32
TNFSF15	MGC129934, MGC129935, TL1, TL1A, VEGI, VEGI192A	HGNC：11931, AF039390, NM_005118, OMIM：604052	9q32	TNFRSF15	-	-	
TNFSF16	-	-		NGFR	CD271, p75NTR, TNFRSF16	HGNC：7809, M14764, NM_002507, OMIM：162010	17q21-q22
TNFSF17	-	-		TNFRSF17	BCM, BCMA, CD269, TNFRSF13A	HGNC：11913, Z29574, NM_001192, OMIM：109545	16p13.1
TNFSF18	AITRL, GITRL（8）, TL6	HGNC：11932, AF117713, NM_005092, OMIM：603898	1q23	TNFRSF18	AITR, CD357, GITR	HGNC：11914, AF125304, NM_004195, OMIM：603905	1p36.3
TNFSF19	-	-		TNFRSF19	TAJ, TAJ-alpha, TRADE, TROY	HGNC：11915, AB040434, NM_018647, OMIM：606122	13q12.11-q12.3
-	-	-		RELT	FLJ14993, TNFRSF19L	HGNC：13764, AF319553, NM_032871, OMIM：611211	11q13.2
TNFSF21	-	-		TNFRSF21	CD358, DR6（7）	HGNC：13469, AF068868, NM_014452, OMIM：605732	6p21.1
TNFSF22	-	-		Tnfrsf22（マウス）	2810028K06Rik, C130035G06Rik, mDcTrailr2, SOBa, Tnfrh2	MGI：1930270, U029514, NM_023680	
TNFSF23	-	-		Tnfrsf23（マウス）	mDcTrailr1, mSOB, Tnfrh1	MGI：1930269, U029515, NM_024290	
				TNFRSF25	APO-3, DDR3, DR3, LARD, TNFRSF12, TR3, TRAMP, WSL-1, WSL-LR	HGNC：11910, U72763, NM_148965, OMIM：603366	1p36.2
				Tnfrsf26（マウス）	Tnfrh3	MGI：2651928, U144321, NM_175649	
				EDA2R	EDA-A2R, EDAA2R, TNFRSF27, XEDAR	HGNC：17756, AF298812, NM_021783, OMIM：300276	Xq11.1
EDA	ED1, ED1-A1, ED1-A2, EDA-A1, EDA-A2, EDA1, EDA2, HED, ODT1, XHED, XLHED	HGNC：3157, U59227, NM_001399, OMIM：300451	Xq12-q13.1	EDAR	DL, ED1R, ED3, ED5, EDA1R, EDA3, Edar	HGNC：2895, AF130988, NM_022336, OMIM：604095	2q13

※1 赤字は本章で紹介しているキーワード.
※2 ヒトでみつかっておらずマウスだけでみつかっているものは「(マウス)」と記した.

とで細胞生存を促進する．RIP3を含むネクロソームは，ネクロトーシスとよばれる細胞死を誘導する．

一部の膜結合型TNFリガンド（4-1BBL，CD40L，FASL，LIGHT，RANKL，TNFαなど）は，受容体様のシグナル伝達能を有する．これを，TNF受容体におけるフォワードシグナリングに対して，リバースシグナリングとよぶ．

4. 生理機能

TNFリガンドスーパーファミリーおよびその受容体の多くは免疫系細胞に発現するが，他の細胞群もこれらの分子群を生理的な体内環境で発現する．したがってさまざまな生命現象に関与し，発現の亢進によりさまざまな疾患病態が誘導される．例えば正常な末梢リンパ組織の発生，維持，構築には，LTα/βとその受容体を発現する細胞どうしの相互作用が重要となる．他にもAPO2L，FASL，LTα，TNFαはT細胞やNK細胞などが産生し，標的細胞に細胞死を誘導することで組織炎症を惹起する．4-1BBL，CD27L，CD30L，GITRL，LIGHT，OX40L，TNFαなどは抗原提示細胞に発現し，T細胞に発現する受容体に共刺激シグナルを与える．その結果，T細胞のエフェクター作用が亢進し，メモリーT細胞の産生が促進される．同様にAPRIL，BAFF，CD40Lは，B細胞上の受容体に結合し，B細胞の生存，分化，活性化に重要な役割を果たす．さらにTNFファミリーリガンドは免疫系の疾患だけでなく，動脈硬化症，糖尿病，喘息，骨粗鬆症，アルツハイマー病，がんなどの疾患とも関連する．本書では扱わないが，EDAおよびその受容体は，毛髪，汗腺，歯の発生に必須であり，その異常は先天性疾患であるX染色体連鎖無汗性外胚葉形成異常症（X-linked hypohidrotic ectodermal dysplasia）を引き起こす．このように，TNFファミリーリガンドは生体できわめて多彩な機能を有する[1)〜5)]．

5. 医療への応用

TNFα阻害薬（adalimumab，certolizumab pegol，etanercept，golimumab，infliximabの5剤が日本国内で認可）は，関節リウマチやクローン病などの疾患に対して著効を示す．また，抗RANKL抗体（denosumab）が骨病変，骨粗鬆症（11参照），抗CD30抗体-MMAE毒素複合体（brentuximab vedotin）がホジキンリンパ腫（5参照）に対して認可された．さらに，APRIL，BAFF，CD40，LIGHT，LTα，LTβ，OX40L，TNFα，TWEAKを標的とする免疫治療や，4-1BB，CD27L，CD30，CD40，FN14，GITR，OX40，TNFα，TRAIL-R1/2を標的としたがん治療などが近い将来に臨床応用されると考えられる[5)]．臨床医学分野における，これらTNFリガンドと受容体に関する研究の今後の発展が期待される．

参考文献

1）Locksley RM, et al：Cell, 104：487-501, 2001
2）Bodmer JL, et al：Trends Biochem Sci, 27：19-26, 2002
3）Aggarwal BB：Nat Rev Immunol, 3：745-756, 2003
4）Hehlgans T & Pfeffer K：Immunology, 115：1-20, 2005
5）Croft M, et al：Nat Rev Drug Discov, 12：147-168, 2013

（宗　孝紀，石井直人）

Keyword

1 4-1BBL, 4-1BB

【4-1BBL】

- ▶フルスペル：4-1BB ligand
- ▶和文表記：4-1BBリガンド
- ▶別名：4-1BB-L，CD137L，TNFSF9〔tumor necrosis factor（ligand）superfamily，member 9〕

【4-1BB】

- ▶別名：CD137，ILA（T-cell antigen induced by lymphocyte activation），TNFRSF9（tumor necrosis factor receptor superfamily，member 9）

1）歴史とあらまし

1989年にマウス*4-1BB*遺伝子が活性化T細胞から，1993年にヒト*4-1BB*遺伝子がヒトT細胞白血病ウイルス1型（HTVL-1）で形質転換されたT細胞から単離された．また1994年にはリガンドである*4-1BBL*遺伝子が，可溶型4-1BB細胞外領域をプローブとして単離された．

4-1BBLはヒトでは254アミノ酸のII型膜タンパク質として産生され，細胞内と細胞外はそれぞれ28と205アミノ酸で構成される．4-1BBLはホモ三量体を形成し，受容体である4-1BBに結合する（**図1**）．この結合により4-1BBもホモ三量体を形成する．23アミノ酸のシグナルペプチドが切断された成熟ヒト4-1BBは，232アミノ酸からなるI型膜タンパク質として産生され，細胞外と細胞内はそれぞれ163と42アミノ酸で構成される．4-1BBの細胞内領域には，TRAF1，TRAF2，TRAF3が結合し，MAPKやNF-κB，PI3K-PKB経路を活性化する．

2）機能

4-1BBLは，活性化された抗原提示細胞（樹状細胞，マクロファージ，B細胞など）や炎症組織に発現する．4-1BBは，活性化T細胞，制御性T細胞，NK細胞，iNKT細胞，樹状細胞，マクロファージ，B細胞，単球，好酸球，好中球，肥満細胞などに発現する．4-1BBは，$CD4^+$T細胞よりも$CD8^+$T細胞でより高い発現が認められる[1]．

活性化T細胞に発現する4-1BBは，抗原提示細胞に発現する4-1BBLと相互作用することでT細胞に共刺激シグナルを入力する．特に，NF-κBとERKが活性化されることで，それぞれBcl-xL/Bfl-1の発現とBimの分解が誘導され，これらにより細胞死が抑制される．4-1BBによる共刺激シグナルは，$CD4^+$T細胞および$CD8^+$T細胞のクローン増殖，分化，生存を促進し，エフェクター/メモリーT細胞の産生に寄与する[2]．

4-1BBLと4-1BBは幅広い細胞集団に発現し，ともにシグナル伝達分子として機能する．このため，双方向性のシグナルによりT細胞以外の細胞においてもさまざまな細胞応答が誘導される．例えば，4-1BBLは4-1BB非依存的にToll様受容体と会合することで樹状細胞やマクロファージを活性化し，炎症性サイトカインやケモカインの産生を誘導する．分化段階にある骨髄前駆細胞には4-1BBLが恒常的に発現し，4-1BBとの相互作用により樹状細胞などの骨髄系細胞の分化が抑制される．

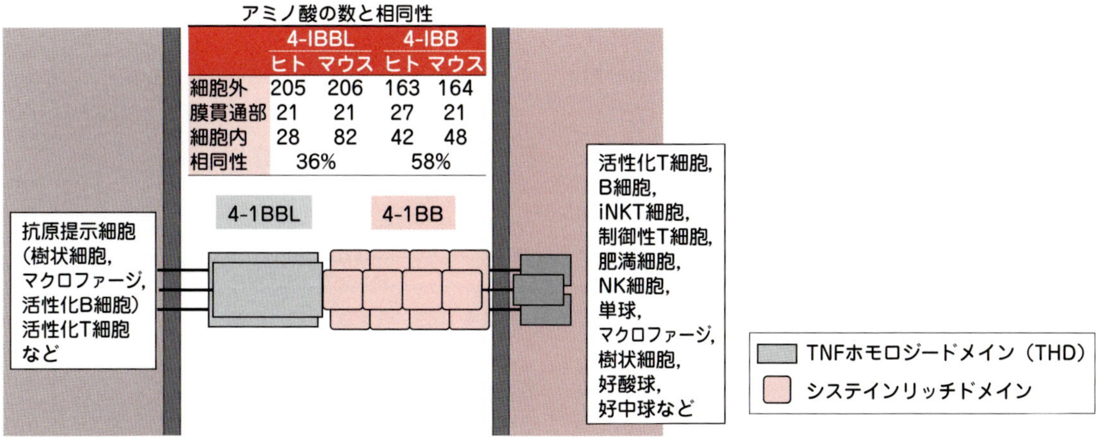

図1　4-1BBLと4-1BBの相互作用
詳細は本文参照．

3) コラーゲン関節炎などのモデルマウス

コラーゲン関節炎などのマウス免疫疾患モデルにおいて，4-1BB刺激抗体に治療効果が確認される[3]．この免疫調節作用に関して，抑制性T細胞や免疫抑制分子の関与が示唆されている．4-1BB刺激抗体の投与により，特殊な抑制性T細胞である$CD11c^+CD8^+$T細胞が誘導される．この細胞は，IFN-γを産生することでマクロファージや樹状細胞にIDO（indoleamine 2,3-dioxygenase）を誘導し，炎症性$CD4^+$T細胞の機能を抑制する．腸間膜リンパ節の$CD103^+$樹状細胞における4-1BB刺激は，レチノイン酸の産生を介して$Foxp3^+$制御性T細胞の誘導を促進する．またgalectin-9が4-1BBの新しい結合分子として同定され，これらの分子間相互作用を介してgalectin-9の免疫抑制作用が発現することが示唆されている[4]．

4) KOマウスの表現型/ヒト疾患との関連

4-1BBL ノックアウトマウスでは，$CD8^+$T細胞の機能不全やメモリー$CD8^+$T細胞の産生低下が観察される．4-1BBのT細胞における発現は一過性であるため，より強い免疫反応が惹起される条件（持続的，致死的なウイルス感染など）で*4-1BBL*欠損による影響がより顕著になる．なお，*4-1BB*ノックアウトマウスでは，4-1BBLノックアウトマウスと同じく共刺激シグナルの減弱によるT細胞の機能不全が認められる[1]．

4-1BBシグナルによるT細胞活性化作用が，抗腫瘍免疫療法に応用されている．抗4-1BB刺激抗体の投与，4-1BBLを高発現させた腫瘍細胞や抗原提示細胞の移植，4-1BBの細胞内領域をもつキメラ抗原受容体のT細胞への遺伝子導入により，抗腫瘍活性をもつT細胞やNK細胞の誘導が期待される[5]．悪性黒色腫，非ホジキンリンパ腫，固形がんに対する抗4-1BB刺激抗体の臨床試験が行われている．一方で高用量の抗4-1BB刺激抗体で重篤な肝障害が認められることから，より毒性の低い治療法の開発が望まれている[2]．

【データベース】

	支配染色体	ID
4-1BBL（TNFSF9）		
ヒト	19p13.3	HGNC：11939
マウス	17（29.67 cM）	MGI：1101058
4-1BB（TNFRSF9）		
ヒト	1p36	HGNC：11924
マウス	4（81.52 cM）	MGI：1101059

【単クローン抗体】

	クローン名	入手先
抗ヒト4-1BBL		
	ANC5D6	Santa Cruz Biotechnology社/LifeSpan BioSciences社
	282220	R & Dシステムズ社
	5F4	LifeSpan BioSciences社/BioLegend社
	C65-485	BDバイオサイエンス社
抗マウス4-1BBL		
	TKS-1	Affymetrix社/BDバイオサイエンス社/Santa Cruz Biotechnology社/BioLegend社/Life Technologies社
	AT113-2	AbD Serotec社/Santa Cruz Biotechnology社
	203942	R & Dシステムズ社
抗ヒト4-1BB		
	BBK-2	Abcam社/Thermo Fisher Scientific社/Santa Cruz Biotechnology社
	4B4（4B4-1）	Life Technologies社/Affymetrix社/BioLegend社/BDバイオサイエンス社
	145501	R & Dシステムズ社
	G-1/0. N.185	Santa Cruz Biotechnology社
抗マウス4-1BB		
	1AH2	BDバイオサイエンス社
	17B5	Affymetrix社/BioLegend社/GeneTex社/LifeSpan BioSciences社
	158332/158306/158321	R & Dシステムズ社
	AT113-2	Abcam社/Santa Cruz Biotechnology社

【リコンビナントタンパク質】

タンパク質名	入手先
ヒト4-1BBL	Enzo Life Sciences社/Life Technologies社/Peprotech社/R & Dシステムズ社/和光純薬工業社
マウス4-1BBL	R & Dシステムズ社

【cDNA】

遺伝子名	入手先
ヒト4-1BBL	かずさDNA研究所/OriGene社
マウス4-1BBL	理化学研究所BRC/OriGene社

ヒト4-1BB	理化学研究所BRC/かずさDNA研究所/OriGene社
マウス4-1BB	理化学研究所BRC/OriGene社

参考文献

1) Wang C, et al : Immunol Rev, 229 : 192-215, 2009
2) Snell LM, et al : Immunol Rev, 244 : 197-217, 2011
3) Lee SW & Croft M : Adv Exp Med Biol, 647 : 120-129, 2009
4) Madireddi S, et al : J Exp Med, 211 : 1433-1448, 2014
5) Vinay DS & Kwon BS : BMB Rep, 47 : 122-129, 2014

（林　隆也，石井直人）

Keyword

2 APRIL

▶フルスペル：a proliferation-inducing ligand
▶別名：TALL2，CD256，TNFSF13〔tumor necrosis factor (ligand) superfamily, member 13〕，TRDL1，ZTNF2

1) 歴史とあらまし

*APRIL*は，1998年にDNAデータベースの相同性検索によりTNFスーパーファミリー（*TNFSF*）を構成する遺伝子として単離された．TNF相同性ドメイン（THD）におけるAPRILとBAFF（3参照）の相同性は高く，約50％である．ヒトAPRILは，250アミノ酸のタンパク質として翻訳され，furinによりプロペプチドが切断されることで146アミノ酸の可溶型タンパク質として産生される（**図2**）．トランススプライシングにより生成するTWE-PRIL〔TNFSF12-TNFSF13：細胞外領域がAPRIL（TNFSF13），膜貫通部と細胞内領域がTWEAK（TNFSF12，15参照）〕やAPRIL-δなどの膜結合タンパク質としても存在する．

APRILはホモ三量体を形成し，2種類の受容体，BCMA（B cell maturation antigen，別名：BCM，CD269，TNFRSF13A，TNFRSF17）とTACI（transmembrane activator and calcium modulator and cyclophilin ligand interactor，別名：CD267，TNFRSF13B）に結合する．TACIよりもBCMAに対する結合力が高い．APRILは，ヘパラン硫酸プロテオグリカン鎖に結合することでさらに多量体化し，リガンドとしての活性が向上する．ヒトBCMAは，184アミノ酸からなる1回貫通Ⅲ型膜タンパク質として産生され，細胞外と細胞内はそれぞれ54と107アミノ酸で構成される．ヒトTACIは，293アミノ酸からなる1回貫通Ⅲ型膜タンパク質として産生され，細胞外と細胞内はそれぞれ165と107アミノ酸で構成される．BCMAの細胞内領域には，TRAF1，TRAF2，TRAF3，TRAF5，TRAF6が結合し，MAPKやNF-κB経路を活性化する．TACIの細胞内領域には，CAML（calcium modulator and cyclophilin ligand），TRAF2，TRAF5，TRAF6が結合し，NF-κB経路を活性化する．なお，APRILとBAFFの可溶型ヘテロ三量体が存在する[1) 2)]．

2) 機能

APRILはBAFFと同様に，正常なB細胞あるいは自己反応性B細胞の増殖や生存を促進する．APRILは主として骨髄系細胞（単球，マクロファージ，好中球，樹状細胞），B細胞，活性化T細胞，そして種々の腫瘍細胞から産生される．APRILの受容体であるBCMAとTACIはB細胞に発現し，BCMAが形質細胞に高発現するのに対し，TACIは辺縁帯B細胞，B-1 B細胞（自己複製能をもつ非典型的なB細胞で，腹腔内に存在する）や末梢の成熟B細胞に広く発現する．BCMAによるシグナルが形質細胞の生存を促進することで体液性免疫に関与するのに対し，TACIによるシグナルは反復性の構造を有する胸腺非依存性抗原（TI-2抗原）に対する抗体応答，抗体のクラススイッチ反応，B細胞のアポトーシス誘導に関与する．特に腹腔内のマクロファージにより産生されるAPRILは，B-1 B細胞に発現するTACIに結合することによりB-1 B細胞の恒常性維持に重要な役割を果たす[1)～3)]．

3) KOマウスの表現型/ヒト疾患との関連

*APRIL*ノックアウトマウスではIgAへのクラススイッチに障害が認められ，B-1 B細胞の細胞数が減少する．*BCMA*ノックアウトマウスでは，骨髄中の形質細胞の細胞数が減少する．*TACI*ノックアウトマウスではB細胞数の増加が認められ，胸腺非依存性抗原に対する体液性免疫に障害が認められる．したがって，APRILはIgAクラススイッチ反応，B-1 B細胞による体液性免疫，形質細胞の生存や抗体応答に重要な役割を果たす[4)]．

APRILは，全身性エリテマトーデス（SLE），関節リウマチ，シェーグレン症候群，多発性硬化症，免疫性血小板減少症，全身性強皮症患者の体液中に高濃度で検出される．メラノーマ，腺がんなどの上皮系腫瘍，膠芽腫，B細胞慢性リンパ球白血病（B-ALL），EBウイルス感染B細胞ではAPRILが高産生され，腫瘍の細胞増殖を促進する．*APRIL*の遺伝子多型とIgA腎症やSLEとの

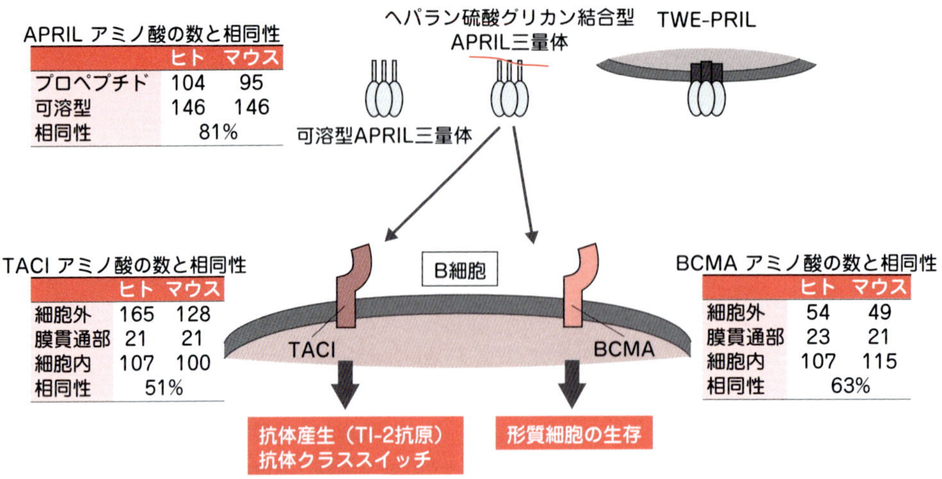

APRIL アミノ酸の数と相同性
ヒト マウス
プロペプチド 104 95
可溶型 146 146
相同性 81%
ヘパラン硫酸グリカン結合型
APRIL三量体
TWE-PRIL
可溶型APRIL三量体
TACI アミノ酸の数と相同性
ヒト マウス
細胞外 165 128
膜貫通部 21 21
細胞内 107 100
相同性 51%
B細胞
TACI
BCMA
BCMA アミノ酸の数と相同性
ヒト マウス
細胞外 54 49
膜貫通部 23 21
細胞内 107 115
相同性 63%
抗体産生（TI-2抗原）
抗体クラススイッチ
形質細胞の生存

図2 APRIL と BCMA，TACI の相互作用

詳細は本文参照.

関連性が報告されている[3) 5)].

分類不能型免疫不全症（common variable immunodeficiency：CVID）の10％程度の患者にホモおよびヘテロ接合型の20種類以上の*TACI*遺伝子変異が同定される．これらの変異をもつ患者では，TACIの機能障害により易感染性，抗体応答の低下が認められる[6)].

現在，SLE，関節リウマチ，多発性硬化症，がんなどに対してAPRIL阻害剤（TACI-Ig融合タンパク質）の臨床試験が行われている[3) 5)].

【データベース】

	支配染色体	ID
APRIL（TNFSF13）		
ヒト	17p13.1	HGNC：11928
マウス	11（42.86 cM, cytoband B4）	MGI：1916833
TACI（TNFRSF13B）		
ヒト	17p11.2	HGNC：18153
マウス	11（37.96 cM）	MGI：1889411
BCMA（TNFRSF17）		
ヒト	16p13.1	HGNC：11913
マウス	16（6.42 cM, cytoband B3）	MGI：1343050

【単クローン抗体】

	クローン名	入手先
抗ヒトAPRIL		
	670820/670840	R & D システムズ社
	33H5/53E11	BioLegend社
	Aprily-1, -2, -5, -8	Enzo Life Sciences社 / Abcam社
	Sacha-1, -2	Enzo Life Sciences社 / Santa Cruz Biotechnology社 / Abcam社
	F-5/H-10	Santa Cruz Biotechnology社
抗マウスAPRIL		
	A3D8	BioLegend社
	Sacha-1, -2	Enzo Life Sciences社 / Santa Cruz Biotechnology社 / Abcam社
抗ヒトTACI		
	11H3	Affymetrix社
	165604/165609	R & D システムズ社
	1A1-K21-M22	BD バイオサイエンス社
	1A1	BioLegend社 / Enzo Life Sciences社 / Miltenyi Biotec 社
抗マウスTACI		
	ebio8F10-3	Affymetrix社
	166010	R & D システムズ社
	1A-10	Enzo Life Sciences社
	8F10	BD バイオサイエンス社 / BioLegend社 / Enzo Life Sciences社 / Miltenyi Biotec社
抗ヒトBCMA		
	335004	R & D システムズ社
	19F2	BioLegend社
	REA315	Miltenyi Biotec社
	Vicky-1	Enzo Life Sciences社

抗マウスBCMA

161616/161608	R & Dシステムズ社
Vicky-2	Enzo Life Sciences社

【リコンビナントタンパク質】

タンパク質名	入手先
ヒトAPRIL	Peprotech社/R & Dシステムズ社/Sigma-Aldrich社/Tonbo Biosciences社/和光純薬工業社
マウスAPRIL	Peprotech社/R & Dシステムズ社/Tonbo Biosciences社/Sigma-Aldrich社

【cDNA】

遺伝子名	入手先
ヒトAPRIL	理化学研究所BRC/かずさDNA研究所/OriGene社
マウスAPRIL	OriGene社

参考文献

1) Mackay F, et al：Annu Rev Immunol, 21：231-264, 2003
2) Mackay F & Schneider P：Nat Rev Immunol, 9：491-502, 2009
3) Vincent FB, et al：Cytokine Growth Factor Rev, 24：203-215, 2013
4) Castigli E, et al：Proc Natl Acad Sci U S A, 101：3903-3908, 2004
5) Coquery CM & Erickson LD：Crit Rev Immunol, 32：287-305, 2012
6) Yong PF, et al.：Adv Immunol, 111：47-107, 2011

（藤田　剛，石井直人）

Keyword

3 BAFF

▶フルスペル：B cell activation factor of the TNF family
▶別名：BLyS (B lymphocyte stimulator)，CD257, TALL-1, THANK, zTNF4, TNFSF13B〔tumor necrosis factor (ligand) superfamily, member 13b〕, TNFSF20

1) 歴史とあらまし

*BAFF*は，1999年にDNAデータベースの相同性検索により*TNFSF*を構成する遺伝子として単離された．ヒトBAFFは285アミノ酸のII型膜タンパク質として産生され，細胞内と細胞外はそれぞれ46と218アミノ酸で構成される（**図3**）．また，furinプロテアーゼによる切断により152アミノ酸の可溶型リガンドとしても分泌される．可溶型ホモ三量体BAFFは，多量体化することで六十量体を形成できる．加えてスプライシングバリアントであるΔBAFFが存在するが，通常のBAFFとヘテロ三量体を形成しBAFFの生理機能を減弱させる．BAFFはホモ三量体を形成し〔APRIL（**2**参照）とのヘテロ三量体も存在する〕，3つの受容体BAFFR（BR3, CD268, TNFRSF13C），BCMA，TACIに結合することで2リガンド-3受容体系を構成する．BCMAよりも，BAFFRやTACIに対する結合力が高い．ヒトBAFFRは184アミノ酸からなる1回貫通III型膜タンパク質として産生され，細胞外と細胞内はそれぞれ78と85アミノ酸で構成される．BAFFRの細胞内領域にはTRAF2とTRAF3が結合し，NF-κBやPI3K-PKB経路を活性化する[1)～3)]．

2) 機能

BAFFとBAFFRの相互作用は，通常のB細胞であるB-2 B細胞の成熟と生存を促進する（BAFFのBCMAやTACIに対する作用は，APRILと同様，**2**参照）．BAFFは，骨髄球系細胞（単球，マクロファージ，好中球，樹状細胞），NK細胞，活性化T細胞，ストローマ細胞，星状細胞などから産生される．BAFFRは，骨髄中のプロB細胞やプレB細胞には発現せず，末梢の未熟B細胞から成熟B細胞にわたって広範に発現する．末梢のB細胞分化において，BAFFシグナルは抗原受容体（BCR）シグナルと協調し，未熟B細胞から成熟B細胞への分化や活性化を促進し，末梢B細胞の恒常性の維持に重要な役割を果たす[1) 4)]．

3) KOマウスの表現型/ヒト疾患との関連

*BAFF*ノックアウトマウスでは，末梢成熟B細胞の欠損，血中抗体濃度の低下，胸腺依存性および非依存性抗原に対する液性免疫応答の低下が認められる．また，膜結合型BAFFのみを発現し可溶型BAFFが産生されないマウスでは，*BAFF*ノックアウトマウスと同様の表現型が観察される．したがって，可溶型BAFFがB細胞の恒常性維持や機能制御に重要な役割を果たす．一方で*BAFFR*ノックアウトマウス，*BCMA*ノックアウトマウス，*TACI*ノックアウトマウスを用いた一連の研究から，BAFF-BAFFRを介する反応が末梢B細胞の成熟や生存に重要であることが判明した[5)]．

*BAFF*トランスジェニックマウスでは，B細胞増多，脾臓・リンパ節腫大，高γグロブリン血症，抗体産生の増強，そして自己抗体産生と加齢に伴う全身性エリテマトーデス（SLE）様症状が認められる．これに相関して，SLE，リウマチ関節炎，多発性硬化症，シェーグレン症候群，全身性強皮症の患者の炎症組織や体液中には高濃度のBAFFが検出され，疾患病態との相関性が認められ

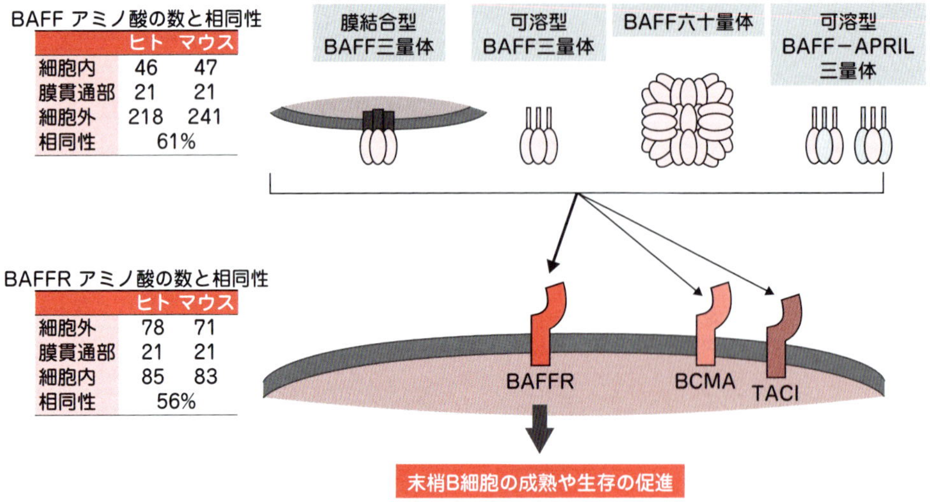

図3 BAFFとBAFFR，BCMA，TACIの相互作用
詳細は本文参照．

る．また，B細胞性腫瘍患者（悪性リンパ腫や多発性骨髄腫）においても，血中BAFF濃度と重症度の間に相関性が認められる[1) 3)]．

ヒト遺伝子連鎖解析により，*BAFF*の遺伝子多型とシェーグレン症候群，非ホジキンリンパ腫，特発性血小板減少性紫斑病との関連性が示唆されている．その他にも近親婚により出生した分類不能型免疫不全症（CVID）患者2名から，BAFFR膜貫通領域の8個の疎水性アミノ酸が欠失するホモ接合型の変異が発見された．この変異によりBAFFRの発現が欠損し，末梢B細胞の分化や血清IgM，IgG量が低値（IgAに関しては正常値）を示すことが判明した[1) 3)]．

2011年に米国で抗BAFF中和抗体薬（belimumab）がSLEの新たな治療薬として承認され，日本でも臨床試験を行っている．また，SLE，リウマチ関節炎，多発性硬化症などの自己免疫疾患や多発性骨髄腫などの腫瘍に対する治療薬としてさまざまなBAFFの阻害剤（抗BAFF中和抗体，BAFF/TACI-Ig融合タンパク質，BAFF結合ペプチド）も臨床開発中である[3)]．

【データベース】

	支配染色体	ID
BAFF（TNFSF13B）		
ヒト	13q32-q34	HGNC：11929
マウス	8（4.55 cM）	MGI：1344376
BAFFR（TNFRSF13C）		
ヒト	22q13.1-q13.3	HGNC：17755
マウス	15（38.56 cM）	MGI：1919299

【単クローン抗体】

	クローン名	入手先
抗ヒトBAFF		
	1D6	Affymetrix社／医学生物学研究所
	6F2	Santa Cruz Biotechnology社
	2.81/4D3/Buffy-1/Buffy-2/Buffy-XI	Enzo Life Sciences社
	137314/148725	R & Dシステムズ社
	T7-241	BioLegend社
	H32-406/H32-544	BDバイオサイエンス社
抗マウスBAFF		
	121808	R & Dシステムズ社
	1C9/5A8	Enzo Life Sciences社
抗ヒトBAFFR		
	8A7	Affymetrix社／医学生物学研究所
	11C1	BioLegend社／BDバイオサイエンス社／Enzo Life Sciences社／Miltenyi Biotec社／Santa Cruz Biotechnology社
抗マウスBAFFR		
	7H22-E16	Affymetrix社／BioLegend社／Enzo Life Sciences社／Miltenyi Biotec社

204406	R & D システムズ社
9B9	Enzo Life Sciences社

【リコンビナントタンパク質】

タンパク質名	入手先
ヒトBAFF	Affymetrix社/Enzo Life Sciences社/MBL社/Miltenyi Biotec社/Peprotech社/R & D システムズ社/Tonbo Biosciences社/和光純薬工業社
マウスBAFF	BioLegend社/Enzo Life Sciences社 /R & D システムズ社

【cDNA】

遺伝子名	入手先
ヒトBAFF	理化学研究所BRC/かずさDNA研究所/OriGene社
マウスBAFF	理化学研究所BRC/OriGene社
ヒトBAFFR	かずさDNA研究所/OriGene社
マウスBAFFR	OriGene社

参考文献

1) Mackay F & Schneider P：Nat Rev Immunol, 9：491-502, 2009
2) Rickert RC, et al：Immunol Rev, 244：115-133, 2011
3) Vincent FB, et al：Nat Rev Rheumatol, 10：365-373, 2014
4) Goenka R, et al：Cytokine Growth Factor Rev, 25：107-113, 2014
5) Warnatz K, et al：Proc Natl Acad Sci U S A, 106：13945-13950, 2009

（藤田　剛，石井直人）

Keyword

4 CD27L

▶和文表記：CD27リガンド
▶別名：CD27LG，CD70，TNFSF7〔tumor necrosis factor (ligand) superfamily, member 7〕

1) 歴史とあらまし

1988年にSezary症候群患者から単離した白血病細胞を免疫することにより，活性化Tリンパ球に対し高い親和性を示すS152モノクローナル抗体が得られた．この抗体の認識分子はCD27（別名：S152，Tp55，TNFRSF7）と命名された．1993年にEpstein-Barr（EB）ウイルスによる不死化B細胞株のcDNA発現ライブラリーから，可溶型CD27細胞外領域をプローブとして*CD27L*遺伝子が単離された．

ヒトCD27Lは193アミノ酸のII型膜タンパク質として産生され，細胞内と細胞外領域はそれぞれ17と155アミノ酸で構成される（**図4**）．CD27Lはホモ三量体を形成し，受容体であるCD27に結合する．この結合によってCD27もホモ三量体を形成する．19アミノ酸のシグナルペプチドが切断された成熟CD27は，ヒトでは241アミノ酸からなるI型膜タンパク質として産生され，細胞外と細胞内領域はそれぞれ172と48アミノ酸で構成される．CD27の細胞内領域には，TRAF2，TRAF5，SIVA1が結合し，MAPK経路やNF-κB経路を活性化する．SIVA1によるシグナルはアポトーシスの誘導に関与するが，その意義は不明である．

2) 機能

CD27LとCD27の相互作用は，T細胞，B細胞，NK細胞のみならずさまざまな血球細胞の分化を制御する．とりわけ，T細胞の活性化や生存を促進することで獲得免疫に重要な役割を果たす．

CD27Lは，T細胞，B細胞，樹状細胞の活性化に伴い一過性に発現する．また，胸腺髄質や腸管上皮の抗原提示細胞にも発現する．がんや慢性ウイルス感染患者において，CD27Lの恒常的発現が認められる．

CD27は，未熟な胸腺細胞や末梢の$CD4^+$および$CD8^+$T細胞に恒常的に発現しているが，抗原刺激によるT細胞の活性化に伴いCD27の発現レベルが上昇する．CD27シグナルは共刺激シグナルとしてT細胞の生存を促進し，T細胞を介する細胞性免疫やメモリー$CD8^+$T細胞の産生に重要な役割を果たす．

抗原刺激を受けたヒト活性化B細胞はCD27を発現し，CD27シグナルは抗体産生や形質細胞の分化を促進する．CD27は，ヒトメモリーB細胞のマーカーとして用いられている．一方マウスでは，胚中心の中心芽細胞にCD27の一過性発現が認められるものの，メモリーB細胞には発現が認められず，ヒトとマウスのB細胞ではCD27の機能が異なることが示唆される[1]．

3) KOマウスの表現型/ヒト疾患との関連

*CD27*ノックアウトマウスでは，特に$CD8^+$T細胞において，エフェクター/メモリーT細胞の応答に障害が認められる．例えばインフルエンザウイルス感染モデルでは，*CD27*欠損により初回感染時の実効組織へのエフェクター$CD4^+$T細胞および$CD8^+$T細胞の集積や，再感染への反応性低下が認められる[2]．LCMV（lymphocytic choriomeningitis virus）感染モデルでは，初回感染時のエフェクターT細胞の生成やウイルス排除反応におけるCD27欠損の影響は認められないが，メモリーT細胞の産生や

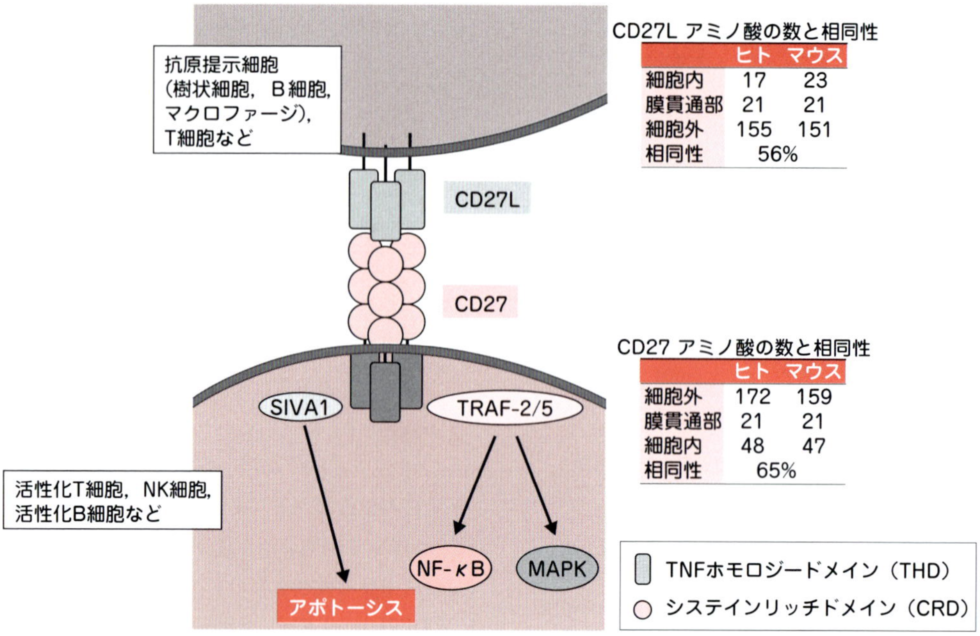

図4 CD27L と CD27 の相互作用

詳細は本文参照.

再感染に対する防御反応に重篤な障害が認められる[3].

EBウイルス血症のリンパ増殖性症候群の患者から，*CD27*遺伝子におけるホモ接合型の1塩基変異が発見された．1例目は，シグナルペプチド部におけるナンセンス突然変異であり，CD27タンパク質の発現が欠損する．2例目は，CD27タンパク質の細胞外ドメイン（CRD1）の構造形成に重要な53番目のシステインがチロシンへ変換されたミスセンス変異である．これらの患者では，低γグロブリン血症やT細胞の機能異常が認められ，EBウイルス感染に伴うさまざまな疾患病態が観察される[4) 5)].

また，さまざまな悪性腫瘍にはCD27Lが高発現するため，細胞障害活性をもつ抗CD27L抗体の投与によりがん細胞の排除が期待される．加えて抗CD27刺激抗体やCD27Lを高発現する樹状細胞によりT細胞を活性化し，これによる抗腫瘍効果を狙ったがん免疫療法も期待されている．

【データベース】

	支配染色体	ID
CD27L（TNFSF7）		
ヒト	19p13	HGNC：11937
マウス	17（29.69 cM, cytoband C-D）	MGI：1195273
CD27（TNFRSF7）		
ヒト	12p13	HGNC：11922
マウス	6（59.32）	MGI：88326

【単クローン抗体】

	クローン名	入手先
抗ヒトCD27L		
	REA292	Miltenyi Biotec社
	BU69	Abcam社/Santa Cruz Biotechnology社
	113-16	BioLegend社
抗マウスCD27L		
	FR70	Abcam社/Miltenyi Biotec社/Santa Cruz Biotechnology社/BioLegend社
	G-7	Santa Cruz Biotechnology社
抗ヒトCD27		
	57703	R & Dシステムズ社
	1A4CD27	医学生物学研究所
	M-T271	BDバイオサイエンス社/Miltenyi Biotec社/BioLegend社
	O323	Affymetrix社/BioLegend社
	L128	BDバイオサイエンス社
	137B4/LT27	Abcam社

抗マウスCD27

	137915	R & D システムズ社
	B8	Santa Cruz Biotechnology 社

抗ヒト，マウスCD27

	LG.3A10	BD バイオサイエンス社 / Miltenyi Biotec 社 / BioLegend 社
	LG.7F9	Affymetrix 社

【リコンビナントタンパク質】

タンパク質名	入手先
ヒトCD27L	Life Technologies 社
マウスCD27L	BioLegend 社 /Enzo Life Sciences 社 / R & D システムズ社

【cDNA】

遺伝子名	入手先
ヒトCD27L	かずさ DNA 研究所 / 理化学研究所 BRC/ OriGene 社
マウスCD27L	OriGene 社
ヒトCD27	かずさ DNA 研究所 / 理化学研究所 BRC/ OriGene 社
マウスCD27	OriGene 社

参考文献

1) Borst J, et al : Curr Opin Immunol, 17 : 275-281, 2005
2) Hendriks J, et al : Nat Immunol, 1 : 433-440, 2000
3) Nolte MA, et al : Immunol Rev, 229 : 216-231, 2009
4) van Montfrans JM, et al : J Allergy Clin Immunol, 129 : 787-793, 2012
5) Salzer E, et al : Haematologica, 98 : 473-478, 2013

（鈴木　信，石井直人）

Keyword

5 CD30L

▶和文表記：CD30リガンド
▶別名：CD153，CD30LG，TNFSF8〔tumor necrosis factor (ligand) superfamily, member 8〕

1) 歴史とあらまし

CD30（別名：D1S166E，KI-1，TNFRSF8）は，当初ホジキンリンパ腫のReed-Sternberg細胞に特異的に発現する抗原として同定され，1992年にその遺伝子が単離された．その後可溶型CD30細胞外領域をプローブとして，1993年にマウスとヒトのCD30Lが同定され，その遺伝子が単離された[1]．

ヒトCD30Lは234アミノ酸のII型膜タンパク質として産生され，細胞内と細胞外はそれぞれ37と172アミノ酸で構成される（**図5**）．CD30Lはホモ三量体を形成し，受容体であるCD30に結合する．この結合によってCD30もホモ三量体を形成する．18アミノ酸のシグナルペプチドが切断された成熟CD30は，577アミノ酸からなるI型膜タンパク質として産生され，細胞外と細胞内はそれぞれ361と188アミノ酸で構成される（**図5**）．CD30の細胞内領域には，TRAF1，TRAF2，TRAF3，TRAF5が結合し，MAPK経路やNF-κB経路を活性化する[1]．

2) 機能

CD30Lは，活性化T細胞，抗原提示細胞（B細胞，樹状細胞，マクロファージ），肥満細胞，マウスのリンパ組織誘導細胞（LTi細胞）などに発現する．CD30は，免疫系を構成する細胞群とりわけ活性化T細胞（αβ型およびγδ型），ウイルス感染リンパ球，B細胞，リンパ系悪性腫瘍，さまざまな炎症性疾患における炎症局所で高発現する[1)~5)]．

CD30への刺激により，細胞生存あるいは細胞死のいずれかが誘導されるが，その運命は細胞の種類あるいは細胞の活性化状態により異なる．

また，CD30L－CD30相互作用は，共刺激シグナルによりT細胞を活性化することでメモリーT細胞の産生を促し，また，Th17細胞分化やγδT細胞からのIL-17産生を促進することで皮膚や粘膜における防御免疫に関与する．CD30とOX40（10参照）は協調的に働くことで，エフェクター/メモリーT細胞の産生に重要な役割を果たす[4) 5)]．

3) KOマウスの表現型/ヒト疾患との関連

*CD30L*ノックアウトマウスでは，メモリーCD8$^+$T細胞の産生能低下，CD4$^+$T細胞の移植片対宿主病（GVHD）反応低下，ウシ型結核菌（BCG）に対するTh1細胞応答の低下，Th17細胞が関与するトリニトロベンゼンスルホン酸（TNBS）誘導腸炎の減弱が観察される．*CD30*ノックアウトマウスでは，トリ型結核菌（*M. avium*）に対するTh1細胞応答の低下，BCGに対するIL-17産生γδT細胞の誘導能低下，アレルギー性喘息におけるTh2細胞応答の低下，体液性免疫応答の低下が観察される．このように，CD30LやCD30による刺激は，細胞性免疫を活性化するとともに，自己免疫や炎症を増悪させる因子として働く[2) 3) 5)]．

CD30が高発現するホジキンリンパ腫では，CD30を介したNF-κBの恒常的な活性化が認められる．がん，

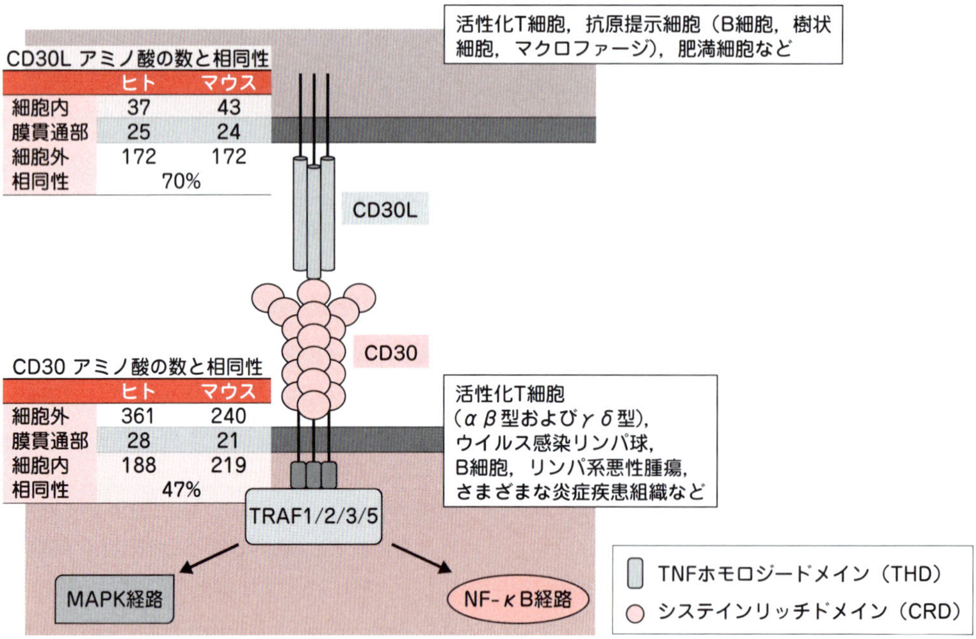

図5 CD30LとCD30の相互作用
詳細は本文参照.

ウイルス感染，自己免疫・炎症性疾患の患者の体液中には，メタロプロテアーゼにより細胞外領域が切断された可溶型CD30が検出され，検出量と疾患の重症度との間に関連性が認められる[1) 5)].

また，大規模なヒト遺伝子連鎖解析により，*CD30L*や*CD30*の遺伝子多型とリンパ腫や脊椎関節炎との関連性が報告されている．さらに，再発・難治性のホジキンリンパ腫や未分化大細胞リンパ腫の治療において，抗CD30抗体-MMAE（monomethyl auristatin E）毒素複合体（brentuximab vedotin）が使用されている[5)]．リンパ腫やGVHDなどの治療薬としてCD30を標的とした抗体製剤の開発が進められている．

【データベース】

	支配染色体	ID
CD30L（TNFSF8）		
ヒト	9q33	HGNC：11938
マウス	4（34.06 cM）	MGI：88328
CD30（TNFRSF8）		
ヒト	1p36	HGNC：11923
マウス	4（78.17 cM）	MGI：99908

【単クローン抗体】

	クローン名	入手先
抗ヒトCD30L		
	116614	R & Dシステムズ社
	116615	R & Dシステムズ社
	D2-1173	BDバイオサイエンス社
	2E11	LifeSpan BioSciences社
抗マウスCD30L		
	82414	R & Dシステムズ社
	RM153	Abcam社/Affymetrix社/BDバイオサイエンス社/BioLegend社/Miltenyi Biotec社
抗ヒトCD30		
	81316	R & Dシステムズ社
	81337	R & Dシステムズ社
	BY88	BioLegend社
	Ber-H2	Affymetrix社/医学生物学研究所/Merck Millipore社/Santa Cruz Biotechnology社
	BerH8	BDバイオサイエンス社
	Ber-H83	BDバイオサイエンス社
	Ki-2	Miltenyi Biotec社
抗マウスCD30		
	115705	R & Dシステムズ社
	C-3	Santa Cruz Biotechnology社

	mCD30.1	Affymetrix社/BDバイオサイエンス社/BioLegend社/Miltenyi Biotec社

【リコンビナントタンパク質】

タンパク質名	入手先
ヒトCD30L	Enzo Life Sciences社/Peprotech社/R＆Dシステムズ社/和光純薬工業社
マウスCD30L	R＆Dシステムズ社

【cDNA】

遺伝子名	入手先
ヒトCD30L	かずさDNA研究所/OriGene社
マウスCD30L	OriGene社
ヒトCD30	理化学研究所BRC/OriGene社/かずさDNA研究所
マウスCD30	OriGene社

参考文献

1) Horie R & Watanabe T：Semin Immunol, 10：457-470, 1998
2) Blazar BR, et al：J Immunol, 173：2933-2941, 2004
3) Sun X, et al：J Immunol, 185：7671-7680, 2010
4) Withers DR, et al：Immunol Rev, 244：134-148, 2011
5) Muta H & Podack ER：Immunol Res, 57：151-158, 2013

（千葉由貴，石井直人）

Keyword

6 CD40L

▶和文表記：CD40リガンド
▶別名：CD154，CD40LG，gp39，hCD40L，IGM，HIGM1（hyper-IgM type 1），IMD3（immunodeficiency with hyper-IgM immunodeficiency 3），T-BAM（T-B cell-activating molecule），TNFSF5〔tumor necrosis factor（ligand）superfamily, member 5〕，TRAP（TNF-related activation protein）

1）歴史とあらまし

1985年に活性化B細胞および膀胱がん細胞の表面抗原としてCD40（別名：Bp50，p50，TNFRSF5）が同定され，1989年に*CD40*遺伝子が単離された．その後1992年に，活性化CD4$^+$T細胞にCD40のリガンドが同定され，*CD40L*遺伝子として単離された．

ヒトCD40Lは261アミノ酸のII型膜タンパク質として産生され，細胞内と細胞外はそれぞれ22と215アミノ酸で構成される（**図6**）．また，プロテアーゼによる切断により，149アミノ酸の可溶型リガンド（sCD40L）としても分泌される．CD40Lは，ホモ三量体を形成し，受容体であるCD40に結合する．この結合によってCD40も三量体を形成する．20アミノ酸のシグナルペプチドが切断された成熟CD40は257アミノ酸からなるI型膜タンパク質で，細胞外と細胞内領域はそれぞれ173と62アミノ酸で構成される．CD40の細胞内領域には，TRAF1，TRAF2，TRAF3，TRAF5，TRAF6が結合し，Ca^{2+}/NFAT，MAPK，NF-κB，PI3K-PKB経路などを活性化する[1) 2)]．

2）機能

CD40LとCD40の相互作用は，獲得免疫の制御に重要な役割を果たす．CD40Lは，活性化CD4$^+$T細胞に発現誘導される．その他，活性化CD8$^+$T細胞，B細胞，肥満細胞，好塩基球，血小板などにも発現する．CD40は，成熟B細胞，樹状細胞，単球，マクロファージ，血小板，間葉系細胞（線維芽細胞，滑膜細胞，筋芽細胞），血管内皮細胞，上皮細胞などに発現する．またCD40は，B細胞性リンパ腫やその他のがん細胞に発現する．

成熟B細胞表面にはCD40が恒常的に発現し，活性化CD4$^+$T細胞に発現するCD40Lと相互作用することで，B細胞の分化や増殖が亢進する．これにより，胚中心形成，抗体のクラススイッチや親和性成熟，メモリーB細胞の産生が促進される．活性化CD4$^+$T細胞上のCD40Lは，樹状細胞やマクロファージなどの抗原提示細胞上のCD40と結合し，B7分子，サイトカイン，ケモカインの発現を誘導する．その結果，T細胞と抗原提示細胞が双方向性に活性化され獲得免疫が惹起される．

またCD40LはRANKL（11参照）とともに，胸腺髄質上皮細胞を分化成熟させ，自己反応性T細胞のネガティブセレクションにかかわる[3)～5)]．

3）KOマウスの表現型/ヒト疾患との関連

CD40LノックアウトやCD40ノックアウトマウスでは，胸腺非依存性抗原に対するIgM産生は正常に起こるが，抗原特異的なT細胞による細胞性免疫の惹起や胸腺依存性抗原に対する抗体応答に障害が認められる．

実際に，1993年，ヒトのX連鎖高IgM症候群の原因がX染色体上の*CD40L*遺伝子の変異と同定された．この原発性免疫不全症では，B細胞の分化は正常に起こり，IgMは正常もしくは高値であるが，免疫グロブリンのクラススイッチ異常により，IgG，IgA，IgEが低値を示し，リンパ組織の胚中心が欠損する．また，*CD40*遺伝子の変異も高IgM症候群を引き起こすことから，CD40L/

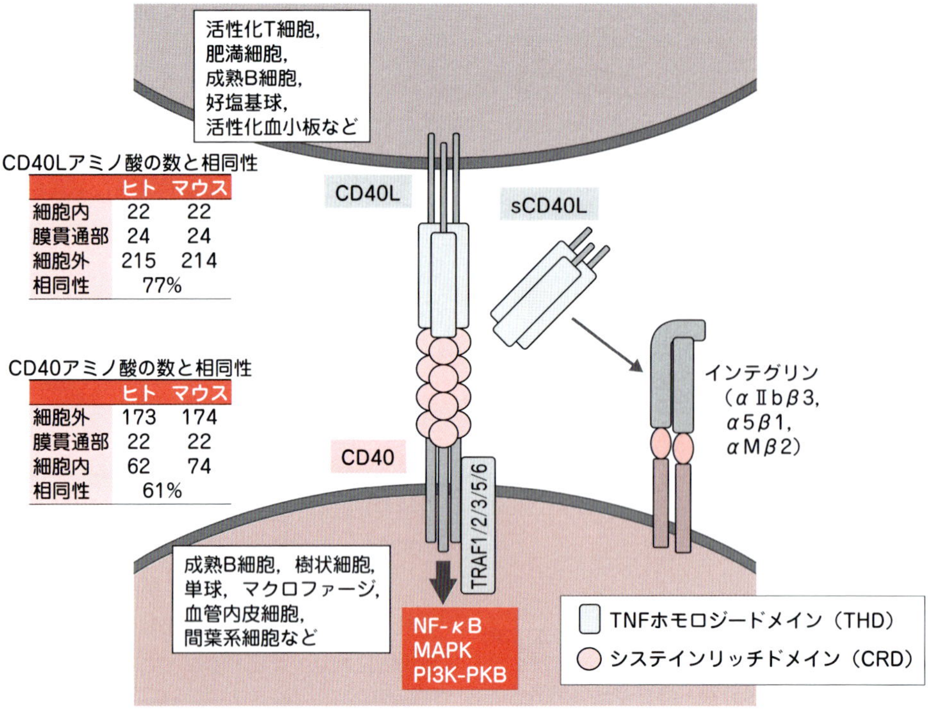

図6 CD40LとCD40の相互作用

詳細は本文参照.

CD40シグナルがヒトB細胞のクラススイッチや胚中心の形成に必須であることが判明した.

活性化血小板に誘導されるCD40Lは, 血管内皮や血管平滑筋を活性化することで粥状動脈硬化症などの血管性疾患の増悪因子となる. 最近, αⅡbβ3, α5β1, αMβ2インテグリンがCD40Lの新たな受容体として同定された. CD40Lに関連する炎症制御機構を解明することにより, 血管性疾患の新たな診断や治療法の開発が期待されている.

さまざまな炎症性疾患, 全身性エリテマトーデス(SLE), 関節リウマチ, 多発性硬化症などの自己免疫疾患, 粥状動脈硬化症, アルツハイマー病の患者の体液中には, 高濃度のsCD40Lが検出され, 検出量と疾患の重症度との間に関連性が認められる. そのため, 抗CD40L中和抗体が自己免疫疾患の治療薬として期待され臨床試験が行われたが, 血小板の活性化により重度の血栓症を引き起こしたため中止された. これに対し抗CD40中和抗体はより安全にCD40シグナルを遮断し, 自己免疫疾患のみならず臓器移植後の拒絶反応を抑制できることが示された.

悪性リンパ腫などのがん細胞, 乾癬, 移植片拒絶反応を対象としたCD40を標的とする生物製剤の臨床開発が行われている.

【データベース】

	支配染色体	ID
CD40L(TNFSF5)		
ヒト	Xq26	HGNC:11935
マウス	X(31.21 cM)	MGI:88337
CD40(TNFRSF5)		
ヒト	20q12-q13.2	HGNC:11919
マウス	2(85.38 cM)	MGI:88336

【単クローン抗体】

	クローン名	入手先
抗ヒトCD40L		
	24-31	Abcam社/Affymetrix社/BioLegend社/Merck Millipore社
	MK13A4	Affymetrix社/Enzo Life Sciences社
	TRAP1	BDバイオサイエンス社/医学生物学研究所
	40804	R&Dシステムズ社

	5F3	Enzo Life Sciences社/医学生物学研究所
	5C8	Miltenyi Biotec社
抗マウスCD40L		
	MR1	Abcam社/Affymetrix社/BDバイオサイエンス社/BioLegend社/Enzo Life Sciences社/Life Technologies社/Miltenyi Biotec社
	208109	R & Dシステムズ社
抗ヒトCD40		
	5C3	Abcam社/Affymetrix社/BDバイオサイエンス社/BioLegend社/Life Technologies社
	G28.5	BioLegend社/Enzo Life Sciences社
	HB14	BioLegend社/Miltenyi Biotec社
	41/CD40	BDバイオサイエンス社
	82102	R & Dシステムズ社
	82111	R & Dシステムズ社
	B-B20	Abcam社
抗マウスCD40		
	3/23	Abcam社/BDバイオサイエンス社/BioLegend社
	1C10	Abcam社/Affymetrix社/BioLegend社/医学生物学研究所/R & Dシステムズ社
	HM40-3	Abcam社/Affymetrix社/BDバイオサイエンス社/BioLegend社
	65924	R & Dシステムズ社
	FGK45	Enzo Life Sciences社/Miltenyi Biotec社

【リコンビナントタンパク質】

タンパク質名	入手先
ヒトCD40L	Abcam社/Affymetrix社/BioLegend社/CST社/Enzo Life Sciences社/R & Dシステムズ社/Peprotech社/和光純薬工業社
マウスCD40L	Abcam社/Affymetrix社/R & Dシステムズ社/Enzo Life Sciences社/Peprotech社

【cDNA】

遺伝子名	入手先
ヒトCD40L	OriGene社/理化学研究所BRC/かずさDNA研究所
マウスCD40L	OriGene社
ヒトCD40	OriGene社/理化学研究所BRC/かずさDNA研究所
マウスCD40	OriGene社

参考文献

1) Grewal IS & Flavell RA：Annu Rev Immunol, 16：111-135, 1998
2) van Kooten C & Banchereau J：J Leukoc Biol, 67：2-17, 2000
3) Quezada SA, et al：Annu Rev Immunol, 22：307-328, 2004
4) Peters AL, et al：Semin Immunol, 21：293-300, 2009
5) Elgueta R, et al：Immunol Rev, 229：152-172, 2009

（浅尾敦子，石井直人）

Keyword

7 DR6

▶フルスペル：death receptor 6
▶和文表記：デスレセプター6
▶別名：CD358，TNFRSF21（tumor necrosis factor receptor superfamily, member 21）

1）歴史とあらまし

*DR6*は，ESTデータベース検索によりTNFRSF1B（TNFR2）のシステインリッチドメイン（CRD）と相同性をもつ*TNFRSF*遺伝子として1998年に単離された．

ヒトでは41アミノ酸のシグナルペプチドが切断された成熟DR6は，614アミノ酸からなるI型膜タンパク質として産生され，細胞外と細胞内はそれぞれ308と285アミノ酸で構成される（図7）．DR6の細胞内領域には，84アミノ酸のデスドメイン（DD）が存在し，この領域を介してTRADDと結合する．

2009年，アミロイド前駆体タンパク質（APP）のN末端断片（N-APP）がDR6のリガンドとして同定された[1]．膜結合型APPは不活性でDR6にシグナルを伝えないが，神経成長因子（NGF）などの栄養素が欠乏するとβ-セクレターゼにより細胞外ドメインが切断され，さらに未同定の酵素による切断を受けることで活性型N-APPが生成する．また，N-APP以外のリガンドの存在も示唆されており，DR6のリガンド探索が続けられている．

2）機能

DR6は，T細胞，B細胞，ニューロン，腫瘍細胞，またリンパ組織や脳などの幅広い組織に発現する．

ニューロンにおいてDR6とN-APPとの相互作用は，

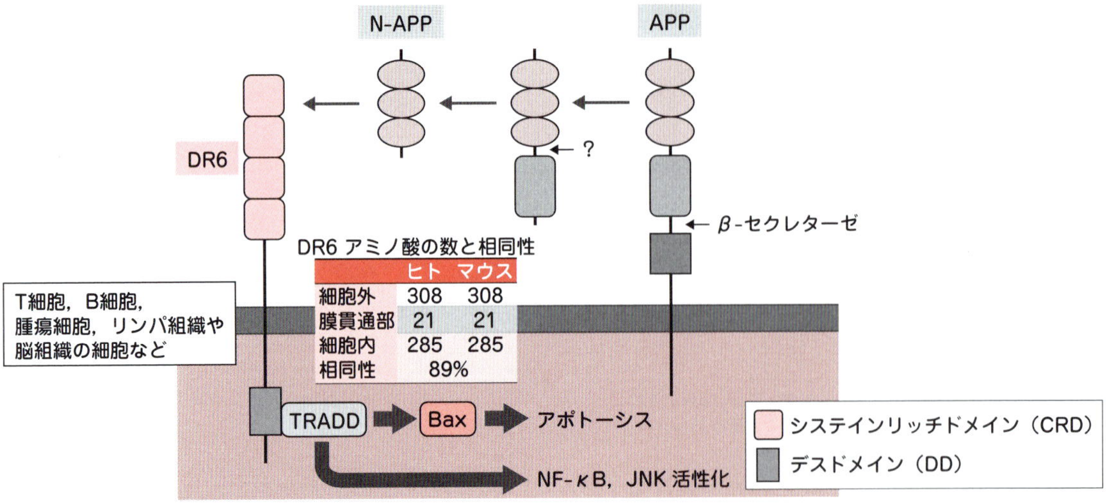

図7 DR6とN-APPの相互作用
詳細は本文参照.

カスパーゼ依存的な細胞死を誘導する．DR6は発達段階のニューロンに高発現し，N-APPとの結合により脊髄や網膜の分化における軸索の剪定〔不必要な軸索の除去(axonal pruning)〕やニューロンの選択〔不必要なニューロンの除去（neuronal culling)〕に関与する．DR6依存的な軸索の剪定にはカスパーゼ6が，ニューロンの選択にはカスパーゼ3が関与する[1]．

DR6はNGFR（別名：CD271，p75NTR，TNFRSF16）と会合し，アミロイドβタンパク質と結合することでカスパーゼ3を活性化し，皮質ニューロンに細胞死を誘導する[2]．DR6は未成熟なオリゴデンドロサイトにも高発現し，N-APP非依存的にカスパーゼ3を活性化することでオリゴデンドロサイトの生存，成熟化，ミエリン形成を抑制する[3]．

DR6によるアポトーシスの誘導は，TRADD（TNFR-associated death domain protein）やBaxに依存する．また，DR6はNF-κBやJNKも活性化する[4]．DR6はTNFRSF19（別名：TAJ，TAJ-α，TRADE，TROY）と会合することでJNKを活性化し，中枢神経系の血管と脳血管関門（BBB）の形成を促進する[5]．

3) KOマウスの表現型/ヒト疾患との関連

*DR6*ノックアウトマウスは正常に発育し，リンパ系組織の発達に異常は認められない．一方で*DR6*ノックアウトCD4$^+$T細胞は，T細胞受容体（TCR）刺激に対し高応答し，Th2サイトカインを高産生する[4]．また*DR6*ノックアウトドナーT細胞は，より激しい移植片対宿主病（GVHD）反応性を示す．DR6ノックアウトB細胞は，B細胞受容体（BCR），CD40（**6**参照），細菌由来のリポ多糖（LPS）刺激に対し高反応性を示す．*DR6*ノックアウトマウスでは，胸腺依存性および非依存性抗原に対する体液性免疫応答が亢進する[4]．したがって，DR6はT細胞やB細胞の反応性を制限することで獲得免疫に寄与する．

また，DR6とN-APPとの相互作用によるカスパーゼ6の活性化はニューロンの細胞死を誘導することから，アルツハイマー病との関連性が示唆されている[1]．加えて，*DR6*ノックアウトマウスは，ヒトの多発性硬化症のモデルである実験的自己免疫性脳脊髄炎（EAE）の誘導に対して抵抗性を示す．DR6は，アポトーシスを誘導することでオリゴデンドロサイトの成熟を制限し，髄鞘形成に対し阻害的に働く．そのため，*DR6*ノックアウトマウスや抗DR6中和抗体を投与したマウスにおいては，オリゴデンドロサイトの生存能が亢進し，EAEなどの脱髄疾患において再ミエリン化が促進される[3]．したがって，DR6の阻害剤は多発性硬化症など脱髄疾患の治療薬として有効と考えられる．

【データベース】

	支配染色体	ID
DR6（TNFRSF21）		
ヒト	6p21.1	HGNC：13469
マウス	17（19.69 cM）	MGI：2151075

APP

ヒト	21q21.2	HGNC：620
マウス	16（46.92 cM）	MGI：88059

【単クローン抗体】

	クローン名	入手先
抗ヒトDR6		
	DR-6-04-EC	Abcam社/Enzo Life Sciences社/Abnova社/LifeSpan BioSciences社/Thermo Fisher Scientific社/AbD Serotec社/GeneTex社
	Luke-1	Abcam社/Enzo Life Sciences社/Abnova社
	E-4	Santa Cruz Biotechnology社
	3E2E4	医学生物学研究所

【cDNA】

遺伝子名	入手先
ヒトDR6	理化学研究所BRC/かずさDNA研究所/OriGene社
マウスDR6	理化学研究所BRC/OriGene社

参考文献

1）Nikolaev A, et al：Nature, 457：981-989, 2009
2）Hu Y, et al：Cell Death Dis, 4：e579, 2013
3）Mi S, et al：Nat Med, 17：816-821, 2011
4）Benschop R, et al：Adv Exp Med Biol, 647：186-194, 2009
5）Tam SJ, et al：Dev Cell, 22：403-417, 2012

（林　隆也，石井直人）

Keyword

8 GITRL

▶フルスペル：glucocorticoid-induced TNF-related ligand
▶別名：AITRL，TL6，TNFSF18〔tumor necrosis factor (ligand) superfamily, member 18〕

1）歴史とあらまし

GITR（glucocorticoid-induced TNFR-related protein，別名：AITR, CD357, TNFRSF18）は，デキサメタゾンによりマウスT細胞に誘導される*TNFRSF*の構成遺伝子として1997年に単離された．その後1999年にヒト*GITR*遺伝子が単離され，同年にそのリガンドである*GITRL*が内皮細胞からクローニングされた．

ヒトGITRLは，199アミノ酸のII型膜タンパク質として産生され，細胞内と細胞外はそれぞれ28と128アミノ酸で構成される（**図8**）．GITRLはホモ三量体を形成し，受容体であるGITRに結合する．この結合によってGITRもホモ三量体を形成する．25アミノ酸のシグナルペプチドが切断された成熟GITRは，216アミノ酸からなるI型膜タンパク質として産生され，細胞外と細胞内領域はそれぞれ137と58アミノ酸で構成される．GITRの細胞内領域には，TRAF1，TRAF2，TRAF3，TRAF5が結合し，MAPK経路やNF-κB経路を活性化する．GITRとSIVA1との結合は，アポトーシス誘導に関与する[1]．

2）機能

抗原提示細胞に発現するGITRLとT細胞に発現するGITRの相互作用は，T細胞に共刺激シグナルを供給し，T細胞の活性化や生存を促進する．GITRLは，樹状細胞，B細胞，マクロファージなどの抗原提示細胞上に発現し，形質細胞様樹状細胞に高発現する．炎症や自然免疫の活性化によりGITRLの発現が増強する．またGITRLは，血管内皮細胞や活性化T細胞にも発現する．GITRは，$Foxp3^+CD25^+CD4^+$制御性T細胞（Treg細胞）や活性化$CD4^+$および$CD8^+$T細胞（Teff細胞）に高発現する．また，B細胞，NK細胞，マクロファージ，樹状細胞，好酸球，好塩基球，肥満細胞などにも発現する[2]．

Treg細胞とTeff細胞が共存する体内環境では，両細胞におけるGITRシグナルのバランスによりさまざまな免疫制御が行われる．Teff細胞におけるGITR刺激は，もっぱら共刺激シグナルとしてT細胞を活性化し，細胞性免疫を賦活化する．Treg細胞におけるGITRの機能は多彩であり，細胞生存の促進，細胞死の誘導，免疫抑制機能の解除，Foxp3の発現抑制など，Tregの機能に対し促進的あるいは抑制的に働く．Treg細胞が置かれた体内環境や刺激条件により，GITRシグナルの生理機能がさまざまな形で発現することが明らかにされている[3]．

またマクロファージや樹状細胞におけるGITRシグナルは自然免疫の活性化に関与し，炎症性サイトカインやケモカインの産生を促進する．

他にも形質細胞様樹状細胞に発現するGITRLによるリバースシグナルは，T細胞に発現するGITRにより誘導され，IDO（indoleamine 2,3-dioxygenase）の発現を誘導することで炎症反応を抑制する[4]．

3）KOマウスの表現型/ヒト疾患との関連

*GITR*ノックアウトマウスは正常に発育し，免疫系における異常は特に認められない．実際に末梢Treg細胞が減少するが，Treg細胞は正常に機能する．*GITR*ノックアウトT細胞は，共刺激シグナルの低下により細胞生

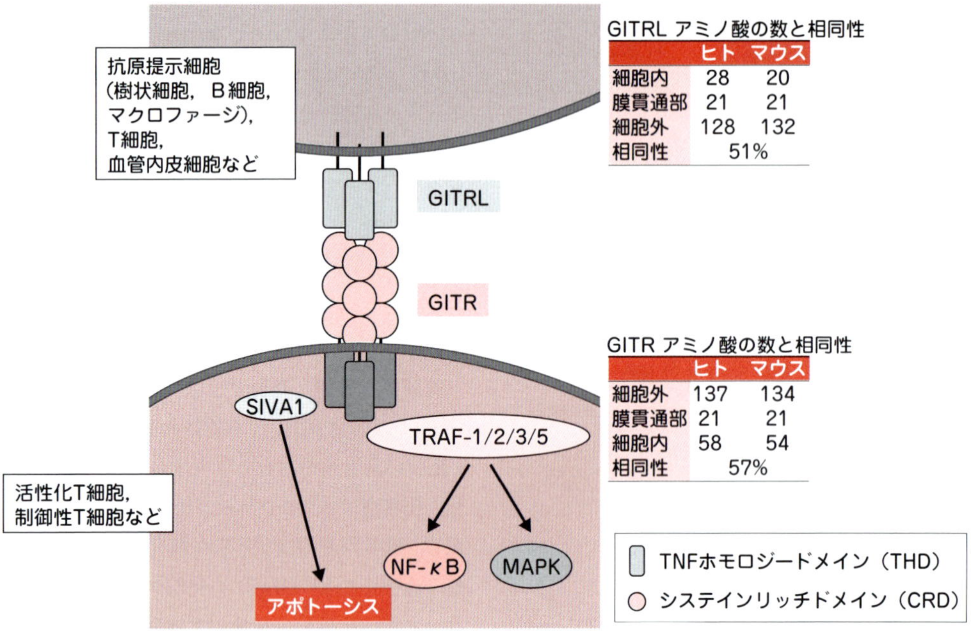

図8 GITRLとGITRの相互作用

詳細は本文参照.

存に障害が認められる.

*GITR*ノックアウトマウスにおいて，あるいは抗GITRL中和抗体の投与により，腸炎，肺炎，糖尿病，膵炎，中枢神経障害，拒絶反応などにおける炎症病態の減弱が観察される. 多くのマウス疾患モデルにおいて，GITR刺激が白血球の血管外遊出，T細胞活性化，Treg細胞の機能低下を誘導し，炎症を増悪させる. GITRLとGITRとの相互作用は，ヒト粥状動脈硬化症や関節リウマチなどの炎症性疾患の病態形成と関連する. したがって，GITRLとGITRの相互作用を阻害する生物製剤は，炎症性疾患の治療薬として有望視されている. この他にも*GITR*の遺伝子多型と橋本甲状腺炎との関連性が報告されている.

マウスにおける基礎研究から，抗GITR刺激抗体の投与やGITRLによるGITR刺激により，抗腫瘍免疫を賦活化できることが明らかにされている[5]. そのため，一部の悪性腫瘍に対して抗GITR刺激抗体の臨床試験が行われている.

【データベース】

	支配染色体	ID
GITRL		
ヒト	1q23	HGNC：11932
マウス	1（69.75 cM）	MGI：2673064
GITR		
ヒト	1p36.3	HGNC：11914
マウス	4（87.76 cM）	MGI：894675

【単クローン抗体】

	クローン名	入手先
抗ヒトGITRL		
	109101/109114	R & Dシステムズ社
抗マウスGITRL		
	YGL386	BioLegend社
	5F1	BioLegend社
	MIH44	BDバイオサイエンス社
	721926	R & Dシステムズ社
	MGTL10/MGTL15	Enzo Life Sciences社
抗ヒトGITR		
	621	BioLegend社/Santa Cruz Biotechnology社
	110416	R & Dシステムズ社
	108-17	Merck Millipore社
	DT5D3	Miltenyi Biotec社
抗マウスGITR		
	DTA-1	Affymetrix社/BDバイオサイエンス社/BioLegend社/医学生物学研究所/Miltenyi Biotec社
	108619/108626	R & Dシステムズ社

YGITR765	Abcam社/BioLegend社
eBioAITR	Affymetrix社
MGIT 02	Enzo Life Sciences社

【リコンビナントタンパク質】

タンパク質名	入手先
ヒトGITRL	Enzo Life Sciences社/Peprotech社/R & Dシステムズ社/和光純薬工業社
マウスGITRL	Enzo life science社/R & Dシステムズ社

【cDNA】

遺伝子名	入手先
ヒトGITRL	かずさDNA研究所/OriGene社
マウスGITRL	OriGene社
ヒトGITR	OriGene社
マウスGITR	OriGene社

参考文献

1) Nocentini G & Riccardi C : Adv Exp Med Biol, 647 : 156-173, 2009
2) Azuma M : Crit Rev Immunol, 30 : 547-557, 2010
3) Ephrem A, et al : Eur J Immunol, 43 : 2421-2429, 2013
4) Placke T, et al : Clin Dev Immunol, 2010 : 239083, 2010
5) Schaer DA, et al : Curr Opin Immunol, 24 : 217-224, 2012

（鈴木　信，石井直人）

Keyword

9 LIGHT

▶フルスペル : lymphotoxin-like, exhibits inducible expression, and competes with herpes simplex virus glycoprotein D for herpes virus entry mediator, a receptor expressed on T lymphocytes

▶別名：CD258, HVEML, LTg, TNFSF14〔tumor necrosis factor (ligand) superfamily, member 14〕

1) 歴史とあらまし

1996年に単純ヘルペスウイルスの宿主細胞への侵入を仲介する受容体としてHVEM（herpesvirus entry mediator, 別名：ATAR, CD270, HVEA, LIGHTR, TNFRSF14, TR2）が同定され，1998年にHVEMに結合するリガンドとしてLTα（13参照）とLIGHTが同定された[1]．

ヒトLIGHTは，240アミノ酸のII型膜タンパク質として産生される．細胞内と細胞外はそれぞれ37と182アミノ酸で構成される（図9）．膜貫通領域を含む36アミノ酸を欠失したスプライシングバリアントやメタロプロテアーゼによる切断により生じる158アミノ酸の可溶型も存在する．LIGHTはホモ三量体を形成し，受容体であるHVEMだけでなくLTβR（13参照）にも結合する．ヒトにおいて38アミノ酸のシグナルペプチドが切断された成熟HVEMは，245アミノ酸からなるI型膜タンパク質で，細胞外と細胞内はそれぞれ164と60アミノ酸で構成される．HVEMの細胞内領域には，TRAF2, TRAF3, TRAF5が結合し，NF-κB経路を活性化する．

デコイ受容体DcR3（decoy receptor 3, 別名：DCR3, M68, TNFRSF6B, TR6）は膜貫通領域がなく，29アミノ酸のシグナルペプチドが切断された後，ヒトでは271アミノ酸の成熟タンパク質として分泌される．C末端のヘパラン結合ドメインを介して細胞表面のヘパラン硫酸プロテオグリカンに結合する．DcR3は，LIGHTだけでなくFASL（APT1LG1, CD178, TNFSF6）やTL1A（TNF-like molecule 1A, 別名：TL1, TNFSF15, VEGI, VEGI192A）に結合し，これらのリガンドの活性を中和する[2) 3)]．なお，DcR3は，健常人において幅広い組織で発現し，がんや自己免疫疾患の患者で高発現する．

2) 機能

LIGHTは，活性化T細胞，NK細胞，単球，顆粒球や未熟な樹状細胞に発現する．HVEMは，静止期T細胞，NK細胞，単球や未熟な樹状細胞，内皮細胞に発現する．LIGHTは，T細胞の活性化により発現誘導され，同じくT細胞に発現するHVEMに結合することで共刺激分子として働く．LIGHTとHVEMの相互作用は，T細胞のサイトカイン産生能や細胞増殖能を増強し，エフェクター/メモリーT細胞の産生を促す[2) 3)]．

HVEMのリガンドはLTα3とLIGHT以外に，BTLA（B and T lymphocyte associated, 別名：BTLA1, CD272），CD160（別名：BY55, NK1, NK28），gD（herpes simplex virus envelop glycoprotein D）が同定されている．BTLAは，B細胞，T細胞，抗原提示細胞，NK細胞などの免疫系の細胞に広く発現する．CD160は，NK細胞，NKT細胞，活性化T細胞，γδT細胞，腸管上皮内T細胞に発現する．gDは，単純ヘルペスウイルスのエンベロープタンパク質である．BTLAの細胞内領域にはITIM（immunoreceptor tyrosine-based inhibition motif）が含まれ，ホスファターゼを活性化することで細胞に抑制性のシグナルを入力する[4)]．このようにLIGHTをはじめとする複数の分子群が分子ネットワークを形成することで，促進性と抑制性のシグナルのバランスが制御され，これによりさまざまな細胞

アミノ酸の数と相同性

	LTα ヒト	LTα マウス	LIGHT ヒト	LIGHT マウス
細胞内			37	37
膜貫通部			21	21
細胞外	171	169	182	181
相同性	72%		77%	

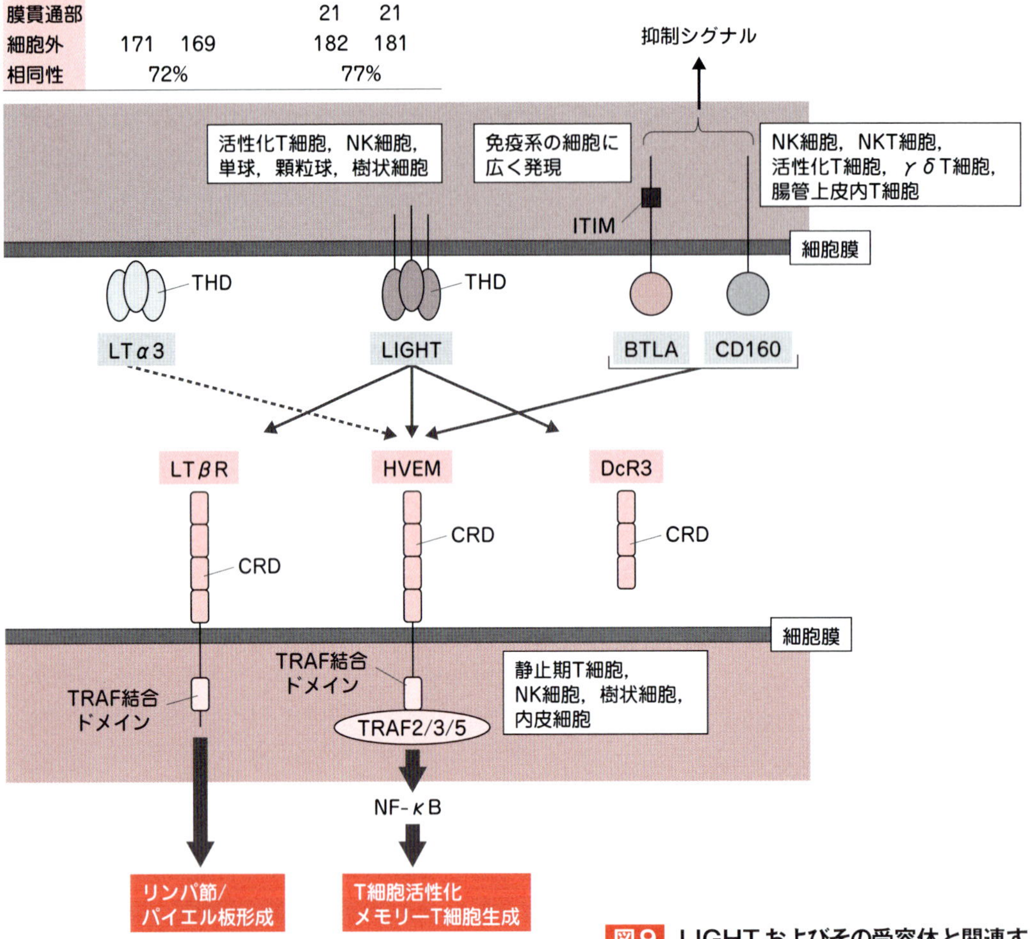

アミノ酸の数と相同数性

	LTβR ヒト	LTβR マウス	HVEM ヒト	HVEM マウス	DcR3 ヒト	DcR3 マウス
細胞外	197	193	164	170	271	-
膜貫通部	21	21	21	21		
細胞内	187	171	60	46		
相同性	68%		46%			

図9 LIGHTおよびその受容体と関連する分子群

LIGHTはLTβR，HVEMに結合しシグナルを伝達する．また，DcR3とも結合するが，この分子は細胞内領域をもたないため，デコイ分子として働き，LIGHTの機能を抑制する．LTα3もHVEMと結合するが，その結合力は弱く，生理的意義は不明である．HVEMはBTLAやCD160とも結合し，これらの分子に対して抑制シグナルを伝える．詳細は本文も参照．

の活性状態が調節される．

3) KOマウスの表現型/ヒト疾患との関連

*LIGHT*ノックアウトマウスではT細胞機能の低下が認められる．HVEMの欠損による影響は，炎症反応に対して抑制的かつ促進的に現れる．例えば，*HVEM*ノックアウトドナーT細胞は，LIGHTからの補助刺激シグナルを受け取ることができずより軽度の移植片対宿主病（GVHD）反応性を示す．これとは逆に，コンカナバリンA誘導性肝炎や実験的自己免疫性脳脊髄炎（EAE）においては，*HVEM*ノックアウトマウスで炎症病態の亢進が観察される．すなわち，HVEMはBTLAによる抑制シグナルを活性化するリガンドとして働く．一方でLIGHTを過剰発現させたマウスでは，炎症性腸疾患，動脈硬化症，脳脊髄炎，ループス腎炎，リウマチ関節炎，喘息，糖尿病，GVHDの増悪が認められる[3) 5)]．

ヒトにおいては大規模な遺伝子連鎖解析により，

*LIGHT*の遺伝子多型と炎症性腸疾患，多発性硬化症との関連性が報告されている．また，*HVEM*の遺伝子多型と多発性硬化症，セリアック病，リウマチ関節炎，潰瘍性大腸炎，硬化性胆管炎，肥満，濾胞性リンパ腫との関連が報告されている．さらに，関節リウマチや炎症性腸疾患に対してLIGHT阻害抗体やLTβR-Ig融合タンパク質の臨床試験が行われている（13も参照）．

【データベース】

	支配染色体	ID
LIGHT（TNFSF14）		
ヒト	19p13.3	HGNC：11930
マウス	17（29.71 cM, cytoband D-E1）	MGI：1355317
HVEM（TNFRSF14）		
ヒト	1p36.32	HGNC：11912
マウス	4（85.81 cM）	MGI：2675303
DcR3（TNFRSF6B）		
ヒト	20q13.33	HGNC：11921
マウス	不明	不明

【単クローン抗体】

	クローン名	入手先
抗ヒトLIGHT		
	T5-39	BioLegend社
	7-3（7）	Affymetrix社
	Chris-2	Enzo Life Sciences社
	REA244	Miltenyi Biotec社
	115520	R & Dシステムズ社
抗マウスLIGHT		
	15B2	BioLegend社
	261639	R & Dシステムズ社
抗ヒトHVEM		
	122	BioLegend社
	eBioHVEM-122	Affymetrix社
	94801/94804	R & Dシステムズ社
	REA247	Miltenyi Biotec社
抗マウスHVEM		
	HMHV-1B18	BioLegend社
	LH1	Affymetrix社
	REA275	Miltenyi Biotec社
抗ヒトDcR3		
	229812/229817	R & Dシステムズ社
	B08-35	BioLegend社
	37A565/4H77/6D349/F-4/G-4	Santa Cruz Biotechnology社

【リコンビナントタンパク質】

タンパク質名	入手先
ヒトLIGHT	Enzo Life Sciences社/Peprotech社/R & Dシステムズ社/Sigma-Aldrich社
マウスLIGHT	Peprotech社/R & Dシステムズ社/Sigma-Aldrich社

【cDNA】

遺伝子名	入手先
ヒトLIGHT	理化学研究所BRC/かずさDNA研究所/OriGene社
マウスLIGHT	OriGene社
ヒトHVEM	理化学研究所BRC/かずさDNA研究所/OriGene社
マウスHVEM	OriGene社
ヒトDcR3	理化学研究所BRC/かずさDNA研究所/OriGene社

参考文献

1）Mauri DN, et al：Immunity, 8：21-30, 1998
2）Ware CF：Immunol Rev, 223：186-201, 2008
3）Wang Y, et al：Immunol Rev, 229：232-243, 2009
4）Murphy TL & Murphy KM：Annu Rev Immunol, 28：389-411, 2010
5）Steinberg MW, et al：Immunol Rev, 244：169-187, 2011

（長島宏行，石井直人）

Keyword

10 OX40L，OX40

【OX40L】

▶和文表記：OX40リガンド
▶別名：Ath1，CD134L，CD252，gp34，TXGP1，TNFSF4〔tumor necrosis factor（ligand）superfamily，member 4〕

【OX40】

▶別名：ACT35，CD134，TXGP1L，TNFRSF4（tumor necrosis factor receptor superfamily, member 4）

1）歴史とあらまし

OX40Lは1985年にヒトT細胞白血病ウイルスに発現する糖タンパク質gp34として発見され，1991年に*OX40L*遺伝子が単離された．OX40は1987年に活性化ラットT細胞に発現するタンパク質として発見され，その後1994年にOX40Lの受容体として同定されるとともに*OX40*遺伝子が単離された[1]．

ヒトOX40Lは183アミノ酸のII型膜タンパク質として産生され，細胞内と細胞外はそれぞれ23と133アミ

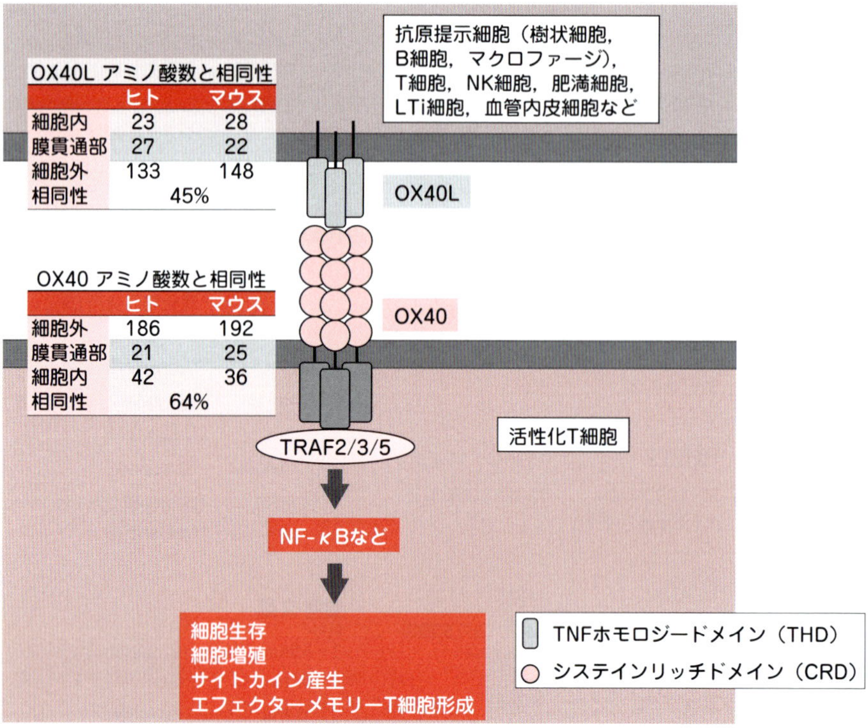

図10　OX40LとOX40の相互作用

ノ酸で構成される（**図10**）．OX40Lはホモ三量体を形成し，受容体であるOX40に結合する．この結合によってOX40もホモ三量体を形成する．28アミノ酸のシグナルペプチドが切断された成熟ヒトOX40は，249アミノ酸からなるI型膜タンパク質として産生され，細胞外と細胞内はそれぞれ186と42アミノ酸で構成される．OX40の細胞内領域には，TRAF2，TRAF3，TRAF5が結合し，T細胞の共刺激受容体としてNF-κBやPKBを活性化する．

2）機能

OX40Lは，自然免疫の活性化や炎症性サイトカインで発現誘導される．B細胞，樹状細胞，マクロファージ，ランゲルハンス細胞などの抗原提示細胞だけでなく，T細胞，NK細胞，肥満細胞，血管内皮細胞，リンパ組織誘導細胞（LTi細胞）にも発現する．一方OX40は，ナイーブT細胞や休止状態のメモリーT細胞には発現せず，活性化T細胞（CD4$^+$およびCD8$^+$）に一過性に発現する[2]．OX40の発現はCD28共刺激シグナルやIL-1，IL-2，IL-4，TNFα（**12**参照）により増強する．T細胞上のOX40と抗原提示細胞上のOX40Lの相互作用は，T細胞に共刺激シグナルを誘導する．このOX40-OX40LによるシグナルはT，抗原刺激数日後にピークを迎え，T細胞の活性化シグナルを持続させることで抗アポトーシス制御因子や細胞周期制御因子の発現を誘導し，メモリーT細胞の産生を促進する．またOX40シグナルは，Th1，Th2，Th17などのエフェクターCD4$^+$T細胞の産生を促進する一方で，Foxp3$^+$あるいはIL-10$^+$制御性CD4$^+$T細胞（Treg細胞）の誘導を阻害する[3]．OX40は，ヒトヘルペスウイルス6B型（HHV-6B）の侵入を仲介する受容体として機能する．

3）KOマウスの表現型/ヒト疾患との関連

*OX40L*ノックアウトや*OX40*ノックアウトマウスでは，抗原特異的な免疫応答においてCD4$^+$T細胞の生存に障害が生じ，これにより細胞性免疫機能が低下する．OX40シグナルの阻害により，OX40を高発現するCD44^{high}CD62L^{low}CD4$^+$T細胞（エフェクター/メモリーCD4$^+$T細胞）の細胞生存に障害が認められる[2,4]．また*OX40L*ノックアウトマウスや*OX40*ノックアウトマウスは，さまざまな炎症性疾患や自己免疫疾患モデルにおいて低感受性を示し，感染やがんに対する免疫応答も低下する．

OX40$^+$リンパ球やOX40L$^+$細胞は，自己免疫疾患，アレルギー，移植片対宿主病（GVHD）の患者の炎症組織で高頻度に観察され，OX40L/OX40と疾患病態との関連が示唆される．また，*OX40L*や*OX40*の遺伝子多型と，全身性エリテマトーデス（SLE），心血管疾患，強皮症との関連性が報告されている．

幼少期に古典的カポジ肉腫に罹患した19歳のトルコ人女性から，*OX40*遺伝子におけるホモ接合型1塩基ミスセンス変異が発見された．OX40の細胞外ドメイン（CRD1）の65番目アルギニンがシステインへ変換されたことで，OX40タンパク質の機能が欠損し，メモリー$CD4^+$T細胞の産生に障害が認められることが判明した[5]．ヒトヘルペスウイルス8型（HHV-8）は，カポジ肉腫発症の原因になる．HHV-8が感染した血管内皮細胞にはOX40Lが発現し，これにT細胞が反応できないことでカポジ肉腫の発症へ発展した可能性が示唆されている．

また，抗OX40L中和抗体による喘息治療，抗OX40刺激抗体によるがん治療の臨床試験が行われている．

【データベース】

	支配染色体	ID
OX40L（TNFSF4）		
ヒト	1q25	HGNC：11934
マウス	1（69.75 cM）	MGI：104511
OX40（TNFRSF4）		
ヒト	1p36	HGNC：11918
マウス	4（87.68 cM）	MGI：104512

【単クローン抗体】

	クローン名	入手先
抗ヒトOX40L		
	ik-1	BDバイオサイエンス社
	159403/159408	R & Dシステムズ社
	TAG-34	医学生物学研究所
抗マウスOX40L		
	182601/182603/182609	R & Dシステムズ社
	RM134L	Affimetrix社/BDバイオサイエンス社/BioLegend社/Merck Millipore社/Miltenyi Biotec社/Santa Cruz Biotechnology社
	MGP34	Enzo Life Sciences社
抗ヒトOX40		
	443318	R & Dシステムズ社
	L106	BDバイオサイエンス社
	EP1168Y	Abcam社
	Ber-ACT35（ACT35）	Affimetrix社/BDバイオサイエンス社/BioLegend社/Miltenyi Biotec社/Santa Cruz Biotechnology社
	W4-3	医学生物学研究所
抗マウスOX40		
	OX86	Abcam社/Affimetrix社/BDバイオサイエンス社/BioLegend社/Santa Cruz Biotechnology社

【リコンビナントタンパク質】

タンパク質名	入手先
ヒトOX40L	Enzo Life Sciences社/R & Dシステムズ社/和光純薬工業社
マウスOX40L	Enzo Life Sciences社/R & Dシステムズ社

【cDNA】

遺伝子名	入手先
ヒトOX40L	理化学研究所BRC/OriGene社
マウスOX40L	OriGene社
ヒトOX40	かずさDNA研究所 /OriGene社
マウスOX40	OriGene社

参考文献

1）Sugamura K, et al：Nat Rev Immunol, 4：420-431, 2004
2）Ishii N, et al：Adv Immunol, 105：63-98, 2010
3）Croft M：Annu Rev Immunol, 28：57-78, 2010
4）Withers DR, et al：Immunol Rev, 244：134-148, 2011
5）Byun M, et al：J Exp Med, 210：1743-1759, 2013

（奥山祐子，石井直人）

Keyword

11 RANKL

▶フルスペル：receptor activator of nuclear factor-κB ligand
▶和文表記：RANKリガンド
▶別名：CD254,
ODF（osteoclast differentiation factor）,
OPGL（osteoprotegerin ligand）,
TNFSF11〔tumor necrosis factor（ligand）superfamily, member 11〕,
TRANCE（TNF-related activation-induced cytokine）

1）歴史とあらまし

1997年，免疫制御分子としてTRANCEとRANKLが，翌年には骨代謝制御分子としてODFとOPGLがそれぞれ独立して発見されたが，その後これら分子の同一性が証明された．

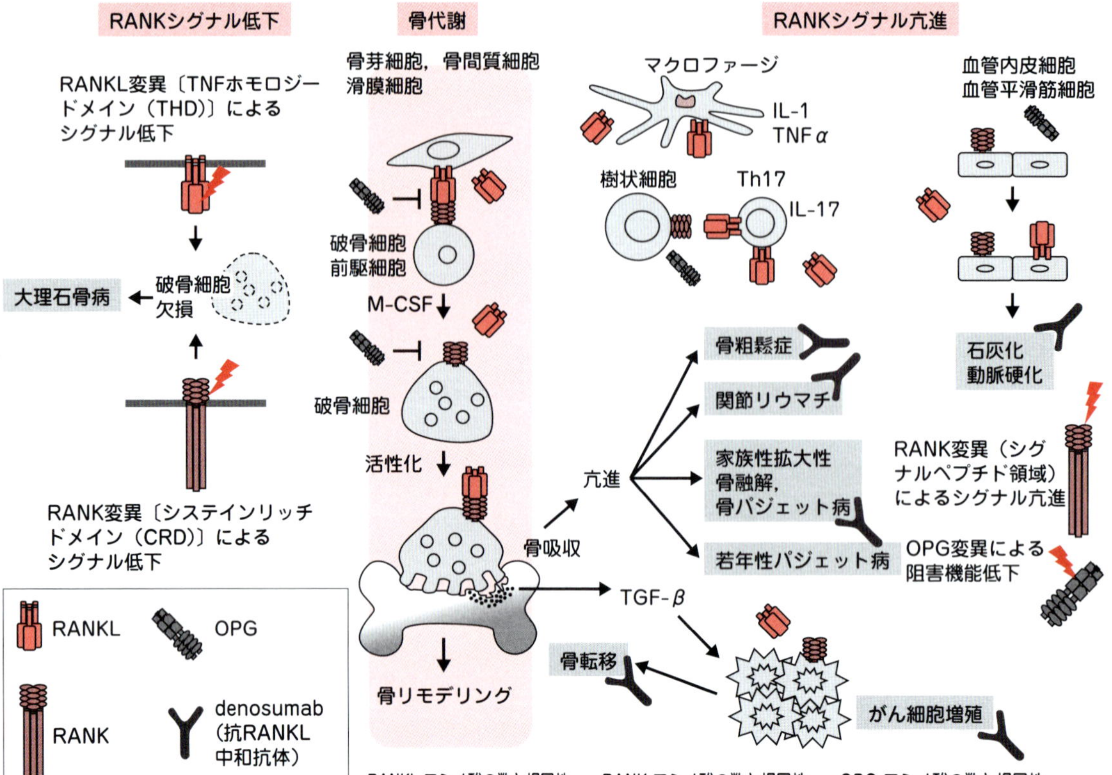

RANKL アミノ酸の数と相同性

	ヒト	マウス
細胞内	47	48
膜貫通部	21	21
細胞外	249	247
相同性	85%	

RANK アミノ酸の数と相同性

	ヒト	マウス
細胞外	183	184
膜貫通部	21	20
細胞内	383	391
相同性	67%	

OPG アミノ酸の数と相同性

	ヒト	マウス
細胞外	380	380
相同性	85%	

図11 RANKシグナルと疾患

詳細は本文も参照.

ヒトRANKLは317アミノ酸のⅡ型膜型タンパク質として産生される．細胞内と細胞外領域はそれぞれ47と249アミノ酸で構成される．メタロプロテアーゼによる切断（あるいは選択的スプライシング）により，178アミノ酸の可溶型リガンドとしても産生される．ヒトRANKLはホモ三量体を形成し，受容体であるRANK（別名：CD265，TNFRSF11A，TRANCER）に結合する．この結合によってRANKも三量体化する．29アミノ酸のシグナルペプチドが切断された成熟RANKは587アミノ酸からなるⅠ型膜タンパク質で，細胞外と細胞内領域はそれぞれ183と383アミノ酸で構成される．ヒトとマウスのRANKLとRANKにおけるアミノ酸相同性は，それぞれ85％と67％である．RANKの細胞内領域には，TRAF1，TRAF2，TRAF3，TRAF5，TRAF6，GRB2が結合し，Ca^{2+}-NFAT，MAPK，NF-κB，PI3K-PKB経路を活性化する．

デコイ受容体ヒトOPG（osteoprotegerin，別名：TNFRSF11B）は，21アミノ酸のシグナルペプチドが切断された後，380アミノ酸のホモ二量体分泌タンパク質として産生される．マウスOPGとのアミノ酸相同性は85％である．OPGはRANKより高い親和性でRANKLと結合し，RANKL-RANKによるシグナル伝達を遮断する[1]．

2) 機能

RANKLは骨代謝やリンパ組織の構造構築など多彩な機能をもつ[2]．骨組織では，破骨細胞による骨吸収と骨芽細胞による骨再生が繰り返される（**図11**）．この骨リモデリングにおいて，RANKシグナルは破骨細胞の分化と活性化に必須の分子として働く．骨芽細胞，骨間質細胞，滑膜細胞はRANKLを発現し，RANKを発現する破骨細胞前駆細胞に対してM-CSFとともに分化誘導シグナルを伝達し，活性化した破骨細胞は骨吸収を促進する．

免疫系では，RANKLは樹状細胞の生存を促すことでT細胞（特にTh17）の活性化を誘導し，免疫応答を促進する[3) 4)]．紫外線照射などにより表皮で発現したRANKLが表皮樹状細胞に作用することで制御性T細胞（Treg）が増加し，これにより免疫応答が抑制されることが示された．RANKLは，リンパ組織誘導細胞（LTi細胞）を介してリンパ節の形成や腸管関連リンパ組織に存在するM細胞の分化にも関与する．また，胸腺T細胞に発現するRANKLは，胸腺髄質上皮細胞を分化・成熟させ，自己反応性T細胞のネガティブセレクションにかかわる．

乳腺上皮細胞にもRANKが発現し，RANKシグナルは乳腺上皮細胞の分化・成熟にも関与する．

3) KOマウスの表現型/ヒト疾患との関連

i）骨・免疫系の疾患

*RANK*および*RANKL*ノックアウトマウスでは，破骨細胞欠損による重篤な大理石骨病と，歯の萌出不全がみられる．また，樹状細胞の機能に差は認められないが，リンパ節の形成不全や胸腺の髄質上皮細胞の分化障害など，免疫組織の異常が認められる．他方，*OPG*ノックアウトマウスでは，破骨細胞分化の異常亢進により顕著な骨粗鬆症と易骨折性を示す．ヒトにおいても，*RANKL*，*RANK*，*OPG*の変異はパジェット病や大理石骨病などの病因となる（**図11**）．RANKシグナルの機能亢進が骨粗鬆症に結びつくことから，抗RANKL中和抗体（denosumab）が開発され治療に応用されている[5)]．

ii）がん

乳がん細胞や前立腺がん細胞でも高頻度でRANKが発現しており，RANKL–RANK系は，がん細胞の増殖や骨転移に関与する．がん細胞が骨の微小環境へ転移すると，骨芽細胞にRANKLが誘導され，破骨細胞の分化や活性化が亢進する．これにより骨基質が破壊され，TGF-βなどが放出されることでがん細胞の増殖が促進される．OPGの投与により，がん細胞の骨転移が有意に減少する．現在，denosumabが骨転移を伴う乳がんの治療薬として承認されている．

iii）血管の石灰化

RANKLが血管の石灰化を促し，動脈硬化を誘導する可能性が示唆された．骨吸収に促進的なRANKシグナルが，血管平滑筋の石灰化にかかわるという一見反対に思える現象は興味深い．さらに，2型糖尿病患者においても血管の石灰化亢進と血中RANKL濃度の上昇がみられ，RANKLが2型糖尿病のリスク因子であることが判明した．denosumabの動脈硬化，2型糖尿病，関節リウマチに対する効果も今後期待される．

【データベース】

	支配染色体	ID
RANKL（TNFSF11）		
ヒト	13q14	HGNC：11926
マウス	14（41.26 cM）	MGI：1100089
RANK（TNFRSF11A）		
ヒト	18q22.1	HGNC：11908
マウス	1（49.70 cM）	MGI：1314891
OPG（TNFRSF11B）		
ヒト	8q24	HGNC：11909
マウス	15（21.15 cM）	MGI：109587

【単クローン抗体】

	クローン名	入手先
抗ヒトRANKL	MIH24	Affymetrix社/BioLegend社
抗マウスRANKL	IK22/5	Abcam社/Affymetrix社/BDバイオサイエンス社/BioLegend社
抗ヒトRANK	9A725	Abcam社
抗マウスRANK	R12-31	Abcam社/Affymetrix社/BioLegend社/Merck Millipore社
抗ヒトOPG	Bony-1	Enzo Life Sciences社
抗マウスOPG	5G2	Abcam社

【リコンビナントタンパク質】

タンパク質名	入手先
ヒトRANKL	Abcam社/Affymetrix社/BioLegend社/CST社/Peprotech社/R & Dシステムズ社/Sigma-Aldrich社
マウスRANKL	Abcam社/Affymetrix社/BioLegend社/CST社/Peprotech社/R & Dシステムズ社/Sigma-Aldrich社

【cDNA】

遺伝子名	入手先
ヒトRANKL	OriGene社/理化学研究所BRC/かずさDNA研究所
マウスRANKL	OriGene社

ヒトRANK	OriGene社 / 理化学研究所BRC/ かずさDNA研究所
マウスRANK	OriGene社
ヒトOPG	OriGene社 / 理化学研究所BRC/ かずさDNA研究所
マウスOPG	OriGene社

参考文献

1) Theill LE, et al：Annu Rev Immunol, 20：795-823, 2002
2) Walsh MC, et al：Annu Rev Immunol, 24：33-63, 2006
3) Takayanagi H：Nat Rev Immunol, 7：292-304, 2007
4) Akiyama T, et al：World J Orthop, 3：142-150, 2012
5) Lacey DL, et al：Nat Rev Drug Discov, 11：401-419, 2012

（浅尾敦子，石井直人）

Keyword

12 TNF α

▶フルスペル：tumor necrosis factor α
▶和文表記：腫瘍壊死因子
▶別名：cachectin（カケクチン），DIF，TNF，TNFA，TNFSF2〔tumor necrosis factor (ligand) superfamily，member 2〕

1) 歴史とあらまし

内毒素に応答して産生され，腫瘍の壊死を誘導する宿主由来の因子が“TNF（tumor necrosis factor）”と命名され，1984年，*TNF*遺伝子が単離された．その翌年カケクチン（cachectin）と命名されていた分子とTNF αの同一性が証明された．

ヒトTNF αは，233アミノ酸のII型膜タンパク質（mTNF α）として産生され，細胞内と細胞外領域はそれぞれ35と177アミノ酸で構成される（**図12**）．主としてメタロプロテアーゼであるTACE（TNF α converting enzyme，別名：ADAM17）によって切断され，157アミノ酸からなる可溶型リガンド（sTNF α）としても分泌される．TNF αはホモ三量体を形成し，受容体であるTNFR1（別名：CD120a，TNFAR，TNF-R55，TNFR60，TNFRSF1A）とTNFR2（別名：CD120b，TNFBR，TNF-R75，TNFR80，TNFRSF1B）に結合する．この結合の後，受容体もホモ三量体を形成する．21アミノ酸のシグナルペプチドが切断された成熟ヒトTNFR1は，434アミノ酸からなるI型膜タンパク質で，細胞外と細胞内はそれぞれ190と221アミノ酸で構成される．TNFR1の細胞内領域には，86アミノ酸のデスドメイン（DD）が存在する．一方，22アミノ酸のシグナルペプチドが切断された成熟ヒトTNFR2は，439アミノ酸からなるI型膜タンパク質で，細胞外と細胞内はそれぞれ235と174アミノ酸で構成される．TNFR2の細胞内領域には，TRAF結合ドメインが存在する[1]．TNFR1とTNFR2の細胞外領域は，TACEなどに切断され可溶型TNFR（sTNFR）としても産生される．低濃度のsTNFRはTNF αの活性を安定化するのに対し，高濃度のsTNFRはTNF αと膜型TNFRの結合を阻害する．

2) 機能

TNF αによるシグナルは多彩な生体機能を調節するため，その機能不全や亢進はさまざまな疾患と結びつく．TNF αは主として活性化マクロファージから産生されるが，幅広い細胞に発現が認められる．内毒素への曝露や細菌感染で高産生されるsTNF αは，敗血症の原因になる[2]．TNFR1が幅広い組織に恒常的に発現するのに対し，TNFR2の発現は活性化T細胞，制御性T細胞，内皮細胞，一部の神経細胞などに限局される．また，TNFR1がsTNF αとmTNF α（膜結合型TNF α）の両者に反応するのに対し，TNFR2はmTNF αに対する特異的が高い．

TNFR1シグナルは，複数のシグナル伝達経路を時空間的に制御する．TNFR1は，DDを介して“complex I”とよばれる分子複合体（TRADD，TRAF2/5，cIAP1/2，RIP1，LUBACを含む）を形成し，AP-1やNF-κBを活性化することで炎症や細胞生存を促進する．細胞内へ移動した複合体にFADDやプロカスパーゼ8が結合することで，“complex II”あるいはDISC（death-inducing signaling complex）が形成され，アポトーシスが誘導される．カスパーゼ8はRIP1/3の分解にかかわり，この機能低下により活性化RIP1/3を含む“ネクロソーム”が形成され，ネクロトーシスが誘導される[3]．これらの細胞内シグナルが適切に調節されることで，生体の恒常性が維持される．

TNFR2は，TRAF2と結合することでNF-κBやMAPKを活性化し，炎症や細胞生存を促進する．また，TNFR2は，共刺激シグナルを誘導することでT細胞の活性化や細胞生存を促進する．

3) KOマウスの表現型 / ヒト疾患との関連

*TNF α*ノックアウトと*TNFR1*ノックアウトマウスでは，脾臓の細胞構築に異常が認められ，濾胞樹状細胞や胚中心を欠く．*TNFR1*ノックアウトマウスは，細菌や寄

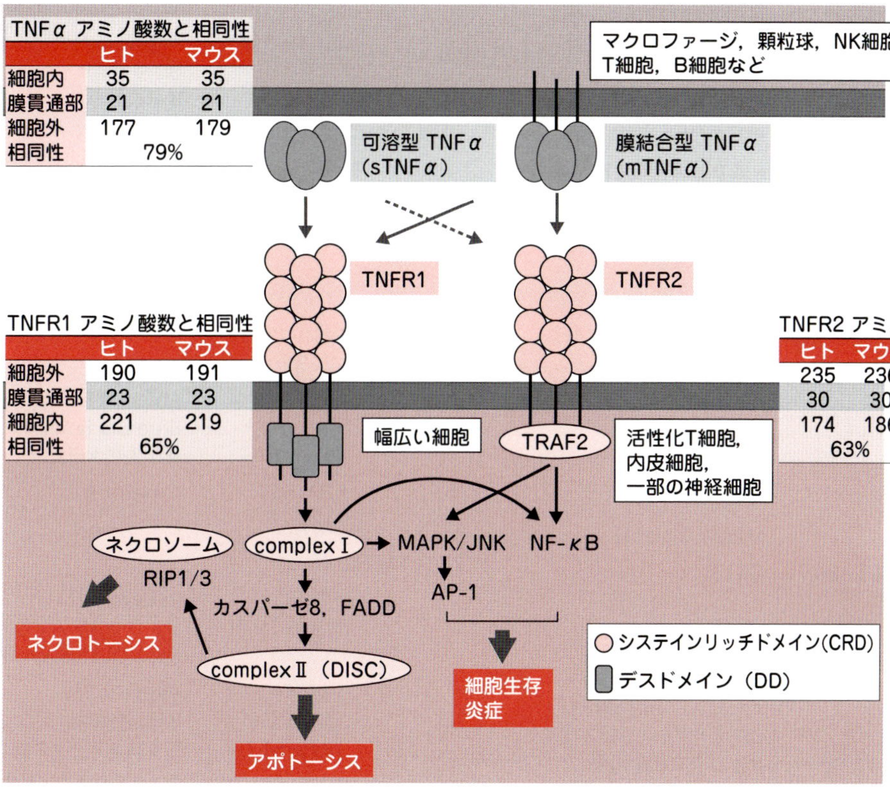

図12 TNFαの作用機序

生虫感染に対し易感染性を示す[3) 4)]．また，*TNFR1* ノックアウトマウスは敗血症ショックに対して抵抗性を示す．一方で，*TNFR2* ノックアウトマウスではこのような異常は認められない．

TNFαとTNFR1によるシグナルの破綻は，さまざまなヒト疾患と関連する．がん細胞はTNFαを高産生するとともに，TNFαへの曝露によりその生存，増殖，浸潤，転移が促進される．またTNFα-TNFR1シグナルの異常が，神経，循環器，呼吸器，代謝，免疫と関連するさまざまな疾患に結びつくことが明らかにされている．

*TNFα*の遺伝子多型と多発性硬化症，アルツハイマー病，関節リウマチ，ベーチェット病，*TNFR1* の遺伝子多型と多発性硬化症，*TNFR2* の遺伝子多型と全身性エリテマトーデス（SLE）の関連性が報告されている[5)]．*TNFR1* の遺伝子変異により，TRAPS（tumor necrosis factor receptor associated periodic syndrome）とよばれる自己炎症性疾患が誘導される．この患者からはTNFR1細胞外システインリッチドメイン（CRD）における50種類以上の変異が同定されている．

抗TNFα中和抗体（infliximab，certolizumab pegol，adalimumab，golimumab）やsTNFR（TNFR2-Ig融合タンパク質，etanercept）が関節リウマチやクローン病の治療薬として使用されている[5)]．

【データベース】

		支配染色体	ID
TNFα（TNFSF2）			
	ヒト	6p21.3	HGNC：11892
	マウス	17（18.59 cM）	MGI：104798
TNFR1（TNFRSF1A）			
	ヒト	12p13.2	HGNC：11916
	マウス	6（59.32 cM）	MGI：1314884
TNFR2（TNFRSF1B）			
	ヒト	1p36.22	HGNC：11917
	マウス	4（78.17 cM）	MGI：1314883

【単クローン抗体】

	クローン名	入手先
抗ヒトTNFα		
	MAb1	Abcam社/Affymetrix社/BDバイオサイエンス社/BioLegend社

MAb11	Abcam社/Affymetrix社/BDバイオサイエンス社/BioLegend社/Merck Millipore社
MABTNF-A5	BDバイオサイエンス社
28401/1825/6402	R & Dシステムズ社
1（#1）	Enzo Life Sciences社/医学生物学研究所
TNF-D	Affymetrix社
6401（6401.1111）	BDバイオサイエンス社/R & Dシステムズ社
52B83	Abcam社
2C8	Abcam社/Merck Millipore社
T1	Abcam社
cA2	Miltenyi Biotec社
D1G2/D1B4/D5G9	CST社

抗マウスTNF α

G218-2626	BDバイオサイエンス社
TN319（TN3-19/TN3-19.12）	Abcam社/Affymetrix社/BDバイオサイエンス社/R & Dシステムズ社
MP6-XT3	Abcam社/Affymetrix社/BDバイオサイエンス社
MP6-XT22	Abcam社/Affymetrix社/R & Dシステムズ社/BDバイオサイエンス社/Miltenyi Biotec社
XT3/XT22	Affymetrix社
1F3F3D4	Affymetrix社
516D1A1	BDバイオサイエンス社
52B83/2C8	Abcam社
D2D4/D2H4	CST社

抗ヒトTNFR1

16803/16805/443318/313203	R & Dシステムズ社
MABTNFR1-A1/MABTNFR1-B1	BDバイオサイエンス社
H398	Enzo Life Sciences社/OriGene社/医学生物学研究所/Abcam社/Merck Millipore社
EP1651AY	Abcam社
C25C1	CST社

抗マウスTNFR1

55R-286	BDバイオサイエンス社/BioLegend社
47803	R & Dシステムズ社
55R-170（55R170）	Abcam社/Affymetrix社/BDバイオサイエンス社/BioLegend社/R & Dシステムズ社/Santa Cruz Biotechnology社
55R-593	BioLegend社
D3I7K	CST社

抗ヒトTNFR2

hTNFR-M1	BDバイオサイエンス社
2210/22221/22235	R & Dシステムズ社
80M2	Abcam社/Enzo Life Sciences社/医学生物学研究所
EPR1653	GeneTex社
3G7A02	BioLegend社

抗マウスTNFR2

TR7532（TR75-32.4）	BioLegend社/R & Dシステムズ社/Santa Cruz Biotechnology社
TR7554（TR75-54/TR75-54.7）	Affymetrix社/BioLegend社/R & Dシステムズ社
TR7589（TR75-89/TR75-89.29）	BDバイオサイエンス社/BioLegend社/R & Dシステムズ社/Santa Cruz Biotechnology社
REA228	Miltenyi Biotec社

【リコンビナントタンパク質】

タンパク質名	入手先
ヒトTNF α	CST社/Enzo Life Sciences社/R & Dシステムズ社/Affimetrix社/BioLegend社/Miltenyi Biotec社/Peprotech社/和光純薬工業社
マウスTNF α	CST社/BioLegend社/Enzo Life Sciences社/R & Dシステムズ社/Affimetrix社/Miltenyi Biotec社/Peprotech社/和光純薬工業社

【cDNA】

遺伝子名	入手先
ヒトTNF α	理化学研究所BRC/かずさDNA研究所/OriGene社
マウスTNF α	理化学研究所BRC/OriGene社
ヒトTNFR1	理化学研究所BRC/かずさDNA研究所/OriGene社
マウスTNFR1	理化学研究所BRC/OriGene社
ヒトTNFR2	理化学研究所BRC/かずさDNA研究所/OriGene社
マウスTNFR2	OriGene社

参考文献

1）Wajant H, et al：Cell Death Differ, 10：45-65, 2003
2）Balkwill F：Nat Rev Cancer, 9：361-371, 2009
3）Puimège L, et al：Cytokine Growth Factor Rev, 25：285-300, 2014
4）Aggarwal BB, et al：Blood, 119：651-665, 2012
5）Ware CF：Adv Pharmacol, 66：51-80, 2013

（奥山祐子，石井直人）

Keyword

13 LTα，LTβ

【LTα】

▶フルスペル：lymphotoxin alpha
▶別名：LT，LTA，TNFB，TNF-β，TNFSF1〔tumor necrosis factor（ligand）superfamily，member 1〕

【LTβ】

▶フルスペル：lymphotoxin beta
▶別名：LTB，p33，TNFSF3〔tumor necrosis factor（ligand）superfamily，member 3〕

1）歴史とあらまし

1984年，腫瘍細胞に対して細胞障害活性をもつ可溶性タンパク質としてヒトLTα（TNFβ）が同定され，その遺伝子が単離された[1]．LTαとTNFαは，50％のアミノ酸相同性を示す．

34アミノ酸のシグナルペプチドが切断された171アミノ酸からなる成熟ヒトLTαは，ホモ三量体（LTα3）を形成し，細胞外に分泌される（図13）．ヒトLTβは，244アミノ酸のII型膜タンパク質として産生され，細胞内と細胞外はそれぞれ18と196アミノ酸で構成される．LTαとLTβは，LTα2β1およびLTα1β2の2種類のヘテロ三量体を形成し，細胞膜表面に発現する（LTα1β2が大多数を占める）．LTα3およびLTα2β1は，受容体であるTNFR1やTNFR2に結合する（12も参照）．LTαは，HVEMにも結合する（9参照）．LTα1β2は，LTβR（別名：LTBR，TNF-R-III，TNFCR，TNFR-RP，TNFR2-RP，TNFRSF3）と特異的に結合する．ヒトにおいて30アミノ酸のシグナルペプチドが切断された成熟LTβRは，405アミノ酸からなるI型膜タンパク質で，細胞外と細胞内はそれぞれ197と187アミノ酸で構成される．LTβRの細胞内領域には，TRAF2，TRAF3，TRAF5が結合し，NF-κB経路を活性化する[2]．

2）機能

LTαやLTβは，T細胞，B細胞，NK細胞，RORγT⁺自然リンパ球，リンパ組織誘導細胞（LTi細胞）などに発現する．LTβRは，ストローマ細胞や血球系細胞に幅広く発現する．

リンパ組織誘導細胞（LTi細胞）に発現するLTα1β2は，ストローマ細胞に発現するLTβRと相互作用することでリンパ器官の発生や成熟を促す．LTα1β2とLTβRの相互作用は，樹状細胞，T細胞，B細胞などの免疫担当細胞による機能的なコミュニケーションを促し，リンパ組織の構造構築に重要な役割を果たす．例えば静止期のB細胞に発現するLTα1β2は濾胞樹状細胞に発現するLTβRに結合することで，胚中心形成や抗体産生を促す．他にも，活性化T細胞に発現するLTα1β2は樹状細胞に発現するLTβRに結合することで，樹状細胞を活性化する．またLTβRシグナルは，樹状細胞の恒常性維持に重要な役割を果たす．腸管固有粘膜層において，RORγT⁺自然リンパ球に発現する可溶型のLTα3と膜結合型のLTα2β1とLTα1β2は，それぞれT細胞依存性のIgA産生と樹状細胞を介したT細胞非依存性のIgA産生を制御する．

LTα3やLTα2β1，LTα1β2によるTNFR1，TNFR2，LTβRの活性化は，典型的NF-κB1経路を活性化することで転写因子RelA/p50の核移行を促す．さらにLTβRに関しては，NIK（NF-κB-inducing kinase）を介して非典型的NF-κB2経路を活性化し，転写因子RelB/p52の核移行を促す．*NIK*や*RelB*ノックアウトマウスでは，リンパ節やパイエル板が欠損する[3,4]．

3）KOマウスの表現型／ヒト疾患との関連

*LTα*ノックアウトや*LTβR*ノックアウトマウスでは，すべてのリンパ節とパイエル板が欠損する（*LTβ*ノックアウトマウスでは，一部のリンパ節が発生する）．これに対して*TNFα*ノックアウトや*LIGHT*ノックアウトマウスでは，このようなリンパ組織の発生における重篤な障害は認められない（9，12も参照）．したがって，LTα1β2とLTβRの相互作用はリンパ組織の発生や恒常性維持に重要な役割を果たす[3,4]．

*LTα*ノックアウトマウスは，I型IFN（インターフェロン）産生に障害が認められ，ウイルス感染に対し高い感受性を示す．また*LTα*ノックアウトや*LTβR*ノックアウトマウスは，細胞性免疫の障害により，細菌や寄生虫感染に高い感受性を示す．したがって，LTα1β2とLTβRの相互作用は病原体に対する自然および獲得免疫応答を制御する[3,4]．

過剰なLTα1β2-LTβRシグナルは，炎症性疾患や

アミノ酸の数と相同性

	LTα		LTβ	
	ヒト	マウス	ヒト	マウス
細胞内			18	27
膜貫通部			30	21
細胞外	171	169	196	258
相同性	72%		73%	

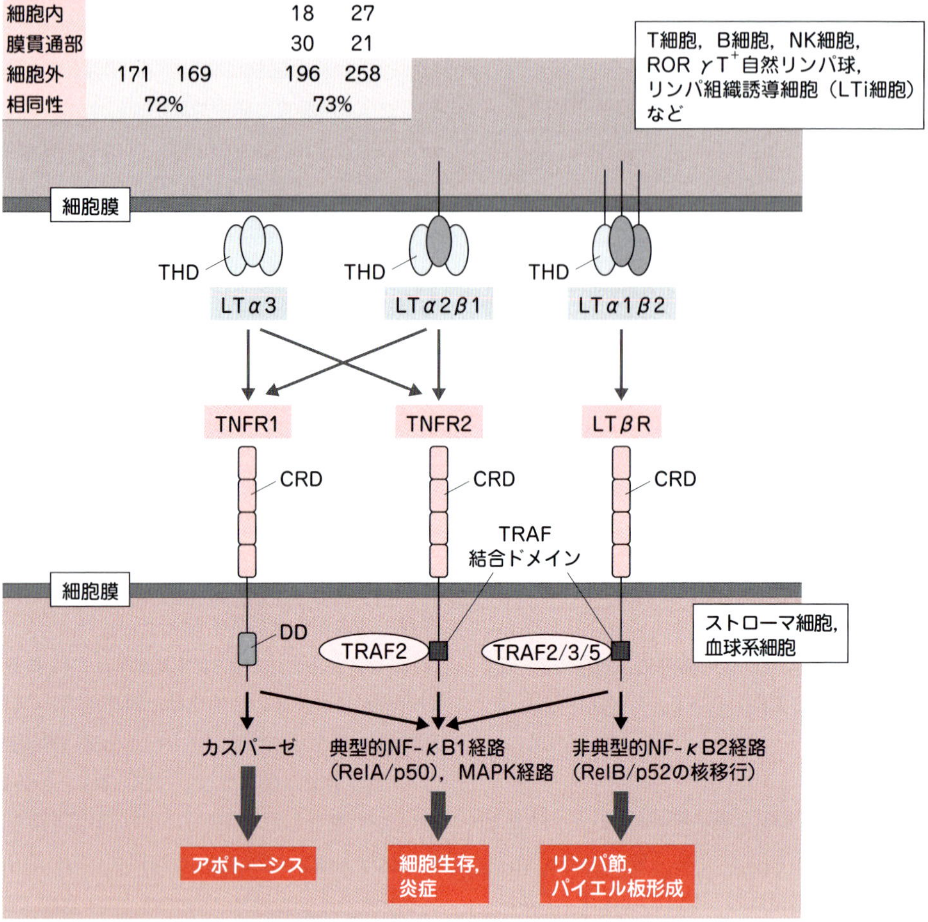

アミノ酸の数と相同性

	TNFR1		TNFR2		LTβR	
	ヒト	マウス	ヒト	マウス	ヒト	マウス
細胞外	190	191	235	236	197	193
膜貫通部	23	23	30	30	21	21
細胞内	221	219	174	186	187	171
相同性	65%		63%		68%	

図13 LTα/βおよびその受容体

LTα3とLTα2β1は，TNFR1とTNFR2に結合し，アポトーシスや細胞生存シグナルを誘導する．一方で，LTα1β2はLTβRに結合することで，リンパ節やパイエル板の形成を誘導する．詳細は本文も参照．

自己免疫疾患を増悪させる．三次リンパ組織はこの過剰なシグナルにより誘導され，リウマチ関節炎，潰瘍性大腸炎，C型肝炎，乳管がん患者などの慢性炎症組織で観察される．膵臓のランゲルハンス島でLTα3やLTα2β1，LTα1β2が過剰発現するマウスでは，TNFR1やLTβRシグナルが亢進することでリンパ球が三次リンパ組織に浸潤し，膵臓の組織障害が誘導される．

*LTα*の遺伝子多型と冠動脈疾患，乾癬性関節炎，炎症性腸疾患，ハンセン病，*LTβ*の遺伝子多型とシェーグレン症候群の関連性が報告されている．

関節リウマチやシェーグレン症候群に対してLTβRシグナルの阻害剤（LTβR-Ig融合タンパク質），関節リウマチに対して抗LTα抗体の臨床試験が行われている[5)]．

【データベース】

	支配染色体	ID
LT α（TNFSF1）		
ヒト	6p21.3	HGNC：6709
マウス	17（18.59 cM）	MGI：104797
LT β（TNFSF3）		
ヒト	6p21.3	HGNC：6711
マウス	17（18.59 cM）	MGI：104796
LT β R（TNFRSF3）		
ヒト	12p13	HGNC：6718
マウス	6（59.32 cM）	MGI：104875

【単クローン抗体】

	クローン名	入手先
抗ヒトLT α		
	135125	R & Dシステムズ社
	MM0460-12B4	Abcam社
	#1	医学生物学研究所
	359-238-8	BDバイオサイエンス社/BioLegend社
	359-81-11	BDバイオサイエンス社/BioLegend社/Santa Cruz Biotechnology社
	9B9	Merck Millipore社
	LTX-21	Affymetrix社
	5802/5807/5808	R & Dシステムズ社
	E-6/D-10	Santa Cruz Biotechnology社
抗マウスLT α		
	EPR1112	LifeSpan BioSciences社
	AT15A3	Abcam社
	168717	R & Dシステムズ社
抗ヒトLT β		
	135105/135125	R & Dシステムズ社
	MM0460-12B4	Abcam社
抗ヒトLT β R		
	31G4D8	BioLegend社
	71319	R & Dシステムズ社
	Carlos-1	Enzo Life Sciences社
	ANCLTR2/9E2	LifeSpan BioSciences社
抗マウスLT β R		
	eBio3C8（3C8）	Affymetrix社
	5G11	BioLegend社/Enzo Life Sciences社/Santa Cruz Biotechnology社
	157108/157105	R & Dシステムズ社

【リコンビナントタンパク質】

タンパク質名	入手先
ヒトLT α	Affymetrix社/BioLegend社/CST社/R & Dシステムズ社/Sigma-Aldrich社/和光純薬工業社
マウスLT α	R & Dシステムズ社
ヒトLT β	R & Dシステムズ社/Sigma-Aldrich社
マウスLT β	R & Dシステムズ社

【cDNA】

遺伝子名	入手先
ヒトLT α	理化学研究所BRC/かずさDNA研究所/OriGene社
マウスLT α	理化学研究所BRC/OriGene社
ヒトLT β	かずさDNA研究所/OriGene社
マウスLT β	OriGene社
ヒトLT β R	理化学研究所BRC/かずさDNA研究所/OriGene社
マウスLT β R	理化学研究所BRC/OriGene社

参考文献

1）Ruddle NH：Cytokine Growth Factor Rev, 25：83-89, 2014
2）Ware CF：Annu Rev Immunol, 23：787-819, 2005
3）Remouchamps C, et al：Cytokine Growth Factor Rev, 22：301-310, 2011
4）Upadhyay V & Fu YX：Nat Rev Immunol, 13：270-279, 2013
5）Browning JL：Immunol Rev, 223：202-220, 2008

（長島宏行，石井直人）

Keyword

14 APO2L（TRAIL）

▶フルスペル：APO2 ligand（TNF-related apoptosis-inducing ligand）

▶別名：CD253，TL2，TNFSF10〔Tumor necrosis factor（ligand）superfamily，member 10〕

1）歴史とあらまし

TNFファミリー分子の保存領域にもとづくESTデータベース検索により，後に同一の分子とわかったTRAILとAPO2Lはそれぞれ1995年と1996年にアポトーシス誘導分子として独立に発見され，クローニングされた．

APO2L（TRAIL）は，281アミノ酸のII型膜タンパク質として産生され，細胞内と細胞外領域はそれぞれ17と243アミノ酸で構成される（**図14**）．メタロプロテアーゼによる切断により，可溶型リガンドとしても産生される．APO2Lは，ホモ三量体を形成し，受容体であるTRAIL-

APO2L アミノ酸の数と相同性

	ヒト	マウス
細胞内	17	17
膜貫通部	21	21
細胞外	243	253
相同性	66%	

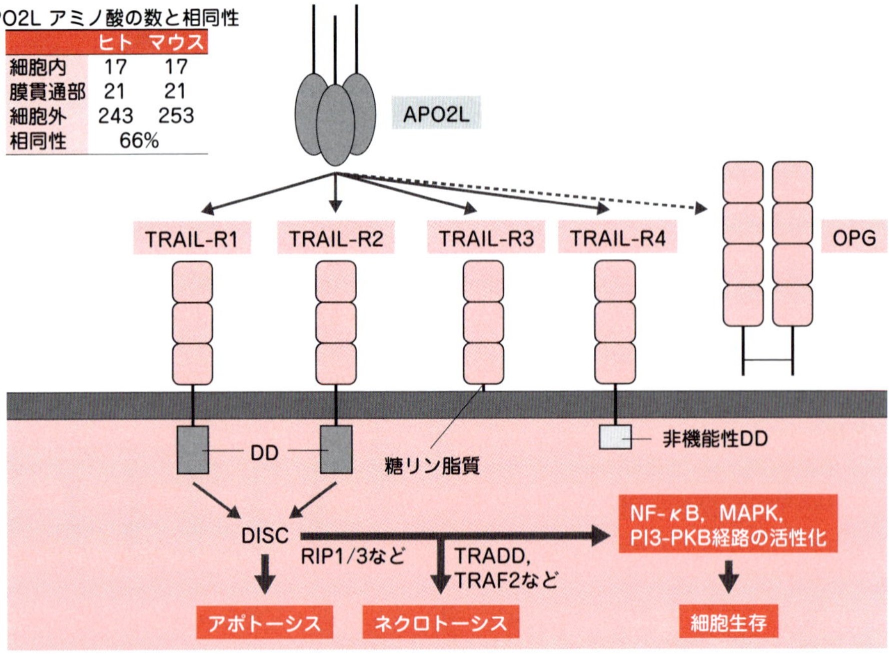

アミノ酸の数と相同性（ヒト）

	TRAIL-R1	TRAIL-R2	TRAIL-R3	TRAIL-R4	OPG
シグナルペプチド	23	55	25	55	21
細胞外	216	155	234	156	380
膜貫通部	23	21		21	
細胞内（DD）	206（84）	209（84）		154（27）	

図14 APO2LとTRAIL-R1/R2/R3/R4，OPGの相互作用

詳細は本文参照.

R1（別名：Apo2，CD261，DR4，TNFRSF10A），TRAIL-R2（別名：CD262，DR5，KILLER，TNFRSF10B，TRICK2A，TRICKB），TRAIL-R3（別名：CD263，DcR1，LIT，TNFRSF10C，TRID），TRAIL-R4（別名：CD264，DcR2，TNFRSF10D，TRUNDD），OPG（別名：OCIF，TNFRSF11B，TR1）に結合する[1) 2)].

TRAIL-R1とTRAIL-R2は，細胞内にある84アミノ酸のデスドメイン（DD）を介してアポトーシスを誘導する．TRAIL-R3，TRAIL-R4，OPGは，デコイ受容体としてAPO2Lの機能を阻害すると考えられている．TRAIL-R3は細胞内領域をもたず，糖リン脂質により細胞膜に固定される．TRAIL-R4は膜貫通タンパク質であり，細胞内に非機能性の短いDDをもつ．APO2L-OPG間の結合力は小さく，その生理的意義は明確でない（なお，OPGはRANKとも結合する．11参照）．マウスでは，DDをもつ受容体としてTRAIL-R2（別名：DR5，KILLER，Tnfrsf10b）のみが存在し，ヒトのTRAIL-R1およびTRAIL-R2とそれぞれ43％および49％のアミノ酸相同性を示す．またマウスには，ヒトのTRAIL-R3とTRAIL-R4とは構造が異なる潜在的なデコイ受容体Tnfrsf22（別名：mDcTrailr2，Tnfrh2）とTnfrsf23（別名：mDcTrailr1，Tnfrh1）が存在する．

2) 機能

APO2Lは，免疫系を構成するさまざまな細胞や組織に幅広く発現し，抗原やインターフェロン（IFN）などの刺激により発現が上昇する．

APO2Lによるアポトーシス誘導は，正常細胞よりも腫瘍細胞に対し高い選択性を示し，これはTNFα（12参照）やFASLによるアポトーシス誘導と対照的である．APO2LがTRAIL-R1/R2に結合すると受容体のDDがオリゴマー化し，FADD（Fas-associated death domain）やカスパーゼ8/10を含むDISC（death inducing signaling complex）が形成される．DISCは引き続きカスパーゼ3/6/7を活性化し，ミトコンドリア依存的および非依存的なアポトーシスを誘導する．また，APO2LはRIP1/3を介してネクロトーシスを誘導する[2) 3)].

一方である種のがん細胞では，APO2L刺激によりサイトカインやケモカインの産生，細胞生存が促進される．これは，形質膜から細胞内へ移行したDISCがTRADD，TRAF2，RIP1，NEMOなどと複合体を形成することでNF-κB，MAPK，PI3K-PKB経路が活性化されることによる．しかし，APO2Lの細胞生存作用はTNFαと比較して弱く，その制御機構もよくわかっていない[2]．

3) KOマウスの表現型/ヒト疾患との関連

*APO2L*ノックアウトや*TRAIL-R2*ノックアウトマウスの発生や生育に異常は認められない．一方で*APO2L*ノックアウトマウスでは，胸腺細胞のアポトーシスに異常が認められ，自己免疫応答が亢進する．APO2LとTRAIL-R2の相互作用は，自己反応性T細胞の除去や過剰な免疫応答の抑制に寄与する．多発性硬化症や全身性エリテマトーデス（SLE）患者では，血清中のAPO2L濃度が上昇し，血中濃度と疾患の重症度との間に関連性が認められる[2]．

APO2LとTRAIL-R2は，腫瘍抑制因子として機能しており，*APO2L*ノックアウトや*TRAIL-R2*ノックアウトマウスでは，NK細胞やT細胞などによる免疫監視機構に障害が生じ，腫瘍の誘導，形成，転移が促進する．例えばヒト乳がんにおけるAPO2Lの発現低下とがん細胞の脳への転移との関連性が示唆されている．また頭頸部扁平上皮がん患者から，TRAIL-R2の機能欠損変異が発見された．この変異では翻訳領域における2塩基挿入により終止コドンが導入され，不完全長TRAIL-R2タンパク質が産生される[4]．

さまざまながん細胞に対して組換えAPO2Lタンパク質や抗TRAIL-R1/R2刺激抗体の抗腫瘍活性が臨床試験されている．しかし，耐性腫瘍細胞の存在やTRAIL-R1/R2シグナルによる転移・浸潤の促進効果が問題となり，他の抗がん剤や放射線治療との併用療法が検討されている[5]．

【データベース】

	支配染色体	ID
APO2L（TRAIL, TNFSF10）		
ヒト	3q26	HGNC：11925
マウス	3（10.82 cM, cytoband A3）	MGI：107414
TRAIL-R1（DR4, TNFRSF10A）		
ヒト	8p21	HGNC：11904
TRAIL-R2（DR5, TNFRSF10B）		
ヒト	8p22-p21	HGNC：11905
マウス	14（36.10 cM）	MGI：1341090
TRAIL-R3（DcR1, TNFRSF10C）		
ヒト	8p22-p21	HGNC：11906
TRAIL-R4（DcR2, TNFRSF10D）		
ヒト	8p21	HGNC：11907
OPG（TNFRSF11B）		
ヒト	8q24	HGNC：11909
マウス	15（21.15 cM）	MGI：109587

【単クローン抗体】

	クローン名	入手先
抗ヒトAPO2L（TRAIL）		
	2E1-1B9	Epigentek社
	B-S23	Abcam社
	D-3	Santa Cruz Biotechnology社
	RIK-1	BDバイオサイエンス社
	RIK-2	Abcam社/BDバイオサイエンス社/Enzo Life Sciences社/Santa Cruz Biotechnology社/Abnova社/LifeSpan BioSciences社/BioLegend社/Affymetrix社/Miltenyi Biotec社
	2E5	Abcam社/Abnova社/Enzo Life Sciences社
	55B709.3	Abcam社/LifeSpan BioSciences社
	75402/75411/124723	R & Dシステムズ社
	III6F/VI10E/HS501	Enzo Life Sciences社/LifeSpan BioSciences社
	C92B9	CST社
	B35-1	BDバイオサイエンス社
抗マウスAPO2L（TRAIL）		
	N2B2	Abcam社/BDバイオサイエンス社/Merck Millipore社/AbD Serotec社/BioLegend社/Life Technologies社/Affymetrix社/Abnova社/Santa Cruz Biotechnology社/Miltenyi Biotec社
	D-3	Santa Cruz Biotechnology社
	170533	R & Dシステムズ社
抗ヒトTRAIL-R1		
	DJR1	Affymetrix社/BioLegend社/Enzo Life Sciences社
	69036	R & Dシステムズ社
	HS101/TR1.02	Enzo Life Sciences社

抗ヒトTRAIL-R2

DJR2-2（2-6）/ DJR2-4（7-8）	Affymetrix社/BioLegend社/Enzo Life Sciences社/Miltenyi Biotec社
71903/71908/603307	R & Dシステムズ社
HS201	Enzo Life Sciences社
D4E9	CST社

抗ヒトTRAIL-R3

DJR3	Affymetrix社/BioLegend社/Enzo Life Sciences社/Miltenyi Biotec社
HS301/LEIA/TR3.06	Enzo Life Sciences社
90903/90905/90906	R & Dシステムズ社

抗ヒトTRAIL-R4

104918	R & Dシステムズ社
01	Enzo Life Sciences社
D13H4	CST社

抗マウスTRAIL-R2

MD5-1	Affymetrix社/BioLegend社/Merck Millipore社/Miltenyi Biotec社
118929	R & Dシステムズ社

【リコンビナントタンパク質】

タンパク質名	入手先
ヒトAPO2L（TRAIL）	Affymetrix社/Enzo Life Sciences社/Merck Millipore社/Miltenyi Biotec社/Peprotech社/R & Dシステムズ社/和光純薬工業社
マウスAPO2L（TRAIL）	Enzo Life Sciences社/Peprotech社/R & Dシステムズ社

【cDNA】

遺伝子名	入手先
ヒトTRAIL	理化学研究所BRC/かずさDNA研究所/OriGene社
マウスTRAIL	理化学研究所BRC/OriGene社
ヒトTRAIL-R1	理化学研究所BRC/かずさDNA研究所/OriGene社
ヒトTRAIL-R2	理化学研究所BRC/かずさDNA研究所/OriGene社
マウスTRAIL-R2	理化学研究所BRC/OriGene社
ヒトTRAIL-R3	かずさDNA研究所/OriGene社
ヒトTRAIL-R4	理化学研究所BRC/かずさDNA研究所/OriGene社

参考文献

1）Corazza N, et al：Ann N Y Acad Sci, 1171：50-58, 2009
2）Gonzalvez F & Ashkenazi A：Oncogene, 29：4752-4765, 2010
3）Benedict CA & Ware CF：J Exp Med, 209：1903-1906, 2012
4）Pai SI, et al：Cancer Res, 58：3513-3518, 1998
5）Azijli K, et al：Cell Death Differ, 20：858-868, 2013

（林　隆也，石井直人）

Keyword

15 TWEAK

▶フルスペル：tumor necrosis factor-like weak inducer of apoptosis

▶別名：Apo3L，CD255，DR3LG，TNFSF12〔tumor necrosis factor（ligand）superfamily，member 12〕

1）歴史とあらまし

TWEAKは，1997年にアポトーシス誘導能をもつ新しいTNF様分子として発見され，その遺伝子が単離された．2001年，TWEAKの受容体が発見され，これが線維芽細胞成長因子（FGF）で誘導されるFN14〔Fibroblast growth factor inducible molecule 14，別名：CD266，TNFRSF12A（tumor necrosis factor receptor superfamily，member 12A），TWEAKR〕と同一分子であることが判明した[2]．

ヒトTWEAKは249アミノ酸のII型膜タンパク質として産生され，細胞内と細胞外はそれぞれ21と207アミノ酸で構成される（**図15**）．また，furinプロテアーゼによる切断により156アミノ酸の可溶型リガンド（sTWEAK）としても産生される．TWEAKはホモ三量体を形成し，受容体であるFN14に結合する．この結合によってFN14もホモ三量体を形成する．27アミノ酸のシグナルペプチドが切断された成熟ヒトFN14は，102アミノ酸からなるI型膜タンパク質として産生され，細胞外と細胞内はそれぞれ53と28アミノ酸で構成される．FN14の細胞内領域には，TRAF1，TRAF2，TRAF3，TRAF5が結合し，MAPK，NF-κB，PI3K-PKB経路を活性化する．

2）機能

TWEAK-FN14相互作用はアポトーシスの誘導のみならず，細胞の増殖，分化，遊走，血管新生，組織線維化，腫瘍形成，炎症，自己免疫応答など多様な生体反応を制御する．これらの生体応答は，組織の急性損傷を修復す

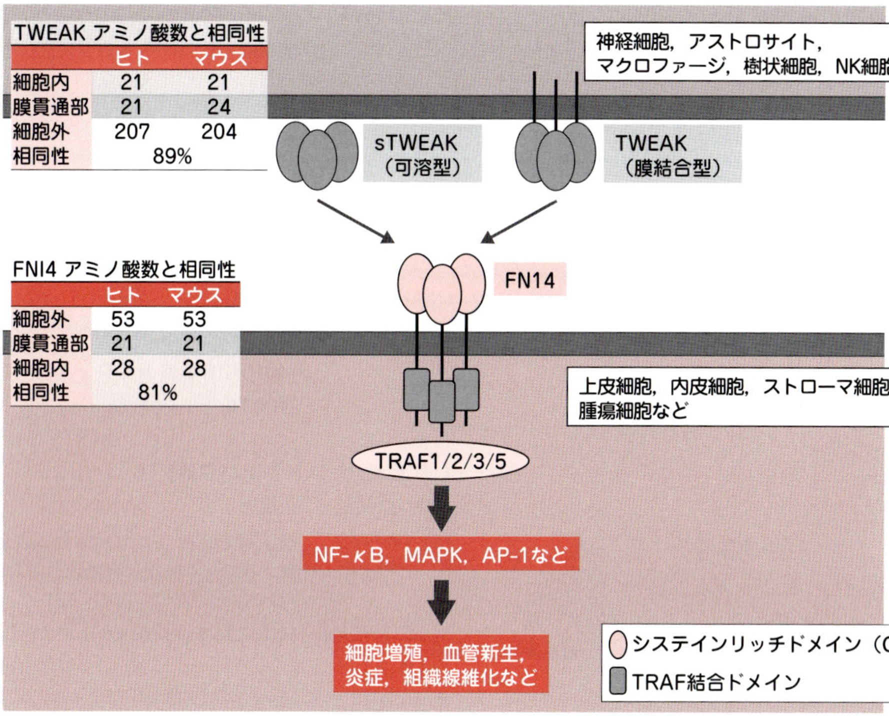

図15 TWEAKとFN14の相互作用
詳細は本文参照．

ることで生体の恒常性維持に寄与する一方で，その反応の過剰により中枢神経系，血管系，腎臓などにおける組織障害，慢性炎症，組織の線維化を引き起こす[2]．

TWEAKは，多様な組織に広く発現する．神経細胞，アストロサイト（星状細胞），マクロファージ，樹状細胞，NK細胞，また多くのがん細胞株に発現が認められる．FN14は，上皮細胞，内皮細胞，ストローマ細胞などの実質組織に広く発現し，さまざまな増殖因子，サイトカインにより発現が誘導される．非血球系のがん細胞にも高発現する[3]．

TWEAK–FN14シグナルは，抗アポトーシス遺伝子，増殖因子，サイトカインなどの発現を誘導する．これにより，間葉系細胞，上皮細胞などの細胞増殖を促進し，また血管新生に寄与する．一方，さまざまながん細胞株，単球，NK細胞，尿細管細胞，神経細胞などに細胞死を誘導する．この細胞死は，TNF α（12参照）とのクロストークを介した間接的な作用であることが示唆されている[4]．実際TWEAK–FN14シグナル下流で，TNF αの遺伝子の発現が誘導され，TNFR1によるアポトーシスシグナルの活性化が報告されている．

TWEAKは，間葉系細胞，筋細胞，骨細胞，神経細胞などの前駆細胞に作用し，これらの分化を制御する．さらに，TWEAK–FN14シグナルは，間葉系細胞，上皮細胞，星状細胞，マクロファージなどに炎症性サイトカイン，ケモカイン，接着分子，マトリクスメタロプロテアーゼの発現を誘導し，炎症反応や自己免疫応答を促進する．

3) KOマウスの表現型/ヒト疾患との関連

*TWEAK*ノックアウトおよび*FN14*ノックアウトマウスは，正常に発生し発育する．一方でTWEAK–FN14の相互作用は，さまざまな炎症疾患の病態形成と関連する．実際に，*TWEAK*ノックアウトおよび*FN14*ノックアウトマウスを用いた疾患モデルの解析から，これら分子の相互作用が筋萎縮，脳虚血，腎障害，種々の循環器系疾患，炎症性・自己免疫疾患の増悪因子となることが明らかにされており，関節リウマチ，多発性硬化症，全身性エリテマトーデス（SLE），炎症性腸疾患などの自己免疫疾患や，多くのがんの患部組織でTWEAK，FN14の高発現が認められる．

組織の損傷や悪性病変により，TWEAK–FN14シグナルを介して増殖因子や炎症メディエーターの産生が亢進し，血管新生，筋線維芽細胞，コラーゲンの沈着が誘導され組織の線維化が生じる．腫瘍組織においてはこれが慢性化し，病的な組織線維化が誘導される．組織へ浸潤した白血球やがん細胞より産生されるTWEAKは，腫瘍組織のFN14に結合し，組織損傷，慢性炎症，無秩序な血管新生，腫瘍の転移を誘導し，がんが進行する[5]．

マウスの疾患モデル解析により，TWEAK-FN14相互作用の阻害により炎症病態の改善が認められることから，TWEAKを標的とした生物製剤の開発が期待されている．さらに，リウマチ関節炎やループス腎炎に対して，抗TWEAK中和抗体の臨床試験が行われている．また，抗TWEAK抗体（抗TWEAK中和抗体あるいは抗FN14刺激抗体）の固形がんに対する臨床試験も行われている[4]．

【データベース】

	支配染色体	ID
TWEAK（TNFSF12）		
ヒト	17p13.1	HGNC：11927
マウス	11（42.86 cM）	MGI：1196259
FN14（TNFRSF12A）		
ヒト	16p13.3	HGNC：18152
マウス	17（11.99 cM）	MGI：1351484

【単クローン抗体】

	クローン名	入手先
抗ヒトTWEAK		
	CARL-1	BDバイオサイエンス社/BioLegend社/Santa Cruz Biotechnology社
	CARL-2	BDバイオサイエンス社/BioLegend社
	173830	R & Dシステムズ社
	Mira-2	Enzo Life Sciences社
	ab57926/EPR11228（2）	Abcam社
抗マウスTWEAK		
	189803	R & Dシステムズ社
	MTW-1	Miltenyi Biotec社/Affymetrix社/Abcam社/BioLegend社/Santa Cruz Biotechnology社
	EPR11228（2）	Abcam社
抗ヒトFN14		
	314502	R & Dシステムズ社
	ITEM-1	Abcam社/Affymetrix社/Life Technologies社/BioLegend社
	ITEM-4	Abcam社/Affymetrix社/BioLegend社/Miltenyi Biotec社/Santa Cruz Biotechnology社
	EPR3179	Abcam社
抗マウスFN14		
	314615/314636	R & Dシステムズ社
	EPR3179	Abcam社

【リコンビナントタンパク質】

タンパク質名	入手先
ヒトTWEAK	BioLegend社/Enzo Life Sciences社/R & Dシステムズ社/Peprotech社/GeneTex社/Abnova社/Merck Millipore社
マウスTWEAK	Enzo Life Sciences社/R & Dシステムズ社

【cDNA】

遺伝子名	入手先
ヒトTWEAK	理化学研究所BRC/かずさDNA研究所/OriGene社
マウスTWEAK	OriGene社
ヒトFN14	理化学研究所BRC/かずさDNA研究所/OriGene社
マウスFN14	理化学研究所BRC/OriGene社

参考文献

1）Burkly LC, et al：Cytokine, 40：1-16, 2007
2）Wajant H：Br J Pharmacol, 170：748-764, 2013
3）Burkly LC, et al：Immunol Rev, 244：99-114, 2011
4）Winkles JA：Nat Rev Drug Discov, 7：411-425, 2008
5）Burkly LC：Semin Immunol, 26：229-236, 2014

（奥山祐子，石井直人）

5章 ケモカインファミリー
chemokine family

Keyword

1 CCL1, CCL18, mCCL8, CCR8
2 CCL2/7/8/13, mCCL12, CCR2
3 CCL3/3L1/4/5, CCR1/5
4 CCL11/24/26, CCR3
5 CCL14/15/16/23
6 CCL19/21, CCR7
7 CCL17/22, CCR4
8 CCL20, CCR6
9 CCL25, CCR9
10 CCL27/28, CCR10
11 CXCL1～3/5～8, CXCR1/2
12 CXCL4/9～11, CXCR3
13 CXCL12, CXCR4, CXCR7 (ACKR3)
14 CXCL13, CXCR5
15 CXCL14
16 CXCL16, CXCR6
17 CX_3CL1, CX_3CR1
18 XCL1/2, XCR1

概論

1. 歴史とあらまし

1) ケモタキシス

ケモカインとは，方向性のある細胞遊走（ケモタキシス）を誘導するサイトカインの一群の総称である．その主な標的細胞は顆粒球，単球，リンパ球，などの白血球である．ケモカインによる白血球のケモタキシスは，大きく4つのステップによって行われる（**イラストマップ❶**）．すなわち，①後毛細血管小静脈では，セレクチンとセレクチンリガンドによる緩やかな結合により白血球は一時的に停止し（tethering），さらに血管内皮の表面をゆっくり転がるという現象を示す（rolling）．そこに炎症やホメオスタシスによって各種の細胞からケモカインが産生されてくると，②血管内皮細胞表面に提示されたケモカインはケモカイン受容体を介して細胞内にシグナルを伝達し，白血球は活性化される（activation）．すると，③白血球のインテグリンが活性化され，白血球は血管内皮細胞と強固に結合し（firm adhesion），さらに，④ケモカインの濃度勾配に従って血管を通過して組織内へと遊走していく（extravasation）（**イラストマップ❶**）．

2) ケモカインとその受容体の特徴

白血球やその他の血液系細胞は，さまざまな種類や異なる分化段階の細胞で構成される．そして，ホメオスタシスや炎症などのさまざまな状況に応じて，それぞれの細胞が時空間的によく制御されて遊走してくることが必要である．そのため，細胞遊走を制御するケモカイン系は多数のリガンドと受容体の組合わせからなる高次システムを形成することになる．2015年現在，ヒトでは44種に上るケモカインが同定されている（**表1**）．また，18種のシグナル伝達型受容体と5種の非定型（スカベンジャーあるいはデコイ）受容体が同定されている（**表2**）．

ケモカインは当初，好中球や単球を遊走する因子として見出され，主に急性および慢性炎症での役割が研究されてきた．そして，①CXCケモカインは主に好中球を遊走し，それらの遺伝子は4番染色体にクラスターを形成して存在すること，②CCケモカインは主に単球を遊走して，それらの遺伝子は17番染色体にクラスターを形成して存在すること，③複数のリガンドが1つの受容体に作用すること，また④1つのリガンドが複数の受容体に作用すること，⑤受容体は主に2番と3番染色体にクラスターを形成すること，というような特異な性質が明らかになっていた（**イラストマップ❷**）．

これは進化的には次のように理解できる．すなわち，ケモカインは4番あるいは17番染色体に存在した祖先遺伝子から，度重なる遺伝子重複により急激にその数を増やしてきた．その結果，1つの受容体に対して作用す

イラストマップ❶ 白血球のケモタキシスのマルチステップモデル

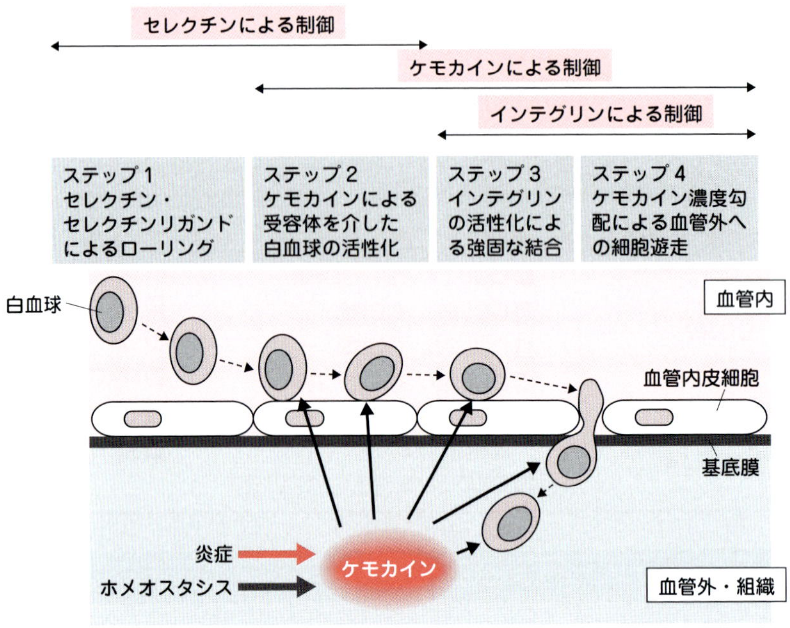

るリガンドが複数できた．さらに受容体の方も，やはり2番あるいは3番染色体に存在する祖先遺伝子から，度重なる遺伝子重複によりその数を増やした．その結果，複数のリガンドと複数の受容体の関係ができあがり，さらにそれぞれのリガンドと受容体の関係も個々に変化していった．ただし，複数のリガンドが同じ受容体に作用する場合でも，個々のリガンドによって結合親和性やシグナル伝達が異なることが知られている．そのためそれぞれのリガンドの作用は必ずしも同じではない．さらに生体内ではそれぞれの発現細胞，発現制御機構，組織内分布などといったリガンドを取り巻くさまざまな環境の違いから，それぞれ異なる役割をもつものと考えられる．

また，ケモカイン系の急激な進化は，ヒトとマウスの間ですら，種独自のケモカインや対応関係のはっきりしないケモカインを生じさせるに至っている（**表1**）．一方，リガンドに比べると受容体の方は種間で比較的よく保存されている．しかし，それでも種間で役割は必ずしも同じでないことがありうる．そのためケモカイン系の研究では，マウスなどで得られた結果をそのまま直接ヒトに適用することができない場合もある．

2. 炎症性ケモカインと恒常性（免疫系）ケモカイン

1) 炎症性ケモカインと遺伝子重複

それにしてもなぜ4番や17番染色体に存在するCXCやCCケモカインで，これほど大規模な遺伝子重複が起こったのだろうか．それはこれらのCXCおよびCCケモカインが主に好中球，単球，好酸球などを標的細胞とする，いわば「炎症性ケモカイン」であることと密接に関係していると考えられる．すなわち，微生物感染や組織損傷といった，生体にとっての緊急事態に対応してすみやかに発動される炎症反応では，多数の白血球を炎症局所に迅速に集中させることが必要となる．そのため重複して作用する多数のケモカイン群による強力な細胞遊走が要求されるのであろう（量的制御）．

しかしながら，これらの「炎症性ケモカイン」の視点からはリンパ球が示す生理的な再循環（血液→二次リンパ組織→輸出リンパ管→血液），活性化樹状細胞の末梢

表1 ヒトとマウスのケモカイン一覧（次ページへ続く）

系統名（活性型）※1	その他の主な名称		受容体（アンタゴニスト）※2	主な標的細胞	ヒト染色体	NCBIデータベース	
	ヒト	マウス				ヒト	マウス
CCサブファミリー							
CCL1（1）	I-309	TCA-3	CCR8	単球，皮膚T細胞，一部のTh2細胞	17q12	P22362	P10146
CCL2（2）	MCP-1	JE	CCR2	単球，マクロファージ	17q11.2-q12	P13500	P10148
CCL3	MIP-1 α	MIP-1 α	CCR1，CCR5	単球	17q12	P10147	P10855
CCL4 }（3）	MIP-1 β	MIP-1 β	CCR5	単球	17q12	P13236	P14097
CCL5	RANTES	RANTES	CCR1，CCR3，CCR5	単球，好酸球	17q12	P13501	P30882
Ccl6	—	C10	未知	—		—	P27784
CCL7 }（2）	MCP-3	MCP-3	CCR2，CCR1，CCR3（CCR5）	単球	17q11.2-q12	P80098	Q03366
CCL8	MCP-2	—	CCR2，CCR1，CCR5	単球	17q11.2	P80075	—
Ccl8（1）	—	Mcp-2	Ccr8	皮膚T細胞	—	—	Q9Z121
Ccl9	—	MIP-1 γ	未知	—	—	—	P51670
CCL11（4）	eotaxin-1	eotaxin-1	CCR3，CCR5（CXCR3，CCR2）	好酸球，好塩基球	17q12	P51671	P48298
Ccl12 }（2）	—	Mcp-5		好酸球，好塩基球	—	—	Q62401
CCL13	MCP-4	—	CCR2，CCR3	単球	17q11.2	Q99616	—
CCL14（9-74）	HCC-1	—	CCR1，CCR3，CCR5	単球	17q11.2	Q16627	—
CCL15（24/25/28-92） }（5）	HCC-2	—	CCR1，CCR3	単球	17q11.2	Q16663	—
CCL16	LEC	偽遺伝子	CCR1，CCR2，CCR5，H4	単球，好酸球（H4）	17q11.2	O15467	—
CCL17（7）	TARC	TARC	CCR4	Th2細胞，CLA$^+$T細胞，Treg細胞	16q13	Q92583	Q9WUZ6
CCL18（1）	PARC	—	CCR8（CCR3）	単球？	17q11.2	P55774	—
CCL19（6）	ELC	ELC	CCR7	ナイーブT細胞，T_{CM}細胞，樹状細胞	9p13	Q99731	O70460
CCL20（8）	LARC	LARC	CCR6	Th17細胞	2q36.3	P78556	O89093
CCL21（6）	SLC	SLC	CCR7，CXCR3（マウス）	ナイーブT細胞，T_{CM}細胞	9p13	O00585	P84444
CCL22（7）	MDC	MDC	CCR4	Th2細胞，CLA$^+$T細胞	16q13	O00626	O88430
CCL23（5）（25-99）	MPIF-1	—	CCR1，FPRL-1	単球	17q12	P55773	—

※1 括弧内の数字はN末端側の限定分解により活性型となった分子のN末端とC末端を示す．
※2 括弧内はアンタゴニストとして作用することが報告されている受容体を示す．

表1 ヒトとマウスのケモカイン一覧（前ページからの続き）

系統名（活性型）※1	その他の主な名称		受容体（アンタゴニスト）※2	主な標的細胞	ヒト染色体	NCBIデータベース	
	ヒト	マウス				ヒト	マウス
CCサブファミリー							
CCL24（4）	eoxtain-2	eoxtain-2	CCR3	好酸球	7q11.23	O00175	Q9JKC0
CCL25（9）	TECK	TECK	CCR9	小腸T細胞	19p13.2	O15444	O35903
CCL26（4）	eotaxin-3	偽遺伝子	CCR3，CX3CR1（CCR1，CCR2，CCR5）	好酸球	7q11.23	Q9Y258	Q5C9Q0
CCL27（10）	CTACK	CTACK	CCR10	CLA⁺T細胞	9p13	Q9Y4X3	Q9Z1X0
CCL28（10）	MEC	MEC	CCR10，CCR3	IgA産生細胞	5p12	Q9NRJ3	Q9JIL2
CXCサブファミリー							
CXCL1（11）	GRO-α	KC	CXCR2	好中球	4q21	P09341	P12850
CXCL2（11）	GRO-β	MIP-2	CXCR2	好中球	4q21	P19875	P10889
CXCL3（11）	GRO-γ	MIP-2β	CXCR2	好中球	4q21	P19876	Q6W5C0
CXCL4（12）	PF-4	PF-4	CXCR3（?）		4q12-q21	P02776	Q9Z126
CXCL5（11）	ENA-78	LIX	CXCR2	好中球	4q13.3	P42830	P50228
CXCL6（11）	GCP-2	—	CXCR1，CXCR2	好中球	4q13.3	P80162	—
CXCL7（11）	NAP-2	NAP-2	CXCR2	好中球	4q12-q13	P02775	Q9EQI5
CXCL8（11）	IL-8	—	CXCR1，CXCR2	好中球	4q13-q21	P10145	—
CXCL9（12）	MIG	MIG	CXCR3（CCR3）	Th1細胞	4q21.1	Q07325	P18340
CXCL10（12）	IP-10	IP-10	CXCR3（CCR3）	Th1細胞	4q21	P02778	P17515
CXCL11（12）	I-TAC	I-TAC	CXCR3（CCR3，CCR5）	Th1細胞	4q21.2	O14625	Q8R392
CXCL12（13）	SDF-1α	SDF-1α	CXCR4	造血系細胞	10q11.1	P48061	P40224
CXCL13（14）	BLC	BLC	CXCR5，CXCR3	Tfh細胞，Tfr細胞	4q21	O43927	O55038
CXCL14（15）	BRAK	BRAK	未知		5q31	O95715	Q6AXC2
Cxcl15	—	lungkine	未知		—	—	Q9WVL7
CXCL16（16）	SR-PSOX	SR-PSOX	CXCR6	NKT細胞	17p13	Q9H2A7	Q8BSU2
CX_3Cサブファミリー							
CX_3CL1（17）	fractalkine		CX3CR1	単球，NK細胞，$CD8^+$T細胞	16q13	P78423	O35188
XCサブファミリー							
XCL1（18）	lymphotactin/SCM-1α		XCR1	クロスプレゼンテーション型樹状細胞 $CD11c^+CD141^+$DC（ヒト）$CD8\alpha^+$DC（マウス）	1q23	P47992	P47993
XCL2（18）	SCM-1β	—	XCR1		1q24.2	Q9UBD3	—

※1 括弧内の数字はN末端側の限定分解により活性型となった分子のN末端とC末端を示す．
※2 括弧内はアンタゴニストとして作用することが報告されている受容体を示す．

表2　ヒトとマウスのケモカイン受容体一覧（次ページへ続く）

系統名	CD番号など	アゴニスト（アンタゴニスト）※	主な発現細胞	ヒト染色体	NCBIデータベース ヒト	NCBIデータベース マウス
CCケモカイン受容体						
CCR1（1）	CD191	CCL3，CCL3L1，CCL5，CCL7，CCL8，CCL14，CCL15，CCL16，CCL23（CCL26）	単球，メモリーT細胞，未熟樹状細胞，好中球（マウス）	3p21	P32246	P51675
CCR2（2）	CD192	CCL2，CCL7，CCL8，CCL13，CCL16，βディフェンシン2/3（CCL11，CCL26）	単球，メモリーT細胞，未熟樹状細胞	3p21.31	P41597	P51683
CCR3（4）	CD193	CCL3L1，CCL5，CCL7，CCL11，CCL13，CCL14，CCL15，CCL24，CCL26，CCL28（CCL18，CXCL9，CXCL10，CXCL11）	好酸球，好塩基球，未熟樹状細胞，過分極Th2細胞	3p21.3	P51677	P51678
CCR4（7）	CD194	CCL17，CCL22	Th2細胞，CLA$^+$T細胞，Treg細胞，Th17細胞，血小板	3p24	P51679	P51680
CCR5（3）	CD195	CCL3，CCL3L1，CCL4，CCL5，CCL8，CCL11，CCL16，結核菌Hsp70（CCL7，CCL26，CXCL11）	活性化T細胞，Th1細胞，単球，未熟樹状細胞	3p21.31	P51681	P51682
CCR6（8）	CD196	CCL20，βディフェンシン	B細胞，α4β7$^+$腸管指向性T細胞，一部のCLA$^+$皮膚指向性T細胞，Th17細胞，Th22細胞	6q27	P51684	O54689
CCR7（6）	CD197	CCL19，CCL21	ナイーブT細胞，T_{CM}細胞，B細胞，活性化樹状細胞	17q12-21.2	P32248	P47774
CCR8（1）	CDw198	CCL1，CCL18，マウスCcl8	単球，一部のTh2細胞，皮膚レジデントT細胞	3p22	P51685	P56484
CCR9（9）	CDw199	CCL25	小腸T細胞，上皮内T細胞，IgA産生細胞	3p21.3	P51686	Q9WUT7
CCR10（10）		CCL27，CCL28	CLA$^+$皮膚指向性T細胞，IgA産生細胞	17q21.1-21.3	P46092	Q9JL21
CXCケモカイン受容体						
CXCR1（11）	CD181	CXCL6，CXCL8	好中球，CD8$^+$T細胞，NK細胞	2q35	P25024	Q810W6
CXCR2	CD182	CXCL1，CXCL2，CXCL3，CXCL5，CXCL6，CXCL8	好中球，NK細胞，好中球	2q35	P25025	P35343

※括弧内はアンタゴニストとして作用することが報告されているリガンドを示す.

表2 ヒトとマウスのケモカイン受容体一覧（前ページからの続き）

系統名	CD番号など	アゴニスト（アンタゴニスト）※	主な発現細胞	ヒト染色体	NCBIデータベース	
					ヒト	マウス
CXCケモカイン受容体						
CXCR3（12）	CD183	CXCL4?，CXCL9，CXCL10，CXCL11，CXCL13，マウスCcl21（CCL11）	活性化T細胞，Th1細胞，一部のB細胞	Xq13	P49682	O88410
CXCR4（13）	CD184	CXCL12	B細胞，ナイーブT細胞，メモリーT細胞，樹状細胞，血小板，腫瘍細胞	2q21	P61073	P70658
CXCR5（14）	CD185	CXCL13	B細胞，Tfh細胞，Tfr細胞	11q23.3	P32302	Q04683
CXCR6（16）	CD186	CXCL16	Th1細胞，NK細胞，NKT細胞，形質細胞	3p21	O00574	Q9EQ16
CX_3Cケモカイン受容体						
CX_3CR1（17）		CX_3CL1，CCL26	単球，レジデントマクロファージ，$CD8^+$T細胞，NK細胞，上皮内T細胞	3p21.3	P49238	Q9Z0D9
XCケモカイン受容体						
XCR1（18）		XCL1，XCL2	クロスプレゼンテーション型樹状細胞 $CD11c^+CD141^+$（ヒト） $CD8\alpha^+$DC（マウス）	3p21.3	P46094	Q9R0M1
非定型（スカベンジャー/デコイ）受容体						
ACKR1	CD234，DARC	CCL2，CCL5，CCL7，CCL11，CCL13，CCL14，CCL17，CXCL5，CXCL6，CXCL8，CXCL11	赤血球，高内皮小静脈（HEV）の血管内皮細胞	1q21-q22	Q16570	Q9QUI6
ACKR2	D6	CCL2，CCL3，CCL4，CCL5，CCL7，CCL8，CCL11，CCL13，CCL14，CCL17，CCL22	リンパ管内皮，樹状細胞，一部のB細胞	3p21.3	O00590	Y12879
ACKR3	RDC1，CXCR7	CXCL11，CXCL12	B細胞，脳微小血管，腫瘍細胞	2q37.3	P25106	P56485
ACKR4	CCRL1，CCX，CKR	CCL19，CCL21，CCL25	皮膚角化細胞，2次リンパ組織ストローマ細胞，胸腺上皮細胞	3q22	Q9NPB9	Q924I3
ACKR5	CCRL2	CCL19	単球，樹状細胞，好中球，T細胞，B細胞，NK細胞	3p21	O00421	O35457

※括弧内はアンタゴニストとして作用することが報告されているリガンドを示す．

イラストマップ❷ ヒトのケモカインー受容体の関係

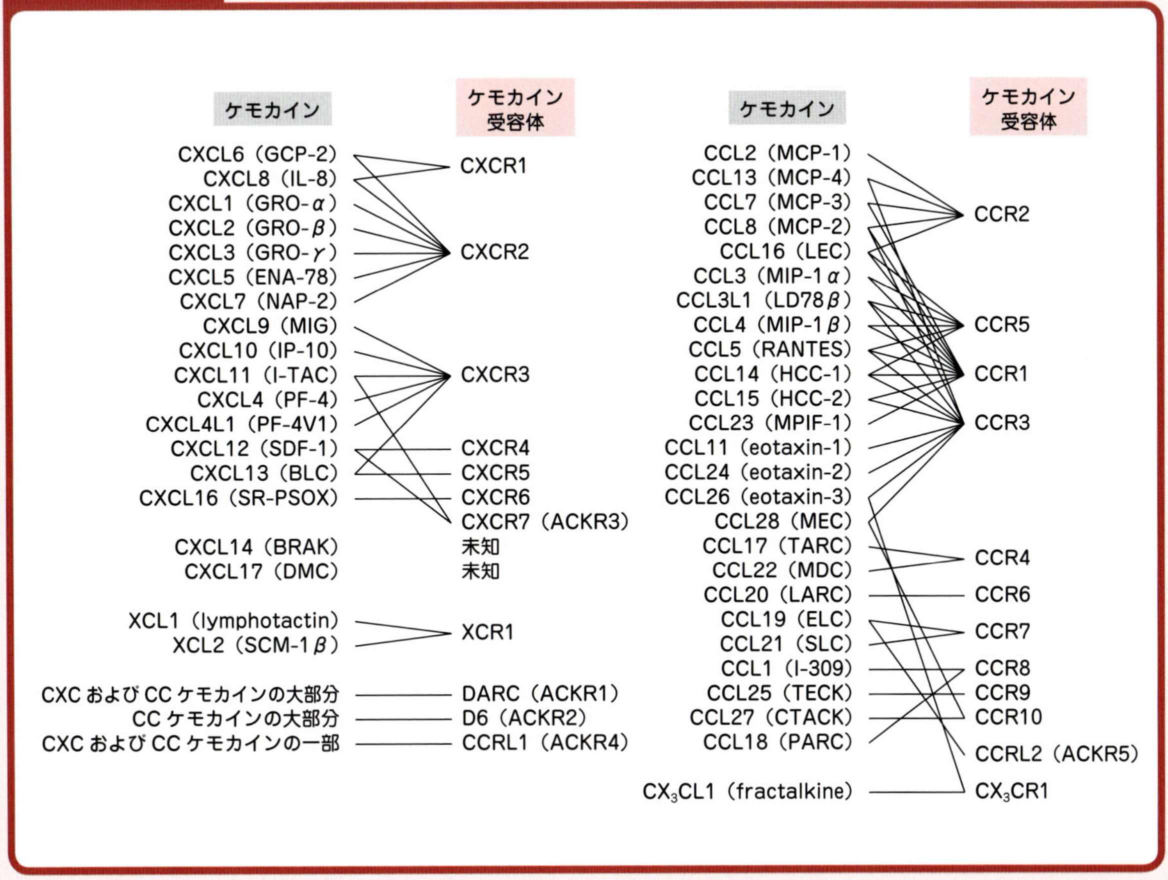

組織から所属リンパ節への帰巣，免疫応答での各種リンパ球サブセットの選択的組織浸潤などを十分説明することができなかった．

2）恒常性（免疫系）ケモカインとその生理機能

ところが1990年代に入り，ランダムなcDNAの部分塩基配列を集積したEST（expressed sequence tag）データベースが充実してきて，そこからバイオインフォマティクス（生物情報科学）などを利用して，容易に遺伝子ファミリーの新規メンバーを探索・発見することが可能となった．特にケモカインは比較的低分子で，しかも指標となる4つのシステイン残基があるため，このような探索が大変有効であり，’90年代半ばから再び新しいケモカインが続々と発見されてきた．そして驚くべきことに，新しく見出されたケモカインの多くは，①リンパ球や樹状細胞といった免疫担当細胞を選択的に遊走し，②遺伝子もしばしば従来のケモカインクラスター以外の染色体領域にマップされ，③リガンド・受容体関係も比較的特異性が高いという特徴を示した．このように，従来のケモカイン系とは機能的にも進化的にも大きく異なるケモカインのグループ，すなわち「恒常性（免疫系）ケモカイン」が新たに出現してきたのである．これらのケモカインは，ナイーブリンパ球や樹状細胞の二次リンパ組織へのホーミング，メモリー/エフェクターリンパ球の免疫応答の場への移動などに関与し，そのため，比較的特異性の高い遊走制御を必要とすると考えられる（質的制御）．

「恒常性（免疫系）ケモカイン」の出現とともに，免疫系におけるケモカインの重要性がにわかに認識されることとなった．そしてリンパ球のさまざまなクラスやサブセットの体内での移動と組織内局在を説明するため，ケモカイン受容体の発現解析が精力的に進められた．その結果，ケモカイン受容体の発現パターンはさまざまな

表3　T細胞サブセットとケモカイン受容体

サブセット	主要ケモカイン受容体
ナイーブT細胞	CCR7
セントラルメモリーT細胞（T_{CM}）	CCR7
Ⅰ型ヘルパーT細胞（Th1）	CXCR3
Ⅱ型ヘルパーT細胞（Th2）	CCR4
IL-17産生T細胞（Th17）	CCR6
IL-22産生T細胞（Th22）	CCR6
制御性T細胞（Treg）	CCR4
濾胞ヘルパーT細胞（Tfh）	CXCR5
濾胞制御性T細胞（Tfr）	CXCR5
腸管指向性T細胞（$\alpha 4 \beta 7^{+}$T）	CCR6
皮膚指向性T細胞（CLA^{+}T）	CCR4
小腸レジデントT細胞	CCR9
皮膚レジデントT細胞	CCR8
細胞傷害性エフェクターメモリーT細胞（T_{CEM}）	CX_3CR1

T細胞サブセットやその他の白血球の有用な表面マーカーとして認識されるようになった（**表3**）．

ただし，ケモカイン系の役割はこのような炎症や免疫応答での細胞遊走にとどまらない．すなわち，発生における細胞移動，血管新生の促進あるいは抑制，がんのストローマ形成・転移・免疫回避，ヒト免疫不全症ウイルス（human immunodeficiency virus：HIV）感染，などのさまざまな分野でケモカイン系の重要性が明らかにされている．

3. ケモカインの分子構造と機能

1) ケモカインの分類と構造

イラストマップ❸にヒトのケモカインのアミノ酸配列を示した．ケモカインにはよく保存された4つのシステイン残基が存在し，そのうちN末端側2個の形成するモチーフにより，CXC，CC，(X)C，CX_3C（Xは他のアミノ酸残基）の4つのサブファミリーに分類される（**イラストマップ❹**）．

ケモカインはまず100アミノ酸ほどの前駆体として翻訳され，そこから20アミノ酸前後のシグナルペプチドが切断されて成熟型の分泌タンパク質となる．ただし，CXCL16とCX_3CL1は例外で，Ⅰ型膜タンパク質として翻訳される．すなわち，この2つはN末端側のケモカインドメインに続いて，セリン/スレオニン/プロリンに富みO結合型糖鎖で修飾されたムチン様ストーク，膜貫通領域，細胞内領域からなる（**イラストマップ❹**）．一般にケモカインは，細胞外基質の主成分であるヘパラン硫酸グリコサミノグリカン（HS-GAG）と強く結合する性質を示し，それによって細胞や組織に固定されて提示されると考えられる．CXCL16とCX_3CL1の場合は，あらかじめ細胞膜表面に結合した形で産生されるわけである．そして，メタロプロテアーゼADAM10（a disintegrin and metalloproteinase domain 10）などにより限定分解を受けると分泌型となる．

2) ジスルフィド結合

ケモカインのよく保存された4つのシステイン残基は，N末端側から1番目と3番目，2番目と4番目の間でジスルフィド（SS）結合を形成する（**イラストマップ❹**）．いくつかのケモカインではさらに2つのシステイン残基が存在し（**イラストマップ❸**），これらの間でもジスルフィド結合が形成される．このようなケモカインでは，立体構造がさらに安定化され，タンパク質分解酵素による分解に対してより抵抗性となると考えられる．また，ケモカインは共通の三次構造を示し，N末端の自由構造に続

イラストマップ③ ヒトのケモカインのアミノ酸配列

ケモカイン	アミノ酸配列（N 末端側 → C 末端側）	サブファミリー
CXCL1 (Gro-α)	ASVATELRC-Q-CLQT-LQGIHPKNIQ---SVNVKSPGPHCAQTEVIATLKN-----GRKACLNPASPIVKKIIEKMLNSDKSN	CXC
CXCL2 (Gro-β)	APLATELRC-Q-CLQT-LQGIHLKNIQ---SVKVKSPGPHCAQTEVIATLKN-----GQKACLNPASPMVKKIIEKMLKNGKSN	
CXCL3 (Gro-γ)	ASVVTELRC-Q-CLQT-LQGIHLKNIQ---SVNVRSPGPHCAQTEVIATLKN-----GKKACLNPASPMVQKIIEKILNKGSTN	
CXCL5 (ENA-78)	AGPAAAVLRELRC-V-CLQT-TQGVHPKMIS---NLQVFAIGPQCSKVEVVASLKN-----GKEICLDPEAPFLKKVIQKILDGGNKEN	
CXCL6 (GCP-2)	GPVSAVLTELRC-T-CLRV-TLRVNPKTIG---KLQVFPAGPQCSKVEVVASLKN-----GKQVCLDPEAPFLKKVIQKILDSGNKKN	
CXCL7 (NAP-2)	AELRC-M-CIKT-TSGIHPKNIQ---SLEVIGKGTHCNQVEVIATLKD-----GRKICLDPDAPRIKKIVQKKLAGDESAD	
CXCL8 (IL-8)	AVLPRSAKELRC-Q-CIKTYSKPFHPKFIK---ELRVIESGPHCANTEIIVKLSD-----GRELCLDPKENWVQRVVEKFLKRAENS	
CXCL9 (MIG)	TPVVRKGRC-S-CISTNQGTIHLQSLK---DLKQFAPSPSCEKIEIIATLKN-----GVQTCLNPDSADVKELIKKWEKQVSQKKKQKNGKKHQKKKVLKVRKSQRSRQKKTT	
CXCL10 (IP-10)	VPLSRTVRC-T-CISISNQPVNPRSLEK---LEIIPASQFCPRVEIIATMKKK----GEKRCLNPESKAIKNLLKAVSKEMSKRSP	
CXCL11 (I-TAC)	FPMFKRGRC-L-CIGPGVKAVKVADIEKASIMYP---SNNCDKIEVIITLKEN----KGQRCLNPKSKQARLIIKKVERKNF	
CXCL4 (PH4)	EAEEDGDLQC-L-CVKT-TSQVRPRHIT---SLEVIKAGPHCPTAQLIATLKN-----GRKICLDLQAPLYKKIIKKLLES	
CXCL12 (SDF-1α)	KPVSLSYRC-P-C-RFFESHVARANV---KHLKILN-TPNCA-LQIVARLKNN----NRQVCIDPKLKWIQEYLEKALNK	
CXCL13 (BLC)	VLEVYYTSLRC-R-CVQESSVFIPRRFI---DRIQILPRGNGCPRKEIIVWKKN-----KSIVCVDPQAEWIQRMMEVLRKRSSSTLPVPVFKRKIP	
CXCL14 (BRAK)	SKC-K-C----SRKGPKIRYSDVKKLEMKPKYPHCEEKMVIITTKSVSRYRGQEHCLHPKLQSTKRFIKWYNAWNEKRRVYEE	
CXCL16 (SR-PSOX)	NEGSVTGSC-Y-CGKRISSDSPPSVQFMNRLRKHLRAYHRCLYYTRFQLL-------SWSVCGGNKDPWVQELMSC-----	
CCL1 (I-309)	KSMQVPFSRC---CFSFAEQEIPLRAILCY-----RNTSSICSNEGLIFK-----LKRGKEACALDTVGWVQRHRKMLRHCPSKRK	CC
CCL2 (MCP-1)	QPDAINAPVTC---CYNFTNRKISVQRLASY----RRITSSKCPKEAVIFK-----TIVAKEICADPKQKWVQDSMDHLDKQTQTPKT	
CCL7 (MCP-3)	QPVGINTSTTC---CYRFINKKIPKQRLESY----RRTTSSHCPREAVIFK-----TKLDKEICADPTQKWVQDFMKHLDKKTQTPKL	
CCL8 (MCP-2)	QPDSVSIPITC---CFNVINRKIPIQRLESY----TRITNIQCPKEAVIFK-----TKRGKEVCADPKERWVRDSMKHLDQIFQNLKP	
CCL13 (MCP-4)	QPDALNVPSTC---CFTFSSKKISLQRLKSY-----VITTSRCPQKAVIFR-----TKLGKEICADPKEKWVQNYMKHLGRKAHTLKT	
CCL11 (eotaxin-1)	GPASVPTTC---CFNLANRKIPLQRLESY----RRITSGKCPQKAVIFK-----TKLAKDICADPKKKWVQDSMKYLDQKSPTPKP	
CCL24 (eotaxin-2)	VVIPSPC---CMFFVSKRIPENRVVSY----QLSSRSTCLKAGVIFT-----TKKGQQFCGDPKQEWVQRYMKNLDAKQKKASPRARAVAVKGPVQRYPGNQTTC	
CCL26 (eotaxin-3)	TRGSDISKTC---CFQYSHKPLPWTWVRSY-----EFTSNSCSQRAVIF-----TTKRGKKVCTHPRKKWVQKYISLLKTPKQL	
CCL3 (MIP-1α)	ASLAADTPTAC---CFSYTSRQIPQNFIADY-----FETSSQCSKPGVIFL-----TKRSRQVCADPSEEWVQKYVSDLELSA	
CCL3L1 (LD78α)	APLAADTPTAC---CFSYTSRQIPQNFIADY-----FETSSQCSKPSVIFL-----TKRGRQVCADPSEEWVQKYVSDLELSA	
CCL4 (MIP-1β)	APMGSDPPTAC---CFSYTARKLPRNFVVDY-----YETSSLCSQPAVVFQ-----TKRSKQVCADPSESWVQEYVYDLELN	
CCL5 (RANTES)	SPYSSDTTPC---CFAYIARPLPRAHIKEY----FY-TSGKCSNPAVVFV-----TRKNRQVCANPEKKWVREYINSLEMS	
CCL18 (PARC)	AQVGTNKELC---CLVYTSWQIPQKFIVDY-----SETSPQCPKPGVILL-----TKRGRQICADPNKKWVQKYISDLKLNA	
CCL14 (HCC-1)	TKTESSSRGPYHPSEC---CFTYTTYKIPRQRIMDY-----YETNSQCSKPGIVFI-----TKRGHSVCTNPSDKWVQDYIKDMKEN	
CCL15 (HCC-2)	QFINDAETELMMSKLPLENPVVLNSFHFAADC---CTSYISQSIPCSLMKSY-----FETSSECSKPGVIFL-----TKKGRQVCAKPSGPGVQDCMKKLKPYSI	
CCL23 (MPIF-1)	RVTKDAETEFMMSKLPLENPVLLDRFHATSADC---CISYTPRSIPCSLLESY-----FETNSECSKPGVIFL-----TKKGRRFCANPSDKQVQVCMRMLKLDTRIKTRKN	
CCL16 (LEC)	QPKVPEWVNTPSTC---CLKYYEKVLPRRLVVGY------RKALNCHLPAIIFV-----TKRNREVCTNPNDDWVQEYIKDPNLPLLPTRNLSTVKIITAKNGQPQLLNSQ	
CCL19 (ELC)	GTNDAEDC---CLSVTQKPIPGYIVRNFH---YLLIKDGCRVPAVVFT-----TLRGRQLCAPPDQPWVERIIQRLQRTSAKMKRRSS	
CCL21 (SLC)	SDGGAQDC---CLKYSQRKIPAKVVRSY---RKQEPSLGCSIPAILFL---PRKRSQAELCADPKELWVQQLMQHLDKTPSPQKPAQGCRKDRGASKTGKKGKGSKGCKRTERSQTPKGP	
CCL20 (LARC)	ASNFDC---CLGYTDRILHPKFIVGFT---RQLANEGCDINAIIFH-----TKKKLSVCANPKQTWVKYIVRLLSKKVKNM	
CCL17 (TARC)	ARGTNVGREC---CLEYFKGAIPLRKLKTW-----YQTSEDCSRDAIVFV-----TVQGRAICSDPNNKRVKNAVKYLQSLERS	
CCL22 (MDC)	GPYGANMEDSVC---CRDYVRYRLP-LRVVKH----FYWTSDSCPRPGVVLL-----TFRDKEICADPRVPWVKMILNKLSQ	
CCL25 (TECK)	QGVFEDC---CLAYHYPIGWAVLRRAW-TYRIQEVSGSCNLPAAIFY----LPKRHRKVCGNPKSREVQRAMKLLDARNKVFAKLHHNMQTFQAGPHAVKKLSSGNSKLSSSKFSNPISSSKRNVSLLISANSGL	
CCL27 (CTACK)	FLLPPSTAC---CTQLYRKPLSDKLLRKVIQVELQEADGDCHLQAFVL------HLAQRSICIHPQNPSLSQWFEHQERKLHGTLPKLNFGMLRKMG	
CCL28 (MEC)	ILPIASSC---CTEVSHHISRRLLERVN-MCRIQRADGDCDLAAVIL------HVKRRRICVSPHNHTVKQWMKVQAAKKNGKGNVCHRKKHHGKRNSNRAHQGKHETYGHKTPY	
XCL1 (lymphotactin)	VGSEVSDKRT----CVSLTTQRLPVSRIKTY--T-IT-EGSLRAVIF--------ITKRGLKVCADPQATWVRDVVRSMDRKSNTRNNMIQTKPTGTQQSTNTAVTLTG	XC
CX_3CL1 (fractalkine)	QHHGVTKCNITCSKMTS-KIPV-ALLIH----YQQNQASCGKRAILE-----TRQHRLFCADPKEQWVKDAMQHLDRQAAALTRNG-----	CX_3C

システイン残基を色文字で示す．詳細は本文参照．

イラストマップ❹ ケモカインの構造模式図

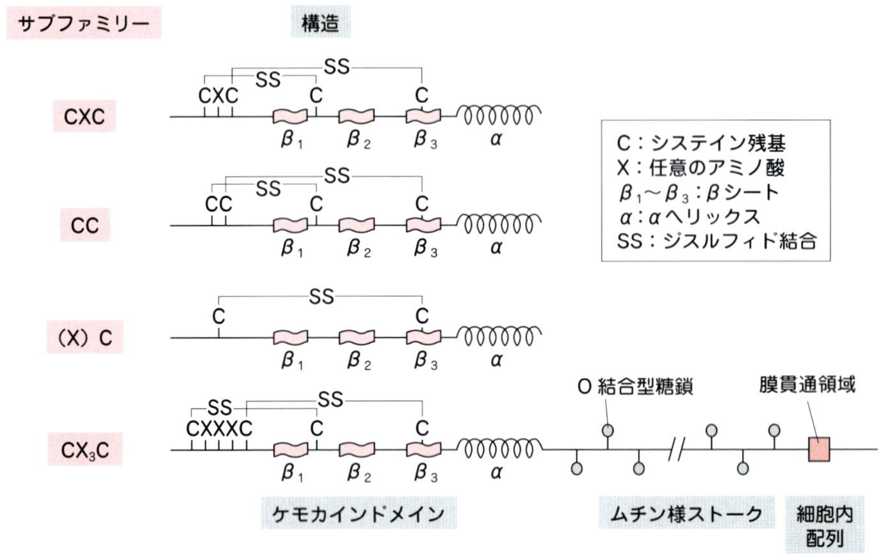

詳細は本文参照.

いて，アンチパラレルな3つのβシート（β_1～β_3）を形成し，さらにC末端側はαへリックスとなる（**イラストマップ❹**）．ただし，XCケモカインでは2番と4番のシステイン残基しか存在しないため，ジスルフィド結合は1つである（**イラストマップ❹**）．そのため，XCケモカインはケモカイン構造とそうでない構造の間の平衡状態で存在する．そして前者の状態は通常のケモカインとして機能し，一方，後者の状態にはケモカイン活性はないが，HS-GAGに強固に結合する．

3) モチーフ構造と生理機能

ケモカインによる受容体の活性化ではN末端のアミノ酸配列が重要である．そのため，ケモカインのN末端領域を順次削っていくと，そのような変異体は，最初はかえって活性の上昇を示す場合もあるが，やがて受容体のアンタゴニストとなる．また，CXCケモカインには，CXCモチーフの直前にELR（Glu-Leu-Arg）モチーフをもつものがある（**イラストマップ❸**）．これらのELRモチーフをもつケモカインには血管新生作用がある．一方，非ELRモチーフ型のCXCケモカインは血管新生抑制作用を示す．また，CCケモカインにはN末端にグルタミン酸をもつものがある（**イラストマップ❸**）．これらのケモカインは，N末端のピログルタミン酸化によってタンパク質分解酵素に抵抗性となる．さらに，多くのケモカインで，N末端側から2番目の位置にプロリンがみられる（**イラストマップ❸**）．これらのケモカインは，可溶性タンパク質あるいは免疫系細胞の表面抗原CD26として存在するセリンプロテアーゼDPP-4（dipeptidyl peptidase Ⅳ）により，プロリンのC末端側で切断されて不活性化される．一方，N末端側の自由構造領域が他のケモカインと比べて長いケモカインが存在する（**イラストマップ❸**）．これらのケモカインは，血液や血小板に高濃度で存在し，タンパク質分解酵素によるN末端側の限定分解により活性化される前駆体型ケモカインである．

また，ケモカインは主にC末端側のαへリックスを用いて細胞外基質のHS-GAGと結合する（**イラストマップ❹**）．ケモカインは塩基性アミノ酸に富み，そのため等電点はプラス側に強く傾く．一方，細胞外基質のHS-GAGは硫酸化によりマイナスに荷電している．そのためケモカインは，HS-GAGに強く結合できると考えられる．ただし，いくつかのケモカインは特に長いC末端領域をもつ（**イラストマップ❸**）．そのようなC末端領

イラストマップ❺ ケモカイン受容体の構造模式図

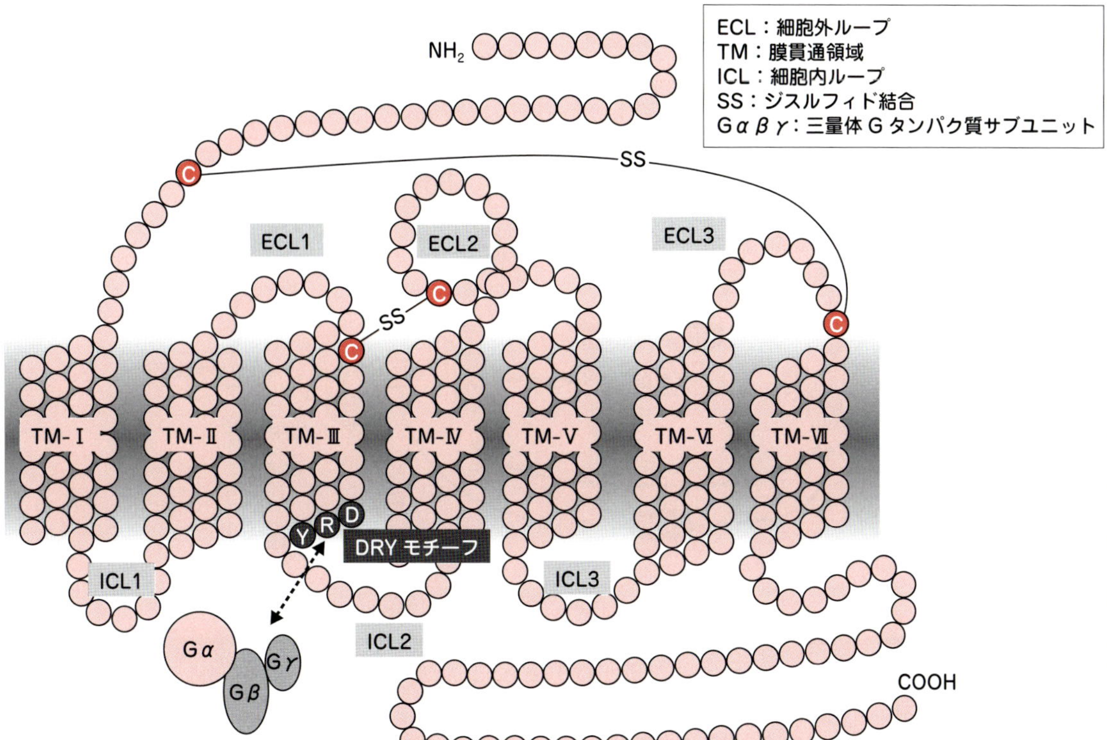

詳細は本文参照.

域の場合，HS-GAGとの結合以外の機能をもつ可能性がある．また，多くの抗菌ペプチドは塩基性であるが，一部のケモカインも強力な抗菌活性を示す．一方，抗菌ペプチドのβディフェンシンなどは，CCR2, CCR6などを介して細胞遊走を誘導するミニケモカインでもある（表2）．

4. ケモカイン受容体の分子構造と機能

1) Gタンパク質共役型受容体を介したシグナル伝達

ケモカイン受容体はすべて7回膜貫通三量体Gタンパク質共役型受容体（G protein-coupled receptor：GPCR）（**イラストマップ❺**）のグループに属する．このグループの受容体は，生体では最も大きなファミリーを形成しており，神経伝達物質，ペプチドホルモン，脂質メディエーターなどと結合してそのシグナルを細胞内に伝達する．ヒトゲノムでは約350種のGPCRがみつかっている．また，多くの治療薬の標的分子がこのファミリーに属する．そのため，ケモカイン受容体は治療薬開発の有望な標的としてみなされている．

一般に，GPCRは通常は不活性の状態にあり，そこにリガンドが結合すると活性型に構造変換する（**イラストマップ❻**）．そして結合する三量体Gタンパク質のαサブユニットのGDPがGTPに交換される．つまり受容体は，GEF（GDP-GTP exchange factor）としての機能を果たす．GTPが結合した三量体Gタンパク質では，αサブユニットとβγサブユニットが乖離し，それぞれのシグナル伝達系を活性化する．ついでαサブユニットは，自らのGTP分解酵素（GTPase）活性により，結合したGTPをGDPに変換する．この過程を調節するGAP（GTPase activating protein）として機能するのがRGS

イラストマップ❻ ケモカイン受容体の活性化とシグナル伝達

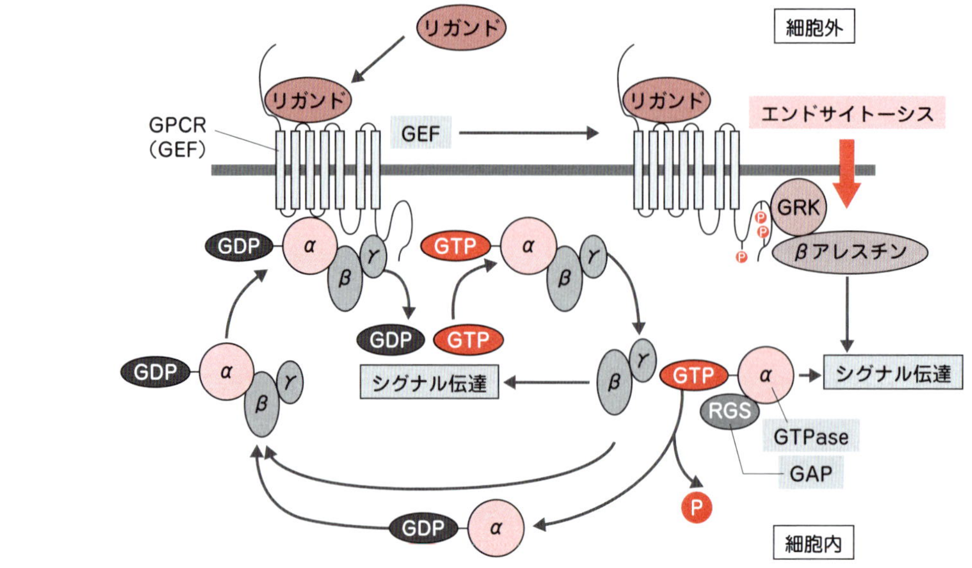

詳細は本文参照.

(regulator of G protein signaling）受容体とよばれる分子群である．GDP型となったαサブユニットは再びβγサブユニットと会合してGPCRに結合し，サイクルが終了する．一方，リガンド結合により活性化したGPCRの方は，GRK（G protein–coupled receptor kinase）によってC末端細胞内領域のセリン/スレオニンがリン酸化され，そこにβアレスチンが結合してエンドサイトーシスにより細胞内に取り込まれる．またβアレスチンは，シグナル伝達にも関与する（**イラストマップ❻**）．

2) ケモカイン受容体

ケモカイン受容体のリガンドは分子量1万程度のタンパク質であり，通常のGPCR系のリガンドとはかなり様相が異なる．しかしながら，受容体活性化メカニズムには共通性がある．すなわちケモカインによる受容体の活性化は，2ステップで行われる．

まず，3つのβヘリックスで形成されるケモカインの中央部分がケモカイン受容体の第2細胞外ループ（ECL2）とN末端領域の2カ所を使って高親和性に結合する．これには2つのジスルフィド結合が関与すると考えられている．他の多くのGPCRと同様にケモカイン受容体でも第1細胞外ループ（ECL1）と第2細胞外ループ（ECL2）の間に1つめのジスルフィド結合がある．2つめは，ケモカイン受容体ではさらにN末端領域と第3細胞外ループ（ECL3）の間でもジスルフィド結合が形成される（**イラストマップ❺**）．2つのジスルフィド結合によってケモカイン受容体の立体構造はより固定化され，ケモカインとの高親和性結合に役立つと考えられる．また，ケモカイン受容体のN末端領域ではチロシン残基が硫酸化されており，これも塩基性の強いケモカインとの高親和性結合に必須である．

次いで，ケモカインのN末端の自由領域が，あたかもフライフィッシングのキャスティングのような具合で揺れ動いて，ケモカイン受容体の細胞表面側のくぼみにうまく適合すると，ケモカイン受容体に大きな構造変化が起こり，それによって受容体は活性化される．つまり，N末端の自由構造部分があたかも低分子リガンドと同じ働きをするのである．

また，ケモカイン受容体の第2細胞内ループ（ICL2）には共通してDRY（Asp–Arg–Tyr）モチーフが存在する（**イラストマップ❺**）．このモチーフは，ケモカイン受容体が三量体Gタンパク質と共役するために必須である．ケモカイン受容体のうち，シグナルを伝達しない非定型

(atypical chemokine receptor：ACKR）とよばれるグループでは，このDRYモチーフが変異しているため三量体Gタンパク質と共役することができない（**表2**）．ただし，その場合でもβアレスチンによるシグナル伝達は行われる（**イラストマップ❻**）．

5. ケモカイン系の系統名について

最後にケモカイン系の系統的名称について説明したい．ケモカイン受容体の名称については，そもそもリガンドが複数存在することから，通常のサイトカイン受容体のようにリガンド名をもとに命名することは当初から困難であった．そこで1995年のゴードン会議で，CXCやCCといったサブファミリー名に受容体を示すRをつけ，さらに同定された順に通し番号をつけるという方式が採用された（**表2**）．一方，リガンドの方も多数のリガンドがほぼ同時に複数の研究グループから報告されることが続き，名称が大変混乱していた．そこで1997年のゴードン会議でリガンドについても系統的命名法を考案することが提案された．そして受容体の場合と同様にサブファミリー名にリガンドを表すLと通し番号をつけるという方式が1999年のキーストン会議で採用された（**表1**）．ただし，通し番号は発見の順とはせず，それぞれの遺伝子が染色体の特定の領域にマッピングされて与えられた遺伝子記号（small cytokineすなわちケモカインを示すSCYとサブファミリーを示すA，B，C，Dおよび通し番号からなる）の番号をそのまま共用し（そのため発見順ではなく，マッピングの順となる），今後報告されるケモカインについては発表順に通し番号をつけて遺伝子記号もそれに合わせるというものである．しかしながら，ケモカインの数があまりにも多いため，通し番号のみではイメージしにくい．そのため論文などでは，従来の名称と系統名を初出では併記するのがよい．

参考文献

1）Yoshie O, et al：Adv Immunol, 78：57-110, 2001
2）Yoshie O, et al：J Leukoc Biol, 62：634-644, 1997
3）Zlotnik A & Yoshie O：Immunity, 12：121-127, 2000
4）Zlotnik A & Yoshie O：Immunity, 36：705-716, 2012
5）Bachelerie F, et al：Pharmacol Rev, 66：1-79, 2014

（義江　修）

Keyword

1 CCL1, CCL18, mCCL8, CCR8

【CCL1】
▶別名：I-309，TCA3 (T cell activating gene 3)

【CCL18】
▶別名：DC-CK1 (dendritic cell-derived CC chemokine 1)，PARC (pulmonary and acti-vation-regulated chemokine)，AMAC-1 (alternative macrophage activation-associated CC-chemokine-1)

【mCCL8】
▶別名（マウス）：MCP-2，Ccl8

【CCR8】
▶別名：TER1

1) 歴史とあらまし

i) CCL1

CCL1は当初，活性化マウスT細胞株が発現する新規分泌タンパク質TCA3（T cell activating gene 3）として報告された[1]．また，ヒトのホモログI-309は活性化ヒト末梢血単核球から単離された[2]．さらに，ヒトのCCL1はマウスBW5147胸腺リンパ腫株にデキサメサゾンでアポトーシスを誘導する実験系で，アポトーシス抑制因子としても同定された[3]．一方，CCL1の受容体は胸腺や脾臓に強く発現するオーファンGタンパク質共役型受容体（GPCR）のTER1であることが同定され，CCR8と命名された[4) 5)]．

ii) CCL18

CCL18は，①ヒト樹状細胞に高レベルで発現しナイーブT細胞を遊走するDC-CK1（dendritic cell-derived CC chemokine 1）として[6]，②肺とマクロファージ，樹状細胞で産生されリンパ球を遊走するPARC（pulmonary and activation-regulated chemokine）として[7]，③単球をIL-4，IL-13あるいはIL-10で刺激すると発現誘導されるAMAC-1（alternative macrophage activation-associated CC-chemokine-1）として[8]報告された．*CCL18*遺伝子は2つのCCL3様遺伝子が融合してできたものであり，マウスには存在しない（Tasaki, et al. 1999）．また，CCL18の受容体は長らく不明であったが，2013年に，親和性はCCL1の1/10程度であるが，CCR8のアゴニストであることが報告された[9]．

iii) mCCL8

また，マウスのCcl8（mCCL8）はヒトのCCL8と違ってCCR2に作用せず，CCR8のリガンドであることが報告された[10]．

2) 機能

i) CCL1

マウスではCCL1は活性化したT細胞や肥満細胞などで産生され，好中球，マクロファージ，メサンギウム細胞，血管平滑筋細胞などを遊走し，またメサンギウム細胞や血管平滑筋細胞の増殖を促進することが報告されている（Wilson, et al. 1988/Wilson, et al. 1990/Luo, et al. 1994/Luo, et al. 1996）．ヒトの場合，CCL1は単球を選択的に遊走する（Miller, et al. 1992）．また肥満細胞をFc ε Rで刺激するとCCL1を大量に産生する（Oh, et al. 1994/Nakajima, et al. 2002）．

ii) CCR8

CCR8は胸腺で強く発現しており，$CD4^+$シングル陽性細胞に強く発現するが，$CD8^+$シングル陽性T細胞では発現が見出されない（Kremer, et al. 2001）．また，血管内皮細胞はCCR8を発現し，CCL1は血管新生を誘導する（Bernardini, et al. 2000）．血管平滑筋細胞もCCR8を発現し，CCL1に対して遊走する（Haque, et al. 2004）．さらに，ヒトの好酸球もCCR8を発現しCCL1に対して遊走するという報告もある（Karlsson, et al. 2011）．またCCR8は，CCR4とともにTh2細胞や制御性T細胞（Treg）で選択的に発現すると報告されているが（Zingoni, et al. 1998/D'Ambrosio, et al. 1998/Iellem, et al. 2001/Soler, et al. 2006），実際の発現はきわめて低いと考えられ，その重要性は不明である．またCCR8は，単球由来の樹状細胞が皮膚からリンパ節に移動する際にCCR7とともに関与することが示されている（Qu, et al. 2004）．さらに，ヒトの正常皮膚に存在するT細胞は大部分がCCR8を発現し，しかもTNF α（第4章-12参照）やIFN-γ（第2章-2参照）などのTh1サイトカインを選択的に産生することが報告されている（Schaerli, et al. 2004）．また，皮膚角化細胞は活性化T細胞に対してCCR8発現を誘導する因子を産生するという報告もなされている（McCully, et al. 2012）．

表4 mCCL8・CCR8のKOマウスの表現型

KO遺伝子	使用した実験系/疾患モデル	発見された主要な表現型	文献
CCR8	T細胞免疫応答	Th2反応が低下する	Chensue SW, et al：J Exp Med, 193：573-584, 2001
CCR8	アレルギー性肺炎症	肺での好酸球浸潤やTh2サイトカイン産生には変化はみられない	Chung CD, et al：J Immunol, 170：581-587, 2003
CCR8	アレルギー性免疫応答	Th2型の免疫反応に変化はみられない	Goya I, et al：J Immunol, 170：2138-2146, 2003
CCR8	肺肉芽腫症	Th2型の肺肉芽腫でIL-10を産生する制御性T細胞（Treg）が減少した	Freeman CM, et al：J Immunol, 174：1962-1970, 2005
CCR8	敗血症性腹膜炎	腹腔マクロファージの殺細菌能が上昇し，致死率が低下した	Matsukawa A, et al：FASEB J, 20：302-304, 2006
CCR8	アスペルギルス誘発アレルギー性肺炎	自然免疫が亢進し，真菌のクリアランスが上昇，気道の喘息様症状が軽減した	Buckland KF, et al：J Allergy Clin Immunol, 119：997-1004, 2007
CCR8	腹膜癒着モデル	腹膜癒着が抑制された	Hoshino A, et al：J Immunol, 178：5296-5304, 2007
CCR8	アレルギー性肺炎症	肥満細胞欠損マウスと同程度にアレルギー反応が抑制された	Gonzalo JA, et al：J Immunol, 179：1740-1750, 2007
CCR8, mCCL8	慢性アトピー性皮膚炎モデル	マウスのCcl8はCCR8のアゴニストであり，CCR8-KO，Ccl8-KOともに皮膚での好酸球浸潤が低下していた	Islam SA, et al：Nat Immunol, 12：167-177, 2011
CCR8	肝線維症モデル	CCR8はマクロファージで主に発現し，CCR8-KOマウスでは肝障害と線維化が抑制された	Heymann F, et al：Hepatology, 55：898-909, 2012
CCR8	Tregによる移植片対宿主病の抑制	CCR8欠損Tregは移植片対宿主病の抑制能力が低い（CCR8は移入されたTregの樹状細胞との相互作用による生存維持に必要）	Coghill JM, et al：Blood, 122：825-836, 2013

iii）CCL18

CCL18はマクロファージや樹状細胞で産生され，しばしば慢性炎症で産生が上昇するケモカインであるが，マウスには存在しない．そのため生体での役割の理解は進んでいない．受容体についても長らく不明で，CCR3に対する弱い阻害活性のみが報告されていた（Nibbs, et al. 2000）．ところが，親和性はCCL1の1/10程度であるが，CCR8のアゴニストであることが報告された[9]．また，単球をGM-CSFにより樹状細胞へと分化させるときにCCL18を共存させると，制御性T細胞を誘導する寛容型樹状細胞へと分化させることができるという報告もなされている（Azzaui, et al. 2011）．

iv）mCCL8

また，マウスのCcl8はヒトのCCL8とは異なりCCR2には作用せず，実際にはCCR8のリガンドであること，そして皮膚のアレルギー性炎症に関与することが報告された[10]．これはそもそもマウスのCcl8はヒトのCCL8のホモログではなく，マウスにのみ存在するCcl12の重複遺伝子と考えられ，さらにマウスの染色体上ではCcl8とCcl1は隣り合って存在するため，遺伝子変換（gene conversion）によって特異性が変化したのではないかと考えられる（Nomiyama, et al. 2010）．

3) KOマウスの表現型

mCCL8およびCCR8のノックアウトマウスが作製されているが，繁殖や成長には大きな異常は見出されていない．そこで種々の疾患モデルを用いて表現型が解析されている．CCR8がTh2細胞に選択的に発現するという初期の報告から肺のアレルギー性炎症モデルで野生型と異なる表現型が期待されたが，結果は否定的である．一方，CCR8のマクロファージや自然免疫での重要性が明らかにされている．またアトピー性皮膚炎モデルではCCR8とmCCL8の関与が明らかにされている．主な論文を**表4**にまとめた．

4) ヒト疾患との関連

i）CCL1とCCR8

アレルギー性喘息患者の気道をアレルゲンに曝露した場合，ほとんどの気道浸潤T細胞はCCR4を発現してIL-4を産生し，CCR8の発現はその一部でみられた（Panina-Bordignon, et al. 2001）．また，アレルギー性喘息患者では病勢と相関して選択的に制御性T細胞のCCL1に対する遊走能が低下していた（Ngyuyen, et al. 2009）．サルのアレルギー性喘息モデルで，低分子CCR8阻害薬の効果が試された．アレルゲンにより誘発される気管支肺胞洗浄液（BAL）中の好酸球の増加，Th2サイトカイン産生，粘液産生，などに対し，CCR8阻害薬は抑制効果を示さず，また気道過敏性も低下させなかった（Wang, et al. 2013）．このように喘息におけるCCR8の役割については否定的なデータが多い．

一方，アトピー性皮膚炎の患者では血清CCL1値が上昇し，皮膚の樹状細胞，肥満細胞，血管内皮細胞がCCL1を産生し，CCR8は皮膚の樹状細胞，ランゲルハンス細胞で強く発現していた（Gombert, et al. 2005）．

ii）CCL18

CCL18は，主にM2マクロファージや樹状細胞で産生され，肺線維症などの肺疾患，アトピー性皮膚炎などの皮膚疾患，自己免疫性疾患，悪性腫瘍，Gaucher病，などで血清CCL18値の上昇が報告されている（Pardo, et al. 2001/Schutyser, et al. 2002/Atamas, et al. 2003/Struyf, et al. 2003/Boot, et al. 2004/Guenther, et al. 2005/Kodera, et al. 2005/de Nadai, et al. 2006/Momohara, et al. 2007/van Lieshout, et al. 2007/Prasse, et al. 2007/Prasse, et al. 2009/Sin, et al. 2011/Peterson, et al. 2012/Ploenes, et al. 2012/Eruslanov, et al. 2013/Das, et al. 2013）．そのため，CCL18はこれらの疾患の病勢や治療効果を判定する有用なバイオマーカーと考えられる．

参考文献

1）Burd PR, et al：J Immunol, 139：3126-3131, 1987
2）Miller MD, et al：J Immunol, 143：2907-2916, 1989
3）Van Snick J, et al：J Immunol, 157：2570-2576, 1996
4）Roos RS, et al：J Biol Chem, 272：17251-17254, 1997
5）Tiffany HL, et al：J Exp Med, 186：165-170, 1997
6）Adema GJ, et al：Nature, 387：713-717, 1997
7）Hieshima K, et al：J Immunol, 159：1140-1149, 1997
8）Kodelja V, et al：J Immunol, 160：1411-1418, 1998
9）Islam SA, et al：J Exp Med, 210：1889-1898, 2013
10）Islam SA, et al：Nat Immunol, 12：167-177, 2011

（義江　修）

Keyword

2 CCL2/7/8/13, mCCL12, CCR2

【CCL2】
▶別名：MCP-1（monocyte chemotactic protein 1），MCAF（monocyte chemotactic and activating factor），JE（マウス）

【CCL7】
▶別名：MCP-3

【CCL8】
▶別名：MCP-2

【mCCL12】
▶別名：MCP-5（マウス）

【CCL13】
▶別名：MCP-4

1) 歴史とあらまし

吉村らおよび松島らは，それぞれヒトのグリオーマ細胞株および単球様細胞株から単球を特異的に遊走する因子を発見し，MCP-1およびMCAFと命名して報告した[1) 2)]．MCP-1とMCAFは同一の分子であり，CCケモカインのプロトタイプでCCL2と命名された．また，その受容体CCR2はCharoらによって同定された[3)]．CCR2には選択的スプライシングによりC末端細胞質内領域が異なるCCR2AとCCR2Bが存在するが，機能的にはCCR2Bが主要な受容体である．Van Dammeらは，ヒト骨肉腫細胞株からMCP-1と類似の単球遊走因子を精製し，MCP-2およびMCP-3と命名して報告した[4)]．Ugguccioniらは，ヒト胎児由来cDNAライブラリーの大規模シークエンシングから新規のCCケモカインを発見し，単球，好酸球に対する遊走活性や他のMCPとの相同性からMCP-4と命名して報告した[5)]．また，Garcia-Zepedaらは，eotaxin-1（CCL11）をプローブに用いてヒト心臓由来cDNAライブラリーからUgguccioniらと同一のケモカインを発見し，単球や好酸球に対する遊走活性，CCR2とCCR3を受容体に使うこと，炎症性サイトカイン刺激により血管内皮細胞や上皮細胞で発現が誘導されることなどを明らかにして報告した[6)]．その後これらMCP-1/2/3/4はそれぞれCCL2/8/7/13と命名された．さらにJiaらは，マウスの喘息モデル肺か

表5　CCL2・CCR2のKOマウスの表現型

KO遺伝子	使用された実験系/疾患モデル	発見された主要な表現型	文献
CCL2	LDL受容体欠損動脈硬化マウス	血管壁での脂肪沈着の低下，マクロファージの浸潤減少	Gu L, et al：Mol Cell, 2：275-281, 1998
CCL2	apoEトランスジェニック動脈硬化マウス	動脈硬化病変の軽減，マクロファージ浸潤の低下	Gosling J, et al：J Clin Invest, 103：773-778, 1999
CCR2	腹膜炎，リステリア感染	マクロファージの動員低下，リステリア感染の増悪	Kurihara T, et al：J Exp Med, 186：1757-1762, 1997
CCR2	apoEトランスジェニック動脈硬化モデル	動脈硬化病変の軽減	Dawson TC, et al：Atherosclerosis, 143：205-211, 1999
CCR2	実験的アレルギー性脳脊髄炎（EAE）	症状が軽減，Th1型免疫反応の低下	Fife BT, et al：J Exp Med, 192：899-905, 2000 Izikson L, et al：J Exp Med, 192：1075-1080, 2000
CCR2	卵白アルブミン（OVA）抗原の感作と吸入による喘息モデル	野生型と比べて，肺胞洗浄液（BAL）中の細胞の数と種類，サイトカイン産生，IgE抗体産生，気道過敏性の上昇などに違いなし	MacLean JA, et al：J Immunol, 165：6568-6575, 2000
CCR2	卵白アルブミン（OVA）抗原の感作と吸入による喘息モデル	Th2型免疫反応の亢進による喘息症状の悪化	Kim Y, et al：J Immunol, 166：5183-5192, 2001
CCL2	皮膚の創傷	創傷治癒の遅れ，血管新生の遅れ，コラーゲン新生の低下，マクロファージの動員数は変化しないが，機能が低下している	Low QE, et al：Am J Pathol, 159：457-463, 2001
CCR2	コラーゲン免疫による関節炎モデル	関節炎の増悪〔ヒトの重症関節リウマチ（RA）に似た変化〕，関節組織への単球・マクロファージの浸潤増加	Quinones MP, et al：J Clin Invest, 113：856-866, 2004
CCR2	片側尿管結紮による腎線維化モデル	症状の緩和，腎間質へのマクロファージの浸潤低下	Kitagawa K, et al：Am J Pathol, 165：237-246, 2004
CCR2	感作動物の肺への抗原ビーズ投与による肺炎症モデル	肺へのマクロファージ浸潤の低下と樹状細胞活性化の低下	Chiu BC, et al：Am J Pathol, 165：1199-1209, 2004
CCR2	ブレオマイシン誘発肺線維症	マクロファージ浸潤低下と肺線維化の軽減	Okuma T, et al：J Pathol, 204：594-604, 2004
CCR2	フルオレセインイソチオシアネート（FITC）誘発肺線維症	CCR2を発現する線維細胞（fibrocyte）の骨髄から肺への動員低下による肺線維化の軽減	Moore BB, et al：Am J Pathol, 166：675-684, 2005
CCR2	フルオレセインイソチオシアネート（FITC）誘発肺線維症	線維細胞（fibrocyte）の骨髄からの動員にはCCL2ではなくCCL12が関与する	Moore BB, et al：Am J Respir Cell Mol Biol, 35：175-181, 2006
CCR2	リステリア感染	CCR2は$Ly6C^{hi}$炎症性単球の骨髄からの移出に必要，感染部位への浸潤には不要	Serbina NV & Pamer EG：Nat Immunol, 7：311-317, 2006
CCR2	マウスアルツハイマー病モデル	ミクログリアの機能不全によるAβ除去の低下と蓄積	El Khoury J, et al：Nat Med, 13：432-438, 2007
CCR2	生理的状態	血中CCL2の値はCCR2によるCCL2スカベンジャー作用に大きく依存する	Cardona AE, et al：Blood, 112：256-263, 2008
CCR2	四塩化炭素（CCl_4）肝障害モデル	肝浸潤マクロファージの減少による初期線維化の抑制と後期治癒の遅延	Mitchell C, et al：Am J Pathol, 174：1766-1775, 2009

ら新規のCCケモカインを同定し，MCP-5と命名して報告した[7)]．Sarafiらも，ヒトのCCL2と相同性の高い新規のマウスCCケモカインとしてMCP-5を同定し，活性化マクロファージで産生されること，CCR2のリガンドであること，アレルギー性炎症で産生が上昇することなどを報告した[8)]．なお，MCP-5はmCCL12と命名されたが，ヒトにはそのホモログは存在しない．

2) 機能

MCPファミリーは単球，好酸球，メモリーT細胞などを遊走し，慢性炎症やアレルギー性炎症で重要な役割を果たす．またMCPファミリーは腫瘍細胞からも産生され，腫瘍組織へのマクロファージの動員（腫瘍関連マクロファージ）やストローマ形成に関与する．

i）リガンド－受容体関係

MCPファミリーはヒトでは17番染色体にクラスターを形成して存在する．遺伝子重複により急激にその数を増やしてきたファミリーであるため相互によく似ており，複雑なリガンド–受容体関係を示す．CCL2はCCR2に特異的に作用する．CCL8はCCR1とCCR2に作用するが，他のMCPメンバーと比較してその作用は弱い．しかしながら，CCL8はCCR5に対して強力に作用することが報告されている．CCL7は広くCCR1，CCR2，CCR3に作用し，一方，CCR5に対しては阻害作用を示す．CCL13はCCR2とCCR3に作用する．しかも，CCL13は好酸球や好塩基球に対し，eotaxin-1（CCL11）と同等の活性を示す．さらに，マウスのCCL11は，実際にはヒトのCCL13と最も相同性が高く，ともに好酸球が生理的にホーミングする小腸，大腸，肺などで強く発現している．抗菌ペプチドのβデフェンシン2/3はCCR2に対してアゴニストとして作用し，単球やマクロファージを遊走する（Roehrl, et al. 2010）．

ii）CCR2の作用機序

単球でのCCR2の発現は細菌由来のLPSやさまざまな炎症性サイトカインで抑制される（Sica, et al. 1997/Penton-Rol, et al. 1998）．また単球からマクロファージへの分化に伴ってもCCR2の発現は低下する（Kaufmann, et al. 2001）．これは単球やマクロファージを炎症巣や組織内にとどめるためと考えられる．またヒトの単球ではCCR2は$CD14^{hi}$サブセットで強く発現し，$CD14^{lo}CD16^{+}$サブセットはほとんど発現していない(Weber, et al. 2000)．前者は炎症性マクロファージ，後者は組織定着型マクロファージに分化すると考えられる．一方，CCR2は骨髄から血中への単球の動員には重要である．

CCR2はホモ二量体を形成するとともに，CCR5やCXCR4とヘテロ二量体を形成することが報告されている（Vazquez-Salat, et al. 2007/Armando, et al. 2014）．また，CCR2のC末端に特異的に結合する細胞質タンパク質FROUNTが同定され，PI3K-Rac-ラメリポディア突起形成のシグナル伝達に関与することが示されている（Terashima, et al. 2005）．

3) KOマウスの表現型

CCL2およびCCR2のノックアウトマウスが作製されているが，繁殖や成長には大きな異常は見出されていない．そこで種々の疾患モデルを用いて表現型が解析されている．その結果，CCR2系は主に単球やマクロファージの骨髄からの動員や組織浸潤に重要であることが示されている．主な論文を表5にまとめた．

4) ヒト疾患との関連

CCR2系は，単球やマクロファージの骨髄からの動員やTh1型免疫反応の誘導に関与しており，CCR2をブロックする薬剤は動脈硬化，多発性硬化症，慢性関節リウマチなどの慢性炎症性疾患の治療薬となる可能性が高い．CCR2阻害薬JNJ-41443532の2型糖尿病に対する第II相試験が行われ，重大な副作用はなく，さらに偽薬に比較して検査指標において若干の改善効果が得られたことが報告されている（Di Prospero, et al. 2014）．

参考文献

1）Yoshimura T, et al：J Exp Med, 169：1449-1459, 1989
2）Matsushima K, et al：J Exp Med, 169：1485-1490, 1989
3）Charo IF, et al：Proc Natl Acad Sci U S A, 91：2752-2756, 1994
4）Van Damme J, et al：J Exp Med, 176：59-65, 1992
5）Uguccioni M, et al：J Exp Med, 183：2379-2384, 1996
6）Garcia-Zepeda EA, et al：J Immunol, 157：5613-5626, 1996
7）Jia GQ, et al：J Exp Med, 184：1939-1951, 1996
8）Sarafi MN, et al：J Exp Med, 185：99-109, 1997

（義江　修）

Keyword

3 CCL3/3L1/4/5, CCR1/5

【CCL3】
▶別名：MIP-1 α (macrophage inflammatory protein 1 α), LD78 α (lymphocyte-derived 78 α)

【CCL3L1】
▶別名：LD78 β

【CCL4】
▶別名：MIP-1 β，Act-2

【CCL5】
▶別名：RANTES (regulated upon activation, normal T-cell expressed and secreted)

1) 歴史とあらまし

i) CCL3/3L1/4/5

Wolpeらは，細菌由来のLPSで刺激したマウスのマクロファージ様細胞株RAW264.7から新しいタンパク質を精製し，ヒト好中球に対する遊走活性を示し，MIP（macrophage inflammatory protein）と命名して報告した[1]．さらに，cDNAクローニングからMIP-1 αとMIP-1 βの2分子の存在が明らかとなった[2]．ヒトのMIP-1 αはホルボールエステル（PMA）＋フィトヘマグルチニン（PHA）刺激ヒト扁桃リンパ球から産生される機能未知の分泌タンパク質LD78 αと同一分子であり（Obaru, et al. 1986），またMIP-1 βもLipesらによって報告されたPHA刺激T細胞に誘導される遺伝子Act-2と同一分子であった（Lipes, et al. 1988）．Schallらは，T細胞に選択的に発現する遺伝子の探索の過程で単球やメモリーT細胞を遊走する因子を発見し，RANTES（regulated upon activation, normal T-cell expressed and secreted）と命名して報告した[3]．MIP-1 α/LD78 αはCCL3，3アミノ酸のみが異なるLD78 βはCCL3L1，MIP1-β/Act-2はCCL4，RANTESはCCL5と命名された．

ii) CCR1/5

Neoteらは，PMAで処理した白血病細胞HL60のcDNAライブラリーからディジェネレートPCRにより新規Gタンパク質共役型受容体（GPCR）をクローニングし，CCL3とCCL5の受容体であること明らかにし，C-C CKR-1と命名して報告した[4]．C-C CKR-1はCCR1と命名された．また，Raportらは，*CCR1*遺伝子の存在するYACクローンからディジェネレートPCRを用いて新規GPCRをクローニングし，CCL3，CCL4，CCL5の受容体であることを明らかにし，CCR5と命名して報告した[5]．

2) 機能

i) リガンド－受容体関係

CCL3はCCR1/5に，CCL3L1はCCR1/3/5に，CCL4はCCR5に，CCL5はCCR1/3/5に，アゴニストとして作用する．一方，CXCR3のリガンドであるCXCL11は，CCR5のアンタゴニストとして作用する（Petkovic, et al. 2004）．結核菌のHsp70は，CCR5と結合してシグナルを伝えることによって樹状細胞やT細胞を活性化する（Floto, et al. 2006）．

ii) 作用機序

CCR1は，主にT細胞，単球，未熟樹状細胞などで発現している．マウスでは好中球にも発現している．CCR5は，単球，活性化T細胞，Th1細胞などで発現する．単球はマクロファージへの分化に伴ってCCR2の発現が低下し，一方，CCR1とCCR5の発現が上昇する（Kaufmann, et al. 2001）．また，CCR1は，リガンド非存在下でもβアレスチン2と結合して常に一定のシグナルを細胞内に伝達するとともに細胞内に取り込まれている（Gilliland, et al. 2013）．抗原を投与されたマウスのリンパ節では，$CD8^+$T細胞のCCR5発現が上昇し，樹状細胞と相互作用する抗原特異的$CD4^+$T細胞が産生するCCL3，CCL4によってよび寄せられ，さらに抗原特異的$CD4^+$T細胞からシグナルを受けることによってエフェクターメモリー$CD8^+$T細胞へと分化する（Castellino, et al. 2006）．

B細胞は，抗原受容体からの刺激を受けるとCCL3とCCL4を発現する（Krzysiek, et al. 1999）．またCCL3は多発性骨髄腫での骨破壊病変に関与し，腫瘍細胞の増殖や生存も促進する（Lentzsch, et al. 2003）．さらにCCL3，CCL4，CCL5はCCR5をエントリー受容体に使うR5型HIV（human immunodeficiency virus）の感染を抑制することができる（Cocchi, et al. 1995）．CCL3L1は，CCL3より低濃度でCCR5依存性のHIV感染を抑える（Nibbs, et al. 1999/Menten, et al. 1999/Struyf, et al. 2001）．また，T細胞の膜上では複数のCCR5が1つのCD4と会合して存在する（Baker, et al. 2007）．CCR5がHIVの主要なエントリー受容体となる理由の1つはこれではないかと考えられる．

3) KOマウスの表現型

CCL3，CCR1，CCR5のノックアウトマウスが作製されているが，繁殖や成長には大きな異常は見出されていない．そこで種々の疾患モデルを用いて表現型が解析さ

表6 CCL3・CCR1・CCR5のKOマウスの表現型

KO遺伝子	使用された実験系/疾患モデル	発見された主要な表現型	文献
CCR5	ConA肝炎	活性化に伴うNKT細胞のアポトーシスが抑制され，肝炎が悪化する	Ajuebor MN, et al：J Immunol, 174：8027-8037, 2005
CCR5	トキソプラズマ・ゴンディ感染	感染部位へのNK細胞の浸潤が低下し，感染防御力が低下する	Khan IA, et al：PLoS Pathog, 2：e49, 2006
CCR5	腹膜炎モデル	アポトーシスに陥った好中球や活性化T細胞によるCCL3，CCL5のスカベンジ作用がないため，炎症が持続する	Ariel A, et al：Nat Immunol, 7：1209-1216, 2006
CCR1	肺RSウイルス感染	気道過敏性や気道粘液産生が低下する	Miller AL, et al：J Immunol, 176：2562-2567, 2006
CCR1, CCR5	apoEトランスジェニック動脈硬化マウス	ワイヤー擦過後の血管内皮修復部位への炎症細胞の浸潤はCCR5-KOマウスでは低下，CCR1-KOマウスでは変化なし	Zernecke A, et al：Blood, 107：4240-4243, 2006
CCL3, CCR5, CCR1	ブレオマイシン誘発肺線維症	肺線維化はCCL3-KOとCCR5-KOで軽減，CCR1-KOは変化なし（骨髄からのマクロファージや線維細胞（fibrocyte）の動員はCCL3-CCR5系に依存）	Ishida Y, et al：Am J Pathol, 170：843-854, 2007
CCR1	急性移植片対宿主病（GVHD）	急性GVHDが抑制される（CCL5-CCR1系はアロ特異的T細胞の機能発現に必要）	Choi SW, et al：Blood, 110：3447-3455, 2007
CCR5	インフルエンザ，パラインフルエンザの肺感染	CCR5は再感染でのメモリーCD8$^+$T細胞の気道への素早い動員とウイルス抑制に必要	Kohlmeier JE, et al：Immunity, 29：101-113, 2008
CCR1	アレルギー性気道炎症のウイルス感染増悪	CCR1-KOでは気道過敏性とCD4$^+$T細胞からのTh2サイトカイン産生が低下（CCR1を発現するCD4$^+$T細胞とCD8$^+$T細胞はIL-13を産生するため）	Schaller MA, et al：Am J Pathol, 172：386-394, 2008
CCR5	抗血清誘発腎炎モデル	T細胞，マクロファージのCCR1依存的な腎組織への浸潤増加とTh1反応の増強	Turner JE, et al：J Immunol, 181：6546-6556, 2008
CCR1, CCR5	肝線維症モデル	CCR1-KO，CCR5-KOともに肝での線維化とマクロファージ浸潤の低下（CCR1は骨髄由来細胞，CCR5は肝レジデント細胞の機能に関係）	Seki E, et al：J Clin Invest, 119：1858-1870, 2009
CCL3, CCR5	βアミロイドペプチド誘発脳炎	CCL3-KO，CCR5-KOともに海馬でのアストロサイト反応やミクログリア反応が低下し，それに伴って神経障害が軽減する	Passos GF, et al：Am J Pathol, 175：1586-1597, 2009
CCR1	生理的状態	CCR1-KOで骨芽細胞の減少および破骨細胞の分化不全による骨形成低下がみられる	Hoshino A, et al：J Biol Chem, 285：28826-28837, 2010
CCL3, CCR1, CCR5	放射線誘発肺線維症	CCL3-KO, CCR1-KOでは肺の炎症，線維化が軽減，CCR5-KOは野生型と変わらず	Yang X, et al：Am J Respir Cell Mol Biol, 45：127-135, 2011
CCR1, CCR2	四塩化炭素（CCl_4）誘発肝障害	骨髄からの線維細胞（fibrocyte）の動員はCCR1-KOで25％，CCR2-KOで50％減少する	Scholten D, et al：Am J Pathol, 179：189-198, 2011
CCR1	生体内観測	CCR1-KOではCCL3を介した好中球の血管壁への吸着と組織内移行が低下する	Reichel CA, et al：Blood, 120：880-890, 2012
CCR1	志賀毒素による腎障害（溶血性尿毒症症候群モデル）	CCR1-KOでは腎組織への好中球，単球の浸潤が低下する	Ramos MV, et al：Am J Pathol, 180：1040-1048, 2012
CCR5	肥満モデルマウス	白脂肪組織へのマクロファージの浸潤が低下し，インスリン抵抗性や肝脂肪化が抑制される	Kitade H, et al：Diabetes, 61：1680-1690, 2012

れている．CCR1ノックアウトマウスとCCR5ノックアウトマウスではしばしば表現型に違いが認められ，リガンドを共有しながらも生理的機能は異なることが推測される．またCCR1ノックアウトマウスは骨形成の低下を示すことが報告されている．主な論文を**表6**にまとめた．

4）ヒト疾患との関連

経口投与可能なCCR5阻害薬maravirocがR5型HIV株のエントリー阻害薬として開発され，臨床応用されている．また，経口投与可能な低分子CCR1阻害薬が開発され，多発性硬化症モデルのラット実験的アレルギー性脳脊髄炎（EAE）に対する治療効果が報告されている(Liang, et al. 2000)．喘息患者の気道平滑筋細胞はCCR1を発現し，CCR1リガンドに反応する（Joubert, et al. 2008）．また，多発性骨髄腫はCCL3を産生し，それによって骨融解を促進するとともに骨芽細胞の機能を抑制する（Vallet, et al. 2011）．CCR5 Δ 32変異では，コーディング領域の32塩基が欠失することでC末端側が欠損し，細胞膜上に発現しなくなる．CCR5 Δ 32変異はHIVに対しては感染抵抗性となるが，ウエストナイルウイルスに対しては症状増悪の危険因子となる（Lim, et al. 2008）．

参考文献

1）Wolpe SD, et al：J Exp Med, 167：570-581, 1988
2）Sherry B, et al：J Exp Med, 168：2251-2259, 1988
3）Schall TJ, et al：J Immunol, 141：1018-1025, 1988
4）Neote K, et al：Cell, 72：415-425, 1993
5）Raport CJ, et al：J Biol Chem, 271：17161-17166, 1996

（義江　修）

Keyword

4 CCL11/24/26，CCR3

【CCL11】
▶別名：eotaxin（-1）

【CCL24】
▶別名：eotaxin-2,
MPIF-2（myeloid progenitor inhibitory factor 2）

【CCL26】
▶別名：eotaxin-3

1）歴史とあらまし

ⅰ）CCL11

Joseらは，アレルゲンで感作したモルモットの気道にアレルゲンを投与して得られた肺胞洗浄液（BAL）から好酸球遊走因子を精製し，eotaxinと命名して報告した[1]．その後，モルモットおよびマウスのcDNAがクローニングされた（Jose, et al. 1994/Rothenberg, et al. 1995）．またPonathらは，マウスのcDNAをプローブとしてヒトのホモログをクローニングし，組換えタンパク質を用いて好酸球遊走活性を示した[2]．北浦らも，モルモットのeotaxinをプローブとしてヒトのcDNAをクローニングし，さらに好酸球に特異的に発現するその受容体も同定した[3]．一方，Daughertyらは，ディジェネレートPCRによりヒトの好酸球に発現するGタンパク質共役型受容体（GPCR）をクローニングし，やはりeotaxinの受容体であることを明らかにした[4]．eotaxinはCCL11，受容体はCCR3と命名された．

ⅱ）CCL24

Patelらは，活性化単球由来cDNAライブラリーの大規模シークエンシングから新規CCケモカインを発見し，骨髄前駆細胞のコロニー形成を抑制する作用からMPIF-2（myeloid progenitor inhibitory factor 2）と命名して報告した[5]．一方，Forssmannらは，同一分子を活性化単球からクローニングし，それが新規のCCR3リガンドであることからeotaxin-2と命名して報告した[6]．Whiteらも，活性化単球由来のESTデータベースの探索から同じCCケモカインを発見し，CCR3に対する選択的作用からeotaxin-2と命名して報告した[7]．eotaxin-2は，CCL24と命名された．

ⅲ）CCL26

新開らは，IL-4で刺激したヒト臍帯静脈内皮細胞で誘導される新規のCCケモカインを発見し，新たなCCR3リガンドであることからeotaxin-3と命名して報告した[8]．一方，北浦らは，染色体7q11.23にマップされたeotaxin-2の近傍のゲノム配列の探索から新たなCCケモカインを発見し，やはりCCR3リガンドであることからeotaxin-3と命名して報告した[9]．eotaxin-3はCCL26と命名された．マウスのCCL26は偽遺伝子である．

2）機能

ⅰ）CCL11/24/26の発現細胞・作用機序

CCL11，CCL24，CCL26はいずれもCCR3に作用して主に好酸球，好塩基球などを遊走する．

CCL11の臓器発現は特に小腸，大腸で強い．これは好酸球の生理的ホーミングのためと考えられ，事実，*CCL11*ノックアウトマウスでは小腸での好酸球数が減少

表7 CCL11・CCL24・CCR3のKOマウスの表現型

KO遺伝子	使用された実験系/疾患モデル	発見された主要な表現型	文献
CCL11	生理的状態	空腸や胸腺で好酸球が減少	Matthews AN, et al：Proc Natl Acad Sci U S A, 95：6273-6278, 1998
CCL11	アレルギー性肺炎症モデル	CCL11-KOでも好酸球の気道への動員には変化なし（レポーター遺伝子の発現解析からはCCL11は主に血管内皮細胞で発現）	Yang Y, et al：Blood, 92：3912-3923, 1998
CCR3	アレルギー性肺炎症モデル	好酸球の腸管への生理的ホーミング低下，アレルゲン曝露肺では好酸球の内皮下での滞留とマスト細胞の気管上皮間での滞留がみられる	Humbles AA, et al：Proc Natl Acad Sci U S A, 99：1479-1484, 2002
CCR3	アレルギー性皮膚炎モデル	皮膚での好酸球浸潤の欠如，マスト細胞数やTh2反応には変化なし	Ma W, et al：J Clin Invest, 109：621-628, 2002
CCL11, CCL24, CCR3	アレルギー性肺炎症モデル	CCL11/24-ダブルKOでCCR3-KOと同程度の好酸球浸潤低下	Pope SM, et al：J Immunol, 175：5341-5350, 2005
CCL11	ブレオマイシン誘発肺線維症	肺線維化の軽減，CCR3は好酸球だけでなく好中球にも発現している	Huaux F, et al：Am J Pathol, 167：1485-1496, 2005
CCR3	アスペルギルス誘発アレルギー性肺炎症	好酸球浸潤の低下，Th2型サイトカイン産生低下，粘液過剰産生の低下	Fulkerson PC, et al：Proc Natl Acad Sci U S A, 103：16418-16423, 2006
CCL11, CCL24, CCR3	IL-13過剰発現によるアレルギー性肺炎症	好酸球の肺浸潤はCCL24-KO，CCR3-KOで著明に低下，CCL11-KOではかえって増加	Fulkerson PC, et al：Am J Pathol, 169：2117-2126, 2006
CCR3	脈絡膜血管新生モデル	損傷に伴う脈絡膜での血管新生が抑制される	Takeda A, et al：Nature, 460：225-230, 2009

する（Matthews, et al. 1998）．また，CCL11の産生増加はアレルギー性鼻炎，気管支喘息などで示されている．主な産生細胞は，上皮細胞や線維芽細胞などの非血液系細胞であり，特に線維芽細胞が大量のCCL11を産生する（Miyamasu, et al. 1999）．線維芽細胞のCCL11の産生はIL-4，IL-13により誘導され，TNF α（第4章-12参照）は相乗的に作用し，一方，IFN-γ（第2章-2参照）は抑制的に作用する（Mochizuki, et al. 1998/Miyamasu, et al. 1999）．

CCL24は，単球で構成的に産生され，IL-1 βやLPSなどの刺激でその産生は亢進するが，IL-4/IL-13やTNF αには促進作用はない．一方，単球をマクロファージに分化させるとCCL24の構成的産生は抑制されるが，今度はIL-4により発現が誘導されるようになる（Watanabe, et al. 2002）．

CCL26は，血管内皮細胞からIL-4/IL-13により産生が誘導される（Shinkai, et al. 1999/Cuvelier & Patel, 2001）．また，CCL26はCXCL8/IL-8と同様に血管内皮細胞のWeibel-Palade顆粒に蓄えられており，ヒスタミンやトロンビン刺激でただちに放出されてくる（Oynebraten, et al. 2004）．気道上皮細胞ではCCL11，CCL24，CCL26の産生はいずれもIL-4やIL-13で誘導され，IFN-γや糖質グルココルチコイドで抑制される（Komiya, et al. 2003）．さらにIL-4で刺激された気道上皮細胞ではCCL26は主に細胞膜に結合した状態で存在する（Yuan, et al. 2006）．

CCL11はCXCR3のアンタゴニストとしても作用する（Weng, et al. 1998/Xanthou, et al. 2003）．また，CCL26はCCR1，CCR2，CCR5に対してアンタゴニストとして作用する（Ogilvie, et al. 2003/Petkovic, et al. 2004）．それによってCCL11，CCL26はTh1型反応を抑制すると考えられる．逆に，CXCR3のリガンドCXCL9，CXCL10，CXCL11はCCR3のアンタゴニストとして作用する（Loetscher, et al. 2001/Xanthou, et al. 2003/Fulkerson, et al. 2004/Thomas, et al. 2004)．このように共通してIFN-γで誘導されるこれらのCXCケモカインは，好酸球の遊走を抑制すると考えられる．さらにCCL26はCX_3CR1に対してアゴニストとして作用する（Nakayama, et al. 2010）．

ii）CCR3の発現細胞

CCR3は主に好酸球，好塩基球に強く発現している（Heath, et al. 1997/Uguccioni, et al. 1997）．また，一部のTh2細胞や皮膚・腸管に存在するトリプターゼ$^{+}$キマーゼ$^{+}$マスト細胞でも発現する（Sallusto, 1997/Romagnani, et al. 1999）．さらに気道上皮細胞，皮膚角化細胞，樹状細胞，気道平滑筋細胞，精子，肺線維芽細胞などでの発現も報告されている（Stellato, et al. 2001/Petering, et al. 2001/Beaulieu, et al. 2002/Joubert, et al. 2005/Muciaccia, et al. 2005/Puxeddu, et al. 2006）．また，血管内皮細胞はCCR3を発現し，CCL11には血管新生作用があると報告されている（Salcedo, et al. 2001）．CCR3は，最も特異性の広いケモカイン受容体であり，CCL11/24/26以外にも，CCL5/7/8/13/15/28などの多くのCCケモカインが作用する．

3) KOマウスの表現型

CCL11，CCL24，CCR3のノックアウトマウスが作製されている．腸管などの粘膜組織への好酸球の生理的ホーミングの低下が認められる．また肺や皮膚のアレルギー性炎症モデルで好酸球の浸潤低下が確認されている．さらに加齢黄斑変性症との関連でレーザー焼却による脈絡膜損傷での血管新生がCCR3ノックアウトマウスでは抑制されることが示されている．主な論文を**表7**にまとめた．

4) ヒト疾患との関連

マウスの喘息モデルで，好酸球浸潤，気道過敏性，過剰粘液産生，気道リモデリングなどに対するCCR3阻害薬の抑制効果が確認されている（Wegmann, et al. 2007/Komai, et al. 2010）．CCL11，CCL24，CL26のなかではCCL26が最も喘息やアトピー性皮膚炎の病態と相関することが示されている（Provost, et al. 2013/Gaspar, et al. 2013）．さらに，CCL26は好酸球性食道炎の発症にも密接に関与する（Blanchard, et al. 2006/Bhattacharya, et al. 2007）．また，CCR3を介した刺激は脈絡膜血管新生を促進し，そのためCCR3は加齢黄斑変性症の治療標的となる可能性がある（Takeda, et al. 2009）．他にも喘息やその他のアレルギー性疾患の治療を目的としてCCR3に対する低分子阻害薬の開発が行われている．ただし，喘息および好酸球性気管支炎に対する低分子CCR3阻害薬GW766994の二重盲検試験では，喀痰や血中での好酸球の有意な減少や呼吸機能の改善効果は認められておらず，喘息の治療標的としてのCCR3に対する再考を促す結果となっている（Neighbour, et al. 2014）．

参考文献

1）Jose PJ, et al：J Exp Med, 179：881-887, 1994
2）Ponath PD, et al：J Clin Invest, 97：604-612, 1996
3）Kitaura M, et al：J Biol Chem, 271：7725-7730, 1996
4）Daugherty BL, et al：J Exp Med, 183：2349-2354, 1996
5）Patel VP, et al：J Exp Med, 185：1163-1172, 1997
6）Forssmann U, et al：J Exp Med, 185：2171-2176, 1997
7）White JR, et al：J Leukoc Biol, 62：667-675, 1997
8）Shinkai A, et al：J Immunol, 163：1602-1610, 1999
9）Kitaura M, et al：J Biol Chem, 274：27975-27980, 1999

（義江　修）

Keyword

5 CCL14/15/16/23

【CCL14】
▶別名：HCC-1（human hemofiltrate CC chemokine 1）

【CCL15】
▶別名：Lkn-1（leukotactin-1），
HCC-2（human CC chemokine 2），
MIP-1δ（macrophage inflammatory protein 1δ）

【CCL16】
▶別名：LEC（liver-expressed chemokine），
HCC-4（human CC chemokine 4），
LMC（lymphocyte and monocyte chemoattractant），
LCC-1（liver-specific CC chemokine 1）

【CCL23】
▶別名：MPIF-1（myeloid progenitor inhibitory factor 1），
CKβ8（chemokine β8）

1) 歴史とあらまし

i）CCL14

Schulz-Knappeらは，慢性腎不全患者の血液透析液から新規のCCケモカインを精製し，脾臓，肝臓，骨格筋などでの構成的発現，正常血漿中での高濃度の存在（1～10 nM），単球に対する作用などを示し，HCC-1（human hemofiltrate CC chemokine 1）と命名して報告した[1]．その後，HCC-1はCCL14と命名された．

ii）CCL15

Younらは，マウスMIP-1 γをプローブとして新規のヒトCCケモカインを発見し，好中球，単球，リンパ球に対する遊走活性とCCR1，CCR3に対するアゴニスト作用を示し，Lkn-1（leukotactin-1）と命名して報告した[2]．Pardigolらは，HCC-1の遺伝子の近傍に新規のCCケモカイン遺伝子を発見し，腸管と肝臓での発現，単球に対する遊走作用，CCR1を受容体として使うことなどを明らかにし，HCC-2（human CC chemokine 2）と命名して報告した[3]．Wangらはヒト胎児脾臓由来のcDNAライブラリーから新規のCCケモカインを発見し，リンパ球，NK細胞，単球，単球由来樹状細胞などでの発現，T細胞や単球に対する遊走作用，CCR1を受容体として使うことなどを明らかにし，MIP-1 δと命名して報告した[4]．Lkn-1，HCC-2，MIP-1 δは同一分子であり，その後CCL15と命名された．

iii）CCL16

正代らは，ESTデータベースの検索から新規CCケモカインを見出し，肝臓での選択的な発現からLEC（liver-expressed chemokine）と名づけて報告した[5]．Hedrickらは，ESTデータベースからHCC-1と相同性の高い新規CCケモカインを発見し，IL-10処理単球での発現と単球に対する遊走活性を示し，HCC-4（human CC chemokine 4）と命名して報告した[6]．Younらは，やはりESTデータベースの検索から新規CCケモカインを発見し，リンパ球と単球に対する遊走活性，ヒト骨髄細胞による各種血球系コロニー形成の抑制を示し，LMC（lymphocyte and monocyte chemoattractant）と命名して報告した[7]．Yangらは，ESTデータベースの検索から新規CCケモカインを発見し，肝臓での選択的発現およびヒト肝がん細胞株HepG2での構成的発現と低酸素による発現促進を示し，LCC-1（liver-specific CC chemokine 1）と命名して報告した[8]．LEC，HCC-4，LMC，LCC-1は同一分子であり，その後CCL16と命名された．

iv）CCL23

Patelらは，大動脈内皮のcDNAライブラリーの大規模シークエンシングから新規CCケモカインを発見し，造血前駆細胞のコロニー形成を抑制する活性からMPIF-1（myeloid progenitor inhibitory factor 1）と命名して報告した[9]．その後，MPIF-1はCCL23と命名された．

2）機能

i）共通する構造

CCL14/15/16/23の遺伝子はヒトでは染色体17q11.2の狭い領域に同じ方向を向いて存在し，進化的に近い関係を示唆する．特に，CCL15とCCL23はよく似た塩基配列，共通の4エキソン構造，またともに6つのシステイン残基をもち，3つのジスルフィド結合を形成することなどから比較的最近の遺伝子重複によって形成されたペアと考えられる（Nomiyama, et al. 1999）．さらに，これらのケモカインは，しばしば血液中に高濃度で存在し，また通常のケモカインと比べると長いN末端領域をもち，さらにN末端側の限定的分解によって高親和性のリガンドへと変換することも示されている．そのためこれらのケモカインは，前駆体として血液中に存在し，炎症などによって活性化されるプラズマケモカインの一群と考えることができる（Nomiyama, et al. 2010）．

ii）各因子の作用機序

CCL14とCCL15はヒト染色体17q11.2にきわめて近接して存在し，モノシストロニックとバイシストロニックの複数の転写産物でコードされる（Forssmann, et al. 2001）．CCL14は，CCR1の低親和性リガンドである（Tsou, et al. 1998）．しかしN末端領域が限定分解されたCCL14（アミノ酸9-74）は，CCR1，CCR3，CCR5に対する高親和性リガンドに変化する（Detheux, et al. 2000）．CCL15は，CCR1，CCR3のリガンドである．CCL15は，他のケモカインと比較して20アミノ酸以上長いN末端領域をもつが，N末端が24，27あるいは28アミノ酸まで限定分解されたCCL15は，CCR1に対して100～1,000倍強力なアゴニストとなる（Lee, et al. 2002）．

CCL16は，肝実質細胞やHepG2株で構成的に産生され，正常血漿に高濃度（0.3～4 nM）で存在し，CCR1，CCR2，CCR5の低親和性リガンドである（Nomiyama, et al. 2001）．さらにCCR8に作用するという報告もなされている（Howard, et al. 2000）．CCL16も長めのN末端領域をもっているが，N末端側のプロセシングによって活性化されるか否かについてはまだ報告がない．ただし，CCL16は，C末端領域も比較的長いが，そのC末端が20アミノ酸ほど限定分解されるとヘパラン硫酸グリコサミノグリカン（HS-GAG）に対する結合能が上昇する（Starr, et al. 2012）．

CCL23も通常のケモカインと比べて長いN末端領域

を有し，このN末端領域を大部分欠失した変異体CCL23（アミノ酸25-99）は100倍以上強いCCR1リガンドとなる（Macphee, et al. 1998）．またCCL23には，N端領域に18アミノ酸が挿入されたスプライシング変異体CKβ-1が存在し，N末端部分がこの挿入配列の前で取り除かれたものはFPRL-1（formyl peptide receptor-like 1）に対しても強いアゴニスト活性を示し，好中球を遊走する（Elagoz, et al. 2004）．さらに，挿入部分の18アミノ酸が除かれると，ケモカイン部分は強力なCCR1リガンドとなるとともに18アミノ酸ペプチドは強力なFPRL-1リガンドとなる（Miao, et al. 2007）．このように，CCL23は2つの異なる遊走因子活性をもつ．

iii）生理機能

CCL15は，CCR1とCCR3を介して血管新生を誘導する（Hwang, et al. 2004）．CCL16も，CCR1を介して血管内皮細胞に血管新生を誘導する（Strasly, et al. 2004）．またCCL16は，マクロファージを強力に活性化し，さらにCCL16存在下で誘導された細胞傷害性T細胞（CTL）は強い細胞傷害活性を示す（Cappello, et al. 2004）．樹状細胞に対しても，CCL16は強力な成熟促進作用を示す（Cappello, et al. 2006）．さらに，CCL16は，ヒスタミン受容体4（H4）のリガンドとしても作用し，好酸球を遊走させる（Nakayama, et al. 2004）．CCL23は，ヒトの骨組織で強く発現しており，破骨細胞に対して強力な遊走活性を示す（Votta, et al. 2000）．さらに，単球をIL-4やIL-13で刺激すると，STAT6依存性にCCL23の発現が誘導される（Novak, et al. 2007）．

3）モデルマウスでの解析

これらのケモカインの遺伝子は，CCL16を除いてマウスには存在しない．また，マウスのCCL16も偽遺伝子である．そのため，これらのケモカインの生体での役割をノックアウトマウスにより解析することはできない．ただし，ヒトとマウスの相同染色体でのケモカインクラスターの配置の比較から，マウスのCcl6とヒトのCCL23，マウスのCcl9とヒトのCCL15が対応関係にあると考えられる（Nomiyama, et al. 2010）．そして，マウスのCcl6とCcl9もCCR1のリガンドである．

Ccl6とCcl9についてもノックアウトマウスの報告はいまだなされていないが，中和抗体を用いた研究がなされている．マウスのCcl6は，ヒトのCCL23と同様にIL-13によって強力に発現が誘導され，IL-13誘導肺アレルギー性炎症や気道過敏性は抗Ccl6抗体によって抑制される（Ma, et al. 2004）．またCcl9は，マウス腸管Peyer's patchの濾胞関連上皮で恒常的に発現しており，一方，腸管のCD11b$^+$樹状細胞はCcl9に対して遊走する．そして，抗Ccl9抗体の投与によってPeyer's patchのドーム領域に分布するCD11b$^+$樹状細胞数は減少することが示されている（Zhao, et al. 2003）．さらにCcl9は，破骨細胞分化に伴ってCCR1とともに強く発現してくる．そして，破骨細胞の生存や分化は抗Ccl9抗体により抑制されることが示されている（Lean, et al. 2002/Okamatsu, et al. 2004/Yang, et al. 2006）．また大腸がんの肝転移モデルで，腫瘍細胞が産生するCcl9によってCCR1を介してCD34$^+$骨髄系細胞が動員され，それが転移巣の増殖を促進することが，CCR1-KOマウスやCCR1阻害剤を使って示されている（Kitamura, et al. 2010）．

4）ヒト疾患との関連

動脈硬化巣でのCCL15の発現が報告されている（Lee, et al. 2002/Yu, et al. 2004）．また，慢性腎不全患者の血中では限定分解で活性化されたCCL15濃度が上昇している（Richter, et al. 2006）．さらに，アルツハイマー病の早期診断に血中CCL15濃度が役立つことが示唆されている（Rocha de Paula, et al. 2011/Bjoerkqvist, et al. 2012）．その他にも原発性肝がんの患者血清中でもCCL15濃度の上昇がみられ，バイオマーカーとしての可能性が示唆されている（Li, et al. 2013）．慢性関節リウマチ（RA）患者の関節液には活性化されたCCL15とCCL23が検出され，病態への関与が示唆される（Berahovich, et al. 2005）．また，血清CCL23濃度はRA患者の病勢と有意に相関する（Rioja, et al. 2008）．さらに，血清CCL23濃度は全身性硬化症の患者でも上昇する（Yanaba, et al. 2011）．慢性副鼻腔炎患者の鼻ポリープでは好酸球によるCCL23の産生が検出される（Poposki, et al. 2011）．好酸球性肺炎の患者の肺胞洗浄液（BAL）ではCCL16の濃度が好酸球やリンパ球の数と相関して上昇しており，樹状細胞やマクロファージがCCL16を産生していることが示されている（Nureki, et al. 2009）．

参考文献

1）Schulz-Knappe P, et al：J Exp Med, 183：295-299, 1996
2）Youn BS, et al：J Immunol, 159：5201-5205, 1997
3）Pardigol A, et al：Proc Natl Acad Sci U S A, 95：6308-6313, 1998
4）Wang W, et al：J Clin Immunol, 18：214-222, 1998
5）Shoudai K, et al：Biochim Biophys Acta, 1396：273-277, 1998
6）Hedrick JA, et al：Blood, 91：4242-4247, 1998
7）Youn BS, et al：Biochem Biophys Res Commun, 247：217-222, 1998
8）Yang JY, et al：Cytokine, 12：101-109, 2000
9）Patel VP, et al：J Exp Med, 185：1163-1172, 1997

（義江　修）

Keyword

6 CCL19/21, CCR7

【CCL19】
▶別名：ELC（EBI-1 ligand chemokine），
MIP-3β（macrophage inflammatory protein 3β）

【CCL21】
▶別名：SLC（secondary lymphoid tissue chemokine），
6Ckine，exodus-2

【CCR7】
▶別名：EBI1（Epstein-Barr virus-induced gene 1），
BLR-2（Burkitt's lymphoma receptor 2）

1）歴史とあらまし

i）CCL19

RossiらはESTデータベースの検索から新規のCCケモカイン2種を発見したとして，MIP-3α〔macrophage inflammatory protein-3α．後にCCL20（8）と命名〕，およびMIP-3βと命名して報告した[1]．吉田らもESTデータベースから新規CCケモカインを発見し，さらにその受容体はオーファンGタンパク質共役型受容体（GPRC）のEBI1（BLR-2）であること，その遺伝子は従来のCCケモカインクラスター17q11.2とは異なる9p13にマップされること，などを明らかにし，ELC（EBI-1 ligand chemokine）と命名して報告した[2]．MIP-3βとELCは同一分子であり，その後CCL19と命名された．また，EBI-1はCCR7と命名された．

ii）CCL21

柳楽らはESTデータベースの検索から新規CCケモカインを発見し，二次リンパ組織に強く発現してT細胞を遊走すること，遺伝子はCCL19と同じく9p13にマップされることなどを明らかにし，SLC（secondary lymphoid tissue chemokine）と命名して報告した[3]．HedrickらもESTデータベースから同じ分子を発見し，ケモカインで保存されている4つのシステインに加えて，C末端領域にさらに2つシステインが存在することから6Ckineと命名して報告した[4]．さらに，Hromasらも新規CCケモカインをクローニングし，exodus-2と命名して報告した[5]．SLC，6Ckine，exodus-2は同一分子であり，その後CCL21と命名された．さらに，CCR7はCCL21の受容体でもあることがいくつかのグループにより報告された[6)～8)]（Yoshida, et al. 1998/Campbell, et al. 1998/Willimann, et al. 1998）．

CCL19とCCL21は，ともに染色体9p13にマップされ，受容体もCCR7を共有することから，遺伝子重複により形成されたペアと考えられる．

2）機能

i）CCL19とCCL21

CCL19とCCL21は，ともに二次リンパ組織で強く発現し，CCL19はT細胞領域のストローマ細胞や成熟樹状細胞で産生され，CCL21はT細胞領域のストローマ細胞，高内皮細静脈（high endothelial venule：HEV）および輸入リンパ管の内皮細胞などで検出される（Gunn, et al. 1998/Ngo, et al. 1998/Luther, et al. 2000）．ただし，ヒトのHEVはCCL21を産生せず，トランスサイトーシスによって管腔側に提示する（Carlsen, et al. 2005）．末梢組織の未熟樹状細胞は，抗原の取り込みやサイトカイン刺激によって成熟を開始するとCCR7の発現を上昇し，それによって輸入リンパ管を経て所属リンパ節のT細胞領域へと移動する（Sallusto, et al. 1998/Gunn, et al. 1999/Foerster, et al. 1999）．さらに成熟に伴って樹状細胞はCCL19の産生も開始する（Ngo, et al. 1998）．CCL19もトランスサイトーシスでHEV表面に提示される（Baekkevold, et al. 2001）．

ii）CCR7

CCR7は，ナイーブT細胞，メモリー/エフェクターT細胞の一部，B細胞，成熟胸腺細胞，$CD56^+$NK細胞，成熟樹状細胞などで発現している．特に，ナイーブT細胞は$CCR7^+$L-$selectin^+$であり，一方，二次リンパ組織のHEVはL-selectinリガンドを発現し，CCR19/21を提示するため，ナイーブT細胞は効率よく二次リンパ組織にホーミングすることができる（Gunn, et al. 1999/Foerster, et al. 1999）．また，メモリー/エフェクターT細胞は，CCR7発現の有無から2つの機能的サブセッ

表8　CCR7のKOマウスの表現型

KO遺伝子	使用された実験系/疾患モデル	発見された主要な表現型	文献
CCR7	生理的状態, 抗体産生, 接触性皮膚炎, 遅延型過敏症	抗体産生の遅延，接触性皮膚炎や遅延型過敏反応の欠如，二次リンパ組織の形成不全，皮膚樹状細胞の所属リンパ節への移動障害	Förster R, et al：Cell, 99：23-33, 1999
CCR7	生理的状態	CD4およびCD8シングルポジティブ胸腺細胞の皮質から髄質への移動障害，胸腺髄質形成不全	Ueno T, et al：J Exp Med, 200：493-505, 2004
CCR7	生理的状態	胸腺前駆細胞の皮質内での移動障害，胸腺形成不全	Misslitz A, et al：J Exp Med, 200：481-491, 2004
CCR7	生理的状態	皮膚の樹状細胞の皮膚リンパ管への移動障害	Ohl L, et al：Immunity, 21：279-288, 2004
CCR7	生理的状態	CCR7はT細胞の皮膚からの移出と再循環に必要	Debes GF, et al：Nat Immunol, 6：889-894, 2005
CCR7	喘息モデル	CCR7はT細胞の肺組織からの移出と再循環に必要	Bromley SK, et al：Nat Immunol, 6：895-901, 2005
CCR7	生理的状態	CCR7-KOは自己免疫性涙腺炎や唾液腺炎を発生（胸腺での中枢性トレランスの形成不全のため）	Kurobe H, et al：Immunity, 24：165-177, 2006
CCR7	生理的状態	腸管の孤立性リンパ濾胞の大型化（リンパ球流出の低下）	Pabst O, et al：J Immunol, 177：6824-6832, 2006
CCR7	生理的状態	リンパ球の組織からの流出が低下するため，腸管粘膜下にリンパ球の異常集合が形成される	Hoepken UE, et al：Blood, 109：886-895, 2007
CCR7	生理的状態	多臓器性の自己免疫疾患発生（中枢性トレランスの形成不全）	Davalos-Misslitz AC, et al：Eur J Immunol, 37：613-622, 2007
CCR7	生理的状態	$Foxp3^+$制御性T細胞のリンパ節への移行障害のために免疫応答が亢進	Schneider MA, et al：J Exp Med, 204：735-745, 2007
CCR7	生理的状態	CCR7は$Foxp3^+$制御性T細胞がリンパ節の傍皮質領域にホーミングするために必要	Ueha S, et al：J Leukoc Biol, 82：1230-1238, 2007
CCR7	生理的状態	胸腺でのネガティブセレクション不全	Davalos-Misslitz AC, et al：Blood, 110：4351-4359, 2007
CCR7	生理的状態	CCR7はCCR9とともに骨髄前駆細胞の胸腺への移入に必要	Zlotoff DA, et al：Blood, 115：1897-1905, 2010 Krueger A, et al：Blood, 115：1906-1912, 2010

トに分類される．セントラルメモリーT細胞（T_{CM}）は，ナイーブT細胞と同じくCCR7とL-selectinを発現し，そのため二次リンパ組織に効率よくホーミングし，樹状細胞により活性化されるとエフェクターT細胞に分化する．一方，エフェクターメモリーT細胞（T_{EM}）は，CCR7もL-selectinも発現しておらず，CCR4やCCR6などのその他のケモカイン受容体を発現することによって末梢組織にホーミングしてエフェクター機能を発揮する（Sallusuto, et al. 1999）．

CCL19とCCL21のCCR7に対する作用ではCCL19が優位なリガンドであり，CCL19はβアレスチン3を介して効率よくCCR7の細胞内取り込みを誘導する（Byers, et al. 2008）．また，マウスのCCL21はCXCR3に対してもアゴニスト作用を示すことが報告されている（Soto, et al. 1998）．

3) KOマウスの表現型

CCR7系の場合，CCL21を欠損する自然発生変異マウス*plt*（paucity of lymph node T cell）が存在し二次リンパ組織へのT細胞や樹状細胞のホーミングに関与することが示されていた（Gunn, et al. 1999）．また，トランスジェニックマウスを用いたCCL21の異所性発現でもT細胞や樹状細胞をよび寄せてリンパ組織の形成を誘導することも示された（Fan, et al. 2000）．そこでCCR7ノックアウトマウスでも主に生理的状態でのT細胞や樹状細胞の体内移動と局在が解析されている．そして胸腺内での未熟T細胞の移動や成熟T細胞や樹状細胞の末梢組織から二次リンパ組織へのホーミングなどでのCCR7系の重要な役割が報告されている．主な論文を**表8**にまとめた．

4) ヒト疾患との関連

CCR7系は，免疫応答誘導の中枢である二次リンパ組織の恒常性と機能に密接にかかわっている．そのため，CCR7をブロックする薬剤は，有効な免疫抑制剤となる可能性が高い．アトピー性皮膚炎，乾癬，移植片対宿主皮膚炎の炎症皮膚では，血管内皮細胞でのCCL21発現と$CCR7^+$エフェクターメモリーT細胞の浸潤が示されている（Christopherson, et al. 2003）．また，関節リウマチや潰瘍性大腸炎などの病巣血管内皮細胞でもCCL21発現と$CCR7^+$ナイーブT細胞の浸潤が検出され，このことが異所性リンパ組織形成につながると考えられる（Weninger, et al. 2003）．さらに，原発性硬化性胆管炎でも，病巣血管内皮でのCCL21の発現と，それに伴う$CCR7^+$T細胞の浸潤が示され，門脈周囲のリンパ組織形成との関連が考えられる（Grant, et al. 2002）．

また，がんのリンパ節転移にもがん細胞の発現するCCR7が関与することが示唆されている（Mueller, et al. 2001/Wiley, et al. 2001/Till, et al. 2002/Mashino, et al. 2002）．さらに，急性T細胞性白血病の中枢神経系への浸潤では，活性化変異Notch-1の下流で発現誘導されるCCR7の関与が示唆されている（Buonamici, et al. 2009）．その他にもヒトの好酸球はCCR7を発現するという報告もなされている（Akuthota, et al. 2013）．なお，尋常性乾癬の抗TNF治療で，症状の改善とともに最も発現が抑制されたのはCCL19とCCR7であった（Bose, et al. 2013）．

参考文献

1) Rossi DL, et al：J Immunol, 158：1033-1036, 1997
2) Yoshida R, et al：J Biol Chem, 272：13803-13809, 1997
3) Nagira M, et al：J Biol Chem, 272：19518-19524, 1997
4) Hedrick JA & Zlotnik A：J Immunol, 159：1589-1593, 1997
5) Hromas R, et al：J Immunol, 159：2554-2558, 1997
6) Yoshida R, et al：J Biol Chem, 273：7118-7122, 1998
7) Campbell JJ, et al：J Cell Biol, 141：1053-1059, 1998
8) Willimann K, et al：Eur J Immunol, 28：2025-2034, 1998

（義江　修）

Keyword

7 CCL17/22，CCR4

【CCL17】

▶別名：TARC（thymus and activation-regulated chemokine）

【CCL22】

▶別名：MDC（macrophage-derived chemokine）

1) 歴史とあらまし

今井らは，Epstein-Barrウイルスベクターを用いたシグナル配列トラップ法（シグナル配列をもつサイトカインや膜タンパク質の網羅的クローニング法）を開発し，それを用いて活性化ヒト末梢血単核細胞（PBMC）から新規CCケモカインを発見した．そして，胸腺での強い発現やT細胞に対する特異的結合と遊走活性を示し，TARC（thymus and activation-regulated chemokine）と命名して報告した[1]．一方，Godiskaらは，マクロファージ由来cDNAライブラリーのランダム塩基配列決定から，最も発現頻度の高いクローンとして新規CCケモカインを発見し，胸腺での強い発現と単球，IL-2活性化NK細胞に対する遊走活性を示し，MDC（macrophage-derived chemokine）と命名して報告した[2]．その後，TARCはCCL17，MDCはCCL22と命名された．さらに，今井らはすでにCCL2，CCL3，CCL5の共有受容体として報告されていたCCR4が，実際にはCCL17とCCL22の特異的な共有受容体であることを明らかにした[3) 4)]．

CCL17とCCL22はともにヒトでは染色体16q13に近接してマップされ，共通の祖先遺伝子から遺伝子重複により形成されたペアと考えられる[5)]（Nomiyama, et al. 1998）．

2) 機能

i）CCL17とCCL22

CCL17とCCL22は，ともに胸腺髄質で強く発現している．その発現はAire（autoimmune regulator）によって支配されることが示されている（Laan, et al. 2009）．一方，CCR4は，CD4$^+$CD8^{low}胸腺細胞で発現がみられる．そのためCCR4は，正の選択を受けたCD4$^+$細胞が，負の選択を受けるため髄質に移動する過程に関与すると考えられた（Chantry, et al. 1999/Annuziato, et al. 2000）．しかしながら*CCR4*ノックアウトマウスでは，T細胞の分化やレパートリー形成に異常は見出されていない．また，CCR4は胸腺内でのT細胞の移動やiNKT細胞の形成に必要でないことも示されている（Cowan, et al. 2014）．

一方，末梢組織でのCCL17の主な発現細胞は，血管内皮細胞，樹状細胞，皮膚角化細胞，気道上皮細胞，肺マクロファージなどである（Imai, et al. 1999/Campbell, et al, 1999/Sekiya, et al. 2000/Horikawa, et al. 2002/Staples, et al. 2012）．またCCL22は，樹状細胞，マクロファージ，皮膚角化細胞，ミクログリアなどで発現が示されている（Imai, et al. 1999/Vulcano, et al. 2001/Horikawa, et al. 2002/Columba-Cabezas, et al. 2002）．CCL17とCCL22の間ではCCL22の方が優位なリガンドであり，より効率よくCCR4の細胞内取り込みと脱感作を誘導する（Imai, et al. 1998/Mariani, et al. 2004）．

ii）CCR4

末梢血では，CCR4はエフェクターメモリーT細胞の一部に発現しており，さらにCCR4発現細胞はIL-4やIL-5といったTh2サイトカインを選択的に産生することから，CCR4の発現はTh2細胞に選択的である（Bonecchi, et al. 1998/D'Ambrosio, et al. 1998/Imai, et al. 1999/Yamamoto, et al. 2000/Colantonio, et al. 2002）．また，ほとんどの皮膚リンパ球関連抗原陽性（CLA$^+$）皮膚指向性メモリーT細胞はCCR4陽性であり，さらにCCL17は炎症皮膚の微小血管内皮細胞で産生されている（Campbell, et al. 1999/Horikawa, et al. 2002/Staples, et al. 2012）．またCCL22は，皮膚の樹状細胞や角化細胞で発現が示されている（Vulcano, et al. 2001/Horikawa, et al. 2002）．そのためCCR4系は，皮膚指向性T細胞が血流から皮膚組織へ移行するために重要な働きをしていると考えられる．また，肺由来の樹状細胞で活性化されたT細胞はCCR4を発現し，それによって効率よく肺にホーミングしてインフルエンザ感染を防御することも示されている（Mikhak, et al. 2013）．さらに，CCR4の選択的発現は，制御性T細胞（Treg）でも報告されている（Iellem, et al. 2001/Sugiyama, et al. 2013）．血小板もCCR4を発現しており，CCR4リガンドは血小板の活性化を誘導する（Kowalska, et al. 2000/Clemetson, et al. 2000/Abi-Younes, et al. 2001）．

3) KOマウスの表現型

*CCR4*ノックアウトマウスが作製されているが，繁殖や成長には大きな異常は見出されていない．そこで各種の疾患モデルでの表現型が解析されている．特にCCR4がTh2細胞に選択的に発現することから，アレルギー性炎症の疾患モデルでCCR4の役割が検討されてきたが，Th2型反応に関しては期待されたほどの変化は認められていない．これはCCR4がTh2細胞とともに制御性T細胞でも発現しているため，それぞれの欠損の相殺効果によるためかもしれない．またマウスではCCR4の発現がTh2細胞にそれほど選択的でないのかもしれない．一方，リンパ系細胞の肺や皮膚への移行におけるCCR4の重要性が明らかにされている．主な論文を**表9**にまとめた．

4) ヒト疾患との関連

i）アレルギー性疾患

CCR4は，Th2細胞や皮膚指向性T細胞に選択的に発現していることから，アレルギー性疾患との関連が注目される．アトピー性皮膚炎の患者では，CCR4$^+$T細胞の血中や皮膚組織での増加が示されている（Yamamoto, et al. 2000/Vestergaard, et al. 2000/Nakatani, et al. 2001/Wakunaga, et al. 2001）．また，アトピー性皮膚炎患者の血液中ではCCL17とCCL22の値が著増しており，病勢や治療効果とよく相関する（Kakinuma, et al. 2001/Kakinuma, et al. 2002/Fujisawa, et al. 2002/Horikawa, et al. 2002）．そこでCCL17の血清検査キットが2008年からアトピー性皮膚炎の病勢をモニターする検査試薬として保険適応となった．また，喘息患者でも，経気道的に区域枝レベルで抗原曝露すると，局所でのCCL17とCCL22の発現誘導やIL-4$^+$CCR4$^+$T細胞の選択的浸潤が確認された（Panina-Bordignon, et al. 2001/Pilette, et al. 2004/Vijayanand, et al. 2010）．さらに，好酸球性肺炎でもCCR4系の関与が示されている（Katoh, et al. 2003）．以上の結果から，CCR4をブ

表9 CCR4のKOマウスの表現型

KO遺伝子	使用された実験系／疾患モデル	発見された主要な表現型	文献
CCR4	喘息モデル，LPS誘発ショックモデル	卵白アルブミン（OVA）で感作した後OVAを気道から投与する喘息モデルでは野生型と変わりなかった．LPSの腹腔投与によるショック誘発に対して抵抗性を示した	Chvatchko Y, et al：J Exp Med, 191：1755-1764, 2000
CCR4	真菌感染によるアレルギー肺炎	好酸球の浸潤低下，好中球やマクロファージの浸潤増加，気道過敏性の上昇は軽減される	Schuh JM, et al：FASEB J, 16：1313-1315, 2002
CCR4	アロ心臓移植モデル	慢性型拒絶モデルで，NKT細胞の浸潤低下による移植心の生着延長	Hüser N, et al：Eur J Immunol, 35：128-138, 2005
CCR4	アロ心臓移植モデル	抗CD154抗体とドナー細胞輸血により免疫寛容を誘導する系で，CCR4-KOでは制御性T細胞（Treg）の浸潤が低下して寛容が誘導されない	Lee I, et al：J Exp Med, 201：1037-1044, 2005
CCR4	Th1型およびTh2型肺肉芽腫症モデル	Th2型反応の低下，またTh1型反応においてもTh1細胞の増殖には$CCR4^+$野生型マウスの樹状細胞が必要	Freeman CM, et al：J Immunol, 177：4149-4158, 2006
CCR4	自然免疫反応	LPSやその他のToll様受容体（TLR）アゴニストに対して抵抗性を示し，マクロファージの反応性がM2型に変化していた	Ness TL, et al：J Immunol, 177：7531-7539, 2006
CCR4	喘息モデル	iNKT細胞が肺へ移動できないため，気道過敏性の上昇が誘導されない	Meyer EH, et al：J Immunol, 179：4661-4671, 2007
CCR4	養子細胞移入による炎症性腸炎モデル	CCR4-KOマウス由来のTregは腸間膜リンパ節へ移行できず，腸炎の発症を抑制できなかった	Yuan Q, et al：J Exp Med, 204：1327-1334, 2007
CCR4	ブレオマイシン誘発肺線維症	炎症反応が低下，マクロファージはM2型にシフト，またケモカインのスカベンジャー受容体D6の発現が上昇していた	Trujillo G, et al：Am J Pathol, 172：1209-1221, 2008
CCR4, CCR8, CXCR3	アレルギー性肺炎症	養子細胞移入された抗原特異的Th2細胞の肺や気道への浸潤にはCCR4が必要	Mikhak Z, et al：J Allergy Clin Immunol, 123：67-73.e3, 2009
CCR4	実験的アレルギー性脳脊髄炎（EAE）	発症の遅延と症状の軽減，炎症性マクロファージの浸潤低下	Forde EA, et al：J Neuroimmunol, 236：17-26, 2011
CCR4	アレルギー性肺炎症	制御性T細胞の気道への移行が低下し，炎症が悪化	Faustino L, et al：J Immunol, 190：2614-2621, 2013
CCR4	生理的状態	皮膚のγδ型T細胞が減少（CCR4はγδ型T細胞の皮膚での生存維持に必要）	Nakamura K, et al：PLoS One, 8：e74019, 2013
CCR4	喫煙誘発肺炎	肺でのNK細胞と樹状細胞の接着が減少，活性化NK細胞が減少，IFN-γとCXCL10の産生低下	Stolberg VR, et al：Am J Pathol, 184：454-463, 2014
CCR4	接触性皮膚炎	CCR4はT細胞の皮膚への移行には必要ないが，皮膚に留まるために必要	Al-Banna NA, et al：Eur J Immunol, 44：1633-1643, 2014

ロックする薬剤はアレルギー性疾患の治療薬となる可能性が高い．そこで，喘息やアトピー性皮膚炎の治療を目的として，CCR4に対する低分子阻害薬の開発が進められている（Cahn, et al. 2013）．

ii）腫瘍免疫

また，TregでのCCR4の選択的発現も，腫瘍の免疫回避機構との関連で注目される．すなわち，腫瘍ではしばしばCCL17とCCL22が産生され，それによってTregが動員されて免疫抑制的な組織環境が形成されている（Curiel, et al. 2004/Yang, et al. 2006/Gobert, et al. 2009/Svensson, et al. 2012）．そこで，CCR4を阻害することで，宿主の腫瘍に対する免疫能の増強をはかる治療が考えられている．また，頭頸部の扁平上皮がんはしばしばCCR4とCCL22を発現し，CCR4発現はリンパ節転移と有意に相関することが報告されている（Tsujikawa, et al. 2013）．

iii）T細胞リンパ腫

さらに，成人T細胞白血病/リンパ腫（ATL）や皮膚T細胞リンパ腫（CTCL）では腫瘍細胞がCCR4を高頻度で発現している（Yoshie, et al. 2002/Ferenczi, et al. 2002/Ishida, et al. 2003）．そこで，抗体依存性細胞傷害活性を増強するために脱フコシル化されたヒト化抗CCR4抗体mogamulizumabが開発され，ATLやCTCLに対する臨床試験が行われた．そして完全寛回を含む大変よい結果が得られた（Yamamoto, et al. 2010/Ishida, et al. 2012）．この結果を踏まえて，厚生労働省は，mogamulizumabの再発/治療抵抗性ATLに対する保険適応を2013年3月に認可した．さらに，抗CCR4抗体は，Tregの除去による腫瘍免疫の増強での臨床応用も示唆されている（Sugiyama, et al. 2013）．ただし，mogamulizumab治療は，しばしば皮膚に紅斑などの副作用を伴い，その重篤な例としてSteven-Johnson症候群の発生が報告されている（Ishida, et al. 2013）．

参考文献

1）Imai T, et al：J Biol Chem, 271：21514-21521, 1996
2）Godiska R, et al：J Exp Med, 185：1595-1604, 1997
3）Imai T, et al：J Biol Chem, 272：15036-15042, 1997
4）Imai T, et al：J Biol Chem, 273：1764-1768, 1998
5）Nomiyama H, et al：Cytogenet Cell Genet, 81：10-11, 1998

（義江　修）

Keyword

8 CCL20，CCR6

【CCL20】
▶別名：MIP-3α（macrophage inflammatory protein 3α），LARC（liver and activation-regulated chemokine），exodus（-1）

【CCR6】
▶別名：GPR-CY4

1）歴史とあらまし

Rossiらは，ESTデータベースの検索により新規のCCケモカイン構造分子を2種発見し，それらをMIP-3α（macro-phage inflammatory protein-3α）およびMIP-3β（CCL21，6参照）と命名して報告した[1]．また，稗島らも，ESTデータベースの検索から新規CCケモカインを発見し，さらに肝臓と肺で強く発現すること，遺伝子は従来の染色体17番のCCケモカインクラスターと異なる染色体2番にマップされること（現在は2q36.3），発現タンパク質のN末端はAlaであること，主にリンパ球を遊走し，リンパ球には特異的な高親和性結合サイトが存在することなどを明らかにし，LARC（liver and activation-regulated chemokine）と命名して報告した[2]．さらに，Hromasらは，ヒト膵島細胞由来cDNAライブラリーをランダムに配列決定することにより，新規のCCケモカインを発見し，リンパ球，単球，血管内皮細胞での炎症性メディエーターによる発現誘導，骨髄由来造血前駆細胞のコロニー形成抑制などを示し，exodus（exodus-1）と命名して報告した[3]．MIP-3α，LARC，exodusは同一分子であり，CCL20と命名された．ただし報告されたexodusはmRNAスプライシングによってN末端が1残基少ない変異体である（exodusはSer，LARCはAlaからはじまる）．このスプライシング変異体はマウスでも保存されているが，Ala型とSer型の活性の違いは不明である．

馬場らは，オーファンGタンパク質共役型受容体（GPCR）のGPR-CY4がCCL20の受容体であることを明らかにし，CCR6と命名して報告した（Baba, et al. 1997）[4]．またPowerらおよびGreavesらは，ディジェネレートプライマーを用いたPCRクローニングにより樹状細胞からGPCRを分離し，やはりCCL20の受容体であることを明らかにし，CCR6と命名して報告した（Power, et al. 1997/Greaves, et al. 1997）[5,6]．

2）機能

CCL20は，腸管ではパイエル板の濾胞関連上皮で構成的に発現している（Tanaka, et al. 1999/Iwasaki, et al. 2000）．また，腸管，気道，皮膚などの上皮細胞を炎症性サイトカインで刺激すると，NF-κB依存的にCCL20の発現が速やかに誘導される（Nakayama, et al. 2001/Fujiie, et al. 2001/Reibman, et al. 2003）．一方，CCR6は，末梢組織の未熟樹状細胞で発現しており，これらの細胞の末梢組織での局在に関与すると考えられる（Charbonnier, et al. 1999/Dieu-Nosjean, et al. 2000/Iwasaki, et al. 2000/Cook, et al. 2000）．GFP（green fluorescence protein）ノックインマウスを用い

表10 CCR6のKOマウスの表現型

KO遺伝子	使用された実験系/疾患モデル	発見された主要な表現型	文献
CCR6	生理的状態，接触性皮膚炎，遅延型過敏反応	腸管パイエル板の形成不全とパイエル板ドーム領域の骨髄系樹状細胞の欠如，接触性皮膚炎の増悪，アロ脾細胞に対する免疫反応の低下	Varona R, et al：J Clin Invest, 107：R37-R45, 2001
CCR6	ゴキブリ抗原によるアレルギー性肺炎症	気道のアレルギー性炎症が軽減	Lukacs NW, et al：J Exp Med, 194：551-555, 2001
CCR6	炎症性腸疾患モデル	デキストラン硫酸誘発腸炎は症状が軽減，TNBハプテン誘発性腸炎は増悪	Varona R, et al：Eur J Immunol, 33：2937-2946, 2003
CCR6	ゴキブリ抗原によるアレルギー性肺炎症	アレルゲンによるIL-5，IL-13の産生や気道へのリンパ球，好酸球の動員にはCCR6を発現するT細胞と樹状細胞の両者が必要	Lundy SK, et al：J Immunol, 174：2054-2060, 2005
CCR6	生理的状態	皮膚や粘膜の局所免疫で$CD8^{+}$T細胞にクロスプライミングする樹状細胞はCCR6依存性に動員される血中の前駆細胞・単球に由来する	Le Borgne M, et al：Immunity, 24：191-201, 2006
CCR6	腸管免疫	CCR6-KO樹状細胞は腸管病原体のパイエル板上皮への侵入に反応することができないため，抗原特異的T細胞を活性化することができない	Salazar-Gonzalez RM, et al：Immunity, 24：623-632, 2006
CCR6	生理的状態	腸管での孤立性リンパ濾胞の形成不全，パイエル板の数と大きさの減少，腸管B細胞の減少	McDonald KG, et al：Am J Pathol, 170：1229-1240, 2007
CCR6	実験的アレルギー性脳脊髄炎（EAE）	発症が抑制される	Reboldi A, et al：Nat Immunol, 10：514-523, 2009
CCR6	実験的アレルギー性脳脊髄炎（EAE）	自己抗原特異的T細胞の感作が低下するため，発症は抑制される	Liston A, et al：J Immunol, 182：3121-3130, 2009
CCR6	実験的アレルギー性脳脊髄炎（EAE）	定常状態ではCCL20を介して脈絡叢から$CCR6^{+}$T細胞が中枢神経系（CNS）に移行して再循環しているが，それが低下しているため炎症状態でのCNSへのCCR6非依存性のT細胞動員力も低下し，発症は抑えられる	Reboldi A, et al：Nat Immunol, 10：514-523, 2009
CCR6	実験的アレルギー性脳脊髄炎（EAE）	発症は遅れるが，症状のピークはかえって高くなり，また慢性化する（CCR6-KOTregがCNSに移行できないため）	Villares R, et al：Eur J Immunol, 39：1671-1681, 2009
CCR6	慢性型の実験的アレルギー性脳脊髄炎（EAE）	PD-L1を発現する骨髄系樹状細胞が減少し，慢性期はかえって増悪する	Elhofy A, et al：J Neuroimmunol, 213：91-99, 2009
CCR6	apoEトランスジェニック動脈硬化モデル	動脈壁のプラークの形成が抑制される	Wan W, et al：Circ Res, 109：374-381, 2011

た解析から，CCR6の発現は骨髄系樹状細胞でみられ，リンパ系樹状細胞では陰性であった（Kucharzik, et al. 2002）．皮膚の樹状細胞の一種であるランゲルハンス細胞の起源についても，血液中の単球由来の前駆細胞がCCR6やCCR2の作用により毛嚢から移入したものであることが示された（Nagano, et al. 2012）．

また，ヒトの末梢血ではCCR6の発現は，B細胞や，ほとんどの$\alpha 4\beta 7^{+}$腸管指向性T細胞および一部の皮膚リンパ球関連抗原（CLA）$^{+}$皮膚指向性T細胞で検出された（Liao, et al. 1999）．B細胞は，胚中心細胞の時期を除いて，すべての分化段階でCCR6を発現しているが（Krzysiek, et al. 2000），形質細胞の段階では発現が低下する（Nakayama, et al. 2003）．また，B細胞のCCL20に対する遊走反応は，抗原刺激により促進される（Liao, et al. 2002）．皮膚や気道の上皮細胞で産生される抗菌物質βディフェンシンは，CCR6に対してアゴニスト作用を示す（Yang, et al. 1999）．逆に，CCL20は広範囲の微生物に対して抗菌活性を示すことが報告されている（Yang, et al. 2003）．

Th17は，IL-17を産生するT細胞サブセットの1つで，細胞外寄生体に対する生体防御に重要である．ヒト末梢血中のTh17は，CCR6を強く発現している（Acosta-Rodriguez, et al. 2007/Singh, et al. 2008）．マウスの関節炎モデルやヒトの慢性関節リウマチでCCR6を発現するTh17の関与が示された（Hirota, et al. 2007）．さらにTh17分化のマスターレギュレーターであるRORγtをナイーブT細胞に強制発現させると，IL-17の産生とともにCCR6の発現が誘導される（Hirota, et al. 2007）．

3）KOマウスの表現型

*CCR6*ノックアウトマウスが作製され，腸管のパイエル板や孤立リンパ濾胞の形成不全が示されている．これは末梢組織に分布する樹状細胞の減少のためと考えられる．またさまざまな疾患モデルで表現型異常が調べられている．特にTh17細胞との関連から多発性硬化症のモデルである実験的アレルギー性脳脊髄炎（EAE）を用いた研究が多くなされている．主な論文を**表10**にまとめた．

4）ヒト疾患との関連

CCL20の発現はNF-κBの活性化で誘導され，その受容体CCR6は未熟樹状細胞，B細胞，エフェクターT細胞，Th17細胞で検出される．そのためCCL20-CCR6系は，特に適応免疫の誘導に重要な役割を担っていると考えられる．そして，気管支喘息，多発性硬化症，慢性関節リウマチ，アトピー性皮膚炎，尋常性乾癬，炎症性腸疾患，などの病態形成に関与すると考えられる（Homey, et al. 2000/Nakayama, et al. 2001/Ruth, et al. 2003/Thomas, et al. 2007）．また，CCR6の遺伝子多型は，日本人の慢性関節リウマチ，Graves病，Crohn病と相関することが報告されている（Kochi, et al. 2010）．

参考文献

1）Rossi DL, et al：J Immunol, 158：1033-1036, 1997
2）Hieshima K, et al：J Biol Chem, 272：5846-5853, 1997
3）Hromas R, et al：Blood, 89：3315-3322, 1997
4）Baba M, et al：J Biol Chem, 272：14893-14898, 1997
5）Power CA, et al：J Exp Med, 186：825-835, 1997
6）Greaves DR, et al：J Exp Med, 186：837-844, 1997

（義江　修）

Keyword

9 CCL25，CCR9

【CCL25】
▶別名：TECK（thymus-expressed chemokine）

【CCR9】
▶別名：GPR-9-6

1）歴史とあらまし

Vicariらは，*RAG-1*ノックアウトマウスの胸腺由来cDNAライブラリーから新規CCケモカインを発見し，胸腺と小腸での選択的発現と活性化マクロファージ，樹状細胞，胸腺細胞に対する遊走活性を示し，TECK（thymus-expressed chemokine）と命名して報告した[1]．その後，TECKは，CCL25と命名された．次いで，オーファンGタンパク質共役型受容体（GPCR）のGPR-9-6がCCL25の受容体であることが同定され，CCR9と命名された[2,3]．

2）機能

i）発現細胞

CCL25は，胸腺と小腸で最も強く発現し，上皮細胞に発現している（Wurbet, et al. 2000）．一方，CCR9は，胸腺では主に$CD4^+CD8^+$ダブルポジティブT細胞で発現がみられ，その後$CD8^+$シングルポジティブT細胞の一部は発現を持続しながら末梢に放出される（Carramolino, et al. 2001）．また，γδ型胸腺細胞の約半数もCCR9を発現する（Uehara, et al. 2002）．胸腺から放出された直後のT細胞（recent thymic emigrants：RTE）は，末梢でのT細胞レパートリー再構築に重要であるが，マウス末梢血中ではαEインテグリン$^+$ $CD8^+$T細胞分画に存在し，$CD44^{low}$によって，$CD44^{high}$のメモリーT細胞から区別され，さらにCCR9を発現する（Staton, et al. 2004）．末梢組織でのCCR9発現は，血液中の$\alpha 4\beta 7^+$腸管指向性メモリーT細胞，小腸の粘膜固有層と上皮内の腸管リンパ球，および小腸のIgA抗体産生細胞などでみられる（Papadakis, et al. 2000/Bowman, et al. 2002/Lazarus, et al. 2003/Kunkel, et al. 2003/Hieshima, et al. 2004）．そのためCCR9系は，液性および細胞性の両面で腸管免疫に必須の役割を果たす．

ii）生理機能

卵白アルブミン（OVA）抗原特異的T細胞受容体トランスジェニックマウスの脾細胞で再構築された*RAG-2*

表11 CCR9関連KOマウスの表現型

KO遺伝子	使用された実験系／疾患モデル	発見された主要な表現型	文献
CCR9	生理的状態	腸管でのγδ型T細胞の著明な減少	Wurbel MA, et al：Blood, 98：2626-2632, 2001
CCR9	生理的状態	小腸でのIgA産生形質細胞の減少	Pabst O, et al：J Exp Med, 199：411-416, 2004
CCR9	生理的状態	未熟胸腺細胞が胸腺皮質の被膜下に局在せず，皮質全体に分布する	Benz C, et al：Eur J Immunol, 34：3652-3663, 2004
CCL25	抗原の経口投与による粘膜免疫誘導	CCR9発現は腸間膜リンパ節で正常に誘導されるが，抗原特異的CD8$^+$T細胞が小腸の粘膜固有層や粘膜細胞間へ移行できない	Wurbel MA, et al：J Immunol, 178：7598-7606, 2007
CCR9	生理的状態	成熟マウスの胸腺内でのT細胞分化が障害される	Svensson M, et al：J Leukoc Biol, 83：156-164, 2008
CCR9, CCR7	生理的状態	CCR7とCCR9のダブル-KOで骨髄からの胸腺前駆細胞の胸腺内への移動が抑制される	Zlotoff DA, et al：Blood, 115：1897-1905, 2010 Krueger A, et al：Blood, 115：1906-1912, 2010
CCR9	デキストラン硫酸（DSS）誘発腸炎	腸炎の増悪，腸管リンパ節では活性化された形質細胞様樹状細胞（pDC）の増加，大腸での活性化マクロファージの増加，Th1/Th17型サイトカイン産生能の上昇，IL-10産生能の低下	Wurbel MA, et al：PLoS One, 6：e16442, 2011
CCR9	四塩化炭素（CCl_4）誘導肝線維症	CCR9$^+$マクロファージの浸潤が低下して肝障害が軽減	Chu PS, et al：Hepatology, 58：337-350, 2013

ノックアウトマウスを用いた実験で，OVAを腹腔に投与2日後の活性化OVA特異的メモリーCD4$^+$T細胞は，皮膚リンパ節ではPセレクチンリガンドの発現上昇とα4β7の発現低下を示し（皮膚指向性を獲得），一方，腸管リンパ節では，α4β7の発現上昇とCCL25に対する反応性（CCR9の発現）を示した（腸管指向性の獲得）(Campbell & Butcher, 2002)．このように，抗原刺激を受ける組織微小環境によってT細胞の組織指向性が決まってくると考えられる．

また，ナイーブCD8$^+$T細胞を，パイエル板，末梢リンパ節，あるいは脾臓由来の樹状細胞で刺激すると，パイエル板由来の樹状細胞で刺激した場合のみ，α4β7とCCR9の発現が誘導され，腸管ホーミング能が誘導された（Mora, et al. 2003/Johansson-Lindbom, et al. 2003）．さらに，腸管関連リンパ節由来の樹状細胞はビタミンAの代謝産物であるレチノイン酸を産生し，それによってT細胞にα4β7インテグリンとCCR9の発現を誘導することが明らかにされた（Iwata, et al. 2004）．ビタミンAによる腸管免疫の促進機構と考えられる．

また，CCR9を発現するプラズマ細胞様樹状細胞は，制御性T細胞を誘導し，免疫反応を抑制する（Hadeiba, et al. 2008）．ヒトの末梢血でのCCR9$^+$CD4$^+$T細胞は，抗CD3抗体や抗CD2抗体で刺激されるとIFN-γやIL-10を産生し，特にIL-10を産生する免疫抑制性のT細胞はすべてCCR9$^+$CD4$^+$分画に存在している(Papadakis, et al. 2003)．

3) KOマウスの表現型

*CCL25*および*CCR9*ノックアウトマウスが作製されている．*CCR9*ノックアウトマウスでは腸管組織でのT細胞やIgA産生細胞の減少や胸腺内での未熟T細胞の分化異常が見出されている．また*CCL25*ノックアウトマウスでも抗原特異的CD8$^+$T細胞の小腸粘膜組織ホーミングの低下が報告されている．主な論文を**表11**にまとめた．

4) ヒト疾患との関連

CCL25-CCR9系は，細胞性免疫と液性免疫の両面で腸管免疫に重要な役割を果たす．そのためCCR9阻害薬は，炎症性腸疾患の治療薬となる可能性がある（Koenecke & Foerster, 2009)．そして，クローン病に対するCCR9阻害薬CCX282-Bの安全性と有効性を調べる二重盲検試験が行われ，有望な結果がでている(Keshav, et al. 2013)．また，胸腺細胞由来の急性T細胞性白血病では白血病細胞は高頻度でCCR9を発現しており（Jinshen, et al. 2003)，こちらもCCR9が治療標的となる可能性がある．

参考文献

1）Vicari AP, et al：Immunity, 7：291-301, 1997
2）Zaballos A, et al：J Immunol, 162：5671-5675, 1999
3）Youn BS, et al：Blood, 94：2533-2536, 1999

（義江　修）

Keyword

10 CCL27/28，CCR10

【CCL27】

▶別名：CTACK（cutaneous T cell attracting chemokine），ILC（interleukin-11 receptor α-locus chemokine）

【CCL28】

▶別名：MEC（mucosae-associated epithelial chemokine）

【CCR10】

▶別名：GPR2

1）歴史とあらまし

i）CCL27とCCR10

Moralesらは EST データベースの検索から新規CCケモカインを発見し，皮膚での特異的発現と皮膚リンパ球関連抗原（CLA）陽性の皮膚指向性メモリーT細胞に対する選択的遊走活性を示し，CTACK（cutaneous T cell attracting chemokine）と命名して報告した[1]．石川らは，伝染性軟属腫ウイルスのコードするCCケモカインMC148Rのアミノ酸配列をプローブにしてESTデータベースを検索し，まずマウスの新規CCケモカインを発見し，さらにその遺伝子がゲノム上ではIL-11受容体αサブユニット遺伝子とオーバーラップして存在することから，ヒトIL-11受容体αサブユニット遺伝子の近傍を検索してヒトのホモログ遺伝子を発見し，ILC（interleukin-11 receptor α-locus chemokine）と命名して報告した[2]．CTACKとILCは同一分子であり，CCL27と命名された．オーファンGタンパク質共役型受容体(GPCR）のGPR2がCCL27の受容体であることが同定され，CCR10と命名された[3) 4)]．

ii）CCL28

Wangらは，ESTデータベースの検索から新規CCケモカインを発見し，新たなCCR10のリガンドであることを明らかにし，CCL28と命名して報告した[5)]．同じくPanらも，ESTデータベースの検索から同じCCケモカインを発見し，粘膜組織で強く発現すること，CCR10とCCR3に作用することを明らかにし，MEC（mucosae-associated epithelial chemokine）と命名して報告した[6)]．CCL28とMECは同一分子であり，CCL28と命名された．

iii）CCL27とCCL28の関係

CCL27とCCL28はCCR10を共有し，またアミノ酸配列でも互いに最も高い相同性を示すことから遺伝子重複により形成されたペアと考えられる．しかしながら遺伝子はそれぞれ異なる染色体（ヒトでは9p13.3と5p12）にマップされる．さらにCCL27は，CCR7のリガンドであるCCL19，CCL22と9p13でミニクラスターを形成して存在する．

2）機能

i）CCR10発現細胞の遊走

CCL27は，皮膚の角化上皮細胞にきわめて選択的に発現している．一方，CCL28は，唾液腺，乳腺，気管，大腸などの広範囲の粘膜組織で強く発現し，粘膜上皮細胞が産生している．CCR10は，まずCLA^+皮膚指向性エフェクターメモリーT細胞での選択的発現が示されたが，その後，B細胞においても形質細胞へと分化する過程で発現することが明らかにされた（Nakayama, et al. 2003/Lazarus, et al. 2003/Kunkel, et al. 2003)．そのためCCR10系は，CCL27を介して皮膚でのエフェクターメモリーT細胞の遊走を誘導し，CCL28を介して粘膜組織での形質細胞（特にIgA産生細胞）のホーミングを誘導していると考えられる．事実，炎症皮膚へのT細胞の遊走にはCCR4とCCR10が関与し（Reiss, et al. 2001/Homey, et al. 2002/Soler, et al. 2003)，また，IgAを産生するB細胞の腸管へのホーミングにはCCR9とCCR10が関与する（Lararus, et al. 2003/Kunkel, et al. 2003/Hieshima, et al. 2004)．また，乳汁中のIgAは，出産後の受動免疫に重要な役割を果たすが，乳汁分泌中の乳腺ではCCL28の発現が上昇し，それによってIgA産生細胞が乳腺に集められることも示された(Wilson & Butcher, 2004)．さらにCCL28は，広範囲の微生物に対して強力な抗菌作用を示し，そのため直接

表12 CCR10のKOマウスの表現型

KO遺伝子	使用された実験系/疾患モデル	発見された主要な表現型	文献
CCR10	生理的状態	腸管でのIgA産生細胞の分布には大きな変化はないが，乳汁分泌中の乳腺でのIgA産生細胞が減少する	Morteau O, et al：J Immunol, 181：6309-6315, 2008
CCR10	生理的状態	γδ型T細胞の胸腺から皮膚への移動が障害される	Jin Y, et al：J Immunol, 185：5723-5731, 2010
CCR10	生理的状態	腸管にホーミングするIgA産生細胞の減少は孤立リンパ濾胞での局所的なIgA産生細胞の増加で補われるが，腸管でのメモリー型IgA産生細胞の維持ができない	Hu S, et al：Proc Natl Acad Sci U S A, 108：E1035-E1044, 2011

的な抗菌物質としても腸管免疫にかかわると考えられる（Hieshima, et al. 2003）.

ii）CCR10の発現誘導

活性型ビタミンD_3をT細胞に作用させると，CCR10の発現と皮膚指向性が誘導される（Sigmundsdottir, et al. 2007）. また活性型ビタミンD_3は，抗体産生細胞へと分化しつつあるB細胞に対してもCCR10の発現を誘導する（Shirakawa, et al. 2008）. さらに，虫垂のリンパ組織は，CCR10を発現して小腸，大腸へと分布するIgA産生細胞の主要な供給源であり，虫垂リンパ組織由来の樹状細胞はB細胞に対してCCR10の発現を誘導する（Masahata, et al. 2014）.

3）KOマウスの表現型

*CCR10*ノックアウトマウスが作製されているが，繁殖や成長には大きな異常は見出されていない. また腸管でのIgA産生細胞の分布も期待されたほど減少していない. これはIgA産生細胞の血管を介したホーミングが減少すると局所的な補給が代償的に行われるためと考えられる. ただし授乳期の乳腺ではIgA産生細胞数の減少が確認されている. また皮膚に特異的に局在するγδ型T細胞の皮膚移行もCCR10に依存する. 主な論文を**表12**にまとめた.

4）ヒト疾患との関連

アトピー性皮膚炎や尋常性乾癬では，血清中のCCL27値が上昇している（Kakinuma, et al. 2003/Hijnen, et al. 2004）. また，血清中のCCL28値も，アトピー性皮膚炎の病状と相関して上昇することが報告されている（Ezzat, et al. 2009）. さらに，薬剤による皮膚の重大な副作用である中毒性皮膚壊死症やStevens-Johnson症候群で，CCL27-CCR10系の関与が示唆されている（Tapia, et al. 2004）. CCR10に対する薬剤は，皮膚や粘膜での免疫反応を制御するのに有用と考えられる.

参考文献

1）Morales J, et al：Proc Natl Acad Sci U S A, 96：14470-14475, 1999
2）Ishikawa-Mochizuki I, et al：FEBS Lett, 460：544-548, 1999
3）Jarmin DI, et al：J Immunol, 164：3460-3464, 2000
4）Homey B, et al：J Immunol, 164：3465-3470, 2000
5）Wang W, et al：J Biol Chem, 275：22313-22323, 2000
6）Pan J, et al：J Immunol, 165：2943-2949, 2000

（義江　修）

II CXCLファミリー

Keyword

11 CXCL1～3/5～8, CXCR1/2

【CXCL1】
▶別名：Gro-α (growth-related gene product α),
MGSA (melanoma growth-stimulatory activity)

【CXCL2】
▶別名：Gro-β

【CXCL3】
▶別名：Gro-γ

【CXCL5】
▶別名：ENA-78 (epithelial-derived neutrophil attractant 78)

【CXCL6】
▶別名：GCP-2 (granulocyte chemotactic protein 2)

【CXCL7】
▶別名：NAP-2 (neutrophil-activating protein 2)

【CXCL8】
▶別名：MDNCF (monocyte-derived neutrophil chemotactic factor),
NAF (neutrophil-activating factor),
NAP-1 (neutrophil-activating protein 1),
IL-8 (interleukin-8)

1) 歴史とあらまし

i) CXCL8

吉村と松島らはLPS刺激単球の培養上清から好中球を遊走するサイトカインを精製し，MDNCF（monocyte-derived neutrophil chemotactic factor）と命名して報告した[1]．また，WalzらはNAF（neutrophil-activating factor），SchroederらはNAP-1（neutrophil-activating protein 1）と命名して同じ分子を報告した．この分子は1989年にIL-8（interleukin-8）と命名された．その後，ケモカインの系統名ではIL-8はCXCL8と命名された．

ii) CXCL1～3/5～7

Gro-α/MGSA/CXCL1は造腫瘍性に相関する遺伝子（Gro），あるいはヒト悪性黒色腫での細胞分裂誘導因子（melanoma growth-stimulatory activity）として発見され，その後に好中球遊走活性が確認された[2,3]．CXCL2（Gro-β）とCXCL3（Gro-γ）はCXCL1（Gro-α）ときわめて相同性が高い遺伝子産物として報告された[4]．CXCL7（NAP-2）はヒト単核球をLPSなどで刺激すると産生される好中球遊走因子として発見され，血小板に大量に存在するPBP（platelet basic protein）から単球由来のタンパク質分解酵素により段階的にプロセシングされて形成されることが示された[5]．CXCL5〔ENA-78（epithelial-derived neutrophil attractant 78)〕は炎症性サイトカインで刺激されたII型肺胞上皮細胞株A549が産生する新たな好中球遊走因子として発見された[6]．CXCL6〔GCP-2（granulocyte chemotactic protein 2)〕は骨肉腫細胞株MG-63が産生する新たな好中球遊走因子として発見された[7]．これらの一群のCXCケモカインはヒト染色体4q21.1にクラスターを形成して存在し，共通の祖先遺伝子から度重なる遺伝子重複によって形成されたものと考えられる．いずれもCXCL8（IL-8）の受容体として同定されたCXCR1とCXCR2に作用する[8)～10)]．

なお，マウスではCXCR2の存在は以前から知られていたが，CXCR1の存在が確認されたのは比較的最近である（Moepps, et al. 2006/Fan, et al. 2007）．

2) 機能

i) CXCR1/2の発現細胞

CXCL1～3/5～8は，いずれも好中球の遊走と活性化を誘導する．好中球はCXCR1とCXCR2を発現する．また好塩基球，マスト細胞，CD56$^+$NK細胞，単球，血管内皮細胞，上皮細胞なども発現する．さらに気道上皮の平滑筋細胞もCXCR1とCXCR2を発現すると報告されている（Govindaraju, et al. 2006）．CXCR1の発現はCD8$^+$T細胞の一部にも検出され，CXCR1を発現するCD8$^+$T細胞は，最終分化し細胞傷害活性の強いcytotoxic effector memory T細胞サブセット（T_{CEM}）である（Hess, et al. 2004/Takata, et al. 2004）．

ii) CXCR1/2のリガンドとアゴニスト

CXCL8とCXCL6はCXCR1，CXCR2の両者にほぼ同等に作用するのに対し，CXCL1～3/5/7は主にCXCR2に作用する．さらにこれらのケモカインは共通してCXCモチーフの直前にELR（Glu-Leu-Arg）モチーフが存在し（**イラストマップ❸**），このモチーフをもつケモカインは共通して血管新生作用を示すが，それは微小血管内皮細胞に発現するCXCR2を介する作用であると考えられる（Addison, et al. 2000/Heidemann, et al. 2003）．CXCL6はさらに直接的な抗菌活性も示す（Linge, et al.

表13 CXCL1・CXCR2のKOマウスの表現型

KO遺伝子	使用された実験系／疾患モデル	発見された主要な表現型	文献
CXCR2	トキソプラズマ感染	好中球の動員低下，Th1型免疫応答の低下	Del Rio L, et al：J Immunol, 167：6503-6509, 2001
CXCR2	生理的状態	胎生期の脊髄白質でのオリゴデンドロサイト数の減少と分布異常がみられる	Tsai HH, et al：Cell, 110：373-383, 2002
CXCR2	ルイス肺がん移植マウスモデル	腫瘍増殖の抑制と肺転移の低下，腫瘍血管の形成不全がみられる	Keane MP, et al：J Immunol, 172：2853-2860, 2004
CXCR2	TNF α 投与マウス	炎症血管への好中球の付着にはCXCR2とEセレクチンの両者が関与	Smith ML, et al：J Exp Med, 200：935-939, 2004
CXCR2	生理的状態	マスト細胞の前駆細胞の腸管へのホーミングにはCXCR2と $\alpha 4 \beta 7$ インテグリンが必要	Abonia JP, et al：Blood, 105：4308-4313, 2005
CXCR2	LPS誘発肺炎	CXCR2は肺の血管内皮細胞や上皮細胞でも発現しており，好中球の肺への動員には直接的な遊走だけでなく，CXCR2を介した血管透過性の亢進も関与する	Weathington NM, et al：Nat Med, 12：317-323, 2006 Reutershan J, et al：J Clin Invest, 116：695-702, 2006
CXCL1, CXCR2	LDL受容体ノックアウトマウスによる動脈硬化モデル	後期の動脈硬化性病変でマクロファージ浸潤の低下	Boisvert WA, et al：Am J Pathol, 168：1385-1395, 2006
CXCR2	経気道免疫	マスト細胞の前駆細胞の肺へのホーミングには血管内皮細胞でのCXCR2を介したVCAM-1発現が重要	Hallgren J, et al：Proc Natl Acad Sci U S A, 104：20478-20483, 2007
CXCL1	デキストラン硫酸ナトリウム（DSS）腸炎	単核球浸潤の増加，好中球浸潤の減少，腸炎の増悪	Shea-Donohue T, et al：Innate Immun, 14：117-124, 2008
CXCR2	肥満	肥満によるインスリン抵抗性から保護される	Chavey C, et al：Cell Metab, 9：339-349, 2009
CXCR2, CXCR4	生理的状態	CXCR4は好中球の骨髄での保持に，一方，CXCR2は好中球の骨髄からの動員に重要	Eash KJ, et al：J Clin Invest, 120：2423-2431, 2010
CXCR2	G-CSFによる好中球の骨髄からの動員	G-CSFはトロンボポエチン（TPO）の産生を誘導し，TPOは巨核球や血管内皮細胞でのCXCL1の産生を誘導してCXCR2を介する好中球の骨髄外への移動を促進する	Köhler A, et al：Blood, 117：4349-4357, 2011
CXCR2	自然発がんモデル，炎症関連発がんモデル	腫瘍細胞はCXCR2を介して好中球を動員し，腫瘍形成を促進する	Jamieson T, et al：J Clin Invest, 122：3127-3144, 2012
CXCR2	DSS誘発腸炎と随伴型急性腎炎	CXCL8を介する好中球の浸潤が低下し，腸炎および随伴腎炎がともに軽減する	Ranganathan P, et al：Am J Physiol Renal Physiol, 305：F1422-F1427, 2013
CXCR2	DSS腸炎関連発がん	CXCR2を介した骨髄系抑制性細胞の動員が腫瘍形成を促進する	Katoh H, et al：Cancer Cell, 24：631-644, 2013

2008)．

CXCR1，CXCR2には本来のケモカイン以外に複数のアゴニストの存在が報告されている．cathelicidin由来の抗菌ペプチドLL-37はCXCR2にアゴニストとして作用する（Zhang, et al. 2009)．HIV-1のコードするp17はCXCR1とCXCR2の両者にアゴニストとして作用する（Giagulli, et al. 2012/Caccuri, et al. 2012)．細胞外基質の分解産物N-acetyl Pro-Gly-ProはCXCR2にアゴニストとして作用する（Weathington, et al. 2006)．MIF（macrophage migration inhibitory factor）は

CXCR2とCXCR4の両者にアゴニストとして作用する．CXCR2はCD74と複合体を形成してMIF受容体を形成する（Bernhagen, et al. 2007）．

iii）CXCR1/2のシグナル伝達

CXCR1とCXCR2には細胞内シグナル伝達機能に違いがみられる．例えばCXCL8が結合するとCXCR1と比べてCXCR2は急速に細胞内に取り込まれる．そのため，CXCR1の方がより持続的なシグナルを誘導することができる．また，一般にGタンパク質共役型受容体（GPCR）は，リガンド結合後，GRK（G protein-receptor kinase）によってC末端細胞内領域のセリン/スレオニンがリン酸化されて細胞内に取り込まれ，脱感作されるが，CXCR1はGRK2によって，CXCR2はGRK6によってリン酸化される（Raghuwanshi, et al. 2012）．また，CXCR2の活性化はそのC末端領域へのIQGAP1（IQ motif containing GTPase activating protein 1）の結合を促進する（Neel, et al. 2011）．

ヒトの線維芽細胞でCXCR2をノックダウンすると細胞寿命が延長し，逆にCXCR2を強制発現するとp53依存的に細胞寿命が短縮することが報告されている（Acosta, et al. 2008）．また，CXCL5は白色脂肪組織のマクロファージから産生され，インスリン抵抗性に関係する（Chavery, et al. 2009）．

3）KOマウスの表現型

*CXCL1*および*CXCR2*ノックアウトマウスが作製されているが，繁殖や成長には大きな異常は見出されていない．そこで種々の疾患モデルを使って好中球の動員や血管新生における役割が解析されている．またCXCR2は肥満とも関係することが報告されている．主な論文を**表13**にまとめた．

4）ヒト疾患との関係

CXCR1およびCXCR2をブロックする薬剤は好中球の関与する急性炎症の治療薬となる可能性が高い．またCXCR2をブロックすることにより，がんなどでの血管新生に対する阻害効果も期待できる．一方，CXCR1は喘息への関与が示唆されている．ヒトの気道平滑筋細胞（ASMC）はCXCL2とCXCL3に対して遊走する．正常人由来のASMCの場合は，CXCL2はCXCR2を介して，またCXCL3はCXCR1とCXCR2を介して作用するが，喘息患者由来のASMCの場合は，CXCL2，CXCL3ともにCXCR1を介して作用することが示されている（Al-Alwan, et al. 2013）．

参考文献

1）Yoshimura T, et al：Proc Natl Acad Sci U S A, 84：9233-9237, 1987
2）Anisowicz A, et al：Proc Natl Acad Sci U S A, 84：7188-7192, 1987
3）Richmond A, et al：EMBO J, 7：2025-2033, 1988
4）Haskill S, et al：Proc Natl Acad Sci U S A, 87：7732-7736, 1990
5）Walz A & Baggiolini M：J Exp Med, 171：449-454, 1990
6）Walz A, et al：J Exp Med, 174：1355-1362, 1991
7）Proost P, et al：J Immunol, 150：1000-1010, 1993
8）Thomas KM, et al：J Biol Chem, 266：14839-14841, 1991
9）Holmes WE, et al：Science, 253：1278-1280, 1991
10）Murphy PM & Tiffany HL：Science, 253：1280-1283, 1991

（義江　修）

Keyword

12 CXCL4/9～11, CXCR3

【CXCL4】
▶別名：PF4（platelet factor 4）

【CXCL9】
▶別名：MIG（monokine induced by interferon γ）

【CXCL10】
▶別名：IP-10（interferon-inducible protein 10）

【CXCL11】
▶別名：I-TAC（interferon-inducible T-cell α chemoattractant）

1）歴史とあらまし

i）CXCL4

PF4は血小板から放出されるヘパリン中和因子として1975年に報告され，cDNAは1987年に報告された[1]．PF4はβ-TG（β-thromboglobulin）とともに血小板のα顆粒に大量に貯蔵されており，血小板の活性化に伴って放出される．その後，PF4はCXCL4と命名された．

ii）CXCL10

LusterらはIFN-γで刺激したヒト単球様細胞株U937からPF4類似分子を発見し，IP-10（interferon-inducible protein 10）と命名して報告した[2]．その単球や活性化T細胞に対する遊走活性は8年後に報告された（Taub, et al. 1993）．また胸腺，脾臓などでの構成的な発現から，リンパ組織におけるホメオスタティックな役割が示唆された（Gatass, et al. 1994）．さらに血管新生を強力に抑制することが報告された（Strieter, et al. 1995/Angiolillo, et al. 1995）．IP-10はCXCL10と命名された．

iii）CXCL9

FarberはIFN-γで刺激したマウスのマクロファージ様細胞株RAW264.7から新たなPF4類似分子を発見し，MIG（monokine induced by interferon γ）と命名して報告した[3]．また腫瘍浸潤T細胞や活性化リンパ球の遊走を示した（Liao, et al. 1995）．MIGはCXCL9と命名された．

iv）CXCR3

LoetscherらはディジェネレートPCR法を用いて活性化ヒトT細胞に特異的に発現するGタンパク質共役型受容体（GPCR）をクローニングし，それがCXCL9とCXCL10の特異的受容体であることを報告した[4]．この受容体はCXCR3と命名された．

v）CXCL11

Coleらは活性化ヒトアストロサイトのcDNAライブラリーから新規CXCケモカインを発見し，IFNによる発現誘導と活性化T細胞の遊走，およびCXCR3の新たなリガンドであることを明らかにし，I-TAC（interferon-inducible T-cell α chemoattractant）と命名して報告した[5]．その後I-TACはCXCL11と命名された．なお，CXCR3に対する親和性はCXCL9，CXCL10，CXCL11のなかでCXCL11が最も高い．また，マウスではCCL21もCXCR3のアゴニストとして作用すると報告されている（Soto, et al. 1998）．

vi）CXCR3のスプライシング変異体

また，スプライシングの違いにより従来のCXCR3（区別のためCXCR3-Aと命名）のN末端4アミノ酸の代わりに51アミノ酸が付加されたCXCR3-Bが同定された．そしてCXCL9，CXCL10，CXCL11に加えて，これまで受容体が不明であったCXCL4がCXCR3-Bの特異的かつ高親和性リガンドであると報告された[6]．そしてこれらのCXCケモカインはELRモチーフをもたないため非ELRケモカインとよばれ，共通して血管新生抑制作用を示すが，CXCR3-Bは微小血管内皮細胞に特異的に発現し，これらのケモカインによる内皮細胞の増殖抑制を媒介することが示された[6]．

2）機能

i）発現細胞と生理機能

CXCL4の生物作用としては，線維芽細胞の遊走，巨核球分化の抑制，血管内皮細胞の増殖抑制，造血前駆細胞の生存維持，単球のマクロファージへの分化促進，抗凝固因子プロテインCのタンパク質分解による活性化の促進などが報告されている．また，CXCL9，CXCL10，CXCL11は共通して主にIFN-γにより産生が誘導される．一方，CXCR3はTh1細胞に選択的に発現し，その発現はTh1細胞のマスターレギュレーター転写因子であるT-betにより誘導される（Lord, et al. 2005）．そのためCXCR3系は，アロ移植，ウイルス感染，関節リウマチなどといったTh1型の免疫応答や慢性炎症に密接に関与する．CXCR3は，さらにB細胞とNK細胞の一部，およびB細胞白血病（CLLなど）で発現がみられる（Qin, et al. 1998/Trentin, et al. 1999/Jones, et al. 2000）．腸管上皮細胞はCXCL9，CXCL10，CXCL11を構成的に発現し（Dwinell, et al. 2001），一方，粘膜固有層や上皮間のリンパ球はCXCR3とCCR5（3参照）を発現している（Agace, et al. 2000）．

ii）アンタゴニスト活性

CCR3（4参照）のリガンドであるCCL11はCXCR3のアンタゴニストとして作用する．一方，CXCL9，CXCL10，CXCL11は共通してCCR3に対してアンタゴニストとして作用する（Loetscher, et al. 2001/Fulkerson, et al. 2004/Thomas, et al. 2004）．さらにCXCL11はCCR5のアンタゴニストとして作用することも報告されている（Petkovic, et al. 2004）．またCXCL11はCXCL12とともにCXCR7（13参照）にも結合する（Burns, et al. 2006）．

3）KOマウスの表現型

CXCL9，*CXCL10*および*CXCR3*ノックアウトマウスが作製されているが，繁殖や成長には大きな異常は見出されていない．そこで種々の疾患モデルを使って表現型の異常が解析されている．特にCXCR3はTh1細胞や活性化CD8$^+$T細胞での選択的な発現が知られているため，Th1型の疾患モデルやウイルス感染などでのCXCR3系の役割が調べられている．主な論文を**表14**にまとめた．

4）ヒト疾患との関連

CXCR3をブロックする薬剤は慢性炎症，特にTh1型の炎症反応を抑制するのに有用と考えられる．また非ELRケモカインには共通して血管新生抑制作用がある．そのため，CXCL9やCXCL10は抗腫瘍活性を示す．さらにヘパリン療法の合併症であるヘパリン誘発性血小板減少症は，CXCL4-ヘパリン複合体に対して産生された

表14　CXCR3系のKOマウスの表現型

KO遺伝子	使用された実験系／疾患モデル	発見された主要な表現型	文献
CXCR3	リーシュマニア皮膚感染	全身的な免疫応答は保たれるが，皮膚感染局所へのT細胞浸潤が低下しているため治癒しない	Rosas LE, et al：Eur J Immunol, 35：515-523, 2005
CXCL10, CXCR3	実験的アレルギー性脳脊髄炎（EAE）	中枢神経系への細胞浸潤能には変化ないが，血管傷害が増強され，病気は悪化する	Liu L, et al：J Immunol, 176：4399-4409, 2006
CXCR3	マウスサイトメガロウイルス感染	肝臓へのウイルス特異的 $CD8^+$ T細胞の浸潤低下とウイルス力価の上昇がみられる	Hokeness KL, et al：J Virol, 81：1241-1250, 2007
CXCR3	皮膚創傷	炎症反応が持続，表皮と真皮の肥厚，細胞外基質の形成不全	Yates CC, et al：Am J Pathol, 171：484-495, 2007 Yates CC, et al：Am J Pathol, 176：1743-1755, 2010
CXCR3	実験的アレルギー性脳脊髄炎（EAE）	制御性T（Treg）細胞の浸潤が低下し，治癒が遅れる	Müller M, et al ：J Immunol, 179：2774-2786, 2007
CXCR3, CXCL9, CXCL10	脳マラリアモデル	$CD8^+$ T細胞の血管壁への浸潤が低下し，脳マラリアに抵抗性となる	Miu J, et al：J Immunol, 180：1217-1230, 2008 Campanella GS, et al：Proc Natl Acad Sci U S A, 105：4814-4819, 2008
CXCR3	プリオン感染	グリアの活性化が低下，脳の感染性プリオンは20倍も増加するが生存期間は延長する	Riemer C, et al：J Virol, 82：12464-12471, 2008
CXCR3	生理的状態	CXCR3は血管平滑筋細胞に発現しており，CXCR3-KOマウスでは血管の収縮性上昇と弛緩性低下のために高血圧となる	Hsu HH, et al ：Am J Physiol Renal Physiol, 296：F780-F789, 2009
CXCR3	単純ヘルペスウイルス2型（HSV-2）性器感染	感染局所での $CD8^+$ T細胞浸潤低下とウイルス力価の上昇，致死率上昇がみられる	Thapa M & Carr DJ ：J Virol, 83：9486-9501, 2009
CXCR3	ConA肝炎	$CXCR3^+$のIL-10産生Treg細胞が減少するため肝炎が増悪	Erhardt A, et al ：J Immunol, 186：5284-5293, 2011
CXCR3	ウイルス感染，細菌感染	$CD8^+$ T細胞に対する抗原刺激が不十分なためエフェクター細胞への分化不全とメモリー細胞の増加をきたし，抗原特異的 $CD8^+$ T細胞集団の生理的な縮小が起こらない	Kurachi M, et al：J Exp Med, 208：1605-1620, 2011 Kohlmeier JE, et al：J Exp Med, 208：1621-1634, 2011
CXCR3	ポックスウイルス皮膚感染	辺縁洞マクロファージとIFN-γに依存する所属リンパ節へのNK細胞の動員が低下	Pak-Wittel MA, et al：Proc Natl Acad Sci U S A, 110：E50-E59, 2013
CXCR3	接触皮膚炎	$CXCR3^+$ Treg細胞の動員低下によるTh1型接触性皮膚炎の遷延化	Suga H, et al：J Immunol, 190：6059-6070, 2013
CXCR3	抗原特異的T細胞の養子移入による実験的アレルギー性脳脊髄炎（EAE）	移入T細胞でのCXCR3発現はEAEの発症に必要ない	Lalor SJ & Segal BM ：Eur J Immunol, 43：2866-2874, 2013
CXCR3	抗原特異的 $CD8^+$ T細胞の養子移入による皮膚移植片対宿主病（GVHD）	抗原特異的 $CD8^+$ T細胞はCXCR3によって皮膚へ動員される	Villarroel VA, et al ：J Invest Dermatol, 134 ：1552-1560, 2014

5章　ケモカインファミリー

自己抗体が血小板上のCXCL4-ヘパリン複合体に結合して起こることが知られている．

参考文献

1）Poncz M, et al：Blood, 69：219-223, 1987
2）Luster AD, et al：Nature, 315：672-676, 1985
3）Farber JM：Proc Natl Acad Sci U S A, 87：5238-5242, 1990
4）Loetscher M, et al：J Exp Med, 184：963-969, 1996
5）Cole KE, et al：J Exp Med, 187：2009-2021, 1998
6）Lasagni L, et al：J Exp Med, 197：1537-1549, 2003

（義江　修）

Keyword

13 CXCL12，CXCR4，CXCR7（ACKR3）

【CXCL12】
▶別名：SDF-1（stromal cell-derived factor 1），PBSF（pre-B-cell growth stimulatory factor）

【CXCR4】
▶別名：fusin，LESTER

【CXCR7（ACKR3）】
▶別名：RDC1

1）歴史とあらまし

i）CXCL12

田代らはサイトカインやI型膜タンパク質を選択的にクローニングするシグナル配列トラップ法を開発し，それを用いてマウス骨髄由来ストローマ細胞株から新規の分泌タンパク質を分離し，SDF-1（stromal cell-derived factor 1）と命名して報告した[1]．一方，長澤らはマウス骨髄由来ストローマ細胞株が産生するB細胞前駆細胞の増殖促進因子PBSF（pre-B-cell growth stimulatory factor）を発現クローニングにより同定した[2]．PBSFはSDF-1と同一物質であることがわかった．さらにBleulらはマウス骨髄由来ストローマ細胞株の培養上清からリンパ球遊走因子を精製し，それがSDF-1であることを明らかにした[3]．その後SDF-1/PBSFはCXCL12と命名された．

ii）CXCR4

一方，Fengらは長らく未知であったHIV-1感染に必要なCD4分子のコファクターを発現クローニングにより同定し，fusinと命名して報告した[4]．fusinはすでに報告されていたオーファンGタンパク質共役型受容体（GPCR）のLESTERと同一分子であった．そして同じ分子がCXCL12の受容体であることが明らかにされ，fusin（LESTER）はCXCR4と命名された[5)6)]．

iii）CXCR7（ACKR3）

RDC1はオーファンGPCRとして分離され，種間でよく保存されていること，遺伝子はCXCR2とCXCR4の間にマップされることなどが報告された．またカポジ肉腫ウイルスによる微小血管内皮細胞の腫瘍化にかかわる細胞側遺伝子としても同定され，発がん活性が報告された（Raggo, et al. 2005）．さらにRDC1はCXCL12と結合してT細胞の遊走を誘導することが見出され，CXCR7と命名された[7]．ただし，他のグループはCXCL12およびCXCL11（12参照）のCXCR7との高親和性結合を確認したが，細胞遊走活性は確認できなかった[8]．その後，*CXCR7*ノックアウトマウスではCXCR4と同様の心室中隔欠損などの発生異常が起こることが報告された（Sierro, et al. 2007）．CXCR7は現在，Gタンパク質とは共役しない非定型的なケモカイン受容体の1種であることから，正式にはACKR3とよぶことが提唱されている（Bachelerie, et al. 2013）．ただし，CXCR7という名称もよく定着しているのでここではこれを用いる．

2）機能

i）CXCL12とCXCR4

CXCL12の発現はほぼすべての臓器で認められ，主に組織のストローマ細胞が構成的に発現している．一方，CXCR4の発現は，B細胞，T細胞，その他の血液系細胞，血管内皮細胞，樹状細胞，腫瘍細胞などで報告されている（**概論**の**表2**）．ノックアウトマウスを用いた解析から，CXCL12とCXCR4は，胎生期の肝・骨髄におけるB細胞の形成，骨髄での造血幹細胞・骨髄系前駆細胞の定着と増殖，膜性心室中隔の形成，胃腸大型血管系の形成，小脳の顆粒層細胞の移動と顆粒層形成，始原生殖細胞の生殖原基への移動などで必須の役割を果たすことが明らかにされている（Nagasawa, et al. 1996/Tachibana, et al. 1998/Zou, et al. 1998/Ara, et al. 2003）．また，活性化ランゲルハンス細胞の表皮から真皮への移動もCXCL12-CXCR4系に依存することが示されている（Ouwehand, et al. 2008）．また血液中の好中球は老化するとCXCR4の発現が上昇し，それによって再び骨髄にホーミングして処理されることが示されている（Casanova-Acebes, et al. 2013）．

二次リンパ組織の濾胞の胚中心は暗領域と明領域に区

表15　CXCL12・CXCR4/7のKOマウスの表現型

KO遺伝子	使用された実験系/疾患モデル	発見された主要な表現型	文献
CXCL12	生理的状態	胎生期の肝臓や骨髄でのB細胞形成不全，骨髄での骨髄系細胞の形成不全，心室中隔欠損	Nagasawa T, et al：Nature, 382：635-638, 1996
CXCR4, CXCL12	生理的状態	ともに消化管の血管形成不全，さらにCXCR4欠損マウスはCXCL12欠損マウスと同様のB細胞形成不全と心室中核欠損を示す	Tachibana K, et al：Nature, 393：591-594, 1998
CXCR4	生理的状態	小脳形成異常	Zou YR, et al：Nature, 393：595-599, 1998
CXCL12	生理的状態	始原生殖細胞の生殖原基へのホーミング不全	Ara T, et al：Proc Natl Acad Sci U S A, 100：5319-5323, 2003
CXCR4	胎仔肝細胞による骨髄再構築	$CXCR4^-$幹細胞による再構築では骨髄内での細胞保持が不良	Foudi A, et al：Blood, 107：2243-2251, 2006
CXCR7	生理的状態	心室中隔欠損，心室弁形成不全などで出生早期に死亡	Sierro F, et al：Proc Natl Acad Sci U S A, 104：14759-14764, 2007
CXCR7	*lacZ*レポーターノックインマウス	心血管系の異常，CXCR7は心筋細胞，肺と心臓の血管内皮細胞，大脳皮質，骨細胞などで発現	Gerrits H, et al：Genesis, 46：235-245, 2008
CXCR4	骨髄系細胞限定的CXCR4欠損	好中球の骨髄外への移出亢進	Eash KJ, et al：Blood, 113：4711-4719, 2009
CXCR4, CXCR7	生理的状態	大脳皮質介在ニューロンの運動と配置異常	Wang Y, et al：Neuron, 69：61-76, 2011
CXCR4	CXCR4欠損胚中心B細胞	明領域に局在，体細胞超変異が減少	Bannard O, et al：Immunity, 39：912-924, 2013
CXCR7	apoE欠損動脈硬化モデル	CXCR7には白色脂肪組織でのvLDLの取り込みを促進して血中コレステロールを下げる作用がある	Li X, et al：Circulation, 129：1244-1253, 2014

画される．暗領域には活発に分裂しつつ体細胞超変異を起こす中心芽細胞が存在し，一方，明領域には分裂しないで抗原選択を受ける中心細胞が存在する．これらの2種のB細胞はCXCR4の発現レベルで区別できる．すなわち，中心芽細胞はCXCR4を強く発現してCXCL12を発現する暗領域に局在し，中心細胞はCXCR4を低く発現してCXCR5（14参照）によりCXCL13を発現する明領域に局在する（Allen, et al. 2004/Caron, et al. 2009）．またT細胞では，CXCL12と結合したCXCR4はT細胞受容体（TCR）と会合してZAP70を活性化する（Kumar, et al. 2006）．胸腺では，pre-TCRを発現するCD4-CD8ダブルネガティブ胸腺細胞がβ選択によりTCRを発現する過程で，CXCR4はpre-TCRの共刺激分子として機能する（Trampont, et al. 2010）．

またCXCR4にはCXCL12以外にも，X4型HIV-1由来のgp120（Balabanian, et al. 2004），MIF（Klasen, et al. 2014），細胞外ユビキチン（Saini, et al. 2010）などがアゴニストとして作用することが報告されている．また，ヒト上皮由来の抗菌物質βディフェンシン3はCXCR4に対してアンタゴニスト作用を示す（Feng, et al. 2006）．

ii）CXCR7

CXCL12とCXCR4の関係は長らく1：1と考えられてきたが，新たにCXCR7もCXCL12およびCXCL11と結合することが明らかにされた．そして，ゼブラフィッシュを用いた研究から，始原生殖細胞の移動はCXCL12とCXCR4によって行われるが，CXCL12の濃度勾配形成には移動経路に沿って発現しているCXCR7によるCXCL12の取り込みが必要であることが示された（Boldajipour, et al. 2008）．また，CXCR7は三量体Gタンパク質とは共役しないが，βアレスチン2を介してシグナルを伝達する（Zabel, et al. 2009）．さらに，CXCR7は絶えずリサイクルすることによって，CXCL12を効率よく細胞内に取り込むスカベンジャー受容体として働く（Naumann, et al. 2010）．また，CXCR7はCXCR4とヘテロ二量体を形成することによってCXCR4の機能を調節する（Levoye, et al. 2009/Decaillot, et al. 2011）．なお，CXCR7は血管内皮細胞，腫瘍細胞などで発現が報告されている．一方，正常なT細胞，B細胞，単球，NK細胞にはCXCR7の発現は検出されないことが報告されている（Berahovich, et al. 2010）．

3) KOマウスの表現型

CXCL12，*CXCR4*および*CXCR7*ノックアウトマウスが作製されている．いずれのノックアウトマウスも出生後，長期生存できない．そしてノックアウトマウスの示す表現型の異常からCXCL12，CXCR4，CXCR7はいずれも胎生期の造血系，心血管系，神経系などの発達に重要な役割を担っていることが明らかにされている．さらに条件的ノックアウトマウスの作製により，成体での役割も明らかにされつつある．主な論文を**表15**にまとめた．

4) ヒト疾患との関連

CXCR4依存性HIV（X4型）の感染を阻止するため，CXCR4をブロックする薬剤の開発が進められ，AMD3100（plerixafor）が開発された．しかし経口投与に向かないために実際の臨床応用は血液幹細胞を骨髄から末梢に遊離して自己移植に使う目的で欧米でのみ認可されている（Duong, et al. 2014）．

また，WHIM症候群（the association of warts, hypogammaglobulinemia, recurrent bacterial infections and myelokathexis）は，血中の好中球減少と骨髄での増加，低イムノグロブリン血症，広範なパピローマウイルス（HPV）感染（疣贅）などを特徴とする，常染色体優性遺伝の免疫不全症である．その原因は，CXCR4のC末端細胞質内領域の欠失によるCXCR4の細胞内取り込み不全と脱感作不全から生じるCXCR4の機能亢進と，それによる好中球やその他の血液系細胞の骨髄内保持亢進と末梢での汎白血球減少であることが明らかにされた（Hernandez, et al. 2003/Tassone, et al. 2010）．WHIM症候群と疣贅との関連では，CXCR4の機能亢進がHPV感染角化細胞の形質転換を促進することが示されている（Chow, et al. 2010）．またWHIM症候群での獲得免疫不全の理由として，T細胞と樹状細胞の間で安定した免疫学的シナプスが形成できないことが示されている（Kallikourdis, et al. 2013）．そしてCXCR4阻害薬のplerixaforはWHIM症候群の白血球減少改善に有効であることが示されている（McDermott, et al. 2014）．

CXCR4は乳がん，悪性黒色腫，肺がん，前立腺がん，などのさまざまな腫瘍の転移に関与することが報告されている．CXCR7も多くの腫瘍細胞や腫瘍血管で発現上昇がみられ，腫瘍の増殖や転移，血管新生などに関与していると考えられる（Luker, et al. 2012/Totonchy, et al. 2013）．

参考文献

1）Tashiro K, et al：Science, 261：600-603, 1993
2）Nagasawa T, et al：Proc Natl Acad Sci U S A, 91：2305-2309, 1994
3）Bleul CC, et al：J Exp Med, 184：1101-1109, 1996
4）Feng Y, et al：Science, 272：872-877, 1996
5）Bleul CC, et al：Nature, 382：829-833, 1996
6）Oberlin E, et al：Nature, 382：833-835, 1996
7）Balabanian K, et al：J Biol Chem, 280：35760-35766, 2005
8）Burns JM, et al：J Exp Med, 203：2201-2213, 2006

（義江　修）

Keyword

14 CXCL13，CXCR5

【CXCL13】

▶別名：BLC（B-lymphocyte chemoattractant），BCA-1（B cell-attracting chemokine 1）

【CXCR5】

▶別名：BLR-1（Burkitt's lymphoma receptor 1）

1) 歴史とあらまし

BLR-1（Burkitt's lymphoma receptor 1）はバーキットリンパ腫由来のcDNAライブラリーから発見されたオーファンGタンパク質共役型受容体（GCPR）である[1]．BLR-1はB細胞と一部のメモリーT細胞に発現され，活性化に伴いその発現は低下する[2]．GunnらはESTデータベースに存在するケモカイン様配列を使って*in situ*ハイブリダーゼーション法でスクリーニングすることにより二次リンパ組織のB細胞領域に特異的に発現する新規のCXCケモカインを発見し，さらにB細胞の遊

表16 CXCL13・CXCR5のKOマウスの表現型

KO遺伝子	使用された実験系/疾患モデル	発見された主要な表現型	文献
CXCR5	生理的状態	二次リンパ組織でのB細胞の濾胞への移動障害，鼠径リンパ節やパイエル板の形成不全	Förster R, et al：Cell, 87：1037-1047, 1996
CXCL13	生理的状態	リンパ節とパイエル板の形成不全とB細胞領域の欠如	Ansel KM, et al：Nature, 406：309-314, 2000
CXCL13	実験的アレルギー性脳炎（EAE）	病気が軽減	Bagaeva LV, et al：J Immunol, 176：7676-7685, 2006
CXCR5	生理的状態	CXCR5欠損T細胞によるキメラマウスではTfh細胞が胚中心に移動できないため，胚中心の数とサイズが減少，また高親和性IgG1の産生が低下	Arnold CN, et al：Eur J Immunol, 37：100-109, 2007
CXCR5	生理的状態	T細胞が胚中心に入るためにはCXCR5とCCR7のバランスが重要，また$CXCR5^{hi}CCR7^{lo}$T細胞ではIL-4とPD-1の発現が上昇する	Haynes NM, et al：J Immunol, 179：5099-5108, 2007
CXCR5	腸管免疫・感染	小腸の孤立性リンパ組織が形成不全，腸管免疫やサルモネラ感染に対する免疫応答が低下する	Velaga S, et al：J Immunol, 182：2610-2619, 2009

走とBLR-1を受容体として使うことを明らかにし，BLC（B-lymphocyte chemoattractant）と命名して報告した[3]．また，LeglerらはESTデータベースから新規CXCケモカインを発見し，B細胞の遊走とBLR-1が受容体であることを明らかにし，BCA-1（B cell-attracting chemokine 1）と命名して報告した[4]．BLCとBCA-1は同一分子であり，その後CXCL13と命名された．またBLR-1はCXCR5と命名された．

2）機能

CXCL13は二次リンパ組織のB細胞領域で濾胞樹状細胞（FDC）により産生される．一方，CXCR5はB細胞に広く発現する．さらに濾胞にはB細胞の抗体産生を促進する濾胞ヘルパーT（Tfh）細胞が存在するが，Tfh細胞もCXCR5を発現し，IL-21を産生してB細胞の分化を促進する（Bowman, et al. 2000/Breitfeld, et al. 2000/Schaerli, et al. 2000/Kim, et al. 2001）．また，Tfh細胞はCXCL13も産生する（Kim, et al. 2004）．さらに濾胞には過剰なB細胞反応を抑制する$Foxp3^+$濾胞制御性T（Tfr）細胞が存在する．Tfr細胞もCXCR5を発現する（Chung, et al. 2011/Linterman, et al. 2011）．FDCはCXCL13を産生し，CXCR5を介してB細胞を周囲に集めるとともにB細胞での膜型LTα1β2（**第4章-13**参照）の発現を促進し，B細胞の膜型LTα1β2はさらにFDCでのCXCL13の産生を促進するという正のフィードバック機構が働く（Ansel, et al. 2000）．CXCL13の異所性発現はリンパ組織の形成を誘導する（Luther, et al. 2000）．Tfh細胞やTfr細胞の分化誘導でのマスターレギュレーターであるBcl-6はCXCR5とCXCL13の発現を誘導する（Kroenke, et al. 2012）．さらに，CXCL13はCXCR3にも作用して活性化T細胞を遊走することが報告されている（Jenh, et al. 2001）．

3）KOマウスの表現型

*CXCL13*と*CXCR5*ノックアウトマウスが作製され，二次リンパ組織のB細胞領域が形成不全あるいは欠如していることが示されている．主な論文を**表16**にまとめた．

4）ヒト疾患との関連

ヘリコバクター・ピロリ胃炎で生じる胃壁内のリンパ組織やMALT（mucosa-associated lymphoid tissue）リンパ腫はCXCL13を強く発現する（Mazzucchelli, et al. 1999）．また慢性関節リウマチでも滑膜組織でのCXCL13の産生がリンパ濾胞の形成と密接に関係している（Shi, et al. 2001）．加えて，慢性関節リウマチや潰瘍性大腸炎の組織では，単球とマクロファージが主なCXCL13産生細胞である（Carlsen, et al. 2004）．他にも，予後不良のT細胞リンパ腫であるAITL（angioimmunoblastic T-cell lymphoma）はCXCL13を発現し，Tfh細胞由来の腫瘍と考えられる（de Leval, et al. 2007）．シェーグレン症候群患者の血清や唾液では

CXCL13の値が上昇しており，バイオマーカーとして有用と考えられる（Kramer, et al. 2013）.

参考文献

1）Dobner T, et al：Eur J Immunol, 22：2795-2799, 1992
2）Förster R, et al：Blood, 84：830-840, 1994
3）Gunn MD, et al：Nature, 391：799-803, 1998
4）Legler DF, et al：J Exp Med, 187：655-660, 1998

（義江　修）

Keyword

15 CXCL14

▶別名：BRAK（breast and kidney），
BMAC（B cell- and monocyte-activating chemokine）

1）歴史とあらまし

Hromasらは乳腺と腎臓に由来するESTをもとに新規CXCケモカインを発見し，BRAK（breast and kidney）と命名して報告した[1]．肺での発現が比較的低いことを除くと，調べられたすべての正常臓器で強い構成的な発現がみられたが，一方，がん細胞株は多くが陰性であった[1]．Sleemanらはマウスの未熟表皮角化細胞由来のESTをもとに新規CXCケモカインを発見し，B細胞と単球に対する高親和性結合と遊走活性から，BMAC（B cell- and monocyte-activating chemokine）と命名して報告した[2]．発現は正常マウスでは脳と卵巣で強く，肺と骨格筋で中程度，その他の臓器はほとんど陰性であった[2]．また子宮頸がんや子宮平滑筋腫では発現が低下するが，浸潤性の乳管がんでは反対に上昇していた[2]．BRAKとBMACは同一分子であり，その後CXCL14と命名された．

また，Frederickらは口腔由来の正常扁平上皮細胞と比較して頭頸部由来の扁平上皮がんで発現が低下している遺伝子としてCXCL14を同定し，正常組織では主に扁平上皮細胞で発現していること，頭頸部や子宮頸部由来の扁平上皮がん細胞では発現が低下していること，さらにCXCL14はがん組織に浸潤しているリンパ球やLPS刺激B細胞，単球で強く発現することを報告した[3]．小澤らは扁平上皮がんにEGF（**第6章-1**参照）を作用させると発現が低下する遺伝子としてCXCL14を同定し，腫瘍細胞にCXCL14を発現させるとヌードマウスでの腫瘍形成が抑制されることを報告した[4]．

CXCL14の受容体はまだ同定されていない．

2）機能

CXCL14は単球に特異的に作用し，その作用はプロスタグランジンE_2（**第8章-1**参照）やフォルスコリンによって細胞内cAMP濃度が上昇すると増強すること，また正常組織ではCXCL14は主に線維芽細胞から産生されることから，CXCL14は組織内でのマクロファージの恒常性維持に関与することが示唆された（Kurth, et al. 2001）．また，CXCL14は血管新生と血管内皮細胞の遊走を抑制し，さらに未熟樹状細胞に対して高親和性に結合して遊走活性を示すことから，腫瘍での発現低下は血管新生や免疫回避に有利なためではないかと示唆された（Shellenberger, et al. 2004）．また，CXCL14は正常皮膚で構成的に発現しており，樹状細胞の前駆細胞を遊走

表17　CXCL14のKOマウスの表現型

KO遺伝子	使用された実験系／疾患モデル	発見された主要な表現型	文献
CXCL14	生理的状態	単球とクロファージや樹状細胞とランゲルハンス細胞の体内分布と機能に変化はみられない	Meuter S, et al：Mol Cell Biol, 27：983-992, 2007
CXCL14	肥満モデル	メスでは高脂肪食でも脂肪組織へのマクロファージの浸潤増加やインスリン抵抗性の誘導はみられない	Nara N, et al：J Biol Chem, 282：30794-30803, 2007
CXCL14	肥満モデル	摂食行動が低下しており，新しい環境では特に低下する	Tanegashima K, et al：PLoS One, 5：e10321, 2010
CXCL14	生理的状態	妊娠子宮でのNK細胞が減少する	Cao Q, et al：Biochem Biophys Res Commun, 435：664-670, 2013

することから，皮膚ランゲルハンス細胞の恒常性維持に関与することが示唆された（Schaerli, et al. 2005）．さらに，マウスとヒトの皮膚では角化細胞とマクロファージがCXCL14を構成的に産生しており，ヒトでは肥満細胞も産生していた（Meuter & Moser, 2008）．そしてCXCL14は広範囲の微生物に対して抗菌活性を示すことから，皮膚での抗菌活性による自然免疫への関与が示唆された（Maerki, et al. 2009）．また，マウスの脳ではCXCL14のタンパク質の発現が出生後に一時的に小脳プルキンエ細胞でみられ，小脳の発達に関与することが示唆された（Park, et al. 2012）．

3) KOマウスの表現型

CXCL14はCXCL12（⑬参照）とともに種間できわめてよく保存されているケモカインであり，発生や成体での恒常性維持に重要な役割を担っていると推測される．しかしながらこれらのノックアウトマウスには期待されたほどの異常な表現型はいまだ報告されていない．主な論文を**表17**にまとめた．

4) ヒト疾患との関連

甲状腺乳頭がんは上皮細胞でCXCL14を強く発現しており，そのレベルはリンパ節転移と相関する（Oler, et al. 2008）．また，小型Gタンパク質Rhoファミリーの非典型的メンバーRhoBTB2（DBC2）は乳がんや肺がんで高頻度に変異，欠失，発現抑制がみられ，腫瘍抑制遺伝子と考えられるが，その下流標的遺伝子としてCXCL14が同定され，腫瘍細胞でしばしばみられるCXCL14の発現低下はRhoBTB2の変異・欠失のためではないかと考えられる（McKinnon, et al. 2008）．また，活性酸素ストレスは乳がん細胞でのCXCL14の発現を誘導し，CXCL14は細胞の運動性や浸潤性を高める（Pelicano, et al. 2009）．肺がん細胞にCXCL14を強制発現させると腫瘍細胞は細胞死に陥る（Tessema, et al. 2010）．一方，喫煙後や慢性閉塞性肺疾患の気道上皮細胞ではCXCL14の発現が上昇し，肺の腺がんや扁平上皮がんでもCXCL14の強い発現がみられている（Shaykhiev, et al. 2013）．

一方，前立腺がんでは腫瘍関連線維芽細胞（CAF）がCXCL14を強く発現し，CAFによるCXCL14の発現は腫瘍の増殖と血管新生を促進する（Augsten, et al. 2009）．また胃がんのCAFはしばしば転写因子Twist-1を強く発現しており，Twist-1を発現するCAFではCXCL14の発現がみられる（Sung, et al. 2011）．さらに，CXCL14を発現するCAFでは酸化窒素（NO）を産生するNOS1の発現が上昇しており，NOS1の抑制はCXCL14発現CAFの増殖や腫瘍促進作用を抑制する（Augsten, et al. 2014）．

参考文献

1）Hromas R, et al：Biochem Biophys Res Commun, 255：703-706, 1999
2）Sleeman MA, et al：Int Immunol, 12：677-689, 2000
3）Frederick MJ, et al：Am J Pathol, 156：1937-1950, 2000
4）Ozawa S, et al：Biochem Biophys Res Commun, 348：406-412, 2006

（義江　修）

Keyword

⑯ CXCL16，CXCR6

【CXCL16】
▶別名：SR-PSOX（scavenger receptor that binds phosphatidylserine and oxidized lipoprotein）

【CXCR6】
▶別名：STRL33，Bonzo，TYMSTR

1) 歴史とあらまし

島岡らは新規の酸化LDLスカベンジャー受容体をマクロファージのライブラリーから発現クローニングし，SR-PSOX（scavenger receptor that binds phosphatidylserine and oxidized lipoprotein）と命名して報告した[1]．また，MatloubianらはESTデータベースからN末端領域にCXCケモカインドメインをもつ新規膜型分子を発見し，さらにその分子とイムノグロブリンFc部分との融合タンパク質をプローブに用いた発現クローニングにより，その受容体がオーファンGタンパク質共役型受容体（GPCR）のSTRL33（Bonzo，TYMSTR）であることを同定して報告した[2]．逆にWilbanksらはSTRL33（Bonzo，TYMSTR）のリガンドを発現クローニングにより同定し，N末端側にCXCケモカイン領域をもつ新規膜型分子であることを報告した[3]．その後，SR-PSOXとこれらの新規膜結合型CXCケモカインは同一分子であり，CXCL16と命名された．またSTRL33（Bonzo，TYMSTR）はCXCR6と命名された．

2) 機能

i）発現

CXCL16の発現は，マクロファージ，樹状細胞，B細胞の一部，骨髄ストローマ細胞，大動脈平滑筋細胞，皮

表18 CXCL16・CXCR6のKOマウスの表現型

KO遺伝子	使用された実験系/疾患モデル	発見された主要な表現型	文献
CXCR6	移植片対宿主病(GVHD)	肝臓へのCD8$^+$T細胞の浸潤が低下	Sato T, et al：J Immunol, 174：277-283, 2005
CXCR6	生理的状態	肝臓でのNKT細胞が減少	Geissmann F, et al：PLoS Biol, 3：e113, 2005
CXCL16	LDL受容体欠損動脈硬化モデル	酸化LDLに対するスカベンジャー機能が低下し，マクロファージの浸潤と動脈硬化病変が促進される	Aslanian AM & Charo IF：Circulation, 114：583-590, 2006
CXCR6	apoE欠損動脈硬化モデル	T細胞の病変部への浸潤が低下し，動脈硬化病変は軽減される	Galkina E, et al：Circulation, 116：1801-1811, 2007
CXCR6	生理的状態	NKT細胞が肝や肺で減少し，代わりに骨髄で増加する	Germanov E, et al：J Immunol, 181：81-91, 2008
CXCR6	転移モデル	B16-F10メラノーマやルイス肺がん細胞の肝転移が増加する	Cullen R, et al：J Immunol, 183：5807-5815, 2009
CXCL16	筋再生モデル	筋の再生不全と線維化が起こる	Zhang L, et al：Am J Pathol, 175：2518-2527, 2009
CXCR6	生理的状態	肝でのウイルスやハプテンに対するメモリーNK細胞が維持されない	Paust S, et al：Nat Immunol, 11：1127-1135, 2010
CXCR6	肝線維化モデル	NKT細胞依存性の肝線維化が抑制される	Wehr A, et al：J Immunol, 190：5226-5236, 2013
CXCR6	腎線維化モデル	CXCR6$^+$骨髄由来線維芽細胞が動員されないため，腎線維化が抑制される	Xia Y, et al：Kidney Int, 86：327-337, 2014

膚角化細胞などで報告されている．IFN-γとTNFαは相乗的に血管内皮細胞でのCXCL16発現を誘導する(Abel, et al. 2004)．一方，CXCR6の発現は，Th1細胞，CD8$^+$T細胞，NK細胞，NKT細胞，腸管上皮間リンパ球，形質細胞，大動脈平滑筋細胞などで報告されている．CXCR6はエフェクターメモリーT（T_{EM}）細胞に発現しており，セントラルメモリーT（T_{CM}）細胞は樹状細胞からの刺激でCXCR6の発現が誘導される(Tabata, et al. 2005)．血小板もCXCR6を発現しており，CXCL16により活性化される（Borst, et al. 2012）．

ii）シグナル伝達

CXCL16はメタロプロテアーゼADAM10（a disintegrin and metalloproteinase domain 10）により膜貫通領域の近傍で切断されて分泌型となる（Gough, et al. 2004/Abel, et al. 2004）．分泌型CXCL16はCXCR6を介して細胞遊走を誘導するが，これは百日咳毒素に感受性であることから，他のケモカイン受容体と同様に三量体Gタンパク質Gαiサブファミリーの活性化による．一方，膜結合型CXCL16はCXCR6との結合によりシグナル非依存的に細胞接着を促進する（Nakayama, et al. 2003/Shimaoka, et al. 2004）．このような分泌型と膜結合型の二重作用はCX_3CL1（17参照）の場合と同様である．また，膜型CXCL16はマクロファージや樹状細胞での酸化LDLや細菌の取り込みにも関与する（Shimaoka, et al. 2003）．

3) KOマウスの表現型

*CXCL16*および*CXCR6*ノックアウトマウスが作製され，肝臓でのNKT細胞の減少や疾患モデルでの細胞浸潤の低下などが示されている．主な論文を**表18**にまとめた．

4) ヒト疾患との関連

CXCR6はTh1細胞や肝臓のNKT細胞などでの発現が報告されている．代表的なTh1型疾患とされる慢性関節リウマチや乾癬性関節炎の関節液中ではCXCR6$^+$T細胞が増加している（van der Voort, et al. 2005）．また，C型肝炎ではCXCR6陽性のT細胞やNK細胞の肝臓への浸潤が増加している（Boisvert, et al. 2003/Heydtmann, et al. 2005）．他にもヒト腎臓糸球体の足細胞

(podocyte) ではCXCL16とADAM10が構成的に発現しており，膜性腎症の糸球体ではCXCL16の発現増加が酸化LDLの増加に伴ってみられる (Gutwein, et al. 2009). さらに，尋常性乾癬の患者では血中CXCR6$^+$CD8$^+$T細胞が増加しており，また皮膚病変部では単球，角化細胞，樹状細胞でCXCL16の発現が上昇し，CXCR6$^+$CD8$^+$T細胞の浸潤が亢進している (Guenter, et al. 2012).

参考文献

1) Shimaoka T, et al : J Biol Chem, 275 : 40663-40666, 2000
2) Matloubian M, et al : Nat Immunol, 1 : 298-304, 2000
3) Wilbanks A, et al : J Immunol, 166 : 5145-5154, 2001

(義江　修)

III CX$_3$CL/XCLファミリー

Keyword

17 CX$_3$CL1，CX$_3$CR1

【CX$_3$CL1】
▶別名：fractalkine，neurotactin
【CX$_3$CR1】
▶別名：V28

1）歴史とあらまし

Bazanらは，ESTデータベースの検索からN末端領域にそれまで知られていなかったCX$_3$C型のケモカインドメインをもつ新規膜タンパク質を発見し，活性化した血管内皮細胞での発現や可溶化型によるT細胞，単球の遊走，膜結合型によるこれらの細胞の接着誘導などを示し，FTN（fractalkine）と命名して報告した[1]．またPanらは，マウスの脈絡膜由来cDNAライブラリーから同じ分子のマウスホモログをクローニングし，ヒト好中球やT細胞に対して遊走活性を示すこと，活性化したミクログリアで発現することなどを明らかにし，neurotactinと命名して報告した[2]．今井らはオーファンGタンパク質共役型受容体（GPCR）のV28がFTNの受容体であることを明らかにし，単球，NK細胞，CD8$^+$T細胞で発現すること，可溶化型はGαi依存性に細胞を遊走し，膜結合型はシグナル非依存性に細胞接着を誘導することなどを明らかにして報告した[3]．その後FTN/neurotactinは新しいCX$_3$Cモチーフを示すことからCX$_3$CL1と命名された．またV28はCX$_3$CR1と命名された．

2）機能

i）CX$_3$CL1

CX$_3$CL1の発現は血管内皮細胞，神経細胞，樹状細胞，腸管上皮細胞などでみられる．血管内皮細胞では，LPS，TNFα，IL-1，IFN-γなどの炎症性刺激で発現が誘導される．一方，IL-4やIL-13などのTh2サイトカインは，炎症性刺激によるCX$_3$CL1の発現を抑制する．また，膜結合型CX$_3$CL1は細胞内シグナル伝達やインテグリンの活性化を介さずにCX$_3$CR1発現細胞の細胞接着を誘導することができる．一方，可溶化型CX$_3$CL1はCX$_3$CR1発現細胞の遊走を誘導する．このようにCX$_3$CL1はその分子状態に応じて二重の機能を発揮する[3]．

膜結合型CX$_3$CL1は，細胞外領域がメタロプロテアーゼによって分解されて分泌型となる．定常的な切断はADAM10（a disintegrin and metalloproteinase 10）によりなされる．またPMA（phorbol 12-myristate 13-acetate）でプロテインキナーゼCを活性化したときにみられる亢進した切断には，ADAM17（別名tumor necrosis factor-α converting enzyme：TACE）が関与する（Garton, et al. 2001/Tsou, et al. 2001）．

ii）CX$_3$CR1

CX$_3$CR1は，単球，CD16$^+$NK細胞，CD8$^+$T細胞，パーフォリン$^+$CD4$^+$T細胞，上皮内リンパ球，γδ型T細胞，ミクログリアなどで発現がみられる．リンパ球でのCX$_3$CR1の発現はキラー活性と密接に相関する（Nishimura, et al. 2002）．またCX$_3$CR1の発現は，Th1細胞やTc1に選択的である（Fraticelli, et al. 2001）．マウス血液中の単球はCX$_3$CR1の発現レベルから，CX$_3$CR1^{low}CCR2$^+$Gr1$^+$とCX$_3$CR1^{high}CCR2$^-$Gr1$^-$の2つのサブセットに分画される（Geissmann, et al. 2003）．CX$_3$CR1^{low}のサブセットは短寿命の炎症性単球であり，一方，CX$_3$CR1^{high}のサブセットはCX$_3$CL1依存性に末梢組織に移行し，長寿命の組織マクロファージに分化するレジデント型単球である（Geissmann, et al. 2003）．ヒトの末梢血では，単球のうち5～10％を占めるCD16$^+$単球がCX$_3$CR1^{high}のサブセットに相当する（Geissmann, et al. 2003/Ancuta, et al. 2003）．

iii）CCL26

CCL26（4参照）もCX$_3$CR1に対してアゴニストとして作用する（Nakayama, et al. 2010）．CCL26のCX$_3$CR1に対する親和性はCX$_3$CL1の1/10程度であるが，CX$_3$CL1と同様に活性化された血管内皮細胞から，しかも大量に産生されるので，十分生物学的意義があると推測される．しかも興味深いことに，CX$_3$CL1は炎症性サイトカインやIFN-γで発現が誘導されるのに対し，CCL26はIL-4やIL-13といったTh2型サイトカインで発現が誘導される．その結果，CX$_3$CR1発現細胞は通常の炎症やTh1型反応ではCX$_3$CL1を介して，またTh2型の反応ではCCL26を介して血管外に移動できると考えられる（Nakayama, et al. 2010）．

表19　CX_3CL1・CX_3CR1 のKOマウスの表現型

KO遺伝子	使用された実験系/疾患モデル	発見された主要な表現型	文献
CX_3CR1	apoE欠損動脈硬化モデル	動脈壁でのマクロファージの浸潤低下，動脈硬化病変が軽減する	Lesnik P, et al：J Clin Invest, 111：333-340, 2003
CX_3CR1	GFPレポーターノックインマウス	小腸固有粘膜層の骨髄系樹状細胞は CX_3CR1 依存性に上皮間に樹状突起を伸ばし，管腔内の抗原を直接取り込む	Niess JH, et al：Science, 307：254-258, 2005
CX_3CR1	LPS誘発炎症，パーキンソン病モデル，筋委縮性側索硬化症モデル	CX_3CR1-KOでミクログリアによる神経細胞毒性が亢進する	Cardona AE, et al：Nat Neurosci, 9：917-924, 2006
CX_3CR1	腎の虚血・再還流障害	CX_3CR1-KOで炎症反応と線維化が軽減する	Furuichi K, et al：Am J Pathol, 169：372-387, 2006
CX_3CR1	生理的状態	レジデント型単球はLFA-1と CX_3CR1 に依存しながら血管内皮の表面をパトロール行動をする	Auffray C, et al：Science, 317：666-670, 2007
CX_3CR1	皮膚創傷	創傷治癒の遅延	Ishida Y, et al：J Immunol, 180：569-579, 2008
CX_3CR1	生理的状態	リンパ節胚中心でアポトーシスに陥ったリンパ球は CX_3CL1 を放出してマクロファージをよび寄せ処理される	Truman LA, et al：Blood, 112：5026-5036, 2008
CX_3CR1, CX_3CL1	生理的状態	CX_3CL1-CX_3CR1 系は $Gr1^{lo}CX_3CR1^{hi}$ のレジデント型単球の生存を促進する	Landsman L, et al：Blood, 113：963-972, 2009
CX_3CR1	デキストラン硫酸誘発腸炎	マクロファージ浸潤の低下による腸炎の軽減	Kostadinova FI, et al：J Leukoc Biol, 88：133-143, 2010
CX_3CR1	アルツハイマー病モデル	βアミロイド沈着の軽減と反応性ミクログリアの減少	Lee S, et al：Am J Pathol, 177：2549-2562, 2010
CX_3CR1	喘息モデル	気道炎症の軽減，CX_3CR1 はTh2細胞の生存を促進する	Mionnet C, et al：Nat Med, 16：1305-1312, 2010
CX_3CR1	経口免疫による免疫寛容誘導	経口免疫により所属リンパ節で誘導される制御性T細胞が腸管で増殖し，IL-10を産生するためには CX_3CR1^+ マクロファージが必要	Hadis U, et al：Immunity, 34：237-246, 2011
CX_3CR1	アルツハイマー病モデル	神経学的症状が悪化，IL-6産生による神経障害の亢進	Cho SH, et al：J Biol Chem, 286：32713-32722, 2011
CX_3CR1	生理的状態	膵β細胞でのグルコース依存性インスリン分泌が低下，CX_3CR1 は膵島の機能維持に重要	Lee YS, et al：Cell, 153：413-425, 2013
CX_3CR1	半月体形成性糸球体腎炎モデル	腎皮質の樹状細胞が減少，そのため樹状細胞に依存して発症する半月体形成性糸球体腎炎が軽減	Hochheiser K, et al：J Clin Invest, 123：4242-4254, 2013
CX_3CR1	生理的状態	出生直後にミクログリアが一時的に減少し，そのため余分なシナプスの刈り込みが不十分となり，正常なシナプス形成が障害されて自閉症的形質を示す	Zhan Y, et al：Nat Neurosci, 17：400-406, 2014
CX_3CR1	アトピー性皮膚炎モデル	アトピー性皮膚炎が軽症化，CX_3CR1 は $CD4^+$ T細胞が炎症皮膚に留まるのに必要	Staumont-Sallé D, et al：J Exp Med, 211：1185-1196, 2014

3) KOマウスの表現型

CX_3CL1 および *CX_3CR1* ノックアウトマウスが作製されて，マクロファージやミクログリアの生理的機能での重要な役割を示す報告が多くなされている．主な論文を**表19**にまとめた．

4) ヒト疾患との関連

i）動脈硬化

CX_3CR1には多型が存在し，V249I多型のI249アレルではCX_3CR1の発現低下による冠動脈硬化リスクの有意な低下がみられる（Moatti, et al. 2001/McDermott, et al. 2001）．またT280M多型のM280アレルでもCX_3CL1による細胞接着能が低下して冠動脈疾患の発症リスクが低下する（McDermott, et al. 2003）．このように，CX_3CR1は動脈硬化の発症に関与すると考えられる．

ii）関節リウマチ

また，慢性関節リウマチ患者の滑膜組織で，マクロファージ，線維芽細胞，血管内皮細胞，樹状細胞でのCX_3CL1発現と，マクロファージ，樹状細胞でのCX_3CR1発現が示された（Ruth, et al. 2001）．さらに，慢性関節リウマチの患者の末梢血ではCX_3CR1^+パーフォリン$^+$で，IFN-γやTNFαなどのTh1サイトカインを産生する$CD4^+$T細胞および$CD8^+$T細胞が増加し，また滑膜組織ではCX_3CR1^+T細胞の浸潤と血管内皮細胞や滑膜線維芽細胞でのCX_3CL1の発現が示された（Nanki, et al. 2002）．

iii）その他の疾患

多発性硬化症の患者ではNK細胞でのCX_3CR1の発現が病勢と相関して有意に低下することが示された（Infante-Duarte, et al. 2005）．また，CX_3CR1の新たなリガンドであることが示されたCCL26は喘息やアトピー性皮膚炎の発症と密接に関係しており，Th2型疾患でのCX_3CR1発現細胞の組織浸潤に関与している可能性が高い（Nakayama, et al. 2010）．

参考文献

1）Bazan JF, et al：Nature, 385：640-644, 1997
2）Pan Y, et al：Nature, 387：611-617, 1997
3）Imai T, et al：Cell, 91：521-530, 1997

（義江　修）

Keyword

18 XCL1/2, XCR1

【XCL1】
▶別名：lymphotactin（Ltn），
SCM-1α（single C motif 1α），
ATAC（activation-induced, T cell-derived and chemokine-related molecule）

【XCL2】
▶別名：SCM-1β

【XCR1】
▶別名：GPR5

1) 歴史とあらまし

Kelnerらは，マウスの活性化プロT細胞由来cDNAライブラリーから，新規のケモカイン様サイトカインを発見し，リンパ球を特異的に遊走するとしてLtn（lymphotactin）と命名して報告した[1]．吉田らは，PHA刺激ヒト末梢血単核細胞（PBMC）からシグナル配列トラップ法を使って新規のケモカイン様分子を発見し，ケモカインで保存されるN末端側のシステイン残基が1つしかないことから，SCM-1（single C motif 1）と命名して報告した[2]．Muellerらは活性化$CD8^+$T細胞に特異的に発現誘導されるケモカイン様分子を発見し，ATAC（activation-induced, T cell-derived and chemokine-related molecule）と命名して報告した[3]．ただし，後の2グループはリンパ球も含めた白血球に対する遊走活性は検出されないと結論していた．また吉田らはヒトの染色体1q23（現在は1q24.2）にはSCM-1の相同遺伝子が2つ存在し，2アミノ酸のみ異なるSCM-1αとSCM-1βをコードしていることを明らかにした[4]．さらに，吉田らはオーファンGタンパク質共役型受容体（GPCR）のGPR5がSCM-1αとSCM-1βの受容体であることを同定した[5][6]．LtnとSCM-1αとATACは同一分子であり，その後XCL1と命名された．SCM-1βはXCL2と命名された．またGPR5はXCR1と命名された．

2) 機能

i）XCL1/2発現細胞

XCL1/2は脾臓，胸腺，末梢血などで強く発現している．また細胞レベルでは活性化$CD8^+$T細胞，$CD8^+$胸腺細胞，NK細胞，$\gamma\delta$型上皮内リンパ球，肥満細胞などで発現が報告されている．さらにヒト末梢血では$CD3^+CD8^+$T細胞のうち，マイナーな$CD5^-$サブセットが主要なXCL1/2産生細胞であると報告されている（Stievano,

表20 XCL1・XCR1のKOマウスの表現型

KO遺伝子	使用された実験系/疾患モデル	発見された主要な表現型	文献
XCL1	CD8$^+$T細胞応答	CD8$^+$T細胞に対するクロスプレゼンテーション能が低下	Dorner BG, et al：Immunity, 31：823-833, 2009
XCL1	生理的状態	胸腺樹状細胞が髄質に移動せず，そのために胸腺内での制御性T細胞（Treg細胞）の誘導が低下する	Lei Y, et al：J Exp Med, 208：383-394, 2011
XCR1	CD8$^+$T細胞応答，Venusレポーター遺伝子ノックイン	XCR1はCD8 α^+樹状細胞とCD103$^+$樹状細胞にきわめて特異的に発現し，XCR1-KOではdsRNAやリステリア感染に対するCD8$^+$T細胞の応答が低下する	Yamazaki C, et al：J Immunol, 190：6071-6082, 2013

et al. 2003)．

また，ラットの糸球体腎炎モデルでは，CD8$^+$T細胞の浸潤に先立って，早期からXCL1の発現がみられた(Natori, et al. 1998)．ラット腎移植モデルでは，急性拒絶腎でXCL1が強く誘導され，その発現はFK506やサイクロスポリンにより抑制された（Wang, et al. 1998)．

ii）XCR1発現細胞

XCR1の発現は胎盤，胸腺，脾臓，などで検出される．また細胞レベルでは，主にCD8$^+$T細胞とNK細胞で発現が検出され，XCL1はNK細胞を遊走すると報告されている（Giancarlo, et al. 1996/Hedrick, et al. 1997)．さらにマウスではXCL1がT細胞，B細胞および好中球を遊走するという報告もなされている（Huang, et al. 2001)．しかしながら注意深い検討から，XCL1はCD4$^+$およびCD8$^+$T細胞のランダム運動は誘導するが，走化反応は誘導しないという報告もなされた（Dorner, et al. 1997)．またXCL1を発現するアデノウイルスベクターをマウスやラットの肺に投与した場合も，ケモカインとして期待されるようなすみやかなCD8$^+$T細胞やNK細胞の浸潤はみられず，リンパ球，マクロファージ，好中球の混合した細胞浸潤が亜急性の経過で誘導された(Emtage, et al. 1999)．

iii）抗腫瘍効果

さらにXCL1については，そのリンパ球遊走因子（lymphotactin）という名称にふさわしい抗腫瘍効果を確認したとする論文が数多く発表されている．例えば，マウスの腫瘍モデルで，XCL1とIL-2を同時に発現させると，顕著なT細胞浸潤と抗腫瘍効果が誘導された（Dilloo, et al. 1996)．XCL1を発現する形質細胞腫を正常マウスに接種するとT細胞と好中球が浸潤して腫瘍は退縮し，ヌードマウスに移植した場合でも好中球浸潤による腫瘍抑制がみられ，好中球でのXCR1の発現も確認された(Cairns, et al. 2001)．またこのモデルでは浸潤するT細胞はTh1細胞とTc1細胞であり，さらにすでに形成された形質細胞腫にXCL1を発現するアデノウイルスを局所投与してT細胞を養子移植することでも顕著な治療効果がみられた（Huang, et al. 2002)．*XCL1*遺伝子とメラノーマ抗原gp100を導入したマウス骨髄由来樹状細胞を用いたがんワクチン療法でも，細胞傷害活性の誘導，IL-2とIFN-γの産生促進，抗腫瘍活性などが示された(Xia, et al. 2002)．

iv）XCR1の真の発現細胞

しかしながらこれらの多くの研究報告の信頼性あるいは解釈に180度の転換を迫る報告が2009年になされた．XCR1の確実な発現細胞が同定され，それは何とクロスプレゼンテーションを行うCD8 α^+樹状細胞であったのである（Dorner, et al. 2009)．そしてCD8$^+$T細胞はCD8 α^+樹状細胞によって抗原刺激されるとXCL1を産生し，それによってさらにCD8$^+$T細胞が動員され，CD8 α^+樹状細胞との相互作用とクロスプレゼンテーションが促進される（Dorner, et al. 2009)．また，ヒトの場合はCD11c$^+$CD141$^+$樹状細胞がXCR1を発現し，CD8$^+$T細胞に可溶性抗原や細胞抗原をクロスプレゼンテーションする（Bachem, et al. 2010)．さらに非リンパ系組織ではCD103$^+$樹状細胞がXCR1を発現し，やはりクロスプレゼンテーションする樹状細胞である（Crozt, et al. 2011)．

また，マウスの胸腺では髄質上皮細胞がAire依存性にXCL1を産生し，一方，胸腺樹状細胞はXCR1を発現して髄質に集まり，それによって制御性T細胞（Treg細胞）の形成を促進することも報告された（Lei, et al. 2011）.

3) KOマウスの表現型

*XCL1*および*XCR1*ノックアウトマウスが作製され，CD8⁺T細胞に対するクロスプレゼンテーションや胸腺での髄質樹状細胞による制御性T細胞の誘導に対するXCL1およびXCR1の関与が示されている．主な論文を**表20**にまとめた．

4) ヒト疾患との関連

i）慢性炎症性疾患との関連

ヒトのIgA腎症では，皮質でのXCL1の発現は糸球体半月形成と有意に相関し，尿細管や間質の破壊や尿タンパクとも相関し，XCL1は間質の肥満細胞と思われる細胞で産生されていた（Ou, et al. 2002）．また，クローン病の大腸組織では，XCL1の発現が亢進しており，発現細胞はT細胞，肥満細胞，樹状細胞であった（Middel, et al. 2001）．さらに慢性関節リウマチ患者の滑膜組織では，浸潤するT細胞がXCL1を発現し，一方，XCR1はリンパ球，滑膜マクロファージ，滑膜線維芽細胞で発現していた．また滑膜線維芽細胞をXCL1で処理するとMMP2の発現が抑制され，XCL1-XCR1系はむしろ炎症抑制に働く可能性が示唆された（Blaschke, et al. 2003）．このように，XCL1-XCR1系はヒトの慢性炎症性疾患の病態形成と密接に関係している可能性が高い．

ii）腫瘍の治療への可能性

長らく謎に包まれていたXCR1発現細胞がようやく同定され，可溶性抗原や細胞抗原をCD8⁺T細胞にクロスプレゼンテーションする樹状細胞サブセットであることがわかった．クロスプレゼンテーションは病原体や腫瘍細胞に対するCD8⁺T細胞応答を誘導するのに必須の機構であり，XCR1系を利用した新たながんワクチンや免疫療法の開発が期待される．実際に，再発あるいは治療抵抗性の神経芽細胞腫の患者21例に，IL-2とXCL1を遺伝子導入したアロ神経芽細胞腫ワクチンを皮下投与したところ，6例でNK細胞の活性増強，15例で免疫神経芽細胞腫に対する抗体産生がみられ，腫瘍についても2例で完全寛解，1例で顕著な改善がみられたという報告もなされている（Rousseau, et al. 2003）．

参考文献

1）Kelner GS, et al：Science, 266：1395-1399, 1994
2）Yoshida T, et al：FEBS Lett, 360：155-159, 1995
3）Müller S, et al：Eur J Immunol, 25：1744-1748, 1995
4）Yoshida T, et al：FEBS Lett, 395：82-88, 1996
5）Yoshida T, et al：J Biol Chem, 273：16551-16554, 1998
6）Yoshida T, et al：FEBS Lett, 458：37-40, 1999

（義江　修）

6章 細胞増殖因子

growth factor

Keyword

- 1 EGF
- 2 TGF-α
- 3 amphiregulin
- 4 HB-EGF
- 5 betacellulin，epiregulin，epigen
- 6 neuregulin 1
- 7 neuregulin 2～4
- 8 neuregulin 5/6
- 9 EGF受容体
- 10 HER2
- 11 PDGF-A, B
- 12 PDGF-C, D
- 13 PDGFR-α，β
- 14 FGF-1/2
- 15 パラクラインFGF
- 16 エンドクラインFGF
- 17 イントラクラインFGF
- 18 FGF受容体
- 19 insulin，IGF-1/2
- 20 IGFBP-1～6
- 21 INSR，IGF-1R/2R
- 22 HGF
- 23 HGF受容体（Met）
- 24 MSPとMSP受容体（Ron）
- 25 VEGF-A/E
- 26 PIGF，VEGF-B
- 27 VEGF-C/D
- 28 VEGF受容体
- 29 neurotrophin
- 30 TrkA/B/C
- 31 GDNFファミリー
- 32 RET，GFRα1～4（GDNFファミリー受容体複合体）
- 33 ephrin
- 34 Eph
- 35 angiopoietin
- 36 Tie1/Tie2
- 37 ANGPTL
- 38 Gas6
- 39 ALK

概 論

1. はじめに

細胞増殖因子（growth factor）とは，細胞間コミュニケーションを媒介する因子のうち，受容体型チロシンキナーゼを介してシグナル伝達するタンパク質の総称である．一部の造血因子にもチロシンキナーゼを受容体とするものがある（M-CSF，SCFなど**第3章の4 6**参照）．しかし，慣習的に，付着細胞を主な標的細胞として研究が進んできたものを細胞増殖因子として分類しており，本書もその分類にしたがった．

2. 細胞増殖因子の機能の多様性

細胞周期の進行/停止を規定する因子は，酵母のような単細胞生物では基本的に栄養状態である．一方，多細胞生物では個々の細胞の増殖は自立的ではなく，細胞外因子（細胞増殖因子など）によるシグナル伝達で制御されている．ともに細胞の増殖を促進する物質ではあっても，細胞増殖因子と栄養因子では役割が大きく異なる[1)]．なお，「growth factor」の訳語として以前は「成長因子」も用いられたが，細胞分裂を指令（direct）する因子という意味を明確にする目的で，現在では「増殖因子」が用いられている．

細胞増殖因子のシグナルは核に伝達され，転写制御を介して細胞増殖を調節する他，細胞の分化機能を誘導・維持する働きもある．一方，細胞質や細胞骨格にもシグナルが伝達され，細胞の運動性や代謝機能が調節される．こうして，細胞増殖因子は個体発生における形態形成，成熟個体における恒常性維持に重要な寄与をしており，そのシグナル伝達異常は多細胞生物の正常な組織構築の破綻，ひいては機能異常や疾患につながる．

EGF（→**Keyword 1**）ははじめて精製された細胞増殖因子である．構造決定も受容体の同定も他の増殖因子に先駆けて行われ，長らく細胞増殖因子研究の中心的存在であった．類縁の増殖因子も多く知られており（→**Keyword 2～8**），受容体の変異や過剰発現と発がんとの関係も知られている．PDGFファミリー（→Keyword 11 12）は間葉系細胞を，HGF（→Keyword 22）は上皮細胞を主な標的細胞としており，ともに発生や損傷修復に重要な役割を果たしている．FGFファミリー（→Keyword 14〜18）はメンバーの数も多いが，標的細胞も作用機構も多様であり，骨・軟骨をはじめとする形態形成調節や代謝制御に関与している．一方，標的細胞のスペクトルの狭い増殖因子としては，血管・リンパ管の内皮細胞に作用するVEGFファミリー（→Keyword 25〜28），神経系細胞を主要な標的とするneurotrophin（→Keyword 29 30），GDNFファミリー（→Keyword 31 32）などが知られている．angiopoietin（→Keyword 35 36）は血管内皮細胞を標的とするが，類似した構造をもつANGPTL（→Keyword 37）ファミリーは標的細胞が広範であり，血管新生の他に炎症や糖・脂質代謝の調節機能も示す．

3. 細胞増殖因子作用の局所性

細胞増殖因子受容体が特定種類の細胞に限局して発現している例は多くない．むしろ上皮細胞全般に発現しているもの，間葉系細胞全般に発現しているものなど，広範に発現している例の方が多数派である．このような状況で標的細胞への作用の特異性が確保されるのは，細胞増殖因子の働きが局所的だからである．

実際に産生細胞において生合成・分泌された細胞増殖因子は，循環系を介して標的細胞に到達する例は少なく，通常は分泌された近傍で作用する（傍分泌：パラクライン，paracrine）[2]．特殊な例では，産生細胞そのものに作用する（自己分泌：オートクライン，autocrine）．また，EGFファミリーのように，リガンドが膜タンパク質の形で産生される場合もある．このようなリガンドはプロテアーゼによるプロセシングで遊離型が放出されることも，膜タンパク質のまま受容体を刺激することもある．後者の場合は産生細胞と標的細胞の接触が必要であるので，接触分泌（ジャクスタクライン，juxtacrine）とよばれる．Eph（→Keyword 34）ファミリーの受容体型チロシンキナーゼのリガンドephrin（→Keyword 33）ファミリーは1回膜貫通型，あるいはGPIアンカー型の膜タンパク質であり，接触分泌によりシグナル伝達する．また，FGFファミリーの細胞増殖因子の一部（FGF11〜14）は細胞外に分泌されず，細胞内で受容体非依存的に作用すると考えられている．このような作用は細胞内分泌（イントラクライン，intracrine）とよばれているが，そのメカニズムには不明な点が多い．

HGF，MSP（→Keyword 24）やPDGF-C/Dなど，一部の細胞増殖因子は潜在型として産生され，必要に応じてプロテアーゼにより限定分解を受けて活性型へと変換される．また，細胞外マトリクスに結合して貯蔵され，必要なときに遊離して作用する例も知られている．循環系に入るIGF（→Keyword 19）の場合は結合タンパク質IGFBP（→Keyword 20）により活性がマスクされている．Gas6（→Keyword 38）はGlaドメインをもつユニークな細胞増殖因子である．低容量のワーファリンにより作用を抑制されることから，GlaドメインがGas6の局在制御に重要である可能性が示唆される．すなわち，細胞増殖因子は局在あるいは活性化状態によって作用を局所に制限し，必要な場でのみ標的細胞に作用するのである．

4. 受容体型チロシンキナーゼの活性化と下流へのシグナル伝達[3]

細胞増殖因子受容体（受容体型チロシンキナーゼ）は基本的に1回膜貫通型の膜タンパク質であり，細胞外領域にはリガンド結合ドメインが，膜貫通ドメインを挟んだ細胞内領域にはチロシンキナーゼドメインがある（**イラストマップ**）．受容体へのリガンドの結合により受容体が二量体化（多量体化）すると，チロシンキナーゼが活性化する．

チロシンキナーゼドメインの活性中心近傍には活性化ループ（activation loop）とよばれる部分がある．静止状態における活性化ループの構造は，基質やATPの接近をブロックするようなコンホメーションに平衡が傾いており，キナーゼ活性は非常に低いレベルに抑えられている．一方，受容体の細胞外領域にリガンドが結合すると，受容体は二量体化（多量体化）する．この状態で複数の受容体のチロシンキナーゼドメインが近傍に配置されることになり，低レベルの活性ながら，相互にリン酸化し合うトランスリン酸化（transphosphorylation）の確率が高まる．こうして活性化ループがリン酸化されると，活性中心をオープンにするコンホメーションに平衡が大きく傾き，チロシンキナーゼが活性化する．活性化した酵素により受容体細胞内ドメインに生成したリン酸化チロシン残基に，SH2ドメインやPTBドメインをもつアダプター分子が結合し，シグナル伝達因子複合体形成

イラストマップ　細胞増殖因子受容体下流の主要なシグナル伝達経路

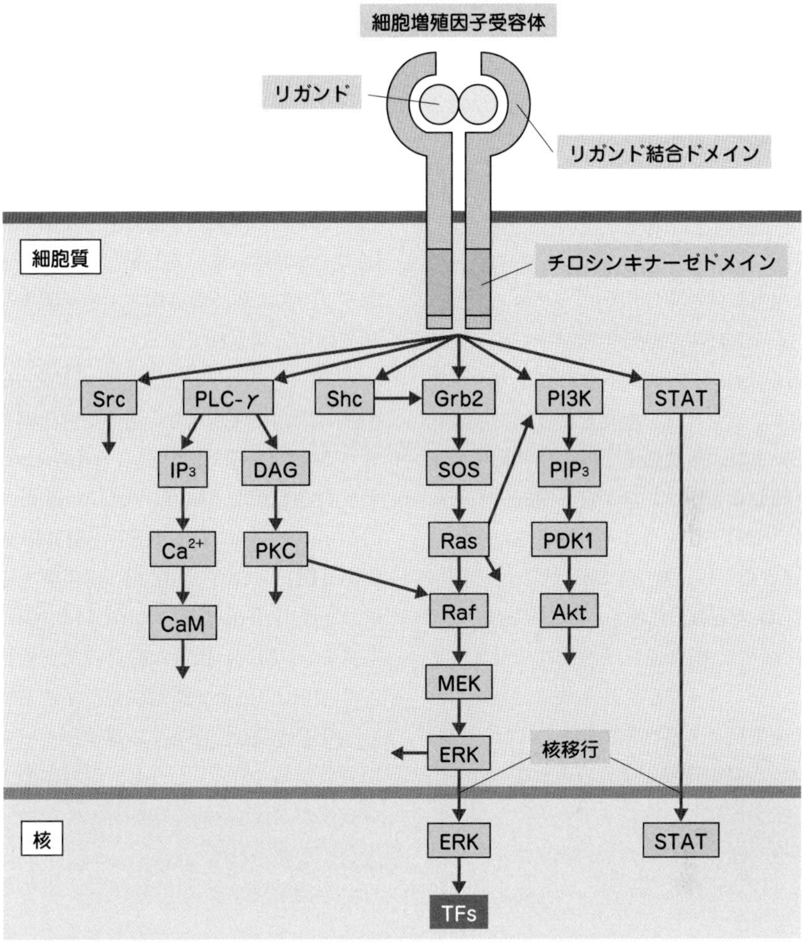

受容体の下流では多様な経路が活性化される．ここでは主要な経路の概要のみ示したが，バイパスも多数知られている．下流経路の利用のされ方（強度，タイミング），標的遺伝子の違いなどが，個々の標的細胞におけるユニークなシグナル伝達につながると考えられている[4]．TFs：転写因子，transcription factors.

の足場となる．複合体中の構成成分の一部は受容体のキナーゼ活性によってリン酸化されて機能が調節され，自身の酵素活性やタンパク質結合能を利用して，さらに下流へとシグナルを伝達する（**イラストマップ**）．SH2ドメインやPTBドメインはリン酸化チロシン残基の周辺のアミノ酸配列も併せて認識しており，その性質により受容体上に形成されるシグナル伝達因子複合体の種類が規定される．

5. 受容体の二量体化機構

リガンド刺激による受容体二量体化のメカニズムは一様ではない．一部の細胞増殖因子は二量体構造をとっており，単純に受容体間の橋渡しをする．一方，EGFのように単量体で働く細胞増殖因子もある．**EGF受容体**（→**Keyword 9**）は受容体同士で強く相互作用する部位（dimerization arm）をもっており，通常，この構造はマスクされているが，リガンドの結合により露出され，受容体の二量体化が促進される．

また，受容体の二量体化が活性化に十分というわけでもない．インスリン受容体（INSR）（→Keyword 21）はジスルフィド結合を介した二量体として存在しているが，インスリン非存在下では不活性型である．おそらく，静止状態では細胞内チロシンキナーゼドメインがトランスリン酸化に適切な配置にないものと考えられる．

6. 受容体の異常な活性化

リガンド非依存的に受容体が活性化する例も知られており，このような異常な活性化は疾病につながる．がんでは遺伝子増幅による受容体の過剰発現が多くみられる．発現量が非常に高くなれば，リガンド非存在下でも受容体分子の衝突によりトランスリン酸化を起こして活性化する頻度が高まる．また，血液腫瘍では染色体転座により，二量体化ドメインをもつタンパク質と受容体型チロシンキナーゼの融合遺伝子が生成する例が知られていたが（*TEL-PDGFRβ*など），最近では肺がんなどの固形腫瘍でも同様の例が続々と報告されている〔*NPM1-ALK*（→Keyword 39）など〕．融合遺伝子産物は二量体化によりチロシンキナーゼドメインが活性化すると考えられる．一方，点突然変異による活性化の例としては，細胞外領域のシステイン残基の変異がよくみられる．分子内ジスルフィド結合に関与していたシステイン残基が変異すると，相手のいなくなったシステイン残基を介して受容体分子間でジスルフィド結合が形成され，安定に二量体化して活性化する．この他，活性化ループなどの変異により，二量体化せずにキナーゼが活性化する例もある．

受容体型チロシンキナーゼは抗がん剤などの分子標的になることが多く[5]，その活性化機構や変異による性状変化は現在でも盛んな研究の対象になっている．また，受容体キナーゼの阻害剤だけでなく，二量体化を阻害する抗体も臨床応用が進められている〔HER2（→Keyword 10）抗体など〕．

7. 今後の展望

細胞増殖因子とがん遺伝子との関係が明らかにされた1980年代以降，細胞増殖因子の研究は爆発的に進展した．培養細胞を用いた*in vitro* contextにおける細胞内シグナル伝達機構の研究は，複雑な現象を単純化した実験系として，数多くの発見をもたらした．現在では遺伝子改変マウス，疾患モデルマウスなどを用いた個体レベルの実験から*in vivo* context，さらには病態形成に関与するpathological contextにおける細胞増殖因子の重要性が詳細に調べられている．

研究成果は社会へも還元されている．細胞増殖因子は創傷治癒を促進する働きがあり，PDGF-BBは糖尿病性潰瘍，FGF-7はがん化学療法に伴う口腔粘膜炎の治療薬として海外で，FGF-2は褥瘡や皮膚潰瘍の治療薬として国内で承認されている．また，増殖因子シグナルの抑制因子（中和抗体，受容体キナーゼ阻害剤）は抗がん剤として臨床応用されている．

一方，*in vivo* contextでのシグナル伝達については未解明の問題も残されている．受容体型チロシンキナーゼのc-Met（HGF受容体）（→Keyword 23）は遺伝性乳頭状腎細胞がん（hereditary papillary renal cell carcinoma：HPRCC），RET（GDNF受容体）（→Keyword 32）は多発性内分泌腫瘍2型（multiple endocrine neoplasia type 2：MEN2）の原因遺伝子でもある．c-Metは広範な臓器の上皮細胞に発現しているが，HPRCC患者で腫瘍が発生する場所は主に腎臓である．RETの場合，変異する部位によって腫瘍の発生箇所に違いがみられる．しかし，受容体型チロシンキナーゼの変異が*in vivo*の腫瘍発生にどのように影響するのか，十分に解明されていない．

細胞増殖因子が*in vivo* contextあるいはpathological contextでどのようなシグナル伝達を行っているのか，研究の新展開と応用も含め，細胞増殖因子の研究領域がさらに成熟していくことに期待したい．

参考文献

1）Gospodarowicz D & Moran JS：Annu Rev Biochem, 45：531-558, 1976
2）Sporn MB & Todaro GJ：N Engl J Med, 303：878-880, 1980
3）Lemmon MA & Schlessinger J：Cell, 141：1117-1134, 2010
4）Schmahl J, et al：Nat Genet, 39：52-60, 2007
5）Arteaga CL & Engelman JA：Cancer Cell, 25：282-303, 2014

（宮澤恵二）

I EGFファミリーと受容体

Keyword

1 EGF

▶フルスペル：epidermal growth factor
▶和文表記：上皮増殖因子（上皮成長因子）
▶別名：β-ウロガストロン（β-urogastrone）

1) EGFファミリー分子の分類

1962年のマウスEGFの発見を機に，CX7CX4-5CX10-13CXCX8Cで表される6個のシステイン残基によって形成される3個のジスルフィドループからなる特徴的な構造（EGF様ドメイン）をもち（**図2B**参照），受容体EGFR（ErbB）ファミリーを共有する一群のタンパク質13種が同定された．これらは，1つのファミリー（EGFファミリー）を構成する．構成メンバーは，その受容体結合様式から，EGFRに直接結合するものと，しないものの2つのグループに大別される．EGFRに直接結合するグループは，狭義の意味でEGFファミリーとして分類され7種のメンバーからなる（**図1A**）．また，EGFRに直接結合しないグループは，neuregulin（NRG）ファミリーとして分類され，6種のメンバーからなる（**図1B**，**6**～**8**参照）．この13種すべてを含めたグループが，広義の意味でのEGFファミリーとなる．13種の増殖因子EGFファミリーと4種の受容体EGFR（ErbB）ファミリーの結合は，**図1**に示すような対応となる．受容体EGFR（ErbB）ファミリーの活性化様式については**9**を参照いただきたい．

13種すべてのEGFファミリーメンバーに共通した事項は次の通りである．①I型膜貫通タンパク質前駆体として生合成される．②細胞膜表面に発現した後，シェディング（切断）を受け遊離型となる．③EGF様ドメインを含む領域の両端で限定分解を受けて成熟型となる．④前駆体はEGF様ドメインを少なくとも1つ有する（EGFのみが9個のEGF様ドメインを有し，残りのファミリーメンバーは1個のみである）．⑤EGF様ドメインで受容体に結合し，これを活性化する．

2) 歴史とあらまし

EGFは1962年にCohenにより，マウス顎下線抽出液中に，新生マウスの眼瞼の開裂と，切歯の発生を促進する因子として報告された[1]．後に胃酸の分泌を抑制するペプチドとして尿から単離されたβ-ウロガストロン（β-urogastrone）[2]がEGFと同一物質であることも知られている．1973年にマウスEGFの一次構造が報告され，さらに1983年，マウスEGF cDNAの単離と構造決定が行われ，全長1,168個のアミノ酸からなる前駆体として合成されることが明らかとなった．EGFのもつ3個のジスルフィドループからなる特徴的な構造は，EGFファミリーのメンバーはもとより，血液凝固・線溶系因子，補体，細胞外マトリクスタンパク質，細胞接着因子，分化因子などにも認められ，タンパク質機能ドメインの1つの構造と考えられる．1986年，Stanley CohenはRita Levi-Montalciniとともに神経成長因子（NGF）および上皮増殖因子（EGF）の発見の功績でノーベル生理学・医学賞を受賞した．

3) 機能

ヒト（マウス）*EGF*遺伝子は4q25（3G3）に位置し，25（25）個のエキソンによりコードされる（括弧内はマウスにおける数値を示す）．最大長の翻訳産物は1,207（1,217）個のアミノ酸からなる前駆体の1回膜貫通型タンパク質（膜型proEGF）で，翻訳後糖鎖修飾を受けて，細胞膜表面に膜タンパク質として発現する．細胞膜表面で主に膜型メタロプロテアーゼADAMあるいは膜型セリンプロテアーゼによりシェディングを受けて170kDaの遊離型となり，その後，セリンプロテアーゼによるプロセシングを受けて成熟型EGFとなる（**図2A**）．170kDaの遊離型はEGFRを活性化しない．

成熟型EGFは53個のアミノ酸からなるペプチドで，CX7CX4-5CX10-13CXCX8Cで表される配列を有し，この6個のシステイン残基によって形成される3個のジスルフィドループからなる特徴的な構造をもつ[3]（**図2B**）．この構造は他のタンパク質にも認められ，EGF様ドメインとよばれている．またこの6個のシステイン残基以外に，チロシンY29とロイシンL47はEGFの活性発現に必須であるといわれている．膜型proEGFは9個のEGF様ドメインを有し，細胞膜表面に最も近い9番目のEGF様ドメインが切り出され，成熟型EGFとなる．EGFは細胞膜表面に発現する特異的受容体であるEGF受容体（EGFR，別名：ErbB1，HER1）に結合することで，EGFRの細胞内ドメインに備わるタンパク質チロシンキ

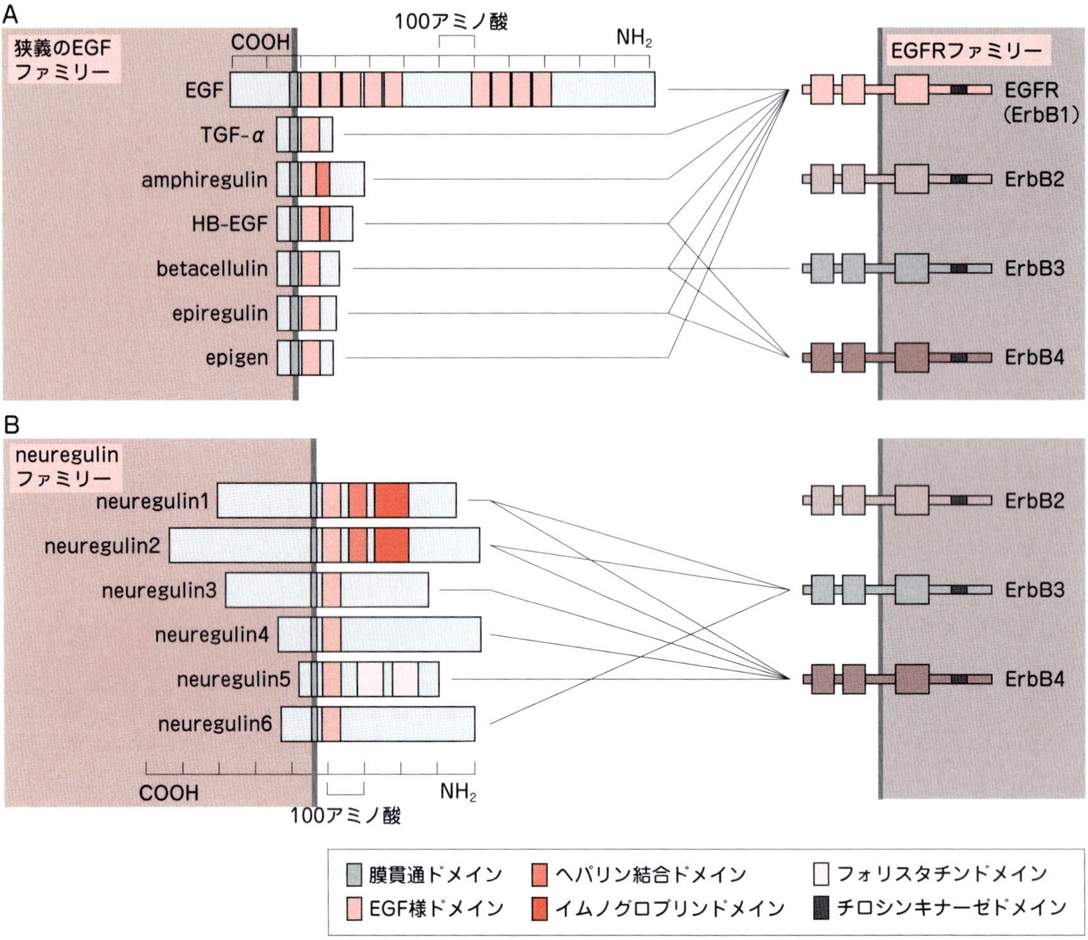

図1 EGFファミリーと受容体EGFR（ErbB）ファミリーとの結合対応

ナーゼ活性を誘導する（**図1**）．このチロシンキナーゼ活性は細胞内シグナル伝達カスケード（Ras-MAPKカスケード）を惹起することで細胞分裂周期回転を促進し，細胞増殖・分裂に導く（**イラストマップ**も参照）．スプライシングアイソフォームはヒト（マウス）EGFで12（1）種が確認されている．

4) KOマウスの表現型/ヒト疾患との関連

*EGF*ノックアウトマウスの表現型は，見かけ上の異常は認められず，繁殖力は維持されている．*EGF*, *TGF-α*, *AREG*のトリプルノックアウトマウスにおいても表現型はほぼ同様であるが，乳腺の性成熟，ならびに妊娠時の成熟に障害がみられ，乳管の未発達と乳汁産生抑制が認められる．

低マグネシウム血症4型の患者家系解析から*EGF*遺伝子のホモ接合型変異（P1070L）が同定され，本疾患との関連性が示唆されている[4]．また，統合失調症患者の血清や病理解剖脳組織で高いレベルのEGFが検出されることが報告されており[5]，本疾患との関連が示唆されている．

【Gene Location】

ヒト

Chromosome 4：110,834,040-110,933,422 forward strand.

マウス

Chromosome 3：129,677,575-129,755,322 reverse strand.

【データベース】

	ヒト/マウス
Entrez Gene	1950 / 13645
Ensembl	ENSG00000138798 / ENSMUSG00000028017
UniProtKB	P01133 / P01132
OMIM ID	131530

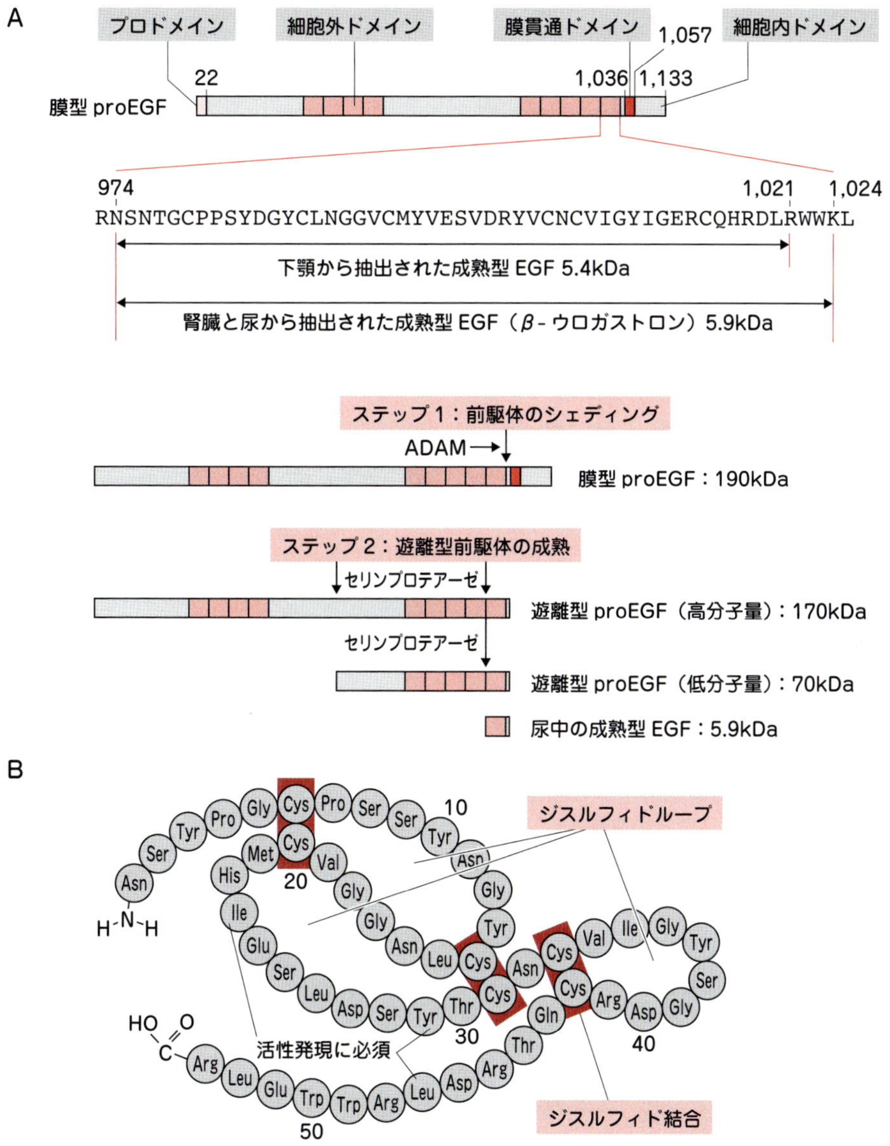

図2 EGF の構造

A）前駆体の構造とプロセシング過程．文献6をもとに作成．B）成熟型の構造．文献7をもとに作成．

【リコンビナントタンパク質，抗体，ELISA の入手先】

R & D システムズ社，Merck Millipore 社（推奨）以下参照．

（http://www.genecards.org/cgi-bin/carddisp.pl ? gene＝EGF&search＝3f7aaf970adbab1ba390636f6eb717ec）

参考文献

1）Cohen S：J Biol Chem, 237：1555-1562, 1962
2）Gregory H：Nature, 257：325-327, 1975
3）Carpenter G & Wahl MI：The Epidermal Growth Factor Family.「Peptide Growth Factors and Receptors I」（Sporn MB & Roberts AB, ed）, pp69-171, Springer, 1990
4）Futamura T, et al：Mol Psychiatry, 7：673-682, 2002
5）Groenestege WM, et al：J Clin Invest, 117：2260-2267, 2007
6）Le Gall SM ,et al：Regul Pept, 122：119-129, 2004
7）Savage CR Jr, et al：J Biol Chem, 248：7669-7672, 1973

（東山繁樹）

Keyword

2 TGF-α

▶フルスペル：transforming growth factor-alpha
▶和文表記：形質転換増殖因子アルファ

1) 歴史とあらまし

1978年，レトロウイルスで形質転換した線維芽細胞の培養上清中に，正常ラット腎線維芽細胞（NRK細胞）を可逆的に形質転換させる因子として見出された[1]．その後，NRK細胞の形質転換には2つの因子が必要とされることが明らかとなり，TGF-αとTGF-β（**第7章**）と名づけられた．1984年ラットTGF-αタンパク質の一次構造[2]と，ヒトTGF-αのcDNA構造が報告された．TGF-αはEGFと30〜40％程度相同性を有し，EGFに認められる特徴的な構造であるEGF様ドメインをもつ（**図3**）．

2) 機能

i）ドメイン構造と成熟化

ヒト（マウス）*TGF-α*遺伝子は2p13.3（6 D1; 6 37.62）に位置し，7（6）個のエキソンによりコードされる（括弧内はマウスにおける数値を示す）．翻訳産物は160（159）個のアミノ酸からなる前駆体として生合成された後，膜タンパク質として細胞膜表面に発現する（**図3**）．細胞膜表面にて膜型メタロプロテアーゼADAM17による切断を受けて，50（50）個のアミノ酸からなる成熟型TGF-αとして細胞外へ放出される．TGF-αの種族間での相同性は高く，ヒトとマウス間では92％である．成熟型TGF-αは糖鎖修飾部位をもたないが，膜型proTGF-αは*N*-型と*O*-型の糖鎖修飾部位を，N末端側のプロドメインに加えて，成熟型TGF-αのC末端側伸長部位にもつ．さらに膜型proTGF-αのC末端細胞内ドメインは7個のシステイン残基を有し，このうちの複数個がパルミチル化修飾を受けているが（Cys153/154），その生理的意義は不明である．膜型proTGF-αから成熟型TGF-αへの変換機構には，細胞内ドメインの末端バリン残基が必須であることが報告されており，さらにこの末端バリン残基は膜型proTGF-αの基底外側細胞膜への輸送にも必須であることが報告されている[3]．また，膜型proTGF-αシェディングアッセイは，最も高感度なGタンパク質共役型受容体（GPCR）シグナルの検出法であることが報告されている[4]．膜型proTGF-αの細胞内ドメインに結合するタンパク質としてTACIPs（pro-TGF-α cytoplasmic domain-interacting proteins）が同定され，これが膜型proTGF-αの細胞内輸送を制御することが報告されている．

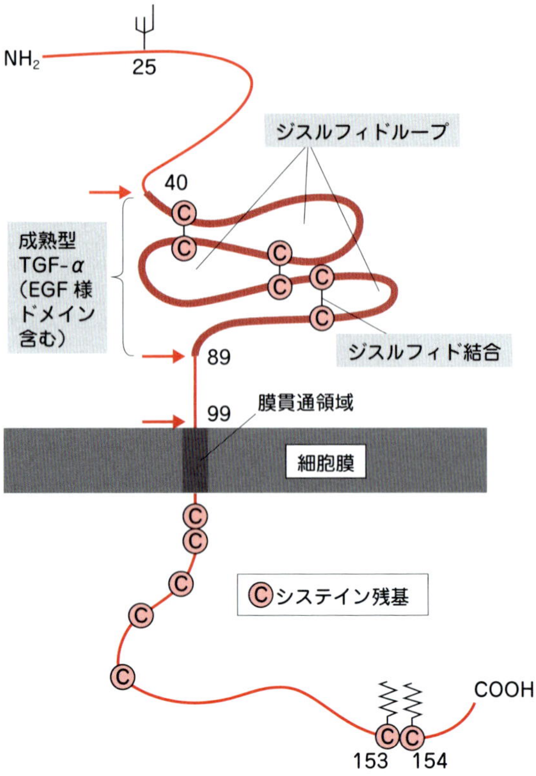

図3 ヒトTGF-α前駆体（膜型proTGF-α）の構造
ヒトTGF-αは160アミノ酸からなる前駆体として合成され，EGF様ドメインを含む50アミノ酸のポリペプチド（40〜89）がADAM17により切り出され（→），成熟型として遊離する．細胞外領域に*N*-結合型糖鎖付加部位（25）があり，細胞内領域のCys153とCys154はパルミチル化される．

ii）シグナル伝達

TGF-αの作用はEGF受容体（**9**参照）を介して行われることから，EGF（**1**参照）とほぼ同じ作用を示す．EGFにみられる新生仔マウスの眼瞼の開裂および切歯出現促進作用，そしてEGF受容体のダウンレギュレーションなどがTGF-αにも認められる．TGF-αは，*in vitro*において肝細胞，乳線上皮細胞，表皮ケラチノサイトや線維芽細胞の増殖を促進する．また，血管新生因子として機能することも報告されている．スプライシングアイソフォームはヒト（マウス）TGF-αで9（1）種が確認されている．

3) KOマウスの表現型／ヒト疾患との関連

*TGF-α*ノックアウトマウスの表現型は，表皮が著し

く波打ち，組織解析から，毛包の配列が乱れていることが明らかとなっている．また，巻き髭（curly whiskers）が認められる．この表現型は，変異マウスwaved-1（wa-1）と同形の表現型を示すことから，wa-1マウスは*TGF-α*遺伝子変異と考えられる．繁殖力は維持されている．また，加齢に伴い，角膜の炎症が認められる[5) 6)]．

さらに，*TGF-α*遺伝子は，視交叉上核でリズミカルに発現変動し，産生されるTGF-αが，概日リズムにおいて，網膜視床下部路に発現するEGF受容体に作用することで運動抑制的に作用すると考えられている[7)]．

【Gene Location】

ヒト

Chromosome 2：70,674,412-70,781,325 reverse strand.

マウス

Chromosome 6：86,195,251-86,275,449 forward strand.

【データベース】

	ヒト / マウス
Entrez Gene	7039 / 21802
Ensembl	ENSG00000163235 / ENSMUSG00000029999
UniProtKB	P01135 / P48030
OMIM ID	190170
miRTarBase	hsa-mir-152-3p（MIRT035552），hsa-mir-92a-3p（MIRT049451）

【リコンビナントタンパク質，抗体，ELISAの入手先】

R & Dシステムズ社，Merck Millipore社（推奨）以下参照.

（http://www.genecards.org/cgi-bin/carddisp.pl?gene=TGFA&search=f46090065ef8b26086597f9484650d36）

参考文献

1）de Larco JE & Todaro GJ：Proc Natl Acad Sci U S A, 75：4001-4005, 1978
2）Marquardt H, et al：Science, 223：1079-1082, 1984
3）Fernández-Larrea J, et al：Mol Cell, 3：423-433, 1999
4）Inoue A, et al：Nat Methods, 9：1021-1029, 2012
5）Mann GB, et al：Cell, 73：249-261, 1993
6）Luetteke NC, et al：Cell, 73：263-278, 1993
7）Kramer A, et al：Science, 294：2511-2515, 2001

（東山繁樹）

Keyword

3 amphiregulin

▶略称：AREG，AR
▶和文表記：アンフィレグリン
▶別名：schwanoma-derived growth factor（SDGF），colorectum cell-derived growth factor（CRGF）

1）歴史とあらまし

amphiregulin（AREG）は各種のがん細胞株に対して，増殖促進もしくは抑制の相反する活性を示す因子として，ヒト乳がん細胞株MCF-7細胞をホルボールエステルで刺激した後の培養上清中に見出された[1)]．AREGは増殖と抑制という相反する活性を示すことから，amphi（両性の）regulatorという意味でamphiregulinと名づけられた．また，ヒト表皮ケラチノサイトのオートクライン増殖因子としても同定されている．ラットにおいてはSDGFという因子が，その一次構造においてヒトAREGと高い相同性を示すことから，ラットAREGと考えられている．SDGFは，ラットシュワノーマ細胞株JS1細胞の無血清培養上清中に，オートクライン増殖因子として同定されたもので，そのほか，アストロサイト，シュワン細胞，Swiss3T3線維芽細胞の増殖を促進する[2)]．

2）機能

i）ドメイン構造と成熟化

ヒト（マウス）*AREG*遺伝子は4q13.3（5 E1）に位置し，6（6）個のエキソンによりコードされる（括弧内はマウスにおける数値を示す）．翻訳産物は252（248）個のアミノ酸からなる膜貫通ドメインをもつAREG前駆体（proAREG）として合成され，膜タンパク質として細胞膜表面に発現する（**図4**）．その後，N末端およびC末端側でプロセシングを受けて78個のアミノ酸からなる成熟型となる．C末端側でのプロセシングである細胞膜表面でのシェディング（178～199の切断）は，膜型メタロプロテアーゼADAM17によって起こる．成熟型AREGは，分子の中程にEGF様ドメインをもち，その上流域にアルギニン残基とリジン残基に富む領域（ヘパリン結合ドメイン）を有し，この領域を介して細胞外マトリクスのヘパラン硫酸プロテオグリカンと結合する（**図4A**）．この構造はHB-EGF（**4**参照）にみられるヘパリン結合ドメインに酷似しており，HB-EGFと同様の生物活性をもつものと考えられている．AREGはN末端結合型糖鎖により修飾（グリコシル化）を受けている．

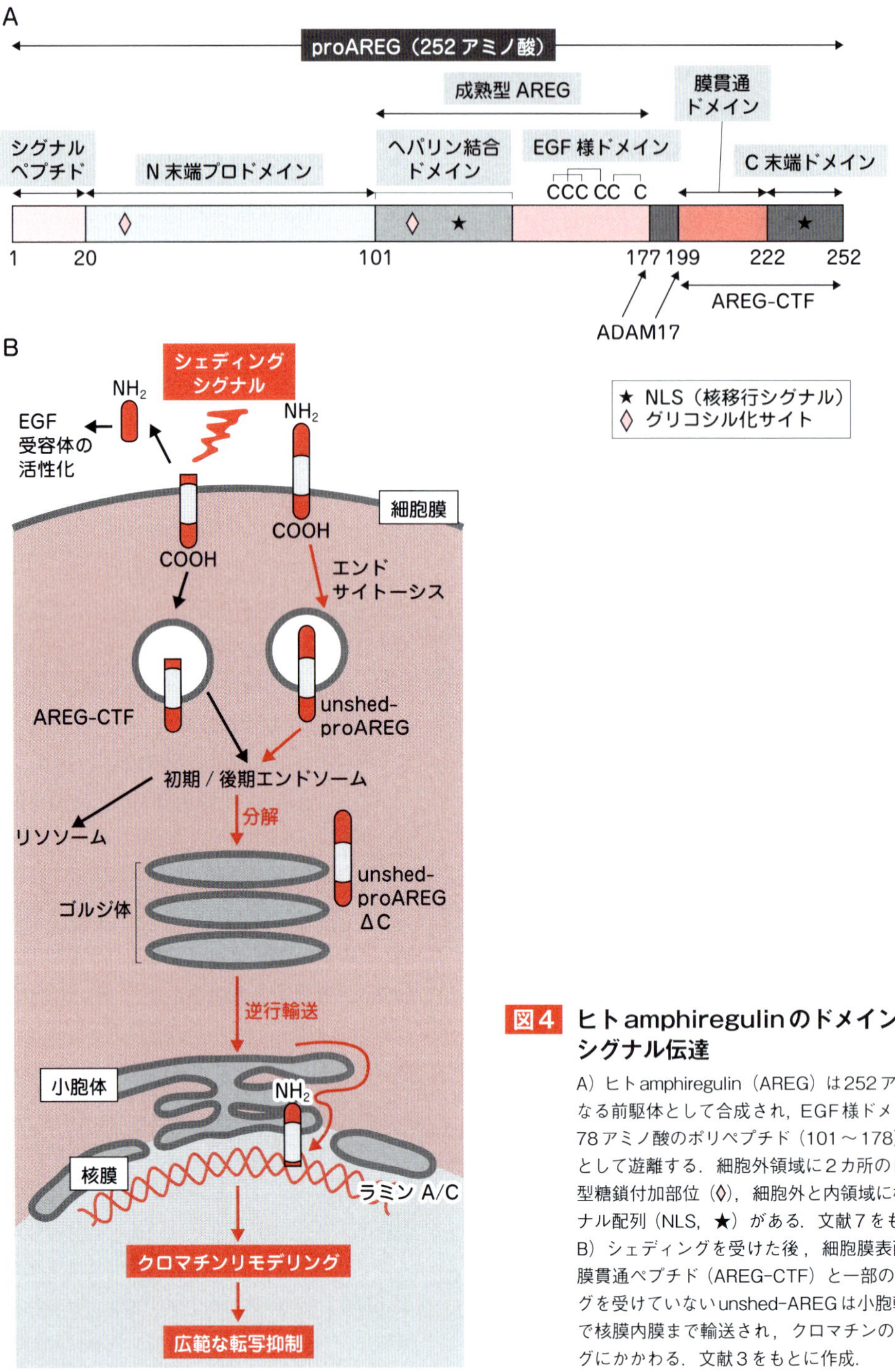

図4 ヒトamphiregulinのドメイン構造とシグナル伝達

A）ヒトamphiregulin（AREG）は252アミノ酸からなる前駆体として合成され，EGF様ドメインを含む78アミノ酸のポリペプチド（101～178）が成熟型として遊離する．細胞外領域に2カ所のN末端結合型糖鎖付加部位（◊），細胞外と内領域に核移行シグナル配列（NLS，★）がある．文献7をもとに作成．B）シェディングを受けた後，細胞膜表面上に残る膜貫通ペプチド（AREG-CTF）と一部のシェディングを受けていないunshed-AREGは小胞輸送逆経路で核膜内膜まで輸送され，クロマチンのリモデリングにかかわる．文献3をもとに作成．

ii）シグナル伝達

AREGの増殖シグナル活性は，EGF受容体（EGFR）に直接結合して惹起される．EGFRの他のメンバーであるErbB2，ErbB3，ErbB4への結合はこれまでに報告はない．一方，proAREGのC末端側のシェディングによって産生される膜貫通ペプチド（AREG-CTF）は，未切断のproAREGとともに核膜内膜に移行し，核マトリクスタンパク質のラミンA/Cと結合し，遺伝子発現を調節することが報告されている（**図4B**）[3]．また，46番目のSerがリン酸化されたp53で選択的にAREGの遺伝子発現が誘導されることや，核内AREGはDEAD-box RNAヘリカーゼp68（DDX5）と結合し，miR-15aなどのmiRNA前駆体のプロセシングを制御することで，Bcl-2発現を抑制してアポトーシスを誘導する[4]．スプライシングアイソフォームはヒト（マウス）AREGで4（1）種が確認されている．

3) KOマウスの表現型/ヒト疾患との関連

AREGは皮膚基底ケラチノサイトにおいて遺伝子発現，タンパク質産生の亢進が認められ，乾癬様病態の発症に深くかかわることが示唆されている．*AREG*ノックアウトマウスでは線虫類感染時のクリアランスが顕著に遅れ，野生型骨髄細胞移植でこの表現型が回復することが示されており，Th2細胞由来のAREGが感染線虫類の駆逐に重要な役割を果たすことが示されている[5]．

また，AREGはEGFファミリーのなかで唯一，乳腺上皮細胞でエストロゲンによる遺伝子発現誘導を受け，乳管伸長を促進する因子である．ノックアウトマウスでは思春期および妊娠時での乳腺形成・成熟が抑制された表現型を示すことから，エストロゲンの機能発現のためのメディエーターとして働く[6]．

【Gene Location】

ヒト

Chromosome 4：75,310,851-75,320,726 forward strand.

マウス

Chromosome 5：91,139,615-91,148,432 forward strand.

【データベース】

	ヒト/マウス
ntrez Gene	374 / 11839
Ensembl	ENSG00000109321 / ENSMUSG00000029378
UniProtKB	P15514 / P31955
OMIM ID	104640
miRTarBase miRNAs	hsa-mir-335-5p（MIRT018541）

【リコンビナントタンパク質，抗体，ELISAの入手先】

R & Dシステムズ社，Merck Millipore社（推奨）以下参照.

（http://www.genecards.org/cgi-bin/carddisp.pl?gene＝AREG&search＝5ac02460621924c84bf42d4c5edf9875）

参考文献

1）Shoyab M, et al：Proc Natl Acad Sci U S A, 85：6528-6532, 1988
2）Kimura H, et al：Nature, 348：257-260, 1990
3）Isokane M, et al：J Cell Sci, 121：3608-3618, 2008
4）Taira N, et al：Proc Natl Acad Sci U S A, 111：717-722, 2014
5）Zaiss DM, et al：Science, 314：1746, 2006
6）Ciarloni L, et al：Proc Natl Acad Sci U S A, 104：5455-5460, 2007
7）Atlas of Genetics and Cytogenetics in Oncology and Haematology「AREG」（http://atlasgeneticsoncology.org/Genes/AREGID690ch4q13.html）

（東山繁樹）

Keyword

4 HB-EGF

▶フルスペル：heparin-binding EGF-like growth factor
▶和文表記：ヘパリン結合性EGF様増殖因子
▶別名：ジフテリア毒素受容体（diphtheria toxin receptor：DTR）

1) 歴史とあらまし

HB-EGFは，ヒト抹消血より単離し，培養したマクロファージが産生・分泌する血管平滑筋細胞の増殖因子として同定された[1]．HB-EGFはヒト表皮ケラチノサイトのオートクライン増殖因子として，また肝細胞の増殖因子として機能する．一方，ジフテリア毒素の受容体をコードする遺伝子がクローニングされた結果，膜貫通型HB-EGF前駆体（proHB-EGF）がジフテリア毒素受容体（diphtheria toxin receptor：DTR）であることが明らかとなった[2,3]．このproHB-EGFは細胞と細胞の接着により増殖シグナルを惹起するジャクスタクライン活性を，遊離型HB-EGFと同様にもつことが明らかにされている[4]．

また，proHB-EGFのシェディングは，さまざまなGタンパク質共役型受容体（GPCR）シグナル，増殖因子やサイトカイン，UV，放射線，シェアストレス，活性酸素など，多種の細胞外刺激で誘導され，その結果EGF受容体（EGFR）（**9**参照）の活性化を伴う．これがEGFRのトランス活性化である[5]．さらには，proHB-EGFシェディングによって産生されるC末端側膜貫通ペプチド（proHB-EGF-CTF）は，核膜内膜に移行し，転写抑制因子を制御することが示された（**図5**）．これが，EGFファミリー増殖因子の前駆体C末端領域が機能分子であることを示した最初の例である[6]．

2) 機能

ヒト（マウス）*HB-EGF*遺伝子は5q31.3（18 B2; 18 19.46）に位置し，6（6）個のエキソンによりコードされる（括弧内はマウスにおける数値を示す）．翻訳産物は208（208）個のアミノ酸からなる膜貫通ドメインを

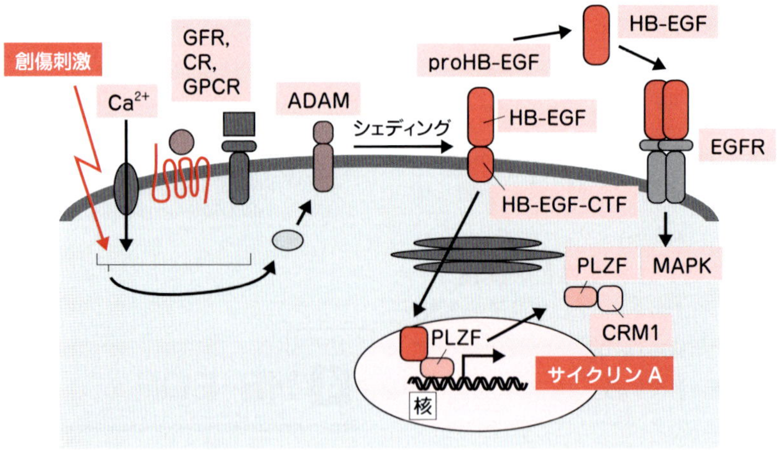

図5 細胞外刺激によるHB-EGFのシェディングに伴い誘導される2つのシグナル伝達経路

EGFRのトランス活性化とHB-EGFのC末端側膜貫通ペプチドHB-EGF-CTFによる転写抑制因子の核外汲み出し反応．詳細は本文参照．GFR：増殖因子受容体，CR：ケモカイン受容体，GPCR：Gタンパク質共役型受容体，ADAM：膜型メタロプロテアーゼ，PLZF：promyelotic leukemia zinc finger protein（転写抑制因子），CRM1：核外輸送受容体．文献9をもとに作成．

もつ前駆体（proHB-EGF）として合成され，膜タンパク質として細胞膜表面に発現する．その後，N末端およびC末端側でプロセシングを受けて75～87個のアミノ酸からなる成熟型となる．C末端側でのプロセシングである細胞膜表面でのシェディングは，膜型メタロプロテアーゼADAM12/17などによって起こる．proHB-EGFはジャクスタクライン増殖因子として機能する他，ジフテリア毒素受容体としての機能ももつ[2]．

ジフテリア毒素との結合はEGF様ドメインを介して行い，この結合はきわめて特異的であり，他のEGFファミリーメンバーのどのEGF様ドメインもジフテリア毒素とは結合しない．また，ジフテリア毒素の無毒性変異であるCRM197は，HB-EGFの生物活性を完全に阻害する．ちなみに，齧歯類のproHB-EGFはジフテリア毒素と結合はしない．EGF様ドメインは遊離型HB-EGF分子の中央よりC末端側に位置し，そのN末端側にリジン残基とアルギニン残基に富むヘパリン結合ドメインが位置している．HB-EGFが細胞表面ヘパラン硫酸プロテオグリカンと結合することは，EGF受容体（ErbB1）（9参照）への結合に必須のステップと考えられている．HB-EGFの分子構造はEGFファミリーのなかでも特にAREG（3参照）と似ている．また，proHB-EGFのヘパラン硫酸プロテオグリカンとの結合は細胞のジフテリア毒素感受性を増強する．

一方，ジャクスタクライン増殖因子として機能するproHB-EGFは，細胞膜表面で別の細胞表面抗原であるCD9分子と会合する．このproHB-EGF-CD9複合体は，proHB-EGF単独より約30倍近いジャクスタクライン増殖因子活性を発揮しうる．HB-EGFスプライシングアイソフォームはヒト（マウス）で4（1）種が確認されている．

3) KOマウスの表現型/ヒト疾患との関連

HB-EGFは血管平滑筋細胞の増殖かつ遊走因子であることから，動脈硬化とのかかわりが示唆されてきた．実際，ヒトの動脈硬化巣で，平滑筋細胞とマクロファージによるHB-EGFタンパク質の産生が顕著に増大しているのが免疫組織染色により確認されている．また血管特異的*HB-EGF*ノックアウトマウスでは，動脈硬化抵抗性を示す．proHB-EGFのシェディング亢進は心肥大を引き起こし，シェディング抑制は拡張型心筋症の症状を呈する[7) 8)]．*HB-EGF*ノックアウトマウスは，心臓弁形成異常が認められ，致死となる[8)]．繁殖力は有するものの，受精卵の着床遅延が観察されている．

また，肝臓特異的*HB-EGF*ノックアウトマウスでは肝部分切除後の肝臓再生が遅延することや，野生型マウスでは，肝部分切除後にHB-EGF mRNAおよびタンパク質産生の増大が確認されていることから，HB-EGFは肝再生因子として機能することが報告されている．

さらに，HB-EGFはTGF-αおよびARとともに，ヒト表皮ケラチノサイトのオートクライン因子としても機能することが報告されている．さらには，創傷侵出液中に存在することが確認されていることや，表皮特異的*HB-EGF*ノックアウトマウスでは創傷部位での角化細胞の遊走運動が抑制されることで創傷治癒が遅延することが示され，HB-EGF創傷治癒に深く関与することが明らかとなっている．

【Gene Location】

ヒト

Chromosome 5：139,712,428-139,726,216 reverse strand.

マウス

Chromosome 18：36,504,929-36,515,805 reverse strand.

【データベース】

	ヒト/マウス
Entrez Gene	1839 / 15200
Ensembl	ENSG00000113070/ ENSMUSG00000024486
UniProtKB	Q99075 / Q06186
OMIM ID	126150
miRTarBase	hsa-mir-132-3p（MIRT006659），hsa-mir-98-5p（MIRT027820），hsa-mir-192-5p（MIRT026939），hsa-mir-215-5p（MIRT024470），hsa-mir-194-5p（MIRT005891）

【リコンビナントタンパク質，抗体，ELISAの入手先】

R & Dシステムズ社，Merck Millipore社（推奨）以下参照．

（http://www.genecards.org/cgi-bin/carddisp.pl?gene=HBEGF&search=a4dc90775add0aa25cd1f2c83eba166f）

参考文献

1）Higashiyama S, et al：Science, 251：936-939, 1991
2）Naglich JG, et al：Cell, 69：1051-1061, 1992
3）Mitamura T, et al：J Biol Chem, 270：1015-1019, 1995
4）Higashiyama S, et al：J Cell Biol, 128：929-938, 1995
5）Prenzel N, et al：Nature, 402：884-888, 1999
6）Nanba D, et al：J Cell Biol, 163：489-502, 2003
7）Asakura M, et al：Nat Med, 8：35-40, 2002
8）Iwamoto R, et al：Proc Natl Acad Sci U S A, 100：3221-3226, 2003
9）Higashiyama S & Nanba D：Biochim Biophys Acta, 1751：110-117, 2005

（東山繁樹）

Keyword

5 betacellulin, epiregulin, epigen

【betacellulin】

▶略称：BTC

▶和文表記：ベータセルリン

【epiregulin】

▶略称：EREG

▶和文表記：エピレグリン

【epigen】

▶略称：EPGN

▶和文表記：エピジェン

▶別名：epithelial mitogen

1）歴史とあらまし

betacellulin（BTC）は，マウス膵臓のβ細胞がんより樹立した細胞株BTC-JC10細胞の培養上清中に，Balb/c 3T3線維芽細胞の増殖活性を有する因子として同定された[1]．

epiregulin（EREG）はラット肝初代培養細胞の増殖活性を指標に，マウス線維芽細胞由来のがん細胞株NIH3T3/T7の培養上清より，単離，精製された増殖因子で，EGF受容体（EGFR）（9参照）に結合するEGF様ドメインを1個もつ46アミノ酸からなるポリペプチドであり，EGFRに結合することが示された[2]．

epigen（EPGN）はマウス表皮角化細胞のcDNAライブラリーよりEGF（1参照）との相同性を指標に遺伝子クローニングされ，同定された[3]．

これら3種ともにEGF様ドメインを1個もち，このドメインを介して，ERG受容体を活性化することから，EGFファミリーのメンバーに属する．

2）機能

i）betacellulin（BTC）

ヒト（マウス）*BTC*遺伝子は4q13.3（5 E2; 5）に位置し，6（6）個のエキソンによりコードされる（括弧内はマウスにおける数値を示す）．翻訳産物は178（177）個のアミノ酸からなる膜貫通型前駆体proBTCとして合成され，N末端とC末端でプロセシングを受けて，80（80）個のアミノ酸からなる成熟型となる．この成熟型はEGF様ドメインを1個もつ．ヒトとマウスのBTCのアミノ酸配列は，77％の相同性を示し，また，1カ所，N末端結合型糖鎖により修飾を受けている．BTCもAREG（3参照）やHB-EGF（4参照）のように，ヘパリンに親和性をもつ．BTC mRNAの発現は正常組織では肝と腎に多く，心筋，肺および小腸にも認められるが，脳にはほとんど認められない．また，乳がん細胞株では高発現が認められるものがある．proBTCは膜型メタロプロテアーゼADAM10によってシェディングを受け，成熟型BTCを産生する一方，細胞膜に残存するC末端側膜貫通ペプチドは，γセクレターゼの作用により膜内消化を受け，C末端側細胞内ドメイン（BTC-ICD）を産生する．パルミチル化修飾を受けたBTC-ICDは核膜に，未修飾のBTC-ICDは核内に局在することが示されており，遺伝子転写に何らかの作用を示すと考えられる[4)]．スプライシングアイソフォームは，ヒト（マウス）BTCで2（1）種が確認されている．

ii）epiregulin（EREG）

ヒト（マウス）*EREG*遺伝子は4q13.3（5 E1; 5）に位置し，5（5）個のエキソンによりコードされる．翻訳産物は162個のアミノ酸からなる膜貫通型前駆体proEREGとして合成され，N末端とC末端でプロセシングを受けて46個のアミノ酸からなる成熟型となる．リゾホスファチジン酸とPDGF-B（**11**参照）刺激によって血管平滑筋細胞におけるEREGの発現上昇が確認されている．さらにEREGは，血管平滑筋細胞のオートクライン/パラクラインによって増殖・分化因子活性を示すことが報告されていることから，動脈硬化促進因子としての可能性が示唆されている．スプライシングアイソフォームは，ヒト（マウス）EREGで3（1）種が確認されている．

iii）epigen（EPGN）

ヒト（マウス）*EPGN*遺伝子は4q13.3（5）に位置し，6（5）個のエキソンによりコードされる．翻訳産物は154（152）個のアミノ酸からなる膜型前駆体として合成される．EPGNはEGFR（ErbB1）のみに，一方，BTC，EREGはともにEGFR（ErbB1）とErbB4にも直接結合し，これらを活性化する．BTC mRNAの発現は正常組織では肝と腎に多く，心筋，肺および小腸にも認められるが，脳にはほとんど認められない．また，乳がん細胞株では高発現が認められるものがある．スプライシングアイソフォームは，ヒト（マウス）EPGNで9（1）種が確認されている．

3) KOマウスの表現型/ヒト疾患との関連

黄体形成ホルモン（luteinizing hormone：LH）は卵胞上皮細胞の多層化した顆粒膜細胞に作用し，BTC，AREG，EREG産生を誘導し，EGFRシグナルの活性化を起こして，排卵を誘導する[5)]．*BTC*，*AREG*，*EPGN*ノックアウトマウスにおいて，発生，成長に異常は認められないが，*AREG*ノックアウトマウスでは慢性皮膚炎を発症する[6)]．

【Gene Location】

betacellulin

ヒト

Chromosome 4：75,669,969-75,719,896 reverse strand.

マウス

Chromosome 5：91,357,261-91,402,994 reverse strand.

epiregulin

ヒト

Chromosome 4：75,230,860-75,254,468 forward strand.

マウス

Chromosome 5：91,074,617-91,093,649 forward strand.

epigen

ヒト

Chromosome 4：75,174,190-75,181,024 forward strand.

マウス

Chromosome 5：91,027,464-91,035,215 forward strand.

【データベース】

betacellulin	ヒト / マウス
Entrez Gene	685 / 12223
Ensembl	ENSG00000174808/ ENSMUSG00000082361
UniProtKB	P35070 / Q05928
OMIM ID	600345
miRTarBase	hsa-mir-1（MIRT023635）， hsa-mir-192-5p（MIRT026321）， hsa-mir-124-3p（MIRT022504）， hsa-mir-215-5p（MIRT024368）
epiregulin	ヒト / マウス
Entrez Gene	2069 / 13874
Ensembl	ENSG00000124882 / ENSMUSG00000029377
UniProtKB	O14944 / Q61521
OMIM ID	602061
miRTarBase	hsa-mir-124-3p（MIRT022139）， hsa-mir-335-5p（MIRT016703）
epigen	ヒト / マウス
Entrez Gene	255324 / 71920
Ensembl	ENSG00000182585 / ENSMUSG00000035020
UniProtKB	Q6UW88/ Q924X1
OMIM ID	none
miRTarBase	hsa-mir-124-3p（MIRT022200）

【リコンビナントタンパク質，抗体，ELISAの入手先】

R & Dシステムズ社，Merck Millipore社（推奨）以下参照.

betacellulin

(http://www.genecards.org/cgi-bin/carddisp.pl?gene=BTC&search=1c762234363a3edc10a2930d330db099)

epiregulin

(http://www.genecards.org/cgi-bin/carddisp.pl?gene=EREG&search=44b886b8d31eb59c00454f335d9e7c3f)

epigen

(http://www.genecards.org/cgi-bin/carddisp.pl?gene=EPGN&search=259fe99119498945c0b2607df5257898)

参考文献

1) Shing Y, et al：Science, 259：1604-1607, 1993
2) Toyoda H, et al：J Biol Chem, 270：7495-7500, 1995
3) Strachan L, et al：J Biol Chem, 276：18265-18271, 2001
4) Stoeck A, et al：J Cell Sci, 123：2319-2331, 2010
5) Park JY, et al：Science, 303：682-684, 2004
6) Shirasawa S, et al：Proc Natl Acad Sci U S A, 101：13921-13926, 2004

（東山繁樹）

Keyword

6 neuregulin 1

▶略称：NRG1
▶和文表記：ニューレグリン1
▶別名：neu differentiation factor（NDF），
heregulin（HRG），
glial growth factor（GGF），
acetylcholine receptor inducing activity（ARIA），
sensory and motor neuron derived factor,
breast cancer cell differentiation factor p45

1）歴史とあらまし

C-Ha-rasでトランスフォームしたラット由来線維芽細胞（rat-1）の培養上清中にneu/ErbB2オンコジーンの産物に対するリガンドとして単離・精製され，NDF（neu differentiation factor）と名づけられたのがneuregulin 1である[1]．ほぼ同時期にヒトErbB2のリガンドとしてヒト乳がん細胞株MDA-MB-231細胞の培養上清から単離・精製され，そのcDNAがクローニングされその際にはHRG（heregulin）と名づけられた[2]．さらに，アセチルコリン受容体を誘導する因子（acetylcholine receptor inducing activity：ARIA）[3]で，グリア細胞の増殖因子（glial growth factor：GGF）[4]として同定されたものがNDFとHRGの両方と同一の遺伝子でコードされていることが明らかとなり，これらすべてを統一してneuregulin（NRG）とよぶ．

その後のNRGと受容体の解析から，NRGは直接ErbB2に結合し，これを活性化するのではなく，ErbB3とErbB4への直接結合・活性化を介してErbB2を活性化することが明らかとなっている[5]．また，NRG遺伝子とは異なる遺伝子でコードされたNRG相同タンパク質3種類が報告されneuregulin 2（NRG2）/3（NRG3）/4（NRG4）とよばれることから，もとのNRGをNRG1とよぶ（7も参照）.

2）機能

i）アイソフォーム

*NRG1*遺伝子はヒト染色体では8p12に位置し，21個のエキソンから構成され，選択的スプライシングにより少なくとも6つのグループに分けられる多数のアイソフォームをつくり出す．NRG1は組織特異的スプライシングにより間葉系型と神経系型に区別され，さらに間葉系型はEGF様ドメインの第3ループの構造の違いにもとづいてα型とβ型に分かれる．ちなみに神経型はβ型である．すべてのアイソフォームに共通してみられる構造はEGF様ドメインであり，このドメインが受容体結合に必須の領域である．NRG1の糖鎖修飾はN末端結合型糖鎖である．アイソフォームの構造を図6にまとめた[6]．

ii）受容体

NRG1は当初ErbB2のリガンドとして同定されたものであるが，α型およびβ型ともにErbB2には直接結合はしない．α/β型ともにErbB3とErbB4に結合するが，ErbB3よりErbB4に高い親和性を示し，またErbB4に対してはβ型の方がα型より高い親和性を示す．NRG1はErbB3とErbB4に直接結合することで，ErbB3/ErbB4のヘテロ二量体のみならず，EGF受容体（EGFR）（ErbB1）（9参照）やErbB2ともヘテロ二量体を形成し，これを活性化することでシグナル伝達を惹起する．

iii）シグナル伝達と標的

*NRG1*遺伝子発現は主に，中枢および末梢神経系のニューロンとグリアの両方に認められる．また，NRG1は，ニワトリ胚での，成熟過程のシナプスにおけるNMDA受容体サブユニットNR2Cの遺伝子発現，筋管におけるアセチルコリン受容体遺伝子，特にεサブユニットの発現を誘導する．NRG1受容体ErbB4はシナプスでPSD95と複合体を形成し，機能的制御を受ける．また，NRG1-ICD（intercellular domain，細胞内ドメイン）は，転写因子Eosと協調して後シナプスニューロンにおける

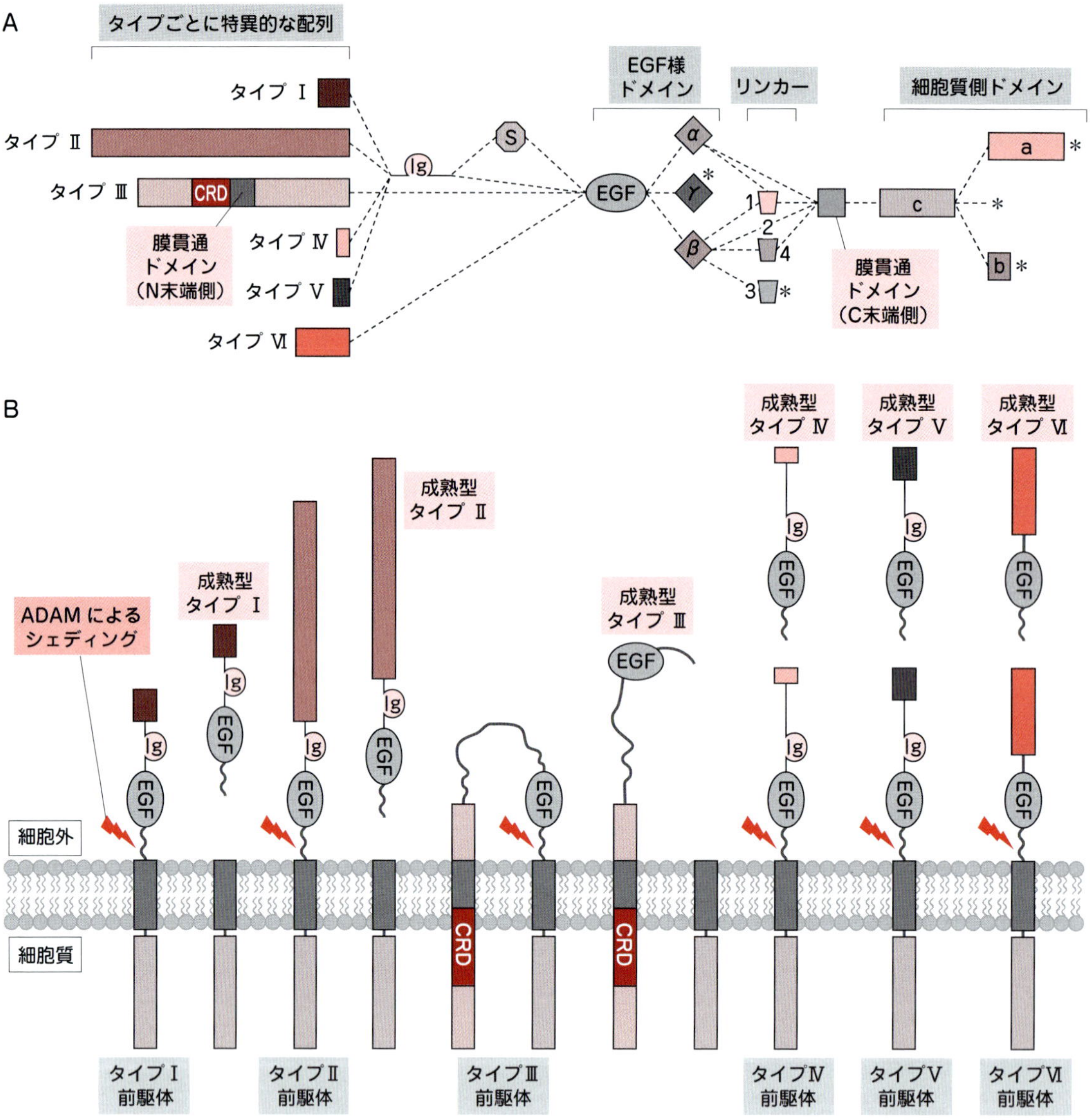

図6　neuregulin1のタイプⅠ～Ⅵのスプライシングアイソフォーム

A）すべてのアイソフォームはEGF様ドメインをもち，このEGF様ドメインは主にα型とβ型に分かれる．タイプⅢアイソフォームはシステインリッチドメイン（cysteine-rich domain：CRD）をもち，タイプⅠ，Ⅱ，ⅣとⅤはイムノグロブリン様ドメイン〔immunoglobulin（Ig）-like domain〕をもつ．S：スペーサー領域．α～γ：EGF様ドメイン末端領域のα，β，γ型アイソフォームをつくる領域．1～4：リンカー領域のアイソフォーム1～4型をつくる領域．a～c：細胞質領域ドメインのアイソフォームa, b, c型をつくる領域．＊：この領域はストップコドンを含むため，翻訳が停止する．γ＊，3＊は膜貫通領域を欠く型となる．B）NRG1アイソフォームの多くはⅠ型膜貫通タンパク質として合成される．しかし，タイプⅢ NRG1前駆体は，NおよびC末端領域を細胞内に向ける．細胞膜からのシェディングは，主に膜型メタロプロテアーゼADAMによって担われている．文献6をもとに作成．

PSD95の発現を誘導する．

NRG1の多数のスプライシングアイソフォームは，上皮細胞，グリア細胞，神経細胞，骨格筋細胞などに作用し，神経-筋シナプスでのアセチルコリン受容体発現，シュワン細胞分裂・増殖，運動・感覚ニューロンの発生，心発生時における肉柱形成や，乳腺上皮細胞での線管形成ならびに乳汁分泌細胞分化，あるいはがん化など，多くの細胞の増殖・分化などを多岐にわたって制御する．また，ヒト乳がん細胞株MDA-MB-175細胞で，t（8;11）転座によって*NRG1*－*TENM4*融合遺伝子からつくられるγ-NRG1は分泌型として産生され，オートクライン因子としてErbB2/ErbB3のヘテロ二量体を活性化することが報告されているが，ヒト乳がんや他のがんでこの転座はまだ報告されていない．

3) KOマウスの表現型/ヒト疾患との関連

*NRG1*ノックアウトマウス解析より，すべてのNRG1アイソフォームの欠損は心発生異常により10.5日胚で致死となる．実際に心内膜由来のNRG1が胚性心筋細胞の誘導にきわめて重要であることが示されている．また，NRG1タイプⅠは脳神経節における神経冠由来ニューロンの発生と心臓肉柱形成に必須であり，タイプⅢはシュワン細胞の初期発生に必須である．NRG1またはその受容体であるErbB4のヘテロ接合体マウスは他の統合失調症モデルマウスと行動表現型が酷似している．さらには，統合失調症疾患家系における解析から*NRG1*遺伝子領域における変異がみつかっており，疾患との関連が強く示唆されている[6]．

【Gene Location】

ヒト

Chromosome 8：31,496,902-32,622,548 forward strand.

マウス

Chromosome 8：31,818,028-31,918,203 reverse strand.

【データベース】

	ヒト/マウス
Entrez Gene	3084 / 211323
Ensembl	ENSG00000157168 / ENSMUSG00000062991
UniProtKB	Q02297/ Q6DR99
OMIM ID	142445
miRTarBase	hsa-mir-124-3p（MIRT022506）

【リコンビナントタンパク質，抗体，ELISAの入手先】

R & Dシステムズ社，Merck Millipore社（推奨）以下参照．
（http://www.genecards.org/cgi-bin/carddisp.pl?gene=NRG1&search=160c6276167e26bbe086e711534bf0e2）

参考文献

1）Peles E, et al：Cell, 69：205-216, 1992
2）Holmes WE, et al：Science, 256：1205-1210, 1992
3）Falls DL, et al：Cell, 72：801-815, 1993
4）Marchionni MA, et al：Nature, 362：312-318, 1993
5）Plowman GD, et al：Nature, 366：473-475, 1993
6）Mei L & Xiong WC：Nat Rev Neurosci, 9：437-452, 2008

（東山繁樹）

Keyword

7 neuregulin 2〜4

【neuregulin 2】
▶略称：NRG2
▶和文表記：ニューレグリン2
▶別名：neural- and thymus-derived activator for ErbB kinases（NTAK），divergent of neuregulin-1（DON-1）

【neuregulin 3】
▶略称：NRG3
▶和文表記：ニューレグリン3

【neuregulin 4】
▶略称：NRG4
▶和文表記：ニューレグリン4

1) 歴史とあらまし

1997年に，NRG2はNRG1（6参照）のホモログとしてPCRクローニングにより，4つのグループにより同時に同定された（別名NTAKまたはDON-1）[1)～4)]．アミノ酸レベルでNRG1と全体で約30〜40％の相同性をもち，特に機能ドメインであるEGF様ドメインとイムノグロブリン様ドメインではさらに高い相同性を示す（図6参照）．

NRG3はESTデータベースより，NRG1のホモログとして検出され，遺伝子はヒトおよびマウス脳cDNAライブラリーよりクローニングされた[5]．

NRG4はNRG3同様に，マウス肝cDNAライブラリー由来のESTデータベースより，NRG1のホモログとして検出され，同定された[6]．

2) 機能

i）NRG2

NRG2の遺伝子はヒト染色体では5q23〜q33に位置し，12個のエキソンにコードされており，転写産物は3.6 kb, 5.0 kb, 7.2 kbの3種の大きさで発現する．マウス脳では，特に小脳と歯状回に認められ，中枢神経系の発生に深く関与していることが示唆されている．ヒトおよびラットNRG2のアイソフォームはこれまでに7種の発現が確認されている．αとβアイソフォームが存在しErbB3とErbB4への親和性を異にすることはNRG1の場合と同じである．

ii）NRG3

NRG3はNRG1および2とは異なり，ErbB4にのみ特異的に結合するがErbB3には結合しない．また，NRG1および2に認められるような選択的スプライシングによってできる多数のアイソフォーム（タイプⅠ〜Ⅳ）がヒトで報告されている.

iii）NRG4

NRG4の転写産物は0.8 kb, 1.8 kb, 3.0 kbの3種の大きさで発現する．翻訳産物は115個のアミノ酸からなる．細胞外領域に2カ所，細胞内領域に1カ所のN末端結合型糖鎖付加部位がある．細胞内領域は他のNRGに比べて短い．また他のNRGにみられるようにNRG4にもスプライシングアイソフォームがあり，バリアントA1，A2，B1，B2，B3と命名されている．NRG4はNRG3と同様に，ErbB4にのみ特異的に結合し，ErbB3には結合しない．

3) KOマウスの表現型 / ヒト疾患との関連

*NRG2*ノックアウトマウスはメンデルの法則にしたがって生まれ，成体まで生きるが成長は遅く，離乳後3割が死亡する．また生殖能力が低下している．*NRG1*ノックアウトマウスにみられるような心異常は認められない．*NRG2*遺伝子発現領域での組織形成に大きな異常は認められない[7]．

ヒトNRG2の遺伝子座はCMT（Charcot-Marie-Tooth）病原因遺伝子座近傍に位置し，疾患原因遺伝子の候補であるが，これまで報告のあるCMT家系では，変異はないが，イントロンでのSNPが3カ所みつかっている．

ヒト*NRG3*遺伝子は，NRG1同様に統合失調症との関連が示唆されており，前頭前野皮質での発現亢進が統合失調症患者で認められている．

ヒト*NRG4*遺伝子発現抑制が，膀胱がんの進行度とタイプに強く相関することが報告されている．

【Gene Location】

Neuregulin 2

ヒト

Chromosome 5：139,226,364-139,422,884 reverse strand.

マウス

Chromosome 18：36,017,707-36,197,380 reverse strand.

Neuregulin 3

ヒト

Chromosome 10：83,635,070-84,746,935 forward strand.

マウス

Chromosome 14：38,368,952-39,473,088 reverse strand.

Neuregulin 4

ヒト

Chromosome 15：76,228,310-76,352,136 reverse strand.

マウス

Chromosome 9：55,220,222-55,326,844 reverse strand.

【データベース】

Neuregulin 2	**ヒト / マウス**
Entrez Gene	9542 / 100042150
Ensembl	ENSG00000158458 / ENSMUSG00000060275.5
UniProtKB	O14511 / P56974
OMIM ID	603818
miRTarBase	no description
Neuregulin 3	**ヒト / マウス**
Entrez Gene	10718 / 18183
Ensembl	ENSG00000185737 / ENSMUSG00000041014.11
UniProtKB	P56975 / O35181
OMIM ID	605533
miRTarBase	none
Neuregulin 4	**ヒト / マウス**
Entrez Gene	145957
Ensembl	ENSG00000169752 / ENSMUSG00000032311
UniProtKB	Q8WWG1
OMIM ID	610894
miRTarBase	hsa-mir-192-5p（MIRT026870），hsa-mir-215-5p（MIRT024936）

【リコンビナントタンパク質，抗体，ELISAの入手先】

R & Dシステムズ社，Merck Millipore社（推奨）以下参照.

Neuregulin 2

（http://www.genecards.org/cgi-bin/carddisp.pl?gene＝NRG2&search＝160c6276167e26bbe086e711534bf0e2）

Neuregulin 3

（http://www.genecards.org/cgi-bin/carddisp.pl?gene＝NRG3&search＝bab85bc199795e2e873ab14c205d815b）

Neuregulin 4

（http://www.genecards.org/cgi-bin/carddisp.pl?gene＝NRG4&search＝6627be5bd7315bdb9d0e130d13241fe2）

参考文献

1）Chang H, et al：Nature, 387：509-512, 1997
2）Carraway KL 3rd, et al：Nature, 387：512-516, 1997
3）Higashiyama S, et al：J Biochem, 122：675-680, 1997
4）Busfield SJ, et al：Mol Cell Biol, 17：4007-4014, 1997
5）Zhang D, et al：Proc Natl Acad Sci U S A, 94：9562-9567, 1997
6）Harari D, et al：Oncogene, 18：2681-2689, 1999
7）Britto JM, et al：Mol Cell Biol, 24：8221-8226, 2004

（東山繁樹）

Keyword

8 neuregulin 5/6

【neuregulin 5】
- ▶略称：NRG5
- ▶和文表記：ニューレグリン5
- ▶別名：transmembrane protein with EGF-like and two follistatin-like domains 2 (TMEFF2),
  tomoregulin (TR),
  hyperplastic polyposis protein (HPP)

【neuregulin 6】
- ▶略称：NRG6
- ▶和文表記：ニューレグリン6
- ▶別名：chondroitin sulfate proteoglycan 5 (CSPG5),
  neuroglycan C (NGC),
  acidic leucine-rich EGF-like domain-containing brain protein,
  CALEB

1) 歴史とあらまし

NRG5はEGF様ドメインのコンセンサス配列に対する縮重プライマーを用いたPCRにより遺伝子クローニングされ，タンパク質が同定されTR（tomoregulin）と命名された．TRは，2つのフォリスタチン様ドメインとEGF様ドメインをもつI型膜貫通タンパク質として合成される．また，細胞内ドメインのアミノ酸配列が異なるTRα（386アミノ酸），β（418アミノ酸），γ（379アミノ酸）の3つのアイソフォームが報告されている[1)]．

NRG6は，コンドロイチン硫酸プロテオグリカンとしてラット脳より単離，cDNAの構造が決定され，NGC（neuroglycan C）と名づけられた[2)]．その後1998年にヒトNGC cDNAが単離され構造決定された．

両者ともに，EGF様ドメインを除いてNRG1～4との相同性はない．しかし，EGF受容体（ErbB1）（9参照）に結合せず，ErbB3またはErbB4に結合し活性化すること，さらには，I型膜貫通タンパク質として合成されプロセシングを受けて成熟型リガンドになることから，NRGファミリーに属する．

2) 機能

TR（NRG5）の遺伝子はヒト染色体では2q32.3に位置し，10個のエキソンにコードされており，中枢神経系での遺伝子発現が確認されている．EGF様ドメインはEGFファミリーメンバーと30～40％のアミノ酸相同性を示し，受容体ErbB4を活性化する．しかし，EGFR（ErbB1）やErbB2, ErbB3は活性化しない[1)]．

ヒトNGC（NRG6）は539アミノ酸からなるI型膜貫通タンパク質で，コンドロイチン硫酸結合ドメイン，酸性アミノ酸クラスタードメイン，EGF様ドメインをもつ．NGC（NRG6）の遺伝子はヒト染色体では3p21.3に位置し，6個のエキソンにコードされており，中枢神経系での遺伝子発現が確認されている．NGCは受容体ErbB3に結合しErbB2をトランス活性化する．しかし，EGFR（ErbB1）やErbB2，ErbB4は直接結合しない[3)]．

3) KOマウスの表現型/ヒト疾患との関連

2015年現在，報告はない．

【Gene Location】

Neuregulin 5

ヒト

Chromosome 2：192,813,769-193,060,435 reverse strand.

マウス

Chromosome 1：50,927,519-51,187,270 forward strand.

Neuregulin 6

ヒト

Chromosome 3：47,603,729-47,622,282 reverse strand.

マウス

Chromosome 9：110,243,783-110,262,575 forward strand.

【データベース】

Neuregulin 5	ヒト/マウス
Entrez Gene	23671/56363
Ensembl	ENSG00000144339/ ENSMUST00000081851
UniProtKB	Q9UIK5/Q9QYM9
OMIM ID	605734
Neuregulin 6	ヒト/マウス
Entrez Gene	10675/29873
Ensembl	ENSG00000114646 / ENSMUSG00000032482
UniProtKB	O95196/Q71M36
OMIM ID	606775

【リコンビナントタンパク質，抗体，ELISAの入手先】

R&Dシステムズ社，Merck Millipore社（推奨）以下参照．

Neuregulin 5

(http://www.genecards.org/cgi-bin/carddisp.pl?gene=TMEFF2&search=d22716654e2c3d755d22e9c70aa44034)

Neuregulin 6

(http://www.genecards.org/cgi-bin/carddisp.pl?gene=CSPG5&search=d460e72b3287deba4a524c906f03d8f7)

参考文献

1) Uchida T, et al：Biochem Biophys Res Commun, 266：593-602, 1999

6章 細胞増殖因子

2）Watanabe E, et al：J Biol Chem, 270：26876-26882, 1995
3）Kinugasa Y, et al：Biochem Biophys Res Commun, 321：1045-1049, 2004

（東山繁樹）

Keyword

9 EGF受容体

▶フルスペル：epidermal growth factor receptor
▶和文表記：上皮成長因子受容体
▶別名：ErbB1，HER1，EGFR

1）歴史とあらまし

i）発見の経緯

EGF受容体（EGFR，ErbB1）は，上皮成長因子（epidermal growth factor：EGF）（1参照）が結合する受容体として，1978年に同定された．その後，1980年代初頭，トリに白血病を起こすウイルスavian erythroblastic leukemia virusがもつ*v-erbB*が，EGF受容体に変異が起こったがん遺伝子であることが発見された．EGF受容体は，*v-erbB*の正常型であるがん原遺伝子として，*c-erbB*とよばれたが，その後，第2の受容体がみつかり，ErbB2とされたので，EGF受容体はErbB1となった．また，HER（human epidermal growth factor receptor）として，ヒトに存在することを示したよび方もされるようになった．ファミリー分子として，ErbB3（HER3），ErbB4（HER4）もみつかり，現在では4分子からなるファミリーを形成している[1)～3)]．

ii）ドメイン構造とシグナル伝達

EGFR（ErbB1）は，細胞外領域，膜貫通領域，細胞内領域からなる．細胞内領域は，チロシンキナーゼ酵素活性をもつドメインと，C末端ドメインからなる．細胞外領域には，リガンドとしてEGFの他に，AR（amphiregulin），TGF-α，BTC（betacellulin），epiregulin，HB-EGF（heparin-binding EGF-like growth factor）（1～5参照）などが結合する（図7）．リガンドが結合すると，細胞外ドメインのコンフォメーションが変化し，EGFR（ErbB1）同士が二量体化（ホモ二量体形成），もしくはファミリー分子のErbB2，ErbB3，ErbB4と二量体を形成する（ヘテロ二量体形成）．これにより，細胞内チロシンキナーゼの活性が上昇し，まず，C末端ドメインにあるチロシン残基をいくつかリン酸化する．リン酸化したチロシン残基には，Grb2，Shc，PLCγが，それら分子内のSH2ドメインを使って，結合する．これらの分子が結合するリン酸化チロシン残基は，それぞれ異なる．ここから，シグナル伝達が行われ，Ras-ERK経路とJAK-STAT経路，そしてPI3K-Akt経路を活性化する．ErbB3のみが，PI3Kのサブユニットp85と直接細胞内領域を介して結合することができるため，*ErbB3*と二量体を形成したときに，PI3K-Akt経路が強く活性化する．NRG1～4とHB-EGF，epiregulin，betacellulinと結合することで，二量体化とチロシンキナーゼ活性化を惹起する（67参照）．

2）機能

EGF受容体ファミリーは，発生学的には外胚葉に由来する上皮細胞などに広く発現している．皮膚，肺，乳腺，食道・胃・大腸などの消化管，膵臓，卵巣，子宮，腎臓，尿路系の上皮細胞や，神経細胞，グリア細胞などである．また，心臓にも多く発現がある．EGFをはじめとするリガンドが結合することで，細胞増殖，細胞運動，アポトーシスの抑制，細胞分化などを起こすことにより，発生の際に，これらの組織や臓器の形成に重要な役割を果たしている．成体でも，上皮組織は常に幹細胞もしくは前駆細胞からの再生，分化，退縮を続けているため，EGF受容体のシグナル伝達は制御されつつ活性化していると考えられる．

3）KOマウスの表現型/ヒト疾患との関連

i）発生の異常

EGF受容体ノックアウトマウスは，マウスのバックグラウンドにより異なる表現型が得られている[4)]．129/SvマウスのEGF受容体ノックアウトマウスは，11.5日までに胎生致死であり，主な死因は胎盤の形成不全である．C57BL/6マウスのEGF受容体ノックアウトマウスは，生後まもなく死亡するが，死因は肺が未熟であるため，呼吸不全になるからと考えられている．MF1. C3HマウスのEGF受容体ノックアウトマウスは，骨，脳，心臓や，皮膚や眼などさまざまな上皮細胞の異常により，生後20日までに死亡する．

ii）がん

疾患については，特にがんとのかかわりが重要である．脳のグリオーマ，肺がん，頭頸部がん，膀胱がん，腎臓がん，乳がん，前立腺がん，卵巣がんなど多くのがんで過剰発現が報告されている．肺がんとグリオーマでは，EGF受容体の細胞外ドメインの欠失により，チロシンキナーゼが恒常的に活性化される場合がある．

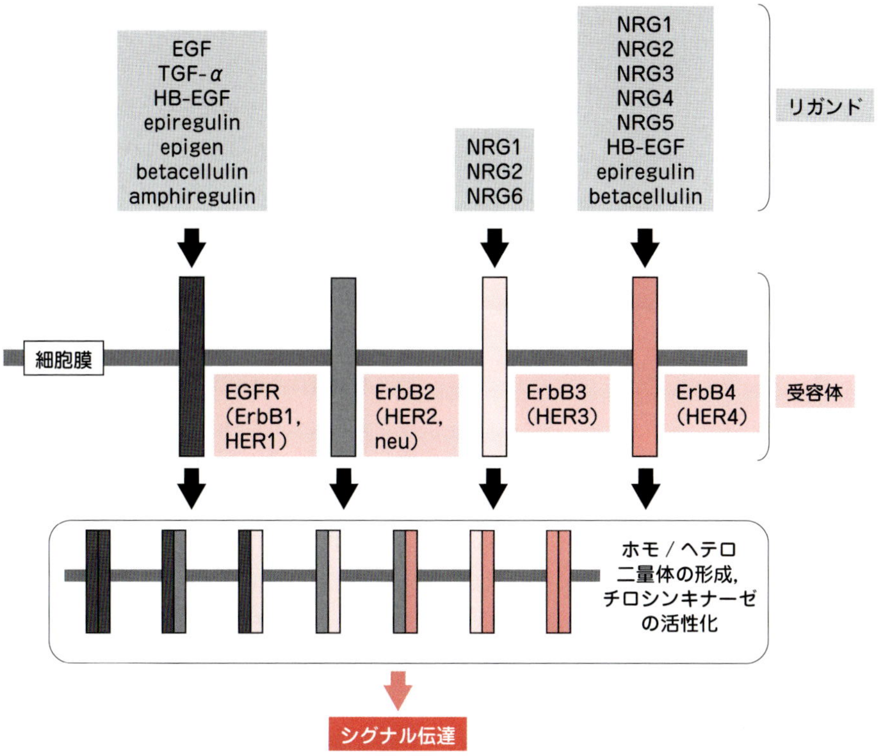

図7 EGF受容体（EGFR）ファミリーとそのリガンド

EGFR（ErbB1），ErbB3，ErbB4にさまざまなリガンドが直接結合すると，細胞外ドメインが活性化してホモ/ヘテロ二量体を形成し，細胞内領域のチロシンキナーゼが活性化する．ErbB2はリガンドが結合しなくても活性化フォームをとっており，他の活性化受容体と二量体を形成する．

さらに，肺がんでは，チロシンキナーゼドメインの変異により，チロシンキナーゼの恒常的活性化が多くの症例に認められる[3) 5)]．特に，日本人を含むアジア系の女性で，非喫煙者の肺腺がんに多く，日本人の肺腺がんの約60％に変異が認められるとの報告もある．チロシンキナーゼ内変異は，エキソン19内の15アミノ酸の欠失と，エキソン21に858番目アミノ酸ロイシンのアルギニンへの置換（L858R）が主なものである．チロシンキナーゼの恒常的活性化により，がん細胞の増殖能が異常に強められるとともに，がん細胞の生存がこの異常シグナルに依存していることがある（oncogene addiction：がん遺伝子中毒）．がんの分子標的薬gefitinib（Iressa®）は，この変異のあるチロシンキナーゼドメインにより親和性高く結合し，チロシンキナーゼ活性を抑制する．がん遺伝子中毒に陥ったがん細胞は，gefitinib投与により死滅する．

【データベース】

GenBank ID
- ヒト　NM_005228.3
- マウス　NP_997538.1

【阻害剤】

gefitinib，erlotinib，cetuximab

【抗体の入手先】

CST社，Abcam社

【ベクターの入手先】

筆者（後藤典子，ngotoh@ims.u-tokyo.ac.jp）

参考文献

1）Yarden Y & Sliwkowski MX：Nat Rev Mol Cell Biol, 2：127-137, 2001
2）Citri A & Yarden Y：Nat Rev Mol Cell Biol, 7：505-516, 2006
3）Yarden Y & Pines G：Nat Rev Cancer, 12：553-563, 2012

6章 細胞増殖因子

4) Sibilia M, et al : Differentiation, 75 : 770-787, 2007
5) Nakata A & Gotoh N : Expert Opin Ther Targets, 16 : 771-781, 2012

（後藤典子）

Keyword
10 HER2

▶別名：ErbB2, NEU

1) 歴史とあらまし

i) 発見の経緯

ヒトEGF受容体（EGFR, ErbB1）と似た遺伝子として，1985年にクローニングされ，HER2（human EGF receptor-related 2）と名づけられた．また，ラットのニューロブラストーマから同定されたがん遺伝子*neu*は，膜貫通ドメインに点変異のあるHER2のホモログであることが報告された．トリに白血病を起こすウイルスavian erythroblastic leukemia virusより，EGF受容体に似たがん遺伝子が単離され，その正常型が*c-erbB2*と名づけられた．このヒト型がHER2である．ファミリー分子として，ErbB3（HER3），ErbB4（HER4）もみつかり，現在では4分子からなるファミリーを形成している（9参照）[1) 2)]．

ii) ドメイン構造とシグナル伝達

EGF受容体ファミリーは，細胞外領域，膜貫通領域，細胞内領域からなる．細胞内領域は，チロシンキナーゼ酵素活性をもつドメインと，C末端ドメインからなる．HER2の大きな特徴は，他のファミリーメンバーと同等の大きさの細胞外領域をもちながら，ここに結合するリガンドがないことである．他のメンバーの細胞外領域は，通常は折り畳まれた不活化フォームをしており，リガンドが結合することによりはじめて，細胞外領域が活性化フォームとなり，二量体を形成して，細胞内チロシンキナーゼを活性化しうる構造となる[3)]．しかし，HER2は，もともと細胞外領域が活性化フォームをとっており，いつでも二量体を形成可能である（図8）．このことは，リガンドがなくともHER2の発現により，ホモ二量体もしくはヘテロ二量体を形成して細胞内チロシンキナーゼを活性化できることを示している．リガンドが届かない細胞で，HER/HER2/HER3/HER4が活性化することの生理学的意義は不明である．いろいろな組合わせの二量体がありえるが，そのなかでもHER2/HER3の二量体が最も強い細胞増殖などの生物活性を刺激すると考えられている．その理由は，HER3のみが，PI3Kのサブユニットp85と直接細胞内領域を介して結合できるため，HER3とHER2が二量体を形成したときに，PI3K-Akt経路が強く活性化するからと考えられている．

細胞内チロシンキナーゼの活性が上昇すると，まず，C末端ドメインにあるチロシン残基をいくつかリン酸化する．リン酸化したチロシン残基には，Grb2, Shc, PLCγが，それら分子内のSH2ドメインを使って結合し，シ

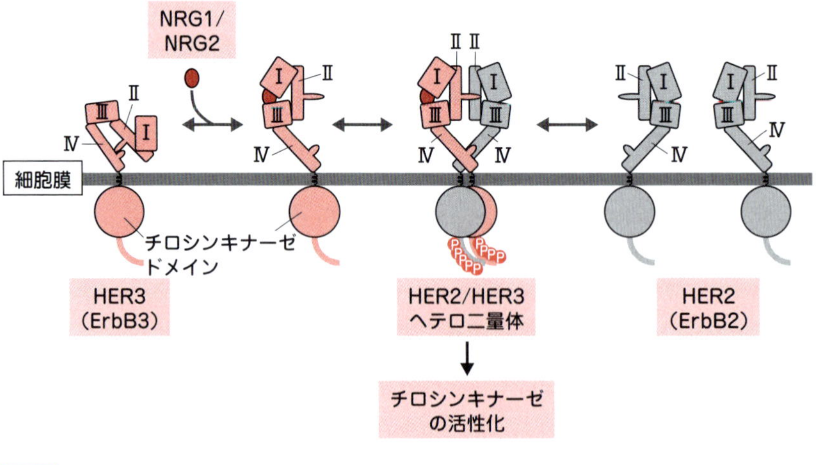

図8 HER2（ErbB2）とHER3（ErbB3）のヘテロ二量体形成
HER2（ErbB2）は，細胞外領域にリガンドが結合しなくても，伸びた活性化フォームをとっているため，リガンドの結合したErbB3などが近くにあるとヘテロ二量体を形成して，細胞内領域のチロシンキナーゼが活性化する．細胞外領域は，Ⅰ～Ⅳの4つドメインからなる．

グナル伝達系が活性化する．その下流で，Ras-ERK経路，PI3K-Akt経路，JAK-STAT経路を活性化する．

2) 機能

HER2は，EGFR（ErbB1）と同様に，発生学的には外胚葉に由来する上皮細胞などに広く発現している．皮膚，肺，乳腺，食道・胃・大腸などの消化管，膵臓，卵巣，子宮，腎臓，尿路系の上皮細胞や，神経細胞，グリア細胞などである．心臓にも発現している．細胞増殖，細胞運動，アポトーシスの抑制，細胞分化などを起こすことにより，発生の際に，これらの組織や臓器の形成に重要な役割を果たしている．成体でも，EGF受容体と同様に，組織の再生維持にかかわっていると考えられる．

3) KOマウスの表現型/ヒト疾患との関連

i）発生の異常

*ErbB2*のノックアウトマウスは，胎生致死である[2) 4)]．脳神経系や，心臓の発生異常が起きる．特に，神経堤由来の感覚神経節や，運動ニューロンの発達不全，シュワン細胞の欠落が顕著である．心筋特異的にErbB2を欠失したコンディショナルノックアウトマウスは，拡張型心筋症になる[5)]．腸管の神経特異的にErbB2を欠失したコンディショナルノックアウトマウスは，腸管の発達異常を起こすため，ヒトのヒルシュスプリング病と似た病態を示す．

ii）がん

疾患については，特にがんとのかかわりが重要である．HER2はリガンドに結合しなくても活性化フォームをとっており，がん患者で過剰発現していることが多い．最もよく知られているのは乳がんにおける過剰発現で，乳がん全体の約1/3の症例でみられる．HER2の過剰発現を免疫組織化学的に検出するHercep Testと，FISH（fluorescent in situ hybridization）法によるゲノムレベルでの増幅の検出は，乳がんの症例に対して保険適応にもなっている．HER2の過剰発現のある乳がん患者には，手術の他，HER2に対する中和抗体であるtrastuzumab（Herceptin®）などを使った治療が行われる．他，膵臓がん，肺がん，大腸がん，食道がん，子宮がんなど多くのがんで過剰発現が報告されている．

【データベース】

GenBank ID

ヒト　NP_004439.2

マウス　NP_001003817.1

【阻害剤】

lapatinib，neratinib，trastuzumab

【抗体の入手先】

CST社，Abcam社

参考文献

1）Yarden Y & Sliwkowski MX：Nat Rev Mol Cell Biol, 2：127-137, 2001

2）Citri A & Yarden Y：Nat Rev Mol Cell Biol, 7：505-516, 2006

3）Yarden Y & Pines G：Nat Rev Cancer, 12：553-563, 2012

4）Sibilia M, et al：Differentiation, 75：770-787, 2007

5）Crone SA, et al：Nat Med, 8：459-465, 2002

（後藤典子）

Keyword

11 PDGF-A, B

▶フルスペル：platelet-derived growth factor-A, B
▶和文表記：血小板由来増殖因子A, B

1）歴史とあらまし

i）発見

血小板由来増殖因子（platelet-derived growth factor：PDGF）は，間葉系細胞やグリア細胞に対する血清由来増殖因子として発見され，ヒトPDGFはジスルフィド結合したPDGF-AとPDGF-Bの二量体として同定された[1]．PDGF-Bは，サル肉腫ウイルス（SSV）の発がん遺伝子*v-sis*の遺伝子産物との高い相同性がある．ヒト細胞の相対物である*c-sis*はPDGF-Bと同一であり，培養細胞ではオートクラインによってSSVによる形質転換を誘導することから，発がん研究における腫瘍細胞転換と正常の増殖刺激との関係にパラダイムシフトをもたらす発見となった[1) 2)]．

ii）ドメイン構造とシグナル伝達

PDGF-AとPDGF-Bは，それぞれヒト染色体7p22, 22q13.1に位置する．いずれも7個のエキソンを有し，エキソン4と5が成熟タンパク質の大部分をコードする．PDGF-A mRNAには選択的スプライシングによりBRM（basic retention motif）をコードするエキソン6を含む長型（2.4 kb）と含まない短型（2.1 kb）があり，対応するタンパク質はいずれも細胞外へ分泌される（**図9A**）[1)]．PDGF-B mRNAは3.5kbと，その5′末端が切離された2.6 kbのものがあり，後者は発達期や虚血脳での当該タンパク質産生に重要である[3)]．PDGF-B前駆体が有するBRMは，細胞外基質への結合によりPDGF-Bの局所濃度の増加をもたらし，血管周皮細胞の血管への動員を誘導する[2)]．一方，血小板では細胞内でBRMが切離されたPDGF-Bが，可溶性の活性型として細胞外へ分泌される．PDGF-AとPDGF-Bは，ジスルフィド結合によりホモあるいはヘテロ二量体として機能し，それぞれの成熟型タンパク質分子は約100個のアミノ酸残基で，相互に約60％の相同性を示す．PDGF-BB（PDGF-Bのホモ二量体）の立体構造は，アミノ酸配列が近いVEGF（**25**～**27**参照）だけでなく，NGF，TGF-βとも類似している[1)]．PDGF-A, Bの受容体であるPDGFR-α，βもホモもしくはヘテロ二量体として機能する．PDGF-AAはPDGFR-ααに，PDGF-AB（PDGF-AとPDGF-Bのヘテロ二量体）はPDGFR-ααとPDGFR-αβに，PDGF-BBはPDGFR-αα，PDGFR-αβ，PDGFR-ββと結合する（**図9B**）[1) 2) 4)]．

2）機能／ヒト疾患との関連

PDGF-Aの発現はさまざまな種類の上皮細胞，筋肉，神経細胞，神経前駆細胞と広範囲におよび，これに対応して，多彩な機能が多くの遺伝子ノックアウトモデルを用いて明らかにされている（**図11**参照）[1) 2)]．PDGF-Aの機能とノックアウトマウスの情報は**13**で述べる．

PDGF-Bは血管内皮細胞，骨髄巨核球などの多数の細胞に発現し，創傷治癒，粥状硬化症，および糸球体硬化症に関与する[1) 2)]．特に，神経細胞で高発現しており，発達の特定の時期や虚血などの侵襲に反応性に発現誘導がみられる[2) 3)]．これらは，他の多くの培養実験や脳への投与実験とともにPDGF-Bが神経栄養因子あるいは脳血液関門の機能制御因子として働くことを示唆している[3)]．さらに，PDGF-BおよびPDGFR-β遺伝子の機能低下あるいは喪失をきたす変異によりもたらされる優性遺伝病として，特発性大脳基底核石灰化症（IBGC）が報告された[5)]．IBGCでは多彩な精神症状と，両側大脳基底核を中心とする石灰化がみられる．PDGF-Bのノックアウトマウスを用いた解析についても**13**で述べる．

PDGF-Bの過剰発現はさまざまな腫瘍においてもみられ，発がんやがん細胞の上皮間葉移行（EMT）を誘導して浸潤能を促進する[2) 4)]．また，隆起性皮膚線維肉腫細胞では，遺伝子の相互転座の結果，コラーゲン1A1遺伝子のプロモーターによりPDGF-Bが過剰発現する[2)]．

【データベース】

GeneBank ID

PDGF-A

Homo sapiens mRNA for platelet-derived growth factor A-chain, GenBank：A09204.1

Mouse platelet-derived growth factor A chain（PDGFA）mRNA, complete cds, GenBank：M29464.1

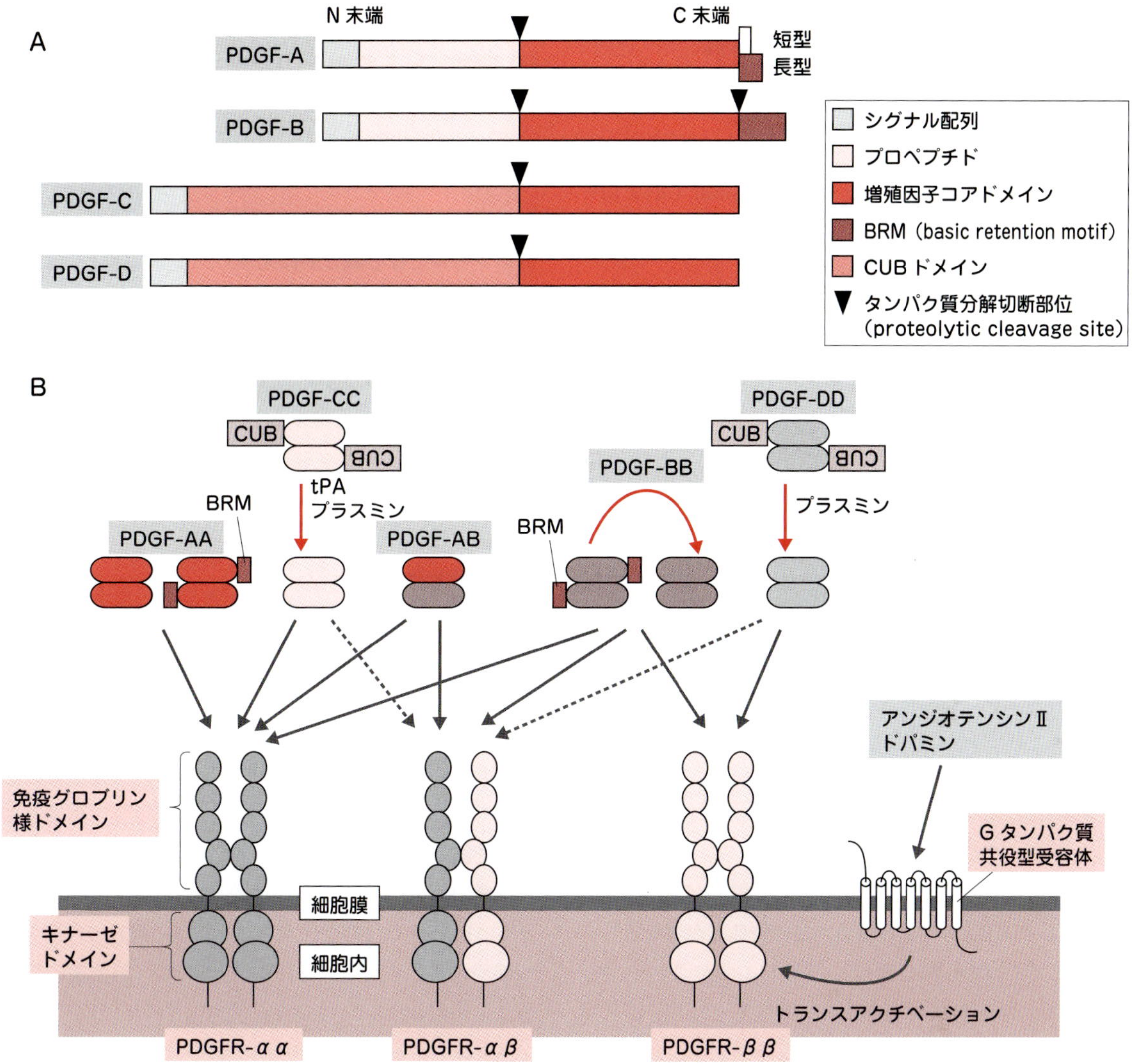

図9 PDGF とその受容体

詳細は11〜13も参照．PDGF-AA は PDGF-A のホモ二量体を，PDGF-AB は PDGF-A と PDGF-B のヘテロ二量体を示す．A）哺乳類と脊椎動物における PDGF の構造．11の文献2より引用．B）PDGF と受容体の結合親和性とトランスアクチベーション．11の文献4をもとに作成．

PDGF-B

Human mRNA for platelet-derived growth factor B chain（PDGF-B），GenBank：X02811.1

Mus musculus platelet-derived growth factor beta-chain（sis）gene，GenBank：AH002083.1

PDB ID

PDGF-A

Platelet-derived growth factor subunit A：P04085（PDGFA_HUMAN），Gene names：PDGFA, PDGF1

PDGF-B

Platelet-derived growth factor subunit B：P12919（PDGFB_HUMAN），Gene names：PDGFB, SIS

【抗体の入手先】

コスモ・バイオ社，フナコシ社など経由で下記より．

PDGF-A

SC-390392 Anti PDGF-A（A-1），Human（Mouse），Santa Cruz Biotechnology 社

PDGF-B

SC-7878 Anti PDGF-B（H-55），Human（Rabbit），Santa Cruz Biotechnology 社

TA319694 Anti PDGFB , Human（Rabbit），OriGene 社

参考文献

1) Heldin CH & Westermark B：Physiol Rev, 79：1283-1316, 1999
2) Andrae J, et al：Genes Dev, 22：1276-1312, 2008
3) Funa K & Sasahara M：J Neuroimmune Pharmacol, 9：168-181, 2014
4) Demoulin JB & Essaghir A：Cytokine Growth Factor Rev, 25：273-283, 2014
5) Betsholtz C & Keller A：Brain Pathol, 24：387-395, 2014

（石井陽子，笹原正清）

Keyword

12 PDGF-C, D

▶フルスペル：platelet-derived growth factor-C, D
▶和文表記：血小板由来増殖因子 C, D

1) 歴史とあらまし

ESTデータベースを用いたVEGF（25～27参照）の新しいホモログを探索する過程においてPDGF-CとPDGF-Dが同定された[1]．それぞれヒト染色体4q32, 11q22.3に位置する．

PDGF-Cは，VEGFと25％，PDGF-Aと23％の相同性をもつ．PDGF-Dは，PDGF-Bと27％，PDGF-Aと25％の相同性をもつ．前駆体タンパク質は，PDGF-Cが345個，PDGF-Dが370個のアミノ酸残基からなる．いずれもアミノ酸残基22番目と23番目の間が切り出され，それぞれ323個，348個のアミノ酸残基として分泌される．PDGF-CとPDGF-Dは，42％の相同性があり，いずれもC末端の増殖因子コアドメインとN末端のCUBドメインから構成される（**図9A**）[1) 2)]．CUBドメインを介して細胞外基質と結合した不活性型前駆体が，プロテアーゼにより細胞外で活性化を受けることがPDGF-A, B（11参照）と異なる．プラスミンはPDGF-C, Dを限定分解によって活性化し，組織プラスミノーゲンアクチベーター（tPA）はPDGF-Cを特異的に限定分解によって活性化する（**図9B**）[1)～3)]．

PDGF-CとPDGF-Dは，それぞれホモ二量体を形成する．PDGF-CC（PDGF-Cのホモ二量体）はPDGFR-ααとPDGFR-αβ（PDGFR-αとPDGFR-βのヘテロ二量体）に高親和性を示すが，PDGFR-ββには結合しない（**図9B**）[1)～3)]．PDGF-DDはPDGFR-ββに高親和性を示す．PDGF-DDがPDGFR-ααには結合しないがPDGFR-αを活性化しうるという報告はあり，この場合はPDGFR-αβに結合していると推定されている．

2) 機能／ヒト疾患との関連

i）発現部位

PDGF-CとPDGF-Dは，ヒトの心臓，膵臓，腎臓，卵巣に高レベルの発現がみられる[2)]．PDGF-Cは，マウスでは腎臓に最も高く発現し，続いて肝臓と精巣，さらに低いレベルでは心臓と脳に発現し，マウス胎仔では，原体節，頭蓋顔面間葉系，心筋細胞，血管平滑筋，軟骨，脳を含む多種の細胞，組織に広く発現する．PDGF-Dはマウスの心臓，肺，腎臓，筋派生物に発現する．発達期腎臓においては，PDGF-Dは後腎間葉系細胞に発現するのに対し，PDGF-Bは内皮細胞に発現することから，機能の潜在的相違が示唆される．ノックアウトマウスの情報は13で述べる．

ii）標的と作用

PDGF-Cは，血管内皮細胞，周皮細胞や線維芽細胞などのさまざまな細胞に作用をおよぼし，VEGFとは独立して強力に腫瘍や脈絡膜の血管新生を誘導する[4)]．一方で，PDGF-Cは，強力な神経保護作用を有しており，種々の神経傷害モデルにおいて大脳あるいは網膜の神経細胞死を抑制した[5)]．また，生後の神経再生に重要とされる神経系細胞と血管壁細胞が統合した機能単位となる神経組織（neurovascular unit）において，PDGF-BとともにPDGF-Cは神経保護と血管新生の両方の作用をもつ機能分子として期待される[4)]．ただし，脳梗塞の線溶療法に使用されるtPAにより，活性化されたPDGF-Cが，アストロサイトのPDGFR-αに作用し，治療に合併する出血性の副作用を惹起する可能性も指摘される[6)]．

PDGF-Dは前立腺がん，肺がん，腎がん，卵巣がん，脳腫瘍，膵がんなど，さまざまながん組織で高発現しており，発がんへの関与が示唆される[7)]．加えて，PDGF-Bと同様にPDGF-Dは腫瘍細胞の上皮間葉移行（EMT）を誘導し，腫瘍の転移を増強する[7)]．

【データベース】

GeneBank ID

PDGF-C

Homo sapiens platelet-derived growth factor C mRNA, complete cds, GenBank：AF244813.1

Mus musculus platelet-derived growth factor C（Pdgfc）mRNA, complete cds, GenBank：AF266467.1

PDGF-D

Homo sapiens platelet-derived growth factor D mRNA, complete cds, GenBank：AF335584.1

Mus musculus platelet-derived growth factor D mRNA, complete cds, GenBank：AF335583.1

【抗体の入手先】

コスモ・バイオ社，フナコシ社など経由で下記より．

PDGF-C

SC-33190 Anti PDGF-C（H-125），Human（Rabbit），Santa Cruz Biotechnology社

MAB1560 Anti PDGF-C，Human（Mouse），R & Dシステムズ社

PDGF-D

14075-1-AP Anti PDGFD，Human（Rabbit），Proteintec社

MAB1159 Anti PDGF-D，Human（Mouse）R & Dシステムズ社

SC-137031 Anti PDGF-D（E-6），Human（Mouse）Santa Cruz Biotechnology社

SC-137030 Anti PDGF-D（E-3），Human（Mouse）Santa Cruz Biotechnology社

参考文献

1）Andrae J, et al：Genes Dev, 22：1276-1312, 2008
2）Li X & Eriksson U：Cytokine Growth Factor Rev, 14：91-98, 2003
3）Demoulin JB & Essaghir A：Cytokine Growth Factor Rev, 25：273-283, 2014
4）Lee C, et al：Trends Mol Med, 19：474-486, 2013
5）Tang Z, et al：J Exp Med, 207：867-880, 2010
6）Funa K & Sasahara M：J Neuroimmune Pharmacol, 9：168-181, 2014
7）Wu Q, et al：Cancer Treat Rev, 39：640-646, 2013

（石井陽子，笹原正清）

Keyword

13 PDGFR-α，β

▶フルスペル：platelet-derived growth factor receptor-α，β
▶和文表記：血小板由来増殖因子受容体α，β

1）構造と機能

PDGFR-αとPDGFR-βは，c-KIT，c-FMS，FLT3（第3章-4～6参照）と同じクラス3チロシンキナーゼ受容体に属する[1)～3)]．5個の免疫グロブリン様ループ（IgGドメイン）よりなる細胞外領域，膜貫通領域，細胞内チロシンキナーゼドメインから構成される（図9B，図10）[1)～3)]．PDGFR-αとPDGFR-βはそれぞれ約170 kDa，180 kDaである．それぞれヒト染色体の4q11-12，5q31-32に位置し，PDGFR-αはc-KITとVEGFR-2に，PDGFR-βはc-FMSの遺伝子座に近接している．5個のIgGドメインのうち，外側の3個がリガンド結合に関与し，4個目の相互作用にて，リガンド受容体同士はより強固に結合する．チロシンキナーゼにより相互のチロシン残基を自己リン酸化することにより受容体は活性化する．キナーゼドメイン内のチロシン残基のリン酸化は，酵素活性を増加させる．キナーゼドメイン外のチロシン残基のリン酸化部位には，SH2（Src homology 2）ドメインを介してシグナル伝達分子が結合し，その下流のシグナル伝達経路が順次活性化し，増殖，遊走，生存などさまざまな細胞現象を惹起する（図10A）[2) 4)]．

2）発現部位と作用機序

PDGFR-αは，ほとんどの間葉系細胞に発現する[1) 2)]．線維芽細胞，腎臓のメサンギウム細胞，血管平滑筋，神経細胞，シュワン細胞は，PDGFR-αとPDGFR-βの両方を発現する．PDGFR-αのみを発現する細胞はアストロサイト，オリゴデンドロサイト前駆細胞，血小板，骨髄巨核球，PDGFR-βのみを発現する細胞は肝臓の星細胞，血管周皮細胞といわれている．

PDGFR-αとPDGFR-βは相互に類似するものの異なった細胞シグナルを誘導する．実際に細胞内ドメインを相互に入れ換えたノックインマウスの解析では，2つの受容体のシグナリングには重複するものが多い一方で，特に血管形成においてPDGFR-αの細胞内ドメインはPDGFR-βシグナリングを部分的にしか補えないことが示されている[2)]．同様に，細胞運動などの基本現象にも異なった様式で関与する．PDGFR-βはその活性化とは独立に，NHERF-2（Na^+/H^+ exchanger regulatory factor-2）を介して細胞骨格や接着関連因子と結合することにより細胞の遊走に関与する（図10B）[2)]．一方，一次繊毛に発現するPDGFR-αは，ERKの活性化を介してNHERF-1を活性化し，方向性のある細胞遊走を誘導する[5)]．さまざまな細胞現象における二種類のPDGFRのそれぞれに固有の役割は今後の研究課題である．PDGFR-βは，PDGFファミリーとは独立に，アンジオテンシンIIやドパミンなどのGタンパク質共役型受容体を介して活性化される．このようなトランスアクチベーションの機構を含めた他のシグナルとのクロストークも未解明の課題である（図9B）[2)～4)]．

3）KOマウスの表現型

*PDGFR-α*ノックアウトマウスは，中胚葉由来細胞の

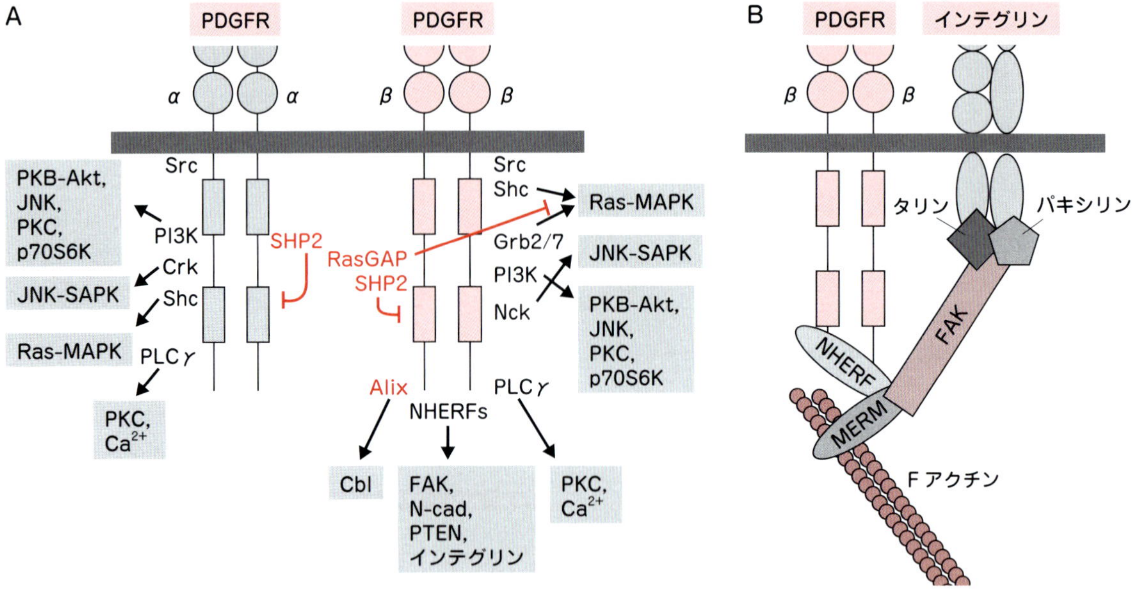

図10 PDGF受容体のシグナル伝達

A）PDGFR-αとPDGFR-βの細胞内ドメインと主要なシグナル伝達経路．B）PDGFR-βと，細胞骨格および細胞接着に関するシグナル構成因子との結合を示した模式図．13の文献2より引用．

一群である筋節と神経堤に由来する細胞群の発達障害と異常があり，顔面裂，口蓋裂，脊椎裂を示し，肺，骨格筋，精巣，中枢神経など多数の器官の障害を示し，胎生16日までにほとんどが死亡する[2)]．PDGFR-αはPDGF-AおよびPDGF-Cの共通する受容体である（**図9B**参照）．したがって，PDGFR-αのノックアウトマウスは，PDGF-AまたはPDGF-Cそれぞれのノックアウトマウスより広範囲にわたる表現型を示し，これらのダブルノックアウトマウスと同様の表現型を示す[2)]．*PDGF-A*，*PDGF-C*，および*PDGFR-α*ノックアウトマウスのいずれもが真皮の低形成を示すが，*PDGFR-α*ノックアウトマウスの形質が最も重篤で，皮膚水疱もみられる．

PDGF-AとPDGFR-αは，発達期において上皮系細胞がPDGF-Aを分泌し，PDGFR-αを発現する間葉系細胞の動員を制御するという上皮間葉系相互関係に重要である（**図11A～D**）[2)]．*PDGF-A*ノックアウトマウスでは，肺胞上皮のPDGF-Aの欠損が，PDGFR-α陽性間葉系細胞の肺胞隔壁への広がりを障害し，肺胞隔壁形成不全をもたらし，出生前後から生後20日までに死亡する．消化管上皮のPDGF-Aの欠如は，PDGFR-α陽性間葉系細胞の遊走障害により絨毛形成不全が生じる．生後の*PDGF-A*ノックアウトマウスは，PDGFR-α陽性間葉系細胞の毛包への動員と，真皮乳頭と真皮鞘形成の阻害のため真皮の間葉系細胞が徐々に失われ，毛の発達が減少する．精細管上皮に由来するPDGF-Aの欠如は精巣の退形成，ライディッヒ細胞の消失，テストステロンホルモン欠乏をきたし，精子形成が障害される．

*PDGF-A*ノックアウトマウスは，口蓋裂は部分的で，脊椎裂はみられないが，129/SV系統の*PDGF-C*ノックアウトマウスでは完全な口蓋裂がみられ，*PDGFR-α*ノックアウトマウスよりは軽度ながら脊椎裂も認められ，出生前後期に死亡する[2)]．このことから，特に口蓋と椎骨の発達は主としてPDGF-C/PDGFR-α依存性と考えられている（**図11F**）．一方，C57BL/6系統の*PDGF-C*ノックアウトマウスは，脊椎裂はあるものの12カ月齢まで生存するが，脳血管平滑筋異常，側脳室非対称，中隔低形成，上衣細胞障害，神経細胞配置異常，神経細胞死の増加がみられる[6)]．

*PDGF-A*ノックアウトと*PDGFR-α*ノックアウトマウスでは，オリゴデンドロサイト前駆細胞の著減と髄鞘形成障害がみられるが[2)]，C57BL/6系統の*PDGF-C*ノックアウトマウスではこれらの表現型はみられない[6)]．オリゴデンドロサイト前駆細胞はPDGFR-αを発現してお

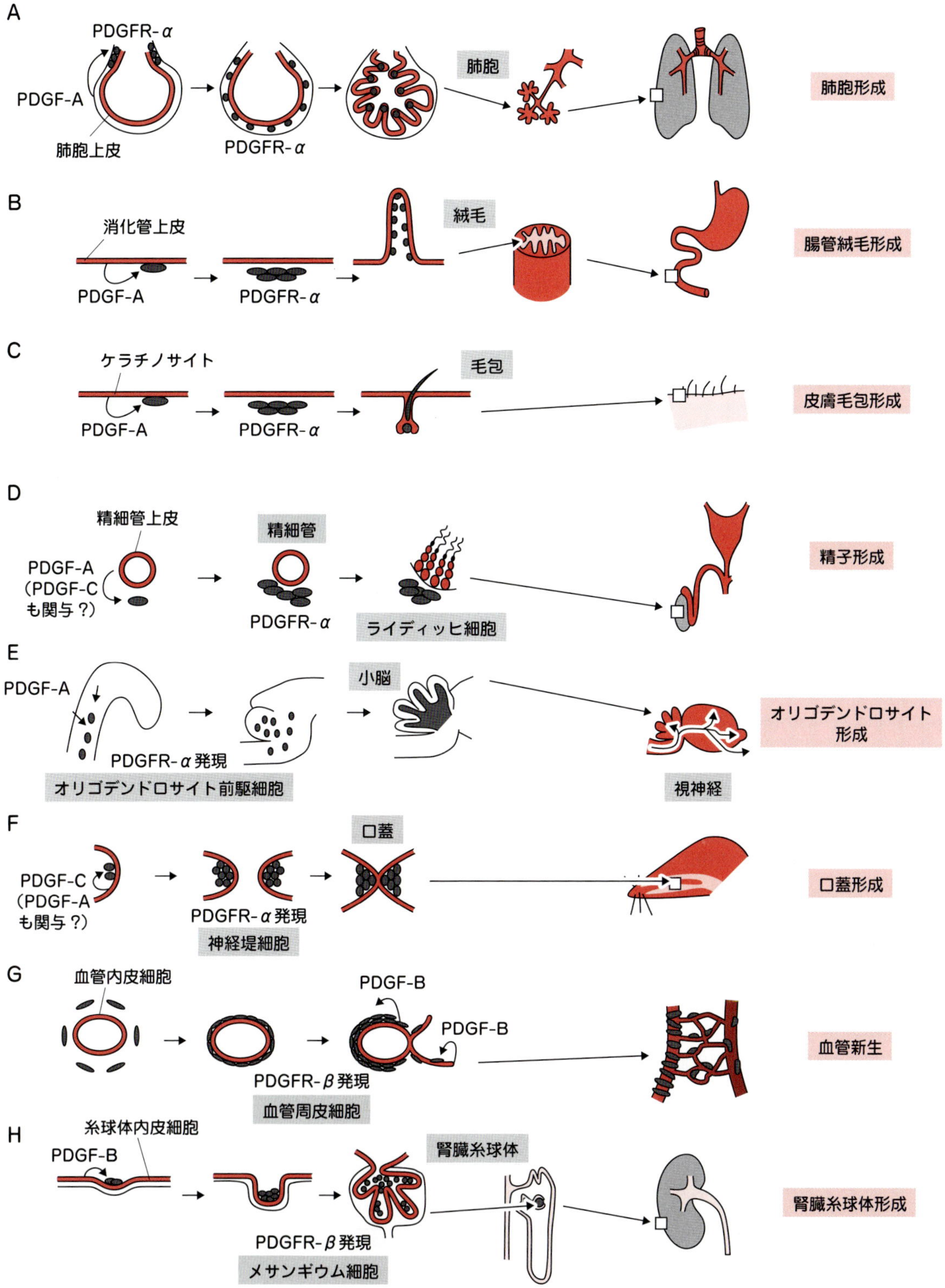

図11　ノックアウトマウスの解析により明らかとなったPDGFとその受容体の発達における役割

PDGF-AあるいはPDGF-C，PDGF-Bを分泌する細胞（器官）は赤色，PDGFR-αあるいはPDGFR-βを発現する細胞は濃い灰色で示す．13の文献2より引用．

り，その増殖と遊走はPDGF-A/PDGFR-αα依存性と考えられる（**図11E**）．

PDGFR-βとPDGF-Bは，血管周皮細胞とメサンギウム細胞に代表される血管平滑筋細胞に不可欠な因子である（**図11G, H**）[2]．*PDGFR-β*または*PDGF-B*のノックアウトマウスはいずれも同様に，血管周皮細胞の形成不全による毛細血管瘤の形成とその破綻による全身の浮腫と出血，腎臓メサンギウム細胞の欠如による糸球体形成不全が認められ，周産期に死亡する[2]．*PDGFR-β*，*PDGF-B*のノックアウトマウスの形質の比較検討からは，PDGFR-βの第二のリガンドであるPDGF-D特有の役割は示唆されなかった．なお，*PDGF-D*ノックアウトマウスは，2015年1月現在では報告されていない．

臓器形成期以降の生体における機能を明らかにするために，PDGFファミリーあるいはPDGFRファミリー遺伝子への部分的な変異導入などにより，これらの機能低下をきたしたモデル（ヒポモルフィックモデル）やCre-*loxP*などによる領域あるいは時間特異的な遺伝子ノックアウトモデル（コンディショナルノックアウト）を用いた研究が推進されている．神経特異的に*PDGFR-β*遺伝子がノックアウトされたマウスは明らかな異常を示さずに成長するが，脳の興奮毒性に対する脆弱性があり，さらに，記憶障害や異常社会行動などの高次脳機能の障害をきたした[2) 4)]．PDGF-BあるいはPDGFR-βの機能低下を示す遺伝子改変マウスでは共通して脳血管周皮細胞の減少による血液脳関門（BBB）機能不全が生じ，脳浮腫あるいは加齢による脳変性がみられた[7]．生後にPDGFR-βのノックアウトを誘導したマウスでは，脳梗塞巣が増悪し，さらにBBB機能回復の遅延により脳浮腫が遷延した[4) 8)]．いずれも，胎生期あるいは加齢に伴う周皮細胞の減少が生じ，PDGFR-βは発達期の血管成熟化のみではなく，生後の周皮細胞の動員にも不可欠であることが示された．

4）ヒト疾患との関連

PDGFRシグナリングは，線維症関連疾患の促進因子として同定され，治療標的となりうる点で注目されている[2]．例えば，肺平滑筋細胞のPDGFR-αや肝星細胞のPDGFR-βは，それぞれ，肺胞マクロファージや肝クッパー細胞に由来するPDGF-Bにより活性化を受け，肺や肝臓の線維症をもたらす．また，線維芽細胞のPDGFR-αが，自己抗体，マクロファージ由来PDGF-B，あるいは線維芽細胞由来PDGF-Aにより過剰な活性化を受け，強皮症における皮膚コラーゲンの蓄積をもたらす．他にも，腎糸球体のメサンギウム細胞のPDGFR-βは，マクロファージ由来PDGF-Bとメサンギウム細胞由来PDGF-Dによる活性化を受け，腎糸球体硬化症の原因となる．

膠芽細胞腫や消化管間質腫瘍（GIST）は*PDGFR-α*遺伝子の膜貫通部位の点突然変異によるリガンドを欠く自立的受容体活性化などにより発症する[2) 3) 9)]．また，好酸球増多症候群（HES），全身性肥満細胞症では，PDGFR-αとFIP1L1との癒合遺伝子が認められる．他にも慢性骨髄単球性白血病（CMML）ではPDGFR-βは転写因子TELをコードする遺伝子と癒合し，活性化される．また，PDGFとPDGFRは，腫瘍の増殖や転移を促進する腫瘍微小環境に与える影響も注目されている．腫瘍細胞が産生するPDGF-B，Dは，血管周皮細胞のPDGFR-βに作用し，腫瘍血管を安定化する．PDGF-A，CはPDGFR-αを発現するがん随伴線維芽細胞（CAF）の増殖を促進し，CAFはVEGF-Aを産生することにより腫瘍血管新生を促進する．線維肉腫などの腫瘍由来PDGF-Bが，脾臓や肝臓の間質細胞のPDGFR-βを活性化し，エリスロポエチン（**第3章-2**参照）産生を増

表1　PDGF受容体キナーゼ阻害剤の標的

阻害剤	一次標的	二次標的
imatinib	Abl，PDGFR，KIT	Raf
sunitinib	PDGFR，VEGFR，KIT，FLT3	
sorafenib	Raf，VEGFR，PDGFR，KIT，FLT3	FGFR
pazopanib	VEGFR，PDGFR，KIT	FGFR
nilotinib	KIT，Abl，PDGFR	
cediranib	VEGFR，KIT，PDGFR	FGFR
motesanib	VEGFR，KIT	PDGFR，RET
axitinib	VEGFR	PDGFR，KIT
linifenib	VEGFR，KIT	PDGFR
dasatinib	Abl，Src	PDGFR，KIT
quizartinib	FLT3	KIT，PDGFR，RET，CSF1R
ponatinib	RET，Abl	PDGFR，VEGFR

文献10より引用．

加させることにより，髄外造血促進と腫瘍血管新生を促進させる[9]．

PDGFRのキナーゼ阻害剤として，imatinib，sunitinib，soratinib，pazopanib，nilotinib，cediranibが開発されている[9) 10]．これらはPDGFR単独ではなく，c-Kit，VEGFRなども阻害する（**表1**）．imatinibは，GIST，CMML，HESの治療に用いられているが，今後は腫瘍微小環境を標的としたPDGFRキナーゼ阻害剤の応用も期待される．

【データベース】

GeneBank ID

PDGFR-α

Human platelet-derived growth factor A type receptor mRNA, complete cds, GenBank：M22734.1

Human platelet-derived growth factor receptor alpha（PDGFRA）mRNA, complete cds, GenBank：M21574.1

Mus musculus PDGF-alpha-receptor（PDGF-alpha-R）mRNA, complete cds, GenBank：M84607.1

PDGFR-β

Human platelet-derived growth factor（PDGF）receptor mRNA, complete cds, GenBank：M21616.1

Human platelet-derived growth factor（PDGF）receptor mRNA, complete cds, GenBank：J03278.1

PDB ID

Platelet-derived growth factor receptor alpha：P16234（PDGFRA_HUMAN），Gene names：PDGFRA, PDGFR2

Platelet-derived growth factor receptor beta：P09619（PDGFRB_HUMAN），Gene names：PDGFRB, PDGFR1

【抗体の入手先】

コスモ・バイオ社，フナコシ社など経由で下記より．

IH/IF：免疫組織化学（酵素抗体法，蛍光抗体法）用

WB：ウエスタンブロッティング用

PDGFR-α

IF/IH：rabbit polyclonal antibodies against PDGFR-α：Santa Cruz Biotechnology社

IF/IH：antibody against phospho-PDGFR-α（specific for p-PDGFR-α，Tyr 720，Santa Cruz Biotechnology社）

WB：rabbit polyclonal anti-PDGFR-a（1：1,000，Santa Cruz Biotechnology社）

WB：rabbit polyclonal anti-phospho-Tyr742 PDGFR-a（1：1,000，Novus Biologicals社）

PDGFR-β

IH/IF：goat polyclonal anti-PDGFR-b（1：100; R & D システムズ社，Minneapolis社，MN，USA），goat polyclonal anti-PDGFR-b antibody（1：100; Neuromics，Edina，MN，USA）

WB：rabbit polyclonal anti- PDGFR-b（1：500，Upstate Biotechnology社，Charlottesville社，VA，USA），WB：rabbit polyclonal anti-phospho-Tyr857 PDGFR-b（1：1,000，Santa Cruz Biotechnology社）

参考文献

1）Heldin CH & Westermark B：Physiol Rev, 79：1283-1316, 1999
2）Andrae J, et al：Genes Dev, 22：1276-1312, 2008
3）Demoulin JB & Essaghir A：Cytokine Growth Factor Rev, 25：273-283, 2014
4）Funa K & Sasahara M：J Neuroimmune Pharmacol, 9：168-181, 2014
5）Schneider L, et al：J Cell Biol, 185：163-176, 2009
6）Fredriksson L, et al：Am J Pathol, 180：1136-1144, 2012
7）Bell RD, et al：Neuron, 68：409-427, 2010
8）Shen J, et al：J Cereb Blood Flow Metab, 32：353-367, 2012
9）Cao Y：Trends Mol Med, 19：460-473, 2013
10）Heldin CH：Cell Commun Signal, 11：97, 2013

（石井陽子，笹原正清）

Keyword

14 FGF-1/2

【FGF-1】

▶フルスペル：fibroblast growth factor-1

▶別名：acidic FGF

【FGF-2】

▶フルスペル：fibroblast growth factor-2

▶別名：basic FGF

1）歴史とあらまし

線維芽細胞増殖因子（fibroblast growth factor：FGF）は，線維芽細胞をはじめとするさまざまな細胞に対して増殖活性や分化誘導など多彩な作用を示す多機能性細胞間シグナル因子である．構造上の類似性から，ヒトにおいて22種類からなるファミリーを形成している．そのうち，FGF-1とFGF-2は，1974年に，線維芽細胞の増殖を促進する分子として，ウシ脳下垂体より発見された．等電点が，FGF-1は5.6なのに対しFGF-2は9.6であることから，それぞれ別名でacidic FGF，basic FGFとよばれる．

ヒトのFGF-1は155アミノ酸，FGF-2は154アミノ酸からなるポリペプチドであり，それぞれ16 kDaと18 kDaになる．*FGF-1*はヒト染色体では5q31-33に，また*FGF-2*は4q26-27に存在し，いずれも3つのエキソンと2つのイントロンからなる．どちらのFGFについても糖鎖は付加されない．FGF-1，FGF-2ともに，そのN末端には典型的な細胞外分泌シグナル配列をもたない．しかし，一般的なゴルジ経路ではなく，細胞内から細胞膜を直接通過する様式により細胞外に分泌されることが知られている．当初は，どちらも血管新生因子として研究されていたが，現在では，神経系や骨・軟骨形成など，さまざまな細胞に対し作用をもつことが報告されている．

2）機能

i）FGF-1

FGF-1については，通常の状態では細胞内に存在し，ほとんど分泌されない．しかし，熱ショックや低酸素状態，血清除去などのストレスを与えると細胞外への分泌が促進される．組換えFGF-1タンパク質の投与が傷害組織や虚血後の組織において，その修復を促すことが報告されていることから，FGF-1の生理的な役割の1つとして，傷害を受けた組織において分泌され，それらの組織修復にかかわることが考えられている．

ii）FGF-2

一方，FGF-2に関しては，N末端の翻訳開始部位の差により，18 kDaのものの他に，22，23，24 kDaのFGF-2（high molecular weight FGF-2：HMW FGF-2）が存在することが知られている．そのうち，18 kDaのアイソフォームは，細胞外へと分泌され機能する．それに対し，HMW FGF-2は分泌されずに核内に移行し，核内で作用するものと考えられている．

iii）受容体

細胞外に分泌されたFGF-1，FGF-2は，チロシンキナーゼ型受容体であるFGF受容体（18参照）に結合し，細胞内にシグナルを伝達する．FGF受容体は主なもので1b，1c，2b，2c，3b，3c，4の計7種類存在する．FGF-1はそのすべてに，またFGF-2は1b，1c，2c，3c，4に結合し，受容体を活性化する．また，そのとき，ヘ

表2 FGF-1/2の発現，FGF受容体（FGFR）との結合およびノックアウトマウスの表現型

	FGF-1（acidic FGF）	FGF-2（basic FGF）
発現部位	胎仔期，成体を通じて広範な発現	胎仔期，成体を通じて広範な発現
FGFRとの結合	すべてのFGFR	FGFR1b，FGFR1c，FGFR2c，FGFR3c，FGFR4
ノックアウトマウスの表現型	栄養状態の変化による白色脂肪組織リモデリングの異常	低血圧，大脳皮質形成異常，創傷治癒の遅延など
*FGF-1/2*ダブルノックアウトマウスの表現型	*FGF-2*ノックアウトマウスとほぼ同様	

パリンやヘパラン硫酸プロテオグリカンは，FGF-1，FGF-2とFGF受容体との結合およびFGF受容体の活性化を促進する．

3) KOマウスの表現型／ヒト疾患との関連

FGF-1，FGF-2ともに胎仔期，成体を通じてさまざまな組織で幅広い発現を示す（**表2**）．また，培養細胞を用いた検討では，さまざまな細胞に対し，増殖，分化を誘導することが明らかにされている．したがって，FGF-1，FGF-2は生理的に重要な役割を担う可能性が示唆される．そこで，両FGFの生理的な意義を明らかにする目的で，ノックアウトマウスが作製され，表現形質の解析が行われている．

i）FGF-1

*FGF-1*のノックアウトマウスは，正常に出生し繁殖可能であった．通常飼育の状態では特に目立った表現型は報告されていない．創傷治癒の過程も，野生型と同等であった．しかし，高脂肪食付加で肥満症を誘導した場合，精巣上体脂肪組織が野生型に比較して小さくなり，脂肪組織内の血管の密度も低下した[1]．また，高脂肪食付加の後に通常食に戻して飼育すると，*FGF-1*ノックアウトマウスの精巣上体白色脂肪組織において細胞の壊死と組織の断片化が観察された．したがって，FGF-1は栄養状態の変化における脂肪組織のリモデリングにかかわるものと考えられる．

ii）FGF-2

一方，*FGF-2*のノックアウトマウスは，*FGF-1*ノックアウトマウスと同様に外見上に大きな変化はなく，また繁殖可能であった．しかし，毛細血管の形成異常，血管平滑筋の収縮力低下による低血圧，血小板増加，心肥大の抑制，大脳皮質ニューロンの減少，創傷治癒の遅延などが起こることが報告されている[2) 3)]．さらに*FGF-2*ノックアウトマウスでは，前立腺がんの腫瘍成長や転移が抑制されたことも報告されている．

iii）ダブルノックアウト

FGF-1とFGF-2は構造，発現分布，結合する受容体などが類似していることから，生体では代償的に働く可能性が示唆された．そこで，*FGF-1*，*FGF-2*のダブルノックアウトマウスが作製されたが，その表現型は*FGF-2*ノックアウトマウスとほぼ同じであった[4)]．このことから，生体内ではFGF-1とFGF-2が代償的に作用する可能性は低いものと考えられている．

【抗体】

FGF-1，FGF-2ともにSanta Cruz Biotechnology社をはじめとするさまざまなメーカーから販売されている．

【データベース】

GeneBank/PDB ID

ヒト FGF-1（別名：acidic fibroblast growth factor：aFGF）
NM_000800/1RG8

マウス Fgf-1（別名：acidic fibroblast growth factor：aFgf）
NM_010197/PDB IDなし

ヒト FGF-2（別名：basic fibroblast growth factor：bFGF）
NM_002006/1BFF

マウス Fgf-2（別名：basic fibroblast growth factor：bFgf）
NM_008006/PDB IDなし

OMIM ID

FGF-1　131220

FGF-2　134920

参考文献

1）Jonker JW, et al：Nature, 485：391-395, 2012
2）Ortega S, et al：Proc Natl Acad Sci U S A, 95：5672-5677, 1998
3）Zhou M, et al：Nat Med, 4：201-207, 1998
4）Miller DL, et al：Mol Cell Biol, 20：2260-2268, 2000

（小西守周，伊藤信行）

Keyword

15 パラクラインFGF

▶英文表記：paracrine fibroblast growth factors

1) 歴史とあらまし

FGF-1やFGF-2（14参照）が同定された後，培養細胞に対し増殖活性をもつ因子あるいはがん遺伝子の産物として，FGF-1，FGF-2と相同性を示す7種類のFGFが同定された．さらに，アミノ酸配列の相同性をもとにしたhomology-based PCR法や，DNAデータベース検索などにより，新規なFGFの単離同定が進められた．2015年現在，ヒトやマウスにおいて線維芽細胞増殖因子（fibroblast growth factor：FGF）は，22種類からなるファミリーを形成していることが明らかにされている．22種類のFGFは，FGF遺伝子の分子系統樹解析により計7つのサブファミリーに分類される（**図12**）．そのうち，FGF-1サブファミリーに属するFGF-1/2，FGF-4サブファミリーのFGF-4/5/6，FGF-7サブファミリーのFGF-3/7/10/22，FGF-9サブファミリーのFGF-

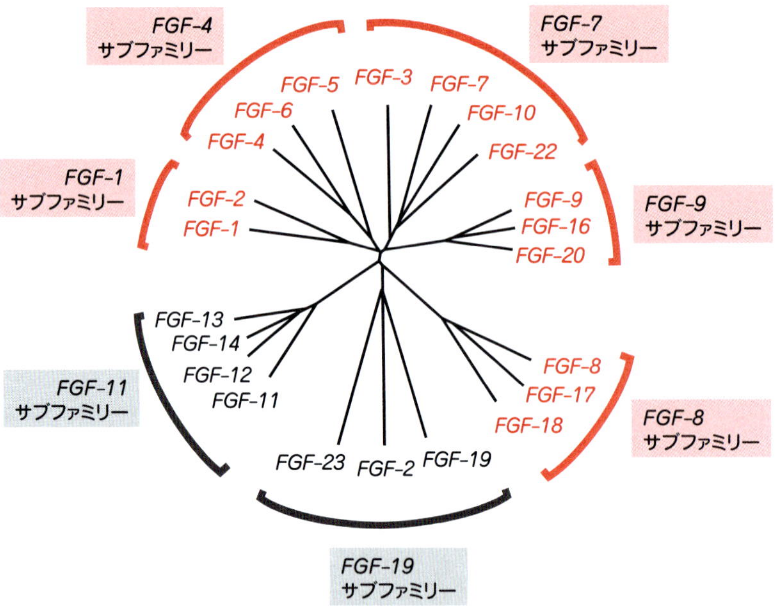

図12 ヒトFGFファミリーの進化系統樹

赤色で示している*FGF-1*サブファミリー，*FGF-4*サブファミリー，*FGF-7*サブファミリー，*FGF-9*サブファミリー，*FGF-8*サブファミリーに属するFGFがパラクラインFGFである．*FGF-19*サブファミリーはエンドクラインFGFであり（16参照），*FGF-11*サブファミリーはイントクラインFGFである（17参照）．文献4より改変して転載．

9/16/20，FGF-8サブファミリーに属するFGF-8/17/18は，産生細胞の近傍の細胞に作用するものと考えられている．したがって，これらの15種類のFGFに関しては，パラクラインFGFといわれる[1]．

パラクラインFGFは150～300アミノ酸程度からなる．FGF-3～8，FGF-10，FGF-17，FGF-18，FGF-22のN末端には，典型的な分泌性シグナル配列が存在し，細胞外に効率よく分泌される．一方，FGF-1，FGF-2とともにFGF-9，FGF-16，FGF-20のN末端には典型的な分泌性シグナル配列がないが，細胞外に分泌される[2]．ここではFGF-1，FGF-2を除くその他のパラクラインFGFについて説明したい．

2) 機能

パラクラインFGFは，そのアミノ酸配列中に，ヘパリンやヘパラン硫酸プロテオグリカンと結合しうる部位をもち，ヘパラン硫酸プロテオグリカンとの親和性が高い．このヘパラン硫酸プロテオグリカンに対する親和性の高さが，パラクラインFGFの遠方への拡散を阻害する原因であると考えられている[3]．遠方への拡散が起こりにくいため，パラクラインFGFは，産生部位近傍において，FGF受容体（18参照）との結合を介して細胞増殖や細胞分化などを調節する．また，個々のパラクラインFGFは，それぞれ独自の発現分布パターン，FGF受容体との独自の親和性パターンを有する．したがって，それぞれ独自の生理的な機能を有すると考えられている．

3) KOマウスの表現型／ヒト疾患との関連

i）ノックアウトマウスでの知見

パラクライン*FGF*のすべてに対してノックアウトマウスが作製され，解析が進められている．パラクライン*FGF*のノックアウトマウスは，組織形成の過程で非常に重篤な異常が生じ，致死になるもの（*FGF4/8/9/10/18*）から，非常に軽微な異常しか生じないものまで表現形質はさまざまである．

*FGF-3*ノックアウトマウスでは，尻尾や耳胞の形成に異常が生じる．*FGF-4*ノックアウトマウスは胚盤胞の形成異常がみられる．*FGF-5*ノックアウトマウスは，長毛およびグリア細胞の分化異常が認められる．*FGF-6*ノックアウトマウスでは，骨格筋の損傷後の再生に異常が起こり，また*FGF-7*ノックアウトマウスでは，シナプス形成の異常や，毛髪，腎臓形成の異常が認められる．

FGF-8 ノックアウトマウスでは，原条や中胚葉の形成が著しく阻害される．また，*FGF-8* に関しては，ハイポモルフ変異体やコンディショナルノックアウトマウスによる生理的役割の検討が進められ，その結果として，中脳や後脳の発生や，腎臓形成，四肢形成，鰓弓由来組織の形成などにおける生理的意義が明らかにされている．*FGF-9* ノックアウトマウスでは，肺や心臓，小腸などに加え，生殖器の形成に異常が生じる．また4割程度の個体に口蓋裂が生じることも報告されている．*FGF-10* ノックアウトマウスでは，組織形成の過程で起こる上皮間葉相互作用に異常が生じ，肺を含むさまざまな組織の無形成，低形成が認められる．*FGF-16* ノックアウトマウスは，心臓形成に異常が生じ，また圧負荷時に起こる心臓の線維化などが抑制される．*FGF-17* ノックアウトマウスでは中脳の一部が縮小し，また小脳の構造に異常が生じるし，*FGF-18* ノックアウトマウスでは肺胞形成や骨軟骨形成に異常が生じる．また，コンディショナルノックアウトマウスを用いた解析により，FGF-18は毛成長周期における休止期を維持する役割ももつことが報告されている．*FGF-20* ノックアウトマウスでは外有毛細胞を含む内耳腹側部の細胞分化に異常が生じ難聴になる．*FGF-22* ノックアウトマウスでは，シナプス形成の異常と，乳頭腫の発症率の低下が報告されている．

ii）ヒトの遺伝病

また，パラクラインFGFが原因遺伝子となるヒトの遺伝病も報告されている．*FGF-3*（遺伝子座：11q13.3）の変異に起因するものとして，耳の無形成/小耳，小歯症を特徴とする先天性難聴（Phenotype MIM：610706）がある．また *FGF-8*（10q24.32）の変異に起因するものとして，低ゴナドトロピン性性腺機能低下症6（MIM：610706）や非症候性口唇裂口蓋裂がある．*FGF-9*（13q12.11）の変異では，多発性骨癒合症候群3（MIM：612961）が報告されている．*FGF-10*（5p12）の変異により，涙腺，唾液腺の欠損（MIM：180920）やLADD症候群（MIM：149730）などが起こる．*FGF-16*（Xq21.1）の変異に起因するものとして中手骨癒合（MF4）（MIM：309630），*FGF-17*（8p21.3）の変異に起因するものとして低ゴナドトロピン性性腺機能低下症20（MIM：615720）がある．また，*FGF-20*（8p22）の変異は，腎低異形成/無形成2（RHDA2）（MIM：615721）やパーキンソン病とのかかわりが指摘されている．

【抗体】

すべてのパラクラインFGFについて，Santa Cruz Biotechnology社をはじめとするさまざまなメーカーから販売されている．

【データベース】

GenBank/PDB ID

ヒト FGF-3　別名：proto-oncogene INT-2
NM_005247/PDB ID なし

マウス Fgf-3　別名：proto-oncogene Int-2
NM_008007/PDB ID なし

ヒト FGF-4　別名：heparin secretory-transforming protein 1
NM_002007/1IJT

マウス Fgf-4　別名：k-fibroblast growth factor
NM_010202/PDB ID なし

ヒト FGF-5
NM_004464/PDB ID なし

マウス Fgf-5
NM_010203/PDB ID なし

ヒト FGF-6　別名：heparin secretory-transforming protein 2
NM_020996/PDB ID なし

マウス Fgf-6　別名：heparin secretory-transforming protein 2
NM_010204/PDB ID なし

ヒト FGF-7　別名：keratinocyte growth factor
NM_002009/1QQk

マウス Fgf-7　別名：keratinocyte growth tactor
NM_008008/PDB ID なし

ヒト FGF-8　別名：androgen-induced growth factor
NM_0033163/2FDB

マウス Fgf-8　別名：androgen-induced growth factor
NM_010205/PDB ID なし

ヒト FGF-9　別名：glia-activating factor
NM_002010/1G82

マウス Fgf-9　別名：glia-activating factor
NM_013518/PDB ID なし

ヒト FGF-10　別名：keratinocyte growth factor 2
NM_004465/1NUN

マウス Fgf-10　別名：keratinocyte growth factor 2
NM_008002/PDB ID なし

ヒト FGF-16
NM_003868/PDB ID なし

マウス Fgf-16
NM_030614/PDB ID なし

ヒト FGF-17
M_003867/PDB ID なし

マウス Fgf-17
NM_008004/PDB ID なし

ヒト FGF-18
NM_003862/4CJM

マウス Fgf-18
NM_008005/PDB ID なし

ヒト FGF-20
NM_019851/3F1R
マウス Fgf-20
NM_030610/PDB IDなし
ヒト FGF-22
NM_020637/PDB IDなし
マウス Fgf-22
NM_023304/PDB IDなし

OMIM ID

FGF-3 164950	FGF-10 602115
FGF-4 164980	FGF-16 300827
FGF-5 165190	FGF-17 603725
FGF-6 134921	FGF-18 603726
FGF-7 148180	FGF-20 605558
FGF-8 600483	FGF-22 605831
FGF-9 600921	

参考文献

1) Itoh N & Ornitz DM : J Biochem, 149 : 121-130, 2011
2) Miyakawa K & Imamura T : J Biol Chem, 278 : 35718-35724, 2003
3) Goetz R, et al : J Biol Chem, 287 : 29134-29146, 2012
4) Itoh N & Ornitz DM : Trends Genet, 20 : 563-569, 2004

(小西守周，伊藤信行)

Keyword

16 エンドクラインFGF

▶英文表記：endocrine fibroblast growth factors

1) 歴史とあらまし

ヒトやマウスにおいて線維芽細胞増殖因子（fibroblast growth factor：FGF）は，22種類からなるファミリーを形成している（15参照）．これらの22種類のFGFのなかで，FGF-15は，マウスにおいてがん遺伝子E2A-Pbx1の下流因子として同定された．FGF-15の配列との相同性をもとに，ヒトのcDNAデータベースの検索によりFGF-19が同定され，またFGF-21はFGF-19の配列をもとにしたhomology-based PCR法によりマウス胎仔cDNAから同定された．FGF-23は，マウスのゲノム配列検索により，FGF-21と相同性をもつ因子として同定された．なお，後に，マウスで同定されたFGF-15はヒトのFGF-19のオルソログであることが明らかになった．

これらのFGF-19サブファミリーに属する3つのFGFは，典型的な分泌シグナル配列をもち，循環を介することにより産生細胞と異なる遠方の細胞に作用するため，その作用様式よりエンドクラインFGFといわれる．これらエンドクラインFGFは，主に生体の代謝調節において重要な役割を担うことが明らかになりつつある[1]．

2) 機能

i）エンドクラインFGFの作用様式

FGF-19，FGF-21，FGF-23は，それぞれ216，209，251アミノ酸からなる．FGF-19は主に回腸などで産生され，FGF-21は主に肝臓や脂肪組織などの代謝関連臓器で産生される．FGF-23は骨芽細胞が主な産生細胞である．パラクラインFGFは，そのアミノ酸配列のなかにヘパリンやヘパラン硫酸プロテオグリカンに結合する部位が存在するのに対し，エンドクラインFGFはその部分の構造が異なる（**図13**）．したがって，ヘパリンやヘパラン硫酸プロテオグリカンが含まれる細胞外マトリクスとの親和性が低い．この親和性の低さが，エンドクラインFGFが産生組織にとどまらず遠方へ拡散する原因であると考えられている．一方で，エンドクラインFGFによるFGF受容体の活性化には，膜貫通型の糖タンパク質であるKlothoファミリーが，共受容体として必要となる．FGF-19によるFGF受容体（18参照）の活性化にはβ Klotho分子が，FGF-23によるFGF受容体の活性化にはα Klotho分子が必要であると考えられている[2]．FGF-21によるFGF受容体の活性化についてはβ Klotho分子が必要であるという説がある一方で，生理的にはKlothoとは異なる他の分子が介在する可能性も指摘されている．さらに，FGF-23に関しては，α Klotho分子をもたない心筋細胞に対して作用しうる可能性が示唆されている[3]．

FGF-23についてはC末端約70アミノ酸がプロセシングを受けることが知られている．プロセシングにより生じるN末端側，C末端側フラグメントのいずれにも，全長FGF-23にみられる生物活性はない．なお，FGF-23にはムチン型O型糖鎖が付加するが，この糖鎖がプロセシングを抑制する．

ii）代謝調節作用

いずれのエンドクラインFGFも，個体の代謝調節因子として機能する．FGF-19は，胆汁酸が小腸に取り込まれると産生され，肝臓における胆汁酸合成酵素（Cyp7a1）の発現を抑制する．FGF-23は，ビタミンDの刺激により骨芽細胞において産生，放出され，腎臓近位尿細管におけるビタミンD活性化酵素（Cyp27b1）の発現を抑制し，ビタミンDの不活性化酵素（Cyp24）の

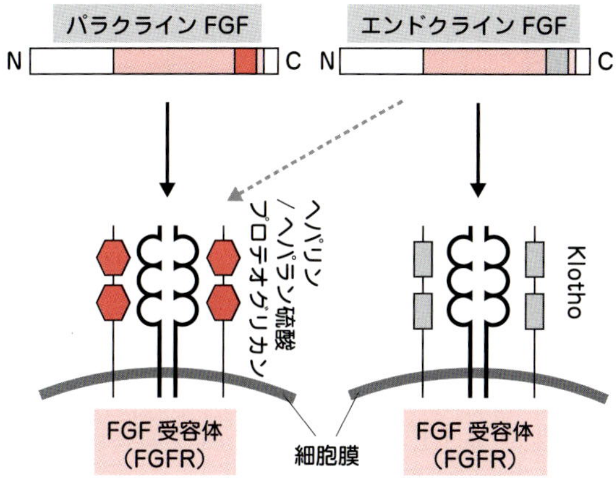

図13 エンドクラインFGFの作用様式

多くのパラクラインFGFのコア領域にはヘパリン，ヘパラン硫酸プロテオグリカンへの結合部位（■）が存在する．エンドクラインFGFでは，その領域の高次構造が異なるためヘパリン/ヘパラン硫酸プロテオグリカンへの親和性が低く，共受容体として働くKlothoファミリーへの親和性が高い．

発現を誘導する．すなわちFGF-19，FGF-23ともに，生体内でのネガティブフィードバックにかかわっている．

それ以外の機能としては，FGF-19が，神経堤細胞を介して心臓の形態形成にかかわること，FGF-23については，腎臓におけるリンの再吸収の抑制や副甲状腺における副甲状腺ホルモンの分泌促進にかかわることなどが明らかにされている．一方，FGF-21については，白色脂肪組織における脂肪分解を抑制し，また，白色脂肪組織の褐色化や，脂肪酸酸化も増大させることがわかっている．さらに，FGF-21については，転写因子PPAR γ のアゴニスト投与により脂肪細胞において産生され，脂肪細胞に作用してそのPPAR γ 活性を亢進する，すなわちオートクライン，パラクライン的に作用することも明らかにされている[4]．このように白色脂肪組織に対しさまざまな作用を示すFGF-21であるが，他にも心臓，膵臓や肝臓，中枢を介した生殖や概日リズムなどへの影響も示唆されている．

3) KOマウスの表現型/ヒト疾患との関連

i）ノックアウトマウスでの知見

ヒト*FGF-19*のオルソログである*FGF-15*や*FGF-21*，*FGF-23*のすべてに対しノックアウトマウスが作製されている．*FGF-15*ノックアウトマウスにおいては，心臓の流出路の形態異常や心室中隔欠損などが認められ，ほとんどが出生前あるいは直後に死亡する．生存したマウスに関しては糞便中の胆汁酸量が増加する．また，*FGF-15*ノックアウトマウスでは肝臓における糖新生が亢進し，一方でグリコーゲンの蓄積が低下することも明らかになっている．*FGF-21*ノックアウトマウスでは，通常食飼育時は，白色脂肪組織における転写因子PPAR γ の分解が亢進するという報告はあるものの，大きな変化は認められていない．しかし，例えば絶食時に起こる白色脂肪組織における脂肪分解については，野生型に比較して亢進し，また寒冷曝露したマウスの白色脂肪組織に生じる褐色脂肪様の細胞出現については，抑制が認められる．このように環境の変化に応じて起こる代謝変化に違いが生じることが報告されている．*FGF-23*ノックアウトマウスでは，血中のビタミンD濃度やリン濃度が上昇する．また低血糖，胸腺の低形成や免疫担当細胞の減少なども認められ，おおよそ3カ月齢までに死亡する．

ii）FGF-23とヒトの遺伝病

*FGF-23*が原因遺伝子となるヒトの遺伝病が複数報告されている．*FGF-23*（遺伝子座：12p13.32）の変異に起因するものとして，常染色体優性遺伝性低リン血症性くる病/骨軟化症（Phenotype MIM：193100）がある．この遺伝病では，FGF-23の分解が抑制され血清中のFGF-23濃度が高値となる．また，腫瘍においてFGF-23が高発現する病態として，腫瘍性骨軟化症も知られている．一方，家族性高リン血症性腫瘍状石灰沈着症（MIM：211900）は，*FGF-23*遺伝子の変異により，FGF-23の分解が亢進することに起因する．

【抗体】

すべてのエンドクラインFGFについて，Santa Cruz Biotechnology社をはじめとするさまざまなメーカーから販売されている．

【データベース】

GenBank/PDB ID

ヒト FGF-19	NM_005117/2P23
マウス Fgf-15	NM_008003/PDB IDなし
ヒト FGF-21	NM_019113/PDB IDなし
マウス Fgf-21	NM_020013/PDB IDなし
ヒト FGF-23	NM_020638/2P39
マウス Fgf-23	NM_022657/PDB IDなし

OMIM ID

FGF-19 603891
FGF-21 609436
FGF-23 605380

参考文献

1) Itoh N：Cell Tissue Res, 342：1-11, 2010
2) Tomiyama K, et al：Proc Natl Acad Sci U S A, 107：1666-1671, 2010
3) Faul C, et al：J Clin Invest, 121：4393-4408, 2011
4) Li H, et al：Front Med, 7：25-30, 2013

（小西守周，伊藤信行）

Keyword

17 イントラクラインFGF

▶英文表記：intracrine fibroblast growth factors
▶略称：iFGF

1) 歴史とあらまし

2015年現在，ヒトやマウスにおいて線維芽細胞増殖因子（fibroblast growth factor：FGF）は，22種類からなるファミリーを形成していることが明らかにされている（15参照）．そのうち，FGF-11〜14は，1996年，Smallwoodらにより，ヒトの網膜における新規cDNAの探索やデータベースサーチ，homology-based PCR法により発見された[1]．当時は，FHF-1〜4（Fgf homologous factor-1〜4）として報告されていたが，現在では，FHF-3はFGF-11，FHF-1はFGF-12，FHF-2はFGF-13，FHF-4はFGF-14として扱われている．

ヒトのFGF-11〜14は，それぞれ223，241，243，247アミノ酸からなる．FGFは7つのサブファミリーに分類されるが，そのうちの1つFGF-11サブファミリーにFGF-11〜14は属する．このサブファミリー内の4つのFGF間でのアミノ酸配列上の相同性は60〜70％であるが，他のファミリーに属するFGFとのアミノ酸配列上での相同性は低く，30〜50％程度である．他の多くのFGFは，そのN末端に分泌シグナル配列をもち，細胞外に分泌されて細胞膜上のFGF受容体（18参照）と結合することにより標的細胞に作用する．それに対し，FGF-11〜14は，分泌シグナル配列をもたず，細胞外へと分泌されることなく細胞内のタンパク質と結合し，その機能を調節するものと考えられている．その作用様式より，FGF-11〜14はイントラクラインFGFとよばれる．

2) 機能

イントラクラインFGFは，詳細な発現プロファイルは異なるものの，主に発達期から生後まで中枢神経系において発現する．その他としては，心筋細胞や精巣などにも発現が認められている．イントラクラインFGFは，その機能にFGF受容体との結合は必要とせず，細胞内の特定の因子に結合し，その因子の機能を調節するものと考えられる．

i）Na_vチャネルとの結合

FGF-12〜14に関しては，細胞膜に存在する電位依存性ナトリウムチャネル（Na_vチャネル）のαサブユニットのC末端領域に結合しその機能を制御することが示唆されている[2) 3)]（図14）．Na_vチャネルは，*Na_v1.1*〜*Na_v1.9*まで，9つの遺伝子が存在する．そのうち，FGF-12はNa_v1.1，Na_v1.7とNa_v1.8には結合しないが，Na_v1.2，Na_v1.5，Na_v1.6とNa_v1.9に結合しうる．FGF-13はNa_v1.5とNa_v1.6に結合することが報告されているし，FGF-14はNa_v1.1，Na_v1.2とNa_v1.6に結合する．このようにイントラクラインFGFは9つのNa_vチャネルに対し独自の親和性をもって結合し，その機能を調節するらしい．また，イントラクラインFGFは，N末端の構造に差を有する10種類以上のスプライシングバリアントが存在するが，Na_vチャネルとの関係はバリアントごとに変わることも示唆されている．

ii）その他の因子との結合

さらに，イントラクラインFGFのなかには，Naチャネル以外の因子に結合するものも存在する．例えば，FGF-12は，脳内においてMAPKのスキャホールドタンパク質であるIB2（Islet-Brain-2）に結合することが示されている[4)]．またFGF-13は微小管タンパク質であるチューブリンに直接結合し，その重合やその安定化を促進する[2)]．微小管のダイナミクスは，神経細胞の形態変化や移動に必須であり，FGF-13は微小管を介して神経組織の適切な形成に重要な役割を果たす．

3) KOマウスの表現型／ヒト疾患との関連

i）ノックアウトマウスでの知見

*FGF-11*ノックアウトマウスに関しては，2015年現在まで報告がない．*FGF-12*ノックアウトマウスは，外見上，野生型マウスと変化は認められないが，筋力の低下が報告されている．ただし，神経系の形態異常，神経機能の異常による行動異常は認められない．*FGF-13*ノックアウトマウスでは，脳の発達過程において大脳新皮質と海馬における神経細胞の移動に異常が生じ，学習，記憶能力の低下が起こる．*FGF-14*ノックアウトマウスでは，脳の神経活動に由来するさまざまな行動異常が観察される．例えば，ドパミン受容体アゴニスト投与により起こる運動低下作用が消失し，錐体外路障害の1つであ

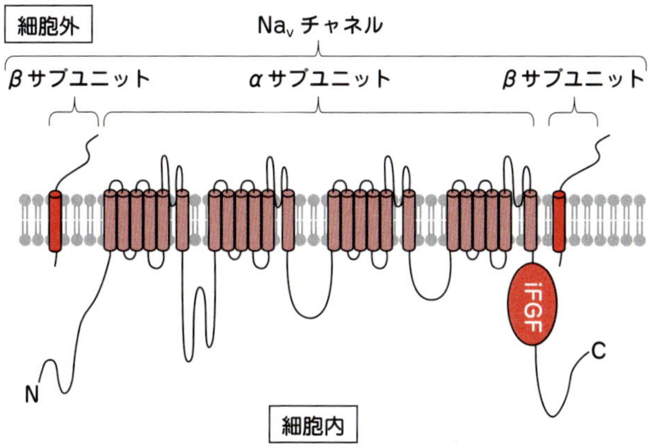

図14 イントラクラインFGF（iFGF）と電位依存性ナトリウムチャネル（Na$_v$チャネル）との結合

電位依存性ナトリウムチャネル（Na$_v$チャネル）のαサブユニットは，6つの膜貫通へリックスによるドメインが4つ連結した構造をしている．その構造のなかで，細胞内に位置するC末端にイントラクラインFGF（iFGF）は結合すると考えられている．

る発作性の運動過剰症が起こる．空間記憶に障害が生じることも報告されている．また小脳顆粒細胞の興奮が抑制されることにより運動失調が起こる．これらの表現型は，*FGF-14*ノックアウトマウスに比較して，*FGF-12*と*FGF-14*のダブルノックアウトマウスで，より顕著になることが報告されている[5]．

ii）ヒトの遺伝病

ヒトの遺伝病とのかかわりでは，*FGF-14*（遺伝子座：11q13.3）の変異に起因するものとして，脊髄小脳失調症27（Phenotype MIM：609307）が知られている．またX連鎖精神遅滞（MIM：301900）やX連鎖先天性全身性多毛症（MIM：307150）に関して，*FGF-13*（Xq26.3-27.1）が原因遺伝子の候補として考えられている．さらに心室細動を生じるBrugada症候群と*FGF-12*（3q28-29）とのかかわりも指摘されている．

【抗体】

すべてのイントラクラインFGFについて，Santa Cruz Biotechnology社をはじめとするさまざまなメーカーから販売されている．

【データベース】

GenBank/PDB ID

ヒト FGF-11
　別名：fibroblast growth factor homologous factor 3
　NM_004112/PDB IDなし

マウス Fgf-11
　NM_010198/PDB IDなし

ヒト FGF-12
　別名：fibroblast growth factor homologous factor 1
　NM_004113/1Q1U

マウス Fgf-12
　NM_010199/PDB IDなし

ヒト FGF-13
　別名：fibroblast growth factor homologous factor 2
　NM_004114/3HBW

マウス Fgf-13
　NM_010200/PDB IDなし

ヒト FGF-14
　別名：fibroblast growth factor homologous factor 4
　NM_004115/PDB IDなし

マウス Fgf-14
　NM_010201/PDB IDなし

OMIM ID

FGF-11 601514	FGF-13 300070
FGF-12 601513	FGF-14 601515

参考文献

1）Smallwood PM, et al：Proc Natl Acad Sci U S A, 93：9850-9857, 1996
2）Zhang X, et al：Sci China Life Sci, 55：1038-1044, 2012
3）Wei EQ, et al：Trends Cardiovasc Med, 21：199-203, 2011
4）Schoorlemmer J & Goldfarb M：J Biol Chem, 277：49111-49119, 2002
5）Goldfarb M, et al：Neuron, 55：449-463, 2007

（小西守周，伊藤信行）

Keyword

18 FGF受容体

▶フルスペル：fibroblast growth factor receptor
▶和文表記：線維芽細胞増殖因子受容体
▶別名：FGFR

1) 歴史とあらまし

i）ファミリー分子とドメイン構造

1989年，basic FGF（FGF-2，14参照）に結合する受容体として，cDNAクローニングされたのが，FGFR1である[1]．その後，FGFR2，FGFR3，FGFR4がクローニングされ，4つのファミリー分子となった[2]．FGFR（FGF受容体）は，細胞外領域，膜貫通領域，細胞内領域からなる．細胞内領域は，チロシンキナーゼ酵素活性をもつドメインと，C末端ドメインからなる．

細胞外領域は，イムノグロブリン（immunoglobulin：Ig）様ドメインが3つ（D1～D3）連なっている（図15）．D3ドメインの前半は，エキソン7からなるが，後半は，選択的スプライシングによりエキソン8もしくは9から構成される．D3ドメイン後半がエキソン8から構成される場合は，アイソフォームⅢb，エキソン9により構成される場合は，アイソフォームⅢcとよばれる．つまり，FGF受容体ファミリーは，FGFR1b，FGFR1c，FGFR2b，FGFR2c，FGFR3b，FGFR3c，FGFR4b，FGFR4cの8つからなる．D2ドメインには，ヘパリンと結合する部分がある．リガンドが結合するとともに，このヘパリンが結合することが，チロシンキナーゼの活性化に重要である．リガンドはFGFファミリー（14～17参照）であり，リガンドファミリーとしては22種類と最も数が多く，アイソフォームによって結合するリガンドがかなり異なる．例えば，FGFR1bは，FGF1/2/3/10に親和性高く結合するが，FGFR1cは，FGF1/2/4/5/6との親和性が高いことが知られている．

ii）シグナル伝達

リガンドとヘパリンが細胞外領域に結合すると，FGFRがホモ二量体やヘテロ二量体を形成して，コンフォメーション変化を起こし，細胞内領域のチロシンキナーゼを活性化する．FGFRの細胞内領域では，チロシンキナーゼドメインよりN末端側にはFRS2αというアダプター分子が恒常的に結合している[3]．そのため，FGFRのチロシンキナーゼ活性が上昇すると，まずFRS2α分子内の6つのチロシン残基がリン酸化される．そのうち4つのチロシン残基にはGrb2が結合し，2つのチロシン残基にはShp2が結合する．ここからシグナル伝達が行われ，Ras-ERK経路とPI3K-Akt経路が活性化する．このように，FRS2αは，FGFシグナル伝達の司令塔として機能する．一方，FGFRのC末端もチロシンリン酸化を受け，PLCγが結合する．FGFR3は，軟骨細胞ではSTAT1を活性化する[4]．

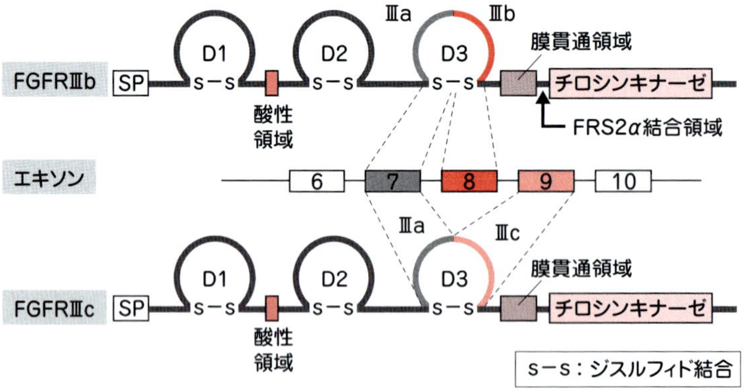

図15 FGFR（FGF受容体）の細胞外領域のスプライシングアイソフォーム

細胞外領域は，3つのイムノグロブリン様ドメイン（D1，D2，D3）からなる．D3ドメインの前半は，Ⅲaはエキソン7由来で，後半は選択的スプライシングによりⅢbアイソフォームはエキソン8由来，Ⅲcアイソフォームはエキソン9由来となる．SP：シグナルペプチド．文献2より引用．

2) 機能

さまざまな上皮細胞や間葉系の細胞に発現し，アイソフォームⅢbは上皮系の細胞，アイソフォームⅢcは間葉系の細胞に発現するとの報告もある．これらの細胞の増殖，生存，分化などを行っている．特に，未分化な細胞に発現し，さまざまな発生段階で特異的に発現してくるおのおののFGFファミリー分子によって活性化し，組織の構築にかかわっている．さまざまな組織幹細胞の維持にも重要な役割を果たしている．軟骨細胞内で，FGFR3を介してSTAT1が活性化すると細胞の増殖抑制を起こす．

3) KOマウスの表現型/ヒト疾患との関連

i）ノックアウトマウスでの知見

*FGFR1*のノックアウトマウスは，胎生期9.5〜12.5日の間に致死である[2) 5)]．原因は，原条からの細胞移動ができず，原腸陥入がうまくいかないため，さまざまな異常が起きるからである．*FGFR1b*のノックアウトマウスは，生後すぐ致死であり，肺が欠損し他にもいくつかの臓器欠損がある．*FGFR1c*のノックアウトマウスは，生存するが，骨格の異常により小人症様となる．*FGFR2*のノックアウトマウスは，胎生期10.5日までに致死である．胎盤と肢芽の発達不全による．*FGFR3*のノックアウトマウスは，逆に長骨が異常に長くなり，内耳の異常も認められる．*FGFR4*のノックアウトマウスは，フェノタイプなしと報告されている．

ii）骨の発達異常

ヒト疾患では，まず，FGFR2またはFGFR3の細胞外領域，膜貫通領域あるいはチロシンキナーゼドメイン内点突然変異によって起こる，チロシンキナーゼの異常な活性化による骨の先天的な発達異常があげられる[2) 4)]．FGFR2の変異は，頭の骨の異常である頭蓋骨縫合早期癒合などが起きる．FGFR3の変異は，長骨の骨化が異常に早く起こるために小人症になることがある．さまざまな病名がつけられており，クルーズン症候群，アペール症候群，ファイファー症候群，軟骨発育不全症，低軟骨形成症などがある．

iii）がん

次に重要なのが，がんとのかかわりである[2) 5)]．乳がんではFGFR1，甲状腺がんではFGFR3の過剰発現が報告されている．多発性骨髄腫では，FGFR3との融合タンパク質がみつかっている．他，胃がん，膀胱がんなどでは，活性化型の点突然変異がみつかっている．また，前立腺がんではFGFR2のアイソフォームがⅢbからⅢcにスイッチすることにより，上皮間葉転換（epithelial-mesenchymal transition：EMT）が起こっているとの報告がある．

【データベース】

GenBank ID

ヒト　FGFR1 NP_075598.2
　　　FGFR2 NP_000132.3
　　　FGFR3 NP_000133.1
　　　FGFR4 NP_002002.3

【阻害剤】

lapatinib，neratinib，trastuzumab

【抗体の入手先】

CST社，Abcam社

参考文献

1）Lee PL, et al：Science, 245：57-60, 1989
2）Eswarakumar VP, et al：Cytokine Growth Factor Rev, 16：139-149, 2005
3）Gotoh N：Cancer Sci, 99：1319-1325, 2008
4）L'Hôte CG & Knowles MA：Exp Cell Res, 304：417-431, 2005
5）Grose R & Dickson C：Cytokine Growth Factor Rev, 16：179-186, 2005

（後藤典子）

Ⅳ インスリンファミリー，IGFBPと受容体

Keyword

19 insulin, IGF-1/2

【insulin】
▶和文表記：インスリン

【IGF-1/2】
▶フルスペル：insulin-like growth factor-1/2
▶和文表記：インスリン様増殖因子 -1/2
▶別名：somatomedin C/A

1）歴史とあらまし

インスリン（insulin）は歴史上はじめて精製されたホルモンであり，またアミノ酸配列，X線構造，濃度測定法（RIA）が最初に決定されたホルモンとしていずれもノーベル賞を受賞している（Banting, Macleod, Sanger, Hodgkin, Yallow）[1) 2)]．IGF-1とIGF-2は，インスリン抗体で抑制されない血清中のインスリン様活性物質として精製されたが，おのおの細胞増殖因子として認識されていたソマトメジンCおよびソマトメジンAと同じであることが後に判明した[1) ～4)]．

プロインスリンから2つのプロホルモン転換酵素によってCペプチドが切り出され，残ったA鎖とB鎖がジスルフィド（SS）結合で結ばれてインスリンができる（図16）．IGF-1/2はこのような修飾を受けない一本鎖ペプチドで，インスリンのA鎖，B鎖と相同性の高いAドメイン，BドメインおよびプロインスリンのCペプチドの位置にあるが相同性のないCドメインと，インスリンにはみられないDドメインからなる（図16）．

2）機能

i）インスリン

インスリンは，膵β細胞にほぼ特異的に発現しており，グルコースやアミノ酸（アルギニン，ロイシン），スルホニル尿素（SU）剤などの刺激によってCペプチドや亜鉛などとともに分泌顆粒から放出され，肝臓，骨格筋，脂肪細胞などの標的臓器のインスリン受容体（INSR，21参照）と結合して，グルコースの取り込み，糖新生の抑制（肝臓）を介して血糖値を低下させる．インスリン作用の不足は糖尿病を引き起こす．その他の標的臓器として脳などがある．

ii）IGF-1/2

IGF-1とIGF-2はともに胎児の成長，発生に重要である．生後においては，血中IGF-1の大部分が肝臓で産生

図16 インスリンとIGF-1のアミノ酸構造

白抜き文字（Ⓐ）で表示したものは，インスリンとIGF-1で同一のアミノ酸．―S-S―はジスルフィド結合を表す．

され，その発現は成長ホルモン（第1章-29参照）により活性化され，インスリンによって抑制され，身体の成長シグナルを担っているが，腎臓や骨などの臓器でも産生され局所で作用している．IGF-2は，齧歯類では胎生期に各臓器で発現した後，成獣では脳の一部にしか発現がみられなくなるが，ヒトでは成人でも多臓器で産生され高い血中レベルを保っている．その意義は不明である．IGF系の異常はがんなどの疾患をきたす．

iii）関連する変異体

線虫やハエでは，受容体INSR，IGF1Rとその下流因子のPI3K，Aktが寿命を負に制御するシグナルとして，また，Aktによって負に制御されている転写因子FOXOが長寿因子として知られている．*Igf1r*のヘテロ欠損マウスと脂肪細胞特異的*Insr*欠損マウスでも寿命が延長する．肝臓特異的*Igf1*遺伝子コンディショナルノックアウトマウスも欠損の週齢によっては長寿を示す．一方，線虫やハエと異なり，マウスでは$Insr^{-/-}$，$Igf1r^{-/-}$，PI3K（p110 $\alpha^{-/-}$やp110 $\beta^{-/-}$），$Akt1^{-/-}$；$Akt2^{-/-}$変異は出生直後に死亡する．

3) KOマウスの表現型/ヒト疾患との関連

マウスの2つのインスリン遺伝子（*Ins1*および*Ins2*．ヒト*INSULIN*遺伝子に相当するのはマウス*Ins2*であるが，発現は*Ins1*のほうがβ細胞特異性が強い）をノックアウトすると，糖尿病性ケトアシドーシスにより48時間以内に死亡する．*Igf1*単独ノックアウトマウスや*Igf2*単独ノックアウトマウスは通常の60％ほどの大きさにしか育たない．

ヒトではインスリン遺伝子は1つで，その機能欠損，分泌不全，合成不全は糖尿病をきたす．1型糖尿病はβ細胞の破壊によるインスリン分泌の喪失が病態である．2型糖尿病はインスリン分泌の相対的な低下と末梢におけるインスリン抵抗性の両方によるインスリン作用の不足が病態である．肥満や2型糖尿病といったインスリン抵抗性による高インスリン血症では一部のがん（乳がん，大腸がん，膵がん）のリスクが上昇する．一方，インスリン治療による発がんリスクは明らかでない．高IGF-1血症では，前立腺，乳腺，大腸などの発がんリスクが上昇する．2つの一般的な*IGF1*のハプロタイプが乳がんのリスクを低下させるという報告がある．*IGF2*はインプリンティング遺伝子で，*IGF2*は父親アレルのみ発現し，*IGF2R*（IGF-2受容体）は母親アレルのみ発現する．ヒトでは父親由来のアレルの発現がなくなることで，胎児期の成長不全をきたし，Silver-Russell症候群をきたす．逆に発現が過剰になると，過成長をきたし，Beckwith-Wiedeman症候群となる．生後の*IGF2*のインプリンティングの消失はWilm's腫瘍や大腸がんを引き起こす．

【阻害剤】

インスリン受容体アンタゴニストS961はPhoenix Peptides社などから入手可能．

【抗体】

ELISAに使えるものはALPCO社，Mercodia社，シバヤギ社，森永生科学研究所などから購入可能．

【ベクター】

理化学研究所バイオリソースセンター遺伝子材料開発室，GE Healthcare（Open Biosystems）社，Life Technologies（Invitrogen）社，OriGene社などから購入可能．

【データベース】

GenBank ID

ヒト *INS*	3630	マウス *Ins1*	16333
ヒト *IGF1*	3479	マウス *Ins2*	16334
ヒト *IGF2*	3481	マウス *Igf1*	16000
		マウス *Igf2*	16002

OMIM ID

INSULIN	176730
IGF1	147440
IGF2	147470

参考文献

1）Annunziata M, et al：Acta Diabetol, 48：1-9, 2011
2）Suckale J & Solimena M：Trends Endocrinol Metab, 21：599-609, 2010
3）Clayton PE, et al：Nat Rev Endocrinol, 7：11-24, 2011
4）Junnila RK, et al：Nat Rev Endocrinol, 9：366-376, 2013

（杉山拓也，山内敏正，植木浩二郎，門脇　孝）

Keyword

20 IGFBP-1～6

▶フルスペル：insulin-like growth factor-binding protein
▶和文表記：インスリン様増殖因子結合タンパク質-1～6

1) 歴史とあらまし

IGFBP（IGFBP-1～6のアイソフォームをもつ）は血中のIGFの複合体のパートナー（輸送タンパク質）として見出された．現在では，それ以外にも多彩な機能を

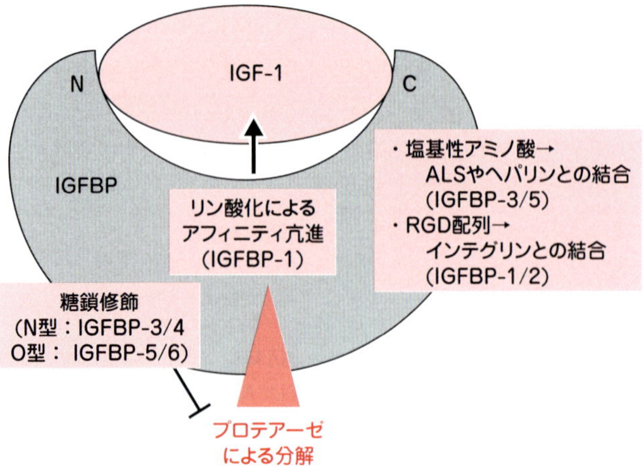

図17 IGFBPの制御・機能
詳細は本文参照．文献2をもとに作成．

もっていることが明らかになっている．IGFBPはIGF以外にも多くのタンパク質と結合し，その作用はIGF依存的作用と非依存的作用がある．IGFBPは分泌タンパク質であると同時に，細胞内でも作用し，核内においては転写調節，アポトーシス誘導，DNA障害修復にかかわる．全体として，細胞増殖や生存，腫瘍の発生・進展・治療抵抗性に関与し，腫瘍予後のバイオマーカーとしても期待されている[3) 4)]．

2）機能

i）複合体形成と半減期

インスリンとIGFとの構造上の違いは，IGFはインスリンのCペプチドに当たる部分を切り取られずに維持し，さらに，AドメインのA先に小さなDドメインをもっているところにある（図16参照）．また，IGFのアミノ酸の3/4/15/16位に位置する部分はIGFBPファミリーとの結合に必要であるが，インスリンには存在しない．したがって血中インスリンはほとんどフリーで存在しているが，血中IGF-1の75％以上はALS（acid labile subunit）およびIGFBP-3（血中に最も多いIGFBP）と三者結合しており，IGF-1はIGFBP-3と結合することで安定化している．血中のIGF-1，IGFBP-3，ALSの三者複合体の半減期は16時間以上であるのに対して，IGF-1とIGFBP-3との二者複合体の半減期は約30分，フリーのIGF-1の半減期は数分である．IGFBP-3とALSの結合は，IGFBP-3のC末端にある塩基性アミノ酸に富んだ領域を介してなされる．

ii）活性制御

その一方で，IGFはIGFBPによって活性が抑制されている側面もある．これは，IGFとIGFBPの結合に必要なアミノ酸が，同様にIGFとIGF受容体（21参照）の結合にも必要で，IGFはIGFBPから遊離してはじめて受容体にアクセスできるためである．IGFとIGFBPの結合は，IGFBPのリン酸化（IGFとのアフィニティが亢進しIGFの活性を低下させる），タンパク質分解（matrix metalloproteinases, ADAM28, PAPPAなどのプロテアーゼによる．糖鎖修飾によりIGFBPはプロテアーゼから保護される），IGFBPと細胞表面や細胞外マトリクスとの結合〔主としてプロテオグリカン（グリコサミノグリカン）との結合を介して行われ，外因性ヘパリンがこの結合を競合阻害する〕により調節されている（図17）．

細胞表面ではIGFBP-1/2はRGD配列でインテグリンと結合するほか，LRP1などを介して細胞内に取り込まれる．細胞内でのIGFBPの振る舞いに関しては完全にはわかっていないが，一部は核内に移行する．核内でのパートナーとして最も解析が進んでいるのは核内受容体で，RXR，RAR，ビタミンD受容体とヘテロ二量体を形成する．

ヒトIGFBP-3の転写は成長ホルモンとは無関係であるが，IGF-1とALSが成長ホルモンによって調整されているため，その血中濃度は成長ホルモンにより左右される．IGFBP-1は代謝状態により急性に制御され，さらにIGFBP-1/2は食餌とエネルギーバランスにより長期的に制御されている．肥満においてはIGFBP-1/2のレベルが低下する．

6つのIGFBPに類似したタンパク質群として，IGFBP-rPが知られている．これらはIGFBPとは構造がやや異なり，IGFに対する親和性が低い，IGFBP-rPには，MAC25，CTGF（connective tissue growth factor），NOV，CYR61がある．後の3つはまとめてCCNタンパク質ともよばれる．

3）KOマウスの表現型/ヒト疾患との関連

IGFBP-1～6の各ノックアウトマウスの表現型はきわめてマイルドである．IGFBP-4のノックアウトマウスは低体重（約90％）である．IGFBP-4のプロテアーゼであるPAPP-Aのノックアウトマウスは胎仔期の成長阻害をきたす．これはIGFBP-4がIGF-2を遊離できずに，IGF-2が受容体に結合できないためと考えられる．

また，IGFBPとがんとのかかわりが活発に研究されている[1) 2)]．IGFBPはコンテクストによって腫瘍に対し抑制的に作用したり，促進的に作用したりする．肥満と発がんとの相関が指摘されているが，そのメカニズムとして高インスリン血症によるIGFBPの発現低下に伴うフリーのIGFの上昇が提唱されている（インスリン発がん仮説）．しかしながら，活性型のIGFの測定系が確立していないことから，仮説に留まっている．血中IGFBP濃度とがんの予後との関連は明瞭でないが，組織中のIGFBPの発現レベルががんの予後マーカーとして提唱されている．

【抗体】

ELISAに使えるものはR & Dシステムズ社，Sigma-Aldrich社，ALPCO社などから購入可能．

【ベクター】

理化学研究所バイオリソースセンター遺伝子材料開発室，GE Healthcare（Open Biosystems）社，Life Technologies（Invitrogen）社，OriGene社などから購入可能．

【データベース】

GenBank ID

ヒト *IGFBP1*	3484	マウス *Igfbp1*	16006
ヒト *IGFBP2*	3485	マウス *Igfbp2*	16008
ヒト *IGFBP3*	3486	マウス *Igfbp3*	16009
ヒト *IGFBP4*	3487	マウス *Igfbp4*	16010
ヒト *IGFBP5*	3488	マウス *Igfbp5*	16011
ヒト *IGFBP6*	3489	マウス *Igfbp6*	16012

OMIM ID

IGFBP1 146730	IGFBP4 146733
IGFBP2 146731	IGFBP5 146734
IGFBP3 146732	IGFBP6 146735

参考文献

1）Brown J, et al：Trends Biochem Sci, 34：612-619, 2009
2）Firth SM & Baxter RC：Endocr Rev, 23：824-854, 2002
3）Renehan AG, et al：Trends Endocrinol Metab, 17：328-336, 2006
4）Baxter RC：Nat Rev Cancer, 14：329-341, 2014

（杉山拓也，山内敏正，門脇　孝）

Keyword

21 INSR，IGF-1R/2R

【INSR】

▶フルスペル：insulin receptor
▶和文表記：インスリン受容体

【IGF-1R/2R】

▶フルスペル：insulin-like growth factor-1/2 receptor
▶和文表記：インスリン様増殖因子-1/2受容体
▶IGF-2Rの別名：cation-independent mannose-6-phosphate受容体

1）歴史とあらまし

インスリン受容体（INSR）は，ラベルしたインスリン（19参照）やINSRに対する自己抗体のために糖尿病を呈するB型受容体異常症の患者の血清を用いた実験から，構造やチロシンキナーゼ活性をもつことが春日らによって1982年に明らかにされ，その後1985年にcDNAがクローニングされた[1)～6)]．

2）機能

*INSR*や*IGF1R*の遺伝子は，細胞外に存在しリガンド結合ドメインをもつαサブユニットと，膜貫通領域とチロシンキナーゼ活性をもつβサブユニットをコードしており，α2β2のヘテロ四量体として存在する（**図18**）．インスリンとIGF-1RおよびIGF-1とINSRは低親和性であるが，ハイブリッド受容体にはどちらも高親和性に結合する．INSRやIGF-1RはIRS-1やIRS-2をチロシンリン酸化して，それらに結合するPI3Kとその下流のAktが糖の取り込み，グリコーゲン合成，タンパク質合成の促進，糖新生の抑制，脂肪酸分解の抑制などを媒介する．MAPKを介して主に細胞増殖作用を伝達するShcも両受容体の基質であるが，IGF-1Rの方がINSRより強くShcをリン酸化する．IGF-2Rは，一本鎖の膜タンパ

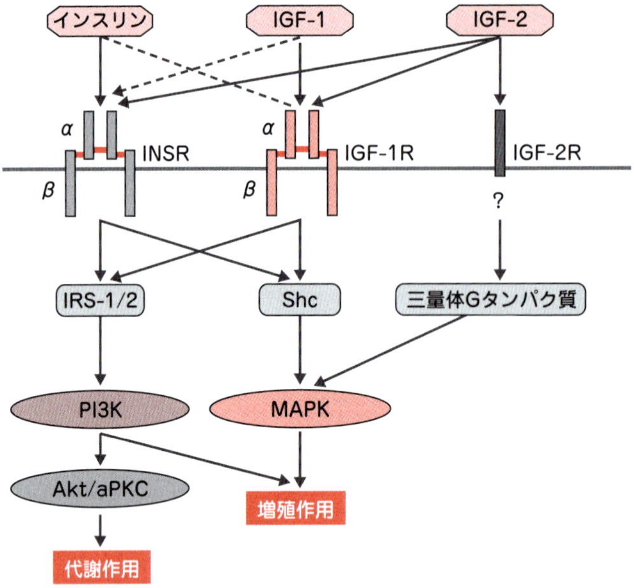

図18 インスリン受容体（INSR）とIGF受容体（IGF-1R/2R）の構造とシグナル伝達様式
━はS-S結合を表す．

ク質で，酵素活性をもたず，細胞表面ではIGF-2のクリアランスに役立っていると考えられている．IGF-2Rの90％は細胞内に発現しており，リソソーム酵素の輸送を促進しているとされる．

3) KOマウスの表現型/ヒト疾患との関連

*Insr*欠損マウスはインスリン抵抗性，糖尿病，胎仔成長障害（9割の大きさ）をきたす．出生時には血糖は正常で，母乳を摂取したのち高血糖が生じ，血中インスリン濃度は1,000倍にも上昇する．数日後にはβ細胞のインスリンが枯渇し，糖尿病性ケトアシドーシスにより死亡する．*Igf1r*の全身性のノックアウトマウスは，胎生期の成長障害を呈し呼吸筋の発達不全のため生後数分以内に死亡する．*Igf1r*のヘテロノックアウトマウスは寿命が延長している．*Igf2r*のノックアウトマウスは生まれてまもなく死亡するが，IGF-2作用の過剰のため過成長である．

i）成長障害と発がん

ヒト*INSR*のホモ欠損例はマウスと異なり，胎児期の成長障害が著明である．マウスの場合胎生12～15日の胎生中期では，IGF-1RがIGF-2の主な受容体であるが，それ以降はINSR（alternative splicing formであるisoform A）がより重要となる．マウスはヒトでいう26週くらいの時期に生まれてくるため，INSR依存的な成長の時期がヒトと比べて短い．これに加え，IGF-1Rによる機能代償も*Insr*ノックアウトマウスにおける成長障害の軽減に寄与していると考えられる．ヒト*IGF2R*のSNPは成長不全をきたしたり，発がんリスクが上昇する．加えて*IGF2R*のLOH（loss of heterozygosity）はがんを引き起こす．例えば，*IGF2R*は母親アレルのみ発現しているが，母親アレルに変異が生じることで大腸がん，肝細胞がん，消化管がん，前立腺がんを発症する．

ii）エネルギー代謝

骨格筋特異的な*Insr*欠損マウスでは全身的にはインスリン抵抗性をきたさない．筋収縮に依存した糖の取り込みと，IGF1Rの2つの代償メカニズムが考えられている．さらに脂肪組織での糖の取り込みが3倍亢進し，これはおそらく骨格筋由来の血中因子よって引き起こされている．脂肪細胞特異的な*Insr*欠損マウスでは耐糖能は正常で，脂肪組織重量は半分である．脂肪細胞の大きさは中サイズのものが少なく，小サイズと大サイズのものが生じる．食餌量が減少しないにもかかわらず，寿命が18％延長する．肝細胞特異的な*Insr*マウスでは著明な耐糖能異常，インスリン抵抗性をきたす．さらに，血中濃度が正常の20倍の著明な高インスリン血症を示す．これはインスリンの肝臓でのINSRがないことによるクリアランスの低下と，著明なβ細胞の増殖によるものである．β細胞の増殖は肝臓から分泌される血中因子によると考えられる．β細胞特異的な*Insr*欠損マウスでは加齢依存性の耐糖能異常をきたす．グルコース依存性の第1相のインスリン分泌とβ細胞の増殖の障害をきたす．神経特異的な*Insr*欠損マウスでは食餌量の増加，肥満，インスリン抵抗性，生殖機能の低下を示す．耐糖能は正常である．腎臓ポドサイト特異的な*Insr*欠損マウスでは，アルブミン尿症などの糖尿病性腎症と共通した表現型を呈する．

【阻害剤】

インスリン受容体アンタゴニストS961はPhoenix Peptides社などから購入可能.

【抗体入手先】

各受容体の抗体は，Santa Cruz Biotechnology社などから購入可能である.

【ベクター入手先】

理化学研究所バイオリソースセンター遺伝子材料開発室，GE Healthcare（Open Biosystems）社，Life Technologies（Invitrogen）社，OriGene社などから購入可能.

【データベース】

GenBank ID

ヒト*INSR*	3643	マウス*Insr*	16337
ヒト*IGF1R*	3480	マウス*Igf1r*	16001
ヒト*IGF2R*	3482	マウス*Igf2r*	16004

OMIM ID

INSR	147670
IGF1R	147370
IGF2R	147280

参考文献

1) Kadowaki T, et al：Cell, 148：624-624.e1, 2012
2) Kadowaki T, et al：Cell, 148：834-834.e1, 2012
3) Kitamura T, et al：Annu Rev Physiol, 65：313-332, 2003
4) Biddinger SB & Kahn CR：Annu Rev Physiol, 68：123-158, 2006
5) Brown J, et al：Trends Biochem Sci, 34：612-619, 2009
6) Annunziata M, et al：Acta Diabetol, 48：1-9, 2011

（杉山拓也，山内敏正，植木浩二郎，門脇　孝）

Keyword

22 HGF

▶フルスペル：hepatocyte growth factor
▶和文表記：肝細胞増殖因子

1) 歴史とあらまし

HGFは初代培養肝細胞のDNA合成を促す生理活性タンパク質として同定され，ラット血小板抽出液ならびに劇症肝炎患者血漿から精製された．1989年，ヒトHGF cDNAの構造が報告され[1) 2)]，新規の細胞増殖因子であることが明らかにされた．HGFは4個のクリングル構造をもつα鎖とセリンプロテアーゼ様構造をもつβ鎖から構成されている（図19A）が，HGFはプロテアーゼ活性をもっていない．1991年，上皮細胞の細胞分散を引き起こす因子として精製されたscatter factorはHGFと同一分子であること，細胞膜貫通チロシンキナーゼMet（図19B）（23参照）がHGFに対する受容体であることなどが明らかにされた．HGFは受容体Metに対する唯一のリガンドである一方，MetはHGFに対する唯一の受容体であり，両者が1：1の関係であることはHGF-Met系の特徴である．

2) 機能

細胞の増殖促進，細胞の遊走促進，細胞死を抑制する生存促進活性に加え，コラーゲンゲル内で培養した腎尿細管や乳腺上皮細胞など上皮細胞に対して三次元の管腔形態形成を誘導する活性をもっている．これらの活性は発生過程における組織の形成や成体における組織の再生・修復・保護を支える生物活性である．発生過程において，上皮組織と間葉組織の相互作用が肝臓，肺，乳腺などを含む組織形成に関与することが知られているが，HGFは主として間葉組織に由来する因子の1つとして肺，腎臓，乳腺などにおける上皮組織の形態形成を促している．

成体期におけるHGFの生理機能について，さまざまな細胞・組織特異的Metノックアウトマウスの形質から明らかにされている．成体期のHGFは肝臓の傷害に対

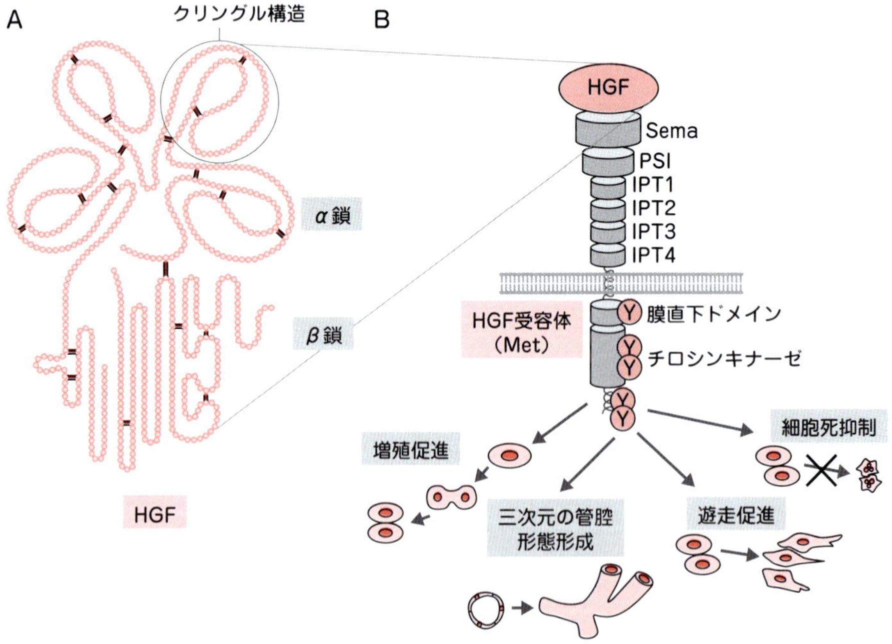

図19 HGFとMetの構造，シグナル伝達
詳細は本文参照．

する肝細胞の細胞死阻止や再生・増殖を担うとともに，線維化の抑制に関与している．腎臓においても傷害の抑制や再生，線維化の抑制に関与する他，皮膚表皮の修復過程において，表皮角化細胞の遊走と表皮再生はHGFに依存している．

3) KOマウスの表現型/ヒト疾患との関連

*HGF*遺伝子ノックアウトマウスは胎仔期の胎盤形成不全，ならびに肝臓の形成不全を特徴としており，胎盤形成不全により胎生期に致死となる．HGF受容体の*Met*遺伝子ノックアウトマウスもほぼ同様の表現型を示しており，HGFとMet受容体が1：1の関係であることと一致している．なお，細胞/組織特異的*Met*遺伝子ノックアウトマウスの結果から各種組織におけるHGFの機能が明らかにされており，それらについては23で紹介している．

HGFは組織の再生や保護を担うことから，組換えHGFタンパク質や*HGF*遺伝子をいくつかの疾患に対する治療医薬として利用する臨床試験が進められている．一方，HGF-Met系を阻害することは，とりわけ転移阻止や薬剤耐性阻止につながると考えられ，低分子チロシンキナーゼ阻害剤，ヒト化モノクローナル抗体など，HGF-Met系を阻害する複数分子の臨床試験が進められている．

また，HGFのもつ生物活性のなかで，三次元の管腔構造誘導活性や細胞遊走促進活性はがん細胞の浸潤・転移を促す作用につながっている[3]．がん組織を構成するがん微小環境において，がん細胞と線維芽細胞，血管内皮細胞，マクロファージなど間質細胞の相互作用ががん細胞の浸潤性に関与するが，実際に複数のがん組織においてHGFは間質細胞に由来する因子としてがん細胞の浸潤を強く促す活性をもっている．がん細胞の浸潤性は良性腫瘍と悪性腫瘍を区別する指標であるとともに高い浸潤性は転移につながることから，HGFはがんの悪性進展に関与する因子の1つといえる．一方，HGFのもつ生存促進活性は分子標的薬に対する薬剤耐性につながっている．すなわちHGFによるMet活性化はEGF受容体チロシンキナーゼ（9参照），BRAFセリン/スレオニンキナーゼを阻害する分子標的薬に対するがん細胞の生存，薬剤耐性に関与している．

【阻害剤】
中和抗体：Abcam社（ab10678，ab10679），ロシュ・ダイアグノスティックス社（MetMAb）

【抗体入手先】
R & Dシステムズ社（MAB694，MAB294，AF-294-NA），Abcam社（ab 178395，ab10678，ab10679, ab83760），特殊免疫研究所（イムニス® HGF EIA）.

【ベクター】
筆者（金沢大学松本邦夫：kmatsu@staff.kanazawa-u.ac.jp）より入手可能.

【データベース】
ヒト HGF
GenBank ID：3082
PDB ID：1BHT，1GMN，1GMO，1GP9，1NK1，1SHY，1SI5，2HGF，2QJ2，3HMS，3HMT，3HN4，3MKP，3SP8，4K3J
マウス HGF
GenBank ID：15234
PDB ID：4IUA，3HMR，2QJ4
OMIM ID
142409

参考文献

1）Nakamura T, et al：Nature, 342：440-443, 1989
2）Miyazawa K, et al：Biochem Biophys Res Commun, 163：967-973, 1989
3）Trusolino L, et al：Nat Rev Mol Cell Biol, 11：834-848, 2010

（松本邦夫）

Keyword

23 HGF受容体（Met）

▶別名：Met receptor tyrosine kinase

1) 歴史とあらまし

Metがん遺伝子（形質転換遺伝子；transforming gene）は，造腫瘍性のないヒト骨肉腫細胞株を化学発がん剤N-methyl-N′-nitro-N-nitrosoguanidineで処理した細胞に由来するがん遺伝子として1984年に同定され，化学発がん剤N-methyl-N′-nitro-N-nitrosoguanidineにちなんでMetと名づけられた．その後，形質転換能をもつ*Met*遺伝子は，*tpr*（translocated promoter region）遺伝子との融合遺伝子*tpr-Met*であることが示され，1987年，*Met*遺伝子のcDNAがクローニングされ，*c-Met*遺伝子は細胞膜貫通型のチロシンキナーゼ受容体（Met）をコードすることが明らかにされた．その後，しばらくMet受容体に対するリガンドは不明であっ

表3 組織特異的*Met*遺伝子欠損マウスの形質

正常Metを欠損する組織・細胞		主な形質・性質
肝臓	肝細胞	傷害に伴う肝細胞死が拡大，肝傷害後の肝細胞の増殖・再生の遅延，週齢の進んだマウスで脂肪肝，肝傷害後の肝線維化の亢進
	肝幹細胞	肝幹細胞（oval cell）の細胞死増加
腎臓	尿細管	平常時は正常な腎機能，腎傷害後の腎不全や炎症性変化の増悪
	ポドサイト	平常時は正常な腎機能，腎傷害に伴うポドサイトの細胞死増加，アルブミン尿
	集合管	尿管結紮傷害による線維化の増加と尿細管の細胞死増加，尿管結紮後の再生の遅延
	尿管芽	EGF受容体遺伝子とのダブルノックアウトで糸球体数が減少
皮膚	角化細胞	皮膚全層欠損傷害後の角化細胞のほぼ完全な遊走不全，著しい表皮再生・閉塞の不全
	樹状細胞	炎症によって引き起こされる樹状細胞の排出リンパ節への移動と樹状細胞活性化の不全，アレルギー性物質に対する接触過敏性不全
膵臓	β細胞	軽度の高血糖症，血中インスリンレベルの低下，グルコースに対する急性インスリン分泌能の低下，グルコース付加試験後の耐糖能低下・異常
心臓	心筋細胞	正常な心臓の発生，6カ月齢で心筋細胞の肥大と間質のマイルドな線維化，9カ月齢で収縮不全

たが，1991年に，HGF（肝細胞増殖因子；hepatocyte growth factor）（22参照）がMet受容体に対するリガンドであることが判明した．

2) 機能

i）シグナル伝達

Met受容体は，細胞外にSemaドメイン，PSIドメイン，IPT1～IPT4の各ドメインをもち，細胞内に膜直下（jaxtamembrane）ドメインとチロシンキナーゼドメインをもっている（**図19B**）．細胞外でのMet受容体へのHGFの結合がMet活性化の引き金になるが，Met活性化とシグナル伝達はいくつかのMet分子内チロシン残基（Y）のリン酸化，すなわち膜直下ドメイン内のユビキチン化に関与するチロシン残基（Y1003），チロシンキナーゼドメイン内のキナーゼ活性を制御するチロシン残基（Y1234とY1235），C末端近傍のチロシン残基（Y1349とY1356）などのリン酸化によって制御されている[1) 2)]．このうちC末端近傍のチロシン残基のリン酸化によってシグナル伝達に関与するいくつかのアダプタータンパク質がMet受容体と相互作用するが，とりわけ，Gab-1は分子内Met結合ドメインを介してMetに結合親和性を示し，Met受容体はGab-1を介したシグナル系をもつことで，HGF-Met系に特徴的な生物活性を発揮する．Met受容体を介した生物活性としては，細胞増殖促進，遊走促進，細胞死阻止（生存促進），三次元の管腔形態形成誘導などがあげられる．

ii）発現

Met受容体は多くの細胞種で発現されているが，とりわけ，肝細胞や尿細管上皮細胞などを含む上皮系細胞には例外なく発現されている他，血管内皮細胞，リンパ管細胞で発現されている．また，Metの発現は虚血（低酸素）によって誘導される．虚血/低酸素下の心筋細胞などでも発現が上昇し，これによって心筋細胞はHGFに対する応答能を獲得する．一方，リガンドであるHGFは正常組織において多くの場合，線維芽細胞などの間葉組織の細胞によって発現されることから，MetとHGFは上皮系細胞と間質細胞との相互作用を介した組織の発生や再生を制御する分子といえる．

3) KOマウスの表現型/ヒト疾患との関連

*Met*遺伝子ノックアウトマウスは，*HGF*遺伝子ノックアウトマウスと同様に胎仔期の胎盤形成不全や肝臓の形成不全によって胎生期に致死となる[3)]．また，HGFの発現は胎仔期の肢芽において高いが，*Met*遺伝子ノックア

ウトマウスでは，本来であれば体節から肢芽に向かって移動する筋芽細胞の遊走が破綻し，それによって骨格筋組織は欠失される．この他にも，各種の組織特異的*Met*遺伝子ノックアウトマウスが作製され，各種組織でのHGF-Met系の機能が明らかにされている（**表3**）．

*Met*遺伝子の変異（多くがチロシンキナーゼや膜直下ドメイン内）は乳頭腎がん，肺がん，胃がんを含む複数のがん種で報告されており，Met受容体のgain-of-function（機能獲得型の変異）ががん化につながっている．また，EGF受容体チロシンキナーゼ（**9**参照）阻害剤に対する薬剤耐性の獲得機構の1つとして，*Met*遺伝子増幅が知られている．*Met*遺伝子変異や増幅はがんの転移性亢進や薬剤耐性など，がんの悪性進展に関与することから，複数のHGF-Met系阻害剤が新たな分子標的薬候補として臨床試験が進められている[1) 2)]．

【阻害剤】

SU11274，SGX-523，cabozantinib（XL184，BMS-907351），BMS-777607，JNJ-38877605，tivantinib（ARQ 197），PF-04217903．

【抗体入手先】

R & Dシステムズ社（AF527，MAB3581），
CST社（D1C2，D26：Tyr1234/1235，130H2：Tyr1349）．

【ベクター】

金沢大学松本邦夫（kmatsu@staff.kanazawa-u.ac.jp）より入手可能．

【データベース】

ヒト Met

GenBank ID：4233

PDB ID：1FYR，1R0P，1R1W，1SHY，1SSL，1UX3，2G15，2RFN，2RFS，2UZX，2UZY，2WD1，2WGJ，2WKM，3A4P，3BUX，3C1X，3CCN，3CD8，3CE3，3CTH，3CTJ，3DKC，3DKF，3DKG，3EFJ，3EFK，3F66，3F82，3I5N，3L8V，3LQ8，3Q6U，3Q6W，3QTI，3R7O，3RHK，3U6H，3U6I，3VW8，3ZBX，3ZC5，3ZCL，3ZXZ，3ZZE，4AOI，4AP7，4DEG，4DEH，4DEI，4EEV，4GG5，4GG7，4IWD，4K3J

マウス Met

GenBank ID：17295

OMIM ID

164860

参考文献

1）Trusolino L, et al：Nat Rev Mol Cell Biol, 11：834-848, 2010
2）Cecchi F, et al：Expert Opin Ther Targets, 16：553-572, 2012
3）Birchmeier C & Gherardi E：Trends Cell Biol, 8：404-410, 1998

（酒井克也）

Keyword

24 MSPとMSP受容体（Ron）

【MSP】

▶フルスペル：macrophage-stimulating protein
▶和文表記：マクロファージ活性化タンパク質
▶別名：MST1（macrophage stimulating 1），HGF-like protein

【MSP受容体（Ron）】

▶別名：STK（stem cell-derived tyrosine kinase），MST1R

1）歴史とあらまし

i）MSP

MSPはマウス腹腔マクロファージの接着，遊走，貪食作用を誘導する血清由来のタンパク質として同定され，1991年にヒト血漿から精製され，部分アミノ酸配列からHGF（**22**参照）と相同性をもつタンパク質であることが明らかになった．MSPのcDNAクローニングは2つのグループによって報告され，HGFと相同性をもつことから，HGF-like proteinともよばれたが，現在はMSPが汎用されている．MSPは4個のクリングル構造をもつα鎖とセリンプロテアーゼ様構造をもつβ鎖から構成されている（**図20A**）．

ii）Ron

一方，RonはMet（**23**参照）に相同性の高い受容体型チロシンキナーゼとして1992年にcDNAクローニングされたが，造血幹細胞で比較的高発現される受容体チロシンキナーゼとして独立にcDNAクローニングがなされた．そのためSTK（stem cell-derived tyrosine kinase）とよばれたこともあったが現在はRonが汎用されている．1994年にはRonはMSPに対する受容体であることが明らかにされた．MSP受容体（Ron）は，細胞外にSemaドメイン，PSIドメイン，IPT1～IPT3の各ドメインをもち，細胞内に膜直下ドメイン，チロシンキナーゼドメインをもっている（**図20B**）．MSPはMet受容体を

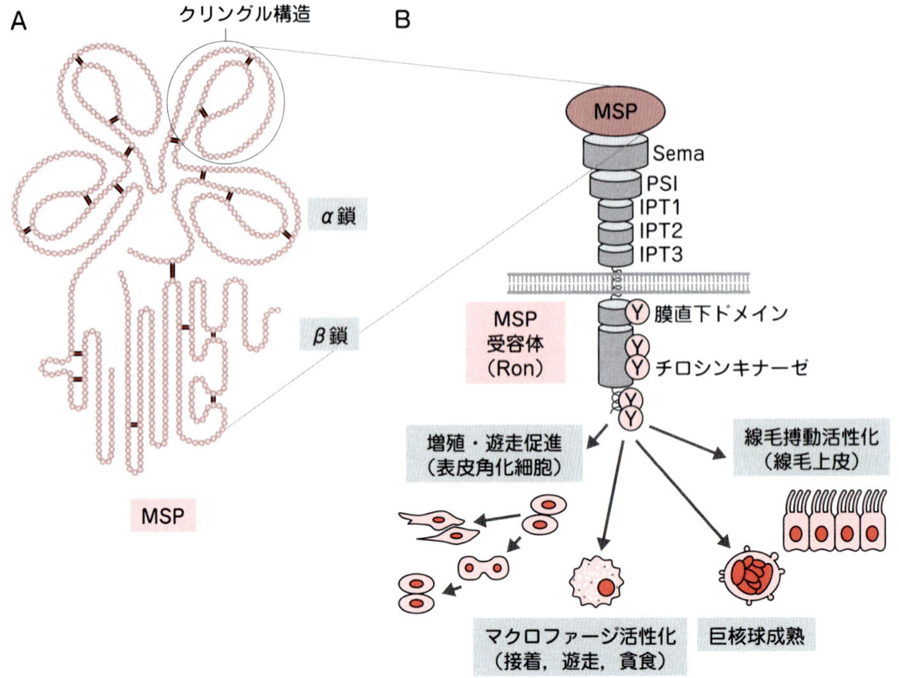

図20 MSPとRonの構造，シグナル伝達
詳細は本文参照.

活性化せず，また，HGFはRon受容体を活性化しないため，MSP対Ron，HGF対Metはともに1：1の関係である．

2) 機能

結晶構造解析により1つのMSP分子がRon二量体で形成されるSemaドメインの境界に結合し，Ronを活性化するモデルが提唱されている．マウスRonはマクロファージ，破骨細胞，巨核球に発現している．培養下でMSPはマクロファージの接着，遊走，貪食を引き起こす（図20B）．一方，バクテリア毒素による一酸化窒素やプロスタグランジン産生を阻害する．また，MSPは培養下で破骨細胞の活性化や巨核球の成熟を起こす．これらの報告から，MSP–Ron系は炎症や造血細胞の機能に関与すると考えられている．Ronはマウスの胃腸管，脳，皮膚にも発現しており，培養下でMSPは表皮角化細胞の増殖，遊走を起こす．また，Ronは気管や卵管の線毛上皮で発現しており，MSPは線毛上皮細胞の線毛搏動を活性化することで，宿主側防御や受精に関与すると考えられている．

3) KOマウスの表現型/ヒト疾患との関連

*MSP*遺伝子ノックアウトマウスは，ほぼ正常に繁殖力をもつ成体に育つ[1]．脂肪滴をもつ肝細胞の蓄積を認めるが，肝機能は障害されていない．マクロファージ活性化の遅延が認められるが，マクロファージの機能，造血，皮膚創傷治癒は正常である．一方，*Ron*遺伝子のノックアウトマウスにおいて，初期胚は着床期前後で致死となることから，Ron受容体を介したシグナルは発生早期に必須である[2]．*Ron*$^{+/-}$ヘテロマウスは成体まで成長するが，エンドトキシンショックに対する感受性の亢進，急性皮膚炎症における浮腫の亢進などが認められている[2) 3)]．したがって，MSP–Ron系は炎症反応の制御において重要な機能を担っている．

*MSP*遺伝子多型と炎症性腸疾患，原発性硬化性胆管炎の感受性遺伝子座との関連が報告されているが，発症メカニズムにおける正確な役割は明らかにされていない．一方，多くのがん細胞や白血病細胞において，Ronの過剰発現や細胞外領域の大部分を欠くスプライスバリアントの発現が報告されている[4]．これらはMSPに依存しない恒常的なRonの活性化を引き起こし，がん細胞の遊走や浸潤能の増加を引き起こすことから，がんにおけるMSP–Ron系の役割が注目されている．

【阻害剤】

BMS-777607，foretinib，MK-8033（すべてRon，Metなど Met関連キナーゼ阻害剤）．

IMC-41A10，29B06（いずれもヒトRonに対する中和抗体）．

Zt/f2（マウスRonに対する中和抗体）．

【抗体入手先】

MSP：R & Dシステムズ社（AF6244），

Ron：R & Dシステムズ社（BAF431）

【データベース】

ヒト MSP

GenBank ID：4485

PDB ID：2ASU

マウス MSP

GenBank ID：15235

ヒト Ron

GenBank ID：4486

PDB ID：3PLS

マウス Ron

GenBank ID：19882

OMIM ID

MSP：142408, Ron：600168

参考文献

1）Bezerra JA, et al：J Clin Invest, 101：1175-1183, 1998
2）Muraoka RS, et al：J Clin Invest, 103：1277-1285, 1999
3）Wang MH, et al：Scand J Immunol, 56：545-553, 2002
4）Yao HP, et al：Nat Rev Cancer, 13：466-481, 2013

（酒井克也，松本邦夫）

Keyword

25 VEGF-A/E

▶フルスペル：vascular endothelial growth factor- A/E
▶和文表記：血管内皮増殖因子A/E

1) 歴史とあらまし

i) VEGF-A

1980年代半ばに血管透過性因子（VPF）と，血管内皮増殖因子（VEGF）のタンパク質が単離されたが，1989年に遺伝子が単離されると，両者は同一遺伝子に由来する同一タンパク質であることが明らかにされ，後にVEGF-Aと命名された．血小板由来増殖因子PDGFファミリー（11～13参照）と類似しており，分子量2～3万のサブユニットが2個，ジスルフィド（SS）結合で共有結合するホモ二量体からなるタンパク質である[1]．VEGF-Aはスプライシングの違いにより，ヒトでは主に121，165，189，201アミノ酸長のサブタイプがあるが，165タイプ（$VEGF\text{-}A_{165}$）が活性と量の2つの面で中心的なタイプである．

また，C末端のスプライシングの違いにより，VEGFxxxbが報告された．これはVEGF-Aを競合阻害する可能性があるが，まだ十分証明されていない．

ii) VEGF-E

VEGF-Eは1994年にOrfウイルスゲノムに見出された*VEGF*類似遺伝子にコードされるタンパク質である．ウイルス株により，NZ2, NZ7など数種類が存在する．VEGF-Aとのアミノ酸レベルの相同性は比較的高いものから中等度まで幅があるが，興味深いことにVEGF-Aの受容体VEGFR1（Flt-1），VEGFR2のうち，VEGFR2のみに特異的に結合するはじめての因子であり，VEGF-Eと命名された[2]．なお，Orfウイルスは感染したヒツジ，ヤギ，ヒトの皮膚に血管新生を引き起こすが，その活性はVEGF-Eによるものである．ウイルス感染後は子孫ウイルスが放出された後，皮膚症状は自然治癒する．

2) 機能

$VEGF\text{-}A_{165}$はVEGFR1とVEGFR2（28参照）に結合するのみならず，そのC末端近傍のエキソン7由来ペプチドを介して共受容体ニューロピリン1（Nrp1）とも結合し，VEGFR2に対する強い活性化能をもつ（図21）．その結果，$VEGF\text{-}A_{165}$は他のサブタイプよりも強いシグナルを伝達する．同ペプチドは細胞表面に存在するヘパリンとも弱い結合活性をもつため，$VEGF\text{-}A_{165}$は生物学的に有用な濃度勾配を形成する．

VEGF-Aの主な機能は血管発生・血管新生，血管内皮細胞の増殖促進，および血管透過性促進であるが，それ以外にも内皮細胞の生存，遊走，形態形成，前駆体細胞からの内皮細胞への分化，マクロファージ系細胞の遊走やサイトカイン発現誘導，神経細胞の生存や機能維持にかかわる（図24参照）．

またVEGF-Aは低酸素や細胞増殖シグナルなどにより発現調節される．特に，低酸素下では転写因子HIF（hypoxia-inducible factor）が重要な役割を果たす．

3) KOマウスの表現型/ヒト疾患との関連

i) VEGF-A

*VEGF-A*ノックアウトマウスは，ヘテロ接合体（$VEGF\text{-}A^{+/-}$）であっても血管形成不全，大動脈と心臓の結合不全などにより胎生致死となる．ヘテロ接合体でも致死となる遺伝子はきわめてまれで，胎生期に個体内でVEGF-Aレベルが厳密に調節されていることを示している．

ヒト疾患ではVEGF-Aは，がんや炎症に密接に関係している．特に，固形がんの増殖・血行性転移においては，腫瘍細胞のみならずがん微小環境細胞群からもVEGFファミリー（26 27参照）が分泌され，腫瘍血管新生に中心的役割を果たす．炎症においても，VEGF-Aは他のリガンドとともに単球・マクロファージの遊走・活性化を介して病態の憎悪に働く．がんにおいてはVEGF-A中和抗体医薬が開発され，大腸がん，肺がん，乳がん，グリオブラストーマなどに対する治療薬として広く利用されている[3]．

がん以外でも加齢黄斑変性症（AMD）における病的血管新生にはVEGF-Aの関与が明らかにされ，VEGF-A抑制のための中和抗体やRNA製剤が開発されて治療薬として用いられている．また，神経疾患との関連も注目されている．*VEGF-A*遺伝子の発現調節因子HIF結合モチーフ（HRE）欠損マウスでは，成熟期以降に運動ニューロンのアポトーシスが生じ，ヒト筋萎縮性側索硬化症（ALS）と類似した症状を示す．マウスモデルでは

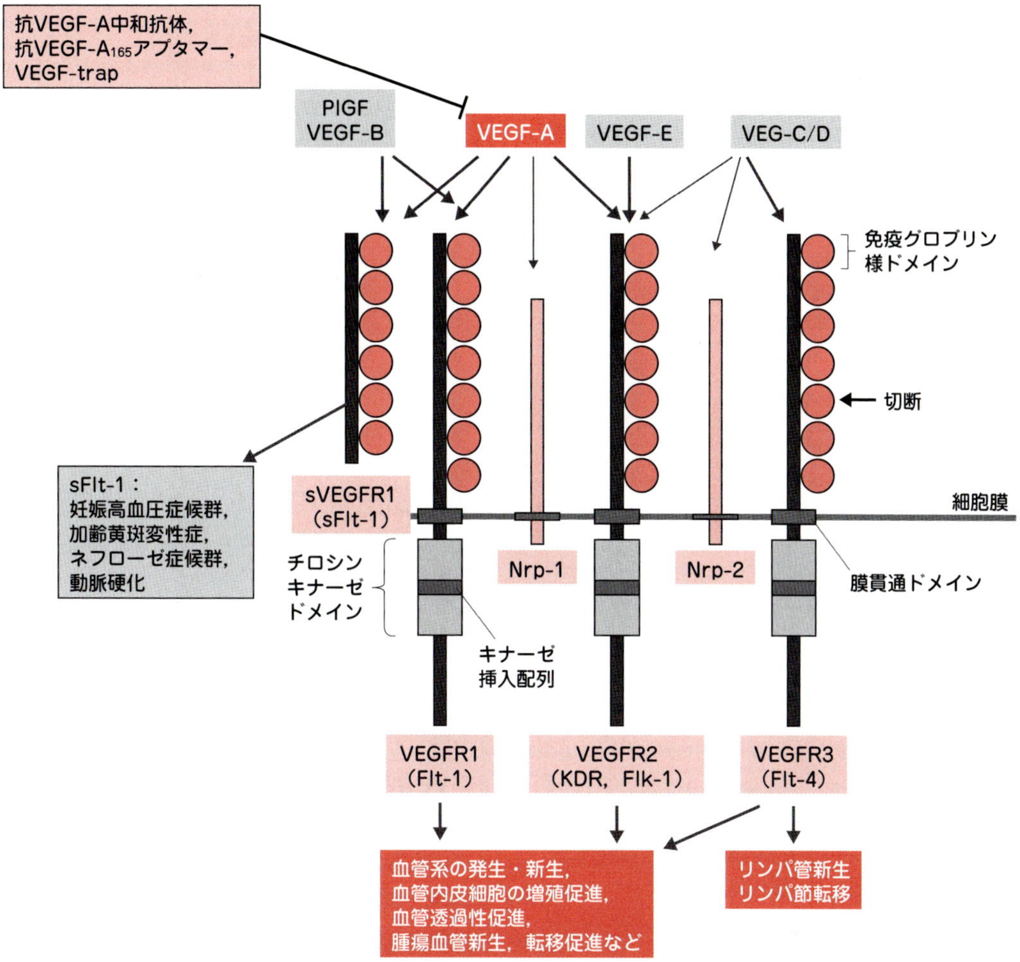

図21　VEGFファミリーとその受容体システム

ヒトゲノムに存在するリガンドファミリーのなかで，VEGF-Aは最も強い血管新生活性を示す．VEGF-Eはウイルスゲノムに見出されたVEGFR2特異的リガンドである．VEGF-AはVEGFR1（Flt-1）とVEGFR2（KDR，Flk-1）を受容体とする．また，VEGFR2の共受容体であるNrp-1にも結合する．VEGF-EはVEGFR2特異的リガンドである．sVEGFR1は妊娠高血圧症候群など種々の疾患に関与する．VEGFR2は強いシロチンキナーゼ活性をもち，VEGFR1とともに生理的、病的血管新生，がん転移などに深くかかわる．VEGFR3とその特異的リガンドVEGF-C/Dはリンパ管新生に中心的役割を果たす．矢印は相互の結合性を示しており，細い矢印は弱い結合性を示す．

VEGF-A投与により改善がみられることから，ALS治療薬の可能性が期待される[4]．

ii）VEGF-E

*VEGF-E*遺伝子はヒトやマウスのゲノムには存在しないため，ノックアウトマウスは存在しない．ケラチン遺伝子プロモーターを利用したトランスジェニックマウスでは，VEGF-Aと比較して炎症を伴わない良好な血管新生を示す．したがって，ヒト化VEGF-Eは虚血性疾患の治療薬として期待される[5]．

【データベース（GenBank）】

VEGF-A_{165}（ヒト）　AF486837，AB021221

VEGF-E（Orfウイルス）　NZ2タイプ：S67520
NZ7タイプ：S67522

【阻害剤】

中和抗体：抗ヒトVEGF-A中和抗体〔bevacizumab（avastin®）〕．
抗マウスVEGF-A中和抗体（ウサギ）など．

アンタゴニスト：VEGF-Trapなどの可溶型Flt-1（sFlt-1）/sVEGFR1

RNA製剤：anti-VEGF-A_{165}アプタマー

VEGF-Eに対する中和抗体は，Orfウイルス株ごとに構造が異なるため，作製は遅れている（2015年1月現在開発されたとの報告はない）．

VEGF-Eに対する阻害剤としては，その受容体VEGFR2阻害剤である抗VEGFR2中和抗体，また，VEGFR2キナーゼ阻害剤（sunitinib, sorafenibなど）を用いることで，シグナルを抑制できる．

【抗体】

抗VEGF-A抗体：CST社，Santa Cruz Biotechnology社など，多数の企業より購入可能．単なる抗体か，活性を抑える中和抗体かで，作用が異なるため注意が必要．

【ベクターの入手先】

VEGF-A：Napoleone Ferrara（米国カリフォルニア大学San Diego校の教授）．ただし譲渡の保証はない．
あるいは筆者（渋谷正史：shibuya@ims.u-tokyo.ac.jp）．

VEGF-E：NZ7タイプ，筆者（渋谷正史：shibuya@ims.u-tokyo.ac.jp）．

参考文献

1) Ferrara N：Endocr Rev, 25：581-611, 2004
2) Shibuya M：Biochem Soc Trans, 37：1161-1166, 2009
3) Hurwitz H, et al：N Engl J Med, 350：2335-2342, 2004
4) Oosthuyse B, et al：Nat Genet, 28：131-138, 2001
5) Zheng Y, et al：Arterioscler Thromb Vasc Biol, 27：503-511, 2007

（渋谷正史）

Keyword

26 PlGF，VEGF-B

【PlGF】

- ▶フルスペル：placental growth factor
- ▶和文表記：胎盤増殖因子

【VEGF-B】

- ▶フルスペル：vascular endothelial growth factor-B
- ▶和文表記：血管内皮増殖因子B

1) 歴史とあらまし

1990年前後にVEGF-Aとその受容体Flt-1〔VEGFR1（28参照）ともよばれる〕が単離され，両者の結合が明らかにされた．しかし，リガンドファミリーについては不明であった．1993年にMaglioneらはヒトcDNAから新規リガンドを単離し，相対的に胎盤で発現が優位であることからPlGF（placental growth factor）と名づけた．ただし，現時点ではPlGFが胎盤の成長や機能に強くかかわっているとの報告はない．PlGFはVEGFR1（Flt-1）とは結合するが，VEGFR2とは結合しない．がんや動脈硬化との関連が示唆されている．一方，Erikssonらもリガンドの単離を試み，VEGF-Aと類似した新規リガンド，VEGF-Bを単離した．VEGF-BもPlGFと同じく，VEGFR1のみを受容体とするVEGFファミリーである[1]．

2) 機能

i）PlGF

PlGFはスプライシングの差により，ヘパリン結合配列をもたないPlGF-1と，その配列をもつPlGF-2の2種類のタンパク質からなる．いずれもVEGFR1受容体のみと結合して活性化する（**図21**参照）が，VEGFR1のチロシンキナーゼ活性はVEGFR2の10分の1程度のため，血管新生活性は相対的に弱い．血管内皮細胞の生存促進活性，血管内皮細胞やマクロファージ系細胞の遊走促進活性をもつ（**図24**参照）．ケラチン遺伝子プロモーターを用いたトランスジェニックマウスでは，PlGF-1には明確でないが，PlGF-2では軽度の血管新生促進活性が認められる．病的条件下では血管再生療法としてPlGFが有効であることが報告されている[2]．

ii）VEGF-B

VEGF-Bはスプライシングの差により2種類のサブタイプが報告されている．PlGFと同様にVEGFR1のみを受容体とする（**図21**参照）ため，血管新生活性，血管内皮細胞の増殖活性は一般的には弱い．

3) KOマウスの表現型/ヒト疾患との関連

i）血管新生

PlGF$^{-/-}$マウス，あるいは*VEGF-B*$^{-/-}$マウスのいずれも強い症状を示さず，ノックアウトマウスは生存し，血管発生・新生もほぼ正常である．しかし，*VEGF-B*$^{-/-}$マウスではストレス下における心臓の反応性が弱く，野生型マウスに比べて心臓が小さく，また冠動脈再生反応が弱い．そのため*VEGF-B*$^{-/-}$マウスは心不全を生じやすい[3]．また，*PlGF*$^{-/-}$マウスでは虚血性条件下で血管再生の遅延，炎症や創傷治癒，がんなどにおける血管新生の低下が認められる．

がんにおいては，VEGF阻害療法に抵抗性を示す場合，抗PlGF療法が有効と報告されている．VEGF阻害療法に対する抵抗性には複数の機構が関与すると考えられるが，その一部にはPlGF依存性の腫瘍血管新生が生じていることが示唆される[4, 5]．

ii）動脈硬化

PlGFが動脈硬化の悪性化に関与することが報告され

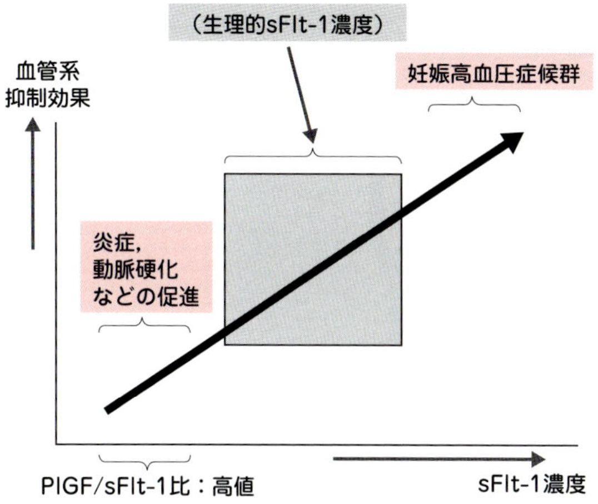

図22　PlGFなどを制御する可溶型VEGFR1（sFlt-1）と疾患との関連（仮説）
内因性VEGFファミリー抑制因子である可溶型VEGFR1（sFlt-1）（以下sFlt-1）とPlGFを含むVEGFファミリーとのバランスは血管系の抑制効果と関連し，疾患の進展に深くかかわる．sFlt-1が異常低下し遊離PlGFが増大した場合（血漿free PlGF/sFlt-1比の値の上昇），炎症や動脈硬化などの病態が悪性化する．一方，胎盤においてsFlt-1が異常産生されると組織内VEGF-A，PlGF，VEGF-Bが過剰に吸収され，妊娠高血圧症候群の症状を引き起こす．（VEGFファミリーと受容体群との相互作用は図21を参照）．

ている．ヒトにおける動脈硬化の程度は腎機能低下の際により悪性化する．その機構はこれまで不明であったが，VEGF-A, PlGF, VEGF-Bをトラップして中和作用をもつ可溶型VEGFR1（sFlt-1）の腎臓からの産生低下と，それを背景にした遊離PlGFの増加が関与すると報告されている（図22）[6]．血漿PlGF/sFlt-1比の値は冠動脈硬化の悪性化を予測するマーカーとなりうる（高値ほど予後不良）[6]．動物レベルでも，*ApoE*$^{-/-}$マウスを用いた実験において*sFlt-1*の低下に伴う遊離PlGFの増加は骨髄由来の単球・マクロファージ系細胞の動脈硬化巣への遊走を促進し，炎症や血管新生を促して病像の悪化を引き起こす．ヒトにおいても同様のメカニズムが作用すると考えられる．

【データベース（GenBank）】
PlGF（ヒト）BC001422，NM_002632
VEGF-B（ヒト）HSU52819，HSU48801

【阻害剤】
中和抗体：抗マウスPlGF抗体は腫瘍の増大や骨転移を抑制[5]．
アンタゴニスト：可溶型Flt-1/VEGFR1（sFlt-1），および関連するタンパク質製剤（VEGF-Trapなど）．

【抗体】
抗VEGF-B抗体，抗PlGF抗体：CST社，Santa Cruz Biotechnology社，など多数の企業より購入可能．

【ベクターの入手先】
PlGF：筆者（渋谷正史：shibuya@ims.u-tokyo.ac.jp），あるいはP. Carmeliet（ルーベン・カトリック大学の教授，ベルギー）
VEGF-B：U. Eriksson（カロリンスカ研究所の教授，スウェーデン）．譲渡されない可能性もある．e-mail：ulf.eriksson@licr.ki.se

参考文献

1）Takahashi H & Shibuya M：Clin Sci, 109：227-241, 2005
2）Luttun A, et al：Nat Med, 8：831-840, 2002
3）Bellomo D, et al：Circ Res, 86：E29-E35, 2000
4）Fischer C, et al：Cell, 131：463-475, 2007
5）Coenegrachts L, et al：Cancer Res, 70：6537-6547, 2010
6）Matsui M, et al：Kidney Int, 85：393-403, 2014

（渋谷正史）

Keyword

27 VEGF-C/D

▶フルスペル：vascular endothelial growth factor- C/D
▶和文表記：血管内皮増殖因子C/D

1）歴史とあらまし

血管新生に関してはVEGF-A（25参照）とその受容体VEGFR1（Flt-1）とVEGFR2（28参照）が必須の役割を果たすが，同様のチューブ構造をもつリンパ管について，その制御系は不明であった．1993年に第3のVEGF受容体ファミリーであるVEGFR3（Flt-4）が単離されていたが，1996年にその特異的リガンドVEGF-C，および，1998年にVEGF-Dが単離された．さらに，VEGFR3が哺乳類のリンパ管内皮細胞に強く発現することなどを手がかりに解析が進み，VEGF-C/D－VEGFR3系がリンパ管新生の中心的制御系であることが明らかにされた[1]．

また，魚類では以前からリンパ管が存在するか否か不明であったが，魚類におけるVEGF-CやVEGFR3の解析がきっかけとなり，魚類にもリンパ管が存在すること，主な制御系はVEGF-C－VEGFR3であることが明らかとなった．

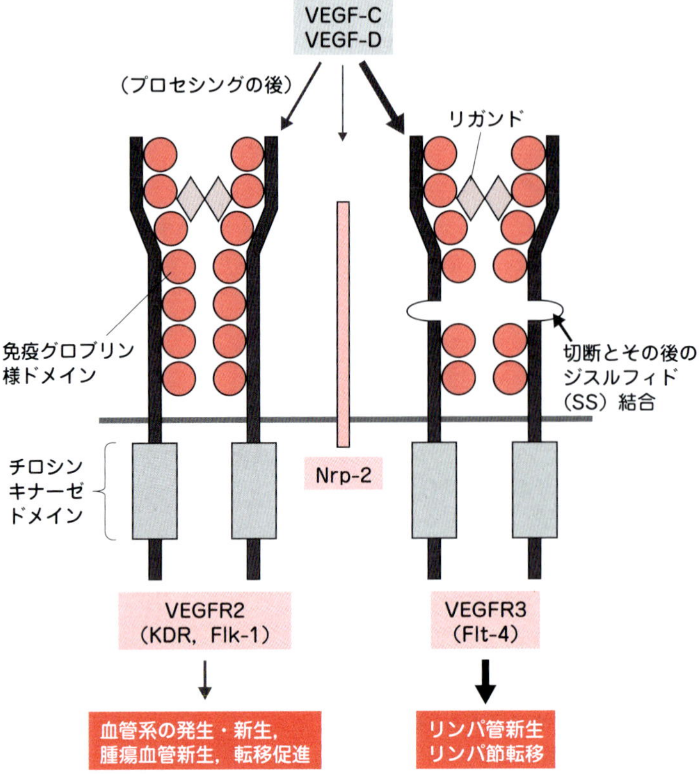

図23 VEGF-C/Dとその受容体

VEGF-C/Dは前駆体タンパク質として産生され，ペプチドの切断によるプロセシングを経て活性型となる．活性型はVEGFR3のみならず，やや低い結合活性でVEGFR2にも結合する．VEGF-C/DはNrp2とも結合し，Nrp2をcoreceptor（共受容体）としてリンパ管再生の強いシグナルを送る．矢印の太さは結合性の強弱を示す．

2) 機能

VEGF-C，VEGF-Dは他のVEGFファミリーと異なり，分子量約4～5万の前駆体タンパク質として合成される．前駆体タンパク質のN末端側およびC末端側の切断により成熟タンパク質が産生され，高親和性の結合活性により受容体VEGFR3と結合して活性化する（図21，図23）．その際，膜に存在するNrp2（ニューロピリン2）タンパク質は共受容体（coreceptor）の役割を果たし，シグナル伝達を促進する．VEGF-C/Dはそのシグナルによって，リンパ管内皮細胞の増殖，チューブ形成，また，リンパ管新生を促す（図24参照）．また，VEGF-C/Dはやや低い親和性でVEGFR2とも結合する．

3) KOマウスの表現型 / ヒト疾患との関連

VEGF-Cは胎生期から強く発現しており，*VEGF-C*$^{-/-}$マウスはリンパ管形成不全，浮腫，脂肪吸収不全などのために出生前に胎生致死となる[2]．一方，*VEGF-D*$^{-/-}$マウスは特に異常を示さず正常に出生するが，これは胎生期にはVEGF-Dがあまり発現していない点を反映していると考えられる．

ヒトではがんのリンパ節転移に関してVEGF-C/D－VEGFR3系がかなり重要な役割を果たすと考えられ[3) 4)]，VEGF-C/D阻害のための可溶型VEGFR3（soluble VEGFR3）が開発され，臨床試験の段階にある．また，VEGF-C/D－VEGFR3系は，がんにおいて腫瘍血管新生それ自身にも重要なシグナル系であることを示唆する報告も出されており，リンパ管新生と血管新生の両面から慎重に解析を進める必要がある．

一方，乳がんの外科的治療においてリンパ節切除ののちにしばしば生じるリンパ浮腫について，VEGF-C，あるいはVEGF-D投与によるリンパ管再生治療が可能か検討されている[5]．ただし，リンパ節転移の再発を誘導しない形でリンパ管再生ができるか，まだ結論は出されていない．

【データベース（GenBank）】

VEGF-C：ヒト X94216，マウス U73620

VEGF-D：ヒト AJ000185

【阻害剤】

中和抗体，および可溶型VEGFR3（リガンド結合ドメインのみを用いたペプチド）．

【抗体】

抗VEGF-C抗体，抗VEGF-D抗体：CST社，Santa Cruz Biotechnology社，など多数の企業より購入可能．

【ベクター】

VEGF-C：K. Alitalo（ヘルシンキ大学の教授，フィンランド）．譲渡されない可能性もある．e-mail：Kari.Alitalo@Helsinki.FI

VEGF-D：M. Achen（メルボルン大学の教授，オーストラリア）．e-mail：Marc.Achen@Ludwig.edu.au

参考文献

1）Alitalo K & Carmeliet P：Cancer Cell, 1：219-227, 2002
2）Karkkainen MJ, et al：Nat Immunol, 5：74-80, 2004
3）He Y, et al：Cancer Res, 65：4739-4746, 2005
4）Kopfstein L, et al：Am J Pathol, 170：1348-1361, 2007
5）Tammela T, et al：Nat Med, 13：1458-1466, 2007

（渋谷正史）

Keyword

28 VEGF受容体

▶フルスペル：vascular endothelial growth factor receptor
▶和文表記：血管内皮増殖因子受容体
▶別名：VEGFR1→Flt-1，VEGFR3→Flt-4，VEGFR2→KDRまたはFlk-1

1）歴史とあらまし

1990年，われわれにより細胞外に7個の免疫グロブリン（Ig）様ドメインをもつ新規の受容体型チロシンキナーゼ遺伝子が単離され，Fms，PDGFR，Kit（それぞれ**第3章-4**，**本章-11 12**，**第3章-6**参照）に類似することからFlt-1（Fms-like tyrosine kinase-1）と命名された[1]．Flt-1はVEGF-A（**25**参照）と結合することが見出され，VEGFR1ともよばれている．その後Flt-1に類似性の高い7 IgドメインをもつKDR（Flk-1，VEGFR2），Flt4（VEGFR3）が単離され，VEGF受容体（VEGFR）ファミリーは3個の遺伝子からなることが明らかとなった[2)3)]．*VEGFR1*（*Flt-1*）（以下VEGFR1）遺伝子からは受容体全長をコードするmRNAとともに，1～6 Igドメインのみを含む可溶型VEGFR1（sFlt-1，sVEGFR1）をコードする短いmRNAが転写される．したがって，VEGF受容体ファミリーの3遺伝子から，タンパク質レベルでは4種（3受容体＋1可溶型Flt-1）が産生されることになる（**図21**参照）．この様式は両生類から哺乳類に至るまで進化的に保存されているが，魚類ではまだその形が成立しておらず，VEGF受容体は4遺伝子存在する．

2）機能

VEGFR2は強いチロシンキナーゼ活性をもち，主な血管新生シグナルを発信する（**図24**）．VEGFR1はVEGF-A, PlGF, VEGF-B（**26**参照）と強く結合するが，チロシンキナーゼ活性はVEGFR2の10分の1程度である．そのため弱い血管新生シグナルを発信する．sVEGFR1（sFlt-1）はキナーゼ領域をもたずリガンドと強く結合するため，内因性のVEGF-A, PlGF, VEGF-B阻害タンパク質と考えられる[2]．

VEGFR2からの血管内皮細胞増殖シグナルの特徴はRas系をあまり利用しないことであり，ヒトVEGFR2では1,175番目のアミノ酸残基に存在する自己リン酸化チロシンよりホスホリパーゼCγ-PKC（Cキナーゼ）系の活性化を通してc-Raf-MEK-MAPKを活性化し，増殖シグナルを伝達する[1)2)]．増殖シグナル以外にも内皮細胞の遊走，チューブ形成，サイトカイン発現などのシグナルがVEGFR2から発信される．

一方，VEGFR1は血管内皮細胞のみならず単球・マクロファージ系にも発現し，VEGF-A, PlGF, VEGF-Bによる細胞遊走，サイトカイン産生促進のシグナルを伝達する．遊走シグナルにはRACK1-PI3K-Akt経路が関与する．

VEGFR3はVEGF-C/Dと結合し，胎生早期には血管新生にも関与するが，それ以降はリンパ管新生のシグナルを伝達する[3]．ヒトでは*VEGFR3*遺伝子に変異をもつ家系があり，リンパ浮腫症を発症する．

3）KOマウスの表現型／ヒト疾患との関連

3種のVEGF受容体遺伝子いずれにおいても，ホモ接合体（-/-）マウスは血管系の異常により耐性致死となる．しかし，興味深いことにその表現型はおのおので異なる．

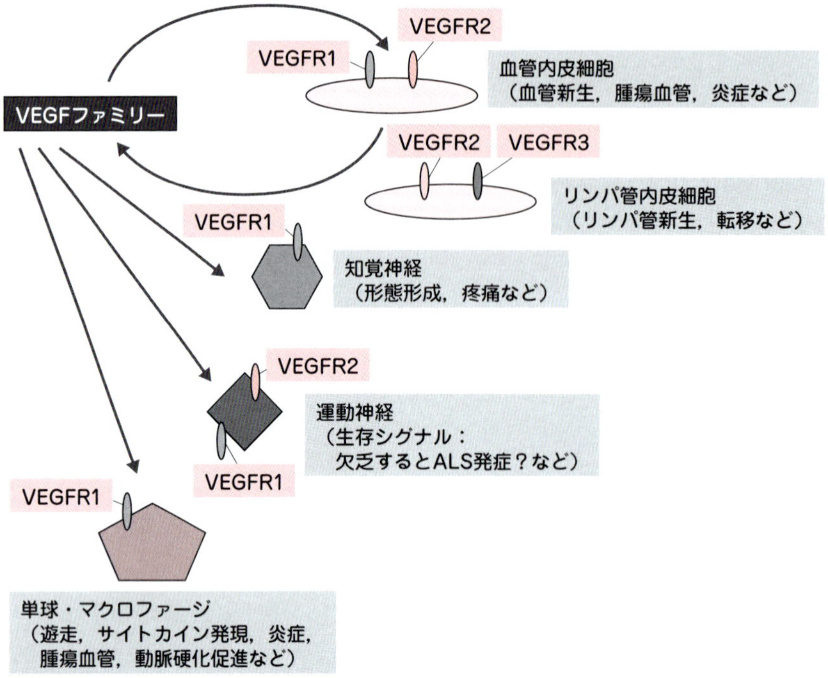

図24 VEGF受容体（VEGFR）ファミリーを発現する主な細胞とその作用

これら以外にも，可溶型VEGFR1（sFlt-1）発現細胞としては角膜上皮細胞，網膜の色素上皮細胞と光受容体細胞，腎臓の足細胞，胎盤の栄養層細胞などがあり，VEGFファミリーをトラップすることで血管新生を制御している．その破綻はさまざまな疾患の進展に関与している（図22はその一例）．

i）VEGFR1とVEGFR2のノックアウト

VEGFR2（*flk-1*）$^{-/-}$マウスは，VEGFR2が強い血管新生シグナルを発信する点を反映して，血管発生・新生がまったくみられずにE8.5ごろに耐性致死となる．一方，*VEGFR1*（*flt-1*）$^{-/-}$マウスでは，過剰な血管新生と血管機能の異常により，*VEGFR2*$^{-/-}$マウスとほぼ同時期に耐性致死となる．このことはVEGFR1が胎生早期には血管新生に対する抑制作用をもつことを示している．われわれが作製したVEGFR1チロシンキナーゼドメインとその下流を欠失させた変異マウス（*flt-1 TK*$^{-/-}$マウス）がほぼ正常に出生し生育することから，VEGFR1のもつ抑制作用にはキナーゼドメインは必要ないこと，すなわち，VEGFR1のリガンド結合ドメインによるVEGFファミリーのトラップ作用が重要と考えられる[1) 2)]．野生型マウスと*flt-1 TK*$^{-/-}$マウスとの比較から，成熟期マウスにおいてはVEGFR1キナーゼからのシグナルは，がんの増殖・転移，炎症，動脈硬化などさまざまな疾患の悪性化に関与することが明らかとなった．

ii）VEGFR3のノックアウト

VEGFR3$^{-/-}$マウスは，E10.5ごろに血管新生不全により胎生致死となる．

iii）ヒト疾患の治療の可能性

以上から，これら3種類のVEGF受容体はヒトにおいても腫瘍血管新生を介したがんの増殖・転移，炎症性疾患，動脈硬化など多くの疾患にかかわっていると考えられる．すでにマルチキナーゼ阻害薬が複数（例えば，sunitinib, sorafenibなど）開発され，肝がん，腎臓がんなどの固形がん治療に用いられている[4)]．おのおのの受容体に対する特異的な中和抗体も開発され，2015年現在，臨床試験の段階である．ただし，抗炎症薬，抗動脈硬化薬としては，まだ開発途中の段階である．

また，神経細胞にもVEGF受容体の発現と機能が報告され，筋萎縮性側索硬化症（ALS）発症の少なくとも一部には，VEGF-VEGFRシグナルの低下が関与することが示唆されている[5)]．また，知覚神経においても，VEGFR1の役割が報告されており，神経疾患の治療薬としてVEGFR機能促進剤の開発が期待される．

【データベース（GenBank）】

Flt-1（VEGFR1）
　ヒト X51602
　マウス D88689
可溶型Flt-1（sFlt-1/sVEGFR1）
　ヒト U01134
　マウス D88690
Flk-1/KDR（VEGFR2）
　ヒト NM_002253
　マウス NM_010612
Flt-4（VEGFR3）
　ヒト NM_182925（long form），NM_002020（short form：カルボキシル末端が短いタイプ）

【阻害剤】

ヒトVEGFR1中和抗体：ImClone Systems社 IMC-18F1（2015年現在乳がん治療薬として第Ⅱ相臨床試験中）など．

ヒトVEGFR2中和抗体：ImClone Systems社IMC-1121Bなど．

マウスVEGFR3中和抗体：ImClone Systems社mF4-31C1など．

キナーゼ阻害剤：sorafenib，sunitinib，tivozanib（KRN951）などのマルチキナーゼ阻害薬が多数開発されている．

【抗体】

実験用としてはCST社，Santa Cruz Biotechnology社，など多数の企業より購入可能．単なる抗体か活性を抑える中和抗体か，注意が必要．

【ベクター】

VEGFR1，VEGFR2：筆者（渋谷正史）e-mail：shibuya@ims.u-tokyo.ac.jp

VEGFR3：K. Alitalo（ヘルシンキ大学の教授，フィンランド）．ただし譲渡されない可能性もある．e-mail：Kari.Alitalo@Helsinki.FI

参考文献

1）Shibuya M：Proc Jpn Acad Ser B Phys Biol Sci, 87：167-178, 2011
2）Shibuya M & Claesson-Welsh L：Exp Cell Res, 312：549-560, 2006
3）Alitalo K & Carmeliet P：Cancer Cell, 1：219-227, 2002
4）Escudier B, et al：N Engl J Med, 356：125-134, 2007
5）Oosthuyse B, et al：Nat Genet, 28：131-138, 2001

（渋谷正史）

Keyword

29 neurotrophin

▶和文表記：ニューロトロフィン
▶ファミリー因子：NGF（nerve growth factor），
BDNF（brain-derived neurotrophic factor），
NT-3（neurotrophin-3），
NT-4（neurotrophin-4）

1）歴史とあらまし

neurotrophin（ニューロトロフィン）は神経成長因子（nerve growth factor：NGF），BDNF（brain-derived neurotrophic factor），NT-3（neurotrophin-3），NT-4からなるファミリーの総称である．NT-4とNT-5は当初違う種からクローニングされたため別々に名づけられNT-4/5とも表記されていたが，現在はNT-4とよぶことが多い．また魚類においてNT-6がクローニングされている．

NGFはすべての成長因子の先駆けであり，マウス肉腫由来の，ニワトリの末梢神経の突起を伸展させる物質として1951年に同定された．NGFを見出したLevi-Montalchiniと精製したCohenは1986年にノーベル賞を受賞している．NGFのcDNAは1983年にクローニングされた．また，1982年にBDNFがブタ脳から精製され，1989年にはクローニングされた．翌1990年にはNGFとBDNFの高いホモロジーを利用して第三の因子NT-3のクローニングが独立した5つのグループから立て続けに報告された．またNT-4に関しても，1991～’92年にかけて，3つのグループでクローニングされている．

NGFはアミノ酸118個，13 kDaのタンパク質で，分子内に3カ所のジスルフィド（SS）結合がある．他の分子もほぼ同じ（BDNF：119個 13.5 kDa，NT-3：119個 14 kDa，NT-4：123個 13.9 kDa）サイズで，非常によく保存されている．これらはすべてホモ二量体を形成している．NGFの結晶解析の結果3つの別方向を向いた平板なβシートをもち，ここを介して二量体化していると考えられる．またファミリー間で保存されていない4つのループ構造をそれぞれがもっており，この部位が受容体との特異的結合を規定していると考えられる．

2）機能

各neurotrophinはそれぞれ高親和性受容体であるTrkA/B/C（30参照）と共通の低親和性受容体であるp75NTRに結合する．NGFはTrkAと，BDNFとNT-4はTrkBと，NT-3はTrkCとそれぞれ特異的に結合し，シグナルを細胞内に伝える（図26参照）．最近の研究ではp75NTRはneurotrophin前駆体（pro-neurotrophin）を認識することが明らかになってきている．

neurotrophinは神経細胞の分化，成熟，生存維持に重要な役割を果たしており，特に末梢神経系においては必須の因子である（図25）[1]．これらの分子，あるいは受容体分子のノックアウトでは末梢神経に重篤な障害が出て死に至る[2]．また，NGF，BDNFとも感覚神経に作用することもあり，痛覚に関与（痛覚過敏）している．一方，中枢ではNGFおよびTrkAの発現は限局されてい

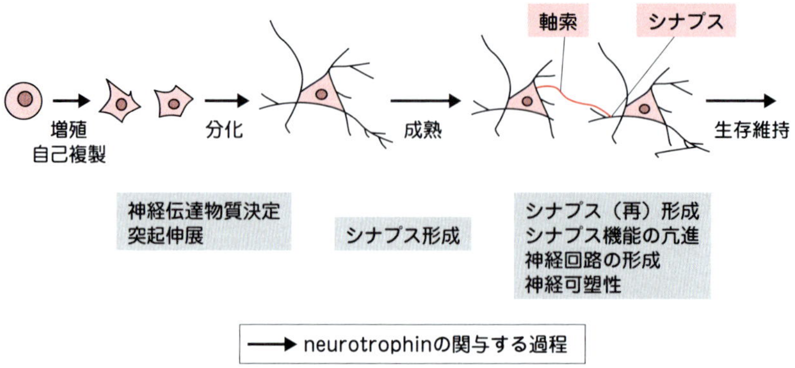

図25 神経細胞の一生におけるneurotrophinの役割
神経細胞の初期分化，成熟，神経回路形成，シナプス可塑性から生存の維持まで幅広い作用を示す．

るが，BDNF，NT-3とTrkB/Cは広範に発現している．特にBDNFは中枢神経系では発達期から成体まで，主要な働きをしており，神経幹細胞からの分化や生存維持に働いているだけではなく，神経伝達，シナプス可塑性にも重要な役割を果たしている．学習などの高次機能に関与していることも明らかとなってきている[3)4)]．またBDNFは摂食抑制にかかわることも明らかとなっている[5)]．NT-3の中枢での作用はあまり明らかでなく，NT-4の発現は非常に低い．

neurotrophinのなかでもNGFとBDNFはその顕著な生存維持・神経保護活性から筋萎縮性側索硬化症（ALS）をはじめとする，種々の神経変性疾患の治療への応用が試みられたが，高分子で標的部位への薬物輸送（デリバリー）が困難なこともあり，治験は失敗している．

3) KOマウスの表現型/ヒト疾患との関連

neurotorphinのノックアウトマウスは生後比較的早い時期に末梢神経の障害により死亡する（数日から数十日）[2)]．一方で行動解析などで中枢神経への影響を調べるためにそれぞれのコンディショナルノックアウトマウスが作製されており，高次機能への作用が詳しく調べられている．またBDNFのヘテロノックアウトマウスでは体重増加が認められる．

ヒト疾患との関連では，BDNFの高次機能への作用が明らかになるに伴い，変性疾患から精神疾患（特に鬱病）への関与が示唆されており，SNP（single nucleotide polymorphism）が注目されている．さらに，Val66MetのSNPはBDNFの細胞内トラフィッキングに異常をきたす．そのため脳機能への影響があるとの報告があり[6)]，この点からも精神疾患との関連が注目されている．

【データベース】

NGF
- ヒト　：GenBank Gene ID 4803
  OMIM 162030
- マウス：Gene ID 18049

BDNF
- ヒト　：GenBank Gene ID 627
  OMIM 113505
- マウス：Gene ID 12064

NT-3（NTF3）
- ヒト　：GenBank Gene ID 4908
  OMIM 162660
- マウス：Gene ID 18205

NT-4（NTF4）
- ヒト　：GenBank Gene ID 4909
  OMIM 162662
- マウス（Ntf5）：Gene ID 78405

【阻害剤】

30参照

【抗体】

CST社，Santa Cruz Biotechnology社など複数の会社で市販されている．用途（免疫染色，イムノブロット，免疫沈降など）に合わせて選択．また定量にはELISAキットが複数種市販されている．2015年現在ヒトNGFの抗体は慢性疼痛の治療薬として開発中である（治験で失敗したが，開発継続）．

【ベクター】

OriGene社などでneurotrophinすべてに関しヒト，マウスなどのcDNA（＋tagなど）のベクターを購入可能．またベクターをもっている研究者にリクエストすれば分与されることが多い．ノックアウトマウスはJackson研究所（http://jaxmice.jax.org/）で全種類購入可能．

参考文献

1）Lewin GR & Barde YA：Annu Rev Neurosci, 19：289-317, 1996
2）Snider WD：Cell, 77：627-638, 1994
3）Park H & Poo MM：Nat Rev Neurosci, 14：7-23, 2013
4）Nawa H & Takei N：Trends Neurosci, 24：683-685, 2001
5）Takei N, et al：Front Psychol, 5：1093, 2014
6）Egan MF, et al：Cell, 112：257-269, 2003

（武井延之）

Keyword

30 TrkA/B/C

▶フルスペル：tropomyosin related kinase A/B/C

1) 歴史とあらまし

Trk（トラックと読む）ファミリーはneurotrophin（29参照）の高親和性受容体であり，TrkA/B/Cがある．Trkはプロトオンコジーン*trk*（tropomyosin related kinase）として1986年にクローニングされていた受容体型チロシンキナーゼである．Trkが神経系に高発現していることがわかり，1991年になってneurotrophinの受容体と同定された．それ以前に同定されていた（当初はNGF受容体）p75NTRはneurotrophinの低親和性受容体で，現在ではneurotrophin前駆体（pro-neurotrophin）に対する受容体と考えられている．

Trkはアミノ酸約800個からなり，糖鎖付加を受け

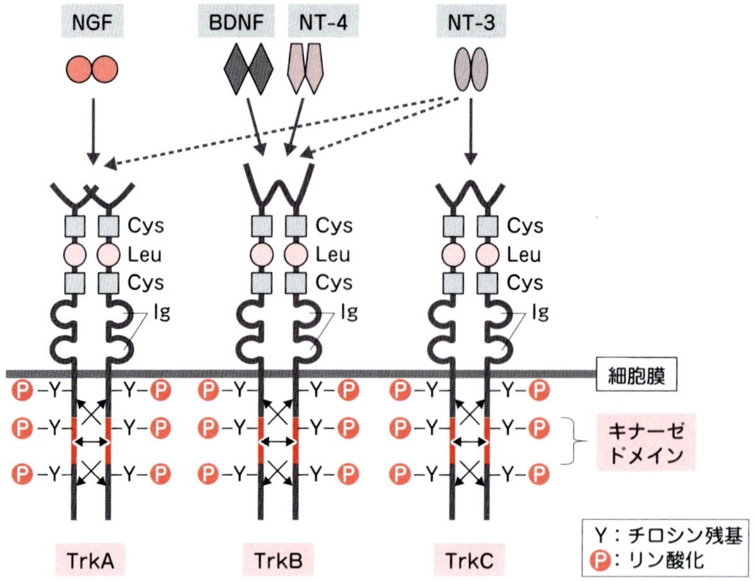

図26 neurotrophinとTrkファミリー

140～145 kDaの成熟分子となる．EGF受容体（**9**参照）やインスリン受容体（**21**参照）と同じく受容体型チロシンキナーゼであり，細胞内にキナーゼドメインをもつ（**図26**）．細胞外にはリガンド（neurotrophin）との結合部位があり，ロイシン（Leu）に富む部分，システイン（Cys）に富む部分および2つのイムノグロブリン（Ig）様ドメインがある．二量体リガンドが結合するとTrkも二量体化し，細胞内ドメインの多くのチロシン残基（Y）を自己リン酸化（P）する．このリン酸化チロシンに種々の分子が結合し，細胞内にシグナルを伝達する．Trkにはスプライシングバリアントが複数存在するが，TrkB, TrkCにはキナーゼドメインを欠失した短いタイプ（truncated型）があり，このタイプの受容体はリガンドと結合はするが，シグナルを伝えることはできない．

2）機能

図26に示すようにNGFはTrkAと，BDNFとNT-4はTrkBと，NT-3はTrkCとそれぞれ高親和性に結合する．NT-3はTrkA, TrkBとも弱く結合する．リガンドにより自己リン酸化したTrkはさまざまなシグナルを細胞内に伝えるが代表的な経路は他の受容体型チロシンキナーゼのものと同じく，Ras-MAPK系，PI3K-Akt（PKB）系，およびPLCg-IP3/DAG系である．おのおのの系は細胞内のシグナル伝達カスケードを起動し，リン酸化などの翻訳後修飾，翻訳および転写調節などを誘導する[1]．

Trkファミリーは末梢神経系に幅広く分布し，ニューロンの分化，生存に必須の役割を果たしている[2]．Trkファミリーのノックアウトマウスではneurotrophinのノックアウトマウスよりもより重篤な表現型を示すことが多い．中枢神経系ではTrkB/Cは幅広い分布を示すが，TrkAの発現はほぼ前脳基底野に限られている．TrkBのノックアウトマウスではBDNFのときと同様に神経可塑性に異常が報告されている．またtruncated型TrkBの過剰発現はドミナントネガティブ型に働き，このトランスジェニックマウスも作製されている．なお，TrkCは脳内で広範に発現しているが，NT-3による作用はあまりはっきりしたものがない．TrkCがリガンド（NT-3）非依存性に後シナプスのシナプスオーガナイザー（前シナプスで対応するのはPTP σ）として働くという報告がある[3]．

3）KOマウスの表現型／ヒト疾患との関連

Trkのノックアウトマウスは生後比較的早い時期に末梢神経の障害により死亡する[2]．neurotrophinノックアウトより重篤な表現型が現れるのはTrkが複数のリガンドを認識するためかもしれない．行動解析などの中枢神経への影響を調べるためにTrkBではコンディショナルノックアウトマウスやリン酸化部位を変異させたノックインマウス，truncated型トランスジェニックマウスが作製されており，高次機能への作用が詳しく調べられている．ヒト疾患との関連では，TrkAの変異が先天性無痛無汗症でみつかっている．痛覚へのneurotrophin-Trk系の関与と一致する．また過食/発達遅滞を呈する男児でTrkBの変異が報告されている．

【データベース】

TrkA

ヒト（NTRK1）：GenBank Gene ID 4914
OMIM 191315

マウス（Ntrk1）：Gene ID 18211

TrkB

ヒト（NTRK2）：GenBank Gene ID 4915
OMIM 600456

マウス（Ntrk2）：Gene ID 18212

TrkC

ヒト（NTRK3）：GenBank Gene ID 4916
OMIM 191316

マウス（Ntrk3）：Gene ID 18213

【阻害剤】

これまで広く用いられている阻害剤としてK252aがあるが，特異性には問題がある（CaMKやphosphorylase kinase, PKCも阻害）．特異性，親和性とも高いのはTrk-Fc（Trkの細胞外ドメインとIgGのFcのキメラタンパク質）でTrkA/B/CともSigma-Aldrich社やR & Dシステムズ社で市販されている．タンパク質なので浸透性には問題がある．また最近はTrkBのアゴニストLM22A〔*N*, *N′*, *N″* Tris（2-hydroxyethyl）-1,3,5-benzenetricarboxamide〕や7,8-dihydroxyflavoneなどがあるが，作用（信頼性）については疑問も多い．

【抗体】

CST社，Abcam社など複数の会社で市販されている．用途（免疫染色，イムノブロット，免疫沈降など）にあわせて選択．リン酸化（活性化）TrkBの抗体（Abcam社など）も市販されているが，Trkでのクロスがあるので，リガンドの作用をみる実験以外では注意が必要．

【ベクター】

OriGene社などでneurotrophinすべてに関しヒト，マウスなどのcDNA（＋tagなど）のベクターを購入可能．またベクターをもっている研究者にリクエストすれば分与されることが多い．ノックアウトマウスはJackson研究所（http://jaxmice.jax.org/）で全種類購入可能．

参考文献

1）Huang EJ & Reichardt LF：Annu Rev Biochem, 72：609-642, 2003
2）Snider WD：Cell, 77：627-638, 1994
3）Takahashi H, et al：Neuron, 69：287-303, 2011

（武井延之）

Keyword

31 GDNFファミリー

▶フルスペル：glial cell line-derived neurotrophic factor family
▶和文表記：グリア細胞株由来神経栄養因子ファミリー
▶別名：GDNF family of ligands,
GDNF family ligands（GFL）
▶ファミリー因子：GDNF, NRTN, ARTN, PSPN

1）歴史とあらまし

GDNF（glial cell line-derived neurotrophic factor）は1993年，ラットグリア細胞株B49の培養上清中から，胎仔中脳培養細胞のドパミン取り込みを促進させる神経栄養因子として精製された[1]．ただし構造上はTGF-βスーパーファミリー（**第7章**）に属し，NGF, BDNF, NT-3, NT-4/5からなる神経栄養因子群（neurotrophin，29参照）には属していない．

1996年にはCHO細胞の産生する上頸神経節細胞生存促進因子としてGDNFと相同性を有するNRTN（neurturin）が[2]，1998年にはARTN（artemin）およびPSPN（persephin）が同定され，GDNFファミリーを形成するに至っている[2]．また，1996年にはGDNFの受容体（32参照）が明らかとなった．すなわちGDNFはGFRα1（GDNF family receptor α1）との結合を介して受容体型チロシンキナーゼであるRETを活性化することが示された[3]．

GFRαはこれまでに相同性を有する4種類のタンパク質が同定されており（GFRα1〜4），GDNFはGFRα1，NRTNはGFRα2，ARTNはGFRα3，PSPNはGFRα4をそれぞれ介してRETを活性化し，細胞内シグナル伝達すると考えられている[2]．また，GDNFについてはGFRα1を介したRET非依存性の細胞内シグナル伝達系についても報告されている[2]．

2）機能

GDNFは胎仔脳組織初代培養系において，ドパミン作動性神経細胞だけでなく，運動神経，感覚神経，交感神経といった広範な神経細胞の生存を促進する．*in vivo*でも，ドパミン作動性神経細胞や運動神経細胞に対し，さまざまな病変モデルにおける神経細胞保護作用が示されている[2]．

NRTNおよびARTNも培養系でドパミン作動性神経細胞，運動神経細胞，感覚神経細胞，交感神経細胞の生存を促進させる[2]．PSPNはGDNF, ARTN, NRTNと異なり，末梢神経節由来の交感神経細胞，感覚神経細胞

表4　GDNFファミリー/GDNFファミリー受容体のノックアウトマウスの表現型

	GDNF/GFRα1	NRTN/GFRα2	ARTN/GFRα3	PSPN/GFRα4
出生後	出生直後死亡	生存，離乳後成長遅延	生存	生存
腎臓	低形成～無形成	正常	正常	正常
腸管神経系	十二指腸から直腸にかけて完全欠損	小腸における神経線維の減少	正常	ND※2
脊髄運動神経	22～37％減少	肉眼的には正常	ND	ND
脊髄後根神経節	有意差なし～23％減少	GFRα2陽性神経細胞の45％が減少	正常	ND
上頸神経節	有意差なし～35％減少	正常	位置異常と神経細胞の減少	ND
副交感神経	耳神経節の欠如，翼口蓋神経節の欠如，顎下神経節における神経細胞の減少	涙腺における神経線維欠損，顎下神経節における神経細胞の減少	正常	ND
脳	GDNFヘテロマウスにおいて学習障害	海馬におけるわずかなシナプス伝達障害	肉眼的には正常	肉眼的には正常※1
その他	GDNFヘテロマウスにおいて精巣の退縮，錐体神経節における神経細胞の減少	眼瞼下垂	眼瞼下垂	GFRα4ノックアウトマウスにおいて甲状腺カルシトニン産生量の減少

文献2，4，5をもとに作成．※1　PSPNのノックアウトマウスは肉眼的・組織学的異常は観察されていないが，脳虚血を引き起こすと梗塞部位が正常マウスに比べ3倍に拡大することが報告されている．※2　ND：not determined.

に対する生存促進作用は示さず，中枢神経系のドパミン作動性神経細胞や運動神経細胞にのみ培養系で生存促進作用を示す[2]．

このように，GDNFファミリーは神経細胞の生存において重要な役割をもつことが明らかとされてきた．生体内における機能解析も進んでおり，ノックアウトマウスの表現型と併せて**3)**で述べる．

3) KOマウスの表現型/ヒト疾患との関連

i）GDNFノックアウトマウス

1996年にGDNFノックアウトマウスの表現型が報告された[2]．GDNFノックアウトマウスは生後1.5日以内に死亡し，腎臓および尿管の無形成が観察された（**表4**）．これは腎の器官形成期に中腎管から後腎中胚葉に侵入していくべき尿管芽の形成が行われず，引き続き後腎中胚葉も消失するためであることが明らかとなった．また，GDNFノックアウトマウスでは神経堤細胞に由来する十二指腸から肛門にかけての腸管神経細胞がほぼ完全に欠損していた．その他には，脊髄運動神経，脊髄後根神経節，上頸神経節において神経細胞の減少が認められ，いくつかの副交感神経節の欠損が明らかとなった．一方で，初代培養系における実験結果から予測された，中枢神経系におけるドパミン作動性神経細胞に対する作用は認められなかった．

以上で示した表現型が，RETノックアウトマウスの表現型とよく似ており，このことがGDNFがRETのリガンドであることが明らかとなる1つのきっかけとなった．GDNFは後腎中胚葉で強く発現しており，これがRETを発現する尿管芽に作用することで，腎形成における上皮-間葉相互作用に重要な役割を担っているとみられている．また，腸管神経系においても，RETを発現する神経堤細胞とGDNFを発現する腸管間葉系細胞との相互作用が，腸管神経前駆細胞の増殖・移動に重要であると考えられている．

ii）その他のノックアウトマウス

さらに，1998年にはGDNFとRETを仲介するGFRα1のノックアウトマウスが作製され，GDNFノックアウトマウスと同様の表現型を示した[2,4]．NRTN，ARTN，PSPNについても，それぞれのノックアウトマウスはGFRα2～4のノックアウトマウスに類似した表現型を示すことが知られている（**表4**）[2,4,5]．

iii）ヒト疾患への関与

ヒト疾患との関連では，腸管神経細胞の欠損により腸管の蠕動障害を示すヒルシュスプルング（Hirschsprung）病の少数例で，*GDNF*遺伝子の変異が同定されている．また，GDNFは一時期パーキンソン病の治療薬になりうると期待されたが，2015年現在実用化はされていない．

【データベース】

Gene ID（PDB ID）

ヒト GDNF	2668（P39905）	マウス Gdnf	14573
ヒト NRTN	4902	マウス Nrtn	18188
ヒト ARTN	9048（Q5T4W7）	マウス Artn	11876
ヒト PSPN	5623	マウス Pspn	19197

OMIM ID

GDNF	600837	ARTN	603886
NRTN	602018	PSPN	602921

参考文献

1）Lin LF, et al：Science, 260：1130-1132, 1993
2）Airaksinen MS & Saarma M：Nature Rev Neurosci, 3：383-394, 2002
3）Jing S, et al：Cell, 85：1113-1124, 1996
4）Airaksinen MS, et al：Mol Cell Neurosci, 13：313-325, 1999
5）Lindfors PH, et al：Endocrinology, 147：2237-2244, 2006

（三井伸二，髙橋雅英）

Keyword

32 RET，GFRα1～4（GDNFファミリー受容体複合体）

【GFRα1～4】
▶フルスペル：glial cell line-derived neurotrophic factor family receptor α1～4

【RET】
▶フルスペル：rearranged during transfection
▶別名：RET proto-oncogene, c-RET

1）歴史とあらまし

GDNFファミリーをリガンドとする受容体型チロシンキナーゼRETは1985年にその遺伝子がクローニングされた[1]．すなわち，*RET*がん原遺伝子は，NIH3T3細胞を用いたDNAトランスフェクション法により，トランスフォーミング活性をもつ融合遺伝子の3′側として同定された．これは遺伝子再構成によりがん遺伝子が活性化されることをはじめて実験的に証明した例であり，RET（rearranged during transfection）の名前もこれに由来する．その後，1990年にはヒトの甲状腺乳頭がんにおいて*RET*がん原遺伝子が遺伝子再構成により活性化していることが示された[2]．1993年から1994年にかけて，多発性内分泌腫瘍症（multiple endocrine neoplasia：MEN）2型の患者において*RET*がん原遺伝子の点変異が報告された．それまでRETのリガンドは不明であったが，1996年になって，GDNFがRETのリガンドであり，GPIアンカー型膜タンパク質であるGFRα1（GDNF family receptor α1）を介してRETを活性化することが明らかとなった[3]．その後，GDNFファミリーであるNRTN（neurturin），ARTN（artemin），PSPN（persephin）もそれぞれGFRα2/α3/α4を介してRETを活性化することが報告され，GDNFファミリー（31参照）がRETのリガンドであることが判明した（図27）．

2）機能

*RET*遺伝子はヒト10番染色体長腕（10q11.2）に存在し，21のエキソンからなるが，3′末端の選択的スプライシングにより3つのアイソフォームが存在することが知られている．それぞれ1,072アミノ酸（RET9），1,106アミノ酸（RET43），1,114アミノ酸（RET51）であり，なかでもRET9とRET51が主要なアイソフォームと考えられている．ノックインマウスを用いた研究により，個体発生においてはRET9が重要な働きを果たすことが報告された．一方で発がんにおいてはRET51がより強力な活性を示すと考えられている．

RETタンパク質は一回膜貫通型タンパク質である受容体型チロシンキナーゼであり，GDNFファミリーにより活性化されるGFRα-RETシグナル系の生理的機能を理解するうえで，生体内におけるRETの発現分布が重要となる．RETは胎生期においては神経堤細胞，脊髄前角神経細胞，脊髄後根神経節細胞，腸管神経節細胞，中腎管・尿管芽などに発現し，出生後は，神経堤細胞由来組織である甲状腺C細胞，副腎髄質細胞，副甲状腺や前述した神経細胞に加え，精巣の始原生殖細胞および精原細胞に発現が認められる一方，腎臓における発現はみられなくなる．このように，RETは神経細胞および腎臓の発生において重要な役割をもつことが推定されるが，実際の生体内における機能の詳細についてはノックアウトマウスの表現型と併せて**3）**で述べる．

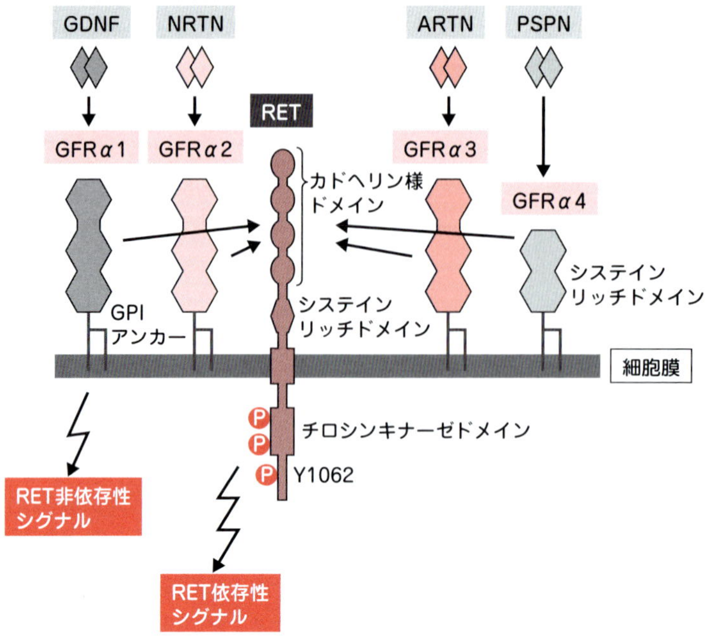

図27 GDNFファミリーによるRETの活性化

GDNFファミリーであるGDNF，NRTN，ARTN，PSPNの二量体が，それぞれ対応するGFRα1〜4と結合し，RETとの複合体を形成して活性化を引き起こす．RETのシグナルは主としてY1062のリン酸化を介している．RET依存性のシグナルの他に，GDNFがGFRα1と結合することによるRET非依存性シグナルが生じるとの報告がある．

3) KOマウスの表現型およびヒト疾患との関連

i) RETノックアウトマウス

RETノックアウトマウスの表現型は1994年にはじめて報告された．RETのノックアウトマウスは腸管神経節の欠損による巨大結腸症，腎臓の低形成/無形成，交感神経節および副交感神経節の形成異常を示すことが明らかとなり，RETが末梢神経および腎臓の発生・分化に重要な役割を果たすことが示された[4]．なお，GDNFファミリーとRETを仲介する分子であるGFRα1〜4のそれぞれのノックアウトマウスを用いた解析結果については31参照．

ii) 機能獲得性変異とヒト疾患

ヒト疾患とRETとの関連については一部前述したが，RET遺伝子に異常の生じる機序にもとづいて改めて述べる．もともとRETは染色体の転座・逆位などによって生じる「遺伝子再構成」を起こすことをきっかけとして発見されており，これまでにさまざまな遺伝子との融合遺伝子が発見されている．甲状腺乳頭がんにおけるRET/PTC再構成[2]に加え，肺がんにおけるKIF5B–RET融合遺伝子が報告された[5]．

一方で，RETは点変異によって常染色体優性遺伝性疾患であるMEN2型を引き起こす．MEN2型はMEN2A型，MEN2B型，家族性甲状腺髄様がん（familial medullary thyroid carcinoma：FMTC）の3つの亜型に分類されるが，いずれもRETの点変異（ミスセンス変異）によるものであり，それぞれの亜型ごとに頻度の高い変異部位が同定されている．MEN2A型とFMTCでは，システインリッチドメインのシステイン残基における点変異によりRETが恒常的に二量体化することで活性化し，MEN2B型と一部のFMTCでは，チロシンキナーゼドメインの点変異によりRETが単量体のまま活性化することで，甲状腺髄様がんなどが発生する．ここまであげた疾患はいずれもRETの機能獲得性変異により発症するものである．

iii) 機能喪失性変異とヒト疾患

RETの機能喪失性変異により生じる疾患として，腸管の蠕動障害を示すヒルシュスプルング（Hirschsprung）病がある．ヒルシュスプルング病は，*RET*の点変異，フレームシフト，欠失などによってRETのキナーゼ活性が失われることで，腸管神経細胞の遊走能障害と分化異常を引き起こし，大腸末端部における腸管神経細胞が欠損することにより発症する．

【抗体】

Anti-Human c-Ret（long isoform）Rabbit IgG Affinity Purify（IBL 18128）

Anti-Human c-Ret（R787）Rabbit IgG Affinity Purify（IBL 18121）

【データベース】

Gene ID（PDB ID）

ヒトGFRA1　2674	マウス Gfra1　14585
ヒトGFRA2　2675	マウス Gfra2　14586
ヒトGFRA3　2676（O60609）	マウス Gfra3　14587
ヒトGFRA4　64096	マウス Gfra4　14588
ヒトRET　5979（P07949）	マウス Ret　19713（P35546）

OMIM ID

GFRA1　601496	GFRA3　605710
GFRA2　601956	RET　164761

参考文献

1）Takahashi M, et al：Cell, 42：581-588, 1985
2）Grieco M, et al：Cell, 60：557-563, 1990
3）Treanor JJ, et al：Nature, 382：80-83, 1996
4）Schuchardt A, et al：Nature, 367：380-383, 1994
5）Takeuchi K, et al：Nat Med, 18：378-381, 2012

（三井伸二，髙橋雅英）

Keyword

33 ephrin

▶和文表記：エフリン
▶遺伝子名：EFN
▶ファミリー因子とその別名：
ephrin-A1（ligand of Eph-related kinase 1：LERK-1, Eph-related receptor tyrosine kinase ligand：EPLG1）
ephrin-A2（LERK-6, EPLG6）
ephrin-A3（LERK-3, EPLG3）
ephrin-A4（LERK-4, EPLG4）
ephrin-A5（LERK-7, EPLG7, AL-1, RAGS）
ephrin-B1（LERK-2, EPLG2）
ephrin-B2（LERK-5, EPLG5, HTK ligand）
ephrin-B3（LERK-8, EPLG8）

1）歴史とあらまし

ephrinという名前はEph family receptor interacting proteinに由来しており，受容体チロシンキナーゼのサブファミリーEph（34参照）と相互作用するリガンドの総称である[1]．最初にクローニングされたのは，ephrin-A1であり，EphA2（ECK）のリガンドとしてであった．ephrinファミリー9種は，A群とB群のサブクラスに大別される（図28）．A群のephrinは，グリコシルホスファチジルイノシトール（GPI）アンカーを介して細胞膜に結合しており，細胞内ドメインがない（ヒトやマウスではephrin-A1～A5の5種，ニワトリにはephrin-A6もあり6種）．B群のephrinは1回膜貫通型で，C末端が細胞質にありPDZ結合モチーフをもつ（ephrin-B1～ephrin-B3の3種）．A群やB群のephrinは，原則としてそれぞれ同じ群のEph（EphA，EphB）と相互作用する．例外的にephrin-A5はEphB2とも弱い親和性をもち，ephrin-B2とephrin-B3はEphA4とも弱い親和性をもつ（表5）．ephrin-A群は，GPIアンカー型に加え，マトリクスメタロプロテアーゼにより切断された可溶性のものも受容体EphAを活性化する．

2）機能

i）細胞間の双方向性シグナル

受容体Ephのリガンドとして働くephrinであるが，Eph発現細胞内のフォワードシグナルに加え，ephrin発現細胞においてもリバースシグナルとよばれる細胞内シグナルが惹起され，両細胞に対して双方向性シグナルが入る．リバースシグナルは，ephrin-A群でもephrin-B群でも認められ，Srcキナーゼファミリーの分子などが仲介する．ehrin－Ephの細胞間複合体は，特殊なエンドサイトーシスで除去されたり，細胞外ドメインがタンパク質分解酵素によって切断されたりして，特徴的な反発応答（repulsive response）を細胞間に起こす．逆に接着に働く場合もあり，上皮細胞間では，EphA2－ephrin-A1の相互作用がEカドヘリンで安定化され，神

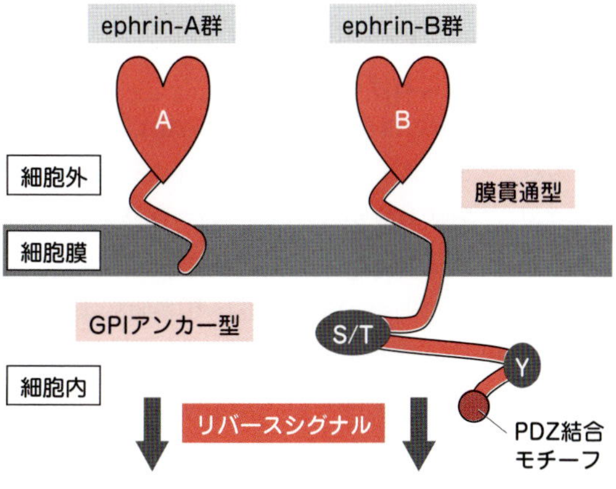

図28　ephrinA群とB群

ephrinA群はGPIアンカー型で，ephrinB群は膜貫通型である．いずれも細胞内にリバースシグナルを惹起する．S/T：セリン/スレオニン，Y：チロシン．

表5 Eph受容体とリガンドの特異性

Eph受容体	ephrin
EphA1	ephrin-A1
EphA2	ephrin-A3/A1/A5/A4
EphA3	ephrin-A5/A2/A3/A1
EphA4	ephrin-A5/A1/A3/A2/B2/B3/B1
EphA5	ephrin-A5/A1/A2/A3/A4
EphA6	ephrin-A2/A1/A3/A4/A5
EphA7	ephrin-A2/A3/A1
EphA8	ephrin-A5/A3/A2
EphB1	ephrin-B2/B1/A3
EphB2	ephrin-B1/B2/B3, ephrin-A5
EphB3	ephrin-B1/B2/B3
EphB4	ephrin-B2/B3
EphB5	unknown
EphB6	unknown

文献6をもとに作成．ephrinは，親和性が高い順におおまかにならべてある．

経筋接合部でEphA4－ephrin-A5の相互作用がADAM19で安定化される．

ii）同一細胞内の作用

細胞間（トランス）の相互作用に加え，同一細胞内（シス）のEph－ephrinの相互作用もある．ephrin-A3は，同一細胞内のEphA2やEphA3が，トランスにephrinと相互作用するのを阻害する．ephrin-B2は，EphB4やEphB3をシスに阻害する．

iii）発生・組織における役割

Eph－ephrinの相互作用は，発生過程で神経軸索誘導（軸索ガイダンス）を制御し，ephrin-A2は視蓋尾側で高発現し，網膜耳側からの神経線維を反発する．

ephrin-B2は動脈に発現し，血管のリモデリング，臓器サイズの調整に働く．VEGF（25～27参照）は血管内皮細胞でephrin-A1やephrin-B2の発現を上昇させる．血管内皮細胞ではmiRNA-210がephrin-A3を抑制して低酸素に対して応答する[2]．骨においては，破骨細胞分化に伴いephrin-B2の発現が上昇し骨芽細胞分化を促進する[3]．骨芽細胞では副甲状腺ホルモンにより，ephrin-B2の発現が誘導される．成長板ではephrin-B2－EphB4がIGF-I－IGF-IR（19～21参照）シグナルの下流で働き，骨形成を促進する．ephrin-B2は，感染症を引き起こすHENDRAウイルスやNipahウイルスの受容体として働く．

3) KOマウスの表現型/ヒト疾患との関連

ephrin-A2欠損マウスは，網膜-視蓋（上丘）の神経軸索経路異常を示す．ephrin-A5欠損マウスの外見は正常にみえるものの，網膜および鋤骨鼻における神経軸索経路異常を示し，さらに海馬でのニューロン新生と血管形成異常が見出されている．eprhin-A2/A3/A5のトリプル欠損マウスでは，耳側と鼻側の軸索の両方とも投射異常を示す．またephrin-B2（あるいは受容体EphB4）欠損マウスは，血管形成異常で胎生致死となる[4]．ephrin-B3（あるいは受容体EphA4）欠損マウスは皮質脊髄路の軸索が正中の両側で混線し，ウサギ跳び様歩行を示す．ephrin-B1遺伝子変異は，X連鎖の頭蓋前頭鼻骨症候群（craniofrontonasal syndrome）を起こす[5]．骨芽細胞特異的ephrin-B1欠損マウスは，頭蓋骨をはじめ全身の骨低形成を示す．ephrin-A4遺伝子変異が，ヒトの頭蓋縫合早期癒合症（craniosynostosis）でみつかっており，頭蓋縫合早期癒合を示すTwist（+/−）マウスでも，ephrin-A4の発現が低下する．

ephrin-A3の発現は肺がんで高い．また，神経膠芽腫ではephrin-A5はがん抑制能をもち進行がんでは発現が低下するのに対し，ephrin-B2，ephrin-B3は神経膠芽腫で発現が上昇し，浸潤性を高める．

【阻害剤】

EPHA2-Fc, EPHA3-Fc
sEPHB4

【データベース】

PDB ID

ephrin-A2：3FL7（ectodomain）
ephrin-A5：1SHX
ephrin-B2：1IKO（murine, ectodomain）
EphA4-ephrin B2 complex：2WO2
EphB4-ephrin-B2：2HLE

OMIM ID

EFNA1：191164	EFNA5：601535
EFNA2：602756	EFNB1：300035
EFNA3：601381	EFNB2：600527
EFNA4：601380	EFNB3：602297

参考文献

1) Pasquale EB : Cell, 133 : 38-52, 2008
2) Fasanaro P, et al : J Biol Chem, 283 : 15878-15883, 2008
3) Zhao C, et al : Cell Metab, 4 : 111-121, 2006
4) Wang HU, et al : Cell, 93 : 741-753, 1998
5) Twigg SR, et al : Proc Natl Acad Sci U S A, 101 : 8652-8657, 2004
6) Pasquale EB : Curr Opin Cell Biol, 9 : 608-615, 1997

（松尾光一）

Keyword

34 Eph

▶フルスペル：ephrin receptor
▶和文表記：エフリン受容体
▶ファミリー因子とその別名：
EPH tyrosine kinase (erythropoietin-producing hepatoma),
EPHA1 (EPHT, EPHT1),
EPHA2 (epithelial cell receptor protein-tyrosine kinase : ECK),
EPHA3 (human embryo kinase : HEK, HEK4),
EPHA4 (HEK8, SEK),
EPHA5 (HEK7),
EPHA6 (HEK12),
EPHA7 (HEK11),
EPHA8 (HEK3, EPH- and ELK-related kinase : EEK),
EPHA9 (ニワトリのみ),
EPHB1 (Eph-related kinase : ELK, neuronally expressed Eph-related tyrosine kinase : NET, HEK6),
EPHB2 (ELK-related tyrosine kinase : ERK, HEK5, Nuk, Cek5),
EPHB3 (Eph-like tyrosine kinase 2 : ETK2, human embryo kinase 2 : HEK2),
EPHB4 (hepatoma transmembrane kinase : HTK),
EPHB6 (human kinase defective Eph-family receptor protein : HEP)

1) 歴史とあらまし

最初に同定されたEphは，1987年にエリスロポエチン産生肝がん細胞株（erythropoietin producing hepatoma cell line）からクローニングされたEPHA1である[1]．Ephファミリーメンバーは，C末端が細胞質にある1回膜貫通型チロシンキナーゼ（**図29**）で，EphA群とEphB群に分類される．A群のEph（ヒトやマウスではEphA1～A8，A10の9種．ニワトリのEphA9を含めると10種）は主にephrin-A群と，B群のEph（EphB1～EphB4，EphB6の5種，ニワトリにはEphB5もあり6種）は主にephrin-B群と相互作用する（33参照）．例外的にEphA4はephrin-A群に加えephrin-B群とも低い親和性をもち，EphB2はephrinB群に加えephrin-A5にも低い親和性をもつ（**表5**）．Ephの細胞内ドメインにはチロシンキナーゼドメインに加えて，C末端近傍にSAM（sterile α motifドメイン）があり，他のSAMドメインと相互作用する．C末端のPDZ結合モチーフにより，PDZドメインをもつさまざまなタンパク質と相互作用する可能性がある．EphB6とEphA10はキナーゼ欠損型である．

2) 機能

Ephはチロシンキナーゼ型受容体の最大のファミリーで，細胞間コミュニケーションを担う．Ephは受容体として働くだけでなく，リガンドephrin（33参照）を発現する細胞内にリバースシグナルを惹起し，細胞間に双方向性シグナルを生じさせる．さらにEphは，ephrinと結合するとキナーゼ活性に依存しないシグナルを伝えることもある．

ephrin－Ephのシグナルは，細胞接着，細胞形態，細胞増殖・生存，細胞移動，細胞浸潤を調節する．EphA2を活性化すると，インテグリン機能を抑制し，FAK (focal adhesion kinase) が脱リン酸化される．また，神経系ではシナプスの可塑性や神経軸索のガイダンスに重要である[2]．実際に脳室下帯（subventricular zone）には，EphB1, EphB2, EphB3, EphA4が発現している．EphA3は網膜耳側で高発現する．興奮性シナプスのEphB群はNMDA型グルタミン酸受容体と相互作用する．そして脳と精巣では，EphA6, EphA8, EphB1の発現が高い．またEphA7は腎血管で高発現する．他にもEphB4は発生初期の静脈内皮細胞に発現し，動脈のephrinB2と相互作用して動静脈網を形成する[3]．骨芽細胞におけるEphB4のフォワードシグナルにより，骨形成が促進される[4]．EphB6は胸腺で発現が高くT細胞の

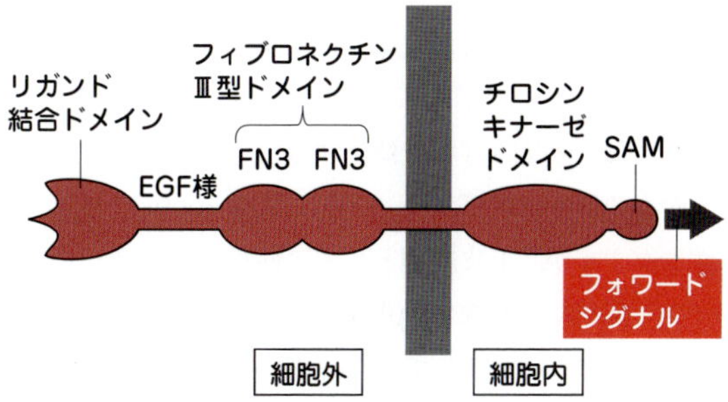

図29 Ephのドメイン構造

受容体Ephは1回膜貫通型で，細胞外のN末端からリガンド結合ドメイン，EGF様ドメイン，2つのフィブロネクチンⅢ型ドメインをもち，膜貫通ドメインを経て，細胞内にチロシンキナーゼドメイン，SAM (sterile α motif) を，C末端にPDZドメイン結合モチーフをもつ．細胞内にフォワードシグナルを惹起する．

成熟にかかわる．

3) KOマウスの表現型／ヒト疾患との関連

ヒトのEphA2変異やEphA2あるいはephrin-A5の欠損マウスでは，水晶体上皮細胞でカドヘリン依存性接着が失われて白内障を呈する．さらにEphA2欠損マウスは，結核菌感染によるT細胞や樹状細胞の集積やサイトカイン産生など病態が悪化する．加えて，EphA2欠損マウスでは，血管周皮細胞被覆率が低下する一方，皮膚の化学発がんに対する感受性が増す．また，EphA4（あるいはリガンドephrin-B3）欠損マウスは皮質脊髄路の軸索が正中の両側で混線し，ウサギ跳び様歩行を示す．皮質脊髄路の軸索に発現するEphA4と正中線の腹側に発現するephrin-B3との反発性の相互作用には，EphA4のキナーゼ活性が必須である．他にも，EphA5欠損マウスでは耳側と鼻側の軸索の両方とも投射異常を示し，EphA8欠損マウスは視蓋交連部の神経軸索経路異常，EphB2欠損マウスは大脳前交連における神経軸索経路異常，EphB3欠損マウスは脳梁における神経軸索経路異常を示し，さらに腸管でパネート細胞の位置異常を示す．EphB1/EphB2/EphB3トリプル欠損マウスは，海馬におけるシナプス棘突起（dendritic spine）の形成異常を示す．EphB4（あるいはリガンドephrin-B2）欠損マウスは，血管形成異常で胎生致死となる．

ヒトにおけるさまざまながんで，Ephの発現量増（減）が予後と相関する．EphA2の発現が乳がんや前立腺がんなどで上昇してオンコジーンとして働いており，がん細胞の表面抗原でもある．またEphA3は，肺腺がんで高い発現がみつかるチロシンキナーゼの1つである．逆に，EphB2，EphB3，EphB4などのEphB群は，がん抑制に働き，進行性した大腸がんなどではさまざまなメカニズムで発現が低下する[5]．もっとも，EphA1，EphA8の発現は，神経膠芽腫で低下するし，EphB2の増加は胆管がんの転移に結びつく．一般にEph－ephrinの双方向性シグナルが，上皮細胞としての性質維持に働くことも多い．乳がん細胞株でEphB6は，EphA2やEphB2とヘテロ二量体を形成してその活性を抑制する．他方，EphA2とEGFRとはC型肝炎ウイルスが感染して宿主細胞に入るときのコファクターとして働く．

【阻害剤】

EphA2：ALW-Ⅱ-41-27, stilbene carboxylic acid GW4064

EphA2, EphA4：2,5-dimethylpyrrolyl benzoic acid誘導体（compound 1,2）

EphA3：ALW-Ⅱ-38-3

EphA7：ALW-Ⅱ-49-7

EphB4：NVP-BHG712

Eph：LDN-211904, Pyrido［2,3-d］pyrimidine PD173955, nilotinib, dasatinib（キナーゼ阻害剤）

【結合ペプチド（ephrinとの相互作用を阻害）】

EphA2：SWLペプチド（12アミノ酸残基からなるアゴニスト）

EphA2：YSAペプチド（12アミノ酸残基からなるアゴニスト）

EphA4：KYLペプチド（12アミノ酸残基からなるアゴニスト）

EphB2：SNEWペプチド（12アミノ酸残基からなるアンタゴニスト）

EphB4：TNYL-RAW（15アミノ酸残基）

【データベース】

PDB ID

EphA1：2K1L（transmembrane domain），1X5A（second fn3 domain），3HIL（SAM domain）

EphA2：3HEI/3HPN/3C8X（ligand binding domain），2X10（ectodomain），2X11（complex with ephrinA5），4TRL, 2K9Y（transmembrane domain），1MQB（kinase domain），2E8N（SAM domain），3CZU（complex with ephrin-A1/A5），3MX0（complex with ephrin-A5）

EphA3：4L0P（ligand binding domain complexed with ephrinA5），2QO2（juxtamembrane），2QOB（kinase domain）

EphA4：3CKH（two small molecule antagonists），4M4P（ectodomain），2WO1（ligand binding domain），4M4R/4BKA/4BK5（complex with ephrin-A5），3GXU/2WO2（complex with ephrin-B2），2WO3（complex with ephrin-A2）

EphA5：2R2P（kinase domain）

EphA7：3NRU（ligand binding domain），2REI（kinase domain），3H8M（SAM domain）

EphA8：3KUL（kinase domain），1UCV（SAM domain）

EphB1：2DJS（fn3 domain），2EAO（murine, SAM domain）

EphB2：1KGY（complex with ephrinB2），1SHW（complexed with ephrin-A5），1SGG（SAM domain）

EphB3：3P1I（ligand binding domain）

EphB4：2E7H（second fn3 domain），2QKQ（SAM domain）

OMIM ID

EPHA1：179610	EPHA9：なし
EPHA2：176946	EPHA10：611123
EPHA3：179611	EPHB1：600600
EPHA4：602188	EPHB2：600997
EPHA5：600004	EPHB3：601839
EPHA6：600066	EPHB4：600011
EPHA7：602190	EPHB5：なし
EPHA8：176945	EPHB6：602757

参考文献

1）Hirai H, et al：Science, 238：1717-1720, 1987
2）Wilkinson DG：Nat Rev Neurosci, 2：155-164, 2001
3）Gerety SS, et al：Mol Cell, 4：403-414, 1999
4）Zhao C, et al：Cell Metab, 4：111-121, 2006
5）Pasquale EB：Nat Rev Cancer, 10：165-180, 2010
6）Pasquale EB：Curr Opin Cell Biol, 9：608-615, 1997

（松尾光一）

Keyword

35 angiopoietin

▶和文表記：アンジオポエチン
▶略称：Ang, Angpt
▶ファミリー分子：Ang1～4

1）歴史とあらまし

アンジオポエチン（angiopoietin：Ang）は4種類（Ang1～4）存在し，いずれも受容体型チロシンキナーゼTie2（36参照）の結合因子として単離された．血管内皮細胞ではAng1/4はTie2のリン酸化を誘導する．一方，生理的な濃度ではAng2/3はTie2に結合するが，そのリン酸化は誘導しない．つまりAng2/3はアンタゴニストと考えられている．血管形成に関連するAng1の発現細胞は血管壁細胞と，血球系の細胞のなかでも未熟な造血幹細胞である．Ang2は血管内皮細胞から低酸素時にHIF-1 α（hypoxia inducible factor-1 α）の制御により転写活性が高まるとともに，内皮細胞内の小胞に蓄積されていたものが放出される．Ang1/2はcoiled-coil領域と受容体に結合するフィブリノーゲン様ドメインを有する．このcoiled-coil領域によりAng1は四量体を形成する（**図30A**）．

2）機能

Ang1によるTie2の活性化は，細胞膜上のインテグリンの活性化により，細胞–細胞外マトリクス成分間の接着を誘導する[1]．これが内皮–壁細胞の接着の1つの要因となる．また，血管内皮細胞上に発現するTie2同士を架橋して，内皮細胞–内皮細胞間の接着を媒介する．K14プロモーター制御下にAng1を過剰に発現させると径の太い，そして透過性の抑制された血管が誘導される[2]．このようにAng1は構造的に安定した，透過性の抑制された血管の形成に寄与している（**図30B**）．

一方，Ang2はAng1のアンタゴニストとして機能するといわれており，確かにAng2を過剰に血管内皮細胞に発現するトランスジェニックマウスでは血管内皮細胞と血管壁細胞の接着が解離され，血管構造が不安定となる[3]．低酸素状態では血管内皮細胞からAng2が放出されて，Tie2の不活性化状態が生じる．このため血管壁細胞が血管内皮細胞から離脱して，血管内皮細胞の運動が許容されて発芽的血管新生が開始される（**図30C**）．一方，Ang2の産生が持続すると，血管内皮細胞と血管壁細胞の継続的な接着抑制から，血管内皮細胞の細胞死が誘導される．これは血管形成の過程で産生された余剰の血管を積極的に退縮させる方法の1つとして使われるシステムである．その他，Ang1の機能については36を参照されたし．

3）KOマウスの表現型／ヒト疾患との関連

i）ノックアウトマウス

*Ang1*ノックアウトマウスは，胎生12.5日に致死となる．表現型は基本的に*Tie2*のノックアウトマウスと同様であり，血管内皮細胞の血管壁細胞への接着の抑制による球状化が観察され，血管リモデリングが不全となっている[4]．*Ang2*ノックアウトマウスは，胎生12.5日～生後14日目に致死となる．全身に浮腫と出血が観察される．このノックアウトマウスでは乳び腹水が観察されているが，これは，Ang2は血管とは異なりリンパ管内皮細胞ではTie2のアゴニストとして機能して，リンパ管形成を正に制御することによると考えられている[5]．

ii）Ang1の治療への可能性

ヒト敗血症の初期にAng2発現が上昇していることが報告されているが，マウスエンドトキシンショックモデルで*Ang1*を投与すると炎症症状，病理所見ともに改善すること，また*Ang2*ノックアウトマウスでは炎症症状が軽減することから，Ang2が炎症のトリガーとなっていると考えられる．また，マウスモデルでAng1は脳梗塞巣の拡大を抑制することが報告されているが，これは脳血流関門（BBB）の保護によると考えられている．さ

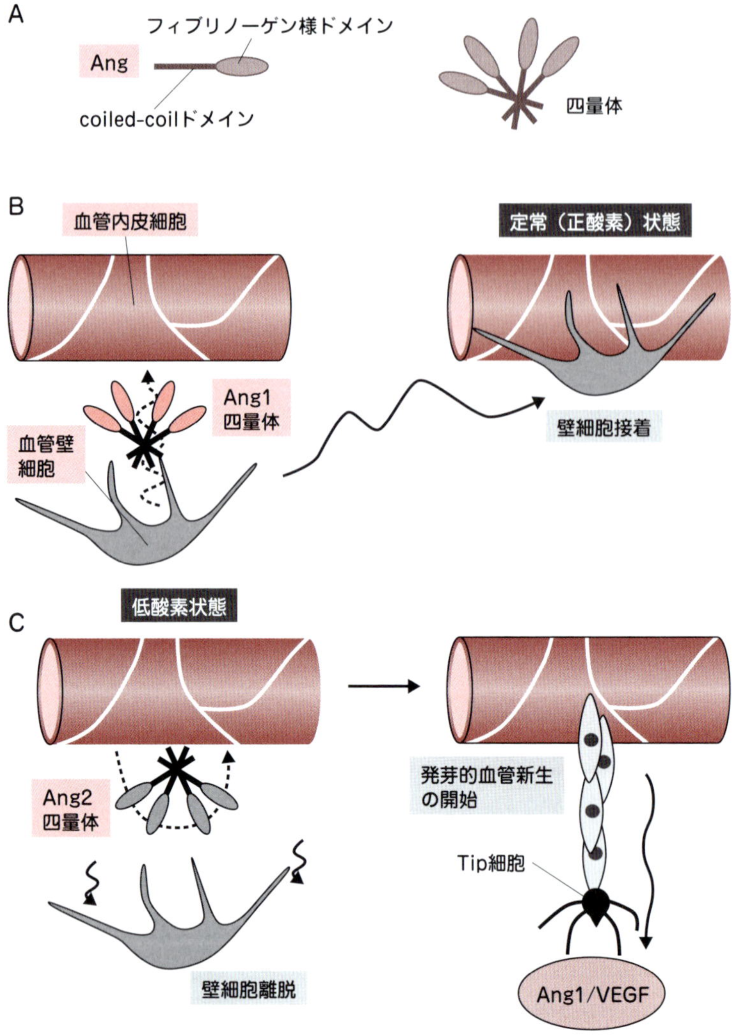

図30 angiopoietin（アンジオポエチン）の構造とその機能の概要

A）angiopoietinの構造．B）正酸素時には，血管壁細胞から分泌されるAng1は血管内皮細胞に発現するその受容体Tie2を活性化させて，内皮－壁細胞接着を誘導して構造的に安定な血管が維持される．C）低酸素時には，内皮細胞から分泌されるAng2がTie2を不活性化し，壁細胞が内皮細胞から離脱して，発芽的血管新生が開始する．発芽的血管新生はまず既存の血管からのtip細胞の出現からはじまる．この細胞はAng1/VEGFの濃度勾配を感知して，血管の移動方向をガイダンスする．その後方から増殖活性の高い血管内皮細胞が伸張していく．

らに，Ang1投与によりマウス喘息モデルでの気道過敏の改善がみられている．これにはAng1による血管透過性の抑制効果が関与すると考えられる．

一方でAng2の過剰状態では糖尿病性網膜症様の所見が観察され，逆に糖尿病性網膜症のマウスモデルにAng1を投与すると網膜症の改善が報告されている．また加齢黄斑変性症でもAng1投与による改善効果がある．腎糸球体ではポドサイトにAng1が発現し，血管構造の安定化に寄与すると考えられている．高血糖状態では，Ang2が腎糸球体から産生されていることが示唆されており，実際ヒト糖尿病患者では腎糸球体におけるAng2発現量が上昇している．ポドサイト特異的にAng2を過剰発現させたトランスジェニックマウスでは腎糸球体血管内皮細胞の細胞死とタンパク尿が観察されており，Ang2が血管安定性を抑制していることが示唆される．実際，ヒト2型糖尿病モデルにおいてAng1はタンパク尿を抑制することが報告されており，また，Ang1/Ang2比を正常にすると，腎糸球体硬化に促進作用のあるTGF-β

（第7章参照）の発現抑制が観察されている．

【阻害剤】

可溶性Tie2受容体（Ang1/2ともに中和抗体；R & Dシステムズ社から販売）．

Ang2中和抗体（Ang2特異的中和抗体：2015年1月現在ロシュ・ダイアグノスティックス社が開発しているが市販はまだ）．

【抗体】

Ang1/2に対する抗体として市販のものはあるが，Ang1/2を区別できる抗体はまだ報告がない（2015年1月現在）．

【ベクター入手先】

Ang1, Ang2（ヒト，マウス）．GenenTech社Dr. Yancopoulos DG. email：george@regeneron.com

韓国科学技術院（KASIT）のDr. KohはCOMP（cartilage oligomeric matrix protein）のcoiled-coilドメイン領域とAng1のフィブリノーゲン様領域のキメラタンパク質COMP-Ang1の作製に成功し，これが最も強力にTie2を活性化できる．email：gykoh@kaist.ac.kr

【データベース】

	GeneBank/OMIM
Angpt1：	NM_001146/601667
Angpt2：	NM_001147/601922

参考文献

1）Takakura N, et al：Immunity, 9：677-686, 1998
2）Thurston G, et al：Science, 286：2511-2514, 1999
3）Maisonpierre PC, et al：Science, 277：55-60, 1997
4）Davis S, et al：Cell, 87：1161-1169, 1996
5）Gale NW, et al：Dev Cell, 3：411-423, 2002

（高倉伸幸）

Keyword

36 Tie1/Tie2

▶フルスペル：tyrosine kinase with Ig and EGF homology domain-1/2

▶別名：Tie2 ＝ Tek

1）歴史とあらまし

Tie2はまず1992年に血管内皮細胞に発現する新しい受容体型チロシンキナーゼとしてtekと名前をつけられて報告された．構造的に細胞外に2つの免疫グロブリン（Ig）様のループをもち，それらはEGF（1参照）様ドメインによって分離されており，細胞膜直上部のIII型ファイブロネクチン（FN）様の3回の繰り返し配列へと続く（図31）．1回の膜貫通部をもち，細胞内には2つのチロシンキナーゼドメインを有する．この構造的特徴から，そして相同性のある別の受容体も単離されたことにより，tekはTie2（tyrosine kinase with Ig and EGF homology domain-2）とよばれるようになり，別の受容体の方がTie1とよばれるようになった．Tie1とTie2ではドメインは基本的に同一であり，細胞外で33％，細胞内で76％の相同性を有している．最初にこの2つの受容体は血管内皮細胞上で単離されたが，ほぼ同時期に造血幹細胞の遺伝子ライブラリーからも単離された．

2）機能

i）Tie2による血管の安定化

Tie2の活性化によって誘導される血管内皮細胞における主な機能は，血管内皮細胞間の細胞接着の誘導と内皮細胞−壁細胞間の接着，そして血管内皮細胞の運動能の亢進である[1) 2)]．Tie2の活性化は血管内皮細胞の状況に応じて変化し，安定期の血管や血管新生が終了するような段階になると主にPI3K-Akt経路を活性化するため，前者のような接着系のシグナルが優位となる．一方，血管新生の最中にTie2の活性化が生じると主にERK経路が優位となり，細胞運動能が亢進して血管新生を加速する[3)]．

Tie2活性化による内皮細胞−壁細胞間の接着性の亢進は，インテグリンの活性化を介した細胞外マトリクス成分への接着によると考えられており，また血管内皮細胞間の接着に関してはTie2の結合因子angiopoietin-1（Ang1 35参照）を介した架橋によっても誘導されることが報告されている[3)]．

Tie2の活性化は細胞接着による構造的な安定化だけでなく，内皮細胞におけるICAM-1，VCAM-1，Eセレクチンの発現抑制による抗炎症作用，PECAM1（CD31）やVEカドヘリンの発現亢進による血管透過性の抑制，survivin発現亢進，カスパーゼ発現抑制による細胞死抑制などに機能し，総じて血管の安定化に関与する[1)]．血管新生時にはVEGF（25〜28参照）が血管内皮細胞の増殖を誘導して血管を造成させるが，同時にSrcのリン酸化を介してVEカドヘリンの細胞質内移行を誘導して血管の透過性も亢進してしまう．しかし，Tie2の活性化は，small GTPaseであるRhoAとその下流のターゲットであるmDia（mammalian diaphanous）を介してSrcの解離を誘導し，VEカドヘリンの細胞内移行を抑制して透過性を抑制する[4)]．

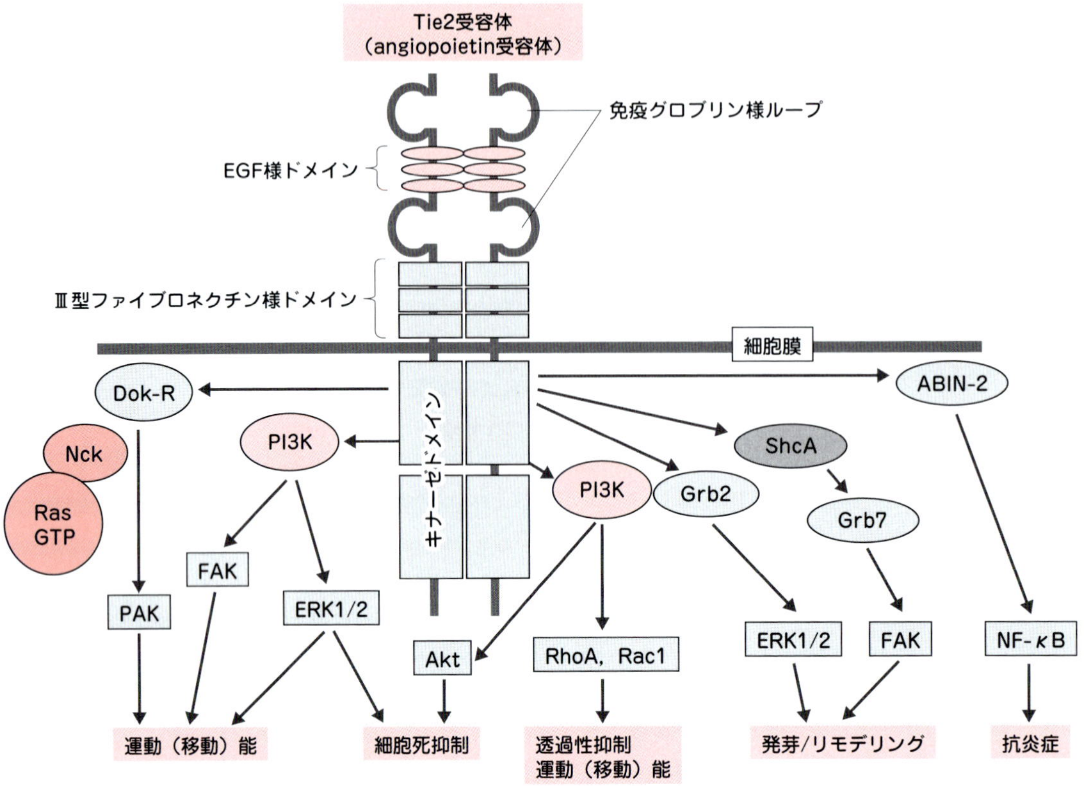

図31 Tie2受容体の構造とそのシグナル伝達

ii）Tie2による幹細胞ニッチの形成

造血幹細胞におけるTie2の機能としては，幹細胞ニッチの形成であると考えられている．つまり，造血幹細胞は骨膜に接着する骨芽細胞と密接に接着して休眠状態にあると考えられており，この骨芽細胞と造血幹細胞の細胞接着においては骨芽細胞が分泌するAng1が造血幹細胞上のTie2を活性化して誘導しているとされている．

iii）Tie1について

Tie1の機能はいまだ明確ではない．その理由は，Tie1に結合する生理的なリガンドが単離されていないことにある．ただ，Tie2の活性化状態ではTie1がTie2により間接的にリン酸化が誘導されることも報告されている．

3) KOマウスの表現型/ヒト疾患との関連

*Tie1*ノックアウトマウスは胎生13.5日～生後1日目に致死となる．胎生13.5日までは血管構造は正常であるが，その後血管内皮細胞の健常性の低下が認められ，胎生18.5日では皮下浮腫と全身性の出血が認められる．胎仔肝において，無秩序な血管の増加も観察されている．

*Tie2*ノックアウトマウスは頭部や心臓の成長遅延が観察される．胎生9.5～10.5日で致死となる．大小の血管の区別がなく，血管のリモデリング不全が認められる[5]．血管内皮細胞と血管壁細胞の接着が抑制され，血管透過性が亢進して，全身の浮腫が認められる．なお，造血幹細胞は発生するが血管領域での細胞塊形成が抑制され，造血幹細胞の増殖不足で強い貧血が観察される．

ヒト疾患との関連では，Tie2の細胞内のさまざまな領域の突然変異による恒常的活性型Tie2が静脈奇形の原因であることが報告されている．その他，**35**も参照．

【阻害剤】

Tie2 kinase inhibitor

（Selleck.jp; http://www.selleck.jp/products/Tie2-kinase-inhibitor.html）

【抗体入手先】

マウスTie1：Tie117（モノクローナル，免疫組織染色，ウエスタンブロット，フローサイトメトリーに使用できる/慶應義塾大学の須田年生教授へ依頼）．e-mail：sudato@z3.keio.jp

マウスTie2：Tek4（モノクローナル，免疫組織染色，ウエスタンブロット，フローサイトメトリーに使用できる/さまざまな企業から購入可能).

ヒトTie1/Tie2：さまざまな企業から購入可能．ただし使用経験なく推薦できず.

【ベクター入手先】

奈良先端科学技術大学院大学バイオサイエンス研究科生体機能制御学の佐藤匠徳教授（Dr. Thomas N. Sato）．e-mail：island1005@bs.naist.jp

【データベース】

GeneBank/OMIM

Tie1：NM_005424/600222

Tie2：NM_000459/600221

参考文献

1) Augustin HG, et al：Nat Rev Mol Cell Biol, 10：165-177, 2009
2) Takakura N, et al：Cell, 102：199-209, 2000
3) Fukuhara S, et al：Nat Cell Biol, 10：513-526, 2008
4) Gavard J, et al：Dev Cell, 14：25-36, 2008
5) Sato TN, et al：Nature, 376：70-74, 1995

（高倉伸幸）

Keyword

37 ANGPTL

▶フルスペル：angiopoietin-like protein
▶和文表記：アンジオポエチン様因子
▶ファミリー分子：ANGPTL1～8
▶別名：ANGPTL6→AGF，ANGPTL8→beta torophin

1）歴史とあらまし

アンジオポエチン様因子（angiopoietin-like protein：ANGPTL）は，血管新生因子アンジオポエチン（angiopoietin）（35参照）に類似する構造的特徴をもつ分子のクローニングにより，これまでに8種類が同定されている（図32）．ANGPTL5はヒトのみに存在し，他のANGPTLファミリー分子はヒト，マウスいずれにも存在する．ANGPTLファミリーは，血管新生因子アンジオポエチンの構造上の特徴であるcoiled-coilドメインとフィブリノーゲン様ドメインをもつ分泌タンパク質である（図33）が，アンジオポエチンの受容体であるTie2（36参照）やそのファミリーメンバーであるTie1には結合しない．また，ANGPTL2～4は，翻訳後にプロセシングによって生じる切断型が存在する．

生物学的機能に関しては，その多くが血管新生制御に関与するが，ANGPTL2/3/4/6/8は炎症制御や糖・脂質代謝およびエネルギー代謝に関与し，ANGPTL2/5/7については造血幹細胞の維持にかかわることが報告され，ANGPTLファミリーとさまざまな疾患との関係も明らかとなってきている[1]．さらに，ANGPTL1/2/3/4/6に関しては，インテグリンを介して作用していることも報告されているが，ANGPTL2/5については，免疫細胞や造血幹細胞などの細胞表面に発現するLILRB2（leukocyte immunoglobulin-like receptor B2）が受容体として機能することが報告されている．

2）機能

i）ファミリー共通の機能

これまでにANGPTL5/8以外のANGPTLファミリーについては，血管新生制御に関与することが報告されている．ANGPTL2/3/6/7については，血管新生に対して促進的に作用するが，ANGPTL1/4に関しては，血管新生に対して促進的か抑制的かについて議論されている．また，ANGPTL1は，ANGPTL2と相補的，協調的に血管内皮細胞に作用して血管内皮細胞の生存や血管新生を誘導することが報告されている．

ii）ANGPTL2

ANGPTL2は主に脂肪組織に発現しており，血管新生や細胞外マトリクスの分解といった脂肪組織のリモデリングを誘導することで，脂肪組織の恒常性維持にかかわっていると考えられている．実際に，肥満病態では，脂肪細胞より過剰に分泌されたANGPTL2が，α5β1インテグリンを介して脂肪組織の血管内皮細胞の炎症経路活性化やマクロファージの脂肪組織への浸潤を促進することで，脂肪組織における慢性炎症を惹起し，全身のインスリン（19参照）抵抗性を引き起こす[2]．がん病態においては，ANGPTL2は発がんの感受性を高めるだけでなく，がん細胞の運動能や浸潤能，腫瘍血管新生を亢進することで，がん転移を促進する[2]．また，ANGPTL2は，動脈硬化性疾患や自己免疫疾患の発症・進展にもかかわっている．さらに，ANGPTL2/5はLILRB2（leukocyte immunoglobulin-like receptor B2）を介して造血幹細胞や白血病幹細胞の維持にかかわることが明らかとなった[3]．なお，LILRB2が受容体として機能しているかは不明であるが，ANGPTL7もANGPTL2/5とともに造血幹細胞の維持にかかわっていることが報告されている．

iii）ANGPTL3/4

ANGPTL3は主に肝臓で，ANGPTL4は主に肝臓と脂肪組織で発現している．いずれもLPL（lipoprotein

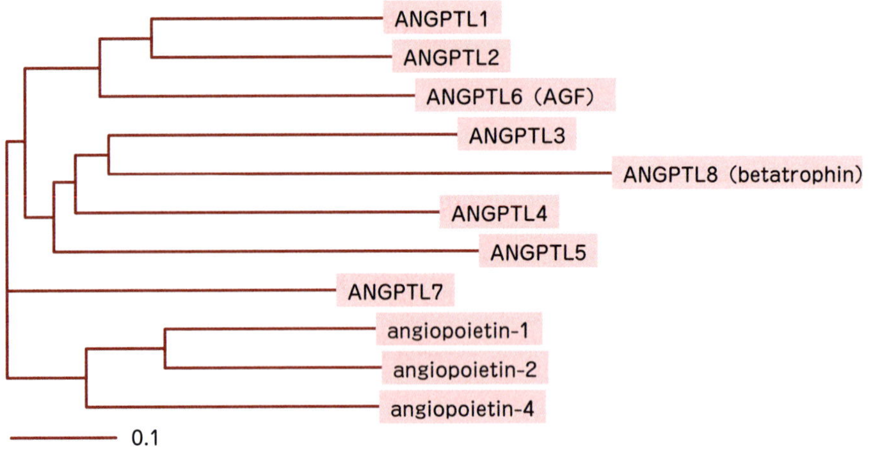

図32　ANGPTLファミリー
ヒトANGPTLファミリーとヒトangiopoietinファミリーのアミノ酸配列をもとに作成した分子系統樹.

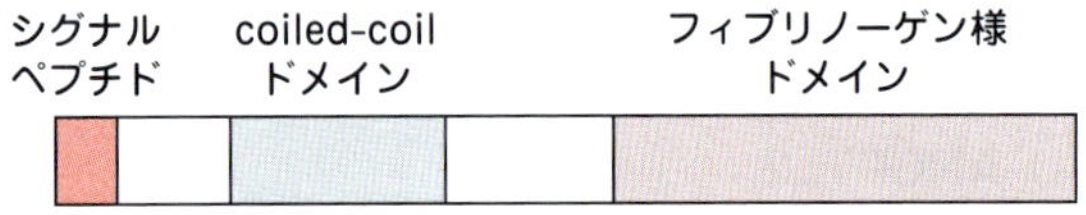

図33　ANGPTLタンパク質のドメイン構造
ANGPTL8以外のANGPTLファミリータンパク質は，N末端側にcoild-coilドメイン，C末端側にフィブリノーゲン様ドメインを有している.

lipase）活性を阻害することで，血中トリグリセリド（triglyceride：TG）濃度を上昇させる．ANGPTL4は，LPLによるTGの分解を抑制することで，食事由来の飽和脂肪酸による腸間膜マクロファージの炎症経路活性化を抑制し，飽和脂肪酸による炎症の制御に関与している．さらに，乳がん細胞において，TGF-β（**第7章**参照）シグナルによりANGPTL4の発現が誘導され，血管内皮細胞の細胞間接着を阻害することで，血管の透過性を亢進し，がん細胞の肺転移を促進する．

iv）ANGPTL6

ANGPTL6（別名angiopoietin-related growth factor：AGF）は，主に肝臓に発現している．*Angptl6*ノックアウトマウスは，その多くが血管系の形成不全のため子宮内で死亡する．一部の子宮内での死亡を回避して生まれる*Angptl6*ノックアウトマウスは肥満となり，エネルギー代謝の低下，インスリン抵抗性，糖代謝異常，脂質代謝異常が認められる．逆にANGPTL6を高発現する遺伝子改変マウスでは，エネルギー代謝亢進が認められ，高脂肪食負荷による肥満およびインスリン抵抗性の発症を予防できる．このことから，ANGPTL6は全身のエネルギー消費を増加させることで，抗肥満，抗インスリン抵抗性作用を示すことが明らかとなっている[4]．

v）ANGPTL8

2012年に同定された新規ANGPTLファミリー分子であるANGPTL8（betatorophin）は，ANGPTL3のパラログであり，肝臓や脂肪組織に豊富に発現している．ANGPTL8タンパク質は他のANGPTLファミリーとは異なり，coiled-coilドメインだけから構成される．プロセシングによって生じるANGPTL3のN末端断片は，LPL活性抑制作用を有するのに対し，ANGPTL8は膵β細胞の増殖を特異的に促進することで糖代謝調節にかかわることが報告されているが，その作用については議論されている[5]．また，ANGPTL8は，ANGPTL3のプロセシングを促進することで，脂質代謝にかかわることも報告されている．

3) KOマウスの表現型/ヒト疾患との関連

*Angptl2*ノックアウトマウスは，高脂肪食負荷による肥満マウスモデルにおける糖代謝異常や化学物質による皮膚の発がんに対して抵抗性を示す．また，ヒトの血中ANGPTL2濃度は，肥満者や糖尿病，冠動脈疾患，関節リウマチ，乳がんなどの患者において高値を示し，病態の発症や進展との連関が認められる．

*Angptl3*ノックアウトマウスと*Angptl4*ノックアウト

マウスは，いずれも血中TG濃度の減少を認める．ヨーロッパ系アメリカ人でANGPTL4一塩基変異（E40K）を有する者は，TG濃度が有意に低値であり，高密度リポタンパク質コレステロールが高値となる．

Angptl6 ノックアウトマウスは肥満を呈することから，エネルギー代謝におけるANGPTL6の重要性が示唆される．ヒト血中ANGPTL6濃度は，肥満者や糖尿病患者において高値を示すことが報告されている．

Angptl8 ノックアウトマウスは，野生型マウスに比べ，摂食時における血中TG濃度の減少を示すが，耐糖能やインスリン分泌量に差を認めない．ANGPTL8による膵β細胞の増殖促進作用については，今後のさらなる解析が待たれる．

【データベース】

GenBank ID

ANGPTL1（ヒト：BC050640，マウス：BC082563）
ANGPTL2（ヒト：BC012368，マウス：BC138610）
ANGPTL3（ヒト：BC058287，マウス：BC019491）
ANGPTL4（ヒト：BC023647，マウス：BC021343）
ANGPTL5（ヒト：BC049170）
ANGPTL6（ヒト：BC142632，マウス：BC025904）
ANGPTL7（ヒト：BC001881，マウス：BC023373）
ANGPTL8（ヒト：NM_018687，マウス：NM_001080940）

参考文献

1）Hato T, et al：Trends Cardiovasc Med, 18：6-14, 2008
2）Kadomatsu T, et al：Trends Endocrinol Metab, 25：245-254, 2014
3）Zheng J, et al：Nature, 485：656-660, 2012
4）Oike Y, et al：Nat Med, 11：400-408, 2005
5）Yi P, et al：Cell, 153：747-758, 2013

（門松　毅，尾池雄一）

Keyword

38 Gas6

▶フルスペル：growth arrest-specific gene6

1）歴史とあらまし

Gas6は，1988年にSchneiderらによって細胞増殖停止時に発現が誘導される遺伝子としてクローニングされた[1]．

その後Manfiolettiらによって，血液凝固系の制御因子として知られるプロテインSとアミノ酸配列において約40％の相同性があることが示され[2]，N末端にビタミンK存在下でγカルボキシル化（Gla化）されるGlaドメインをもつことから新たなビタミンK依存型タンパク質とされた．

N末端側から，Glaドメイン，4つのEGF様ドメイン（EGFリピート），性ホルモン結合グロブリン（SHBG）様ドメインからなる約70 kDaの分泌タンパク質であり，Gla化により構造変化が起こりSHBG様ドメイン内にある受容体結合領域が露出し，生理活性を獲得するようになる．ビタミンKサイクルの一環でGla化が起こり，そこで生じたビタミンKエポキシドはエポキシドレダクターゼによりビタミンKヒドロキノンに戻されるが，その過程はワーファリンによって阻害される（**図34**）．このGla化の過程はビタミンK依存型タンパク質に共通であるが，Gas6はプロテインSにみられるトロンビン感受性ドメインはもたないため，トロンビンによる切断は受けないとされている．

Gas6の受容体にはAxl，Sky，Merの3つのチロシンキナーゼ型受容体があり，Axlが最も親和性が高い．

2）機能

もともと増殖関連因子として同定されたように，血管平滑筋細胞，シュワン細胞，皮膚線維芽細胞，腎メサンギウム細胞，がん細胞といった多岐にわたる細胞の増殖を促進する機能を有する．

また，血管平滑筋細胞においてはアポトーシスの抑制および遊走性の亢進，腎メサンギウム細胞においては肥大促進，破骨細胞においては機能調節，その他にも血栓形成，NK細胞への分化誘導といった増殖以外の機能を有していることもこれまでにわかっている．さらには，がん細胞においてMEK-ERK経路およびPI3K-Akt経路を活性化することでEGFRチロシンキナーゼ（9参照）阻害剤耐性を誘導している．他にもマクロファージにおいては細胞貪食を促進することでアポトーシスした細胞のクリアランスにも関与している可能性が示唆されている．ただし，前述したようにビタミンK依存型タンパク質であることから，ワーファリン存在化では機能せず，そのときのワーファリン有効濃度は本来抗凝固剤として使用する濃度よりもはるかに少量である（少量ワーファリン）．

また，受容体のAxlは生体内において細胞外ドメインで切断され可溶性Axl（Axl-ECD）でも存在する．

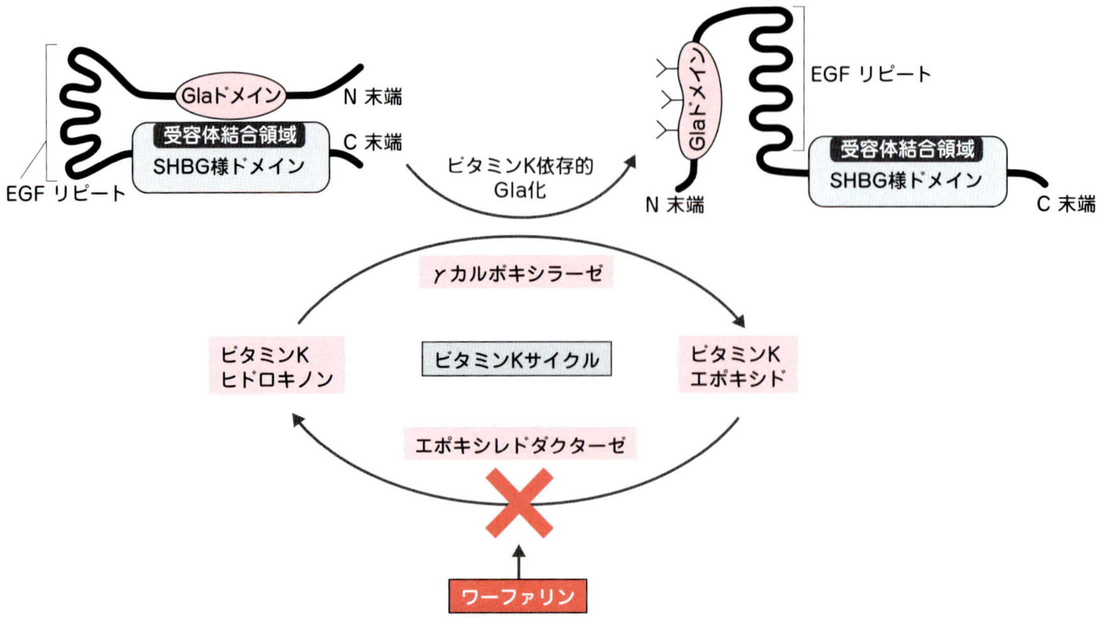

図34 ビタミンKサイクルおよびGla化によるGas6の活性化
詳細は本文参照．文献5をもとに作成．

Axl-ECDは，Gas6のスカベンジャーとしても働くことがわかっており，Gas6のもつ増殖効果を抑制する．

3) KOマウスの表現型/ヒト疾患との関連

2001年にAnglillo-Scherrerらは，血栓形成におけるGas6の役割を検討するために*Gas6*ノックアウトマウスを作製した[3]．*Gas6*ノックアウトマウスは出生率や繁殖力，発育，行動に異常は認めず，出血傾向や血栓形成傾向も認めなかったが，血栓症モデルを適応した場合に血小板脱顆粒不全による凝集異常を起こし血栓形成の遅延，縮小を呈した．血管炎，敗血症モデルにおいては内皮細胞からの炎症性サイトカインの分泌が抑制され，結果として免疫応答が抑制されるということも報告されている．

また，慢性疾患モデルにおける*Gas6*ノックアウトマウスの表現型も多数報告されており，慢性肝障害モデルにおいては炎症の抑制および線維化が軽減している．他にも慢性腎炎のモデルでは死亡率，タンパク尿，組織学的病変のいずれもが野生型に比して著明に軽減している[4]．

ヒト疾患におけるGas6の重要性はいまだ十分にわかっていないが，ヒト血清中にはGas6が存在している．さらに，慢性腎臓病患者の血中Gas6は有意に増加しており，ループス腎炎やIgA腎症の糸球体病変部位で発現が増加していることがわかっている．なおマウスでは，腎炎モデルにおいて病態進行に伴いGas6の発現が亢進し，メサンギウム細胞の増殖がみられるが，ワーファリンやAx-ECD投与によりメサンギウム細胞の増殖が抑制され，病態が改善することが報告されている．他方では，甲状腺がんや肺がん，卵巣がんなどでもGas6の発現増加が報告されており，予後との相関を示す報告も散見されることから腫瘍性病変の疾患増悪進展との関連性が示唆されている．

これまでの研究からGas6の抑制は免疫応答や細胞増殖，血管形成の抑制につながることが示唆されており，少量ワーファリンやAxl-ECDが治療薬として期待されている．

【阻害剤】

Axl-ECD，ワーファリン

【データベース】

PDB ID

ヒト Gas6　2621　｜　マウス Gas6　14456

OMIM ID

600441

参考文献

1) Schneider C, et al : Cell, 54 : 787-793, 1988
2) Manfioletti G, et al : Mol Cell Biol, 13 : 4976-4985, 1993
3) Angelillo-Scherrer A, et al : Nat Med, 7 : 215-221, 2001
4) Yanagita M, et al : J Clin Invest, 110 : 239-246, 2002
5) 柳田素子：Gas6.「腎臓ナビゲーター」（浦　信行，他/編），pp106-107，メディカルレビュー社，2004

（中村　仁，柳田素子）

Keyword

39 ALK

▶ フルスペル：anaplastic lymphoma kinase

1) 歴史とあらまし

非ホジキンリンパ腫の比較的稀なサブタイプに未分化大細胞型リンパ腫（anaplastic large cell lymphoma：ALCL）があるが，同リンパ腫細胞にしばしば特徴的な染色体転座t（2;5）（p23;q35）が存在することが知られていた．この転座点の遺伝子クローニングにより，*NPM1*と*ALK*遺伝子が融合していることが明らかになった．ALCLで発見されたことにより，ALK（anaplastic lymphoma kinase）と命名された．次いでヒト野生型*ALK* cDNAの全長がクローニングされ，ALKタンパク質は1,620アミノ酸からなり，細胞膜貫通ドメインを1つ有する受容体型チロシンキナーゼであることが示された（図35）[1]．ヒト*ALK*遺伝子は2番染色体短腕（2p23）にマップされる．

ショウジョウバエにおいては，ALKのオルソログであるDAlkのリガンドとしてJelly Belly（Jeb）が同定されたが，Jebの哺乳類でのオルソログは未同定である．代わりにマウスAlkのリガンドとしてMdk（midkine）とPtn（pleiotrophin）（第14章-**1 2**）が提唱されたが，両者がAlkの真のリガンドといえるかどうかはなお議論

6章 細胞増殖因子

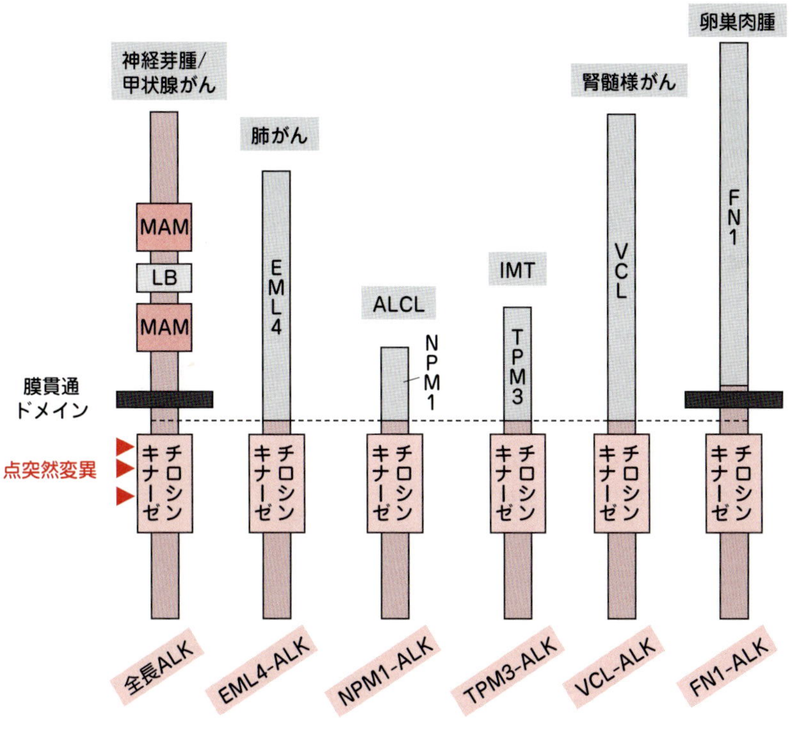

図35 ALKのさまざまながん種における活性化

ALKは細胞外領域に2種類のMAM（meprin，A5，protein-tyrosine phosphatase μ）ドメインと1つのLB（putative ligand binding）ドメインを有し，細胞内領域にはチロシンキナーゼドメインを有する．神経芽腫/甲状腺がんではチロシンキナーゼドメイン内の点突然変異により恒常的に活性化され，他のがん種ではさまざまなタンパク質と融合することで恒常的に活性化される．ALCL：未分化大細胞型リンパ腫．IMT：炎症性筋線維芽細胞性腫瘍．

が多く，2015年の現段階で哺乳類におけるALKのリガンドとして確実なものはない．

2) 機能

マウスにおいてAlkは主に発達段階の脳神経系細胞に発現しており，成獣マウスでの発現はきわめて低い．発現が認められる細胞は視床，視床下部，中脳，後神経節など限局した領域に限られ，出生前に急速に発現が低下する．ヒトにおいてリンパ腫以外のALKタンパク質の発現はあまり情報がないが脳神経の一部に弱く認められるようである．Alkはその発現様式に反して，*Alk*ノックアウトマウスにおいても目立った行動異常はみられない．しかし詳細な解析により，*Alk*ノックアウトマウスは新しい物・場所の認識が優れていること，海馬の神経前駆細胞の増生がみられることなどから，Alkは脳神経系の高次統合に役割をもつと予想される．

3) KOマウスの表現型/ヒト疾患

*Alk*ノックアウトマウスは健常に成育し子孫を残すことができる．臓器も正常に発達する．

*ALK*の最初に報告された発がんとの関連は，前述のように染色体転座による*NPM1*遺伝子の融合の発見によってもたらされた．この融合タンパク質のNPM1領域には二量体化ドメインが含まれており，ALKには細胞内チロシンキナーゼドメインが含まれる（**図35**）．そのためNPM1-ALK融合タンパク質は恒常的に二量体化し，常に活性化されたがん化チロシンキナーゼとなる．ALKが存在する2p23座位はALCLにおいて染色体転座のホットスポットとなっており，TPM3-ALK，TPM4-ALK，TFG-ALK，ATIC-ALK，CLTC-ALK，MSN-ALK，ALO17-ALK，MYH9-ALKなどさまざまな融合型キナーゼが同定されてきた．またIMT（inflammatory myofibroblastic tumor，炎症性筋線維芽細胞性腫瘍）という比較的まれな軟部腫瘍においてTPM3-ALKとTPM4-ALKが発見された（**図35**）．この場合もTPM3/TPM4領域に二量体化ドメインが存在するためいずれも恒常的活性型キナーゼとなる．

その後，非小細胞肺がんの5％前後に微小管会合タンパク質の一種であるEML4とALKの融合が存在することが明らかになった（**図35**）[2]．両遺伝子はともに2番染色体短腕上に存在するが，遺伝子を挟む領域が逆位を形成することで*EML4-ALK*融合遺伝子がつくられる．EML4-ALK陽性肺がんが選択的ALK活性阻害剤によって有効に治療されることは重要である．さらに同じALK阻害剤がALK転座陽性ALCL，IMTに有効であることが確認された．また非小細胞肺がんには*KIF5B-ALK*融合遺伝子も同定された．さらに腎髄様がんにおいて*VCL-ALK*が，卵巣肉腫において*FN1-ALK*がそれぞれ発見された（**図35**）．

また小児神経芽腫の約1割においてALKの点突然変異による活性化が同定された．これらの活性型変異の一部は，家族性に発症する神経芽腫患者の生殖細胞系列においても存在していた．同様なALKの点突然変異による活性化は甲状腺未分化がんにおいても同定されている．このようにALKという単一のチロシンキナーゼはさまざまな形で活性化されてヒトの広いがん種の原因となると考えられる[3]．

【阻害剤】

NVP-TAE684，crizotinib，alectinib，ceritinib

【抗体入手先】

CST社（#3333）

【データベース】

Genbank ID

ヒトALK	NM_004304.4
マウスALK	NM_007439.2

OMIM ID

105590

参考文献

1) Webb TR, et al : Expert Rev Anticancer Ther, 9 : 331-356, 2009
2) Soda M, et al : Nature, 448 : 561-566, 2007
3) Mano H : Cancer Discov, 2 : 495-502, 2012

（間野博行）

7章 TGF-βファミリー

transforming growth factor-β family

Keyword

1 TGF-β
2 潜在型TGF-β
3 TGF-β受容体
4 ベータグリカン，エンドグリン
5 ALK1
6 アクチビンとインヒビン
7 マイオスタチン
8 アクチビン受容体
9 フォリスタチンとFLRG
10 BMP-2/4/6/7
11 BMP-9/10
12 GDF
13 BMPアンタゴニスト
14 BMP受容体
15 MISとMIS受容体

概論

1. TGF-βファミリー

TGF-β（transforming growth factor-β）ファミリーとは，**TGF-β**（→**Keyword 1**）と構造の類似した一群のペプチド性因子をさす[1]．TGF-βファミリーに属するペプチドは哺乳類では33個存在するが，その構造上の特徴は以下の2点である．

第1の特徴はTGF-βファミリーの因子はその多くが約200～400アミノ酸からなる前駆体（二量体を形成）としてつくられた後，C末端側の110～140アミノ酸からなる部分が切断され，この部分が活性をもったペプチド（TGF-βの場合は成熟TGF-β）となることである（**イラストマップ❶**）．TGF-βや**マイオスタチン**（→**Keyword 7**）では，前駆体タンパク質のN末端の部分（latency associated protein：LAP）が，活性をもった

イラストマップ❶ TGF-β前駆体から成熟TGF-βが形成されるプロセス

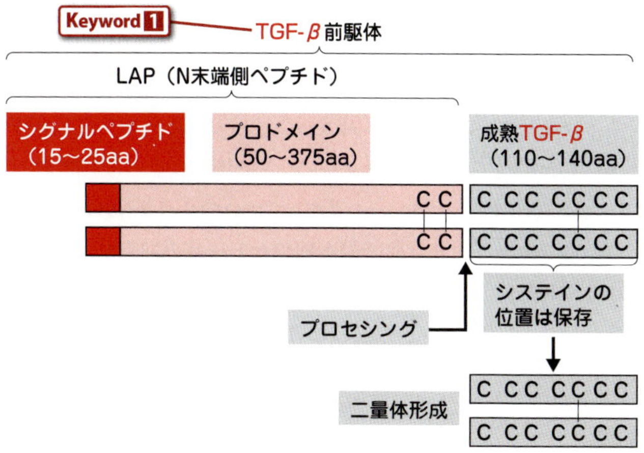

LAPのプロドメインの2つのシステインは，二量体形成に必要である．
aa：アミノ酸　C：システイン．

イラストマップ❷ 哺乳類におけるTGF-βファミリーのシグナル伝達因子の分類

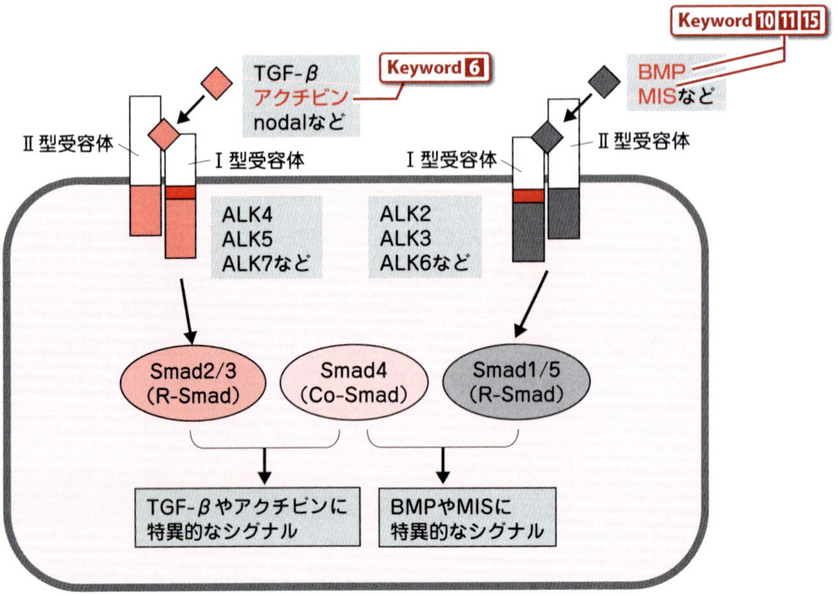

C末端側ペプチドと非共有結合で結合し，活性をもたない潜在型（**図2**参照）として産生されるなど，重要な役割を果たしている．なお**MIS（Müllerian inhibiting substance）**（**→Keyword 15**）はN末端側とC末端側の両者が結合した状態で活性を発揮する．

第2の特徴は，活性をもつC末端側のペプチドでは7個のシステイン残基（C）がよく保存されていることである．このうち6個のシステインは分子内でのジスルフィド結合の形成にかかわっており，このことからTGF-βファミリーの因子の三次元構造は基本的によく似ていることが示唆される．残りの1個のシステインは二本のペプチドが二量体をつくる際の分子間結合にかかわっている．TGF-βファミリーの因子のほとんどがジスルフィド結合で架橋された二量体構造をとる．なお，**GDF-3（growth-differentiation factor-3）**（**→Keyword 12**）やGDF-9では分子間結合に用いられているシステインが保存されていないが，これらの因子は生理的条件下では非共有結合によって二量体を形成して作用していると考えられている．

2. TGF-βファミリーの分類

TGF-βファミリーのメンバーはその活性から大きく2つに分けることができる（**イラストマップ❷**）[1]．1つはTGF-βや**アクチビン**，**インヒビン**（**→Keyword 6**），nodal，マイオスタチンなどを含むグループで，これらは細胞内シグナル伝達分子R-SmadのうちSmad2やSmad3を活性化する．もう1つは**BMP（bone morphogenetic protein）**（**→Keyword 10 11 14**）と**MIS**（**→Keyword 15**）を含むグループで，これらはR-Smadのうち，Smad1やSmad5を活性化する．BMPファミリーにはさまざまな因子が含まれており，構造の類似性からさらにBMP-2/4を含むグループ，BMP-5〜8を含むグループ，GDF-5〜7を含むグループなどに細分化することができる．BMPやGDFは構造の類似性から遺伝子がクローニングされたが，なかにはBMP-3のようにアクチビンと同様のシグナルを伝え，TGF-β/アクチビンのグループに分類すべきものもある．なお，TGF-βは血管内皮細胞など一部の細胞では**ALK1（activin receptor-like kinase1）**（**→Keyword 5**）という受容体を介してBMP様のシグナルも伝える点では例外的作用ももっている．

イラストマップ❸ セリン/スレオニンキナーゼ型受容体の構造

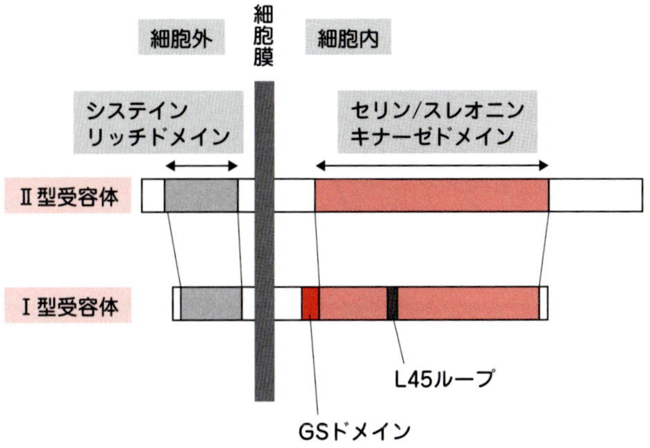

3. セリン/スレオニンキナーゼ型受容体

TGF-βファミリーの因子の受容体（→Keyword 3 5 8 14）はⅠ型とⅡ型の2種類に分けられ，細胞内にセリン/スレオニンキナーゼ領域をもっている（**イラストマップ❸**）[2) 3)]．さらにⅠ型受容体はキナーゼ領域のN末端側にグリシンとセリンに富んだGSドメインという構造をもつのが特徴である．またⅢ型受容体（TβRⅢ）として**ベータグリカン**や**エンドグリン**（→Keyword 4）も知られているが，これらの作用はまだ十分に明らかになっていない．

シグナル伝達にはⅠ型とⅡ型の両方の受容体が必要である．リガンドが結合すると2種類の受容体はⅡ型受容体が外側，Ⅰ型受容体が内側に位置したヘテロ四量体を形成し，Ⅱ型受容体のセリン/スレオニンキナーゼがⅠ型受容体のGSドメインをリン酸化する（**イラストマップ❹**）．この結果，Ⅰ型受容体のセリン/スレオニンキナーゼが活性化されて，細胞内にシグナルが伝えられる．

哺乳類のⅡ型受容体にはTGF-βに結合するものが1種類存在するほか，BMPのⅡ型受容体が1種類，アクチビンのⅡ型受容体が2種類，MISのⅡ型受容体が1種類存在する．アクチビンのⅡ型受容体はアクチビンだけでなく，nodal，マイオスタチンやBMPなどにも結合する．

Ⅰ型受容体は哺乳類で7種類が存在し，ALK1～7ともよばれる．TGF-βⅠ型受容体はALK5，アクチビンⅠ型受容体はALK4，nodalのⅠ型受容体はALK4とALK7で，これらは構造的に類似しており，Smad2とSmad3をリン酸化する[1)]．一方，BMPやMISのⅠ型受容体はALK2/3/6の3種類で，Smad1とSmad5をリン酸化する．Ⅰ型受容体のセリン/スレオニンキナーゼドメインにはL45ループという構造がみられ，この部分が各Smadに存在するL3ループと特異的に結合する．ALK1は構造的にはALK2にもっとも近く，Smad1とSmad5を活性化するが，前述のように血管内皮細胞など限られた細胞にのみ発現し，TGF-βに結合する点が特徴的である．

4. シグナル伝達分子Smad

セリン/スレオニンキナーゼが活性化されるとさまざまなシグナルが伝達されるが，そのなかでもSmadは中心的な役割を果たしている[2) 3)]．Smadは哺乳類では8種類が存在し，これらは大きくR-Smad，Co-Smad，I-Smadの3つに分類できる．R-SmadはⅠ型受容体の直接の基質となってリン酸化を受けると，Co-Smadと複合体を形成し，核内へ移行する．核のなかではさまざまな転写因子や転写の共役因子，共役抑制因子などと結合し，転写複合体を形成することで，標的遺伝子の転写を調節する（**イラストマップ❹**）．I-Smadは活性化され

イラストマップ❹ 受容体からSmadを介したシグナル伝達機構

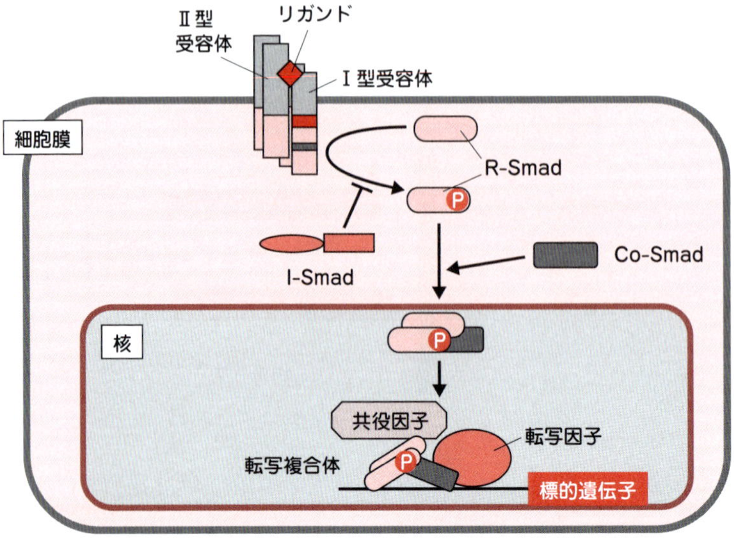

たⅠ型受容体に結合することなどによってその作用を抑制する．Smad2とSmad3はTGF-βやアクチビンなどによって活性化されるR-Smadで，Smad1/5はBMPやMISのシグナルを伝えるR-Smadである．Co-Smadは哺乳類ではSmad4のみである（**イラストマップ❷**）．I-SmadにはSmad6とSmad7があり，Smad6はBMPのシグナルを比較的特異的に，一方Smad7はTGF-β，アクチビン，BMPなどTGF-βファミリーのシグナルを広範に抑制する．

5. TGF-βファミリーの制御

TGF-βファミリー因子のシグナルはさまざまな機序によって制御されている[4]．細胞外ではnoggin, chordin, cerberus, gremlin, sclerostinなどの**BMPアンタゴニスト**（**→Keyword 13**）がBMPに結合し，**フォリスタチン**（**→Keyword 9**）はアクチビンなどに結合して，その作用を抑制する．leftyは偽リガンドとしてnodalの作用を細胞外で抑制する因子である．一方，TGF-βに特異的に結合する抑制因子は知られていないが，TGF-βは**潜在型TGF-β**（**→Keyword 2**）としてつくられ，活性化を受けないとその作用を発揮しない．

細胞内ではI-Smadのほか，c-SkiやSnoNなどがSmadに結合し，転写の共役因子としてTGF-βやBMPのシグナルを抑制する[5]．このように，TGF-βファミリーの因子の作用は細胞外，細胞内のさまざまなレベルで厳密に制御されている．

参考文献

1) Miyazawa K, et al : Genes Cells, 7 : 1191-1204, 2002
2) Heldin CH, et al : Nature, 390 : 465-471, 1997
3) Shi Y & Massagué J : Cell, 113 : 685-700, 2003
4) Miyazono K : J Cell Sci, 113 : 1101-1109, 2000
5) Miyazono K, et al : Cancer Sci, 94 : 230-234, 2003

（髙橋恵生，江幡正悟）

I TGF-β，アクチビンとその受容体，アンタゴニスト

Keyword

1 TGF-β

▶ フルスペル：transforming growth factor-β
▶ 和文表記：トランスフォーミング増殖因子－β

1）歴史とあらまし

TGF-βは1970年代の終わりに，腫瘍細胞の培養上清に存在し，正常線維芽細胞の軟寒天培地での足場非依存的な増殖を促進する因子としてTGF-α（第6章-2参照）とともに発見された．その後TGF-αはその構造からEGFファミリーに属するのに対し，TGF-βは新しいタイプのサイトカインであることが判明した．以後，多くの研究からTGF-βは腫瘍細胞のみならず，血小板などの血球を含めたさまざまな正常細胞から産生され，発生や分化，炎症や線維化に関係していることがわかった．また，増殖促進作用は一部の細胞に限られ，一般には多くの細胞へ増殖抑制作用をもつことなど，その多彩な作用が明らかとなった[1]．

2）機能

i）基本構造と特徴

TGF-βはまず潜在型として産生され，酸などの化学的処理によって，活性化された成熟TGF-β（TGF-β）になる．TGF-βは12.5 kDaのポリペプチドがジスルフィド結合した約25 kDaの二量体分子である．哺乳類のTGF-βにはTGF-β1～3とよばれる3つのアイソフォームが存在する．いずれも112個のアミノ酸から構成され，アイソフォーム間の相同性は75％前後と高く，ジスルフィド結合を担う9個のシステイン残基も保存されている．また，TGF-βは動物種の間においてもよく保存されており，例えばTGF-β1の場合，ヒトとマウスではアミノ酸1残基が異なるのみである．BMPやアクチビンなどの他のTGF-βファミリーに属する因子とTGF-βとの相同性は40％前後であり，9個のシステインのうち7個は共有されている．

TGF-β2の9個のシステイン残基のうち，77番目のシステインのみが二量体の形成を担っており，その他8個は単量体内のジスルフィド結合の形成をあずかっている（**図1**）．また，TGF-βは外的な熱や酸，アルカリに対して安定性を示すが，これは図の色文字で示したシステインによりβシート同士が強固に結合した構造をとるためと考えられている（**図1**）．また，TGF-β1やTGF-β3も基本的には同様の構造をとっているが，わずかな構造の差異が確認されており，それがアイソフォーム間の機能の違いを生み出すと考えられている．

ii）生理機能

TGF-βは正常細胞や腫瘍細胞など多くの細胞に対して，細胞増殖抑制作用，細胞外マトリクス（extracellular matrix：ECM）産生の調節，上皮間葉移行（epithelial-mesenchymal transition：EMT）の促進，免疫抑制など種々の作用を有している[1) 2)]．

細胞増殖抑制作用は上皮細胞，内皮細胞，血球細胞など多くの細胞で認められるが，一方で線維芽細胞や腫瘍細胞など一部の細胞に対しては細胞増殖促進作用を示す場合もある．また，TGF-β1～3の個々のアイソフォームでは細胞増殖作用が若干異なり，例えばTGF-β2はTGF-β1やTGF-β3に比べて内皮細胞の細胞増殖抑制作用が弱い．

さらに，TGF-βはコラーゲンやフィブロネクチンなどのECMを構成するタンパク質の産生を促進し，同時にプロテアーゼの産生抑制によりECMの分解を抑制することで，ECMの蓄積を亢進させる．TGF-βシグナル伝達が亢進し，ECM産生に異常をきたすと線維性疾患などが起こる．また，TGF-βはNMuMG細胞などに対しては上皮細胞から間葉系細胞へのEMT作用を促進し，細胞の運動能や浸潤能を亢進させる．

炎症などの免疫系においてもTGF-βは重要な役割を果たしており，リンパ球のアポトーシスを促進および機能抑制を行う．一方で炎症性単核球に対してその遊走を促進する作用も有している．また，近年TGF-βは制御性T細胞（regulatory T cell：Treg細胞）の分化を誘導し，免疫抑制的な作用を促す働きを示すこともわかってきている[3]．このようにTGF-βの作用は多様であり，一様ではない．

3）KOマウスの表現型／ヒト疾患との関連

TGF-βは発生の段階で重要である．TGF-β1（*Tgfb1*）のノックアウトマウスはその半数が血管形成や血球の異常により，胎生致死となるが，残り半数は正常に生まれる．しかし，出生したマウスも生後2～3週間

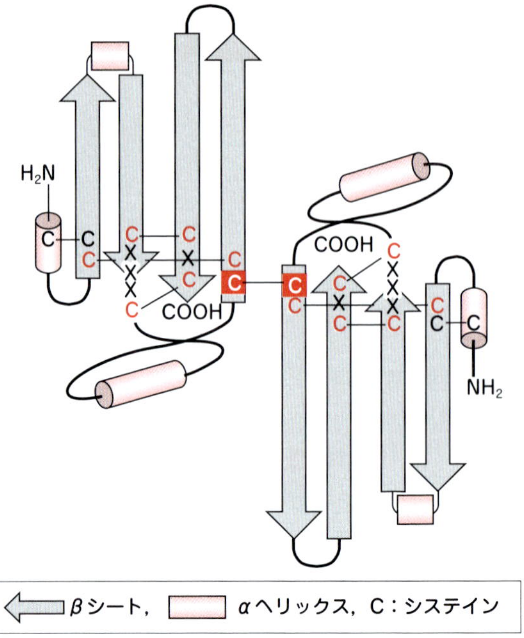

図1 TGF-β2の立体構造
詳細は本文参照．文献6より引用．

で免疫調節異常が起こり激しい炎症反応による多臓器不全で死亡する．TGF-β2（*Tgfb2*）のノックアウトマウスは3分の2が胎生致死を示すが，出生したマウスもチアノーゼを示し，心臓，肺，四肢，頭蓋顔面，脊柱などの発生異常が認められ死亡する．またTGF-β3（*Tgfb3*）のノックアウトマウスも口蓋裂，顔面奇形，肺形成異常などの発生異常が認められる．

ヒトにおいてTGF-βの異常が原因と考えられている疾患として，肺や腎臓での線維症疾患，高血圧などの心血管疾患，緑内障などが報告されている．またマルファン症候群などでみられる血管病変はTGF-βが関与していると考えられている．これらの疾患へのTGF-β阻害剤の応用が注目されており，すでに多くの抗体や低分子化合物などが開発され，一部の疾患を対象にした臨床試験が進行している[2]．しかし，前述したようにTGF-βは発生や分化，免疫系など多くの作用点をもつサイトカインである．そのため，TGF-βシグナル伝達阻害による副作用についても考慮する必要があり，より特異性の高い阻害剤の開発も求められている．

さらに悪性腫瘍においては，TGF-βが腫瘍細胞のEMTを促進し，腫瘍の浸潤・転移に大きく寄与していると注目されている（腫瘍促進的作用）．しかしながら，悪性腫瘍とTGF-βの関係は複雑で，腫瘍発生の初期ではTGF-βが腫瘍細胞の増殖を抑えることで，腫瘍抑制的に作用しているとも考えられている（腫瘍抑制的作用）[4) 5)]．

【阻害剤】

中和抗体（R & Dシステムズ社AB-100-NA，AF-243-NAなど），キメラタンパク質などの可溶型受容体．

【抗体】

R & Dシステムズ社などから購入可能．

【データベース】

GenBank ID

ヒト TGF-β1	E03028，NM_000660
ヒト TGF-β2	NM_001135599，NM_003238，BC099635
ヒト TGF-β3	X14149，NM_003239
マウス TGF-β1	M13177，NM_011577
マウス TGF-β2	X57413，NM_009367
マウス TGF-β3	NM_009368

OMIM ID

TGFB1：190180
TGFB2：190220
TGFB3：190230

参考文献

1) Derynck R & Akhurst RJ : Nat Cell Biol, 9 : 1000-1004, 2007
2) Akhurst RJ & Hata A : Nat Rev Drug Discov, 11 : 790-811, 2012
3) Yoshimura A, et al : J Biochem, 147 : 781-792, 2010
4) Massagué J : Cell, 134 : 215-230, 2008
5) Ikushima H & Miyazono K : Nat Rev Cancer, 10 : 415-424, 2010
6) Kingsley DM : Genes Dev, 8 : 133-146, 1994

（髙橋恵生，江幡正悟）

Keyword

2 潜在型TGF-β

▶フルスペル：latent transforming growth factor-β
▶和文表記：潜在型トランスフォーミング増殖因子－β

1) 歴史とあらまし

TGF-β（1参照）は精製過程における酸などの化学的処理によって必然的に活性型になるため，発見当初は潜在型としてつくられることは明らかとなっていなかった．しかし，1984年に正常の線維芽細胞の培養上清はTGF-βの活性を認めないが，酸処理をすることでTGF-βの活性が出現することが報告され，TGF-βが潜在型として産生され，酸などの刺激により活性化した成熟TGF-βになることがわかった．このように潜在型として産生されるTGF-βファミリーのサイトカインは，TGF-βの他にマイオスタチンなどのごく少数であり，潜在型で産生されることはTGF-βの大きな特徴であるといえる．

2) 機能

i）潜在型へと留める機構

TGF-β1は約50 kDaのタンパク質が二量体を形成した前駆体として産生される．その後，前駆体はプロテアーゼによってC末端側112個のアミノ酸が切断され，その切断部が活性をもった成熟TGF-β（mature TGF-β）となる（**イラストマップ❶**）．しかし，成熟TGF-βは切断後も，前駆体N末端側部分と比較的強固な非共有結合を形成し，潜在型TGF-β複合体となって存在する．このように非共有結合により成熟TGF-βを潜在型へ留めている前駆体のN末端側部分はLAP（latency-associated peptide）とよばれており（**図2**），その立体構造はすでに明らかにされている[1]．さらに，TGF-β1～3のアイソフォーム間での相同性は75％前後と比較的高いのに対し，TGF-β1～3それぞれに結合するLAP間（LAP1～3）での相同性は35％程度と低く，これがTGF-β1～3の機能の違いの一因を担っていると考えられている[2]．

また，多くの細胞ではLAPにLTBP（latent TGF-β binding protein）という200～300 kDaのタンパク質がジスルフィド結合により結合しており，高分子量の潜在型TGF-β複合体が形成される．LTBPには構造が類似したLTBP-1～4の4種類のアイソフォームが存在し，そのうちTGF-β前駆体と複合体を形成するのはLTBP-1，LTBP-3，LTBP-4の3種類である．また，LTBP-1とLTBP-3はTGF-β1～3のすべてと，LTBP-4はTGF-β1とのみ複合体を形成する[2]．

LAPの3つのシステインのうち，最初のシステイン（TGF-β1では33番目）がLTBPとジスルフィド結合を形成しており，残りの2つは（TGF-β1では223と225番目）はLAPの二量体形成に重要である[1]．この223および225番目のシステインを変異させた場合，TGF-βはLAPに包まれた潜在型として存在することができず，活性型として産生・放出される．LTBPは**図2**のように，EGF様ドメインの16～18回の繰り返しと，8個のシステインを含むLTBP様モチーフ（8-システインモチーフ）の3～4回の繰り返しがみられるのが特徴である．LTBP-1では3番目のLTBP様モチーフがLAPとの結合部位である．

ii）活性化機構

多くの細胞がTGF-βを産生しており，TGF-βは数ng/mLの濃度で血中に存在し，またさまざまな組織の細胞外マトリクス（ECM）にも存在している．そのほとんどが潜在型TGF-βとして存在しており，潜在型TGF-βから成熟TGF-βへの活性化の調節は非常に重要である．LTBPはECMと結合することによって，潜在型TGF-βが細胞外に放出された後，ECMへの蓄積と活性化に重要な役割を果たしている．

潜在型TGF-βは熱，酸，アルカリ，尿素，SDSなどの化学的処理によって活性化される．また，プラスミン，マトリクスメタロプロテアーゼ（matrix metalloproteinase：MMP）などによっても潜在型TGF-βが活性化されることもわかっているが，これらはヒンジドメインが切断されることで，あるいはLAPの分解されることなどによって，成熟TGF-βが遊離するためと考えられている[2) 3)]．

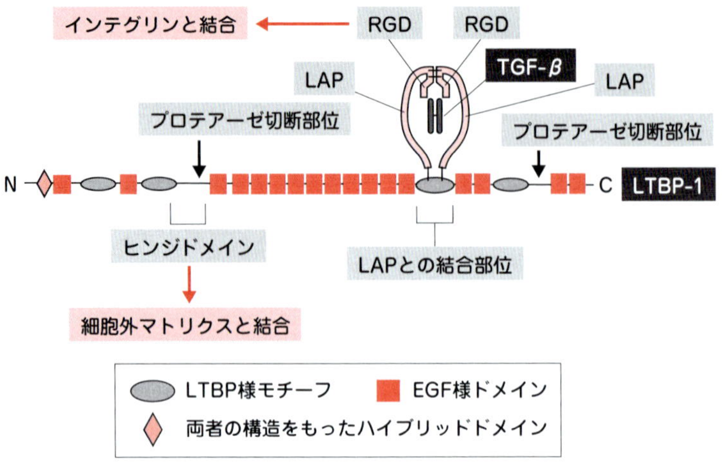

図2 LTBP-1を含む潜在型TGF-β複合体の構造模式図
詳細は本文参照.

また，インテグリンαvβ6が潜在型TGF-βの活性に重要な役割を果たしていることもわかっている．潜在型TGF-β複合体はLTBP-1のヒンジドメインを介してECMと結合し，一方でLAPのRGDモチーフを介してインテグリンαvβ6と結合する（**図2**）．その結果，潜在型TGF-β複合体に機械的な力が加わることにより物理的な束縛がなくなり，成熟TGF-βが放出される[1) 4)]．この現象はヒンジドメインの構造が異なるLTBP-3ではみられない．また，RGD配列が存在しないLAPと結合するTGF-β2でも起こらない．

LAPは血小板や制御性T細胞（Treg細胞）ではLTBPではなくGARP（glycoprotein-A repetitions predominant protein）とよばれるタンパク質と結合して存在する．GARPと結合した潜在型TGF-β複合体は細胞表面に局在し，LTBPと結合した潜在型TGF-β複合体と同様にインテグリンとの結合により活性化すると考えられている[5)]．

3) KOマウスの表現型/ヒト疾患との関連

LTBP3（*Ltbp3*）のノックアウトマウスでは*Smad3*ノックアウトマウスと似た特徴を示し，変形性関節症などが生じる．また*Ltbp4*ノックアウトマウスでは肺気腫，心筋症などTGF-βの減少が原因とみられる症状を示す[2)]．*LTBP*遺伝子の全体の構造はマルファン症候群の原因遺伝子の1つであるフィブリリン（fibrillin）と類似しており，TGF-βの活性化の制御に関与していることがわかっている*TGFBR2*の先天的異常もマルファン症候群の原因となることから，TGF-β関連因子の作用がこの疾患と密接に関係していることを疑わせる．また，インテグリンβ6（*Itgb6*）のノックアウトマウスではTGF-β作用の欠損のため，ブレオマイシン誘導性に発症する肺線維症がみられない[2)]．肺や肝臓，腎臓などでのTGF-βの過活性が原因となる線維性疾患では，潜在型TGF-βの活性化機構をターゲットとした薬の開発が期待され，インテグリンαvβ6の阻害剤など低分子化合物の開発が進んでいる[3)]．

【抗体】
R & Dシステムズ社などより購入可能.

【データベース】
GenBank ID

ヒト LTBP-1	M34057, NM_206943, NM_000627, NM_001166265, NM_001166264, NM_001166266
ヒト LTBP-3	BC136277, NM_001130144, NM_021070, NM_001164266
ヒト LTBP-4	NM_001042544, NM_003573, NM_001042545
マウス LTBP-1	NM_019919, NM_206958
マウス LTBP-3	NM_008520
マウス LTBP-4	NM_175641, NM_001113549

OMIM ID

LTBP1：150390	LTBP4：604710
LTBP3：602090	GARP：137207

参考文献

1) Shi M, et al：Nature, 474：343-349, 2011
2) Annes JP, et al：J Cell Sci, 116：217-224, 2003
3) Nishimura SL：Am J Pathol, 175：1362-1370, 2009
4) Annes JP, et al：J Cell Biol, 165：723-734, 2004
5) Wang R, et al：Mol Biol Cell, 23：1129-1139, 2012

（髙橋恵生，江幡正悟）

Keyword

3 TGF-β受容体

▶フルスペル：transforming growth factor-β receptor
▶和文表記：トランスフォーミング増殖因子-β受容体
▶別名：TβRⅠ（Ⅰ型受容体），TβRⅡ（Ⅱ型受容体）

1) 歴史とあらまし

TGF-β（1参照）の受容体は放射性ヨードでラベルされたTGF-βと結合する細胞表面のタンパク質として同定され，分子量の小さいものからⅠ型受容体（TβRⅠ），Ⅱ型受容体（TβRⅡ），Ⅲ型受容体と名づけられた．その後，Ⅲ型受容体はTGF-βとの結合性は示すものの，シグナル伝達には直接関与していないことがわかり，グリコサミノグリカンをもつことからベータグリカン（betaglycan）（4参照）とよばれるようになった．また，血管内皮細胞などに特異的に発現しており，ベータグリカンと一部構造が似ているタンパク質が同定され，エンドグリン（endoglin）（4参照）と名づけられた．

2) 機能

i）TβRⅠ/Ⅱの構造とTGF-βとの結合

TβRⅠ，TβRⅡはともに細胞内にセリンスレオニンキナーゼ活性をもつ1回膜貫通型受容体である（**図3**）．哺乳類においてTGF-βのⅡ型受容体はTβRⅡの1種類しか存在しない．TβRⅠは通常ALK5（activin receptor-like kinase 5）をさし，多くの細胞ではALK5のみがTGF-βのⅠ型受容体として働くが，血管内皮細胞などではALK1（5参照）とよばれる受容体がⅠ型受容体として作用する[1) 2)]．

ヒトのTβRⅡは，システインに富んだ細胞外領域，膜貫通領域，セリン/スレオニンキナーゼ活性をもつ細胞内領域からなる糖タンパク質である（**図3，イラストマップ❸**）．このうち細胞外領域に糖鎖が結合している．TβRⅠはTβRⅡときわめて類似した構造をもつが，TβRⅠには細胞内領域の膜貫通ドメイン近傍に，グリシンとセリンに富んだ領域（GSドメイン）が認められるのが特徴である．三次元構造解析から，TβRⅠの細胞内キナーゼドメインにL45ループという構造がみられ，この部分がSmadとの特異的な結合に関与していると考えられている[3)]．

TGF-βのシグナル伝達にはTβRⅠとTβRⅡのその両者が必要であり，1個のTGF-β分子（二量体構造をもつ）に対して，2分子のTβRⅠと2分子のTβRⅡからなるヘテロ四量体が結合する（**概論**参照）．三次元構造の解析より，二量体のTGF-βを囲むように2分子のTβRⅠ，その外側に2分子のTβRⅡが位置しており，複合体を形成している[3)]．また，TβRⅡは単独でTGF-βと結合するがTβRⅠはTβRⅡの存在下でのみTGF-βと結合する．

ii）シグナル伝達機構

TGF-βとTβRⅠ，TβRⅡにより複合体が形成されるとTβRⅡがTβRⅠのGSドメインをリン酸化する．GSドメインがリン酸化されると，TβRⅠのセリンスレオニンキナーゼが活性化され，細胞内へシグナルが伝達される．このことから細胞内シグナルの特異性を決定するのはTβRⅠのセリン/スレオニンキナーゼであるということができる．細胞内領域を欠損したTβRⅡ変異体や，キナーゼ領域のATP結合部位のリジンを変異させたTβRⅠ変異体（KR mutant）を用いることで，ドミナントネガテイブにTGF-βシグナルを遮断することができる．一方で，TβRⅠのGSドメイン内のThr 204を酸性アミノ酸（アスパラギン酸）に変えたTβRⅠ変異体（TD mutant もしくはCA mutant）を用いることで，TβRⅡ非依存的にTGF-βシグナルを恒常的活性化することができる．

3) KOマウスの表現型/ヒト疾患との関連

TβRⅡ（*Tgfbr2*）のノックアウトマウスは，造血および血管形成の異常がみられ，胎仔期に死亡する．ALK5（*Tgfbr1*）のノックアウトマウスも同様に血管形成の異常により胎生致死となる．

TGF-βは細胞増殖抑制作用を示すことから，そのシグナルの異常が細胞のがん化と密接にかかわり，ヒトにおいてはTβRⅡの変異がヒトの遺伝性非ポリポーシス性大腸がん（hereditary nonpolyposis colorectal cancer：HNPCC）の原因となっていることも報告されている．この疾患ではミスマッチ修復遺伝子に異常がある．このため，TβRⅡの細胞外領域をコードする遺伝

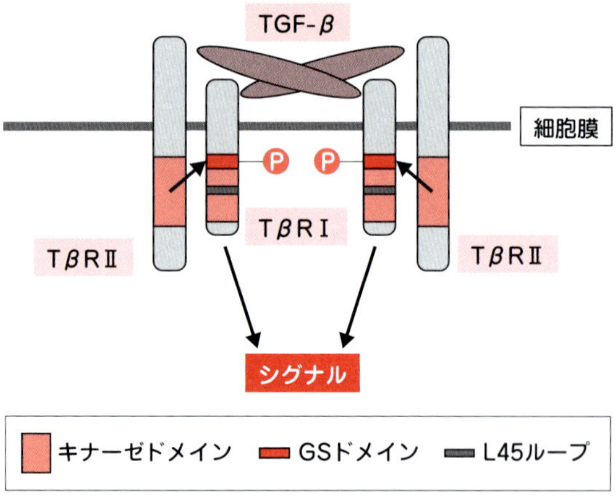

図3 TGF-βとⅡ型受容体，Ⅰ型受容体との結合
詳細は本文参照.

子にあるアデニンが10個ならんだ塩基配列を誤って読み取っても修復されず，膜貫通領域以降を欠損したTβRⅡが形成される．それにより，TGF-βの細胞増殖抑制作用が破綻し，腫瘍が形成される．また近年，マルファン症候群やロイスディーツ症候群など，TGF-βの受容体をコードする遺伝子の異常が原因となる疾患も報告されている[4) 5)]．しかし，これらの患者でがんの発生頻度が増えるという報告は現在のところみられていない．

TβRⅡの細胞外領域をもったキメラタンパク質やTβRⅠのセリン/スレオニンキナーゼ活性を比較的特異的に抑制する低分子化合物が開発されている．これらは線維性疾患やがんなど多くの疾患への適用が注目されている．

【阻害剤】

SB431542（受容体キナーゼ阻害剤）

LY364947（受容体キナーゼ阻害剤）

【抗体】

Santa Cruz Biotechnology社やThermo Fisher Scientific社などより購入可能.

【データベース】

GenBank ID

ヒトTβRⅠ	L11695，NM_004612，NM_001130916
ヒトTβRⅡ	M85079，NM_001024847，NM_003242
マウスTβRⅠ	D25540，NM_009370，BC063260
マウスTβRⅡ	NM_009371，NM_029575，S69114

OMIM ID

TGFBR1：190181

TGFBR2：190182

参考文献

1）Heldin CH, et al：Nature, 390：465-471, 1997
2）Moustakas A & Heldin CH：Development, 136：3699-3714, 2009
3）Shi Y & Massagué J：Cell, 113：685-700, 2003
4）Mizuguchi T, et al：Nat Genet, 36：855-860, 2004
5）Loeys BL, et al：Nat Genet, 37：275-281, 2005

（髙橋恵生，江幡正悟）

Keyword

4 ベータグリカン，エンドグリン

▶英文表記：betaglycan，endoglin
▶別名：ベータグリカン→TβRⅢ，エンドグリン→CD105

1）歴史とあらまし

ベータグリカンは，TGF-βのⅢ型受容体（TβRⅢ）ともよばれ，1991年に，Massaguéのグループがニワトリ胚から純化したタンパク質のアミノ酸配列をもとに，またLodishとWeinbergのグループが発現クローニング法によって，同時にcDNAをクローニングした．一方，エンドグリンは，CD105ともよばれ，最初にBリンパ球の膜タンパク質に対して作製されたモノクローナル抗体の抗原として報告され，1990年にそのcDNAがクロー

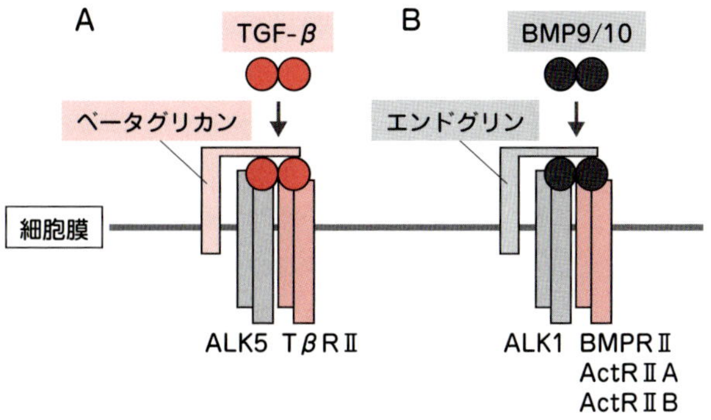

図4 ベータグリカンとエンドグリンの特異性
詳細は本文参照.

ニングされ，その後ベータグリカンとの構造上の類似性が明らかになった．ベータグリカンは，TGF-β（1参照）に結合してTGF-β2のⅡ型受容体（TβRⅡ）への結合を促進することから，TGF-βのアクセサリー受容体と考えられている（**図4A**）[1)〜3)]．一方，エンドグリンは，TGF-βとBMP（bone morphogenetic protein）と結合することが示されてきたが，特にBMP-9およびBMP-10のアクセサリー受容体と考えられている（**図4B**）[3)]．

2) 機能

ベータグリカンは849個のアミノ酸よりなる膜タンパク質で，大きな細胞外領域，1回膜貫通領域と24個のセリン/スレオニン残基に富んでいるアミノ酸よりなる小さな細胞内領域から構成されている[1)〜3)]．一方，エンドグリンは658個のアミノ酸よりなる膜タンパク質で，細胞外領域，1回膜貫通領域と47個のアミノ酸よりなる細胞内領域から構成されている．エンドグリンの分子量は95 kDaで，ジスルフィド（SS）結合により二量体を形成している．ベータグリカンとエンドグリンの細胞膜貫通領域から細胞内領域は高い相同性（ヒトでは69％）がある[1)〜3)]．

ベータグリカンとエンドグリンは，TGF-βとⅠ/Ⅱ型受容体（3参照）の結合を促進する働きがあるが，ベータグリカンやエンドグリンがなくともTGF-βはⅠ/Ⅱ型受容体に結合してシグナルを伝達することができるため，両者の作用はまだ十分明らかになっていない[1)〜3)]．

3) KOマウスの表現型/ヒト疾患との関連

ノックアウトマウスの表現型については，ベータグリカンは，発生において心筋細胞の分化に重要と考えられており，そのノックアウトマウスは，心臓と肝臓に異常をきたす．エンドグリンのノックアウトマウスは発育せず，不完全な卵黄嚢血管新生，心臓弁の異常および不規則な心室発生が原因で胎生11.5日までに致死に至る[2)]．

エンドグリンとヒト疾患との関連については，まず1994年に遺伝性出血性末梢血管拡張症（hereditary hemorrhagic telangiectasia：HHT，別名Oster-Weber-Rendu病）家系の連鎖解析において染色体9q33-34の領域にHHT1型の原因遺伝子が存在することが明らかにされた．その後McAllisterらがこの領域に局在するエンドグリン遺伝子に注目して遺伝子解析を行い，HHT1型家系のなかの3家系に3種類のエンドグリン遺伝子の変異を同定したことからエンドグリンとHHTの関係が注目され，それ以後も多くの研究室からエンドグリン遺伝子の異なる変異が報告された[4)]．1995年にはJohnsonらが，HHT2型家系の連鎖解析により，染色体12qの領域にHHT2型の原因遺伝子が存在することを示し，1996年に，この領域に局在する*ALK1*遺伝子（5参照）の変異がHHT2型家系のなかの3家系で同定された[4)]．血管内皮細胞に特異的かつ高レベルに発現するALK1は，TGF-βⅠ型受容体ファミリーに属し，TGF-βⅡ型受容体とともにTGF-βに結合し，細胞内のSmad1/5を活性化させることが報告された[1) 2)]．しかし，その後，ALK1はBMPⅡ型受容体（BMPRⅡ，ActRⅡA，ActRⅡB）とエンドグリンとともに生理的なリガンドであるBMP9/10（11参照）に結合することが報告された．近年，抗エンドグリン抗体を使った滲出性加齢黄斑変性などの血管異常を伴う疾患の治療が注目されている[5)]．

【データベース】

GenBank ID

ヒトベータグリカン	L07594
ラットベータグリカン	M77809
ヒトエンドグリンL型	J05481
ヒトエンドグリンS型	X72012
マウスエンドグリン	X77952

【抗体入手先】

抗マウスエンドグリン/CD105モノクローナル抗体フルオロセイン標識（Clone 209701；和光純薬工業社）.

【ベクター】

基本的に，各cDNAはそれぞれを同定した研究室から入手可能である.

参考文献

1）Miyazono K, et al：Oncogene, 23：4232-4237, 2004
2）Miyazono K, et al：J Biochem, 147：35-51, 2010
3）Jarosz M & Szala S：Postepy Hig Med Dosw, 67：79-89, 2013
4）Johnson DW, et al：Nat Genet, 13：189-195, 1996
5）van Meeteren LA, et al：Curr Pharm Biotechnol, 12：2108-2120, 2011

（今村健志）

Keyword

5 ALK1

▶フルスペル：activin receptor-like kinase 1
▶和文表記：アルク1
▶遺伝子名：ACVRL1
▶別名：ACVRLK1

1）歴史とあらまし

ALK1（activin receptor-like kinase 1）はセリン/スレオニンキナーゼを細胞質領域に有するトランスフォーミング増殖因子β（TGF-β）受容体ファミリー（3参照）に含まれる1回膜貫通型の受容体である．その遺伝子は，ten Dijkeらによりヒトならびに線虫のTGF-β受容体ファミリーにおいて保存されているアミノ酸配列をもとにPCR法によりクローニングされた[1]．ALK1のリガンドと作用については当初不明であったが，ALK1が発現している血管内皮培養細胞を用いた実験により，TGF-β（1参照）が結合することが報告された．しかし，その後の研究によりALK1の生理的なリガンドは骨形成因子-9/10（BMP-9/10）であることが示された[1]．後述のように，ALK1のノックアウトマウスの表現型の解析やヒト遺伝性血管疾患との関連から，ALK1を介したシグナルが血管形成において重要な役割を果たすことが示唆されている．また，ALK1を標的とした分子標的治療が腫瘍血管新生を阻害することでがんの進展を抑制することから，がん治療の標的として注目を集めている．

2）機能

i）シグナル伝達

BMPファミリーの受容体は，その構造と機能からⅠ型とⅡ型（RⅠとRⅡ）に分類されるが，両者とも細胞外のリガンド結合ドメインと1回の細胞膜貫通領域と細胞内のセリン/スレオニンキナーゼを有する（**図5，イラストマップ❸**）．BMP-9/10（リガンド）が結合するとⅠ型受容体（ALK1）とⅡ型受容体（BMPRⅡなど）2つずつを含むヘテロ四量体が形成される．複合体の形成によって活性化されたALK1はSmad1/5/8をリン酸化することにより細胞内にシグナルが伝達される（**図5**）．また，培養細胞を用いた実験系ではTGF-βもALK1と結合して同じシグナル経路を活性化することが報告されている（**図5**）．

血管内皮細胞においてALK1により伝達されたシグナルは核内に移行したSmadタンパク質によってさまざまな遺伝子群の発現を調節する（Smad経路）．また，ALK1はp38やERKなどの活性化を誘導することも示されている（non-Smad経路）．

ii）生理機能

さまざまな種類の血管内皮細胞においてTGF-βまたはBMP-9によって活性化されたALK1シグナルは増殖や運動性を亢進することが報告されている[2]．そしてALK1の阻害剤により腫瘍血管新生が抑制される報告[3]と併せてALK1シグナルは血管新生を亢進すると考えられている．しかし，一方ではBMP-9により血管内皮細胞の増殖が抑制されるという報告があり（11参照），その機能についてはさらなる解析を必要としている．また，ALK1は間葉系細胞においても発現しており，骨分化などにおいても重要な役割を果たしていることが示されている．

3）KOマウスの表現型/ヒト疾患との関連

*ALK1*ノックアウトマウスについては全身性ならびに血管内皮細胞特異的なものが作製されている[4]．いずれの系統においても胎生期において血管の拡張や動静脈奇形を特徴とする重大な血管形成異常の表現型を呈し，胎生致死である．これらの血管異常は遺伝性出血性末梢血

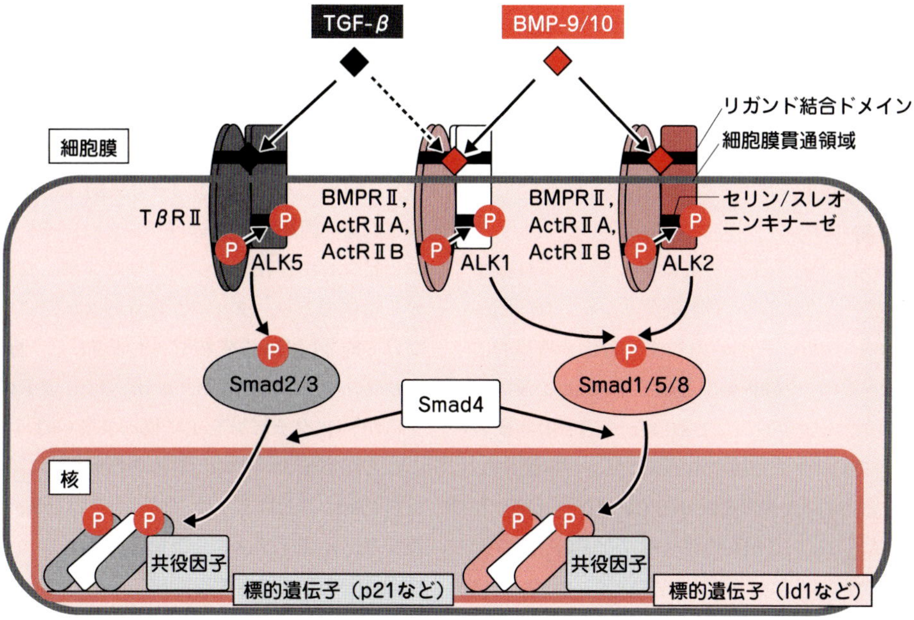

図5 ALK1によるシグナル伝達

ALK1の生理的なリガンドであるBMP-9/10は，Ⅱ型受容体（BMPRⅡ，ActRⅡA，ActRⅡBのいずれか）とⅠ型受容体（ALK1またはALK2）おのおの2つずつからなるヘテロ四量体の受容体複合体と結合し，Smad1/5/8をリン酸化することにより，細胞内にシグナルを伝達する．生理的にはALK5に結合してSmad2/3経路を活性化するTGF-βも，培養細胞を用いた実験ではALK1に結合しSmad1/5/8経路を活性化することが示されている．詳細は本文も参照．

管拡張症（hereditary bernorrhagic telangiectasia：HHT，別名Oster-Weber-Rendu病）というヒト遺伝性血管疾患において見出される病態であるが，HHTの原因遺伝子が*ALK1*であることが報告されている[5]．

HHTは常染色体優性遺伝の疾患であり，患者においては細小血管の異常が原因で出血を繰り返す．また，動静脈奇形や肺循環でのシャントに起因する脳塞栓なども報告されている．HHTはHHT1型とHHT2型に分類され，原因遺伝子としてはそれぞれエンドグリン（TGF-βファミリーⅢ型受容体）（4参照）ならびにALK1である．腫瘍血管新生における役割なども併せて，ALK1シグナルのコントロールはさまざまな血管関連疾患の治療法の開発につながることが期待される．

【抗体】

ALK1組織免疫染色用抗体（HPA007041）はAtlas Antibodies社より購入可能．

【ベクター】

ヒトALK1の発現ベクターは東京大学大学院医学系研究科分子病理学分野（宮園研究室）から入手できる．

【データベース】

GenBank ID

ヒト ALK1	NM_000020
マウス ALK1	NM_009612

参考文献

1) Miyazono K, et al：J Biochem, 147：35-51, 2010
2) Suzuki Y, et al：J Cell Sci, 123：1684-1692, 2010
3) Cunha SI, et al：J Exp Med, 207：85-100, 2010
4) Tual-Chalot S, et al：PLoS One, 9：e98646, 2014
5) Johnson DW, et al：Nat Genet, 13：189-195, 1996

（渡部徹郎）

Keyword

6 アクチビンとインヒビン

▶欧文表記：activin & inhibin

1) 歴史とあらまし

i) 発見の経緯

McCullaghにより，生殖腺由来の非ステロイド性分子が下垂体に到達し，前葉からの卵胞刺激ホルモン（follicle-stimulating hormone：FSH）の産生・分泌を特異的に抑制するフィードバック機構の要となるインヒビン仮説が提唱されたのが1932年のことであった[1]．約50年後の1985年になって，ブタ卵胞液からインヒビンが精製され，その存在が立証された．約18 kDa（インヒビンα鎖）と約14 kDa（インヒビンβ鎖）のポリペプチドのヘテロ二量体であった．インヒビンの精製過程で，インヒビンとは別の画分にFSH分泌を促進するペプチドが発見され，アクチビンと命名された．アクチビンはインヒビンβ鎖（βA鎖とβB鎖）のホモまたはヘテロ二量体である（図6）．

インヒビンは，雌では顆粒膜細胞，雄ではセルトリ細胞から産生され，主として視床下部—下垂体—性腺軸でのFSH分泌抑制が主作用である．アクチビンは多彩な機能をもつ細胞分化増殖因子である[2]．インヒビンは多くの組織でアクチビンに拮抗した作用をもつ．

ii) 分子構造と成熟型

分子構造としては，インヒビンは，異なった遺伝子由来のαサブユニットとβサブユニットが，ジスルフィド（SS）結合を介して二量体を形成し，プロセシングを受けて，成熟型インヒビン（αβ，約32～36 kDa）に変換される（図6）．β鎖の違いにより，インヒビンAとインヒビンBが存在する．アクチビンは，βサブユニットの二量体であり，タンパク質分解などのプロセシングを受けて約24 kDaの成熟型が生成される．脊椎動物では，βサブユニットにはβA，βB，βC，βEの4種が存在するが，アクチビンを主に構成するのはβAとβBで，これらがホモ/ヘテロ二量体を形成することでアクチビンA，AB，Bとなる．サブユニットは肝臓や前立腺で発現する．βCサブユニットはβAサブユニットとアクチビンACヘテロ二量体を形成し，アクチビンAの活性を抑制する機構が想定されているが，不明点も多い．

2) 機能

アクチビンは，体内できわめて多彩な作用を有する細胞分化増殖因子である．ツメガエル胚のアニマルキャップ刺激による強力な中胚葉誘導作用は関連研究を大きく進展させた．顆粒膜細胞の分化促進，赤芽球分化促進作用，Bリンパ球や肝細胞のアポトーシス誘導，神経細胞保護作用が知られている．近年では，ES細胞などの多

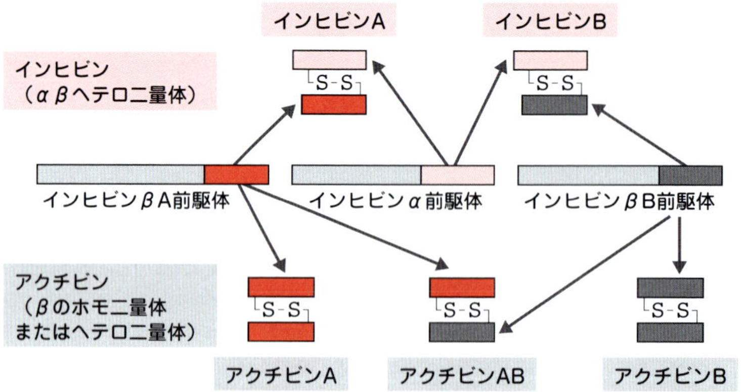

図6 アクチビンとインヒビン

インヒビンは，αサブユニットとβサブユニットのヘテロ二量体である．βサブユニットの違いによりインヒビンAとインヒビンBが存在する．一方アクチビンは，βサブユニットのホモ二量体あるいはヘテロ二量体である．βAサブユニットのホモ二量体がアクチビンA，βAサブユニットとβBサブユニットのヘテロ二量体がアクチビンAB，βBサブユニットのホモ二量体がアクチビンBである．実際には，前駆体が二量体を形成した後にプロセシングを受けて，C末端二量体のインヒビンとアクチビンが成熟体として産生される．アクチビンもインヒビンもTGF-βファミリーに属する．インヒビンは，下垂体機能が主体であるが，多くの組織でアクチビンに拮抗した作用を示す．βCサブユニットは，βAサブユニットとのヘテロ二量体のアクチビンACを産生することで，アクチビンAの産生を抑制することが想定されているが，生体での機能はいまだ不明点が多い．

能性幹細胞の自己複製機能や多能性の維持といった重要な作用も見出されており，再生医療研究で再び注目されている．筋量調節や代謝にも影響をおよぼす．老化によって筋量・筋力が低下した病態（サルコペニア）やがんによる悪液質（カヘキシー）誘導にも関与する．

インヒビン値は体外受精成功の指標としても有用である．また，インヒビンB-FSHフィードバックループは雄の性成熟にきわめて重要である．

アクチビンAの主要な受容体はII型がActR II A/ II B，I型がALK4である．アクチビンBはII型がActR II A/ II B，I型がALK7で，アクチビンABはアクチビンAと似た作用を示すが，I型受容体としてALK4とALK7の両者を活性化する．インヒビンはアクチビンII型受容体と結合し，さらに補助受容体としてベータグリカンと膜複合体を形成する．I型受容体は複合体に含まれない．このように，II型受容体を奪い合うことで，アクチビン作用に拮抗すると考えられている．

3) KOマウスの表現型/ヒト疾患との関連

アクチビンA（インヒビンβA遺伝子）のノックアウトマウスは，生後24時間以内に死亡する．アクチビンAのノックアウトマウスの解析から，アクチビンAは口蓋，頬鬚，下顎切歯形成，頭蓋額顔面形成に関与することが明らかとなった[3]．

アクチビンB（インヒビンβB遺伝子）のノックアウトマウスは，胎生後期に眼瞼融合障害がみられる．その他にも胎仔の発育不全を主とした生殖異常がみられる．

アクチビンAのノックアウトマウスの表現型は，アクチビンII型受容体（ActR II A）のノックアウトマウスの表現型とは一部異なっており，アクチビンA以外のリガンドが生体内でActR II Aのリガンドとして作用しうると推定された．その後，ActR II Aは，アクチビンA/B/AB，ノーダル，GDF-3，GDF-11，マイオスタチン（GDF-8）（7参照），一部のBMPファミリーの受容体となることが，再構成実験やシグナル解析で判明した．

インヒビン（インヒビンα遺伝子）のノックアウトマウスでは，未分化な性索間質腫瘍や副腎腫瘍が全例でみられる[4]．したがって，インヒビンα遺伝子は一種のがん抑制遺伝子と考えられている．インヒビンノックアウトマウスでは，インヒビンαサブユニットの欠失によりインヒビン産生が消失し，逆にアクチビンが過剰に産生され，その過剰なシグナルががんの進展や肝臓に起因する悪液質を誘導する．インヒビンの腫瘍形成に関与する下流因子はp27，サイクリンD2である．

【タンパク質】

以下，R & Dシステムズ社（代理店フナコシ社）などから購入可能．

アクチビンA 338-ACなど | アクチビンAB 1066-ABなど
アクチビンB 659-ABなど

【阻害剤】

以下，R & Dシステムズ社，トクリス社（代理店フナコシ社）などから購入可能．

SB431542 1614 | A 83-01 2939
SB505124 3263

上記3点は，ALK4/5/7阻害剤のため，アクチビン以外にTGF-βも阻害する．

【抗体】

アクチビンA抗体

AF338，accurate chemical クローン E4など，R & Dシステムズ社（代理店フナコシ社）などから購入可能．

アクチビンB抗体

MAB659，accurate chemical クローン C5など，R & Dシステムズ社（代理店フナコシ社）などから購入可能．

インヒビン抗体　クローンR1，DAKO社より購入可能．

【ELISA】

アクチビンA

DAC00B，R & Dシステムズ社（代理店フナコシ社）などから購入可能．

【ベクター入手先】

筆者（土田邦博）の研究室に問い合わせ可能．

【データベース】

GenBank ID

インヒビンαサブユニット
ヒト M13981，マウス X55957，X69618
βAサブユニット
ヒト M13436，J03634（EDF），マウス X69619
βBサブユニット
ヒト NM_002193，マウス NM_008381
βCサブユニット
ヒト X82540，マウス X90819
βEサブユニット
ヒト AF412024，マウス U96386

PDB ID

インヒビンβA鎖 P08476
アクチビンAの立体構造 2ARV
アクチビンAとフォリスタチンの複合体の立体構造 2P6A
アクチビンAとアクチビンII型受容体（ActR II B）の複合体の立体構造 1NYS

OMIM ID

Inhibin α	147380
Inhibin βA	147290
Inhibin βB	147390
Inhibin βC	601233
Inhibin βE	612031

参考文献

1）McCullagh DR：Science, 76：19-20, 1932
2）Sugino H & Tsuchida K：Activin and Follistatin「Skeletal Growth Factors」(Canalis E, ed), pp251-263, Lippincott Williams & Wilkins, 2000
3）Matzuk MM, et al：Nature, 374：354-356, 1995
4）Matzuk MM, et al：Nature, 360：313-319, 1992

（土田邦博）

Keyword

7 マイオスタチン

▶欧文表記：myostatin
▶別名：ミオスタチン, MSTN, MST, GDF-8 (growth differentiation factor 8)

1）歴史とあらまし

発見当初，GDF-8（growth differentiation factor-8）とよばれたTGF-βスーパーファミリーに属する細胞増殖分化因子である．発現は骨格筋が主体であり，筋量を負に制御している．脂肪細胞や心筋からも発現するとの報告がある．後述のように，ノックアウトマウスで劇的に全身の骨格筋量が増加することから，横紋筋細胞の増殖を強力に抑制する作用をもつことがわかり，マイオスタチンあるいはミオスタチンとよばれることが多い[1]．マイオスタチンは血液中を循環しており，骨格筋が分泌するマイオカインの1種と考えられる．

50年ほど前に，各臓器にその大きさを決定する因子が存在するというカローン説が提唱されたが，マイオスタチンは骨格筋カローンの最有力候補である．実際に家畜ウシ（Belgian Blue種やPiedmontese種，日本短角種ウシ）やヒツジで，マイオスタチンの遺伝子変異によるダブル・マッスル変異体がみつかっている[2]．産肉量の多いテクセル種のヒツジでは，3′非翻訳領域のGがAに変異することで，miRNA1とmiRNA206の結合配列へと変換されるため，マイオスタチンの発現が低下し筋肥大を示すとされている．ヒトの遺伝子変異も報告されており，幼少時より，筋量・筋力増加が示されている[3]．メダカにおいても遺伝子破壊で筋肉量が増加する．

2）構造と機能

i）成熟化とシグナル伝達

遺伝子は3個のエキソンからなる．プロモーター部位にMyoDファミリー転写因子の結合部位が存在する．前駆体タンパク質は典型的なTGF-βファミリーの構造をもつ（**イラストマップ❶**）．ヒトの場合375アミノ酸からなる前駆体分子が，フューリン様のプロテアーゼによる切断を受けて，N末端部のプロペプチドとC末端部の成熟体とに分断される．N末端のプロペプチド部分はC末端の成熟体マイオスタチン二量体と複合体を形成し，マイオスタチンの作用を抑え込む作用がある．プロペプチド部分がさらにメタロプロテアーゼによる切断を受け消化されると，マイオスタチンは活性化される．成熟体マイオスタチンは，ジスルフィド（SS）結合を介したホモ二量体である．フォリスタチンとFLRG（9参照）はマイオスタチン結合分子であり，阻害作用をもつ．マイオスタチンの受容体は，Ⅱ型受容体がActRⅡB（とActRⅡA），Ⅰ型受容体がALK5（とALK4）と考えられている．これらの受容体は骨格筋以外にも発現している．マイオスタチンの作用が，骨格筋特異的である機構は詳細には解明されていない．細胞内シグナルは，Smad2/3経路であり，アクチビン（6参照），TGF-β（1参照）と類似している（**イラストマップ❷❹**）．筋量制御に関しては，さらに，miRNAを介してAkt-mTOR-PTENタンパク質合成・分解経路とのシグナルクロストーク機構が働いている．

ii）生理機能と応用

マイオスタチンは脊椎動物の骨格筋形成の強力な抑制因子である．マイオスタチンは先天性筋疾患による筋力低下，老化によって筋量・筋力低下した病態（サルコペニア）に対する分子標的となりうる．一方，運動選手の新たなドーピングの標的につながるとの懸念もあり，マイオスタチン阻害分子は世界ドーピング協会（WADA）の禁止リストに表記されている．マイオスタチン阻害により，体脂肪量は低下し，白色細胞が褐色化するとの報告がある．また，欧州では，マイオスタチンの遺伝子変異ウシは食用になっており，今後の世界人口増加と食料難を考えると，農業的な応用も考えられる．

当初，マイオスタチンは，筋衛星細胞や未分化筋芽細胞に作用し，骨格筋分化の初期の段階を抑制していると推測された（**図7**）．しかし，最近では筋線維に直接作用するとする有力な報告がある．類縁分子にアミノ酸で

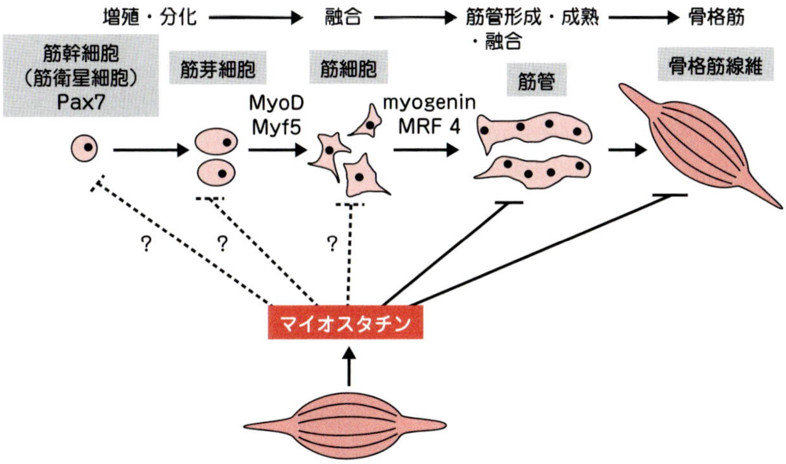

図7　マイオスタチンの筋形成における作用点

骨格筋由来のマイオカインであるマイオスタチンは，骨格筋形成過程の強力な負の制御因子である．筋分化過程での作用点は，当初は筋分化の初期過程と考えられていたが，近年の研究から筋管や形成された筋線維に作用するとの見方が有力となっている．Smad経路が主要シグナル経路であるが，Akt-mTOR-PTEN系とのクロストークにより，筋タンパク分解系・合成系の制御に関与する．マイオスタチンを阻害すると，生後でも著しい筋肥大が生じる．筋線維径の肥大が主体であるが，筋線維数の増加の可能性も考えられている．この効果を利用した医学応用・農学応用が期待されている．

90％以上の相同性をもつGDF-11が存在する．両者は機能的に類似点はあるものの骨格形成などの点で明らかな相違点がある．

3) KOマウスの表現型/ヒト疾患との関連

1997年にノックアウトマウスの報告がなされた．劇的に全身の骨格筋量の増大がみられた．また，体脂肪の低下がみられ，摂食性肥満に抵抗性であった．マイオスタチン阻害により，筋疾患モデルや脂肪萎縮症モデルの病態を改善しうる．ヒトのEhlers-Danlos症候群で，COL3A1，COL5A2とマイオスタチンを含む染色体2q23.3-q31.2のヘテロ欠損があり，筋量が増加した症例が報告されている[4]．他にも，K153Rなどのミスセンス変異がみられるが，筋力との相関は低い．加齢による筋量低下に影響する可能性はある．前述のように，ウシ，ヒト，ヒツジ，短距離レース犬で遺伝子変異が報告されており，いずれも筋肥大が生じる．例えばヒトではイントロンの変異のため，正常なマイオスタチンが産生されない変異の報告がある．ウシの遺伝子変異は数多く報告されている．

医学的な応用として，マイオスタチンを分子標的とした，筋ジストロフィーなどの先天性筋疾患や加齢性筋肉減少症（サルコペニア）の治療応用への期待度は高い[5]．同時に，将来ドーピングに使用される懸念もある．

【タンパク質】

以下，R＆Dシステムズ社（代理店フナコシ社）などから購入可能．

788-G8など

前駆体タンパク質(マイオスタチンの阻害作用をもつ)1539-PGなど

類似分子のGDF-11（BMP-11）1958-GDなど

【阻害剤】

以下，R＆Dシステムズ社，トクリス社（代理店フナコシ社）などから購入可能．

SB431542 1614

SB505124 3263

A 83-01 2939

上記3点は，ALK4/5/7阻害剤のため，TGF-βやアクチビンも阻害する．

【抗体】

AF788など，R＆Dシステムズ社（代理店フナコシ社）などから購入可能．

【ベクター入手先】

ジョンスホプキンス大学のS. J. Lee博士など．筆者（土田邦博）の研究室に問い合わせも可能．

【データベース】

GenBank ID

ヒト	NM_005259, AF104922, AF019627	ニワトリ	AF019621
		ウシ	AF019761
		ヒツジ	DQ530260
マウス	U84005	アカゲザル	NM_001080119

PDB ID　008689

PDB ID（立体構造）

マイオスタチンとフォリスタチン288の複合体　3HH2

マイオスタチンとFLRG（FSTL3）の複合体　3SEK

OMIM ID　myostatin 601788

参考文献

1）McPherron AC, et al：Nature, 387：83-90, 1997
2）Bogdanovich S, et al：Nature, 420：418-421, 2002
3）Schuelke M, et al：N Engl J Med, 350：2682-2688, 2004
4）Prontera P, et al：Ann Neurol, 67：147-148, 2010
5）Tsuchida K：Curr Opin Drug Discov Devel, 11：487-494, 2008

（土田邦博）

Keyword

8 アクチビン受容体

▶欧文表記：activin receptors

▶別名：ActR II（ActR II A, ACVR2, ACVR2a）, ActR II B（ACVR2b）, ALK4（ActR I B, ACVR1B）, ALK7（ActR I C, ACVR1C）

1）歴史とあらまし

アクチビンII型受容体（ActR II A, ACVR2A）は，1991年にアクチビンA（6参照）との結合活性を指標に，下垂体前葉AtT20細胞種から発現クローニングの手法でTGF-βスーパーファミリーの受容体として最初に同定された[1]．1回膜貫通型受容体で，膜型セリン/スレオニンキナーゼという特徴的な構造を有していることが判明した（図8，イラストマップ❸）．これは，多くの細胞増殖因子の受容体がチロシンキナーゼであることと大きく異なっており，先駆的な発見であった．その後，他のTGF-βファミリーのII型受容体やI型受容体（ALK-1～7）（3 5参照）が同定されたが，すべてActR II Aと類似した構造をもつ1回膜貫通型のセリン/スレオニンキナーゼであった．

アクチビンに結合するもう1つのII型受容体としてActR II B（ACVR2B）が同定された．TGF-βファミリーのリガンドとII型，I型受容体の組合わせは複雑であるが，アクチビンのI型受容体として働く受容体としては，ALK4（ActR I B, ACVR1B）とALK7（ActR I C, ACVR1C）が判明している[2]．

アクチビンII型受容体（ActR II A, ActR II B）は，約70 kDaの糖タンパク質である．C末端配列はSSL/Iであるが，この構造はPDZタンパク質の結合領域のコンセンサス配列（SXL/V/I）と一致しており，実際にPDZタンパク質が会合し，受容体のエンドサイトーシスや局在制御，クラスター化に関与する．この特徴は，他のTGF-βファミリーの受容体にはみられない特徴である．なお，ヒトのAMHR2にもPDZ結合配列はあるが，種によって保存されていない．後述するように，ActR II AやActR I Bの体性変異が多くのがんでみられる．

2）機能

アクチビンは，恒常的にリン酸化されているアクチビンII型受容体に結合する．I型受容体は単独ではアクチビンとの結合は示さないが，アクチビン-II型受容体の複合体に会合する．I型受容体のGS領域（グリシンとセリンに富んだ領域）が，II型受容体によりリン酸化を受け，Smad2/3のリン酸化とSmad4との会合，核移行，転写抑制へと情報が伝搬される．アクチビンのI型受容体（ALK4, ALK7）はTGF-β（1参照）のI型受容体のALK-5と構造および機能面で類似しており，細胞内シグナルも類似している．

アクチビンII型受容体のリガンドとして，アクチビン（A/B/AB），ノーダル，マイオスタチン（7参照），GDF-11（BMP-11），BMP-7（10参照）など数種のBMPが結合する．ActR I BであるALK4は，アクチビンA/AB，ノーダルにより活性化される．ALK7は，アクチビンB/AB，ノーダル，GDF-3により活性化される．ノーダルとGDF-3は，クリプトを補助受容体として用いている．マイオスタチンは，アクチビンII型受容体と結合し，I型としては主にALK5（とALK4）を活性化するとされている．

3）KOマウスの表現型/ヒト疾患との関連

i）ActR II A

*ActR II A*のノックアウトマウスでは，卵胞刺激ホルモン（FSH）値は低下し，生殖能低下がみられる．少数に，Pierre Robin症候群を想起させる骨格系・顎顔面形成異常が観察される[3]．ActR II Aのエキソン3と10の2カ所にアデニン残基の繰り返し構造が存在する．特に，

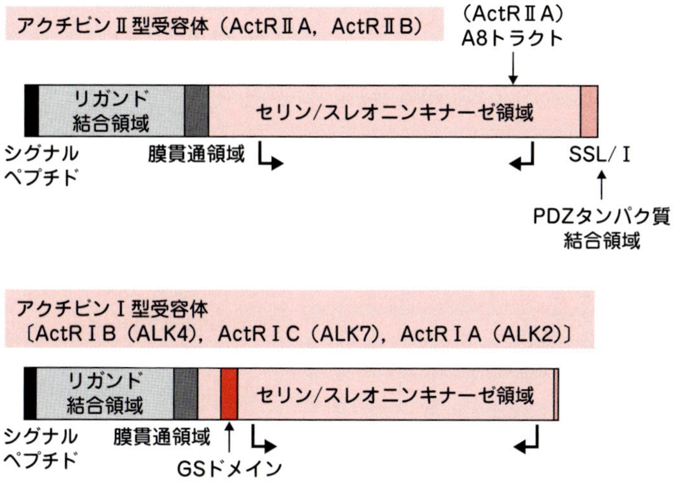

図8 アクチビン受容体の構造

アクチビン受容体は，TGF-βスーパーファミリーに典型的な1回膜貫通型のセリン/スレオニンキナーゼであり，Ⅱ型とⅠ型からなる．アクチビンⅡ型受容体（ActRⅡA/ⅡB）は，細胞外のリガンド結合領域，疎水性膜貫通領域，細胞内セリン/スレオニンキナーゼ領域からなる．C末端にPDZタンパク質結合領域をもつのが，他のTGF-β型の受容体と比較して特徴的である．ActRⅡAには，8個のアデニンのリピート配列（A8トラクト）があり，消化器がんなどで欠損・点変異などの体性変異が知られている．アクチビンⅠ型受容体〔ActRⅠB（ALK4），ActRⅠC（ALK7），ActRⅠA（ALK2）〕も1回膜貫通型のセリン/スレオニンキナーゼである．膜領域とキナーゼ配列の間にGSドメインがあり，リン酸化修飾を受ける．リガンドとアクチビンⅡ型受容体の複合体にⅠ型受容体が会合し，細胞内因子Smadへシグナルを伝搬する．膵がんなどでActRⅠB（ALK4）の体性変異がみられる．↳ ↲ はセリン/スレオニンキナーゼ領域を示す．詳細は本文も参照．

細胞内ドメインのエキソン10の8個のアデニントラクトはマイクロサテライト不安定領域であり，直腸がん，膵臓がん，胃がんで高率に1ないし2塩基欠損が生じ，LOH（loss of heterozygosity）を引き起こし，ActRⅡAタンパク質の発現が消失する[4]．

ii）ActRⅡB

*ActRⅡB*のノックアウトマウスでは，左右軸発生異常，心房および心室中隔欠損，肺・脾低形成がみられる．ヒトの内臓左右軸奇形（visceral heterotaxy-4：HTX4）でヘテロ変異がみられる．ActRⅡBには5つのアイソフォームが存在する．

iii）ActRⅠB

*ActRⅠB（ACVR1B，ALK-4）*のノックアウトでは，原始線条形成異常がみられ，胎生致死である．ACVR1B遺伝子は腫瘍抑制遺伝子と考えられ，細胞内領域のフレームシフトや欠損による早期翻訳停止などの体性変異が，膵がん，胃がん，肝がんなど高頻度でみられる．また，下垂体腫瘍でC末端欠損型がみられ，ドミナントネガティブ体として作用する．

iv）ActRⅠC

ActRⅠC（ACVR1C，ALK7）は，神経系，分化脂肪細胞などに高発現する．*ActRⅠC*のノックアウトマウスは，生存や繁殖には問題がないが，脂肪沈着の低下と摂食性肥満に対して部分的な抵抗性を示す[5]．この表現型は*GDF-3*$^{-/-}$と類似している．また，加齢に伴う高インスリン血症と肝硬変が観察される．これはインヒビンβB$^{-/-}$の表現型と類似している．これらの表現型は，GDF-3とアクチビンBのⅠ型受容体がActRⅠCであることを示している．ActRⅠCには，脂肪組織で特異的に発現する分子種など4種類のアイソフォームが存在する．

v）ActRⅠA

ActRⅠA（ACVR1A，ALK2）は，主にBMP作用を仲介する．R206Hなどの生殖細胞系列における変異が進行性骨化性線維異形成症（FOP）の原因となる．FOPは，骨格筋，腱，靭帯が骨化し，体の可動性が著しく制限される難病である．また，小児のびまん性橋膠腫（橋グリオーマ）の20％程度に，ACVR1Aの体性変異が生じることが近年明らかになっている．

vi）治療標的としての可能性

ActRⅡAやⅡBの細胞外ドメインタンパク質やそれらに対する抗体を用いたリガンドトラップ法は，サラセミアなどの貧血性血液疾患，筋萎縮性疾患，がん悪液質，骨量低下の治療薬候補として期待されている．サラセミア治療に対してはGDF-11の阻害，筋萎縮性疾患と悪液質に対してはマイオスタチンおよびアクチビンの阻害による効果を反映していると考えられている．

【阻害剤】

R & Dシステムズ社（代理店フナコシ社）などから細胞外ドメインと免疫グロブリンのFc部分の融合タンパク質が購入可能．

Activin RⅡA Fc キメラタンパク質：
6356-R2（マウス），340-RC2（ヒト）

Activin RⅡB Fc キメラタンパク質：
3725-RB（マウス），339-RBB（ヒト）

Activin RIB/ALK4 キメラタンパク質：1477-AR（マウス）

Activin RIC/ALK7 Fc キメラタンパク質：577-A7（ラット）

【抗体】

R & Dシステムズ社（代理店フナコシ社）などから購入可能．

ActRⅡA抗体　AF340など

ActRⅡB抗体　AF339など

ActRⅠB/ALK4抗体　MAB222（ヒト），AF1477（マウス）

ActRⅠC/ALK7抗体　AF577（ラット），MAB7749（ヒト）

【ベクター入手先】

筆者（土田邦博）の研究室に問い合わせ可能．

【データベース】

GenBank ID

ActRⅡA（ACVR2a）
　ヒト M93415　　マウス M65287

ActRⅡB（ACVR2b）
　ヒト AB008681　　マウス M84120，NM_007397

ALK4（ACVR1B）
　ヒト Z22536　　マウス Z31663

ALK7（ACVR1C）
　ヒト NM_145259　　ラット U35025，U69702

PDB ID

アクチビン受容体ⅡA P27038

アクチビン受容体ⅡB P27040

PDB ID（立体構造）

アクチビン受容体ⅡA
　細胞外ドメイン 1BDE
　キナーゼドメイン 2QLU，3SOC

アクチビン受容体ⅡB
　細胞外ドメイン 1NYU

OMIM ID

Activin receptor，type ⅡA 102581

Activin receptor，type ⅡB 602730

内臓左右軸奇形 Heterotaxy，visceral，4，autosomal（MIM number 613751）

Activin receptor，type ⅠB 601300

Activin receptor，type ⅠC 608981

参考文献

1）Mathews LS & Vale WW：Cell, 65：973-982, 1991
2）Tsuchida K, et al：Mol Cell Endocrinol, 220：59-65, 2004
3）Matzuk MM, et al：Nature, 374：356-360, 1995
4）Su GH, et al：Proc Natl Acad Sci U S A, 98：3254-3257, 2001
5）Bertolino P, et al：Proc Natl Acad Sci U S A, 105：7246-7251, 2008

（土田邦博）

Keyword

9 フォリスタチンとFLRG

【フォリスタチン】

▶欧文表記：follistatin
▶和文表記：ホリスタチン
▶略称：FST，FS

【FLRG】

▶フルスペル：follistatin-related gene
▶別名：FSTL3（follistatin-like 3）

1）歴史とあらまし

i）フォリスタチンの発見

卵胞液からのインヒビン（6参照）精製過程で，インヒビンとは異なった分画に下垂体前葉培養系で卵胞刺激ホルモン（follicle-stimulating hormone：FSH）の産生と分泌を抑制する31～39 kDaの一本鎖糖付加タンパク質が発見され，フォリスタチンとよばれるようになった（1987年）．1990年にアクチビンに高親和性で結合することが判明した[1]．細胞増殖因子の結合阻害分子の概念が証明され解析された最初の例といえる．その後，フォリスタチンは，内分泌系を中心にさまざまな系でア

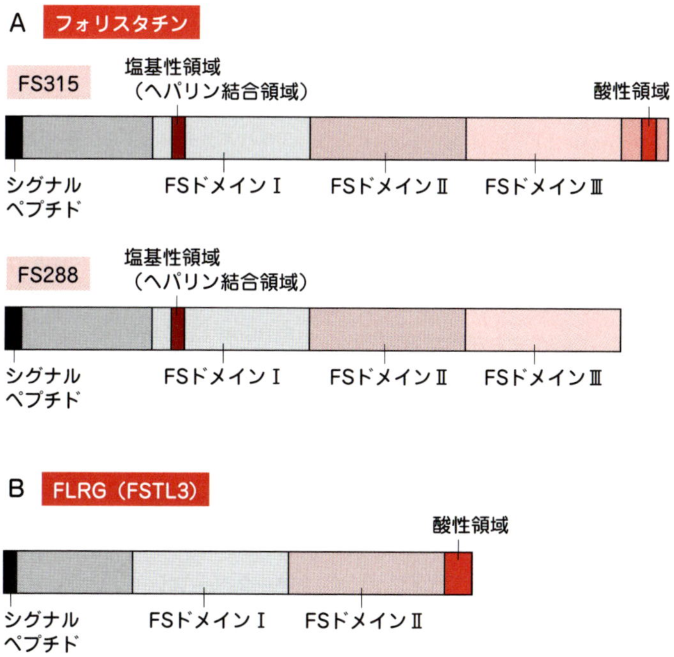

図9 フォリスタチンおよび類縁因子FLRGの分子構造

A）フォリスタチンは，アクチビンやインヒビンとは異なり，TGF-βファミリーに属する細胞増殖因子ではないが，細胞外でアクチビンなどのTGF-βファミリーに結合しその活性を抑制する一本鎖のヘパリン結合性糖タンパク質である．分子内に3つのFSドメインをもつ．フォリスタチンには，C末端のスプライシングの違いにより，FS315とFS288の2種のアイソフォームが存在する．FS288の方が細胞表層との結合が強く，阻害活性も強い．B）フォリスタチン類似分子FLRG（FSTL3）はフォリスタチンとは異なり，2個のFSドメインをもつ．フォリスタチンとFLRGのTGF-βファミリーへの親和性は類似しているが，ノックアウトマウスの表現型は異なっている．詳細は本文参照．

クチビンに拮抗的に作用することが研究されてきた．また，インヒビンは卵巣から下垂体に到達する内分泌ホルモンであるが，フォリスタチンでは，下垂体組織中での局所的なパラクライン作用も重要である．

ii）フォリスタチンの構造

フォリスタチン遺伝子は6個のエキソンで構成されている．分子内にシステインに富んだ3個のフォリスタチン（FS）ドメインをもつ糖付加ポリペプチドである．6番目のエキソンのスプライシングの違いにより，FS315とFS288の2つのアイソフォームが産生される（**図9A**）．後者は細胞との接着性が高く，アクチビン結合能と阻害活性が，FS315より強い．フォリスタチンには，生体内ではさらに部分的タンパク質消化された分子種が存在する．FSドメインはプロテアーゼインヒビターと構造上類似点がみられるが，その活性は検出されない．アクチビンと結合していないフリーの状態では，FS315は自身のC末端酸性領域で，FSドメインⅠのヘパリン結合領域を含んだ塩基性領域と相互作用しFS288よりもコンパクトな高次構造を取ると考えられている．アクチビンと結合すると，その相互作用はなくなり，FS288と類似した開いた高次構造となる．

iii）FLRG

FSドメインをもち，TGF-βファミリーに結合する分子としては，FLRG, GASP-1/2, HtrAファミリーが知られている．このなかで，FLRGは，フォリスタチンと最も構造が近いファミリー分子である．FLRG（FSTL3）は，263個のアミノ酸からなるペプチドホルモンで，分子内に2個のFSドメインをもち，TGF-βファミリーとの結合特性もフォリスタチンときわめて類似している（**図9B**）[2]．

2) 機能

フォリスタチン，FLRGともに，TGF-βファミリーのなかで，特に，アクチビンA/B/AB（6参照），マイオスタチン（7参照），GDF-11（BMP-11）に結合しその活性を抑制する．BMPとは結合するが一過性であり，その結合や阻害は弱めである．1分子のインヒビンβサブユニットに対して1分子のフォリスタチンが結合する．つまり，フォリスタチンは，アクチビンとモル比2：1で高親和性（Kd：500 pM程度）で結合する細胞増殖因子である．フォリスタチン存在下では，アクチビンのII型受容体（ActR II A/ II B）への結合は阻害される．FS288の場合は，ヘパリン・ヘパラン硫酸を介して，細胞表層のプロテオグリカンに親和性があり，結合したアクチビンを細胞内にエンドサイトーシスで取り込み分解する作用も有する．フォリスタチンは，多くの組織で発現がみられるが，卵巣，下垂体，腎臓での発現が高い．一方，FLRGは，胎盤，骨髄，精巣，腎臓，骨格筋，肺での発現が高い．

3) KOマウスの表現型 / ヒト疾患との関連

i）フォリスタチン

フォリスタチンのノックアウトマウスは，成長遅延，横隔膜や肋間筋量の低下，口蓋や肋骨の部分的欠損・形成異常，光沢をもった張りのある皮膚，頬髭と歯の異常がみられる[3]．肺胞膨張不全のため，生後数時間で死亡する．これらの表現型は，生体でフォリスタチンがアクチビンのみならず，マイオスタチンなどのTGF-βファミリー分子の活性を制御していることを示している．フォリスタチンの遺伝子多型と多嚢胞性卵巣症候群（PCOD）との相関が議論されているが，いまだ明確ではない．フォリスタチンはマイオスタチン阻害作用も強力であり，筋肥大効果が期待できる．そのため，遺伝性筋疾患の治療に応用する研究が推進されている．

ii）FLRG

FLRGのノックアウトマウスは，成体まで生存するが，膵β細胞は過形成を示し，膵島の数と大きさが増す．内臓脂肪量は低下し，耐糖能は改善しインスリン感受性は促進される．肝硬変と軽度高血圧を示す．筋量や体重には変化はみられない[4]．

【タンパク質】

以下，R & Dシステムズ社（代理店フナコシ社）などから購入可能．

フォリスタチン ヒト 5836-FSなど，マウス 769-FSなど

FLRG ヒト 1288-F3など，マウス 1255-F3など

【抗体】

以下，R & Dシステムズ社（代理店フナコシ社）などから購入可能．

フォリスタチン：AF669など

FLRG AF1255など

【ELISA】

フォリスタチン DFN00など，R & Dシステムズ社（代理店フナコシ社）などから購入可能．

【ベクター入手先】

筆者（土田邦博）の研究室に問い合わせ可能．

【データベース】

GenBank ID

フォリスタチン

ヒト M19480 M19481　マウス Z29532

FLRG

ヒト U76702　マウス AF276238

PDB ID

フォリスタチン　P19883

FLRG（FSTL-3）　O95633

PDB ID（立体構造）

フォリスタチンとアクチビンの複合体　2B0U，2P6A

FLRG（FSTL-3）とアクチビンの複合体　3B4V

OMIM ID

Follistatin 136470

Follistatin-like 3 605343

参考文献

1）Nakamura T, et al：Science, 247：836-838, 1990
2）Tsuchida K, et al：J Biol Chem, 275：40788-40796, 2000
3）Matzuk MM, et al：Nature, 374：360-363, 1995
4）Mukherjee A, et al：Proc Natl Acad Sci U S A, 104：1348-1353, 2007

（土田邦博）

II BMPとその受容体，アンタゴニスト

Keyword

10 BMP-2/4/6/7

▶フルスペル：bone morphogenetic protein-2/4/6/7
▶和文表記：骨形成因子-2/4/6/7
▶別名：BMP-2→BMP-2A,
BMP-4→BMP-2B,
BMP-6→Vgr1,
BMP-7→OP-1

1) 歴史とあらまし

1965年，Uristは脱灰骨基質をラットの皮下に移植すると異所性の骨形成が起こることを明らかにし，骨基質中に骨誘導活性をもつ活性因子の存在を示唆し，この因子を骨形成因子（bone morphogenetic protein：BMP）と命名した．1988年になってGenetics Institute社のWozneyらのグループが，ウシ骨基質抽出液より骨誘導活性を指標にBMP-1〜4を精製し，その部分配列からcDNAのクローニングに成功した．一次構造の特徴から，BMP-1は金属酵素，BMP2〜4はTGF-β（1参照）ファミリーと相同性の高い分子であることが明らかになった．1990年になり，WozneyらがBMP-6をクローニングした．また，SampathらがOP-1（ostegenic protein-1）を単離したが，これは後にWozneyらにより単離されたBMP-7と同じ物質であった．

現在までに約20種類のBMPが報告されているが（**表**）[1)〜3)]，哺乳類のBMPは骨や軟骨を誘導することが知られている．一方で無脊椎動物にもBMPが存在し，BMPは骨・軟骨形成以外に初期発生から神経，血管形成や器官形成など，さまざまな生命現象で重要な役割を果たしている[1)〜5)]．

2) 構造と機能

BMP-2/4/6/7は，約30 kDaの分泌タンパク質で，ジスルフィド（SS）結合を介した二量体を形成している．まず前駆体タンパク質として合成され，保存された7個のシステインを含むC末端側が切断され，成熟活性型の二量体を形成する．構造の類似性から，BMP-2とBMP-4はBMP-2グループ，BMP-6とBMP-7（OP-1）は，BMP-5とともにBMP-7（OP-1）グループのサブファミリーに分類できる．

BMPファミリーは，細胞膜表面に存在するBMP受容体を介して，細胞内のSmadやMAPKなどを活性化し，標的遺伝子の転写活性を制御することでシグナルを伝達し，機能を発揮する（**イラストマップ❷❹**）[1)〜3)]．ショウジョウバエのBMPであるdpp（decapentaplegic）は，背腹軸形成や付属肢パターン形成に関与しているが，哺乳類のBMP同様に哺乳類組織において異所性の骨誘導活性があることが知られており，BMPの機能は多種の動物にわたって保存されている．

BMPは，骨・軟骨の発生と維持，および幹細胞の維持，がんの発生・悪性化に深く関与しているが，それ以外にも多彩な機能を有している[1)〜5)]．例えば，器官形成においては，歯の発生や消化管の分化における上皮−間質相互作用の担い手として重要である．さらに心臓形成においてBMPは心筋細胞の分化を制御しているものと考えられている．また，BMPは後脳の一部や指間細胞でアポトーシスの誘導因子としても機能している．

3) KOマウスの表現型/ヒト疾患との関連

自然変異マウスや遺伝性疾患のデータからBMPの異常が種々の骨疾患を引き起こすことが知られている．C末端側成熟領域とプロペプチドを部分的に欠損させた*BMP-2*ノックアウトマウスは，中胚葉，心臓や尿膜の異常によって胎生7.5〜10日に死亡し，間充織で特異的に*BMP-2*をノックアウトすると骨量が減って骨折が頻発することが報告されている[4) 5)]．一方，エキソン1を欠損させた*BMP-4*ノックアウトマウスは，中胚葉形成遅延により発生初期に致死となる[4) 5)]．*BMP-6*ノックアウトマウスは致死ではなく，胸骨骨化遅延が認められ，血糖レベルの調節などに関与している．一方，*BMP-7*ノックアウトマウスは眼，腎臓，骨格形成に異常を認め，出生後致死となる[4) 5)]．

ヒト疾患との関連では，いくつかのBMPやスクレロスチン（sclerostin）のような骨形成シグナルの阻害因子の発現異常や遺伝子変異が骨・軟骨異常症やがんなどでみつかっている．

【染色体上の位置】

BMP遺伝子はヒト染色体上では，BMP-2が20p12，BMP-4が20p14，BMP-6が20p6，BMP-7が20p20にそれぞれマッピングされている．

表　BMPファミリー一覧

BMPs	別名・備考	BMPs	別名・備考
BMP-1	金属酵素	BMP-9	GDF-2
BMP-2	BMP-2A	BMP-10	−
BMP-3	osteogenin	BMP-11	GDF-11
BMP-3b	GDF-10	BMP-12	GDF-7，CDMP-3
BMP-4	BMP-2B	BMP-13	GDF-6，CDMP-2
BMP-5	−	BMP-14	GDF-5，CDMP-1
BMP-6	Vgr1	BMP-15	GDF-9b
BMP-7	OP-1		GDF-1
BMP-8a	OP-2		GDF-3，Vgr2
BMP-8b	OP-3		GDF-9

※赤文字はここで紹介しているBMP.

【データベース】

GenBank ID

ヒトBMP-2	NM_001200	マウスBMP-2	NM_007553
ヒトBMP-4	NM_001202.3, NM_130850.2, NM_130851.2	マウスBMP-4	NM_007554
ヒトBMP-6	NM_001718	マウスBMP-6	NM_007556
ヒトBMP-7	NM_001719	マウスBMP-7	NM_007557

【阻害剤】

ドルソモルフィン（dorsomorphin）およびLDN-193189が，Ⅰ型BMP受容体のキナーゼ活性を抑制するBMPシグナル阻害剤として知られている（14を参照）.

【抗体】

以下の抗体がR＆Dシステムズ社（代理店フナコシ社）から購入可能.

- 抗ヒトBMP2/4モノクロナール抗体
- 抗ヒトBMP6モノクロナール抗体
- 抗ヒトBMP7ポリクロナール抗体

【ベクター入手先】

基本的に，各cDNAはそれぞれを同定した研究室から入手可能である.

参考文献

1）Miyazono K, et al：J Biochem, 147：35-51, 2010
2）ten Dijke P, et al：J Bone Joint Surg Am, 3：34-38, 2003
3）Kawabata M, et al：Cytokine Growth Factor Rev, 9：49-61, 1998
4）Kamiya N & Mishina Y：Biofactors, 37：75-82, 2011
5）岸上哲士，三品裕司：化学と生物，40：570-577, 2002

（今村健志）

Keyword

11 BMP-9/10

▶フルスペル：bone morphogenetic protein-9/10
▶和文表記：骨形成因子-9/10
▶別名：BMP-9→GDF-2（growth differentiation factor-2）

1）歴史とあらまし

骨形成因子（bone morphogenetic protein：BMP）ファミリーのメンバーはトランスフォーミング増殖因子-β（TGF-β）と構造が類似しているサイトカインである．Wozneyらのグループが1988年にBMP-2/4（10参照）のcDNAをクローニングしてから7年後にBMP-4 cDNAをプローブとしてマウス肝臓cDNAライブラリーからBMP-9 cDNAがクローニングされた．そして1999年にThiesのグループがPCR法を用いて，BMPファミリーメンバーとしてBMP-10 cDNAをクローニングした．最初BMP-9/10の受容体は肝臓などに発現しているALK2のみが知られていたが，その後血管内皮細胞などにおいて発現しているALK1（5参照）にも結合することが報告され，構造の類似性も併せてBMP-9/10がBMPファミリーのなかで1つのサブファミリー（BMP-9グループ）を形成していることが明らかとなっている（図10）[1].

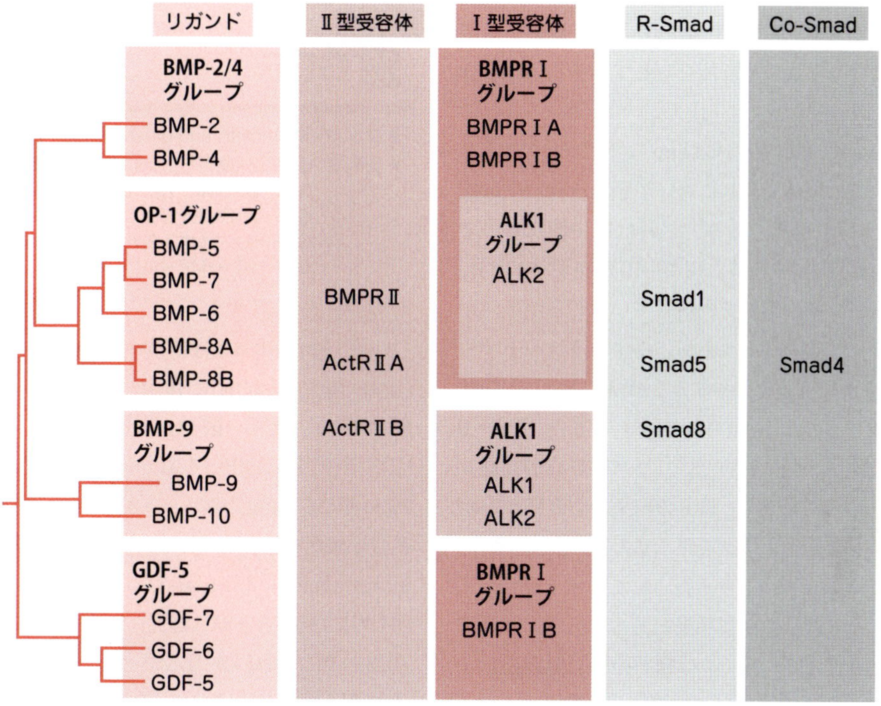

図10 BMPファミリーメンバーのリガンド・Ⅱ型受容体・Ⅰ型受容体・R-Smad・Co-Smadの対応関係

BMPファミリーのメンバー（リガンド）は4つのグループに分類されている（系統樹はそれぞれの構造の類縁性を示す）．BMP-9/10はすべてのBMPⅡ型受容体とSmad1/5/8ならびにSmad4を介してそのシグナルを伝達するが，Ⅰ型受容体についてはALK1グループ特異的に結合することが示されている．文献1をもとに作成．

2) 機能

i）局在とシグナル伝達

BMP-9/10はともに約30 kDaの糖タンパク質が二量体を形成している分泌型のサイトカインである．BMP-9は肝臓の実質細胞において発現し，成体の末梢血においても比較的高濃度（5 ng/mL）で存在することが報告されている[2)]．一方BMP-10は主に心筋細胞において発現している[2)]．

他のBMPファミリーメンバーと同様にBMP-9/10は標的細胞の膜表面上のBMPⅡ型受容体（BMPRⅡ，ActRⅡA，ActRⅡB）ならびにⅠ型受容体の複合体に結合する（**図10**）[1)]．BMP-9/10が結合するⅠ型受容体としてはALK1ならびに2が知られている．特にALK1に対する親和性は他の受容体と比較して高いことから，BMP-9/10はALK1の生理的リガンドであると考えられている[2)]．

ii）生理的機能

BMP-9は血流を介して全身に分布しているため，その機能は標的細胞に発現している受容体などに依存していることが示唆されている．ALK1は血管内皮細胞に選択的に発現していることから，BMP-9は血管の形成・維持において重要な役割を果たしていることが複数のグループから報告されている（詳細は**5**参照）．BMP-10は心筋細胞において発現しており，心臓の発生に関与していることが示されている[3)]．また，BMP-9/10は細胞増殖の阻害を介して，前立腺がんや乳がんなどの進展を抑制することが報告されている[4)]．

3) KOマウスの表現型/ヒト疾患との関連

BMP-10ノックアウトマウスはChenらによって作製され，心臓の形成異常という表現型を呈し，胎生致死である[3)]．この報告はBMP-10の発現が心筋細胞においてmyocardinによって誘導され，心筋細胞の増殖を亢進するという報告とも一致するものである．また，興味深いことにBMP-10遺伝子欠損による表現型は，BMP-10遺伝子座にBMP-9 cDNAを挿入してもレスキューされない．このことからBMP-9とBMP-10という構造が類似したサイトカインが異なる機能を有していることが示唆された[3]．

BMP-9ノックアウトマウスはLeeらのグループによって作製されたが，成体マウスにおいて顕著な表現型は観察されず，交配も可能である．これは胎生期においてBMP-9の発現が開始する前にBMP-10が発現しており，BMP-9遺伝子欠損の影響を代償していることが理由かもしれない．その証拠としてBMP-9ノックアウトマウスにBMP-10中和抗体を投与すると網膜における血管新生に異常が生じることが報告されている[2]．また，BMP-9ノックアウトマウス胚においてはリンパ管形成が亢進することが報告されている[5]．以上の結果からBMP-9が脈管形成において重要な役割を果たすことが示唆される．これらの遺伝子改変マウスから得られた知見を裏づける結果として，ヒト遺伝性血管疾患である遺伝性出血性末梢血管拡張症（HHT：詳しくは**5**参照）の原因遺伝子がBMP-9/10の受容体ALK1であることが報告された．

【抗体】

BMP-9組織免疫染色用抗体（ab35088）はAbcam社より購入可能．

【ベクター入手先】

BMP-9 cDNAは東京薬科大学生命科学部腫瘍医科学研究室（渡部研究室）から入手可能である．BMP-10 cDNAは英国Cardiff大学医学部のYe博士が文献4で使用している．

【データベース】

GenBank ID

ヒトBMP-9	NM_016204	マウスBMP-9	NM_019506
ヒトBMP-10	NM_014482	マウスBMP-10	NM_009756

参考文献

1) Miyazono K, et al：J Biochem, 147：35-51, 2010
2) Ricard N, et al：Blood, 119：6162-6171, 2012
3) Chen H, et al：Proc Natl Acad Sci U S A, 110：11887-11892, 2013
4) Ye L, et al：Cancer Sci, 101：2137-2144, 2010
5) Yoshimatsu Y, et al：Proc Natl Acad Sci U S A, 110：18940-18945, 2013

（渡部徹郎）

Keyword

12 GDF

▶フルスペル：growth and differentiation factor
▶個別名：GDF-2（BMP-9），GDF-5（BMP-14，CDMP-1），GDF-6（BMP-13，CDMP-2），GDF-7（BMP-12，CDMP-3），GDF-8（マイオスタチン），GDF-9b（BMP-15），GDF-10（BMP-3b），GDF-11（BMP-11）

1）歴史とあらまし

GDF（growth and differentiation factor）は，BMP（bone morphogenetic protein）ファミリーに属する生理活性物質である（**図11**）（**10 11**参照）[1)〜3)]．そのなかで，GDF-5は別名BMP-14（CDMP-1）ともよばれている．1994年にChungのグループがウシ関節軟骨から*in vivo*軟骨形成能を指標にCDMP-1/2（cartilage-derived morphogenetic protein-1/2）をクローニングし，それがのちにGDF-5と同じ物質とわかった．その後，GDF-2（BMP-9），GDF-6（BMP-13，CDMP-2），GDF-7（BMP-12，CDMP-3），GDF-8（マイオスタチン），GDF-9，GDF-9b（BMP-15），GDF-10（BMP-3b），GDF-11（BMP-11）などがクローニングされた[1)〜3)]．現在BMP/GDFファミリーには約20種類のアイソフォームが存在し，そのなかでBMP-2/4とBMP-5/6/7/8のサブグループは線虫，ハエから哺乳類に至るまで保存されているが，GDF-5/6/7のサブファミリーは脊椎動物で保存されているものの，無脊椎動物で遺伝子重複が見当たらない．

2）構造と機能

GDFファミリー分子はどれも，400〜500アミノ酸からなる大きな前駆体として生合成され，二量体形成の後，酵素によるプロセシングを受け，110〜150あまりのアミノ酸からなるポリペプチドの二量体が成熟活性型タンパク質として分泌される．GDFは，標的となる細胞の膜表面に存在するBMP受容体を介して，細胞内のSmadやMAPKなどを活性化してシグナルを伝達する（**イラストマップ❷❹**）[1)〜3)]．

また，GDF-5/6/7は関節に特異的に発現することから関節の発生に関係する可能性があり，GDF-5については骨関節炎や短指症とのかかわりが報告されている[1)〜5)]．さらに，GDFファミリーのうち，骨・軟骨誘導活性を有するものは，BMPと同様に骨欠損部の骨・軟骨新生を誘導する因子として，特に整形外科や歯科領域での臨床への有用性が期待されている．また，GDFのなかには腱

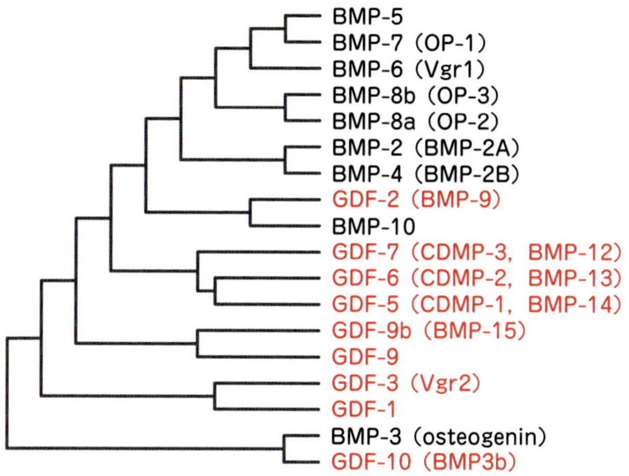

図11 BMP/GDFファミリーの分子系統樹

を誘導する活性があるものも報告されており，GDFのシグナル伝達の詳細な制御機構が解明されれば発生のメカニズムや種々の病態の解明，さらに再生医療にも貢献すると考えられる．

3) KOマウスの表現型/ヒト疾患との関連

もともと自然界に存在していたbrachypodismという骨格異常のマウスの原因遺伝子として*GDF-5*が同定され，さまざまな骨の異常が*GDF*遺伝子の異常によって引き起こされることが明らかになった[4) 5)]．このマウスは常染色体劣性遺伝形質を示し，長管骨の短縮，手根骨と足根骨の変形，中手骨と中足骨の短縮，近位指骨間関節癒合などの骨格異常のために，四肢の短縮を呈する．

加えて，ノックアウトマウスの解析から，GDFは骨格形成や体軸の左右非対称性の確立にかかわっていることが明らかになった．*GDF-1*ノックアウトマウスでは肺右側相同・内臓逆位・心奇形，*GDF-7*ノックアウトマウスでは精嚢形成不全と低頻度で水頭症，*GDF-9*ノックアウトマウスでは卵胞形成異常による不妊，*GDF-9b*ノックアウトマウスでは排卵数の減少が認められる[4) 5)]．*GDF-11*のノックアウトマウスでは，前方へのホメオティック変異が認められ，腰椎が胸椎に変異したための胸椎数の増加，前後肢の位置異常，尾骨の短縮などが認められ，その結果，胴体が長く，尾が短く，ダックスフントのような特徴的な体形を示した．このように，GDFファミリーの多彩な機能が示唆される[4) 5)]．また，*GDF-8*（マイオスタチン）ノックアウトマウスでは筋肉肥大が認められる（7参照）．

ヒト疾患との関連では，Hunter –Thompson型骨・軟骨異形成症やGrebe型骨・軟骨異形成症といった，常染色体劣性遺伝形式を示す骨・軟骨疾患で*GDF-5*の遺伝子異常が認められ，アミノ酸が変異することによって正常の機能をもたないGDF-5タンパク質がつくられる[4) 5)]．

【染色体上の位置】

GDF遺伝子はヒト染色体上では，GDF-5が20q11.2，GDF-7が2p24.1，GDF-11が12q13.2にそれぞれマッピングされている．

【データベース】

GenBank ID

マウス GDF-5（BMP-14，CDMP-1）	NM_008109
マウス GDF-6（BMP-13，CDMP-2）	NM_013526
マウス GDF-7（BMP-12）	NM_013527
マウス GDF-9	NM_008110
マウス GDF-11（BMP-11）	AF092734

【抗体】

以下の抗体がR＆Dシステムズ社（代理店フナコシ社）から購入可能．

抗GDF-3モノクロナール抗体
抗GDF-6/BMP-13モノクロナール抗体
抗GDF-15モノクロナール抗体

【ベクター入手先】

基本的に，各cDNAはそれぞれを同定した研究室から入手可能である．

参考文献

1) Miyazono K, et al : J Biochem, 147 : 35–51, 2010
2) ten Dijke P, et al : J Bone Joint Surg Am, 3 : 34–38, 2003
3) Kawabata M, et al : Cytokine Growth Factor Rev, 9 : 49–61, 1998
4) Kamiya N & Mishina Y : Biofactors, 37 : 75–82, 2011
5) 岸上哲士，三品裕司：化学と生物，40：570–577, 2002

（今村健志）

Keyword

13 BMPアンタゴニスト

▶ フルスペル：bone morphogenetic protein antagonist
▶ 因子名：noggin，フォリスタチン，chordin，chordin-like1/2，brorin，brorin-like，cerberus，dand2，dan，gremlin1/2，sclerostin，ectodin，smoc1

1) 歴史とあらまし

BMP（bone morphogenetic protein）（10参照）は骨形成や中胚葉の腹側化・体節形成などで重要な役割を果たしている分泌性タンパク質である．一方，nogginやchordinは背側外胚葉を神経誘導し，中胚葉を背側化するオーガナイザー因子として，また，フォリスタチン（9参照）は卵胞刺激ホルモン（follicle-stimulating hormone：FSH）の分泌抑制因子として同定された．これらはいずれも細胞外でBMPに結合し，BMP活性を抑制する分泌性BMPアンタゴニストであることが明らかになった．その後，BMPアンタゴニストは数多く同定され，その役割が明らかにされている．多くのBMPアンタゴニストはシステインに富んだ領域（CRD）をもち，その構造からnoggin，フォリスタチン，chordinファミリー，CAN（cerberus and dan）ファミリーに大別される．chordinファミリーにはchordin，chordin-like 1，chordin-like 2，brorin，brorin-likeなどがある．CANファミリーにはcerberus，dand5，dan，gremlin 1，gremlin 2，sclerostin，ectodinなどがある．一方，smoc1もBMPアンタゴニストとして知られている．

2) 機能

多くのBMPアンタゴニストは細胞外へ分泌され，細胞外で標的タンパク質であるBMPファミリー分子と結合することにより，BMPがその受容体であるBMP受容体（14参照）へ結合することを阻害する（図12）．それぞれのBMPアンタゴニストは独自のBMP特異性を有し，結合可能なBMPの活性のみを阻害する．一方，smoc1は他のBMPアンタゴニストとは異なり，BMPには直接結合せず，BMP受容体の細胞内下流シグナルに作用してBMPシグナルを阻害する．BMPシグナルはBMPファミリー分子とそのアンタゴニストによる促進と抑制により精密に制御されている．

nogginは約200アミノ酸からなり，ホモ二量体として分泌される．その構造の中央部にヘパリン結合領域とC末端側にCRDがある．フォリスタチンは約300アミノ酸からなり，その構造中にシステインを多く含み，また，C末端側に酸性アミノ酸を多く含む．chordinファミリーに属するBMPアンタゴニストは約200～900アミノ酸からなり，特徴的なCRDをもつ．CANファミリーに属するBMPアンタゴニストは約160～250アミノ酸からなり，特徴的なシステインノットモチーフをもつ．smoc1は約400アミノ酸からなり，EFハンドCa^{2+}結合ドメインやフォリスタチン様ドメインをもつ．

3) KOマウスの表現型 / ヒト疾患との関連

多くのBMPアンタゴニスト遺伝子ノックアウトマウスの表現型が解析されている．nogginノックアウトマウスは出生時致死で，神経管や体節形成などに異常を示す．

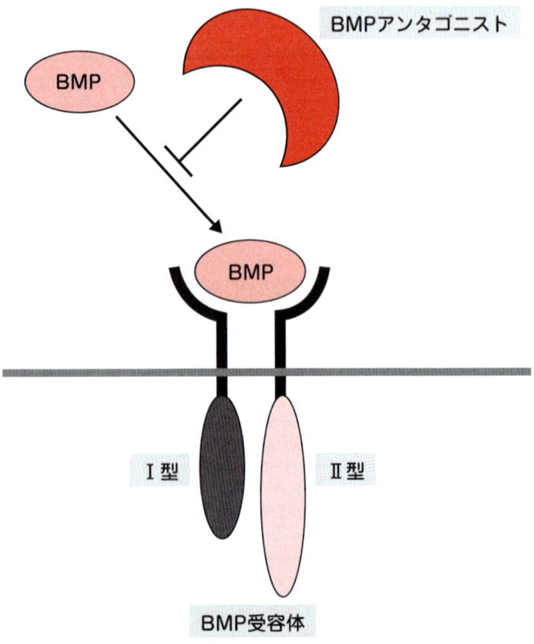

図12 BMPアンタゴニストによるBMP活性の抑制メカニズム

BMPアンタゴニストは細胞外に分泌され，細胞外に存在するBMPに直接結合することにより，BMPがBMP受容体に結合することを阻害する．smoc1は他のアンタゴニストと異なり，細胞内下流シグナルに作用する．

フォリスタチンノックアウトマウスは出生後致死で，成長・多組織形成不全などを示す．chordinノックアウトマウスは出生時致死で，内耳・外耳形成不全，咽頭・心循環系形成などの異常を示す．brorin，brorin-like，cerberusノックアウトマウスはいずれも生存可能で，ほぼ正常である．dand5ノックアウトマウスの35％は出生後48時間以内に致死し，それらの一部は左肺異形，胸部器官逆位，心血管奇形などを示す．また，25％は3カ月以内に致死となるが，残りは正常に生育する．gremlin 1ノックアウトマウスは 出生後48時間以内致死で，腎臓形成不全，骨格形成などの異常を示す．gremlin 2ノックアウトマウスは生存可能であるが，歯形成などの異常を示す．sclerostinノックアウトマウスは生存可能であるが，高骨質量を示す．ectodinノックアウトマウスは生存可能であるが，歯牙形成・腎臓保護機能などの異常を示す．smoc1ノックアウトマウスは出生後3週間以内に致死し，眼・四肢形成などの異常を示す．

noggin（遺伝子座：17q22），chordin-like 1（Xq23），sclerostin（17q21.31）は，その遺伝子変異に起因するヒト疾患が報告されている．その多くが骨形成異常症である．nogginの機能不全変異に起因するものとして，Type B2短指症（MIM：611377），多発性骨癒合症症候群1（MIM：186500），広い親指とつま先アブミ骨強直症（MIM：184460），近位合指症（MIM：185800），足根管症候群（MIM：186570）などの疾患がある．chordin-like 1の機能不全変異に起因するものとしてX連鎖巨大角膜症（MIM：309300）がある．sclerostinの機能不全変異に起因するものとして，常染色体優性頭蓋骨幹異形成症（MIM：122860），硬結性骨化症（MIM：269500），Van Buchem病（MIM：239100）などがある．smoc1の機能不全変異に起因するものとして常染色体劣性四肢形成異常を伴う眼球低形成症（MIM：206920）がある．

【データベース】

	GeneBank/PDB ID
ヒト NOGGIN	NM_005450/Q13253
マウス Noggin	NM_008711/P97466
ヒト FOLLISTATIN	BC004107/P19883
マウス Follistatin	NM_008046/P47931
〈CHORDINファミリー〉	
ヒト CHORDIN	NM_003741/Q9H2X0
マウス Chordin	NM_009893/Q9Z0E2
ヒト CHORDIN-LIKE 1（別名：VOPT）	NM_001143981/Q9BU40
マウス Chordin-like 1（別名：Vopt）	NM_001114385/Q920C1
ヒト CHORDIN-LIKE 2（別名：BNF1）	NM_015424/Q6WN33
マウス Chordin-like 2（別名：Bnf1）	NM_001291320/Q8VEA6
ヒト BRORIN（別名：VWC2）	NM_198570/Q2TAL6
マウス Brorin（別名：Vwc2）	NM_177033/Q8C8N3
ヒト BRORIN-LIKE（別名：VWC2L）	NM_001080500/B7ZW27
マウス Brorin-like（Vwc2l）	NM_177164/Q505H4
〈CANファミリー〉	
ヒト CERBERUS	NM_005454/O95813
マウス Cerberus	NM_009887/O55233
ヒト DAND5（別名：CERL2，DANTE，COCO）	NM_152654/Q8N907
マウス Dand5（別名：Cerl2，Dante，Coco）	NM_201227/Q76LW6
ヒト DAN（別名：NBL1）	NM_182744/P41271
マウス DAN（別名：Nbl1）	NM_008675/Q61477
ヒト GREMLIN 1（別名：CKTSF1B1）	NM_013372/O60565
マウス Gremlin 1（別名：Cktsf1b1）	NM_011824/O70326
ヒト GREMLIN 2（別名：PRDC）	NM_022469/Q9H772
マウス Gremlin 2（別名：Prdc）	NM_011825/O88273
ヒト SCLEOSTIN（別名：SOST）	NM_025237/Q9BQB4
マウス Sclerostin（別名：Sost）	NM_024449/Q99P68
ヒト ECTODIN（別名：SOSTDC1，USAG-1，WISE）	NM_015464/Q6X4U4
マウス Ectodin（別名：Sostdc1，Usag-1，Wise）	NM_025312/Q9CQN4
ヒト SMOC1（別名：SECRETED MODULAR CALCIUM-BINDING PROTEIN 1）	NM_001034852/Q9H4F8
マウス Smoc1（別名：Secreted modular calcium-binding protein 1）	NM_001146217/Q8BLY1

OMIM ID

NOGGIN 602991	DAND5 609068
FOLLISTATIN 136470	DAN 600613
CHORDIN 603475	GREMLIN1 603054
CHORDIN-LIKE 1 300350	GREMLIN2 608832
CHORDIN-LIKE 2 613127	SCLEROSTIN 605740
BRORIN 611108	ECTODIN 609675
CERBERUS 603777	SMOC1 608488

参考文献

1) Walsh DW, et al : Trends Cell Biol, 20 : 244-256, 2010
2) Rider CC & Mulloy B : Biochem J, 429 : 1-12, 2010
3) Itoh N & Ohta H : BioMol Concepts, 1 : 297-304, 2010
4) Guo J & Wu G : Cytokine Growth Factor Rev, 23 : 61-67, 2012

(伊藤信行)

Keyword

14 BMP受容体

▶フルスペル：bone morphogenetic protein receptor
▶和文表記：骨形成因子受容体
▶別名：BMPRIA→ALK3，BMPRIB→ALK6，ACVR1→ALK2，ACVRL1→ALK1

1) 歴史とあらまし

1991年に発現クローニング法によってII型アクチビン受容体遺伝子（ActR II）がクローニングされて以降，そのセリン/スレオニンキナーゼに特異的なアミノ酸配列をもとにディジェネレートPCR法によって多くの新しい受容体のファミリーがクローニングされた．ten DijkeらはそれらをALK1～6（activin receptor-like kinase 1～6）と名づけ，そのうちALK3（BMPR I A）とALK6（BMPR I B）がBMP（10～13参照）と結合するI型受容体ファミリーであることを示した[1)～3)]．また，ACVR1（ALK2）は，最初にアクチビン（6参照）のI型受容体として報告されていたが，その後の研究でBMP I型受容体であることがわかった．さらに山下らは，ActR II AとActR II BがBMPに結合し，BMPとI型受容体の結合を促進することを見出した．その後，1996年にBMP II型受容体（BMPR II）のクローニングが報告され，さらに，ACVRL1（ALK1）がBMP-9とBMP-10のI型受容体であることが明らかになった．現在哺乳類のBMPRとして4種類のI型受容体と3種類のII型受容体の計7種類の受容体が存在する（**図13**）[1)～3)]．

2) 機能

i ）構造

BMP I型受容体は約50 kDa，BMP II型受容体は75 kDaのサイズで（ただし，哺乳類のBMPR IIだけはサイズが大きい），いずれも1つの膜貫通領域と細胞内にセリン/スレオニンキナーゼをもつ（**図13**）．I型受容体は膜貫通領域の直下にグリシンとセリンが繰り返しみられる特異的なアミノ酸配列（GSドメイン）をもち，II型受容体にはGSドメインは認められない（**イラストマップ❸**も参照）[1)～3)]．BMPR IIの場合は，セリン/スレオニンキナーゼ領域のC末端側に530個のアミノ酸残基よりなる長いテール構造をもつが，この部位の機能は明らかではない．スプライシングの違いによりこの長いテール構造を欠くmRNAの発現が確認されているが，これにコードされる受容体の機能的差異は明らかでない[1)～3)]．

ii ）シグナル伝達

BMP受容体は細胞膜表面に存在し，細胞外でBMPと結合し，細胞内のSmadやMAPKなどを活性化して，細胞内にシグナルを伝達する（**イラストマップ❷❹**）．具体的には，BMPが受容体に結合すると，BMP I型受容体とBMP II型受容体がヘテロ複合体を形成し，その結果，恒常活性型のII型受容体のセリン/スレオニンキナーゼがI型受容体をリン酸化してI型受容体のセリン/スレオニンキナーゼが活性化し，SmadやMAPKなどの細胞内シグナル伝達分子を活性化する[1)～3)]．一方，GPIア

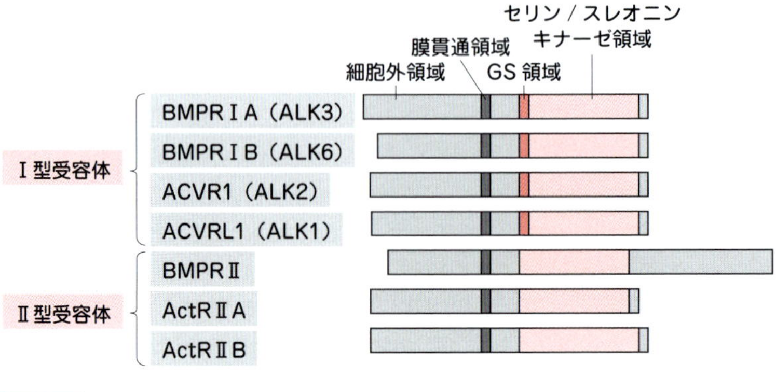

図13 BMP受容体ファミリーとその構造

ンカー型タンパク質の1種であるDRAGON（別名repulsive guidance molecule b：RGMb）はBMPの共受容体（coreceptor）として働くことが知られている．DRAGONはBMP-2/4と受容体に直接結合し，BMPシグナルを増強することが知られている．しかし，DRAGONがなくともBMPシグナルは伝達され，そのメカニズムの詳細は不明である．

iii）生理機能

ノックアウトマウスの解析によって，BMP受容体を介するシグナルが，発生，特に中胚葉誘導に重要であることが明らかにされたが，がんにおいてもBMP受容体の発現異常や遺伝子変異が示されている．BMPシグナルが骨・軟骨細胞分化において重要な働きをすることは多く報告されているが，それに加えてさまざまな細胞の分化・増殖，アポトーシスや血管形成にいたる広い分野で重要な働きを担っている[1)~3)]．

3) KOマウスの表現型/ヒト疾患との関連

*BMPR I A（ALK3）*のエキソン1/2を欠損させたノックアウトマウスは原腸陥入時に致死となり，中胚葉の形成が認められない[4) 5)]．*BMPR I B（ALK6）*ノックアウトマウスは致死でなく，指骨の異常が認められ，*ACVR1（ALK2）*ノックアウトマウスでは原腸形成の異常が認められる[4) 5)]．*BMPR II*ノックアウトマウスでは原腸形成の異常，*ActR II A*ノックアウトマウスでは精巣・卵巣の異常と下顎骨の異常，ActR II Bノックアウトマウスでは肺右側相同・心奇形と肋骨・脊椎骨の異常が認められる[4) 5)]．*ACVRL1（ALK1）*のノックアウトマウスでは，胎生期における血管拡張や動静脈奇形など血管形成異常の表現型が認められる（詳細は5を参照）．

ヒト疾患との関連では，進行性骨化性線維異形成症（fibrodysplasia ossificans progressive：FOP）においてACVR1（ALK2）の活性化が原因と同定されている．また，BMPのII型受容体の異常によって原発性肺高血圧症が起こることが報告されている．また，家族性若年性ポリポーシスではSmad4とともに*BMPR I A（ALK3）*が原因遺伝子として知られている．さらに，遺伝性出血性末梢血管拡張症（hereditary hemorrhagic telangiectasia：HHT，別名Oster-Weber-Rendu病）の原因遺伝子として*ACVRL1（ALK1）*が報告されている（詳細は5を参照）．

【データベース】

GenBank ID

ヒト ACVRL1（ALK1）	NM_000020
マウス ACVRL1（ALK1）	NM_009612
ヒト ACVR1（ALK2）	NP_001096.1
ヒト BMPR-IA（ALK3）	Z22535
マウス BMPR-IA（ALK3）	U04672
マウス BMPR-IB（ALK6）	Z23143
ヒト ActR-II	NP_001265508.1
ヒト ActR-II B	NP_001177870.1
ヒト BMPR-II	Z48923

【阻害剤】

ドルソモルフィン（dorsomorphin）およびLDN-193189：I型BMP受容体のキナーゼ活性を抑制するBMPシグナル阻害剤．もともと，AMP活性化プロテインキナーゼ阻害剤として使用されていた．和光純薬工業社が販売．

【抗体】

抗BMPR-I A/ALK3ポリクロナール抗体：GeneTex社（フナコシ社から購入可能）

抗BMPR-I B/ALK6モノクロナール抗体：R & Dシステムズ社（和光純薬工業社から購入可能）

抗BMPR-IIモノクロナール抗体：R & Dシステムズ社（フナコシ社から購入可能）

【ベクター】

基本的に，各cDNAはそれぞれを同定した研究室から入手可能である．ヒトACVR1（ALK2），ヒトALK3（BMPR-I A），マウスALK6（BMPR-I B），ヒトActR-II，ヒトActR-II Bとヒト BMPR-IIについては東京大学大学院医学系研究科分子病理学分野宮園研究室または愛媛大学大学院医学系研究科分子病態医学講座今村研究室から入手可能である．

参考文献

1) Miyazono K, et al：J Biochem, 147：35-51, 2010
2) ten Dijke P, et al：J Bone Joint Surg Am, 3：34-38, 2003
3) Kishigami S & Mishina Y：Cytokine Growth Factor Rev, 16：265-278, 2005
4) Kamiya N & Mishina Y：Biofactors, 37：75-82, 2011
5) 岸上哲士，三品裕司：化学と生物，40：570-577, 2002

（今村健志）

Keyword

15 MISとMIS受容体

【MIS】
▶フルスペル：Müllerian inhibiting substance
▶和文表記：ミュラー管抑制因子
▶別名：AMH（Anti-Müllerian hormone）

【MIS受容体】
▶Ⅱ型受容体の別名：AMH受容体，Amhr2, MISⅡR, MISR2
▶Ⅰ型受容体の別名：ALK3（BMPR1A），ALK2（ACVR1A），ALK6（BMPR1B）

1）歴史とあらまし

i）MIS

1947年に，Jostが，正常のオス（男性）の性分化において，子宮，ファロピアン管，膣上部の原基であるミュラー管（中腎傍管）を退縮させる作用をもつミュラー管抑制因子（MIS）の存在を提唱した[1]．約40年後の1986年に分子構造が解明され，TGF-βファミリーに属することが判明した．発見当初は，約70 kDaのサブユニットのホモ二量体糖タンパク質（約140 kDa）であるとされた．この分子がプラスミンやPC5プロテアーゼによりN末端の約110 kDaとC末端の約25 kDaに加工される．C末端部分二量体が活性体である．

ii）MIS受容体

MIS（AMH）のⅡ型受容体はMISⅡR（AMHR）が唯一である[2]．細胞内では，Smad1/5/8といったいわゆるBMP型Smadが働く（**イラストマップ❷❹**）．Ⅰ型受容体に関しては，ミュラー管退縮には，主にBMPR1A（ALK3）が主体であるが，ActRⅠA（ACVR1A, ALK2）も作用しうる[3]．未成熟セルトリ細胞でも同様である．生後の顆粒膜細胞に関しては，BMPR1A（ALK3）とSmad 1/5が働き，MISの標的としては，アロマターゼ，Id3，p16などが寄与する．

2）機能

i）MIS

MISは，オスとメスの分化を規定する因子として生殖器発生にきわめて重要な因子である．胎生初期の外生殖器原基は潜在的にはすべて女性型に分化する．オスでは，Y染色体上の*SRY*（sex determining region of Y chromosome）遺伝子の作用によって精巣が分化を開始し，男性化の中心的な役割を担う．そして，セルトリ細胞から分泌されるMISが作用しミュラー管を退縮させ，ライディッヒ細胞から分泌されるテストステロンがウォルフ管（中腎管）の分化を促進させる（**図14**）．

MISの発現部位は，オスでは精巣のセルトリ細胞，メスでは卵巣の顆粒膜細胞に限局されている．オスのMISの発現は，母体内では高発現を示すが生下時には低値で，小仔の間はいったん上昇する．その後思春期にかけて低値に戻る．メスのMISの発現は，母体内，生下時とも低値であるが，思春期に至りオスと同レベルにまで上昇する．ミュラー管の退縮作用以外では，MISは，精巣ライディッヒ細胞の分化抑制作用を有する．MISはインヒビン（❻参照）とともに，セルトリ細胞の機能の指標となる．

乳がんや前立腺がんでは，MISはNF-κB経路を活性化し，G1アレスト（細胞周期のG1期停止）と細胞死を誘導する．卵巣がんでは，p16の上昇と細胞死誘導が報告されている．

ii）MIS受容体

MIS受容体は，TGF-βファミリー型受容体である2種類のセリン/スレオニンキナーゼ型受容体を介してシグナル伝達を行う．Ⅱ型受容体はAMHR2（MISRⅡ）とよばれ，ラットのセルトリ細胞から同定された．受容体は，退縮期のミュラー管，セルトリ細胞，顆粒膜細胞に高発現している．MISのシグナル伝達はいわゆるBMP経路であり，Ⅰ型受容体は，遺伝学的解析からALK3（BMPR1A）が主要なⅠ型受容体であることが確認された．ただしALK2も作用しうる．

3）KOマウスの表現型/ヒト疾患との関連

MIS（*AMH*）とMIS受容体（*AMHR2*）のノックアウトマウスは同じ表現型を示す．すなわち，オスで異所性雌生殖管（ミュラー管）残存，ライディッヒ細胞の過形成・分化遅延，アンドロゲン産生の減少を示し，オス・メス両方の内性器を有する．*AMH/AMHR2*のダブルノックアウトマウスは，おのおのの変異と同じ表現型を示す．

ミュラー管遺残症候群（persistent Müllerian duct syndrome：PMDS）は，染色体は男性型（46, XY）であるがミュラー管は退縮せず，外性器・内性器は男性型であるが子宮・卵管をも合わせもつ．しばしば停留精巣も併発する．Ⅰ型とⅡ型があるが，AMH陰性のⅠ型PMDSでは，AMHのミスセンス変異がみられる[4]．Ⅱ型PMDSでは，受容体AMHR2の欠損変異がみられる[5]．

AMHR2（MISⅡR）は，卵巣がん，乳がん，前立腺がんで発現がみられる．血中MIS量は，婦人科悪性腫瘍の診断や予後予測や卵胞発育の把握に有用である．実際

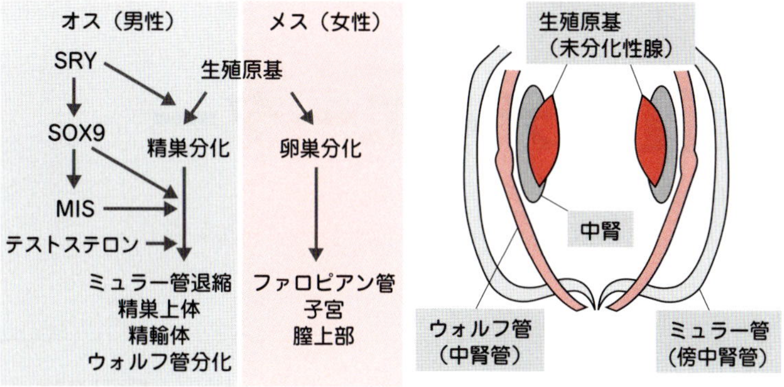

図14　胎児期の生殖腺形成におけるMISの機能

オスでは，Y染色体上に存在するSRYの影響を受け，精巣初期分化段階でセルトリ細胞のSOX9因子が活性化される．その下流でMISの発現上昇と活性化が生じてミュラー管の退縮が促される．同時にテストステロンが産生され，精輸管などのオスの生殖腺の形成が促進される．メスではY染色体がないため，SRYの影響は受けず，生殖原基は卵巣に分化する．一方，ウォルフ管は退縮・変性する．MISの影響を受けないため，ミュラー管は退縮せず，膣上部，子宮，ファロピアン管に分化する．ヒトのミュラー管遺残症候群のなかに，MISあるいはそのII型受容体（AMHR2）の変異で生じる症例がある．

に多嚢胞性卵巣症候群（PCOD）ではMISは高値を示し，AMH I 49SとAMHR2-482 A＞G多型と疾患の重篤度に相関があるとの報告がある．

【抗体入手先】

AMH抗体

GeneTex社 GTX45442，Bioss社 bs-4687R，R & Dシステムズ社 AF1737，Santa Cruz Biotechnology社 sc-377140，sc-34835など．

MIS II R抗体

R & Dシステムズ社 AF4749，GeneTex社 GTX81590，Santa Cruz Biotechnology社 sc-366546，CST社 4518Sなど．

【ベクター入手先】

ハーバード大学Stem Cell Institute，MGHのDonahoeら開発元に連絡されたい．

【データベース】

GenBank ID

MIS		MISタイプII受容体	
ヒト	NM_000479	ヒト	NM_020547
マウス	NM_007445	マウス	NM_144547
ニワトリ	NM_205030	ラット	NM_030998
		ウサギ	NM_001082794

OMIM ID

MIS 600957

ミュラー管遺残症候群I型（MIM number 261550）

AMHR2 600956

ミュラー管遺残症候群II型（MIM number 261550）

参考文献

1）Jost A：Arch Anat Microsc Morphol Exp, 36：271-315, 1947
2）Mishina Y, et al：Genes Dev, 10：2577-2587, 1996
3）Jamin SP, et al：Nat Genet, 32：408-410, 2002
4）Knebelmann B, et al：Proc Natl Acad Sci U S A, 88：3767-3771, 1991
5）Imbeaud S, et al：Hum Mol Genet, 5：1269-1277, 1996

（土田邦博）

8章 脂質メディエーター

lipid mediator

Keyword

- ❶プロスタノイド —プロスタグランジンとトロンボキサン
- ❷ロイコトリエン
- ❸HETE，LX
- ❹PAF
- ❺LPA
- ❻LysoPS
- ❼S1P
- ❽レゾルビンとプロテクチン
- ❾内因性カンナビノイド

概論

1. はじめに

1）分類

水に難溶性の物質として定義される脂質には，①細胞膜の主要な構成成分，②生体の重要なエネルギー源，③ホルモン様の作用を有する脂質メディエーター，という3つの大きな役割がある．本章では，③の脂質メディエーターに焦点をあてて解説する．脂質メディエーターは大きく以下の2つに分類される．❶細胞膜のリン脂質やスフィンゴ脂質から産生され，標的細胞の細胞膜に存在する特異的受容体を介して作用を発揮する分子群（**プロスタグランジン**（→Keyword❶），**ロイコトリエン**（→Keyword❷），リゾリン脂質，**スフィンゴシン-1-リン酸（S1P）**（→Keyword❼），リポキシンやレゾルビンなどの抗炎症脂肪酸）と，❷細胞膜を拡散で通過し特異的核内受容体に結合して転写調節を行うステロイドホルモン（エストロゲン，テストステロン），ビタミンD様物質である．その作用機序からも容易に推定できるように，前者は脂質のなかでも比較的極性・水溶性に富み，後者は脂溶性の高い脂質である．

2）解析法と特徴

脂質メディエーターは，タンパク質とは異なり直接遺伝子にコードされておらず，マニュアル化しやすい遺伝子工学技術が利用しにくいことから，敬遠されがちな研究対象であった．確かに脂質メディエーターそのものは脂質生化学的手法を用いて発見されたが，脂質メディエーターの機能は産生酵素や受容体を対象とした遺伝子工学，マウス遺伝学（ノックアウトマウスの作製と解析）の手法を用いて明らかにされてきた．さらに近年では，質量分析計の高感度化とイオン化技術の改善に伴って，生体材料からの脂質メディエーターの網羅的定量が可能になった他，微量にしか存在しない新規の脂質メディエーターの構造が続々と明らかにされつつある．

ペプチドやタンパク質ホルモンとは異なり，脂質メディエーターの多くは活性型としては細胞内に存在しない．各**Keyword**で述べられるように，脂質メディエーターの多くは前駆物質であるリン脂質やスフィンゴ脂質として細胞膜に存在し，産生酵素の活性化によって短時間に産生され，細胞外へ放出される．血流に乗ってホルモンのように遠隔臓器に作用するものもあるが，多くの脂質メディエーターは産生された細胞の近傍で作用し，速やかに分解酵素の働きで代謝され不活性化される．また，脂質メディエーターの一部は血液凝固に伴って大量に産生される．したがって，血清中の測定値は生体内の状態を反映していないことが多い（血清は血液を凝固させた後に遠心分離を行って得られるため，採血後に産生された脂質メディエーターを測定していることになる）．したがって，タンパク質の解析目的で保存された血清サンプルは脂質メディエーターの定量には必ずしも適していないことに注意されたい．

脂質メディエーターのもう1つの特徴は，創薬と深く関連しているということである．アスピリンの作用機序が代表的な脂質メディエーターであるプロスタグランジンの産生抑制であるという発見にはじまり，今では多数の脂質メディエーター産生酵素阻害薬や受容体拮抗薬が臨床医学の現場で使用されている．タンパク質とは異なり，脂質メディエーターの構造は動物種間で同じであり，このことが創薬に直結しやすい理由なのかもしれない．

2. 脂質メディエーターの代表 ―プロスタグランジンとロイコトリエン

1）研究の経緯

脂質メディエーターの歴史は古代ギリシャにはじまった，と書くと驚かれるかもしれない．医学の祖とされる古代ギリシャのヒポクラテスが，痛みを訴える患者にヤナギ（柳）の葉を煎じて飲ませた，との伝説がある．ヤナギにはサリチル酸という鎮痛物質が多く含まれており，後年，これを構造決定・合成し無水酢酸と反応させて副作用を減じて開発された鎮痛剤がアスピリン（アセチルサリチル酸）である．アスピリンは非ステロイド性消炎鎮痛薬（NSAIDs）の代表的な薬剤であるが，長い間その作用機序が不明であった．1970年になって，英国の薬理学者John Vaneが，アスピリンがプロスタグランジンの産生を抑制することで解熱鎮痛作用を発揮することを明らかにした．この年から，脂質メディエーター研究は創薬と深くかかわり合いながら発展してきたのである．

一方，生理活性脂質の代表であるプロスタグランジンの研究そのものは，アスピリンとは独立してはじまった．1930年代にヒト精液中に子宮収縮活性が見出され，当時精液が前立腺（prostate）でつくられると考えられていたことから，プロスタグランジン（prostaglandin：PG）と命名された．精液は前立腺ではなく精巣でつくられるのであるから，この命名は間違っているのだが，現在でもそのまま使用されている．1950年代以降のスウェーデンカロリンスカ研究所のBergstrom，Samuelssonらの先駆的研究により，PG，**トロンボキサンA_2（TXA_2）**（→**Keyword 1**），ロイコトリエン（LT）の構造が決定された．前述したアスピリンの作用機序の解明を受けて，PGの生理作用に注目が集まり，1982年，Samuelsson，Bergstrom，Vaneにノーベル生理学・医学賞が授与された．

2）産生経路，阻害剤と受容体

細胞膜のリン脂質の2位には不飽和脂肪酸がエステル結合しており，そのうち5～10％が炭素数20のアラキドン酸である．リン脂質の2位を加水分解するホスホリパーゼA_2により切り出されたアラキドン酸は，多くの細胞に発現するシクロオキシゲナーゼ（COX）によってPGの前駆物質であるPGH_2に変換される（**イラストマップ❶**）．PGH_2には生物活性がなく，終末酵素によりさまざまなPGに変換される．またCOXには，恒常的に発現するCOX1と，炎症時に発現するCOX2の2つのアイソザイムが存在し，別々の遺伝子にコードされている．アスピリンをはじめとするNSAIDsはこの両者を阻害する結果，すべてのPGの産生を抑制し鎮痛や抗炎症といった薬理作用を発揮する．一方で，生体に有利に働くPGの産生を抑制する結果，消化管粘膜障害，分娩遅延，易出血性，などの副作用が発現する．これらの副作用を軽減する目的で開発されたのがCOX2選択的阻害剤である．期待された通り，副作用の少ない抗炎症作用を発揮したが，予想外の心冠動脈疾患のリスク上昇が報告されたため，一部のCOX2選択的阻害剤は販売を中止している．一方，好中球や単球には5-リポキシゲナーゼが発現しており，この場合はロイコトリエンの前駆物質であるLTA_4が産生される．生物活性のないLTA_4は，やはり特異的酵素によりさまざまなLTに変換される．

細胞内で産生されたPGやLTは，特異的輸送体によって細胞外に放出され，それぞれの特異的受容体（**イラストマップ❷**）に結合して多彩な生理作用を発揮する[1)2)]．各PGやLTに関する詳細は各**Keyword**を参照されたい．特筆すべきことは，この分野における日本人研究者の多大な貢献である．PGやLTの産生酵素や受容体の多くが日本人研究者によって単離され，遺伝子欠損マウスが作製・解析されている．PGやLTはすべて20個の炭素を有するため，ラテン語のeicosa（20を意味する）をもじってエイコサノイド（eicosanoid）と総称される．

3. リゾリン脂質とスフィンゴシン-1-リン酸

細胞膜リン脂質からアラキドン酸が切り出された残りの脂質（**イラストマップ❶**）は，リゾリン脂質とよばれ，長い間注目されてこなかった．リガンドが不明であったオーファン受容体Edg2（endothelial differentiation gene2），Edg4（現在では，それぞれLPA1/2とよばれている）のリガンドが**リゾホスファチジン酸（LPA）**（→**Keyword 5**）であることが報告され，さらに，がん細胞の転移を促進するタンパク質として知られていたオートタキシンが，LPAを産生するホスホリパーゼDであることが判明してから，リゾリン脂質への注目が集まった．これまでに少なくとも6種類のLPA受容体，複

イラストマップ❶ 脂質メディエーターの構造と産生経路

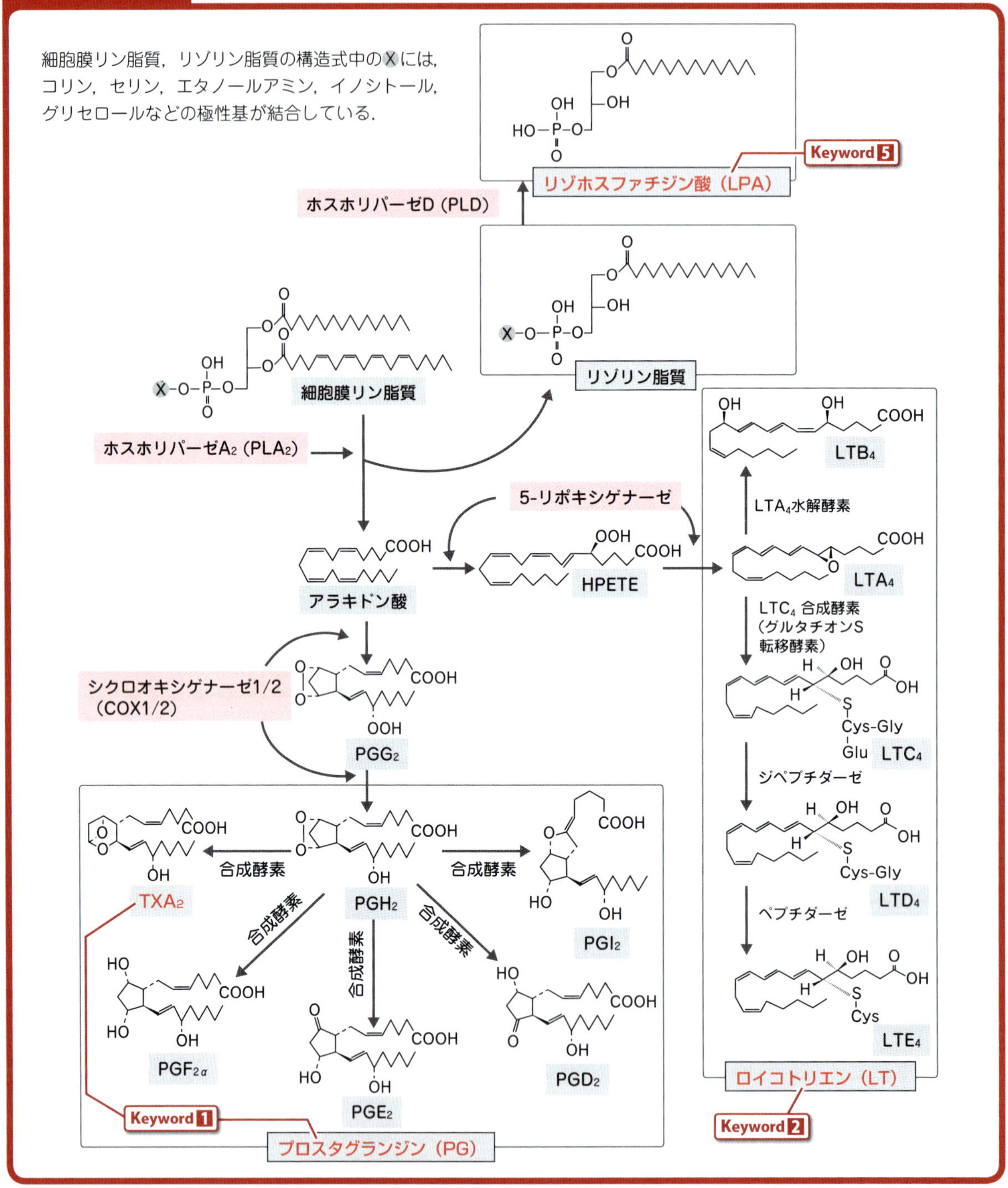

数の**リゾホスファチジルセリン（LysoPS）（→Keyword 6）**受容体，リゾホスファチジルイノシトール（LPI）受容体が同定され，これらを介したリゾリン脂質の多彩な生理作用が明らかになりつつある（**イラストマップ❷**）[3]．

漢方薬として用いられる冬虫夏草から単離された活性成分をもとに開発された免疫抑制剤FTY720は，血液中のリンパ球数を激減させ，強力な免疫抑制作用を発揮する．2002年になってこの機序が明らかとなった．リン酸化FTY720と構造が類似する生体内脂質スフィンゴシ

イラストマップ❷ タンパク質共役型受容体の進化系統樹

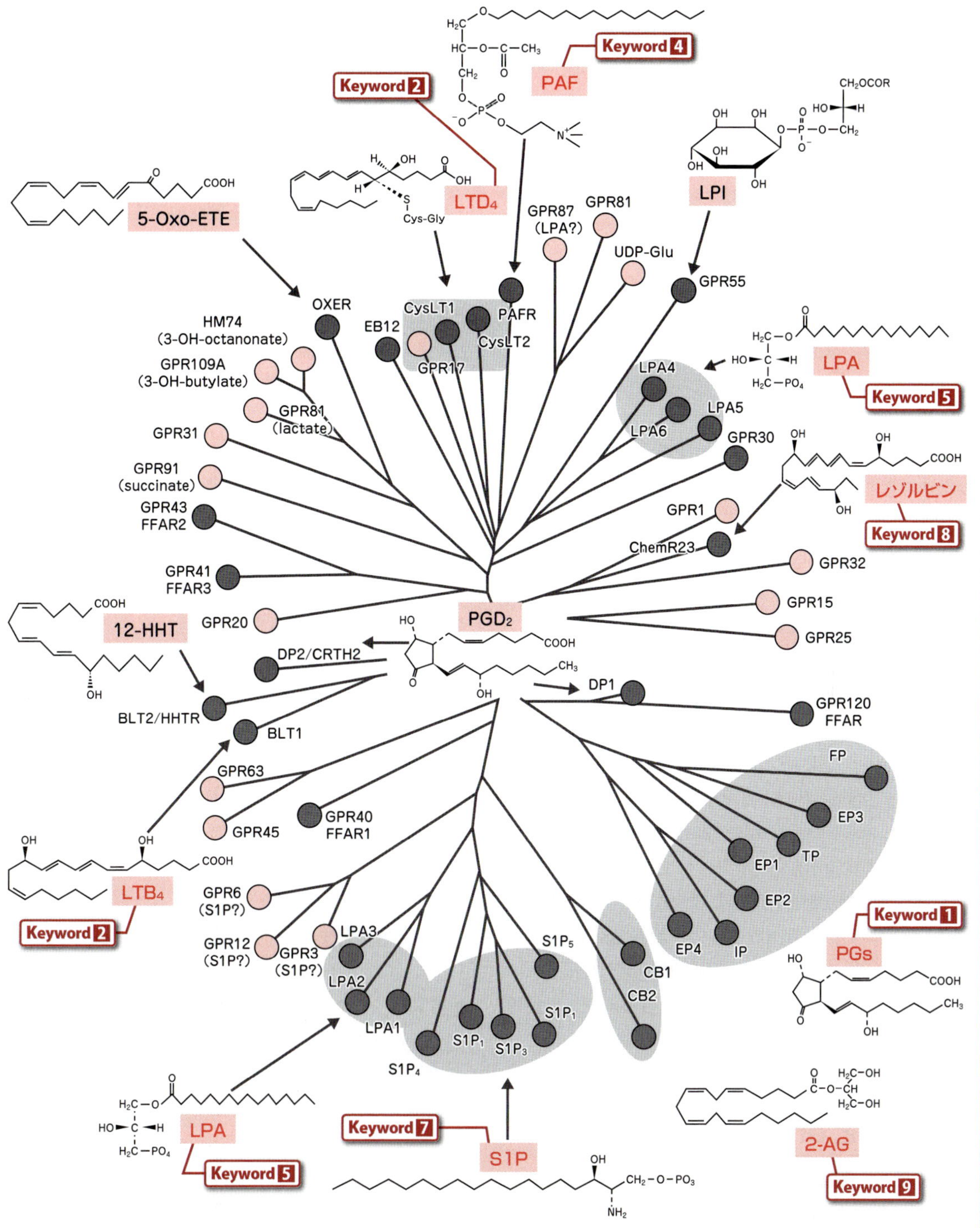

生理活性脂質をリガンドとする受容体（●）を中心に，進化系統樹を作製した．○はリガンド不明，もしくは，脂質以外をリガンドとする受容体．本章で取り扱う脂質メディエーターについては構造式を併せて記載した．灰色のだ円の部分は，同一の（あるいは構造が類似した）リガンドで活性化される受容体ファミリーを示している．

ン-1-リン酸（S1P）が，LPA受容体と近縁の受容体 $S1P_1$のリガンドであることがわかったのである．FTY720は投与後にリン酸化され，リンパ球に発現するS1P受容体を強力に活性化する結果，受容体の脱感作を引き起こし，S1P依存性のリンパ球遊走を阻害する．現在では，リンパ球に加え血管内皮細胞，神経細胞におけるS1Pの役割が解明されている[4)]．

4. 魚油由来の新規抗炎症脂肪酸

疫学調査の結果から，肉よりも魚を多く摂取する民族では動脈硬化や冠動脈疾患が少ないという事実が知られている．魚には不飽和脂肪酸，特にω3脂肪酸（脂肪酸のカルボキシル基と反対側のメチル基から数えて3番目の炭素間に二重結合を有する脂質の総称）が豊富に含まれている．ドコサヘキサエン酸（DHA）やエイコサペンタエン酸（EPA）はω3脂肪酸の代表である．アラキドン酸から産生される PGE_2 や TXA_2 が強力な炎症作用，血液凝固作用を有するのに対し，DHAから産生される PGE_3 や TXA_3 にはほとんど活性がない．そのため，ω3脂肪酸はシクロオキシゲナーゼ経路においてアラキドン酸と競合し，結果的に活性の高いPGの産生を減らすことで抗炎症作用を有すると考えられてきた．しかしながら近年，ω3脂肪酸からは積極的に炎症を消退させる活性を有する新規生理活性脂質が産生されるとの考え方が広まってきた．**リポキシン**（**→Keyword 3**），**レゾルビン**，**プロテクチン**（**→Keyword 8**）などの抗炎症性脂質メディエーターは，好中球の浸潤を抑制したり，マクロファージの貪食を亢進させたりして，結果的に炎症反応を終結させる役割を有すると考えられている．これまでにいくつかの抗炎症脂質受容体が報告されているが，一方で，炎症終結を引き起こす細胞内シグナル伝達には不明な点が多く残されている．このような新規抗炎症脂肪酸は，将来の新規創薬の対象として有望な分子群であると考えられる[5)]．

5. PAFとendocannabinoid

血小板活性化因子（platelet-activating factor：PAF）（**→Keyword 4**），構造は**イラストマップ❷**を参照）は，グリセロール骨格の1位に脂肪酸がアルキル結合し，2位がアセチル基，3位がホスホコリンの構造をとるリゾリン脂質の1つである．もともとウサギ血小板を活性化する活性が見出されたことからこの名がついたが，その作用の多くは炎症の惹起であり，主としてマクロファージで産生される．PAF受容体は，アフリカツメガエル卵母細胞を用いた発現クローニングで同定され，生理活性脂質の細胞膜型受容体として最初にクローニングされた分子である．PAF受容体欠損マウスは，気管支喘息，アレルギー性脳脊髄炎，卵巣摘除後の骨粗鬆症など，数多くの炎症性疾患モデルで減弱した表現型を示す[6)]．

大麻ないしマリファナの主要な神経作用物質はテトラヒドロカンナビノール（THC）とよばれる脂溶性物質であり，これが中枢神経系に発現するCB1受容体（**イラストマップ❷**）に作用して多幸感，鎮痛作用，食欲増進などの神経作用を発揮する．THCは哺乳動物の生体内に存在しないため，CB1受容体に作用する内在性物質の探索が行われた．その結果，2-アラキドノイルグリセロール（2-AG，**イラストマップ❷**）や，アナンダマイドといった脂溶性物質がCB1受容体に結合し，マリファナ様の作用をきたすことが明らかとなり，総称して**内因性カンナビノイド（endocannabinoid）**（**→Keyword 9**）とよばれている．現在では，中枢神経系に発現するCB1受容体に加えて，さまざまな白血球に発現するCB2受容体にも結合し，細胞の走化性を亢進させることが明らかとなっている[7)]．

6. おわりに

この概論では，本書で取り上げた脂質メディエーターの発見の経緯を中心に解説した．詳細は各**Keyword**と参考文献を参照されたい．参考文献1は主としてPG，2はLT，3はリゾリン脂質，4はS1P，5は魚油由来の新規抗炎症脂質に関するいずれも優れた包括的な総説である．

参考文献

1）Woodward DF, et al：Pharmacol Rev, 63：471-538, 2011
2）Bäck M, et al：Br J Pharmacol, 171：3551-3574, 2014
3）Chun J, et al：Pharmacol Rev, 62：579-587, 2010
4）Obinata H & Hla T：Semin Immunopathol, 34：73-91, 2012
5）Serhan CN：Nature, 510：92-101, 2014
6）Souza DG, et al：Br J Pharmacol, 139：733-740, 2003
7）Mechoulam R & Parker LA：Annu Rev Psychol, 64：21-47, 2013

（横溝岳彦）

Keyword

1 プロスタノイド —プロスタグランジンとトロンボキサン

▶英文表記：prostanoid — prostaglandin and thromboxane
▶個別名：プロスタグランジンE_2（prostaglandin E_2：PGE_2）
プロスタグランジンD_2（prostaglandin D_2：PGD_2）
プロスタグランジン$F_{2\alpha}$（prostaglandin $F_{2\alpha}$：$PGF_{2\alpha}$）
プロスタグランジンI_2〔prostaglandin I_2：PGI_2，プロスタサイクリン（prostacyclin）〕
トロンボキサンA_2（thromboxane A_2：TXA_2）

1）歴史とあらまし

プロスタグランジン（PG）は，1930年にKurzrokとLiebによりヒトの精液中に存在する強力な子宮収縮活性をもつ物質として発見された．1957年にPGE_1と$PGF_{1\alpha}$の構造が決定されると，これらの物質は子宮収縮以外にも非常に多種多様な活性をもつことが明らかにされ，1975～'76年にはPGと同様の環状構造をもつトロンボキサン（TX）A_2とプロスタサイクリン（PGI_2）が発見された．プロスタノイドは，このような4種類のPGとTXを含む脂質メディエーターの総称である[1]．プロスタノイドは，産生細胞で刺激に応じて合成されると，蓄積することなく速やかに細胞外に放出され，オートクライン，パラクラインの形で標的細胞に作用し，その後速やかに局所または循環中で不活性化される．

プロスタノイドの産生は，まずホスホリパーゼA_2（phospholipase A_2：PLA_2）により切り出されたアラキドン酸から，シクロオキシゲナーゼ（COX）によりPGG_2，さらにPGH_2が産生され，それぞれの変換酵素によって各プロスタノイドが合成される．細胞種により発現するPG合成酵素が異なるため，例えば，マスト細胞ではプロスタグランジンD_2（PGD_2）が，マクロファージや樹状細胞ではプロスタグランジンE_2（PGE_2）が，黄体細胞ではプロスタグランジン$F_{2\alpha}$（$PGF_{2\alpha}$）が，血管内皮細胞ではプロスタグランジンI_2（プロスタサイクリン：PGI_2）が，血小板ではトロンボキサンA_2（TXA_2）がそれぞれ主に産生される．COXは，プロスタノイド生合成の律速酵素であり，アスピリンに代表される非ステロイド性抗炎症薬（$NSAID_S$）の標的酵素である．COXには，COX1，COX2のアイソザイムが存在する．COX1は，いわゆる常在型の酵素で正常生理に必要なプロスタノイドの産生に関与し，COX2は，炎症などの病態生理時に誘導される酵素である．プロスタノイドの生合成経路図は**概論**のイラストマップ❶を参照されたい．

2）機能

プロスタノイドの作用は，標的細胞の細胞膜上に存在するGタンパク質共役型受容体（GPCR）を介して発揮される[1)～3)]（**図1A**）．PGD_2受容体には2種類（DP1とDP2）が，PGE_2受容体には4種類（EP1，EP2，EP3，EP4）が存在するが，$PGF_{2\alpha}$，PGI_2，TXA_2の受容体としてはFP，IP，TPの各1種類が存在する．このうち，DP2を除く8種類の受容体はプロスタノイド受容体ファミリーに属するが，DP2はロイコトリエンB_4受容体と同様に走化性因子受容体ファミリーに属する．受容体の分子進化系統樹については**概論**を参照されたい．

各プロスタノイドの代表的な作用は，PGD_2の睡眠誘発作用，PGE_2の発熱，痛覚過敏作用，$PGF_{2\alpha}$の黄体退縮作用，PGI_2の血小板凝集抑制作用，TXA_2の血小板凝集作用などがあげられる．PGE_2と$PGF_{2\alpha}$は，ともに強力な子宮収縮作用を発揮することから，分娩誘発剤として実用化されている．

プロスタノイドの多様な作用は，その産生調節だけではなく，受容体サブタイプの細胞・刺激依存的な発現により発揮される．最も豊富に産生されるプロスタノイドであるPGE_2は，全身のさまざまな組織で多彩な作用を発揮するが，その一因として，細胞内シグナル伝達の異なる4種類の受容体を介することがあげられる．受容体ノックアウトマウスを用いて明らかとなった代表的な作用を以下に示す．PGE_2は，EP1（細胞内Ca^{2+}動員）を介してACTH分泌やストレス応答，痛覚過敏に，EP2（cAMP産生亢進）を介して受精促進や大腸ポリープ発症に，EP3（cAMP産生抑制）を介して発熱応答やマスト細胞活性化，アレルギー喘息抑制に，EP4（cAMP産生亢進）を介して出生時の動脈管閉鎖や消化管の保護，さらにはTh1やTh17依存性の免疫応答亢進[4]に関与する．各受容体を介した個々のプロスタノイド作用については他の総説を参照されたい[1)2)]．

3）KOマウスの表現型／ヒト疾患との関連

従来，プロスタノイドは，平滑筋収縮や弛緩など一過性に働くものが主たる作用であると考えられてきたが，最近，PGE_2はT細胞に作用してTCR（T cell receptor）や補助シグナルによって誘導されるサイトカインやその受容体の遺伝子発現を亢進することでサイトカイン作用を増幅することが見出された[5]．例えば，PGE_2はEP4受容体を介してTh1細胞の分化（**図1B**）およびTh17細胞の増殖を促進する[4]．実際，EP4遮断薬をマウスに投

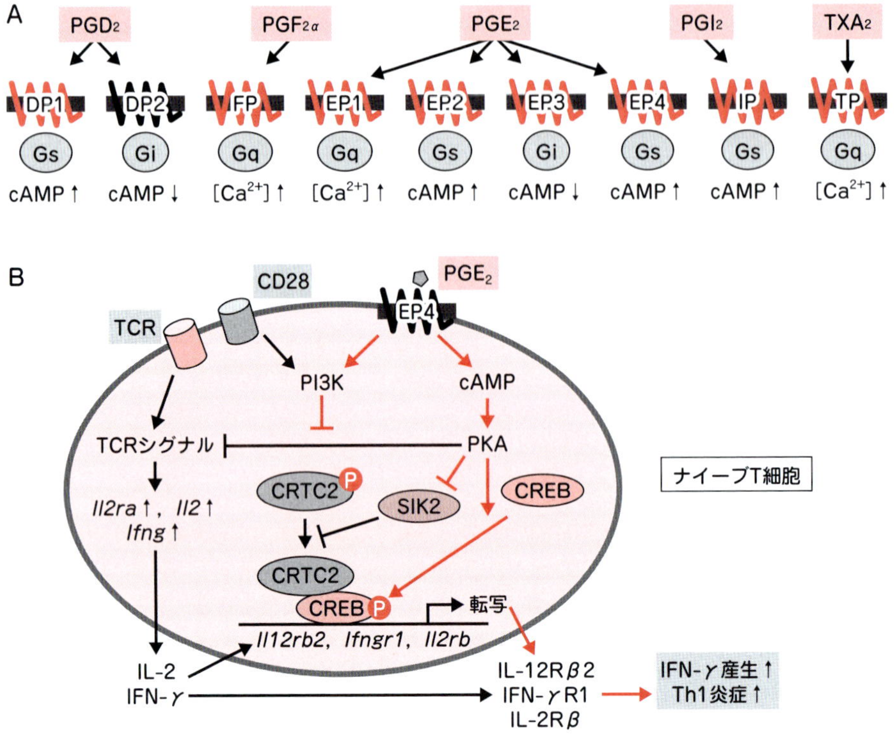

図1　プロスタノイド受容体とEP4受容体によるTh1分化促進機構

A）プロスタノイドとその受容体および細胞内シグナルの関係．PGD受容体にはDP1とDP2の2種，PGE受容体にはEP1からEP4までの4種のサブタイプが存在し，それぞれ異なるシグナル伝達系に共役する．DP2は走化性因子受容体ファミリーに属し，それ以外の8種類の受容体はプロスタノイド受容体ファミリーに属する．B）ナイーブT細胞においてPGE$_2$-EP4受容体シグナルはPKAとPI3Kの両経路を活性化させる．PKAはCREBとCRTC2の核内移行を促進しINF-γ，IL-12受容体の転写を亢進させ，またPI3KはPKAによるTCRシグナルの抑制を阻害する．これらPKA，PI3Kが協調的に働くことによってPGE$_2$はTh1分化に促進的に働いている．

与すると，接触過敏症や自己免疫性脳脊髄炎は減弱する．またT細胞特異的にEP4受容体を欠損させると接触過敏症は顕著に減弱する．一方，ナイーブT細胞を*Rag2*欠損マウスに移植して誘導される大腸炎モデルでは，EP4遺伝子ホモ欠損のみならず，ヘテロ欠失T細胞の移植でも炎症応答が減弱し，リンパ節細胞でのIFN-γ，IL-2産生がともに減弱する．したがって，PGE$_2$-EP4受容体シグナルは，ヘルパーT細胞機能を亢進させ，さまざまな慢性炎症や自己免疫疾患に関与すると考えられる．実際，ヒトにおいてもEP4受容体遺伝子は多発性硬化症やクローン病との相関が見出されており[3]，EP4受容体シグナルの遮断は難治性の免疫疾患に対する有用な治療戦略として有望であると期待される．

【阻害剤】

アスピリン，インドメタシン（COX非選択的阻害剤），NS398（COX-2阻害剤），SC560（COX1阻害剤）

【抗体の入手先】

抗COX-1ポリクローナル抗体（Cayman Chemical社）

抗COX-2ポリクローナル抗体（Cayman Chemical社）

以下のPGに対するEIA定量キット（Cayman Chemical社）．
PGE$_2$，PGF$_{2α}$，PGD$_2$，6-ケトPGF$_{1α}$（PGI$_2$代謝産物），TXB$_2$（TXA$_2$代謝産物）

【各PGの入手先】

Cayman Chemical社から以下のPGあるいは類縁体を入手できる．

PGE$_2$，PGF$_{2α}$，PGD$_2$，sulprostone（EP1/3アゴニスト），butaprost（EP2アゴニスト），fluprostenol（FPアゴニスト），BW245C（DP1アゴニスト），cicaprost（IPアゴニスト），U-46619（TPアゴニスト）

【データベース（GenBank ID）】

	ヒト / マウス
COX-1	M59979 / M34141
COX-2	M90100 / M64291
EP1	L22647 / D16338
EP2	U19487 / D50589
EP3	D38299（isoform c）/ D13321（isoform β）
EP4	D28472 / D13458
DP1	NM_000953 / NM_008962
DP2	NM_004778 / AB109092
FP	L24470 / D17433
IP	D25418 / D26157
TP	NM_001060 / D10849

参考文献

1）Narumiya S, et al：Physiol Rev, 79：1193-1226, 1999
2）Sugimoto Y & Narumiya S：J Biol Chem, 282：11613-11617, 2007
3）Hirata T & Narumiya S：Adv Immunol, 116：143-174, 2012
4）Yao C, et al：Nat Med, 15：633-640, 2009
5）Yao C, et al：Nat Commun, 4：1685, 2013

（杉本幸彦）

Keyword

2 ロイコトリエン

▶英文表記：leukotriene
▶個別名（略称）：LTB_4, LTC_4, LTD_4, LTE_4

1）歴史とあらまし

気管支喘息患者の喀痰中に見出された平滑筋を長時間にわたって収縮させる活性（SRS-A）の本体として，LTC_4, LTD_4, LTE_4が同定された．その後，代謝経路の研究からLTB_4が同定された（それぞれの構造は**概論のイラストマップ❶**を参照）．すべてのロイコトリエンは，アラキドン酸から産生される脂肪酸であり，$LTC_4/D_4/E_4$は分子内にアミノ酸を含有するため，ペプチドLTとよばれることもある．

2）機能

i）LTB_4

LTB_4は，好中球，好酸球，マクロファージ（一部のサブセット），樹状細胞，エフェクターT細胞に発現する高親和性受容体BLT1（Gタンパク質共役型受容体）を介して，これらの細胞を炎症部位に遊走させる．ナイーブT細胞，B細胞にはBLT1は発現していない．マクロファージではLTB_4がNF-κB経路を活性化するとの報告がある．低親和性LTB_4受容体としてBLT2が単離されたが，LTB_4よりも高親和性のリガンド12-ヒドロシキヘプタデカトリエン酸（12-HHT）が同定されたため，BLT2は現在では12-HHT受容体であると考えられている．なお，BLT2は腸管上皮細胞に発現し，腸管のバリア機能維持を行っている．また皮膚ケラチノサイトにも発現し，創傷時のケラチノサイト遊走を活性化して創傷治癒を促進する作用がある．

ii）LTC_4，LTD_4，LTE_4

LTC_4/D_4には，気管支や腸管の平滑筋を長時間収縮させる活性がある．これまでにCysLT1, CysLT2, GPR17の3つの受容体が同定されている．CysLT1への親和性は$LTD_4 > LTC_4 \gg LTE_4$，CysLT2への親和性は$LTC_4 = LTD_4 \gg LTE_4$である．CysLT1は平滑筋収縮以外にも，Th2細胞や単球の遊走促進作用がある．また，樹状細胞によるTh2誘導をCysLT1が抑制するとの報告がある．CysLT2は，薬理学的には血管透過性の亢進をきたすとされてきたが，分子同定以降，それを明確に示す報告はない．GPR17に関しては，報告によって結果が異なっており，LTE_4受容体であるとの報告，CysLT1を抑制する受容体であるとの報告，ペプチドLTには反応しない受容体であるとの報告がある．

3）受容体KOマウスの表現型

ロイコトリエンは脂肪酸であり遺伝子にコードされていないので，遺伝子欠損マウスは存在しない．そこで各ロイコトリエン受容体欠損マウスの代表的な表現型を紹介する．

i）LTB_4受容体の欠損マウス

*BLT1*欠損マウスは，カゼイン腹腔内注射による腹膜炎モデルにおける好中球・好酸球浸潤が低下する．Th1型免疫反応である接触性皮膚炎，Th2型免疫反応である気管支喘息モデルがともに軽減する他，Th17型免疫反応である慢性関節リウマチや実験的アレルギー性脳脊髄炎（EAE）が減弱する．BLT1は破骨細胞にも発現しており，BLT1欠損マウスでは卵巣摘除後の骨吸収が減弱する．BLT2は腸管上皮細胞や皮膚ケラチノサイトに発現しており，*BLT2*欠損マウスではデキストラン硫酸飲水による腸炎が悪化する他，皮膚パンチ後の創傷治癒が遅延する．

ii）LTC_4，LTD_4，LTE_4受容体の欠損マウス

*CysLT1*欠損マウスでは，ブレオマイシンによる肺線維症が悪化し，*CysLT2*欠損マウスではこれが軽減する．CysLT2は樹状細胞機能を抑制するとされており，このため*CysLT2*欠損マウスでは，Th2型免疫反応である気管支喘息モデルが重症化する．臨床医学の現場ではCysLT1拮抗薬（montelukast, zafirlukast）が上市されており，気管支喘息・アレルギー性鼻炎の治療薬として用いられている．

【受容体の抗体】

ロイコトリエンは脂質であるため，以下の情報は受容体に関するものである．

BLT1（LTB4受容体）

抗ヒトBLT1単クローン抗体：
7B1（Cayman Chemical社），
203/14F11（BD Pharmingen社）

抗ヒトBLT1ポリクローン抗体：
120114（Cayman Chemical社）

BLT2（12-HHT, LTB4受容体）

抗ヒトBLT2ポリクローン抗体：
120124（Cayman Chemical社）

CysLT1（LTD4受容体）

抗ヒトCysLT1ポリクローン抗体：
120500（Cayman Chemical社）

CysLT2（LTC4，LTD4受容体）

抗ヒトCysLT2ポリクローン抗体：
120550, 120560（Cayman Chemical社）

以上の受容体に関しては，国際薬理学会データベース（http://www.iuphar-db.org）に受容体名を入れて検索すれば，拮抗薬，GenBank IDなどの膨大な情報が入手できる．

【ロイコトリエン産生酵素】

5-リポキシゲナーゼ（5-LOX）

GenBank NM_000698（ヒト），NM_009662（マウス）

抗体：160402（Cayman Chemical社）

FLAP（5-リポキシゲナーゼ活性化タンパク質）

GenBank NM_001629（ヒト），NM_009663（マウス）

阻害剤：MK886（Cayman Chemical社，Sigma-Aldrich社）

LTA4水解酵素（LTA4 hydrolase）

GenBank NM_000895（ヒト），NM_008517（マウス）

抗体：各社よりポリクローナル抗体が市販

阻害剤：Bestatin, Captoril（各社より販売，他のペプチダーゼも阻害することに注意）

LTC4合成酵素（LTC4 synthase）

GenBank NM_145867（ヒト），NM_008521（マウス）

参考文献

1）Nakamura M & Shimizu T：Chem Rev, 111：6231-6298, 2011
2）Bäck M, et al：Br J Pharmacol, 171：3551-3574, 2014

（横溝岳彦）

Keyword

3 HETE, LX

▶HETE：hydroxyeicosatetraenoic acid
▶LX：lipoxin

1）歴史とあらまし

i）HETE

HETE（hydroxyeicosatetraenoic acid）はアラキドン酸に血小板を作用させることで生じる物質として1974年にはじめて報告された．実際にはアラキドン酸に種々のリポキシゲナーゼ（LOX）あるいはシトクロムP450（CYP）が作用することにより産生される（**図2**）．酸素付加部位の違いにより11種のHETEが存在し，さまざまな細胞に対して細胞分裂促進作用やアポトーシス阻害作用を示す．

ii）LX

LX（lipoxin）はヒト好中球で産生されるアラキドン酸由来の生理活性物質として1984年に同定された．3つの水酸基と共役テトラエン構造をもったエイコサノイドの一種で，LXA_4とLXB_4が知られ，アラキドン酸に種々のリポキシゲナーゼが作用することにより産生される．アラキドン酸に由来する生理活性物質としては炎症の誘導にかかわるPG（prostaglandin）（**1**参照）とLT（leukotriene）（**2**参照）が知られるが（**イラストマップ❶**），LXは同じくアラキドン酸に由来しながらPGやLTとは逆に抗炎症的に作用する．

2）機能

i）HETE

アラキドン酸に対し種々のリポキシゲナーゼが作用することにより酸素分子が付加すると，HPETE（hydroperxyeicosatetraenoic acid）が生じる．これがグルタチオンペルオキシダーゼ（GPx）によって還元されることによりHETEが生じる（**図2**）．作用するリポキシゲナーゼの酸素分子付加部位の特異性によって，5-/8-/12-/15-HETEが生じる．また，アラキドン酸にシトクロムP450酵素が作用することにより，5-/8-/9-/11-/12-/

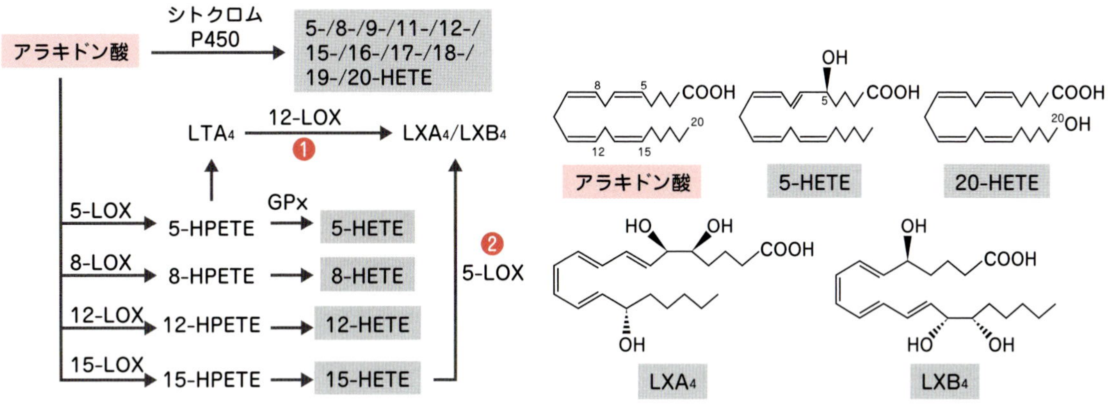

図2 アラキドン酸からのHETE，LXの合成経路
詳細は本文参照.

15-/16-/17-/18-/19-/20-HETEが産生される．このうち，19-/20-HETEはCYP4AおよびCYP4Fによって合成されることが知られている．

HETEはさまざまな増殖因子の下流でシグナル伝達に関与し，細胞分裂促進的に働く．例えば，12-HETEはアンジオテンシンIIの下流でp38MAPK/CREB経路を活性化することによりメサンギウム細胞の分裂を促進し，20-HETEはEGFの下流でRas/MAPK経路を活性化することにより血管平滑筋細胞の分裂を促進する[1]．一方，8-/11-/12-/15-HETEについては細胞増殖阻害作用も報告されており，作用の違いが細胞種の違いに起因するのか，あるいは受容体の違いによるのかなど未解明な部分も残されている．

HETEの受容体は長らく不明であったが，2005年に11-HETEを含むいくつかの遊離酸化脂肪酸がGタンパク質共役型受容体G2Aのリガンドであることが報告された[2]．G2Aを強制発現した細胞では11-HETEに加え，5-/8-/9-/12-/15-HETE，9-HODE（hydroxyoctadecadienoic acid，リノール酸酸化物）にも反応性を示すことから，G2Aは広範なリガンド特異性をもった受容体と考えられている．*G2A*ノックアウトマウスでは，HETEによる細胞分裂促進作用やアポトーシス阻害作用が消失するのか，G2Aの内因性リガンドが何なのかなど，詳細な解析が待たれる．

ii）LX

LXは好中球に対しては抑制的に作用し，炎症部位への遊走や浸潤の抑制，スーパーオキシドアニオンの産生抑制，IL-8の発現抑制などの作用を示す．一方，単球やマクロファージに対しては促進的に作用し，単球の脱顆粒を伴わない炎症部位への遊走を促進する．マクロファージに対してはアポトーシスを起こした好中球の貪食を促進する[3]．

LXA_4はGタンパク質共役型受容体ALXを介して作用する．ヒトALXは白血球，単球，マクロファージ，活性化T細胞，脾臓，肺，心臓，胎盤，肝臓などに発現する．*ALX*欠損マウスでは腸間膜動脈に対する虚血再灌流傷害により，好中球の接着と血管外漏出を伴って血管炎症が悪化することが報告されている．また，虚血再灌流による炎症に対して外部からLXA_4を投与すると，野生型マウスでは抗炎症効果がみられるのに対し，*ALX*欠損マウスでは抗炎症効果はみられない[4]．LXA_4とLXB_4は類似した作用を有するが，LXB_4はALXに結合せず，その受容体は不明である．

LXの産生経路は，**図2❶**の白血球の5-リポキシゲナーゼ（5-LOX）と血小板の12-リポキシゲナーゼを介した経路，**図2❷**の上皮細胞の15-リポキシゲナーゼと白血球の5-リポキシゲナーゼを介した経路の2つがある．**図2❶**の経路では，炎症部位に集まった白血球がアラキドン酸からLTA_4を産生し炎症促進的に働き，ついで集積した血小板が12-リポキシゲナーゼを介してLXを産生することにより，止血作用に加え炎症の収束を誘導する．**図2❷**の経路では，炎症部位の白血球で産生されたPGが上皮細胞に作用し15-リポキシゲナーゼを誘導することでアラキドン酸が15-HPETEに変換され，さらに白血球の5-リポキシゲナーゼによりLXが産生され抗炎症的に働く．どちらの経路も炎症性脂質メディエーターから抗炎症性脂質メディエーターへのスイッチが巧みに制御されていることがわかる．また，アスピリンによりアセチル化修飾を受けた上皮細胞のシクロオキシゲナーゼと白血球の5-リポキシゲナーゼにより，15位の水酸基がR体となった15-epi-LXA_4および15-epi-LXB_4が産生される．どちらのepi-LXもS体のLXと同様に抗炎症的に作用する．

3) ヒト疾患との関連

i）HETE

HETEがかかわる疾患としてがんがあげられる．20-HETEには細胞分裂促進作用に加え，炎症促進作用，血管新生促進作用があり，20-HETEアゴニストががん細胞の増殖を促進すること，20-HETEの合成にかかわるシトクロムP450酵素を阻害するとがん細胞の増殖が阻害されることが報告されている．また，種々のがん組織で20-HETEの合成にかかわるシトクロムP450酵素の発現亢進もみられており，HETEおよびその合成酵素ががん治療の新しいターゲットとして注目されている[5]．

ii）LX

LXA_4は，喘息，関節リウマチ，皮膚炎，大腸炎，糸球体腎炎，歯周炎などの炎症が関連する種々の疾患に関与することが報告されている．また，胎盤でのLXA_4の低下が炎症と抗炎症のバランスを崩し，自然流産を誘発することも示唆されている．LXA_4は15-ヒドロキシ-PGデヒドロゲナーゼによって15-オキソ-LXA_4に代謝され活性を失う．この酵素による代謝を受けにくい安定型LXA_4アナログもいくつか開発されており，それらを利用することでLXA_4が関与する疾患の新しい治療法が見出されることが期待される．

【阻害剤】

t-Boc-FLFLF（LXA_4受容体アンタゴニスト）

【ELISAキット】

HETE：Cayman Chemical社，Abcam社，Abnova社などより購入可能．

LX：Neogen社，Oxford Biomedical Research社などより購入可能．

参考文献

1）Moreno JJ：Biochem Pharmacol, 77：1-10, 2009
2）Obinata H, et al：J Biol Chem, 280：40676-40683, 2005
3）Serhan CN：Annu Rev Immunol, 25：101-137, 2007
4）Brancaleone V, et al：Blood, 122：608-617, 2013
5）Alexanian A & Sorokin A：Onco Targets Ther, 6：243-255, 2013

（坂本太郎，今井浩孝）

Keyword

4 PAF

▶フルスペル：platelet-activating factor
▶和文表記：血小板活性化因子
▶物質名：1-*O*-alkyl-2-acetyl-*sn*-glycero-3-phosphocholine
▶別名：acetyl-glyceryl-ether-phosphoryl-choline（AGEPC），PAF-acether

1) 歴史とあらまし

PAFは，1970年代に白血球よりつくられ血小板凝集を引き起こす因子として報告された脂質メディエーターである．その後，多くの研究者によりPAFはさまざまな細胞や組織において，多彩な生体反応を引き起こす因子であることが明らかとなってきた．

i）構造

PAFは，グリセロール骨格の*sn*-1位にエーテル結合で*O*-アルキル基，*sn*-2位にエステル結合でアセチル基をもつホスファチジルコリンである（**図3**）．*sn*-1位の*O*-アルキル基がヘキサデシル基であるPAF（PAF-C16）の生理活性が最も高いとされるが，PAF-C18なども生体内に存在し，受容体活性化能も高いことが示されている．

生理活性がありうるPAFの構造類似体に関してはさまざまな報告がある．*sn*-1位がアシル基のacyl-PAFや，*sn*-2位の炭素鎖がアセチル基よりも長いブタノイル基などをもつPAF様の酸化リン脂質類なども，高濃度ではPAF受容体との結合や受容体下流シグナルの活性化を引き起こすと報告されている[1) 2)]．

ii）受容体

PAF受容体は7回膜貫通型のGタンパク質共役型受容体（GPCR）である．1991年にアフリカツメガエル卵母細胞を用いた発現クローニングによって同定された．血球系細胞や血管内皮細胞をはじめとしてさまざまな細胞や組織でのPAF受容体の発現が報告されている．ヒトPAF受容体遺伝子は，1p35-p34.3に位置し，2種類の異なったプロモーターによって転写調節を受けていることがわかっている．マウスPAF受容体遺伝子は，第4番染色体に位置している．受容体には，Gq，Giなど複数

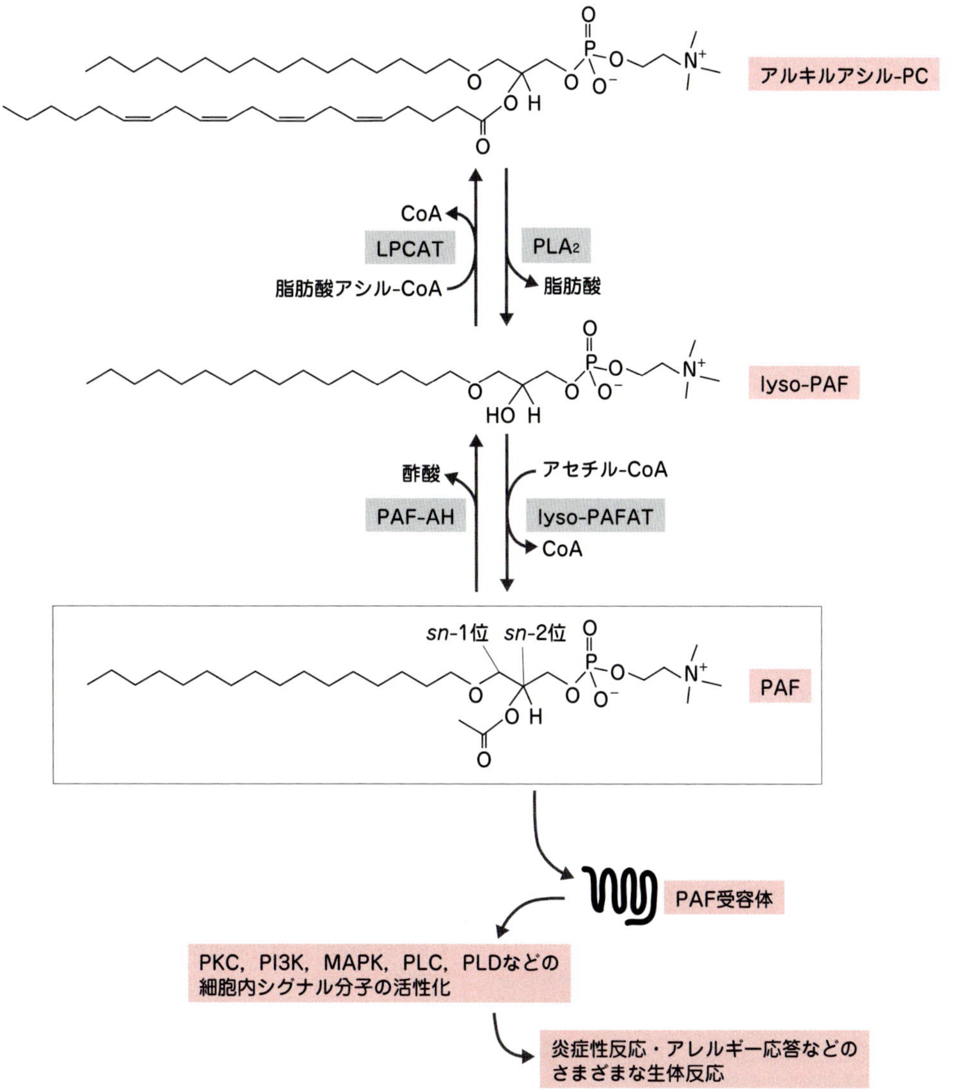

図3 PAFの構造とリモデリング合成・分解経路

PAFはさまざまな細胞において，炎症時に細胞外刺激に応答して急激に産生されることがよく知られており，リモデリング経路の酵素で研究が進んでいる．cPLA$_2$ α（PLA$_2$）とLPCAT2（lyso-PAFAT）の２つの酵素が刺激に応答して活性化し，細胞膜のアルキルアシル-PC（1-*O*-alkyl-2-acyl-*sn*-glycero-3-phosphocholine）よりPAFを産生する．産生されたPAFは細胞膜上にある受容体を介してさまざまなシグナル分子を活性化し，炎症やアレルギーなど多くの生体反応にかかわる．PAF-AHがPAFを分解することでPAFシグナルの抑制が行われる．PLA$_2$：ホスホリパーゼA$_2$，lyso-PAFAT;アセチル-CoA：リゾPAFアセチル転移酵素，PAF-AH：PAFアセチルヒドロラーゼ，LPCAT：リゾホスファチジルコリンアシル転移酵素．図にはPAF-C16およびlyso-PAF-C16，またアルキルアシル-PCの例として*sn*-2位がアラキドン酸である1-*O*-hexadecyl-2 arachidonoyl-*sn*-glycero-3-phosphorylcholineの構造を示す．

のGタンパク質が共役しており，PAF受容体刺激によるPKC，PI3K，MAPKなどのキナーゼ類，PLC，PLD，PLAなどのホスホリパーゼ類など，さまざまな細胞内シグナル分子の活性化が報告されている（**図3**下部）[1]．

iii）生合成経路

リモデリング経路と*de novo*経路との２つの生合成経路がある．脂質メディエーターであるPAFは，刺激依存的に一過的に産生され速やかに分解される性質が生体反応に重要と考えられるが，これはリモデリング経路でよく研究がなされている．リモデリング経路の最終酵素であるアセチル-CoA：lyso-PAFAT活性をもつ酵素としては現在のところLPCAT1（lysophosphatidylcholine acyltransferase 1）とLPCAT2の遺伝子が報告されている（**図3上部**）．いずれの酵素もPAFを合成する活性以外にリゾリン脂質アシル転移酵素の活性もあり生体内のリン脂質をつくる酵素としても機能する[3]．LPCAT2はマクロファージで刺激依存的に調節を受けることが示されており，これまでに報告されていた刺激依存的なPAF産生上昇を引き起こす酵素であると考えられている．PAFの前駆体であるlyso-PAFは，PLA_2が生体膜のアルキルアシル-PC（1-alkyl-2-acyl-*sn*-glycero-3-phosphocholine）の*sn*-2位を切断することによって生成される．$cPLA_2\alpha$ノックアウトマウス由来のマクロファージや好中球では刺激依存的なPAF産生が観察されないことから，$cPLA_2\alpha$もPAF産生を担う酵素であることが明らかとなっている．

*de novo*経路の最終酵素はCDP-choline：alkylacetylglycerol cholinephosphotransferaseとして活性が報告されていた．cholinephosphotransferaseとしては，CHPT1，CEPT1の遺伝子が報告されており，これらは生体膜のPC（ホスファチジルコリン）やPE（ホスファチジルエタノールアミン）を合成する酵素である．いずれの酵素も*in vitro*でのPAF合成活性は示されているが，生体内でのPAF合成への寄与は明らかでない．この酵素のほかにもPAFの構造の特徴である1-*O*-アルキルを含むリン脂質を合成および代謝する酵素の詳細はいまだ不明なものが多い[4]．

iv）分解酵素

PAFアセチルヒドロラーゼ（PAF-AH）として知られている酵素がPAFの*sn*-2位のアセチル基を切断する反応を行う（**図3上部**）．この酵素によりPAFはlyso-PAFとなり受容体活性化能を失う．PAF-AHとよばれる酵素にはプラズマ型（Lp-PLA2）や細胞内型（PAFAH2，PAFAH1B）がある．また，この酵素はPLA_2の一種であり，PAFの不活性化のみならず，酸化リン脂質などの分解も行う酵素である[2]．

2）機能

PAFには血小板凝集作用のほか，好中球活性化，血管透過性亢進，平滑筋収縮，血圧降下などの作用があることが知られていた．マウスの病態モデルを用いた研究や，受容体ノックアウトマウスを用いた研究が行われ，アレルギー，炎症性疾患，疼痛，がんなど，さまざまな病態でPAF-PAF受容体シグナルが重要な役割を果たすと報告されている[1]．また，骨代謝，生殖，などでのPAFの役割も報告されている．

3）KOマウスの表現型/ヒト疾患との関連

PAF受容体ノックアウトマウスは，1998年に最初の報告がされた．このマウスは正常に生まれてくるが，前述したように炎症性およびアレルギー性の病態の減弱をはじめとするさまざまな報告がなされている[1]．

またヒトPAF受容体には一塩基多型（SNP）があり，日本人では7.8％のアレル頻度で存在すると報告されている．この変異はPAF受容体の機能変化をもたらすが，受容体変異が生体や病態時に与える影響などについては不明である[5]．

【データベース（受容体遺伝子）】

Entrez Gene ID

ヒトPAF受容体	5724
マウスPAF受容体	19204

IUPHAR database（IUPHAR-DB）：
（http://www.iuphar-db.org/DATABASE/ObjectDisplayForward?objectId＝334）

【受容体アゴニスト】

Methylcarbamyl-PAF
mc-PAF（C16）
1-*O*-hexadecyl-2-*O*-（N-methylcarbamoyl）-*sn*-glyceryl-3-phosphorylcholine

【受容体阻害剤】

WEB 2086（Apafant）は，PAFの受容体への結合を競合的に阻害する受容体アンタゴニストで，受容体への結合の特異性が高い．この他，ABT-491，Y-24180，L659,989，CV-3988，CV-6209など，数多くの化合物がPAF受容体アンタゴニストとして使われている．また，BN 52021およびBN 52051はギンゴライドBとして知られるイチョウに含まれる成分であり，PAF受容体アンタゴニストになることが知られている．これらのアンタゴニストはCayman Chemical社，Sigma-Aldrich社などから購入可能．

参考文献

1）Ishii S & Shimizu T：Prog Lipid Res, 39：41-82, 2000
2）Prescott SM, et al：Annu Rev Biochem, 69：419-445, 2000
3）Shindou H, et al：J Biochem, 154：21-28, 2013
4）Snyder F：Biochem J, 305：689-705, 1995
5）Stafforini DM, et al：Crit Rev Clin Lab Sci, 40：643-672, 2003

（徳岡涼美，進藤英雄）

Keyword

5 LPA

▶フルスペル：lysophosphatidic acid
▶和文表記：リゾホスファチジン酸

1）歴史とあらまし

LPAはグリセロール骨格にリン酸基と一本の脂肪酸鎖をもつ最も単純な構造のリゾリン脂質である（**図4A**中央）．リゾリン脂質とは，リン脂質（ジアシルリン脂質）がもつ二本のアシル基のうち一本が除かれた分子である．従来リゾリン脂質はアラキドン酸代謝系の副産物，あるいはリン脂質代謝の中間体と捉えられ，その生理活性も界面活性効果に由来する物理化学的な性質に起因すると考えられることもあった．1997年にChunらによりGタンパク質共役型受容体（GPCR）であるLPA_1（vdg-1, Edg-2）が同定され，LPAが特異的な受容体を介して機能することが示されて以降，研究は飛躍的に進展した．

通常，細胞膜を構成するジアシルリン脂質は脂肪酸部分の疎水性により細胞膜から離れることはないが，一本の脂肪酸を失ったリゾリン脂質は疎水性が減少し，細胞膜から離れ機能することができる．LPAは局所で一過的に産生されるうえ，細胞膜上の受容体に作用してシグナルを伝え，速やかに分解を受けることからスフィンゴシン-1-リン酸（S1P）（**7**参照）とともにプロスタグランジン（**1**参照），ロイコトリエン（**2**参照）に続く第二世代の脂質メディエーターとして働いていると考えられている．

2）機能

i）生理活性と受容体

LPAの生理活性の研究は，1970年代後半に大豆レシチン中の強力な昇圧作用を示す生理活性脂質として発見されたことにはじまり，後に加温血漿中の昇圧物質としても同定された．LPAは線維芽細胞をはじめ，平滑筋細胞，神経細胞，がん細胞などさまざまな細胞に作用し，細胞増殖効果，細胞運動性の亢進，抗アポトーシス作用，アクチンストレスファイバーの形成促進，平滑筋収縮，血小板凝集，神経突起退縮などの多岐にわたる生理活性を示す．この多彩な機能はLPA_1～LPA_6と命名された6種類のGPCRを使い分けることで発揮される（**図4B**）．LPAには脂肪酸の炭素数，不飽和度，結合部位の違いにより，産生過程や受容体への親和性が異なる多数の分子種が存在し，このことが受容体，産生酵素の発現の局在に加えて，6種類の受容体の使い分けに寄与している．

ii）産生経路

LPAは大きく分けて2つの機構により産生される．1つは細胞膜中のホスファチジン酸（PA）がホスホリパーゼA_1（PLA_1）あるいはホスホリパーゼA_2（PLA_2）によりLPAに変換され，細胞外へ放出される経路（**図4A**）．もう1つは細胞外でリゾホスホリパーゼD（LysoPLD）によりリゾホスファチジルコリン（LPC）から産生される経路である．LysoPLD活性をもつタンパク質であるオートタキシン（autotaxin：ATX）は，血液中に数百μMという高濃度で存在するLPCをLPAに変換することで血中に数百nMのレベルで存在するLPAの産生を担っている．なお，前者の産生機構において働く酵素であるホスファチジン酸特異的ホスホリパーゼA_1（PA-PLA_1 α）は，その発現が毛根上皮細胞や腸管上皮細胞などに限局されており，毛根形成など一部の特異的な生理機能を果たしている．

3）KOマウスの表現型/ヒト疾患との関連

脂質はタンパク質と異なりゲノムにコードされておらず，その生理機能の解析は受容体や産生酵素のノックアウトマウスによるところが大きい．

LPA_1ノックアウトマウスは脳神経系の発達に異常をきたす他，末梢神経においても神経性疼痛反応の抑制を示す．また，LPA_1は線維症の病態進行に深くかかわっており，ノックアウトマウスでは線維芽細胞の浸潤，血管透過性が抑制され，肺や腎臓の線維化に耐性を示す[1]．

LPA_2ノックアウトマウスは大腸がんの形成が抑制されることやアレルギー性疾患が増悪することなどが報告されている．

LPA_3ノックアウトマウスは受精卵の着床時期の遅延および着床配列の異常がみられ産仔数が劇的に低下するほか，胎盤共有仔が認められる[2]．

LPA_4ノックアウトマウスは血管およびリンパ管の成熟不全に伴う出血，浮腫が認められ一部が胎生致死になる．

LPA_5もLPA_1と同様に疼痛反応にかかわることが報告されており，ノックアウトマウスは坐骨神経結紮モデルにおいて疼痛反応が抑制される．

*lpa6/p2y5*はヒトの毛髪疾患である先天性貧毛症の原因遺伝子であり，LPA_6ノックアウトマウスにおいても体毛形成異常が認められる[3]．*PA-PLA₁ α*変異患者も*lpa6*変異患者と類似した毛包異常が認められ，PA-PLA_1 αが毛根上皮細胞でLPAを産生し，LPA_6を刺激することで

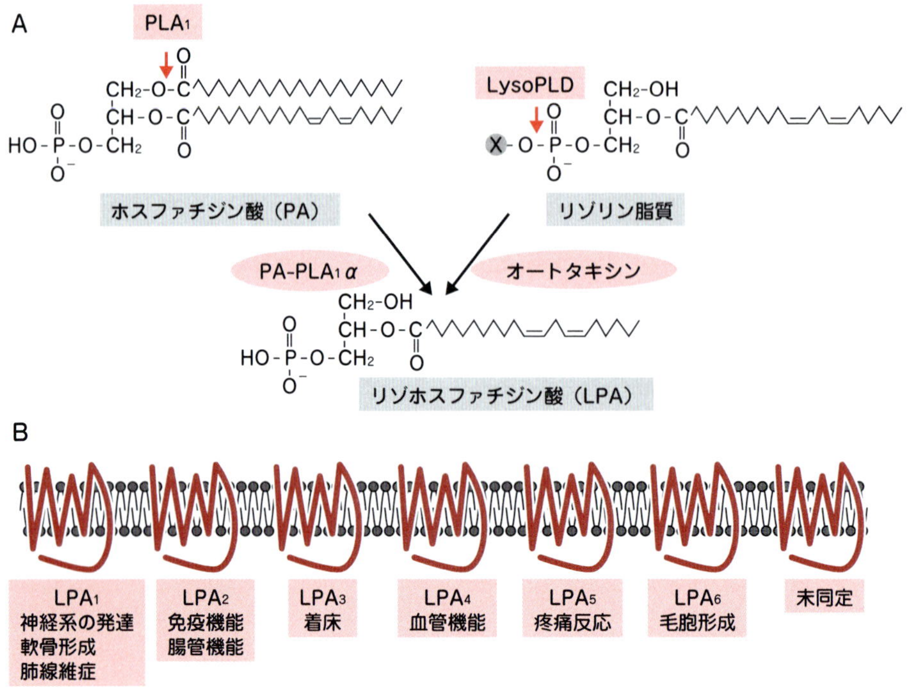

図4　LPAの産生経路と受容体

LPAはリゾホスホリパーゼD（LysoPLD）活性をもつオートタキシン（ATX）あるいは，ホスファチジン酸（PA）に特異的に作用するPA特異的ホスホリパーゼA_1 α（PA-PLA_1 α）によって産生される．ATXは主に極性頭部（図中Ⓧ）にコリンを有するリゾホスファチジルコリンからLPAを産生する．現在までにLPAに特異性を示す6種類の受容体が同定され，LPA_1～LPA_6と命名されている．各受容体のノックアウトマウスや遺伝病の解析から，それぞれの受容体を介するLPAの機能が解明されている．詳細は本文参照．

体毛の発育を促していることが明らかにされている[4]．

もう1つのLPA産生酵素であるATXのノックアウトマウスは胎生10日前後で血管形成異常により胎生致死になることから，成体での解析はあまり進んでいない[5]．しかし，ヒト臨床の側からの知見は蓄積されつつあり，ATXは，栄養アセスメントマーカーとよく相関を示すほか，BMI値とも相関があり，肥満との関連も示唆されている．また，肺がん，肝がん，脳腫瘍，前立腺がん，乳がんなどさまざまながん細胞で発現が上昇しており，肝硬変，濾胞性リンパ腫では血中のタンパク質レベルの上昇が認められる．一方で，卵巣がん患者の腹水中ではLPA濃度の上昇がみられ，実際に生体内でLPAががんの悪性化に寄与している可能性がある．

【阻害剤】

Ki16425（LPA_1，LPA_3 阻害剤）

AM095（LPA_1 阻害剤）

【抗体】

抗ATX抗体（クローン 4F1），医学生物学研究所より購入可能．

【ベクター】

東北大学大学院薬学研究科 分子細胞生化学分野 青木研究室より入手可能．e-mail：jaoki@m.tohoku.ac.jp

【データベース】

GenBank ID

マウス ATX	ACD12866.1
ラット ATX	AAH81747.1
ヒト PA-PLA_1 α	AAM18803.1
マウス PA-PLA_1 α	AAM18804.1

PDB ID

マウス ATX	3NKM
ラット ATX	2XR9

OMIM ID

ATX	601060
PA-PLA_1 α	607365

参考文献

1) Tager AM, et al : Nat Med, 14 : 45-54, 2008
2) Ye X, et al : Nature, 435 : 104-108, 2005
3) Pasternack SM, et al : Nat Genet, 40 : 329-334, 2008
4) Inoue A, et al : EMBO J, 30 : 4248-4260, 2011
5) Tanaka M, et al : J Biol Chem, 281 : 25822-25830, 2006

（木瀬亮次，可野邦行，青木淳賢）

Keyword

6 LysoPS

▶フルスペル：lysophosphatidylserine
▶和文表記：リゾホスファチジルセリン

1) 歴史とあらまし

リゾリン脂質の一種であるリゾホスファチジルセリン（LysoPS）は，グリセロール骨格に一本の脂肪酸鎖と極性頭部にアミノ酸の一種であるL-セリンを有する．1979年に，マスト細胞の脱顆粒反応を促進する[1]ことが報告されたほか，T細胞の増殖抑制，神経細胞の突起伸張など，LysoPSは多様な薬理作用を示すことが報告されている[2]．しかし，特異的な受容体や産生酵素が長年不明であったため，LPA（5参照）やS1P（7参照）のような他のリゾリン脂質メディエーターと比較し，着目されるには至っていなかった．

2012年以降，LysoPSに特異的に反応性を示すGタンパク質共役型受容体（GPCR）が複数同定された．さらには，ホスファチジルセリン（PS）からLysoPSを産生することができる酵素，またLysoPSに対し分解活性を有する酵素が同定されている．個々の遺伝子の機能はいまだ不明な点が多く残されているが，LysoPS関連遺伝子が相次いで同定されたことにより，LysoPSの生体内での役割解明が今後，急速に進むことが期待される．

2) 機能

i）薬理作用

LysoPSは，*in vitro*および*in vivo*でいくつかの薬理作用を示すことが知られている．なかでも最も解析されている薬理作用として，マスト細胞の脱顆粒促進作用があげられる．LysoPSは*in vitro*において高親和性IgE受容体であるFcεRIの架橋を引き起こし，ラット腹腔マスト細胞からのヒスタミンの遊離を促進する．この作用は，*in vivo*でもみられ，LysoPSを静脈内投与することで，アナフィラキシーショックによる体温低下が誘発される．

マスト細胞の脱顆粒促進作用以外にも，線維芽細胞の遊走能促進，神経細胞の突起伸張促進，T細胞の増殖抑制，マクロファージによるアポトーシス細胞の貪食促進，シトクロムP450の活性制御など，多様な薬理活性を有する．これらLysoPSの作用は，他のリゾリン脂質では誘導されず，LysoPS特異的受容体を介していることが想定されているが，その詳しいメカニズムは明らかとされていない．

ii）産生機構の解析

LysoPSはさまざまな組織，体液中に存在することが明らかとなっており，ラット血小板のトロンビン刺激培養上清やラット腹腔培養上清中にも見出される．LysoPSは，PSからアシル基が1本除かれることで産生されると想定されているが，細胞外に露出したPSから産生されているのか，細胞内で産生されたLysoPSが細胞外へ放出されているのか不明である．

PSからLysoPS産生能をもつ酵素として，PS-PLA_1が同定されている．この酵素はラット活性化血小板から分泌されることが見出され，精製，遺伝子クローニングが行われた[2]．PS-PLA_1はPSに特異的な酵素活性を示し，2-アシル型のLysoPSを産生することが知られているが，1-アシル型のLysoPSに対する分解活性ももち，生体内でLysoPS産生を担っているかは不明である．

3) KOマウスの表現型／ヒト疾患との関連

LysoPS特異的に応答するGPCRとして，これまで4つの受容体が報告されている．これら4つのGPCRはリゾリン脂質受容体の命名法に習い，それぞれLPS_1（GPR34），LPS_2（P2Y10），LPS_{2L}（$LPS_{2\text{-like}}$，A630033H20），LPS_3（GPR174）とよぶことが提唱されている[3]．

LPS_1ノックアウトマウスは，通常状態では健康であるが，メチルBSAで感作した場合やバクテリア感染した場合にサイトカイン産生が強く誘導され，炎症反応が亢進することが報告されている[4]．また，LPS_1はリンパ腫や胃がん患者において異所性に発現しており，がん細胞の増殖への関与が示唆されている．

LPS_2，LPS_{2L}，LPS_3ノックアウトマウスの表現型に関してはこれまで報告がない．これら3つの受容体は脾臓や胸腺，リンパ節といった免疫系組織に限局した発現がみられ，免疫細胞で何かしらの機能を有していることが想定されている．また，2013年，LPS_3の一塩基多形が

Basedow病のリスクに関係があるという報告がなされた．Basedow病は自己免疫疾患の一種であり，甲状腺刺激ホルモン受容体に対する自己抗体が産生され，甲状腺の腫大・機能亢進が起こる．LPS_3の機能に関しては，これまで報告がなく，Basedow病との関連についてはより詳細な解析が必要である．

LysoPSの分解活性を有するABHD12は，神経変性疾患であるPHARCの原因遺伝子であることが報告されている．ABHD12ノックアウトマウスは，週齢依存的な聴覚，運動能，筋力の低下といったPHARC様の症状がみられ，脳にLysoPSの蓄積がみられる[5]．また，ABHD12ノックアウトマウスの脳組織では，ミクログリアの活性化が亢進しており，LysoPSがミクログリアの活性化を抑制していることが想定される．

このように，2012年以降，LysoPS関連遺伝子が相次いで同定され，脂質メディエーターとしてのLysoPSの機能が着目されはじめている．これまで，いくつかのLysoPS関連遺伝子と病態との関連性が報告されており，創薬の標的としても期待されている．

【抗体】

抗体による検出は困難なため，検出には質量分析機器を用いる

【ベクター】

東北大学大学院薬学研究科 分子細胞生化学分野 青木研究室より入手可能．e-mail：jaoki@m.tohoku.ac.jp

【データベース】

GenBank ID

ヒト GPR34（LPS_1）	AF039686.1
マウス GPR34（LPS_1）	AF081916.2

OMIM ID

GPR34（LPS_1）	300241

参考文献

1）Martin TW & Lagunoff D：Nature, 279：250-252, 1979
2）Makide K, et al：J Lipid Res, 55：1986-1995, 2014
3）Inoue A, et al：Nat Methods, 9：1021-1029, 2012
4）Liebscher I, et al：J Biol Chem, 286：2101-2110, 2011
5）Blankman JL, et al：Proc Natl Acad Sci U S A, 110：1500-1505, 2013

（新上雄司，青木淳賢）

Keyword

7 S1P

▶フルスペル：sphingosine-1-phosphate
▶和文表記：スフィンゴシン-1-リン酸

1）歴史とあらまし

スフィンゴシン-1-リン酸（S1P）は，近年注目を集めている脂質メディエーターである．細胞膜に豊富に存在するスフィンゴミエリンやスフィンゴ糖脂質の分解過程で産生されるスフィンゴシンのリン酸化体であるS1P（**図5**）は，1990年代はじめまでは，細胞膜スフィンゴ脂質代謝の中間産物と認識されていた[1]．1991年，線維芽細胞に対するS1Pの増殖作用の発見を契機として，腫瘍細胞や血管平滑筋をはじめさまざまな細胞種に対して，細胞増殖作用，細胞運動調節作用など多彩な作用が明らかにされた[2]．このころ，S1Pによる細胞内Ca^{2+}ストアからのCa^{2+}放出作用が報告されたことから，当初，これらの生物活性は細胞内作用による可能性が示唆された．しかし，1998年以降，S1Pに対する5種の特異的Gタンパク質共役型受容体（GPCR）サブタイプ$S1P_{1\sim5}$が次々と同定され，S1P作用の多くはS1P受容体を介するS1Pの細胞外からの作用と考えられるに至っている[2,3]．

5種のS1P受容体のうち，$S1P_1$，$S1P_2$，$S1P_3$は全身のほとんどすべての臓器・組織に広範に発現している．その後のS1P受容体ノックアウトマウスやS1P合成・代謝酵素のノックアウトマウスの解析により，①S1Pは生存に必須であること，②S1Pの主な標的細胞は白血球（特にリンパ球）および血管細胞（内皮と平滑筋）であることが明らかになってきた．

2）機能

i）代謝経路と局在

S1Pは，スフィンゴシンがスフィンゴシンキナーゼ-1/2（SphK-1/2）によりリン酸化を受けることにより生成される（**図5**）[1]．S1Pは2つの分解経路を介して代謝される．1つはS1Pリアーゼ（SPL）を介した酸化的分解であり，他はS1Pホスファターゼ（SPP）による脱リン酸化である．また，細胞内で産生されたS1Pは，spns2などのトランスポーターを介して細胞外に輸送される．間質液中のS1P濃度はnMオーダーと考えられている．一方，血漿中には，S1Pは約$10^{-7}\sim10^{-6}$ Mオーダーの高濃度で存在している．血漿中S1Pの大部分はアルブミンや高比重リポタンパク質（HDL），低比重リポタンパク

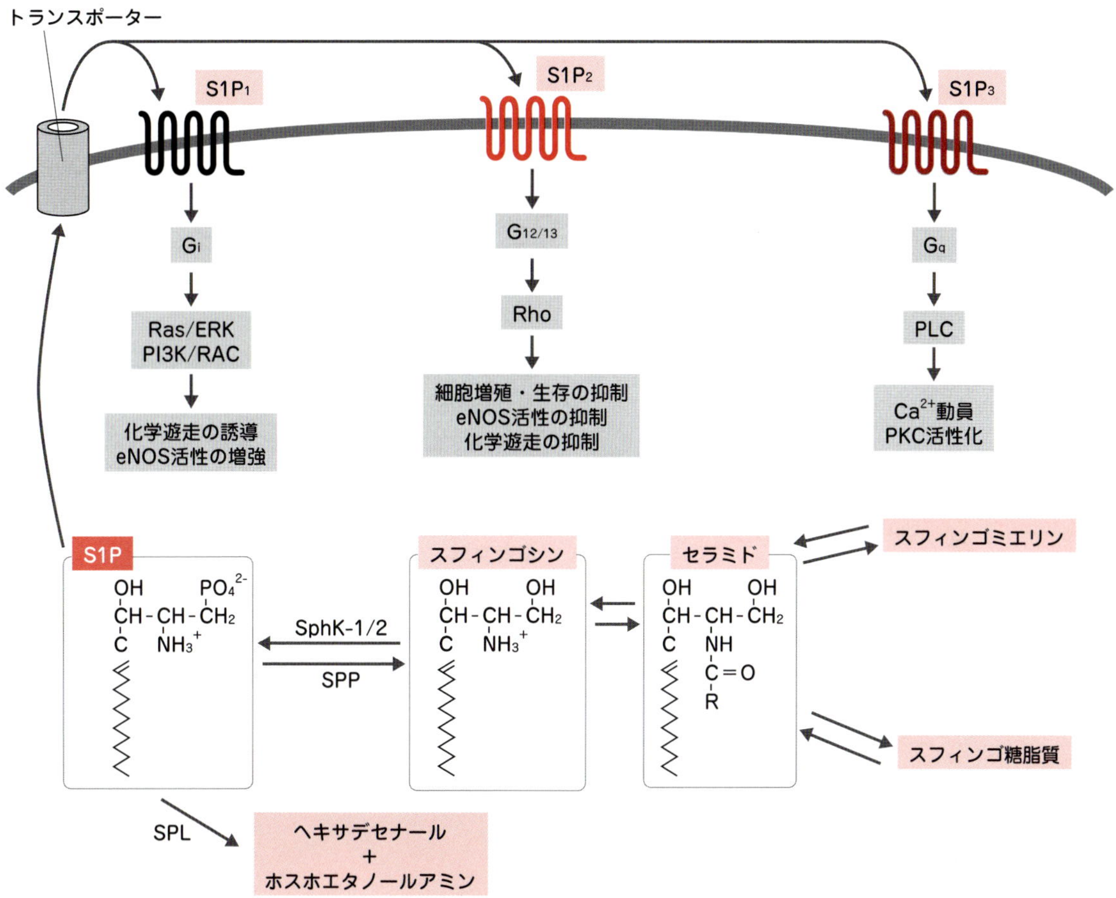

図5 S1Pの代謝とS1P受容体のシグナル伝達機構

質（LDL）に結合しており，遊離型S1P濃度ははるかに低値である．血漿S1Pの主要な産生源（約2/3）は赤血球であり，残りが血管内皮細胞などの血球外の細胞に由来する．リンパ液中のS1P濃度は血漿の約1/4であり，リンパ管内皮から放出される．

ii）シグナル伝達

S1P受容体（$S1P_1$，$S1P_2$，$S1P_3$）のシグナル伝達機構は受容体ごとに異なる．$S1P_1$は三量体Gタンパク質G_iとのみ共役し，Ras活性化を介してERK（extracellular signal-regulated kinase）の活性化，ホスファチジルイノシトール3-キナーゼ〔phosphoinositide 3-kinase（PI3K）〕を介してAktや低分子量GタンパクRACの活性化などに共役している[1)〜3)]．特にRAC活性化は，$S1P_1$に特徴的な化学遊走反応の分子スイッチとして機能する．

一方，$S1P_2$，$S1P_3$の両受容体は多種類の三量体Gタンパク質と共役しうる．しかし，各S1P受容体ノックアウトマウス胎仔由来の線維芽細胞（MEF）を用いた検討によると，$S1P_3$は主としてG_qに共役してPLCを活性化し，Ca^{2+}動員とPKC活性化を引き起こす．これとは異なり，$S1P_2$は$G_{12/13}$を介したRhoへの共役が最も優勢なシグナル経路である．RhoはRhoキナーゼ（ROCK/ROK）を活性化し，その下流で3′特異的ホスホイノシチドホスファターゼであるPTEN（phosphatase and tensin homolog）を活性化し，ホスホイノシチド3,4,5-tris-ホスファターゼを減少させることによってAktを抑制し，細胞増殖を抑制する．この経路は，細胞増殖・生存の抑制や血管内皮におけるNO合成酵素eNOS活性抑制をきたす．この他，Rhoの下流ではRACが抑制され，このシグナル経路は細胞遊走の抑制（化学反発）につながる．

3) KOマウスの表現型／疾患との関連

i）$S1P_1$

マウス個体レベルで確認された$S1P_1$の最も際立つ作用は，リンパ球の二次リンパ組織から血中への移行促進と血管透過性の抑制（血管障壁機能の維持）である．T細胞，B細胞それぞれにおいて特異的に$S1P_1$を欠損したマウスでは，T細胞，B細胞は胸腺やリンパ節などの二次リンパ組織に貯留し血液中に遊出（egress）できない[4]．そのため，血中や末梢組織内のT細胞が減少する．これは，化学遊走受容体として機能する$S1P_1$を欠くために，S1P濃度の低い胸腺やリンパ節の実質から，はるかにS1P濃度の高いリンパ液・血液中にリンパ球が遊出できないことによる．また，$S1P_1$特異的な合成アゴニスト（FTY720）の慢性投与（体内でリン酸化を受けて活性をもつ）はリンパ球表面の$S1P_1$の脱感作を引き起こす（このためFTY720は機能的アンタゴニストとよばれる）．この結果，$S1P_1$ノックアウトマウスと同様の血中リンパ球減少を引き起こすので，免疫抑制薬として使用される．また，S1Pは$S1P_1$に作用して内皮細胞間接着分子VEカドヘリンの集積・会合を促進し，バリア機能を高める．内皮特異的$S1P_1$ノックアウトマウスの網膜血管では血管透過性の亢進が観察される．血管新生に対しては，当初$S1P_1$は促進的に働くと報告されたが，発芽的血管新生に対して$S1P_1$は抑制的に作用する．

ii）$S1P_2$

一方，$S1P_2$ノックアウトマウスでは，血管新生の抑制（生後の生理的な網膜血管新生，腫瘍血管新生の抑制），血管透過性亢進の抑制（アナフィラキシー時の急性血管透過性亢進を抑制），動脈硬化の抑制，破骨細胞の骨局在の抑制，前庭性失調，てんかんなどの表現型が注目される[5]．

iii）$S1P_3$

$S1P_3$ノックアウトマウスでは，内皮NO産生増加を介した冠血管血流増加反応が消失する．

【データベース】

GenBank ID

ヒト $S1P_1$ NM_001400.4	ヒト $S1P_4$ NM_003775.3
ヒト $S1P_2$ NM_004230.3	ヒト $S1P_5$ NM_001166215.1
ヒト $S1P_3$ NM_005226.3	

【阻害剤】

$S1P_1$特異的阻害剤 W146

$S1P_2$特異的阻害剤 JTE-013

$S1P_1$および$S1P_3$の阻害剤 VPC-23019，VPC-44116

【抗体入手先】

$S1P_1$抗体

ウサギポリクローナル抗体　Santa Cruz Biotechnology社 #sc-25489 H-60,

ウサギモノクローナル抗体　Abcam社　#ab125074

$S1P_3$抗体

ウサギモノクローナル抗体　Abcam社　#ab126622

【ベクター入手先】

理化学研究所バイオリソースセンター遺伝子材料開発室（http://dna.brc.riken.jp/ja/）

Missouri S & T cDNA Resource Center（http://www.cdna.org/）

addgene（https://www.addgene.org/）

参考文献

1）Takuwa Y, et al：Biofactors, 38：329-337, 2012
2）Takuwa Y, et al：Biochim Biophys Acta, 1781：483-488, 2008
3）Kihara Y, et al：Br J Pharmacol, 171：3575-3594, 2014
4）Cyster JG & Schwab SR：Annu Rev Immunol, 30：69-94, 2012
5）Cui H, et al：J Allergy Clin Immunol, 132：1205-1214, 2013

（多久和 陽）

Keyword

8 レゾルビンとプロテクチン

▶英文表記：resolvin & protectin

1) 歴史とあらまし

エイコサペンタエン酸（EPA）やドコサヘキサエン酸（DHA）に代表されるω3系多価不飽和脂肪酸には，抗炎症作用や心血管保護作用があることが知られている．ω3系脂肪酸は，ω6系のアラキドン酸と構造が類似しているものの，哺乳動物の体内において相互変換することはなく，代謝的に質の異なる脂肪酸である．ω3系脂肪酸は，アラキドン酸から生じるプロスタグランジン（1参照）やロイコトリエン（2参照）などのエイコサノイド系と競合することで炎症を抑制すると考えられてきた（図6）が，最近新たにω3系脂肪酸から生成する抗炎症性代謝物（レゾルビンやプロテクチン）が見出され，その生理機能が注目されている[1]．

EPA由来のレゾルビン（Rv）E類，DHA由来のRvD類は，マウスの炎症浸出液のメタボローム解析から，好

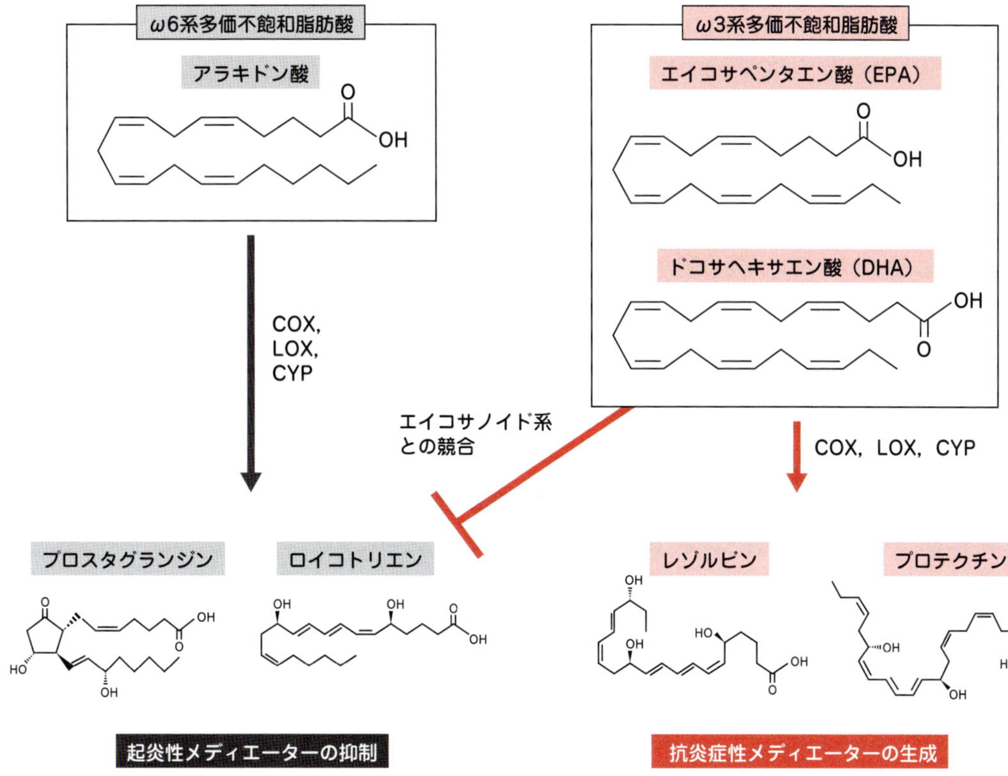

図6　ω３系多価不飽和脂肪酸の代謝と抗炎症作用

中球の浸潤を抑制し，かついったん生じた炎症の収束を促進する活性代謝物として同定された．また，神経組織に豊富な内因性のDHAから酵素的に生成し，神経保護作用を示す活性代謝物として（ニューロ）プロテクチンD1〔(N) PD1〕が見出された．

2) 生合成系と機能

細胞が刺激を受けると，膜リン脂質からホスホリパーゼA2（PLA_2）の作用によりアラキドン酸が遊離し，シクロオキシゲナーゼ（COX），リポキシゲナーゼ（LOX），シトクロムP450（CYP）などの酵素反応によってプロスタグランジンやロイコトリエンなど一連の活性代謝物に変換される（**図6左**）．EPAやDHAも刺激に応じて膜リン脂質から遊離し，COX，LOX，CYPなどの酵素によって，レゾルビンやプロテクチンなどの活性代謝物に変換される（**図6右**）．レゾルビンやプロテクチンには，好中球の浸潤を抑制し，マクロファージの貪食能およびリンパ節への移行，消散を促進することによって，一度誘発された急性炎症を積極的に収束させる作用が報告されている[1]．また，ホスホリパーゼのなかには$sPLA_2$-IIDのようにω３系脂肪酸を比較的好んで動員する酵素が存在し，これを欠損したマウスではω３系脂肪酸メディエーターの生成量が減少し，同時に炎症の収束が遅延することが報告されている[2]．

EPA由来の抗炎症性代謝物であるRvE1（5,12,18-triHEPE）とRvE2（5,18-diHEPE）は，炎症局所で活性化した好中球（5-LOXを発現）が血管内皮細胞（18-HEPEを生成）と接着した際に，細胞間生合成経路によって生成すると考えられている[1) 3)]．RvE3（17,18-diHEPE）は18-HEPEを前駆体として，好酸球や一部のマクロファージなど12/15-LOXを発現する細胞から産生される[3]．また，17,18-EpETEを起点とする代謝系が存在し，なかでも12-ヒドロキシ-17,18-EpETEに好中球の抑制活性が認められる．これらはω３系脂肪酸に特有の代謝物であり，EPAのω３位（18位）の水酸化から生成する18-HEPE，およびエポキシ化から生成する17,18-EpETEは，主にCYP系の酵素により生成すると考えられる[3]．

DHA由来のRvD1（7,8,17-triHDoHE）やRvD2

(7,16,17-triHDoHE）はアラキドン酸由来のリポキシンと類似の構造を有しており，5-LOXと12/15-LOXの組合わせで生合成される．RvD1とRvD2には抗炎症作用，感染防御作用，鎮痛作用などが報告されている[1]．PD1（10,17-diHDoHE）は，DHAから12/15-LOXによって生成する活性代謝物であり，炎症収束の促進，神経細胞保護，インスリン抵抗性の改善，角膜損傷の修復，インフルエンザウイルス増殖抑制などの活性が報告されている[1][4]．

3）マウスの表現型/ヒト疾患との関連

ω3系脂肪酸の研究は，生活環境や食文化の違いが疾病の発症率に結びついた疫学コホート研究から，栄養学的な動物実験および高純度ω3系脂肪酸製剤を用いた臨床介入試験を経て，ω3系脂肪酸合成酵素（Fat-1）のトランスジェニックマウス（Fat-1 Tg）を用いた研究や，LC-MS/MSを用いたメタボローム解析を通して，その作用について分子レベルでの解析が進められている[3]．特にFAT-1 Tgマウスは，炎症・代謝性疾患，心血管病，がんの進展に対して強い抵抗性を示し，ω3系脂肪酸の体内レベルが増加することによる組織保護効果に対して強い根拠を与えている[5]．また，インフルエンザウイルス感染やヒト重症喘息のメタボローム解析から，PD1などω3系脂肪酸メディエーターの代謝異常がそれぞれの病態の進展にかかわる可能性が示唆されている[4]．

今後は，各種病態におけるω3系脂肪酸の代謝と抗炎症作用について，それぞれに特定の細胞，代謝経路および活性代謝物の関与が明らかになることが期待される．また，ω3系脂肪酸から内因性に生成する炎症制御因子は，その作用機構が明らかになることにより，今後新しい創薬標的として期待されるだろう．

【化合物】

Cayman Chemical社，Enzo Life Sciences社より購入可能．

参考文献

1）Serhan CN：Nature, 510：92-101, 2014
2）Miki Y, et al：J Exp Med, 210：1217-1234, 2013
3）Arita M：J Biochem, 152：313-319, 2012
4）Morita M, et al：Cell, 153：112-125, 2013
5）Endo J, et al：J Exp Med, 211：1673-1687, 2014

（有田　誠）

Keyword

9 内因性カンナビノイド

▶欧文表記：endocannabinoid

1）歴史とあらまし[1]

i）カンナビノイド受容体

大麻は数千年にわたって人類に使用されてきた植物であり，精神作用を含め人体に対してさまざまな影響を与える．1964年，その主たる精神作用物質がΔ^9-テトラヒドロカンナビノール（Δ^9-THC）であることが報告され，1990年にその受容体としてカンナビノイドCB_1受容体がクローニングされた．また，1993年にはCB_1受容体と相同性を有するCB_2受容体が第2のカンナビノイド受容体としてクローニングされた．両者とも7回膜貫通型のG_i/G_oタンパク質共役型受容体であり，活性化によりcAMPの合成を抑制する．CB_1受容体は中枢神経系に強く発現しているが，それ以外にも全身の組織において弱い発現が認められる．CB_2受容体は主に脾臓や扁桃腺，各種免疫細胞に強く発現している．

ii）内因性カンナビノイドの代謝経路

カンナビノイド受容体の発見と前後して内因性の生理活性物質が探索され，1992年にはN-アラキドノイルエタノールアミン（anandamide：AEA）が，続いて1995年には2-アラキドノイルグリセロール（2-AG）がCB_1受容体の内因性のリガンド，すなわち内因性カンナビノイドとして同定された．

AEAと2-AGはそれぞれ細胞膜のホスファチジルエタノールアミン（PEA）とホスファチジルイノシトールから合成される．N-アシル転移酵素によってホスファチジルエタノールアミンがN-アラキドノイルホスファチジルエタノールアミン（NAPE）となり，ついで，N-アシルホスファチジルエタノールアミン-ホスホリパーゼD（NAPE-PLD）によって加水分解され，AEAが生成される．2-AGの原料であるホスファチジルイノシトール二リン酸（PIP_2）はホスホリパーゼC（PLC）によってリン酸基が外れジアシルグリセロール（DG）となり，次にジアシルグリセロールリパーゼ（DGL）によってジアシルグリセロールから2-AGが産生される（**図7下**）．

AEAは生体内では主に脂肪酸アミド水解酵素（FAAH）によってアラキドン酸とエタノールアミンに分解され，2-AGは生体内では主にモノアシルグリセロールリパーゼ（MGL）によってアラキドン酸とグリセロー

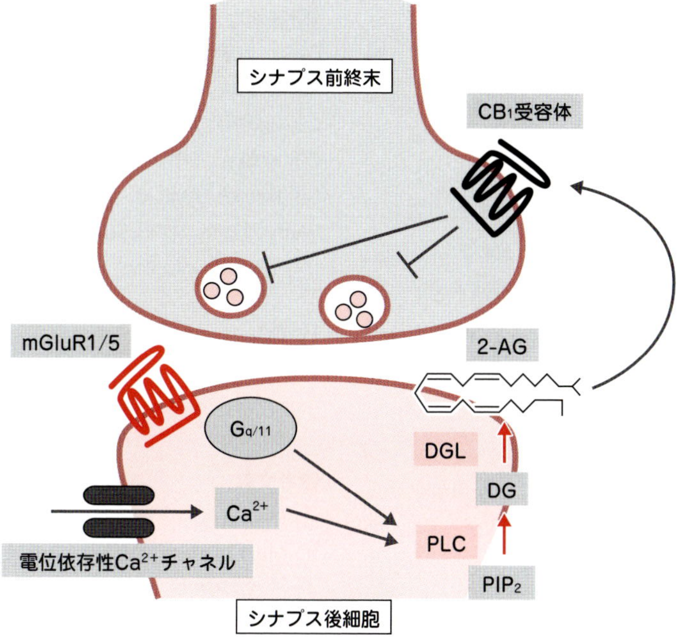

図7 内因性カンナビノイド2-AG（アラキドノイルグリセロール）の産生と作用機序

Ca^{2+}の流入や，グループⅠ代謝型グルタミン酸受容体（mGluR1/5）のような$G_{q/11}$タンパク質共役型受容体の活性化によってシナプス後細胞において内因性カンナビノイド（2-AG）が産生され，シナプス前終末のCB_1受容体に作用することで神経伝達物質の放出を抑制する．DGL：ジアシルグリセロールリパーゼ，DG：ジアシルグリセロール，PLC：ホスホリパーゼC，PIP_2：ホスファチジルイノシトール二リン酸．

ルに加水分解される．AEAはFAAH以外にも一部がシクロオキシゲナーゼ2（COX2）によって分解されることが報告されており，2-AGもMGL以外にCOX2やABHD6，ABHD12によって分解されることが報告されている．

2）機能[1)]

i）CB_1受容体の活性化

CB_1受容体は中枢神経系に強く発現していることから内因性カンナビノイドが神経機能を調節しているであろうことが推測されていた．2001年になって内因性カンナビノイドがシナプス後細胞からシナプス前細胞に情報を伝えて神経伝達を抑制する逆行性伝達物質であることが狩野らを含む3研究室から同時に報告された[2)]．この発見によって中枢神経系のシナプス伝達における内因性カンナビノイドの役割の解明は大きく進展した．その後の研究により，強い脱分極によるCa^{2+}の流入[2)]や，グループⅠ代謝型グルタミン酸受容体（mGluR1/5）[3)]のような$G_{q/11}$タンパク質共役型受容体の活性化によってシナプス後細胞において内因性カンナビノイドが産生されることが明らかとなった（**図7下**）[4)]．産生された内因性カンナビノイドはシナプス前終末に存在するCB_1受容体を活性化し，電位依存性Ca^{2+}チャネルの開口を抑制して，シナプス前膜からの神経伝達物質の遊離を一過性に抑制する（**図7上**）．また，cAMP産生とプロテインキナーゼA（PKA）の活性を抑制することにより抑制性シナプス伝達の長期抑圧にも関係している．

ii）CB_2受容体の活性化

CB_2受容体は免疫系に強く発現しているが，2-AGの産生酵素，分解酵素は特にマクロファージやB細胞，NK細胞に発現しており，内因性カンナビノイドシグナルが免疫系において炎症や局所免疫を調節していると考えられている．また，cAMPは免疫系の活性化を引き起こすことから，カンナビノイド受容体の活性化はcAMPの合成を抑制することで免疫系の抑制を引き起こす．

3) KOマウスの表現型/ヒト疾患との関連[5)]

ヒトのCB_1受容体の遺伝子（*cnr1*）は6番染色体長腕に位置しており，CB_2受容体の遺伝子（*cnr2*）は1番染色体短腕に位置している．マウスでは*cnr1*，*cnr2*ともに4番染色体上にある．CB_1受容体のノックアウトマウスでは不安が強まっており，一部の記憶の増強や消去の障害が認められる．また，CB_1受容体の前脳興奮性細胞特異的ノックアウトマウスでは食餌摂取量低下とてんかん発作に対する閾値の低下が認められる．CB_2受容体のノックアウトマウスでは破骨細胞の数が増加しており，骨量の低下が認められる．また，自己免疫疾患モデルにおいて病状の増悪を示す．

ヒトの疾患との関連では，側頭葉てんかん患者の海馬切除標本の海馬歯状回においてCB_1受容体のmRNAの低下が認められるが，PETを用いた海馬全体の計測ではCB_1受容体の増加が報告されている．また，青年期のマリファナ吸引は統合失調症発症の重要なリスクファクターである．

【阻害剤など】

DGL α inhibitor：tetrahydrolipstatin（THL），O-3841

CB_1 agonist：WIN55212-2，CP 55940

CB_2 agonist：WIN55212-2，CP 55940

CB_1 blocker：SR141716-A，AM251

CB_2 blocker：AM630

FAAH inhibitor：URB-597，PF-750

リパーゼMGL inhibitor：JZL184

【抗体】

株式会社フロンティア研究所などより購入可能.

(http://www.frontier-institute.com/wp/)

参考文献

1）Kano M, et al：Physiol Rev, 89：309-380, 2009
2）Ohno-Shosaku T, et al：Neuron, 29：729-738, 2001
3）Maejima T, et al：Neuron, 31：463-475, 2001
4）Heifets BD & Castillo PE：Annu Rev Physiol, 71：283-306, 2009
5）Katona I & Freund TF：Nat Med, 14：923-930, 2008

（菅谷佑樹，狩野方伸）

9章 Notchシグナル
notch signaling

Keyword
1 Delta，Jagged　2 Notch

概 論

1. はじめに

Notch（→Keyword 2）シグナルと総称されるのは，1回細胞膜貫通型受容体（ショウジョウバエでは*Notch*と命名されている1種類，哺乳動物では*Notch1～4*という4種類の遺伝子にコードされる）を介する情報伝達系で，リガンドは隣接する細胞に発現する1回細胞膜貫通型のタンパク質である〔ショウジョウバエではDelta（→Keyword 1）およびSerrateの2種類，哺乳動物ではDll-1（Delta-like1），Dll-3，Dll-4，Jagged1，Jagged2（→Keyword 1）の5種類〕．Notch，Delta，Serrateは，切れ込み，陥没，鋸状のギザギザといった内容を意味するが，これはもともとショウジョウバエの羽にこのような形態異常を示す変異体の責任遺伝子座として同定・命名されたためである．

2. リガンド—受容体結合の特異性と親和性 [1]

Notchシステムでは*in vitro*で検討する限り，リガンドと受容体との結合特異性が明瞭でなく，いずれのリガンドも4種類の受容体に結合する．ただしリガンド，受容体の発現パターンによってそれぞれの分子は特徴的な生理的機能を発揮する．さらに，生体内ではNotchタンパク質細胞外サブユニットに存在するEGFリピート（1 2参照）が，複雑に糖鎖修飾を受けており，これによってリガンドとの親和性が変化する．特に解析が進んでいるのは，EGFリピートの2番目と3番目のシステインの間にあるSer/Thr残基の*O*結合型糖鎖修飾である．なかでも，Pofut-1（ショウジョウバエではOfut-1）によるフコースの転移に続く，Fringe（ショウジョウバエでは1種類，哺乳動物ではmanic Fringe，lunatic Fringe，radical Fringeの3種類）による糖鎖伸張（Nアセチルグルコサミン，GlcNAcの転移）の意義がよく知られている．Fringeにより糖鎖が伸張されると，Deltaファミリーのリガンドとの結合親和性が高くなる一方，Serrate/Jaggedファミリーのリガンドとの結合親和性は高くならない．

3. 側方抑制と分化抑制，およびその他の生物学的作用

*Notch*遺伝子座が細胞の運命決定にかかわることは，古く1930年代から提唱されており，1980年代以降「側方抑制」という現象が注目されていた．これは，リガンドを発現する細胞が隣接する細胞の受容体を介して特定方向の分化を抑制する一方，リガンド発現細胞自身は特定方向に分化することにより，発生の進展が図られたり，発生過程で組織の境界が形成されるというメカニズムである．

一方，Notchのシグナル解析や生物学的な解析が哺乳動物細胞で研究されはじめたのは1990年代になってからで，側方抑制で明らかにされた分化抑制という現象が特に注目された．なかでも，発生段階における幹細胞のプールの拡大や，幹細胞の未分化性維持の分子基盤として多くの研究が進められた．また，臓器発生，血管の発生と新生，リンパ球分化，組織再生，がん化など，さまざまな細胞の多様な活動に，非常に多彩な役割を演じていることが明らかにされている（1 2参照）．

イラストマップ Notchシグナルの主要経路

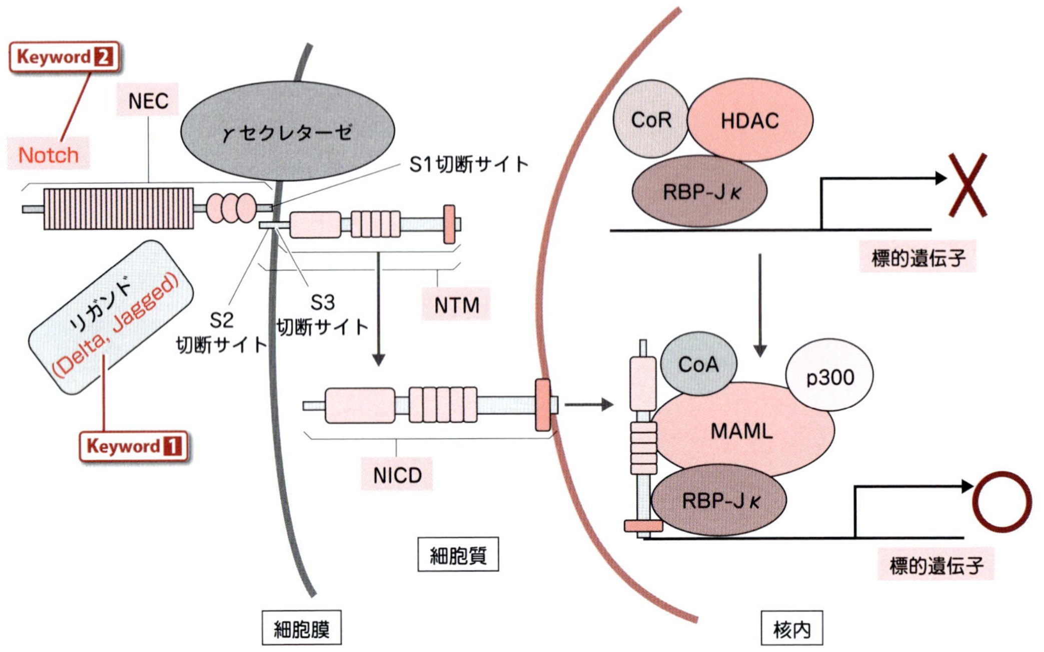

リガンド（Delta, Jagged）の結合によりNotchはS3切断サイトにおいてγセクレターゼにより切断され，細胞内領域（NICD）が核へ移行し，シグナルが活性化される．核内ではNICD，MAML（mastermind like），RBP-Jκ（CSL）が核内複合体を形成して，標的遺伝子の転写調節を行う．CoR：コリプレッサー，CoA：コアクチベーター．詳細は本文参照．

4. Notchの分子内切断によるシグナル伝達

ショウジョウバエの*Notch*ホモログが哺乳動物で最初に同定されたのは，白血病（T細胞性急性リンパ性白血病：T-ALL）における転座責任遺伝子の探索からであった．

野生型Notchタンパク質は，細胞膜に輸送される過程で分子内切断（S1切断サイト）を受け，細胞外サブユニット（Notch extracellular：NEC）と膜貫通サブユニット（Notch transmembrane：NTM）が非共有結合したヘテロ二量体として細胞表面に発現される（**イラストマップ**）．t（7;9）転座を伴うT-ALLでは，9番染色体上の*Notch*ホモログ（*Notch1*）が，T細胞受容体遺伝子の発現制御領域によってN末端（NECの大部分）を欠損した構造で高発現しており，リガンド非依存性にシグナルを伝達する．本来Notchシグナルは，リガンドが受容体に結合することによって，受容体分子そのものの分解カスケードを誘導する．最終的に細胞質部分（Notch intracellular domain：NICD）が細胞膜から遊離して核に移行し，そのまま転写複合体を形成するというメカニズムで情報が伝達される（**1** **2**参照）．前述のt（7;9）転座型N末端欠損変異Notch1は，リガンド非依存性に分子内切断が進行する．これを端緒として，①NECが分子内切断に対して抑制的に作用していること，②リガンド結合によってNECとNTMとの結合状態が変化してNECによる分子内切断抑制作用が弱まり，NTMの細胞外領域の切断（S2切断サイト）が促進されること，③そして最終的にNTMの細胞膜内でγセクレターゼによる切断（S3切断サイト）が誘導され，NICが遊離されること，などが明らかになっていった[2]．

5. Notchシグナルによる転写制御

NICDは核へ移行した後，転写因子であるCSL（ヒトのCBF-1，ショウジョウバエのsuppressor of hairless，線虫のLin-12に由来する名称；マウスではRBP-J κ）と結合する（**イラストマップ**）．CSLはDNA結合タンパク質で，NICD非存在下では転写抑制複合体を形成している．しかしNICDが核に移行するとNICD-CSL-MAML1（mastermind-like1）複合体を形成し，さらに共役転写因子やp300などのヒストンアセチル化酵素などと転写活性化複合体を形成することにより，標的遺伝子の転写を促進する．

6. がんにおける*Notch1*および Notchシグナル関連遺伝子の変異

哺乳動物の*Notch*ホモログ同定の経緯は前述の通りだが，実際にはt（7;9）を伴うT-ALLはT-ALL全体の1％程度と非常に低頻度である．マウスの実験ではNotchシグナル亢進によるT-ALL発症が示されたものの，ヒトの白血病あるいはがん一般におけるNotchシグナルの意義は長年不明であった．しかし，t（7;9）転座からの*Notch1*同定以来13年を経た2004年に，T-ALLの約半数で*Notch1*に点変異が存在することが示された．その後の研究で，*Notch1*遺伝子およびその他のNotch関連遺伝子異常によるNotchシグナル亢進が，T-ALL発症において最も重要な分子基盤であることが明らかにされた[3]．そしてさらに，次世代シークエンス時代に入った2010年以降，慢性リンパ性白血病，マントル細胞リンパ腫，辺縁帯B細胞性リンパ腫などの血液がんで，高頻度の*Notch1/2*の変異が見出された．また，肺がん，卵巣がん，乳がんなど血液以外の種々のがんでNotchシグナル関連遺伝子に変異が見出されている．その多くはシグナル亢進をきたす変異である．

しかし一方，慢性骨髄単球性白血病（CMML）では，*Notch2*やその他のNotch関連遺伝子に，Notchシグナルが障害される機能欠失（loss-of-function）タイプの変異が同定されている．急性骨髄性白血病（AML）でもNotchシグナルが腫瘍抑制的に作用することが報告されており，Notchシグナルはがん発症に対して，促進的にも抑制的にも作用するものと考えられる．

7. がん以外の疾患とNotchシグナル

*Notch3*の機能欠失型変異により脳小血管壁の構造異常を呈する，遺伝性脳小血管病（CADASIL）や，*Jagged1*や*Notch2*の機能欠失型変異により肝胆膵の発生異常や心血管系の異常などを呈する，孤発性先天性奇形Alagille症候群など，Notchシグナル関連遺伝子の先天異常による疾患も知られている．

8. 医療への発展

S3切断サイトでの切断を司るγセクレターゼは，細胞膜の脂質二重層のなかで特定のアミノ酸配列に依存せずに加水分解を行う酵素複合体である．もともとアミロイド前駆体タンパク質（APP）の膜内切断酵素として，アルツハイマー病研究のなかで同定されたが，その後Notchタンパク質も主要な標的であることが明らかにされた．γセクレターゼ阻害剤（GSI）として安定な化合物は多数同定されるため，製薬会社の開発競争が進んだ．当初はアルツハイマー病の治療薬として臨床開発が進められていたが，T-ALLにおける高頻度の*Notch1*変異が明らかになって以降，GSIの抗がん剤としての臨床開発が進められている．ただし，2015年1月現在フェーズの進んだ臨床試験に到達した薬剤はない[4]．

一方，骨髄系のがんに対してNotchシグナルが腫瘍抑制的に作用する，という観察結果は，Notchのアゴニストが治療薬になる可能性を示唆している．Notchシグナルのような多機能シグナルを標的にする治療法が，現実の医療に応用されるようになるのかは，今後の研究を待つ必要がある．

参考文献

1）Rana NA & Haltiwanger RS：Curr Opin Struct Biol, 21：583-589, 2011
2）van Tetering G & Vooijs M：Curr Mol Med, 11：255-269, 2011
3）Grabher C, et al：Nat Rev Cancer, 6：347-359, 2006
4）Andersson ER & Lendahl U：Nat Rev Drug Discov, 13：357-378, 2014

（千葉　滋）

Keyword

1 Delta, Jagged

【Delta】

▶ヒトのホモログ：Dll-1，Dll-3，Dll-4

【Jagged】

▶ショウジョウバエのホモログ：Serrate

▶ヒトのホモログ：Jagged1，Jagged2

1) 歴史とあらまし

Notch（受容体）（2参照）と同様に，そのリガンドもショウジョウバエからヒトまでよく保存されている．ショウジョウバエではDeltaとSerrateの2つのリガンドが知られている．哺乳動物のリガンドは1995年から2000年にかけて相次いで報告され，現在ではDeltaのホモログとして3つのDelta-likeリガンド（Dll-1，Dll-3，Dll-4）が，Serrateのホモログとして2つのJaggedリガンド（Jagged1，Jagged2）が知られている．これらは1回細胞膜貫通型のタンパク質であり，共通して細胞外のN末端にDSL（Delta，Serrate，Lag-2）領域およびEGFリピートをもち，DSLリガンドと総称される（**図1**）．加えて，Serrate/JaggedではEGFリピートのC末端側にシステインに富む領域が存在する．ヒトでは，Dll-1/3/4をコードする遺伝子である*DLL1*，*DLL3*，*DLL4*は染色体上の6q27，19q13，15q14に，Jagged1/2をコードする*JAG1*，*JAG2*は20p12.1-p11.23，14q32にそれぞれ位置する．

2) 機能

Notch（受容体）とDSLリガンドはともに膜貫通型タンパク質であり，隣り合った細胞間で結合が起こる．受容体との結合には，リガンドのDSL領域および最初の2つのEGFリピートが必要である．**概論**で述べられている通り，受容体にリガンドが結合すると受容体が切断され，その細胞内領域（NICD）がそのまま核内に移行し，シグナルが伝達される．この際，切断された受容体の細胞外サブユニット（NEC）が，リガンドとともにエンドサイトーシスによってリガンド発現側の細胞に取り込まれる．このエンドサイトーシスは，E3ユビキチンリガーゼであるMib（Mind bomb）がDSLリガンドをポリユビキチン化することによって引き起こされ，Notchシグナルの伝達に必須であることが知られている[1]．

哺乳動物の4種類の受容体と5種類のリガンドは，すべての組合わせで結合することが可能である．生物活性がリガンドの種類によって異なる例の報告がないわけではないが，詳細は不明である．ただし糖鎖修飾による結合親和性については**概論**に述べられている通りであり，Notchシグナルは刺激の強さのコントロールが非常に精妙に制御されているシステムであることがわかる．その強さの違いによって，異なる生物活性が発揮されている可能性が高い．

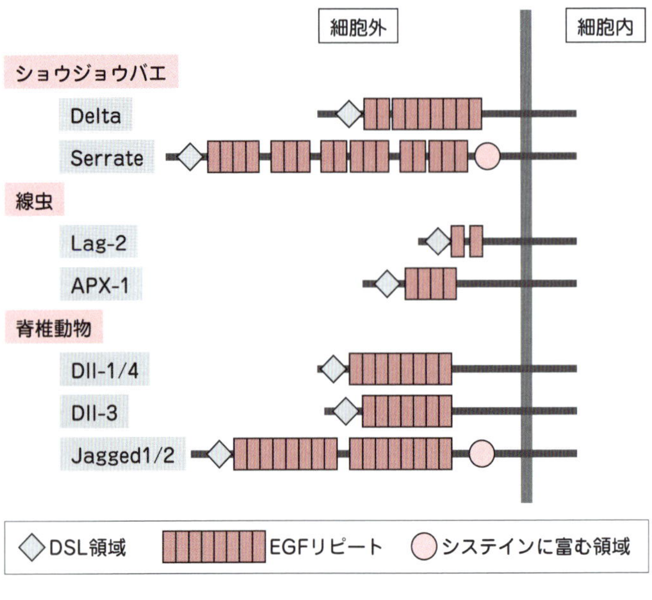

図1 各生物種におけるDSLリガンドの構造

Notchリガンドは1回細胞膜貫通型のタンパク質であり，共通して細胞外のN末端にDSL（Delta, Serrate, Lag-2）領域およびEGFリピートをもつ．Serrate/JaggedではEGFリピートのC末端側にシステインに富む領域が存在する．DSL領域およびN末端の2つのEGFリピートが受容体と結合する．

3) KOマウスの表現型/ヒト疾患との関連

i）DSLリガンドのノックアウトマウス

DSLリガンドのノックアウトマウスは，*Dll-3*のノックアウトを除いてすべて胎生期または出産直後に致死となる[2]．*Dll-1*のノックアウトマウスは体節の形成不全を起こし胎生12日ごろに致死となる．*Dll-4*のノックアウトでは血管系の形成異常が起こり胎生10.5日で致死となる．また，骨格形成異常をきたす"pudgy"マウスにおいて*Dll-3*の遺伝子変異がみつかり，後に*Dll-3*のノックアウトマウスも同様の表現型を示すことが確認された．*Jag1*のノックアウトもやはり血管形成不全をきたし胎生10.5日で致死となり，*Jag2*のノックアウトは肢欠損や頭蓋顔面形成不全などをきたし，出産直後に死亡する．

ii）DSLリガンドのコンディショナルノックアウトマウス

DSLリガンドのコンディショナルノックアウトマウスの解析からは，血液系，神経系，血管系などさまざまな組織の形成にDSLリガンドが重要であることが知られている．例えば血液系細胞における*Dll1*のコンディショナルノックアウトマウスでは脾臓において辺縁帯B細胞（marginal zone B：MZB）がみられなくなる．これはB細胞特異的な*Notch2*のコンディショナルノックアウトマウスと同様の異常であり，Dll-1－Notch2がMZB細胞形成に必須であることがわかる．一方，胸腺上皮で*Dll-4*をコンディショナルノックアウトすることにより，T細胞特異的な*Notch1*のコンディショナルノックアウトマウスと同様のT細胞形成不全が生じることから，Dll-4－Notch1が胸腺におけるT細胞形成に必須であることが明らかにされている（**2**も参照）．

iii）ヒトにおけるDSLリガンドの変異

DSLリガンドの変異はヒトの遺伝性疾患でも知られている．最も有名なものはAlagille症候群であり，本疾患のほとんどはJagged1をコードする*JAG1*に変異がみられ，常染色体優性遺伝を呈する（極少数でNOTCH2に変異がみられる場合もある）．この症候群では肝臓，心臓，椎体，眼，顔貌に形成不全をきたす．また，脊椎肋骨異骨症（spondylocostal dysostosis：SCD）の一部は*DLL-3*に変異がみられ常染色体劣性遺伝を示す．名称の通り骨形成に異常をきたす疾患であり，*Dll-3*のノックアウトマウスの表現型とよく対応している．

iv）Dll-4と悪性腫瘍の血管新生

Dll-4が血管形成に重要であることはノックアウトマウスの解析からも明らかであるが，特に悪性腫瘍の血管新生におけるDll-4の働きに注目が集まっている．Dll-4－Notch1/4シグナルを阻害することで血管新生が抑制され，腫瘍抑制効果をもたらすことが示されており，治療への応用が期待される．demcizumabなどのDll-4特異的な阻害抗体が開発され，2015年1月現在，肺がん，膵がん，卵巣がんなどを対象とした臨床試験が進行中である[3]．

【データベース】

Dll-1
OMIM：606582
MGI：104659
ヒト Gene ID：28514
マウス Gene ID：13388

Dll-3
OMIM：602768
MGI：1096877
ヒト Gene ID：10683
マウス Gene ID：13389

Dll-4
OMIM：605185
MGI：1859388
ヒト Gene ID：54567
マウス Gene ID：54485

Jagged1
OMIM：601920
MGI：1095416
ヒト Gene ID：182
マウス Gene ID：16449

Jagged2
OMIM：602570
MGI：1098270
ヒト Gene ID：3714
マウス Gene ID：16450

【抗体】

以下のものが購入可能．

マウスJagged1
AbD Serotec社：MCA5707（clone HMJ1-29）
BioLegend社：130902，130907，130908（clone HMJ1-29）
LifeSpan Biosciences社：LS-C188668，LS-C106525（clone HMJ1-29）

マウスJagged2
AbD Serotec社：MCA5708（clone HMJ2-1）
BioLegend社：131007，131011，131004（clone HMJ2-1）
LifeSpan Biosciences社：LS-C188669，LS-C106161（clone HMJ2-1）

マウスDll-1
LifeSpan Biosciences社：LS-C106261，LS-C188666，LS-C106603（clone HMD1-5）

マウスDll-4
LifeSpan Biosciences社：LS-C188667（clone HMD4-2）

ヒトJagged2
BioLegend社：346902, 346904, 346906（clone MHJ2-523）

参考文献

1）D'Souza B, et al：Oncogene, 27：5148-5167, 2008
2）Suzuki T & Chiba S：Int J Hematol, 82：285-294, 2005
3）Andersson ER & Lendahl U：Nat Rev Drug Discov, 13：357-378, 2014

（横山泰久，小原　直）

Keyword

2 Notch

▶ヒトのファミリー因子：Notch1～4

1）歴史とあらまし

1914年にショウジョウバエの羽に切れ込み（Notch）の入った変異体が発見され，その後半世紀以上にわたりショウジョウバエ遺伝学にもとづく*Notch*の遺伝子座ないし関連遺伝子の遺伝子座と，変異形質との関連について研究が進められた．1985年になり，ショウジョウバエ*Notch*のcDNAがクローニングされた．Notchシグナルはショウジョウバエからヒトまで保存されたシグナルシステムであり，神経系，造血系，血管，腎臓，皮膚，膵臓，肝臓などのさまざまな細胞の分化運命決定，幹細胞の維持，増殖やアポトーシスにかかわっている[1) 2)]．脊椎動物では，4種類の受容体（Notch1～4）と5種類のリガンド（Dll-1/3/4，Jagged1/2）が存在する（**1**，**概論**参照）．ヒトでは，各Notchをコードする遺伝子である*NOTCH1*，*NOTCH2*，*NOTCH3*，*NOTCH4*は染色体上の9q34.3，1p11.2，19p13.1，6p21.3にそれぞれ位置する．

2）機能

Notchは300 kDaの1回細胞膜貫通型受容体タンパク質であり，細胞外はEGFリピート（EGFR），Lin12/Notch繰り返し配列（LNR），膜直上のHD（heterodimerization）領域からなる（**図2，イラストマップ**）．各Notchの細胞内領域（NICD）は，RAM領域，ankyrinリピートとよばれる転写活性部位，およびC末端のPEST（polypeptide enriched in proline，glutamine，serine，threonine）領域などからなる．各Notchはゴルジ体でHD領域内のS1切断サイトで切断されて細胞外サブユニット（NEC）および膜貫通サブユニット（NTM）となり，両サブユニットのN側とC側が会合することにより二量体として細胞膜上に発現する．リガンド（Delta，Jagged，**1**参照）は各受容体の11番目および12番目のEGFリピートに結合することにより，NTMの膜からアミノ酸残基12～13外側のHD領域内のS2切断サイトでタンパク質分解酵素であるADAMプロテアーゼにより切断された後，引き続いて膜内のS3切断サイトにおいてγセクレターゼにより切断される．これによってNotch細胞内領域（NICD）が細胞膜から遊離し，核へ移行し転写因子として機能する．NICDは核へ移行した後，DNA結合タンパク質であるCSL（マウスではRBP-Jκ，ヒトではCBF-1）と結合し，転写活性化複合体を形成し標的遺伝子の転写を促進する（**イラストマップ**）．NICDはPEST領域でユビキチン化を受け分解され，転写は短時間のうちにOFFとなる[3)]．

Notchの標的遺伝子としては，*HES*（*Hairy and enhancer of split*）ファミリー，*NRARP*（*Notch-regulated ankyrin repeat protein*），*c-MYC*，*DTX1*（*deltex homolog 1*）などがよく知られている．ただし，CSLのDNA認識配列（C/T）GTGGGAAはゲノム上に多数存在し，多くの標的遺伝子が存在すると考えられる．

3）KOマウスの表現型／ヒト疾患との関連

Notch1，*Notch2*それぞれのノックアウトマウスは胎生11日で致死となる．*Notch1*を初期胸腺細胞で欠損させたマウスでは，胸腺でのT細胞の分化が初期段階で抑制される．*Notch2*をB細胞特的に欠損させたマウスでは，脾臓の辺縁帯B細胞（marginal zone B：MZB）の形成が障害される．

ｉ）Notchシグナルの亢進と腫瘍化

遺伝子異常によるNotchシグナル異常と腫瘍化との関連については，ヒトT細胞性急性リンパ性白血病（T-ALL）で最も詳細に解析されている．1991年にT-ALL患者にみられる染色体転座t（7;9）から*NOTCH1*がクローニングされ，2004年にT-ALLの56％に*NOTCH1*の変異が認められることが報告された．*NOTCH1*の変異部位のホットスポットは2カ所（PEST領域とHD領域）に集積している．T-ALLにおけるNotchシグナルの下流の標的遺伝子として最も研究されているのは，*HES1*と*c-MYC*である．

また，びまん性大細胞Bリンパ腫や辺縁帯B細胞（MZB）リンパ腫において活性型*NOTCH2*変異が報告され，他にも，慢性リンパ性白血病やマントル細胞リンパ腫において*NOTCH1*の活性型変異が報告された．これらのリンパ系腫瘍でみられる*Notch*変異はPEST領域に集積しており，ナンセンス変異やフレームシフトであ

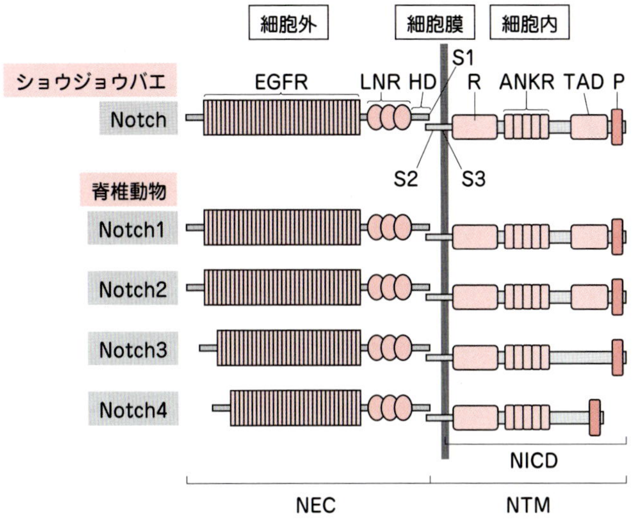

図2 Notchファミリータンパク質（受容体）の構造
P：PEST領域，TAD：転写活性化領域，ANKR：ankyrin様繰り返し配列，R：RAM領域，HD：ヘテロ二量体化領域，S1～3：S1～3切断サイト，LNR：Lin12/Notch繰り返し配列，EGFR：EGFリピート．

ることが多い．PEST領域の欠失により，NICDタンパク質が分解されずに安定化し，Notchシグナルが増強しがん化すると考えられている．

造血器腫瘍以外では，乳がん，グリオーマ，髄芽腫，非小細胞肺がん，大腸がん，メラノーマなどにおいてNotchシグナルはがん化を促進する方向に働くことが報告されている．とりわけ，乳がんにおいては*Notch1*と*Notch2*に転座を認めることが報告されており，この転座のある乳がん細胞株ではNotch阻害剤に対する感受性が高い．

ii）Notchシグナルの減弱と腫瘍化

一方，慢性骨髄単球性白血病（CMMoL）やB細胞性急性リンパ性白血病においては，Notchシグナルが腫瘍抑制的に働くことが報告された．特にCMMoL患者検体においては，Notch経路の複数の遺伝子（*Nicastrin*, *APH1A*, *MAML1*, *NOTCH2*）にシグナルを減弱させる方向への変異を認めた．一方，マウスを用いた研究では*Notch1/Notch2/Notch3*のトリプルノックアウトによりCMMoL様の病態を発症することが報告され，Notchシグナルが腫瘍抑制性に働くことが示された[4]．血液系以外の腫瘍でも，頭頸部扁平上皮がん患者において*NOTCH1*の不活性型変異が報告され，さらに*Notch1*を皮膚特異的に欠損するマウスでは皮膚の基底細胞がんを発症することが報告された．

以上のようにNotchシグナルは腫瘍化において2面的に働く．その詳細なメカニズムの解析について，今後さらなる検討が必要である．臨床への展開という面では，これまでのところもっぱらNotch阻害剤に注目が集まってきたが，それぞれの腫瘍におけるNotchシグナルの役割に応じた治療への展開が望まれる．

【データベース】

GenBank ID

ヒト　：NM017617（Notch1），AF308601（Notch2），U97669（Notch3），U95299（Notch4）

マウス：AF508809（Notch1），D32210（Notch2），X74760（Notch3），U43691（Notch4）

【阻害剤情報】

DAPT（GSI-IX：Selleckchem社）

【抗体入手先/ベクター入手先】

Santa Cruz Biotechnology社から以下のものが購入可能．

Notch1（cat.# sc-6014, 6015）：goat IgG, c-terminal（h）（m）
　　　（cat.# sc-9170）：rabbit IgG, aa20-150（h）
Notch2（cat.# sc-5545）：rabbit IgG, aa25-255（m）
Notch3（cat.# sc-5593）：rabbit IgG, aa2107-2240（m）
　　　（cat.# sc-7424）：goat IgG, c-terminal（m）
Notch4（cat.# sc-5594）：rabbit IgG, aa1779-2003（h）

参考文献

1）Artavanis-Tsakonas S, et al：Science, 284：770-776, 1999
2）Hellström M, et al：Nature, 445：776-780, 2007
3）Kopan R & Ilagan MX：Cell, 137：216-233, 2009
4）Klinakis A, et al：Nature, 473：230-233, 2011

〔加藤貴康，坂田（柳元）麻実子〕

10章 Wntシグナル

wnt signalinyg

Keyword

- 1 Wnt
- 2 Frizzled
- 3 LRP5/6
- 4 Ror1/2
- 5 Wntアンタゴニスト
- 6 APC，Axin
- 7 βカテニン
- 8 R-spondin，LGR5
- 9 C1q

概論

1. はじめに

Wnt（→Keyword 1）研究は，30年以上前にマウス乳がんウイルスのゲノムがホストゲノムに挿入される部位に存在するがん原遺伝子として*int-1*遺伝子が見出されたことにはじまる．その後，*int-1*遺伝子は，ショウジョウバエホモログの分節遺伝子Winglessと合体してWnt-1とよばれるようになった．現在ではヒトで19種類のWntファミリーが存在することが知られている．Wntファミリーは，海綿，線虫，ショウジョウバエからヒトまで進化上広く保存されており，発生，形態形成，幹細胞の自己複製などさまざまな生命現象に重要な役割を果たしている．また，Wntシグナル伝達経路の異常は，がんをはじめとしたさまざまな疾病の発症に深くかかわっていることが明らかになり大きな注目を集めている[1)〜5)]．

2. Wntシグナル伝達経路

Wntは分泌性の糖タンパク質で，7回膜貫通型膜タンパク質受容体Frizzled（→Keyword 2）や，共受容体としてLRP5/6（→Keyword 3），Ror1/2（→Keyword 4）などに結合して，少なくとも以下の3つのシグナル伝達経路を活性化する．①canonical経路：βカテニンを介した経路．②PCP経路（Wnt-JNK経路）：RhoファミリーのGタンパク質を介して，RhoキナーゼやJNK（Jun-N-terminal kinase）を活性化することにより，上皮細胞の頂部−基部軸と直交する平面に沿った極性〔平面内細胞極性（planar cell polarity：PCP）〕を制御する．③Wnt-Ca^{2+}経路：ヘテロ三量体Gタンパク質を介して細胞内Ca^{2+}の放出を引き起こし，CaMK（Ca^{2+}/calmodulin-dependent protein kinase）やPKC（protein kinase C）を活性化する．

3. βカテニンを介したcanonical経路

Wntシグナル伝達経路のなかでは，βカテニン（→Keyword 7）を介したcanonical経路が最もよく研究されている．Wntが細胞に作用していない状態では，βカテニンの半減期は30分程度で，APC（adenomatous polyposis coli），Axin（→Keyword 6），GSK-3β（glycogen synthase kinase-3β），CKⅠ（casein kinaseⅠ），TAP/TAZからなる複合体（destruction複合体）によってリン酸化され，β-TrCPによるユビキチン化を受けてプロテアソームにより分解されzzる（イラストマップ）．しかし，Wntが7回膜貫通型タンパク質Frizzledと1回膜貫通型タンパク質LRP5/6（low-density lipoprotein receptor-related protein5/6）（→Keyword 3）の複合体に結合するとDishevelled（Dvl）を介してβカテニンが安定化して核に移行し，TCF/LEFファミリーの転写因子と複合体を形成して標的遺伝子の転写活性化を引き起こすことが明らかになっている．以下，各ステップについて説明する．

4. Wntと受容体Frizzled，LRP5/6

Wntは，システインに富み，パルミトイル化されてい

イラストマップ βカテニンを介したWntシグナルのcanonical経路

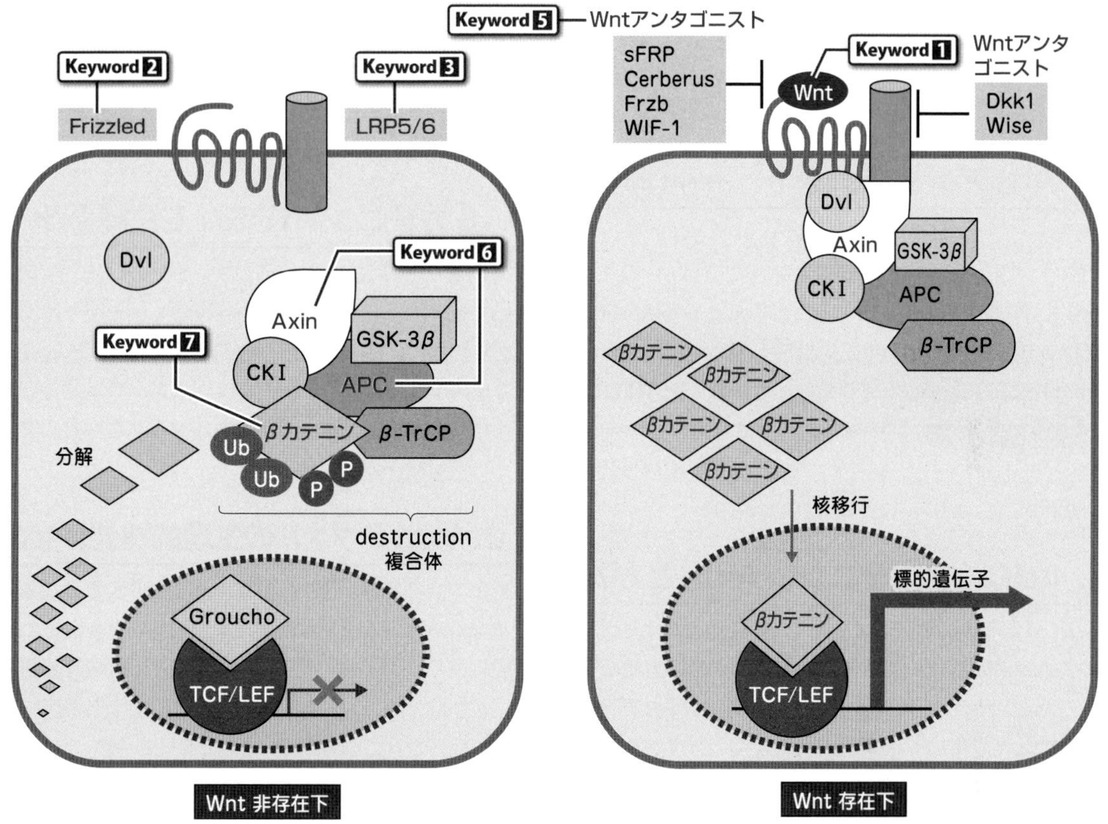

文献3をもとに作成.

る．アフリカツメガエルのWnt8とFrizzled8の複合体の構造解析から，パルミトイル化された領域が複合体形成に重要であることが示されている．一方でWnt受容体のFrizzledはヒトでは10種類存在し，その組合わせは一通りでなく複数存在する．WntがFrizzled-LRP5/6複合体に結合するとLRP5/6の細胞内ドメインにAxinが結合し，Frizzledの細胞内ドメインにはDvlが結合する．AxinとDvlはいずれもDIXドメインをもち，このドメインを介して結合する．Wnt-Frizzled-LRP5/6-Axin-Dvl複合体の形成に伴って，destruction複合体が細胞膜につなぎとめられ，βカテニンの分解が起こらなくなり，βカテニンが蓄積して核へ移行すると考えられている．

なお，補体分子**C1q**（→**Keyword 9**）がFrizzledに結合すると，LRP5/6の細胞外領域が切断され活性型となり，Wntシグナルが活性化されることも示されている．

5. R-spondinとLGR4/5

R-spondin（→**Keyword 8**）は低分子量の分泌タンパク質で4種類存在し，canonical Wntシグナル伝達経路を活性化する[3]．R-spondinの受容体は幹細胞マーカーとして知られる7回膜貫通型タンパク質**LGR4/5（leucine-rich repeat containing G-protein-coupled receptor4/5）**（→**Keyword 8**）である．R-spondin−LGR4/5はFrizzled−LRP5/6と複合体を形成している．また，LGR5はWntシグナルのターゲットでもある．R-spondin−LGR4/5は，Wnt受容体のユビキチン化/エンドサイトーシス/分解にかかわる1回膜貫通型E3リガーゼRNF43/ZNRF3を除去するといわれている．このRNF43/ZNRF3もWntシグナルのターゲットでネガティブフィードバック機構を構成していると考えられる．

6. Ror1/2

Ror1/2（→Keyword 4）は，受容体型チロシンキナーゼ活性の一種で，Wnt5aにより活性化されPCP経路やWnt-Ca^{2+}経路を活性化することにより形態形成に重要な役割を果たしている．種々のがんで発現が亢進していることが知られている．

7. Wntアンタゴニスト（→Keyword 5）

Wntシグナルは，WntあるいはWnt受容体に結合するタンパク質より負の制御を受けている．Wntに結合して機能を阻害する分泌性のインヒビターとしては，FRP（Frizzled-related protein），WIF-1（Wnt-inhibitory factor-1），Cerberusなどが知られている．受容体に作用するものとしては，LRP6と結合してLRP6とWntおよびFrizzledの結合を阻害してWntシグナルを抑制するDKK（Dickkof）がよく知られている．

8. APC，βカテニン，Axinとがん

*APC*はがん抑制遺伝子の一種で，家族性大腸ポリポーシス（familial adenomatous polyposis）の原因遺伝子として見出された．散発性大腸がんの約80％で変異している．*APC*遺伝子の変異は，大腸がんの多段階発がんの初期に起こり腺腫の発症を引き起こす．大腸がんで見出される変異APCは一般にβカテニン結合部位のいくつかとAxin結合部位を欠失しておりβカテニンの分解を誘導する活性がない．したがって，大腸がん細胞ではβカテニンが効率よく分解されないために蓄積し，βカテニン－TCF/LEF複合体による標的遺伝子の転写が亢進している．APCタンパク質は，βカテニン，Axinに加えて微小管，EB1，DLGなどさまざまなタンパク質と結合しており，Wntシグナルの制御以外にもさまざまな機能をもっている．

APC遺伝子に変異のない大腸がんの一部や，肝がんなどでは，CK I，GSK-3βによってリン酸化を受けると考えられるβカテニンのN末端に変異が起きてβカテニンの安定化が起きている．したがって，腺腫あるいはがんが発症するためには，APCに変異が生じてβカテニンの分解誘導が起こらなくなるか，βカテニンに変異が生じて分解に耐性になることにより，βカテニン-TCF/LEFによる標的遺伝子の転写活性化が起こればよいのではないかと考えられる．また，肝がんではAxinに変異が起きて失活している症例が見出されている．

9. βカテニン-TCF/LEF複合体

TCF/LEFはふだんは転写抑制因子Grouchoと結合していて転写活性化能がないが，βカテニンと複合体を形成することにより標的遺伝子の転写活性化を引き起こせるようになる（**イラストマップ**）．さまざまな遺伝子の転写を活性化するが，がん化に重要なターゲット遺伝子としては，c-MycやサイクリンD1が有名である．

10. Wntシグナルの生理的機能，疾病

Wntシグナルは，発生，形態形成をはじめとしたさまざまな生命現象に重要な役割を果たしているが，特に胚性幹細胞や腸管上皮，皮膚，造血系などの組織幹細胞の自己複製能の維持，分化の制御にかかわることが明らかになり注目されている[4) 5)]．また，がん幹細胞の自己複製に重要な役割を果たしていることも報告されている．さらに，Wntシグナルの構成因子の異常が，骨，軟骨疾患，精神疾患，心疾患，糖尿病など多くの疾病にかかわっていることが指摘されている．

参考文献

1）Clevers H & Nusse R：Cell, 149：1192-1205, 2012
2）Niehrs C：Nat Rev Mol Cell Biol, 13：767-779, 2012
3）de Lau W, et al：Genes Dev, 28：305-316, 2014
4）Holland JD, et al：Curr Opin Cell Biol, 25：254-264, 2013
5）Lien WH & Fuchs E：Genes Dev, 28：1517-1532, 2014

（秋山　徹）

Keyword

1 Wnt

▶ファミリー分子：Wnt1～19

1) 歴史とあらまし

マウス乳がんウイルスゲノムがホストゲノムに挿入される部位に存在するがん遺伝子としてWnt-1（当初int-1と命名された）が見出されたのが最初で，現在ではヒトで19種類のファミリーが存在することが知られている．Wntファミリーは進化上広く保存されており，発生，形態形成などさまざまな生命現象に重要な役割を果たしている[1)～3)]．さらに，幹細胞の自己複製にかかわることが明らかとなり大きな注目を集めている．また，Wntシグナル伝達経路はがんをはじめとしたさまざまな疾病の発症に深くかかわっている[4)]．

2) 構造と機能

i）構造

Wntファミリーのタンパク質には，シグナル配列に続いて高度に保存されたシステインに富む領域が存在し（図1），porcupineによりパルミトイル化されている．このパルミトイル化は，Wntの活性に必須である．アフリカツメガエルのWnt8について，パルミトイル化されたN末端がC末端とともに，7回膜貫通型受容体Frizzled8の細胞外表面に存在するシステインに富むCRDドメインを挟むようにして結合することが示されている（2も参照）．

ii）シグナル経路

Wntの関与するシグナル伝達経路として，①βカテニン（7参照）を介したcanonical経路，②上皮細胞の頂部-基部軸と直交する平面に沿った極性〔平面内細胞極性：planar cell polarity（PCP）〕を制御するPCP経路（Wnt-JNK経路），③ヘテロ三量体Gタンパク質を介して細胞内Ca^{2+}の放出を引き起こすWnt-Ca^{2+}経路の3種類が知られている．

βカテニンを介したcanonical経路では，Wntのシグナルがβカテニンを介して核に伝わり標的遺伝子の転写活性化が起こる（**イラストマップ**）．すなわち，Wntが受容体Frizzledに結合すると，Dishevelled（Dvl）を介してβカテニンのリン酸化が抑制されて安定化し，TCF/LEFファミリーの転写因子と複合体を形成してさまざまな標的遺伝子の転写活性化を引き起こす．

iii）受容体

Wntの受容体としては，Frizzled以外に共受容体として，LRP5/6（low-density lipoprotein receptor-related protein 5/6），Ror1/2（receptor tyrosine kinase-like orphan receptor 1/2），PTK7（protein tyrosine kinase 7），RYK（receptor tyrosine kinase），MUSK（muscle skeletal receptor tyrosine kinase）などが知られている．例えば，Frizzledと共受容体LRP5/6（3参照）は複合体を形成しており，Wnt刺激によりLRP5/6の細胞内ドメインにAxin（6参照）が結合して膜へ移行して分解を受け，βカテニンが安定化してシグナルが核へ伝わるようになると考えられている．さらに，Frizzled-LRP5/6複合体にはLGR4/5（leucine-rich repeat containing G-protein-coupled receptors 4/5）が結合しており，リガンドであるR-spondin（8参照）が結合することにより，Wntシグナルが活性化することが明らかになった．

iv）アンタゴニスト

Wntシグナル伝達経路は，βカテニンの分解以外にもさまざまな制御を受けている．細胞外では，sFRP（secreted Frizzled-related protein），WIF-1（Wnt-inhibitory factor-1），CerberusのようにWntに直接結合して機能を阻害する分泌性インヒビター（Wntアンタゴニスト，5参照）がWntシグナルを負に制御している．Dickkopf（Dkk）はLRP6に結合し，LRP6とWntおよびFrizzledとの相互作用を阻害することによって，Wntシグナルを遮断する．ICATは，βカテニンに結合してβカテニンとTCF/LEFの相互作用を阻害することによりWntシグナル伝達経路を負に制御する．

3) KOマウスの表現型

*Wnt-3a*ノックアウトマウスは胎生致死．*Wnt-5a*ノックアウトマウスは生後すぐに呼吸不全で死亡．

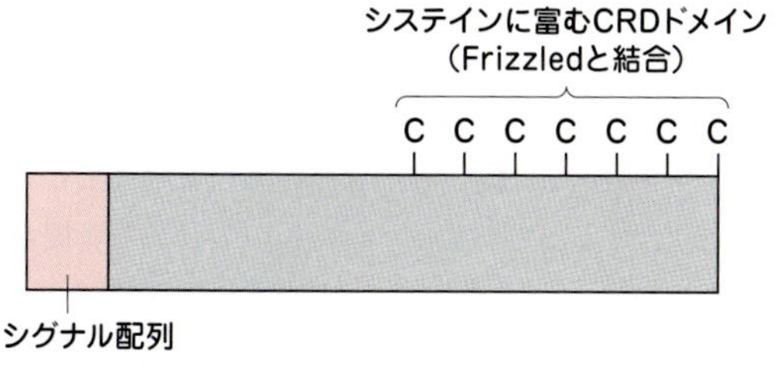

図1 Wntの構造

10章 Wntシグナル

【抗体入手先】

抗Wnt-3a抗体：R & Dシステムズ社（Clone 217804）

抗Wnt-5a抗体：R & Dシステムズ社（Clone 442625）

【データベース】

the Wnt homepage（http://web.stanford.edu/group/nusselab/cgi-bin/wnt/）

GenBank ID

Wnt-3a　AB060284

Wnt-5a　AB006014

参考文献

1）Clevers H & Nusse R：Cell, 149：1192-1205, 2012
2）Lien WH & Fuchs E：Genes Dev, 28：1517-1532, 2014
3）Niehrs C：Nat Rev Mol Cell Biol, 13：767-779, 2012
4）Holland JD, et al：Curr Opin Cell Biol, 25：254-264, 2013

（秋山　徹）

Keyword

2 Frizzled

▶略称：Fz, Fzd
▶ファミリー分子：Fz1～10

1）歴史とあらまし

Frizzled（*Fz*）はショウジョウバエの翅を形成する上皮細胞の毛の近位から遠位への方向性，すなわち平面極性（planar cell polarity：PCP）を制御する遺伝子として1987年に見出された[1]．7回膜貫通型の膜タンパク質をコードして，細胞外領域にシステインに富む領域が存在する．一方，1982年にマウス乳がんを誘導する遺伝子*int-1*が見出されたが，後に*int-1*がショウジョウバエの*Wingless*（*Wg*）と相同性が高いことから，*Wnt-1*とよばれるようになった．アミノ酸配列から，Wnt-1は分泌タンパク質であると推定された．

*Wg*はショウジョウバエの初期胚の分節化の過程で重要な働きをする遺伝子で，セグメントポラリティー遺伝子とよばれる一群の遺伝子の1つである．ショウジョウバエ初期胚の各分節腹側では，頭部側に剛毛が生えているのに対して，尾部側には生えていない．*wingless*の機能喪失型の変異では，分節の腹側全体に剛毛が生える表現型となる．したがって，Wnt/Wgのシグナル経路に異常があれば，*Wg*と類似か逆の表現型を示すことになる．*Fz1*と*Fz2*もセグメントポラリティー遺伝子であり，*Fz1*と*Fz2*の機能喪失型の変異（*fz1*と*fz2*）が*wg*と類似の表現型を示したことから，1994年に両者はWgの受容体と考えられるようになった．しかし，*fz1*は*wg*表現型に加えて，PCP表現型（翅毛の配向性が乱れるなど）を示し，*fz2*は*wg*表現型のみを示すことから，Fz2がWgの受容体としてより特異的と考えられた．DFz2（ショウジョウバエのFz2）をS2細胞に発現させ，Wgを作用させるとアルマジロ（ヒトβカテニンオルソログ）が蓄積することが1996年に示され，生化学的にもFzがWntの受容体として認められた[2]．PCP表現型を示すFzに対するWgリガンドはこれまで同定されていなかったが，WgとDWnt4の二重変異体においてPCPの表現型を示すことが報告され，両者がPCP制御に関与することが示唆されている．

マウスやヒトのような哺乳動物細胞には，10種類の*Fz*遺伝子が存在する[1]．これらの遺伝子間の同一性は20～40％であるが，Fz5とFz8間は70％であり，Fz1, Fz2, Fz7間は75％である．

2）機能

ｉ）構造

FzはWnt（**1**参照）の受容体として機能すると考えられている．19種類のWntと10種類のFzの生理的な組合わせと親和性に関する信頼に足る生化学的なデータがいまだに存在しない[3]．Wntの生化学的性状が疎水性であり，精製タンパク質を用いての実験が困難という背景もあるが，2012年にアフリカツメガエルのWnt8（XWnt8）とFz8の細胞外領域の結晶構造が明らかになった[4]ことにより，その複雑さが理解された．この結晶構造解析では，XWnt8を修飾している長い直線状の電子密度（おそらく脂肪酸）がFz8の細胞外領域に存在するポケット部に挿入され，XWnt8のC末端の配列がFz8の外側に沿うように添えられている（**図2A**）．すなわち，親指（脂肪酸）と人指し指（C末端配列）がFz8をつまむように結合するユニークな構造である（**図2B**）．このようなリガンド-受容体結合の例はなく，Wntとその受容体の結合をこれまでの概念にしたがって考えたのでは十分な理解に至らない．さらに，FzはLRP5/6（**3**参照）やRor1/2（**4**参照）などの共役受容体とともにWntと結合するので，Wnt-Fz-共役受容体の3者複合体の構造を理解することが，WntとFzの特異的結合の実態を理解するのに必須である．この際に，受容体エンドサイトーシスが関与することが示唆されている[3]．

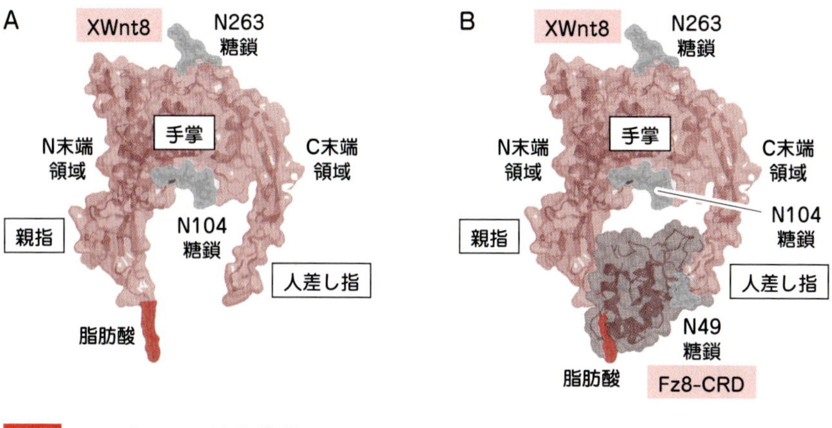

図2 WntとFzの結合様式

詳細は本文参照．CRD：システインリッチドメイン．文献4より引用．

ii）シグナル伝達

Wntのシグナルを細胞内に伝達する際には，Dishevelled（Dvl）がFzに結合する．Wntシグナルにはβカテニン（7参照）依存性経路とβカテニン非依存性経路（PCP経路，Wnt-Ca^{2+}経路）が存在し，両シグナル経路の活性化にDvlとFzの結合が必要である．βカテニン依存性経路（**イラストマップ**）を活性化する際には，FzとDvlが多量体化してシグナルソームを形成して，Axin（6参照）複合体を細胞膜にリクルートすることにより，Axin複合体の機能が阻害され，その結果，βカテニンが安定化されシグナルが伝達される．

3) KOマウスの表現型/ヒト疾患との関連

10種類あるFzについて，Fz10を除いてノックアウトマウスが作製されている[1]．*Fz3*ノックアウトマウスは前脳部の神経軸索の異常により出生後致死となる．*Fz4*ノックアウトマウスは黄体形成不全で不妊となるか，小脳，食道に機能不全が認められる．*Fz5*ノックアウトマウスは卵黄嚢，胎盤の血管形成不全により胎生致死となる．Fz6は毛嚢に発現しており，そのノックアウトマウスは後肢に渦巻き状の毛が生じ，ショウジョウバエのPCPの表現型と類似している．*Fz9*ノックアウトマウスはB細胞分化に異常が認められ，脾腫大と胸腺萎縮が生じて寿命が短くなる．*Fz1*，*Fz2*，*Fz7*，*Fz8*のノックアウトマウスは特別な表現型が認められない．それぞれのFzの発現部位の詳細が判明し，コンディショナルノックアウトマウスを用いることにより，Fzの機能がより明らかになることが期待される．

ヒト疾患との関連では，家族性滲出性硝子体網膜症にFz4の異常が関与していることが報告されている[5]．本症は網膜の血管形成不全により若年性網膜剥離を引き起こす常染色体優性遺伝疾患であり，*Fz4*は染色体11q14-q21に位置して，その7番目の膜貫通領域にアミノ酸の変異が生じる．Fzはオリゴマーを形成するが，変異Fz4が野生型Fz4と結合するとFz4の細胞膜表面への局在が抑制されWnt-βカテニン非依存性のシグナルが伝達されない結果，本症が発症すると考えられている．

【データベース】（ヒトFrizzled）

名称	GeneBank ID	PDB ID	遺伝子座	アミノ酸数
Frizzled1	AB017363	Q9UP38	7q21	647
Frizzled2	L37882	Q14332	17q21.1	565
Frizzled3	AJ272427	Q9NPG1	8p21	666
Frizzled4	AB032417	Q9ULV1	11q14-q21	537
Frizzled5	U43318	Q13467	2q33.3	585
Frizzled6	AB012911	O60353	8q22.3-q23.1	706
Frizzled7	AB010881	O75084	2q33	574
Frizzled8	AB043703	Q9H461	10p11.2	694
Frizzled9	U82169	O00144	7q11.23	591
Frizzled10	AB027464	Q9ULW2	12q24.33	581

【阻害剤】

OMP-18R5

10種類のFz受容体のうち，Fz1，Fz2，Fz5，Fz7，Fz8の細胞外領域のCRD（cysteine rich domain）を認識するFz抗体で，Fz受容体とWntの結合を阻害し，Wnt-βカテニン経路の活性化を阻害する．

【抗体入手先】

抗Fz4抗体（LifeSpan BioSciences社，LS-C6904）

抗Fz1抗体（Life technologies社，38-6900）

抗Fz2抗体（Life technologies社，38-4700）
抗Fz5抗体（CST社，D2H2）
抗Fz6抗体（CST社，D165E5）

【ベクター入手先】

Fz1（ラット）〔九州大学生体防御医学研究所，石谷　太准教授（e-mail：tish@bioreg.kyushu-u.ac.jp）〕.

FLAG-Fz4（マウス）〔東京工業大学大学院生命理工研究科，駒田雅之教授（e-mail：makomada@bio.titech.ac.jp）〕.

Fz7-CFP（ヒト）〔神戸大学大学院医学研究科，西田　満准教授（e-mail：nishita@med.kobe-u.ac.jp）〕.

Fz2（ラット），Fz3（マウス），Fz4（マウス），Fz5（ヒト），Fz6（マウス），Fz7（マウス），Fz8（マウス）〔まず，米国Johns Hopkins大学のJeremy Nathans教授（e-mail：jnathans@jhmi.edu）に相談．許可が得られれば，自然科学研究機構の高田慎治教授（e-mail：stakada@nibb.ac.jp）からの譲渡も可能〕.

参考文献

1）Schulte G：Pharmacol Rev, 62：632-667, 2010
2）Bhanot P, et al：Nature, 382：225-230, 1996
3）Kikuchi A, et al：Int Rev Cell Mol Biol, 291：21-71, 2011
4）Janda CY, et al：Science, 337：59-64, 2012
5）Xu Q, et al：Cell, 116：883-895, 2004

（菊池　章，山本英樹）

Keyword

3 LRP5/6

▶フルスペル：
low density lipoprotein receptor-related protein 5/6
▶別名：
LRP5→HBM, LR3, OPS, EVR1, EVR4, LRP7, OPPG, BMND1, LRP-5, OPTA1, VBCH2
LRP6→ADCAD2

1）歴史とあらまし

i）発見の経緯

LRP5/6は共役受容体としてFrizzled（2参照）とともにWntリガンド（1参照）と結合し，βカテニン経路の活性化を誘導する1回膜貫通型タンパク質である（**図3，イラストマップ**）．LRP5/6は低密度リポタンパク質受容体（LDLR）ファミリーの一種として1998年にクローニングされた．その後，ショウジョウバエを用いた遺伝学的解析から，Winglessシグナル経路を制御する遺伝子として*Arrow*が同定され，*Arrow*はヒトLRP5/6のホモログであることが示された．また，アフリカツメガエルや遺伝子改変マウスを用いた解析からも同様の結果が報告され，LRP5/6とWnt-βカテニンシグナルの関連性が揺るぎないものとなった．

ii）構造

LRP5/6はおのおの1,615と1,613アミノ酸からなり，互いのアミノ酸配列は70％の相同性を有している．長いN末端細胞外領域には，4個の連続したβ-プロペラ/EGF様ドメインと3個のLDLRタイプAリピートが存在する．β-プロペラ/EGF様ドメインにはさまざまなWntリガンドおよびWntアンタゴニスト（5参照）であるDkk1，スクレロスチン（SOST），Wiseが結合する．また，細胞内領域には種を超えて保存された5個のPPPSPxSモチーフを有し，LRP5/6の本モチーフはGSK-3βとCK Iによってリン酸化を受けることが示されている．

2）機能

細胞外に分泌されたWntリガンドはFrizzledと共役受容体であるLRP5/6に結合することによってβカテニン経路の活性化を誘導する（**図3**）．Wnt存在下では，LRP5/6の細胞内領域はリン酸化を受けることでAxin（6参照）との親和性が亢進しており，LRP5/6がAxinのβカテニン分解促進能を抑制することによって，著しいβカテニンの蓄積が生じると考えられている．現在，βカテニン経路の活性化にはLRP5/6が必須であるが，βカテニン非依存性経路（PCP経路とWnt-Ca^{2+}経路）の活性化はLRP5/6に依存しないと考えられている（**概論**も参照）[1) 2)]．

LRP5/6はさまざまなWnt阻害因子による作用を受けることも知られている．sFRP（secreted frizzled related protein）やWIF-1（Wnt inhibitory factor-1）はWntリガンドに直接結合することによって，Wntと受容体との結合を阻害している．一方，Dkk1やSOST/WiseはLRP5/6と結合することによってWntとLRP5/6の結合を阻害すると考えられている．また，APCDD1はWntとLRP5/6の双方と結合してWntシグナルを抑制していることが報告されている．さらに，補体成分の1つであるC1q（9参照）がFrizzledに結合すると細胞膜上のLRP5/6が切断され，Wntシグナルが活性化することも示されている[3)]．

3）KOマウスの表現型/ヒト疾患との関連

Wntシグナルは骨形成に重要な役割を担っていることはよく知られており，LRP5は骨量規定因子であると考えられている．*LRP5*欠損マウスでは骨密度の低下と糖・脂質代謝障害が起こり，*LRP5*と*apo E*（*apolipopro-*

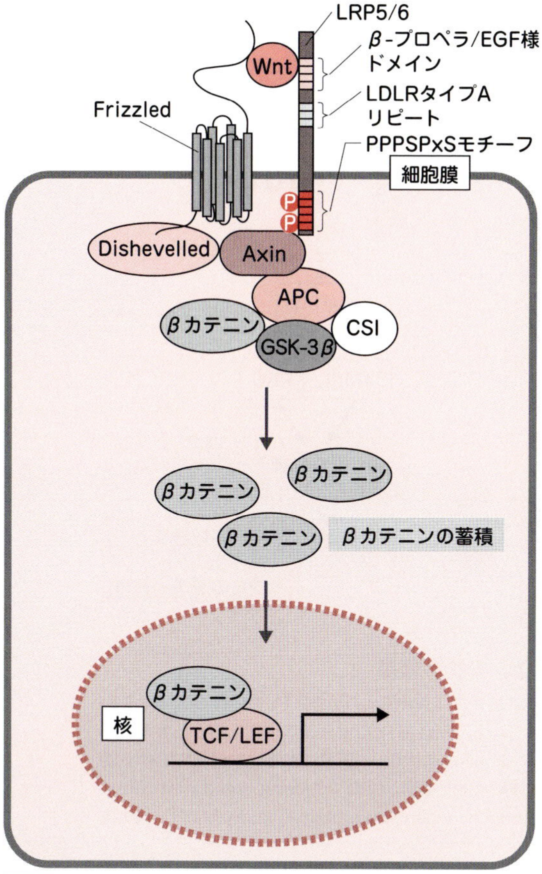

図3 LRP5/6によるWntシグナルの制御

WntリガンドはFrizzledと共役受容体であるLRP5/6に結合し，βカテニン経路の活性化を誘導する．βカテニン経路の活性化はLRP5/6に依存する．

tein E）の二重欠損マウスはアテローム性動脈硬化症を呈する．ヒト*LRP5*の不活性化型変異は骨粗鬆症を伴う偽神経膠腫症候群（OPPG）の原因となる．一方，Dkk1やSOSTによるWntシグナルの抑制が効かなくなる点突然変異*LRP5*（*G171V*）が起こると，骨粗鬆症とは逆の病態である高骨密度を呈する．また，副甲状腺がんや乳がんで発現が確認された内部欠損型のLRP5（選択的スプライシングにより生じる）もDkk1による影響を受けないことが示されている．さらに，網膜血管の形成不全を特徴として最終的には網膜剥離につながる遺伝性疾患の家族性滲出性硝子体網膜症（FEVR）で*LRP5*の機能喪失変異が認められる．*LRP6*欠損マウスは四肢，泌尿生殖系器官，中脳・小脳など身体の広範な部位の形成不全を示し，出生直後に死亡する．アルツハイマー病や冠動脈疾患においては*LRP6*の変異が見出されている．

【データベース】

	Gene ID/OMIM ID
ヒトLRP5	4041/603506
ヒトLRP6	4040/603507

【抗体入手先】

LRP5：CST社（3889S）

LRP6：CST社（2560S）

【ベクター入手先】

大部分のヒトおよびマウスcDNAは下記より入手できる．タグやオリジナルの5′，3′UTR付きで発現ベクターに組み込んだものもある．

DNAFORM社（http://www.dnaform.jp/index.html）

OriGene社（http://www.origene.com）（和光純薬工業社やフナコシ社で扱いがある）

コスモ・バイオ社（http://www.cosmobio.co.jp/product/detail/gcp_20110620.asp?entry_id＝7398）

参考文献

1）MacDonald BT & He X：Cold Spring Harb Perspect Biol, 4：a007880, 2012
2）Joiner DM, et al：Trends Endocrinol Metab, 24：31-39, 2013
3）Naito AT, et al：Cell, 149：1298-1313, 2012

（川崎善博）

Keyword

4 Ror1/2

▶フルスペル：RTK（receptor tyrosine kinase）-like orphan receptor 1/2

▶和文表記：Rorファミリー受容体型チロシンキナーゼRor1/2

1）歴史とあらまし

i）発見の経緯

哺乳動物Ror1，Ror2は，当初リガンドが未知の新規受容体型チロシンキナーゼ〔Rorファミリー受容体型チロシンキナーゼ（RTK）〕として同定された．その後，RorファミリーRTKは，動物種を超えてよく構造が保存されており，その細胞外領域には，Frizzled（Fz）（2参照）のWnt結合ドメインであるシステインリッチドメイン（cysteine rich domain：CRD）と類似したドメインが見出され，Wnt（1参照）シグナルに関与すると考えられた．線虫を用いた遺伝学的解析から，Ror2相同分子であるCAM-1（CAN abnormal migration 1）が神経細胞の非対称分裂や細胞移動などに重要な役割を担う

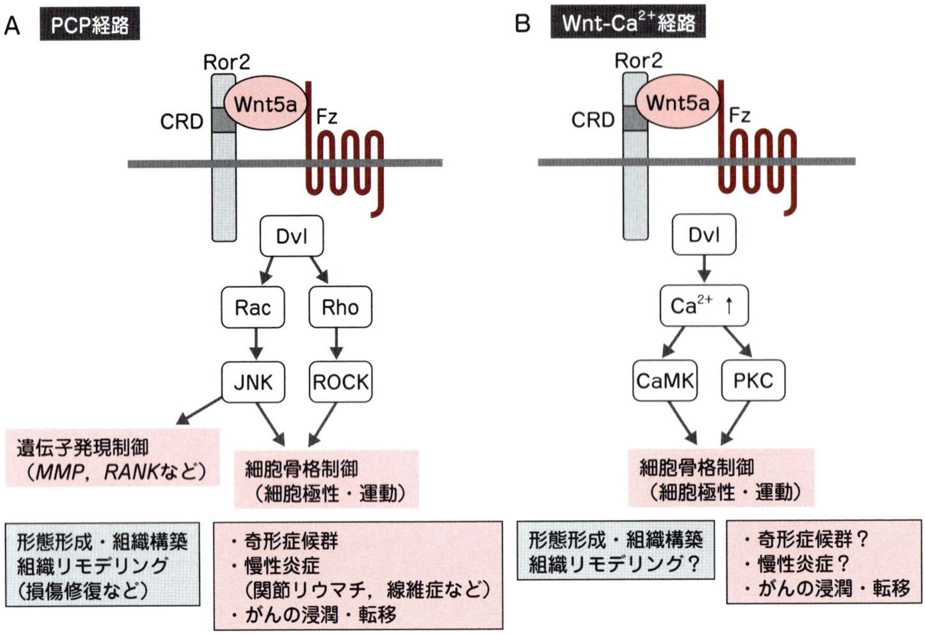

図4 Wnt5a-Ror2によって活性化される主なシグナル経路

A）PCP経路．B）Wnt-Ca^{2+}経路．これらの経路に加えて，Wnt5a-Ror2はFzの非存在下で古典的canonical Wntシグナル経路を阻害することが知られている．Ror1もRor2と同様の機能を担うと考えられるが，両者の機能的重複性に比べて，特異性については不明な点が多い．▭は生理的状況下における機能を，▭は病的状況下における機能を示している．詳細は本文参照．CRD：cysteine-rich domain，Fz：Frizzled，Dvl：Dishevelled，CaMK：Ca^{2+}/calmodulin-dependent protein kinase，MMP：matrix metalloprotease，RANK：receptor activator of NF-κB.

ことが示された．さらにマウスRor2およびアフリカツメガエルXror2が，非古典的Wntシグナルを活性化することが知られているWnt5aおよびXwnt5aの受容体または共受容体として機能することが明らかになった[1]．

ii）発現様式

マウス胚発生において，*Ror1*，*Ror2*は主に神経堤細胞や間葉系細胞に発現が認められ，時期・部位によってはそれぞれに特徴的な発現様式を示すが，これらの発現動態は類似している．成体では，*Ror1*，*Ror2*の発現はいずれも顕著に減弱しているが，組織損傷・炎症において（活性化）線維芽細胞や上皮細胞の上皮間葉転換（epithelial-mesenchymal transition：EMT）に伴い発現誘導が認められる．また，Ror1は肺腺がん，乳がん，造血器腫瘍などで，Ror2は前立腺がん，骨肉腫，悪性黒色腫などで発現が亢進している．*Wnt5a*も*Ror1*，*Ror2*と類似の発現様式を示し，成体では線維芽細胞，マクロファージなどで発現が観察される．

2）機能

Ror2（およびRor1）はWnt5aの受容体または共受容体として機能し，細胞増殖・分化，細胞極性・細胞運動や幹細胞性維持などの細胞機能を制御することにより，発生における形態形成・組織構築や成体における損傷修復時の組織リモデリングなどの生理的局面，慢性炎症やがんの浸潤・転移などの病理的局面において重要な役割を担っている[1)～3)]．例えば発生において，Ror2，Ror1はWnt5aによるβカテニン（7参照）非依存的なWntシグナル経路（非古典的Wntシグナル経路）である平面内細胞極性（planar cell polarity：PCP）経路やWnt-Ca^{2+}経路を活性化し，細胞骨格再編成を介してPCPと収斂伸長（convergent extension：CE）運動を制御することにより，形態形成や組織構築において必須の役割を担っている（図4）[1]．

i）PCP経路

PCP経路ではシグナル伝達の足場タンパク質であるDishevelled（Dvl）を介して，低分子量Gタンパク質であるRacやRhoを活性化し，JNK（c-Jun N-terminal kinase）やROCK（Rho-associated kinase）を活性化することにより細胞骨格再編成が誘導され，細胞極性・運動が制御される（**図4A**）[1) 2)]．腎発生過程では，後腎間葉におけるWnt5a-Ror2シグナルがウォルフ管（上皮）–後腎間葉（間葉）の相互作用を制御し，尿管芽形成過程において重要な役割を担っている[4)]．また，培養細胞を用いた研究から，Wnt5a-Ror2シグナルはJNKの活性化を介して，転写因子AP-1やSP-1などを活性化し細胞種に応じて*MMP*遺伝子や*RANK*遺伝子などの発現を誘導することにより，各細胞に特異的な機能を制御する（**図4A**）．

ii）Wnt-Ca^{2+}経路

Wnt-Ca^{2+}経路では細胞内ストアからのCa^{2+}放出により細胞内Ca^{2+}濃度が上昇し，CaMK（Ca^{2+}/calmodulin-dependent protein kinase）やPKC（protein kinase C）が活性化される（**図4B**）[2)]．悪性黒色腫細胞では構成的にWnt5aとRor2が発現しており，Wnt5a-Ror2シグナルが恒常的に活性化される結果，PKCの活性化を介して細胞運動・浸潤が促進される[2)]．また，Ror2はFz非依存的にWnt5aによるβカテニン依存的Wntシグナル経路（古典的canonical Wntシグナル経路，**イラストマップ**）を阻害することが示されている[5)]．最近では大腸上皮組織の損傷修復過程において，Wnt5a-Ror2シグナルがTGF-βシグナルを活性化し，大腸陰窩再生に寄与することが明らかとなっている[6)]．

3）KOマウスの表現型/ヒト疾患との関連

*Ror2*ノックアウトマウス，*Ror1*ノックアウトマウスは出生直後に呼吸不全により新生仔致死に至る．*Ror1*ノックアウトマウスでは外観上の異常は認められないが，*Ror2*ノックアウトマウスでは低身長，四肢・尾の短縮化がみられ，骨軟骨形成不全，心奇形（心室中隔欠損），肺・気管形成異常，消化管の短縮化，腎・尿管奇形（重複腎・尿管）などのさまざまな表現型が観察される．*Ror2*ノックアウトマウスの表現型は*Wnt5a*ノックアウトマウスのそれに類似しているが，やや軽度である[1)]．*Ror1*，*Ror2*は遺伝学的に相互作用しており，*Ror1/Ror2*ダブルノックアウトマウスでは*Wnt5a*ノックアウトマウスと酷似した表現型が認められる．

*Ror2*はヒト遺伝性骨軟骨形成不全症である優性遺伝性B型短趾症，劣性遺伝性Robinow症候群の原因遺伝子であり，*Wnt5a*は優性遺伝性Robinow症候群の原因遺伝子であることが知られているが，*Ror1*とヒト遺伝性疾患などとの関連は不明である．また，腎線維症モデル，関節リウマチモデルなどの解析から，これらの慢性炎症ではWnt5a-Ror2シグナルが持続的に活性化され，その結果，上皮細胞基底膜や関節滑膜の破壊などがもたらされ，病態の進展にかかわることが示唆されている．また，Ror1，Ror2はさまざまなヒト悪性腫瘍の進展・増悪にかかわることが見出され，Ror1についてはWnt5a非依存的な新たなシグナル系の関与が示唆されている[2)]．

【データベース】

GenBank ID

ヒトRor1	M97675
マウスRor1	AB010383
ヒトRor2	M97639
マウスRor2	AB010384

PDB ID

ヒトRor2キナーゼドメイン　4GT4

OMIM ID

Ror1　602336

Ror2　602337

【抗体入手先・使途】

※以下，WBはウエスタンブロットに，IPは免疫沈降に，FCはフローサイトメトリーに使用可能．

抗Ror1抗体

CST社（Cat No. #4102），ヒト・マウス，WB

R & Dシステムズ社（Cat No. AF2000），ヒト，WB/IP/FC

抗Ror2抗体

R & Dシステムズ社（Cat No. AF2064），ヒト・マウス，WB/FC

参考文献

1）Minami Y, et al：Dev Dyn, 239：1-15, 2010
2）Nishita M, et al：Trends Cell Biol, 20：346-354, 2010
3）Nishita M, et al：J Cell Biol, 175：555-562, 2006
4）Nishita M, et al：Mol Cell Biol, 34：3096-3105, 2014
5）Mikels AJ & Nusse R：PLoS Biol, 4：e115, 2006
6）Miyoshi H, et al：Science, 338：108-113, 2012

（遠藤光晴，南　康博）

Keyword

5 Wntアンタゴニスト

▶ファミリー分子の個別名：Dkk，sFRP，WIF-1，Wise/SOST，Cerberus，IGFBP-4，Shisa，Waif1，APCDD1，Tiki1

1）歴史とあらまし

現在までに6種類の分泌型ファミリータンパク質〔Dkk（Dickkopf protein），sFRP（secreted Frizzled-related protein），WIF-1（Wnt-inhibitory factor 1），Wise/SOST，Cerberus，IGFBP-4（insulin-like growth-factor binding protein 4）〕と4種類の膜貫通型ファミリータンパク質〔Shisa，Waif1（Wnt-activated inhibitory factor 1，5T4），APCDD1（adenomatosis polyposis coli down-regulated 1），Tiki1〕がWntアンタゴニストとして同定されている[1]．これらはいずれもWntリガンド（**1**参照）と受容体の相互作用，あるいはその後の受容体を含む複合体生成を阻害することによりWntシグナルを抑制する（**図5**）．ここではそのなかで最も研究が進んでいるDkk[1) 2)]とsFRP[1) 3)]ファミリーを取り上げる．

i）Dkkファミリー

1998年にDkk1が，アフリカツメガエルの頭部形成誘導因子（シュペーマンオーガナイザー）で，Wntアンタゴニストであることが最初に報告された．Dkkは進化的に保存された糖タンパク質で脊椎動物以外では刺胞動物，尾索動物，細胞性粘菌などでも同定されているが，ショウジョウバエ，線虫ではオルソログは同定されていない．脊椎動物では4種類（Dkk1～4）知られており，255～350アミノ酸からなる．Dkk1/2/4は系統的により近く，Dkk3はやや配列相同性が低い．

ii）sFRPファミリー

sFRPはWnt受容体Frizzled（**2**参照）のWnt結合ドメインと類似構造をもち，Wntアンタゴニストとして最大のファミリーを形成する．ヒトでは5種類（sFRP1～5）同定されており，295～346アミノ酸からなる．1996年を皮切りに，骨形成因子，シュペーマンオーガナイザー，Wntアンタゴニストなどとして次々と同定されていった．これまで調べられたすべての脊椎動物および無脊椎動物（ショウジョウバエを除く）でオルソログがみつかっている．sFRP1/2/5および3/4はそれぞれ系統的により近いサブグループを形成し，他の種では別の独立サブグループも同定されている．

2）機能

i）Dkkファミリーの機能

Dkk1/2/4はLRP5/6（lipoprotein receptor-related protein 5/6）と結合し，LRP5/6とWnt-Frizzledの複合体形成を阻害することによりcanonicalなWnt-βカテニンシグナルを特異的に阻害する（**図5，イラストマップ**も参照）．Dkk1は純粋なアンタゴニストだが，Dkk2は細胞の条件によって逆にWntシグナルを活性化することもある．Dkk3はLRP5/6とは結合できないのでWntシグナルには関与せず，TGF-βシグナル（**第7章**参照）の制御に関与する．

ii）sFRPの機能

sFRPはWntと結合することによりWntとFrizzledの結合を阻害すると考えられているが，Frizzledと二量体を形成しFrizzledの機能を阻害するモデルも提唱されている（**図5**）．canonicalなWnt-βカテニンシグナルと

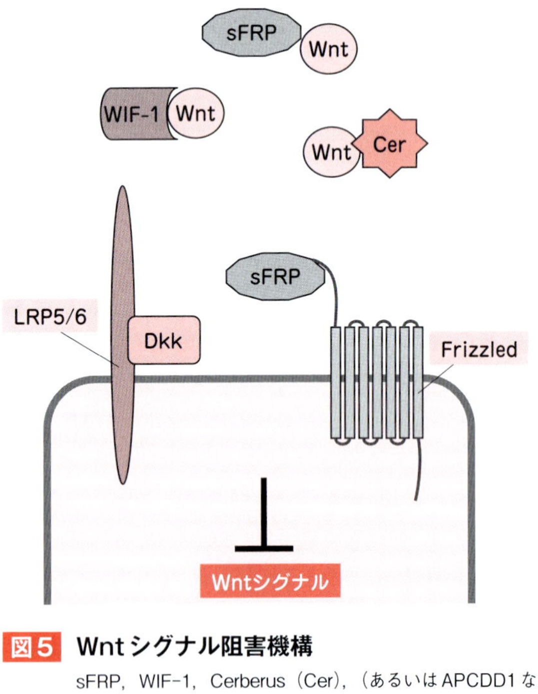

図5　Wntシグナル阻害機構

sFRP，WIF-1，Cerberus（Cer），（あるいはAPCDD1など）はWntリガンドと，またsFRP（あるいはIGFBP-4など）は受容体Frizzledと結合・占有することによりWnt-Frizzled結合を減少させ，Wntシグナルを阻害する．Dkk（あるいはWise/SOST，IGFBP-4，Waif1，APCDD1など）はLRP5/6と結合することによりWnt-Frizzled-LRP5/6複合体形成を減少させWntシグナルを阻害する．その他，Shisaは小胞体でFrizzledをトラップし，その成熟・膜輸送を阻害する．Tiki1は金属プロテアーゼで，WntのN末端8残基を消化することによりFrizzled結合能を減少させる．

Wnt-PCP（planar cell polarity）シグナルのどちらのタイプのWntとも結合できるため，どちらの経路も阻害できる．PCPシグナルはWnt-βカテニンシグナルを阻害するため，sFRPはPCPシグナルを阻害することにより，結果的にWnt-βカテニンシグナルを活性化することもある．sFRPはWntシグナル制御以外にも腫瘍壊死因子の1つRANKLと結合して破骨細胞の形成を阻害したり，金属プロテアーゼADAM10と相互作用することによりNotchシグナル（**第9章**参照）を抑制，結果網膜の神経形成を制御するなどの働きもある．

3) KOマウスの表現型/ヒト疾患との関連

Wnt-βカテニンシグナルはBMP（bone morphogenetic protein）（**第7章-10〜14**参照），Nodalシグナルと協調し胚発生時の前後軸形成の際，前部（特に中枢神経系）の形成を阻害する．*Dkk1*ホモノックアウトマウスは胎生致死で体軸前部の頭部構造の欠落がみられる．*Dkk1*ヘテロノックアウトマウスは生存・生殖可能だが骨密度の上昇などが観測される．*Dkk2*ホモノックアウトマウスは生存・生殖可能であるが，角膜上皮組織のケラチン化により盲目になる．*Sfrp1/2/5*の単独ノックアウトマウスは特に表現型は出ないが，*Sfrp1/2*のダブルノックアウトでは胚の前後軸が短くなり，体節の分離も不完全で胎生致死となる．*Sfrp1/2/5*のトリプルノックアウトでは同様の表現型がさらに強くなる．［*Dkk1*ホモノックアウト，*Sfrp1*ホモノックアウト，*Sfrp2*ヘテロノックアウト］の組合わせのマウスでも体節の分離不全が生じるため，体節の正常な分離にはsFRPによるWnt-βカテニンシグナルの抑制が必要と考えられる．

ヒト疾患との関連では，DkkおよびsFRPはさまざまながんで発現変化が知られており，例えば大腸がんでは*Dkk*ファミリーはエピジェネティックなサイレンシングを受けていると報告されている．また*sFRP1/2*の高メチル化によるサイレンシングはあらゆるタイプの腫瘍でみられ，*sFRP1*プロモーターのメチル化状態が，がんの発生や進行のバイオマーカーとして使用可能であると提唱されている．その他にもDkkは神経傷害後の神経変性の進行，sFRPは骨溶解症や異所性骨化，または視細胞変性への関与なども示唆されている．

【データベース】

	NCBI Gene ID/OMIM ID
ヒト *DKK1*	22943/605189
ヒト *DKK2*	27123/605415
ヒト *DKK4*	27121/605417
ヒト *SFRP1*	6422/604156
ヒト *SFRP2*	6423/604157
ヒト *FZDB*（*SFRP3*）	2487/605083
ヒト *SFRP4*	6424/606570
ヒト *SFRP5*	6425/604158

【阻害剤入手先】

Dkk1：BHQ880 Dkk1 neutralizing antibody[4)]（Novartis社）

Dkk1/2/4：Dkk Inhibitor Ⅱ, Ⅲ C3a（Merck Millipore社，317701）

sFRP1：sFRP Inhibitor Ⅱ（Merck Millipore社，344301）

【抗体入手先】

Dkk1：Merck Millipore社，ABS375

Dkk2：Merck Millipore社，06-1087

sFRP1：1）Abcam社，AB4193
2）rabbit monoclonal antibody clone EPR7003（さまざまな会社で販売）

sFRP2：Merck Millipore社，MABS330

sFRP3：R & Dシステムズ社，AF192

sFRP4：Merck Millipore社，09-129

【ベクター入手先】

大部分のヒトおよびマウスcDNAは下記より入手できる．タグやオリジナルの5′，3′UTR付きで発現ベクターに組み込んだものもある．

DNAFORM社（http://www.dnaform.jp/index.html）

OriGene社（http://www.origene.com）（和光純薬工業社やフナコシ社で扱いがある）

コスモ・バイオ社（http://www.cosmobio.co.jp/product/detail/gcp_20110620.asp?entry_id＝7398）

参考文献

1）Cruciat CM & Niehrs C：Cold Spring Harb Perspect Biol, 5：a015081, 2013
2）Niehrs C：Oncogene, 25：7469-7481, 2006
3）Bovolenta P, et al：J Cell Sci, 121：737-746, 2008
4）Fulciniti M, et al：Blood, 114：371-379, 2009

（松浦　憲）

Keyword

6 APC, Axin

▶APC：adenomatous polyposis coli

1) 歴史とあらまし

APCは家族性大腸ポリポーシス（familial adenomatous polyposis：FAP）の原因遺伝子として見出された．散発性大腸がんの約80％でも変異を起こしていること

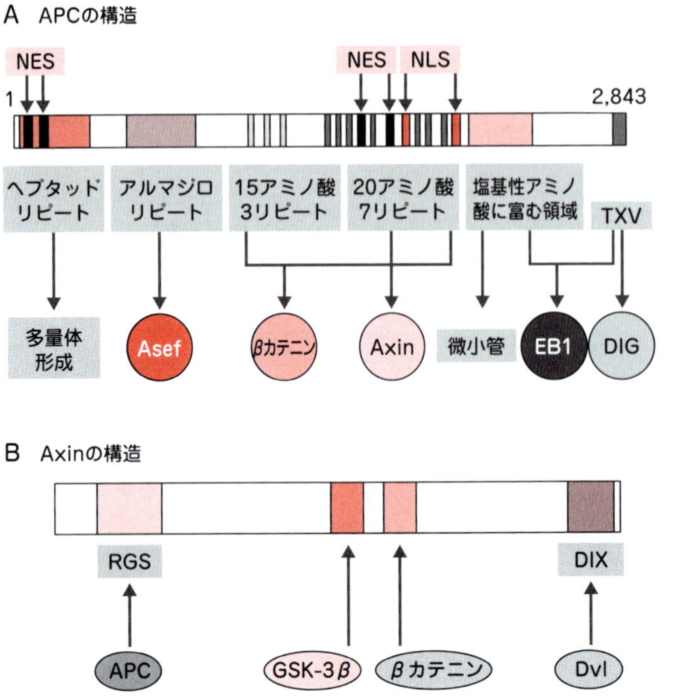

図6 APCおよびAxinの構造模式図

詳細は本文参照．NES：nuclear export signal，NLS：nuclear localization signal，TXV：Thr-X-Valモチーフ（Xは任意のアミノ酸）．

が知られている．APC遺伝子の変異は，大腸がんの多段階発がんの初期に起こり，大腸がん発症のゲートキーパー遺伝子と考えられている．

一方Axinは，ホモ欠失マウス胎仔に体軸の重複を起こすFusedとして見出された．APCとAxinは複合体を形成してβカテニン（7参照）の分解を誘導し，Wnt（1参照）シグナルを負に制御する活性をもっている．Axinの変異は，肝がん，肝芽腫，髄芽腫などで見出されている．APCと相同性の高い遺伝子としてはEAPC（APC-2），Axinと相同性の高い遺伝子としては*Axin2*（*Conductin*，*Axil*）が存在する[1)〜4)]．

2）構造と機能

i）APCの構造

APCのN末端にはヘプタッドリピートが存在し，coiled-coil構造を形成する（図6）．その下流にはアルマジロリピートが存在し，RAC特異的GEF分子Asef，KAP3-KIF3A/3Bなどと結合する．分子中央付近には15アミノ酸の3回のくり返し，その下流には20アミノ酸の7回のくり返しが存在し，βカテニンのアルマジロリピートと結合する．20アミノ酸リピートの3番目と4番目の間，4番目と5番目の間，7番目の下流の3カ所にはAxinが結合する．その下流には塩基性のアミノ酸に富む領域が存在し，微小管と結合する．さらにC末端側にはEB1，DLGが結合するTXVドメインがある．大腸がんでみられるAPC遺伝子の変異のほとんどは5′側半分に起こるフレームシフト変異やナンセンス点突然変異で，終始コドンが生じて短い遺伝子産物断片ができる場合が多い．FAPでは変異の位置によって症状が異なる場合があることが知られている．散発性の大腸がんでは，特にコドン1,309〜1,550の領域に変異が集中しており，この領域はmutation cluster regionとよばれる．

ii）Axinの構造

Axinは，N末端側に存在するRGS（regulators of G-protein signaling）ドメインでAPCに結合し，分子中央付近でGSK-3βおよびβカテニンと結合する．C末端にはDishevelled（Dvl）のN末端のDIXドメインと相同性のある領域が存在し，Dvlと結合する．また，このドメインでオリゴマーを形成する．

iii）シグナル伝達

APCとAxinは，βカテニン，セリン/スレオニンキナーゼGSK-3β（glycogen synthase kinase-3β），CKI（casein kinase I），YAP/TAZと複合体（destruction複合体）を形成して，βカテニンのリン酸化を引き起こす（**イラストマップ**）．リン酸化されたβカテニンは，F-box−WD40リピートをもつβ-TrCPと結合してユビキチン化され，プロテアソームによる分解を受ける．大腸がんで発現している変異APCは，βカテニン分解活性が失われているため，大腸がん細胞内にはβカテニンが大量に存在し，TCF/LEFによる転写が亢進している．なお，APC遺伝子に変異のない症例では，βカテニンのN末端領域のGSK-3βによってリン酸化を受けるアミノ酸が変異を起こし，βカテニンの安定化が起きている場合がある．したがって，腺腫が発症するためには，βカテニンが変異を起こして安定化するか，APCまたはAxinに変異が生じてβカテニンの不安定化が起こらなくなることが重要であると考えられる．APCには核外移行シグナルが存在し，細胞質と核をシャトルして核内のβカテニンを細胞質へ輸送することによって，βカテニンの局在とターンオーバーを制御している可能性があると考えられる．なお，APCは，Wntシグナルの制御以外にも，Asefを介した細胞接着や運動能の制御，微小管の制御など多彩な機能を果たしている．

3) KOマウスの表現型

*APC*遺伝子は生存に必須の遺伝子でホモノックアウトマウスは胎生6日目ごろに死滅する．ヘテロノックアウトマウスはヒトと同様に腸管に多数のポリープとがんを生じる．MinマウスはヒトのFAPと同じく*APC*遺伝子の胚性変異が遺伝的に受け継がれており腸管に多数のポリープ，がんを生じる．*Axin*遺伝子のホモノックアウトはマウス胎仔に体軸の重複を起こす（Fused）．

【抗体入手先】

APC抗体

免疫沈降に使用可能：APC（C20，Santa Cruz Biotechnology社）

染色・ウエスタンブロッティングに使用可能：APC（ALi 12-28，Abcam社）

Axin

Life Technologies社 #34-5900

など

【データベース】

the Wnt homepage（http://web.stanford.edu/group/nusselab/cgi-bin/wnt/）

Cancer Genetics WebのAPCのページ（http://www.cancerindex.org/geneweb/APC.htm）

GenBank ID

ヒトAPC　NM_000038

ヒトAxin　NM_003502

参考文献

1）Clevers H & Nusse R：Cell, 149：1192-1205, 2012
2）Lien WH & Fuchs E：Genes Dev, 28：1517-1532, 2014
3）Niehrs C：Nat Rev Mol Cell Biol, 13：767-779, 2012
4）Holland JD, et al：Curr Opin Cell Biol, 25：254-264, 2013

（秋山　徹）

Keyword

7 βカテニン

1) 歴史とあらまし

βカテニンは，カドヘリンの裏打ちタンパク質として細胞接着に重要な役割を果たすタンパク質として見出された．その後，カドヘリンだけでなく驚くほどいろいろなタンパク質と結合してさまざまな生命現象に関与していることが明らかになってきた．特に，体軸形成，脳形成，四肢の形成など発生・形態形成に重要な役割を果たすWnt（1参照）シグナルの伝達因子としての役割は大きな注目を集め，機能が詳細に解析されている[1)～3)]．また，がん細胞で変異を起こし，がん化の一因となっていることも見出されている[4)]．

2) 構造と機能

ｉ）構造

βカテニンは，N末端の130アミノ酸からなるドメイン，中央の550アミノ酸からなるドメイン，C末端の100アミノ酸からなるドメインの3つのドメインからなる（図7）．N末端のドメインは安定性にかかわるリン酸化部位を含み，C末端は転写活性化に関与する．分子中央は42アミノ酸からなるアルマジロリピートの12回の繰り返しからなる．それぞれのアルマジロリピートは3つのα-ヘリックスからなり，これが12回くり返すことにより右巻きのスーパーヘリックスを形成している．スーパーヘリックスの溝には塩基性のアミノ酸がならび，TCF/LEF，APC（adenomatous polyposis coli），カドヘリンなどの酸性アミノ酸のならんだ領域と結合する．

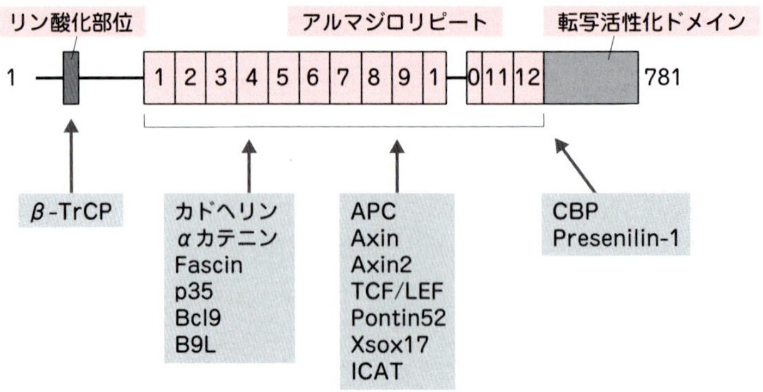

図7　βカテニンの構造

下側の灰色の四角のなかの因子は矢印で示した部位に結合する．詳細は本文も参照．

ii）シグナル伝達

βカテニンは，Wntが細胞に作用していない状態では，APC，Axin（6参照），GSK-3β（glycogen synthase kinase-3β），CKI（casein kinase I），TAP/TAZからなる複合体（destruction complex）によってリン酸化され，β-TrCPによるユビキチン化を受けてプロテアソームにより速やかに分解される（**イラストマップ**）．Wntが細胞膜に存在する受容体Frizzled（2参照）に結合すると，Dishevelled（Dvl）を介してβカテニンのリン酸化が抑制され安定化する．安定化したβカテニンは核へ移行してTCF/LEFファミリーの転写因子と結合し標的遺伝子の転写活性化を引き起こす．TCF/LEFは，HMG（high mobility group）ドメインで特異的な塩基配列に結合しDNAのベンディングを引き起こすが，単独では転写活性化能はほとんどなく，βカテニンと複合体を形成してはじめて標的遺伝子の転写活性化を引き起こせるようになる．転写活性化には，Pontin52，ショウジョウバエのtearshirt，Bcl9（Lgs），B9L（Bcl9-2），Pygopus，p300など，転写抑制にはICATなど多数の因子が関与している．なお，TCF/LEFはGroucho（TLE），CtBP，CBPなどと相互作用して転写抑制も引き起こす．βカテニン−TCF/LEF複合体の標的遺伝子としては，形態形成に重要な役割を果たすアフリカツメガエルのSiamoisやTwin，ショウジョウバエのEngrailedやUltrabithoraxなどがよく知られている．なお，Axin2，Frizzled，DickkofなどWntシグナル伝達経路を構成する因子も標的であることが知られている．

3）KOマウスの表現型

βカテニンノックアウトマウスは胎生期初期に死亡する．

4）ヒト疾患との関連

βカテニンの変異は大腸がん，皮膚がん，子宮内膜がん，肝がん，胃がん，前立腺がんなどさまざまな腫瘍で見出されている．これらの腫瘍では，βカテニンが変異によって安定化し，恒常的に転写活性化を引き起こしている．がん化に重要な標的遺伝子としては，サイクリンD1やc-Mycなどが知られている．

【抗体入手先】

抗β-catenin抗体はBD Transduction Laboratories社（Clone 14/Beta-Catenin）などから購入可能．

【データベース】

the Wnt homepage（http://web.stanford.edu/group/nusselab/cgi-bin/wnt/）

GenBank ID

human β-catenin：NM_001904

参考文献

1）Clevers H & Nusse R：Cell, 149：1192-1205, 2012
2）Lien WH & Fuchs E：Genes Dev, 28：1517-1532, 2014
3）Niehrs C：Nat Rev Mol Cell Biol, 13：767-779, 2012
4）Holland JD, et al：Curr Opin Cell Biol, 25：254-264, 2013

（秋山　徹）

Keyword

8 R-spondin, LGR5

【R-spondin】

▶フルスペル：roof plate-specific spondin

▶ファミリー分子とその別名：

R-spondin 1：RSPO, CRISTIN3（cysteine-rich single thrombospondin type I repeat containing protein 3）

R-spondin 2：CRISTIN2

R-spondin 3：CRISTIN1, PWTSR（protein with TSP type-1 repeat）, THSD2（thrombospondin type-1 domain-containing protein 2）

R-spondin 4：C20orf182, CRISTIN4

【LGR5】

▶フルスペル：leucine-rich repeat containing G protein-coupled receptor 5

▶別名：FEX, GPR49（G-protein coupled receptor 49）, GPR67, GRP49, HG38

▶ファミリー分子：LGR4, LGR6

1）歴史とあらまし

i）R-spondin（リガンド）

R-spondin（Rspo）ファミリーはWnt（1参照）と協調してWntシグナル経路を活性化する分泌タンパク質である．*RSPO3*（*hPWTSR*）が最初のR-spondinとしてヒト胎児脳cDNAライブラリーからのハイスループットシークエンス解析によって同定された．現在までに哺乳類では4種類のR-spondinが報告されており，Rspo1～4と名づけられている．R-spondinファミリーは234～272アミノ酸からなり，N末端から，①分泌に必要なシグナル配列，②2個のCR（cysteine-rich furin-like）ドメイン，③TSR（thrombospondin type I repeat）ドメイン，④BR（basic amino acid rich）ドメインで構成されている．

ii）LGR4/5/6（受容体）

7回膜貫通型タンパク質のLGR4/5/6（leucine-rich repeat-containing G protein-coupled receptor 4/5/6）は17個のLRR（leucine-rich repeat）を含む長いN末端細胞外領域をもつことを構造上の特徴としており，R-spondinファミリーの受容体であることが明らかにされている．そのうちLGR5とLGR6は成体幹細胞のマーカーであることが示され，幹細胞がかかわる研究分野で大きな注目を集めている．

2）機能

i）R-spondin

Wntリガンドとその受容体であるFrizzled-LRP5/6（3参照）の結合とともに，R-spondinとLGR4/5の結合がWntシグナル伝達の増強をもたらすことが示されている（図8）．E3ユビキチンリガーゼZNRF3/RNF43

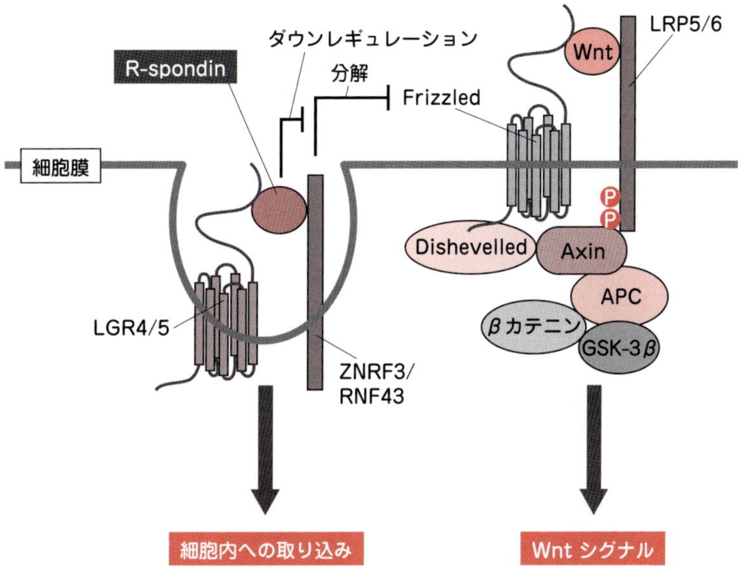

図8 R-spondinによるWntシグナルの制御

R-spondinはLGR4/5およびE3ユビキチンリガーゼZNRF3/RNF43と3者複合体を形成し，ZNRF3/RNF43のダウンレギュレーションを誘導する．その結果，Wnt-Frizzled-LRP5/6複合体によるシグナル伝達が活性化・維持される．

(zinc and RING finger 3/RING finger 43) はFrizzledのユビキチン化/分解を誘導することでWntシグナル経路を負に制御している膜貫通型タンパク質である．ZNRF3/RNF43はWntシグナル経路の標的因子であり，Wntシグナルのネガティブフィードバック因子として機能している．R-spondinはLGR4/5およびZNRF3/RNF43と3者複合体を形成することでエンドサイトーシスによる複合体の細胞内取り込みを誘導し，ZNRF3/RNF43のダウンレギュレーションを招く．すなわち，R-spondinはFrizzled受容体の分解を妨げることでWntシグナルを正に制御していると考えられている．

R-spondin自体はWntシグナル経路活性化の口火を切ることはできないが，Wntリガンドと協調して機能することによって，発生・幹細胞の増殖・疾患の発症などのさまざまな現象にかかわっていることが示されている[1)2)]．Rspo1を過剰に発現するマウスでは，腸管上皮におけるWntシグナルと細胞増殖の亢進，ならびに腸管の肥大化が認められる．また，膜貫通型ヘパラン硫酸プロテオグリカン（HSPG）であるシンデカン4がRspo3の受容体として機能し，Wnt-PCP経路（**図4**参照）を活性化することが示されている．

ii）LGR5

LGR5は腸管上皮を含むいくつかの組織の幹細胞マーカーと考えられており[3)]，がん抑制遺伝子*APC*（**6**参照）の変異がLGR5陽性の腸管上皮幹細胞に起きたときにのみ腸管腺腫が発生することから，LGR5陽性の幹細胞は大腸がんの起源であることが示されている[4)]．また，LGR5はWntシグナル伝達経路の標的因子の1つであり，大腸がん・卵巣がん・肝臓がんなどさまざまな組織由来の腫瘍において発現が亢進している．実際，大腸がん細胞で大量に発現している転写因子GATA6が直接LGR5の転写を活性化していることが明らかにされた．さらに，大腸がんにおけるGATA6の発現亢進はmiRNAの一種miR-363の発現低下に起因すること，およびmiR-363からLGR5に至る経路は大腸がん細胞の造腫瘍性に重要であることが示された[5)]．

3) KOマウスの表現型/ヒト疾患との関連

*Rspo1*欠損マウスは乳腺の発達障害，仮性半陰陽などの表現型を示す．また，*Rspo2*欠損マウスは気管支梢の分岐障害を伴う肺の形成不全と四肢の形成不全を呈する．*Rspo3*欠損マウスはyolk sacや胎盤での血管形成が損なわれることで胎生致死（E10）となる．*LGR5*ノックアウトマウスは舌癒着や消化管の拡張を起こし新生仔致死となる．

ヒト*RSPO1*遺伝子の異常は，XX性転換，半陰陽，掌蹠角化症の原因となることが明らかにされている．大腸がんにおいては*RSPO2*および*RSPO3*が関与する遺伝子融合が報告されている．*R-spondin*がかかわる遺伝子融合と*APC*の変異は相互排他的な関係にあり，*R-spondin*の遺伝子融合はWntシグナル伝達経路の活性化と腫瘍形成に関与していることが示されている．また，先天性無爪症患者に*RSPO4*遺伝子の変異がみつかっている．LGR5は大腸がんを含む様々な固形がんで発現が上昇していることが知られている．

【データベース】

	Gene ID/OMIM ID
ヒト R-spondin 1	284654/609595
ヒト R-spondin 2	340419/610575
ヒト R-spondin 3	84870/610574
ヒト R-spondin 4	343637/610573
ヒト LGR5	8549/606667

【抗体入手先】

R-spondin 1：Abcam社（ab81600）
R-spondin 2：R & Dシステムズ社（AF3266）
R-spondin 3：Abcam社（ab109808）
R-spondin 4：Thermo Fisher Scientific社（PA5-25615）
LGR5：Abcam社（ab75850）
　BDバイオサイエンス社（562732，562733）

【ベクター入手先】

大部分のヒトおよびマウスcDNAは下記より入手できる．タグやオリジナルの5′，3′UTR付きで発現ベクターに組み込んだものもある．

DNAFORM社（http://www.dnaform.jp/index.html）
OriGene社（http://www.origene.com）（和光純薬工業社やフナコシ社で扱いがある）
コスモ・バイオ社（http://www.cosmobio.co.jp/product/detail/gcp_20110620.asp?entry_id=7398）

参考文献

1）Niehrs C：Nat Rev Mol Cell Biol, 13：767-779, 2012
2）de Lau WB, et al：Genome Biol, 13：242, 2012
3）Barker N, et al：Nature, 449：1003-1007, 2007
4）Barker N, et al：Nature, 457：608-611, 2009
5）Tsuji S, et al：Nat Commun, 5：3150, 2014

（川崎善博）

Keyword

9 C1q

1) 歴史とあらまし

i ）血中の老化促進因子

老化は，生物の時間経過とともに起こる細胞ならびに個体の機能的変化であり，特に成熟期以降の機能低下をさす．老化の機構については，テロメアの短縮のように本来細胞内にプログラムされている考え方に加えて，血液中の血液因子が老化に関与している可能性が示唆されている．実際，2005年にパラビオーシス手術により，若齢マウスと老齢マウスの血管を融合させ血液循環を共有させると，若齢マウスの骨格筋組織再生能が低下して，老齢マウスの骨格筋組織再生能が亢進することが示された．すなわち，若齢マウスと老齢マウスの血液中には，それぞれ老化抑制因子と老化促進因子が存在する可能性が示唆された．

さらに2007年には，老化促進因子がβカテニン（7参照）経路を活性化するWnt（1参照）であることが提唱された[1]．Wntは脂質による翻訳後修飾を受け疎水性であると同時に，糖鎖に結合しやすい性状を有している[2]ことから，分泌後大部分は細胞膜や間質成分と接着するため，可溶性の液性因子として血中に放出されるWntはあったとしてもきわめて少量と考えられた．したがって，Wntの親水性を増すためにWntに結合するタンパク質の存在も報告されていたが，Wnt以外のWntシグナル活性化分子の存在も考えられた．

ii ）C1qの同定

一方，心不全モデルマウスの血清が野生型マウスの血清よりも高いWntシグナル活性を有していたために，血清においてFrizzled（Fz）（2参照）と結合する分子が探索された．その結果，補体分子C1qがWntシグナル活性化因子として同定された[3]．C1qを投与すると若齢マウスの骨格筋組織再生能が低下し，C1s（後述）阻害剤では逆に老齢マウスの骨格筋組織再生能が亢進した．マウスにおいては，心臓，腎臓，骨格筋をはじめとした種々の器官においてC1qの発現が加齢に伴い亢進する．さらに，C1qのノックアウトマウスは，加齢に伴う骨格筋組織再生能の低下が緩徐であった．したがって，C1qは老化に伴って血清中で増加するWntシグナル活性化因子であり，老化誘導物質であると考えられる．

2) 機能

i ）古典的な補体の活性化経路

C1qは補体を構成するタンパク質群の1つである[4]．C1はC1qとC1r，C1sからなるタンパク質複合体で，抗原にIgG1抗体が結合するとIgG1分子のCH2ドメインにC1qが結合し，プロテアーゼであるC1rが活性化されC1r自身を分解する．その産物はやはりプロテアーゼであるC1sを分解して，その分解産物がC4タンパク質を分解する．その後順次，他の補体成分が分解，活性化され，C4aやC3aなどのアナフィラキシーを誘導する因子が産生される．これを補体の活性化経路の古典的経路とよぶ．

ii ）C1qによるWntシグナルの活性化

トロンビンがトロンビン受容体を切断してシグナルを伝達することや，EGF受容体の細胞外ドメインが欠失した変異体は活性型であることが知られている．Wnt-βカテニン経路でも共役受容体のLRP5/6（3参照）の細胞外領域を除去すると，切断されたLRP5/6（細胞膜貫通領域を含む）は活性型となりAxin（6参照）複合体の機能を阻害して，βカテニンを安定化させる（**イラストマップ**も参照）[5]．C1qはFzに結合する分子として同定されたが，その濃度依存性にWnt-βカテニンシグナルを活性化する．また，C1qによるWnt-βカテニンシグナルの活性化には，C1rとC1sのプロテアーゼ活性が必要である．Fzに結合して，活性化されたC1sがLRP5/6の細胞外領域を切断する結果，Wnt-βカテニン経路が活性化される（**図9**）．

3) KOマウスの表現型／ヒト疾患との関連

129/Sv系統とC57BL/6系統の混血種マウスを用いた初期の報告では，C1qのサブコンポーネントである*C1qa*遺伝子の欠損は糸球体腎炎を伴った自己免疫疾患を引き起こす．しかし，この表現型は遺伝的背景によるところが大きく，C57BL/6の純系マウスでは，*C1qa*遺伝子の欠損による自己免疫疾患の表現型は観察されない．一方で，MRL/Mp系統のマウスでは，特にメスにおいて，糸球体腎炎を伴った自己免疫疾患が観察される．ただし，全身性エリテマトーデス（systemic lupus erythematosus：SLE）様の自己免疫疾患を自然発症するMRL/Mp-*lpr/lpr*系統においては，*C1qa*遺伝子の欠損がその病態を増悪させることはない．また，C1qは老化に伴い血清中に増加する老化促進因子であるが，*C1qa*遺伝子欠損マウスでは老化に伴う骨格筋再生能が亢進する[3]．

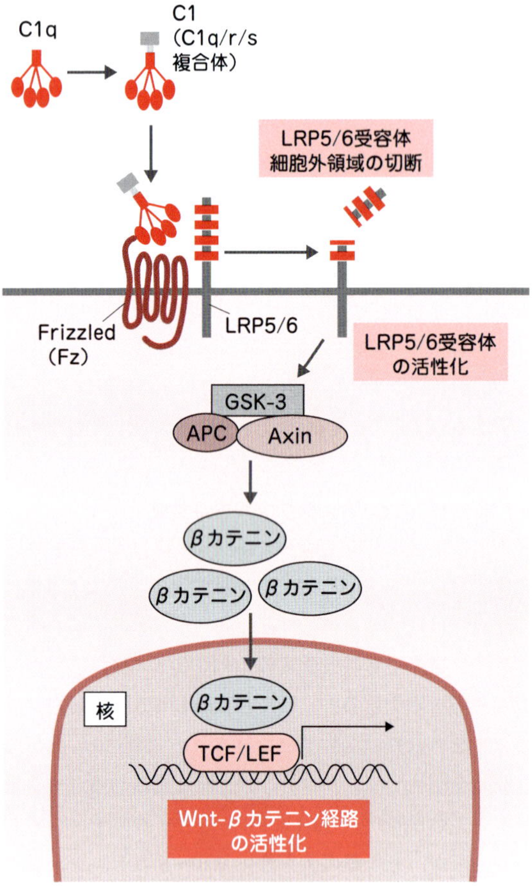

図9　C1qによるLRP5/6の切断を介したWntシグナルの活性化機構
詳細は本文も参照．文献3をもとに作成．

ヒトにおいては，補体活性化カスケード前半を構成する分子（C1q，C1r，C1s，C4，C2，C3）の欠損症はいずれも常染色体劣性遺伝疾患で，SLE様の自己免疫疾患を発症する．特に，C1q欠損症では90％以上の患者にSLE様症状が認められる．C1q欠損症，機能障害として，補体溶血活性欠損，膜侵襲複合体（membrane attack complex：MAC）の欠陥，免疫複合体の解離障害，アポトーシス細胞クリアランス障害が認められるが，これらがWntシグナルの制御と関係しているかは不明である．随伴所見としては，SLE様症候群，リウマチ様疾患，感染は認められる．

【データベース】（ヒトC1Q）

名称	GeneBank ID	PDB ID	遺伝子座	アミノ酸数
C1QA	NM_015991	P02745	1p36.12	245
C1QB	NM_000491.3	P02746	1p36.12	253
C1QC	NM_001114101/ NM_172369	P02747	1p36.11	245

【阻害剤入手先】
ヒトC1阻害剤（Peprotech社，#130-20）

【抗体入手先】
抗C1qモノクローナル抗体（Abcam社，ab71089，ab71940），抗ヒトC1qモノクローナル抗体（Quidel社，A201）

【ベクター入手先】
mGFP-C1QA（OriGene社）
C1QA（untagged）（OriGene社）
mGFP-C1QB（OriGene社）
C1QB（untagged）（OriGene社）
mGFP-C1QC（OriGene社）
C1QC（untagged）（OriGene社）

参考文献

1）Brack AS, et al：Science, 317：807-810, 2007
2）Kikuchi A, et al：Int Rev Cell Mol Biol, 291：21-71, 2011
3）Naito AT, et al：Cell, 149：1298-1313, 2012
4）Schumaker VN, et al：Mol Immunol, 23：557-565, 1986
5）Yamamoto H, et al：Dev Cell, 11：213-223, 2006

（菊池　章，佐藤　朗）

11章 Hedgehogシグナル

hedgehog signaling

Keyword

1 Shh　**2** Ptch，Smo　**3** Cdon，Boc，Gas1

概論

1. はじめに

1) 発見の経緯

ヘッジホッグ（hedgehog：Hh）の歴史は，1980年のNüsslein-VolhardとWieschausらの報告に端を発する[1]．彼らは当時，キイロショウジョウバエの幼虫において，体節パターンに異常をきたす遺伝子座の変異をスクリーニングしていた．ある遺伝子座の変異体において，各体節の前部に存在するはずの歯状突起が体節全体に広がることを発見した．その様相がハリネズミに似ていたことから，この変異体をhh（hedgehog）と名づけた．似たような表現型を示す変異遺伝子座として，armadillo，gooseberry，winglessが同定され，これら一連の遺伝子を彼らはセグメントポラリティー遺伝子（segment-polarity gene）とよんだ．

1992年に，3つの研究室がキイロショウジョウバエ*hh*遺伝子の配列を同定した．その翌年，脊椎動物（ゼブラフィッシュ，ニワトリ，マウス）における*Hh*遺伝子群の配列が同定された（ハエではhh，脊椎動物ではHhと表記）．現在までにキイロショウジョウバエが1種類の*hh*遺伝子しかもたないのに対し，他の生物種では複数の*Hh*遺伝子を有することが明らかになっている．例えば，マウスやヒトにおいては，インディアンヘッジホッグ（indian hedgehog：Ihh），**ソニックヘッジホッグ（sonic hedgehog：Shh）**（**→Keyword 1**），デザートヘッジホッグ（desert hedgehog：Dhh）の3つが存在する[2]．

2) 局在と機能

系統発生学的に，Dhhがキイロショウジョウバエのhhに最も近い．ShhとIhhは遺伝子重複により生じたと考えられている[2]．これら3つのHhの局在とその生理作用はそれぞれ異なっており，Shhは神経管および四肢のパターニングのほか，毛髪，歯，肺，腸などの成長と形態形成に関与する．またDhhは精子形成と末梢神経を囲む神経鞘の発生に，Ihhは骨格形成に関与する[2]．

ヘッジホッグシグナルは，昆虫から脊椎動物に至るまで，生物種を越えて高度に保存されている．モルフォゲン（morphogen）として，その濃度勾配に依存して細胞の運命を決定するほか，細胞の生存や増殖，器官の形態を制御し，個体発生において重要なシグナルである[2]．

2. ヘッジホッグ（Hh）の成熟・放出・受容・細胞内シグナル伝達機構[3) 4)]

1) Hhタンパク質の成熟

Hhタンパク質は分泌細胞において，45 kDa以下の前駆タンパク質として産生される．C末端のステロール認識部位がコレステロールをリクルートし，そのコレステロールがさらに求核剤としてHh分子内のチオエステル中間体を攻撃する．その結果，約25 kDaのC末端断片（Hh-C）が遊離し，共有結合を介して約19 kDaのN末端断片（Hh-N）にコレステロールが結合する．さらに，膜結合型Oアセチル基転移酵素（MBOAT）であるSki（skinny hedgehog）によって，Hh-NのN末端にはパルミチン酸が結合する．シグナル活性を有するのはHh-Nであり，以後Hh-NをHhとよぶ．これら一連のプロセシングとそれに伴う脂質修飾は，Hhの生理活性のみならず，組織内での移動範囲とそれにより形成されるシグナル勾配にも影響をおよぼす[1) 2)]．一方，Hh-Cはプロテアソームによって分解される．

イラストマップ❶ ヘッジホッグ（Hh）シグナル非活性化状態

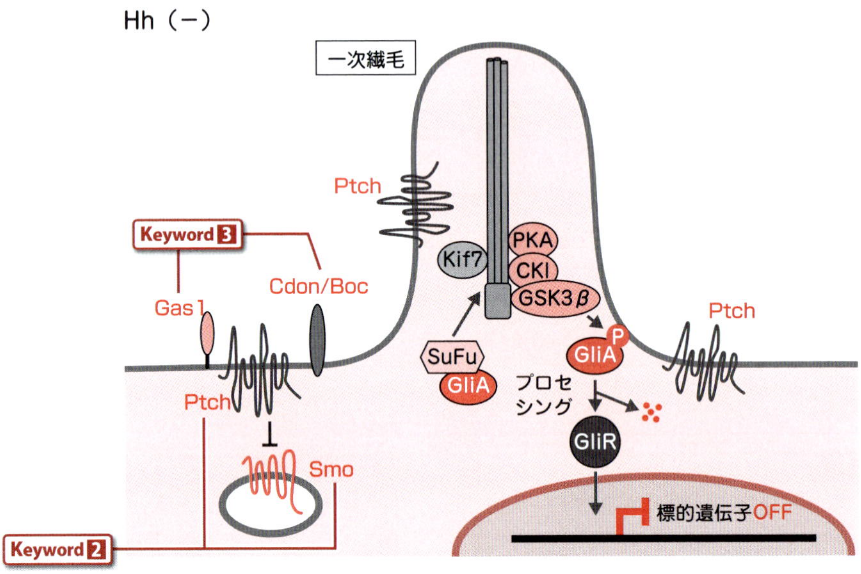

詳細は本文参照のこと．Ptch：Patched，Smo：Smoothened，Cdon：cell adhesion molecule-related/downregulated by oncogenes，Boc：biregional Cdon binding protein，Gas1：growth arrest specific 1，Sufu：Suppressor of Fused，PKA：protein kinase A，CKI：casein kinase I，GSK3β：glycogen synthase kinase 3β，GliA：活性型Gli，GliR：抑制型Gli，Kif：kinesin superfamily protein．文献3をもとに作成．

2) 細胞外への放出

脂質修飾を受けたHhは細胞膜表面へと輸送され，単量体として脂質二重層に結合する．細胞膜からのHhの放出は，12回膜貫通型タンパク質であるDisp（Dispatched）と分泌型糖タンパク質であるScube2によって主に行われる．DispとScube2はHhに結合しているコレステロールの異なる部分にそれぞれ結合することがわかっている．キイロショウジョウバエにおいてDispの機能が消失すると，Hhは細胞内に蓄積する．マウスにおいては，2種類のDisp（Disp1/2）が同定されている．Disp1を欠失したマウスは，Hhシグナル伝達分子であるSmoothened（後述）を欠失したマウスと似た表現型を示し，胎生9.5日までに死亡する．このことは，HhシグナルにおけるDisp1を介したHh放出の重要性を示している．一方，Disp2はHhシグナル伝達に関与しないとされている．

その他の放出メカニズムとして，①可溶型多量体の形成による細胞膜からの遊離，②ヘパラン硫酸プロテオグリカンであるグリピカン（glypican）とHhオリゴマーの相互作用によるリポタンパク質粒子の形成を介した放出，③分泌性小胞による放出，も示唆されている．放出されたHhは，グリピカンやLDL（低比重リポタンパク質）受容体ファミリーに属するメガリン（megalin）との相互作用によりHh受容細胞へと移動する．また，メガリンはHhタンパク質のターンオーバーも制御する．

3) Hhシグナルの入力

細胞膜上の12回膜貫通型タンパク質**Patched（Ptch）**（→**Keyword❷**）へHhが結合することにより，Hhシグナルは細胞内へ伝達される（**イラストマップ❶，❷**）．脊椎動物においてはPtch1/2が同定されている．PtchはHh受容細胞に特異的に発現し，それ自身がHhシグナルの標的遺伝子となっている．したがって，Hhの拡散を防ぐことで効果的にHhシグナルを受容するフィードバック機構の存在が示唆されている．Ptch2は

イラストマップ❷ ヘッジホッグ（Hh）シグナル活性化状態

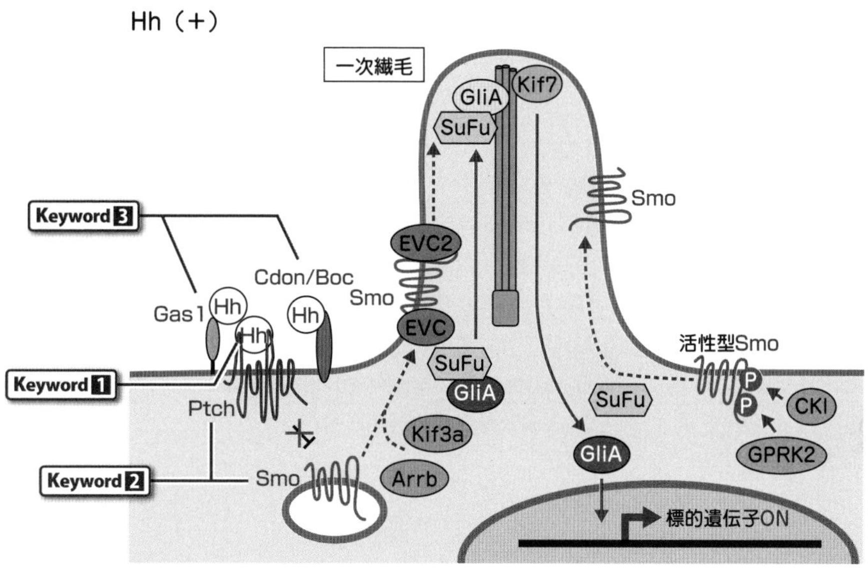

詳細は本文参照のこと．Ptch：Patched，Smo：Smoothened，Cdon：cell adhesion molecule-related/downregulated by oncogenes，Boc：biregional Cdon binding protein，Gas1：growth arrest specific 1，Sufu：Suppressor of Fused，CKI：casein kinase I，GliA：活性型Gli，GPRK2：G protein-coupled receptor kinase 2，EVC：Ellis-van Creveld syndrome protein，Arrb：β-arrestin，Kif：kinesin superfamily protein．文献3をもとに作成．

Hh分泌細胞にも発現することから，Ptch1とは異なるオートクラインなどの機能の存在が提唱されているが，その生理的役割については不明な点が多い．Ptchの共役受容体として，キイロショウジョウバエにおいては，Ihog（interference hedgehog）とBoi（brother of ihog）が同定されている．これらはPtchとHhの結合の親和性を高め，シグナル伝達を正に制御する．脊椎動物では，**Cdon（cell adhesion molecule-related/down-regulated by oncogenes），Boc（biregional Cdon binding protein），Gas1（growth arrest specific 1）**（→**Keyword 3**）がこれに相当する．

4) GliAとGliRによる下流遺伝子の転写制御

キイロショウジョウバエにおいて，Hhシグナルの下流で標的遺伝子の転写を調節する転写因子はCi（Cubitus interruptus）である．哺乳類でCiに相当するものは，転写因子Gli1～3である．Gli1とGli2は，Hh依存的に標的遺伝子の転写を活性化する活性型Gli（GliA）として働く（**イラストマップ❷**）．Gli1はHhシグナルの標的遺伝子でもあり，転写の増幅因子として働くと考えられている．一方，Gli3は抑制型Gli（GliR）として転写抑制に働く（**イラストマップ❶**）．また，Gli2もGliRとして働くという報告も存在する．このように，HhシグナルはGliAとGliRを使い分けることによって標的遺伝子の転写を調節し，その生物学的効果を発揮している[5)]．

5) Hhシグナルの非活性化状態

Hh非存在下では（**イラストマップ❶**），Ptchは一次繊毛（primary cilia）周辺に集積し，7回膜貫通型タンパク質である**Smoothened（Smo）**（→**Keyword 2**）の活性を抑制している．このとき，一次繊毛（primary cilia）の基底部において，Gli2とGli3はSuFu（Suppressor of Fused）と複合体（SuFu－GliA複合体）を形成する．Gli2とGli3はPKA（protein kinase A），CKI（casein kinase I），GSK3β（glycogen synthase kinase 3β）によるリン酸化によって引き起こされるプロセシングを受ける．これにより，転写活性化部位をもたないGliRとなり，核内に移行して標的遺伝子の転写を抑制する．プロセシングにはユビキチンプロテアソームによるタンパク質分解が関与している．

6) Hhシグナルの活性化状態

HhがPtchに結合すると（**イラストマップ❷**），一次繊毛におけるPtchとSmoの局在が入れ替わる．SmoはGタンパク質共役型受容体キナーゼ2（G protein-coupled receptor kinase 2：GPRK2）とCKIによるリン酸化を受けて活性型となる．活性型SmoはβアレスチンやKif3aと相互作用し，さらにはEVC（Ellis-van Creveld syndrome protein）およびEVC2と複合体を形成しながら，一次繊毛に集積する．これに伴い，一次繊毛の先端部におけるSuFu－GliA複合体の量が増加する．その結果，SuFu－GliA複合体は壊れ，Gli2とGli3はプロセシングから逃れて，全長型のGliAとして標的遺伝子の転写を活性化する．Gli2とGli3の一次繊毛内の移動はKif7依存性であることがわかっている．GliはGACCACCCAを認識モチーフとしてDNAに結合し，標的遺伝子の転写調節に働く．

3. ヘッジホッグ（Hh）シグナルの重要性

Hhシグナルを理解することは，個体発生における細胞運命の決定と，それにもとづくパターニング・組織形成の分子機序の解明に留まらず，その異常が引き起こす種々の先天異常や疾患機序の解明，治療法の開発につながる．代表的なものとしては，Shhの機能喪失型変異による全前脳胞症・単眼症，Ptch1の機能喪失型変異による基底細胞母斑症候群や髄芽腫，Smoの恒常活性型変異による基底細胞がん，Gli3の機能喪失型変異によるグレイグ尖頭多合指（Greig cephalopolysyndactyly）症候群やPallister-Hall症候群などがあげられる[5]．特に，抗がん剤としてのHhシグナル阻害剤の応用に注目が集まっている．

参考文献

1）Nüsslein-Volhard C & Wieschaus E：Nature, 287：795-801, 1980
2）Ingham PW & McMahon AP：Genes Dev, 15：3059-3087, 2001
3）Briscoe J & Thérond PP：Nat Rev Mol Cell Biol, 14：416-429, 2013
4）Rohatgi R & Scott MP：Nat Cell Biol, 9：1005-1009, 2007
5）Mullor JL, et al：Trends Cell Biol, 12：562-569, 2002

（大庭伸介，鄭　雄一）

Keyword

1 Shh

▶フルスペル：sonic hedgehog
▶和文表記：ソニックヘッジホッグ

1) 歴史とあらまし

キイロショウジョウバエのヘッジホッグ（*hedgehog*：*hh*）遺伝子は1992年にクローニングされた．その翌年，McMahonらのグループは，hhの3つのマウスホモログとして，デザートヘッジホッグ（desert hedgehog：Dhh），インディアンヘッジホッグ（indian hedgehog：Ihh），ソニックヘッジホッグ（sonic hedgehog：Shh）を同定した．同時期に，TabinとInghamらはそれぞれニワトリとゼブラフィッシュにおいて*Shh*遺伝子をクローニングした[1]．1996年に，Beachyらのグループが*Shh*ノックアウトマウスを作出し，その表現型を報告した[2]．McMahonらも*Shh*ノックアウトマウスを作出し，1998年に報告している．

これまでに，主にマウス遺伝学的解析から，Shhは胎生期のさまざまな組織の発生におけるパターニングに重要であることが明らかとなっている[1]．Shhは約45 kDaの前駆タンパク質として合成されたのちに，細胞内でプロセシングを受けて，N末端のみからなるShh-Nとして分泌される（詳細は**概論**参照）．分泌されたShhは組織内で濃度勾配を形成し，それによってパターニングにおける各種細胞の運命決定に働くと考えられている．

2) 機能

発生段階において，Shhのモルフォゲン（morphogen）としての役割・作用機序が詳細に明らかとなっているのは，神経管と四肢である．神経管ではShhの濃度勾配にしたがって，神経前駆細胞の運命決定がなされる[3]．四肢においても同様に，Shhの濃度勾配が母指（第一指）から小指（第五指）の位置を決定すると考えられている[4]．

i）神経管における運命決定

神経管の背腹側のパターニングにおいて，Shhはまず神経管の腹側にある脊索（notocord）で産生され，Shhを発現する底板（floor plate）を神経管に誘導する（**図1A**）．遺伝学的な手法により，Shhが背腹軸にそって，腹側の神経前駆細胞（pV0介在ニューロン，pV1介在ニューロン，pV2介在ニューロン，pMN運動ニューロン，pV3介在ニューロン）が形成される場所を濃度依存性に規定することがわかっている．

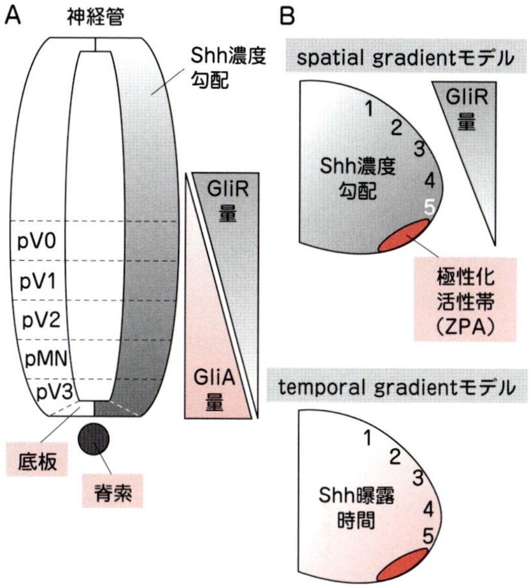

図1　Shhによる神経管と四肢におけるパターニング制御

A）神経管におけるShhによる神経前駆細胞の運命決定．脊索および底板から産生されるShhは，神経管において灰色で示すような濃度勾配を形成すると考えられる．それに伴って，GliA（活性型）とGliR（抑制型）の量も変化し，各前駆細胞の規定に必要な遺伝子の転写が調節されると考えられる．B）肢芽における各指の決定．spatial gradientモデル（上）では，ZPAから産生されたShhは灰色で示すような濃度勾配を形成する．この濃度勾配にしたがって，GliRの量が変化し各指の位置が決まる．Temporal gradientモデル（下）では，ZPAから産生されたShhへの曝露時間によって各指の位置が決まるとされる．Shhに比較的短時間曝された細胞は第三指となり，より長時間曝されたものは，第四指・第五指となる．このとき，第一指と第二指は，Shhのlong rangeシグナル作用により決定されると考えられている．文献4をもとに作成．

Shhの機能喪失により，腹側の前駆細胞の規定の消失あるいは減弱が認められ，最腹側の領域が最もその影響を受ける．このとき，規定を司る遺伝子の転写制御においては，GliA（活性型）よりもGliR（抑制型）が優位な状態にあると考えられる．そこで，Shhの機能を欠失させた状態で，さらにGliRであるGli3を除去すると，pV0介在ニューロン，pV1介在ニューロン，pV2介在ニューロン，pMN運動ニューロンの形成が回復する．しかしながら，pV3介在ニューロンと底板の形成は回復しないことから，最腹側はShh入力に応答したGliA依存性の転写が必要であると考えられる．このように，Shhの濃度勾配は，下流の転写因子Gliの活性型（GliA）と抑制型（GliR）のバランス（**概論**参照）を変化させて，運命決定にかかわる遺伝子の転写を活性化させると考えられる．

ii）四肢発生における運命決定

四肢発生において，Shhは肢芽（limb bud）後縁（小指側）の間葉にある極性化活性帯（zone of polarizing activity：ZPA）で発現する（**図1B**）．Shhは前後軸にそって濃度勾配（母指側：低→小指側：高）を形成することで各指を決めていると考えられている．Shhの機能を喪失させると，四肢の前後軸の決定に異常をきたす．また，Shhの拡散が障害されたマウスでは，前方（母指側）に多指が認められる（preaxial polyductyly）．一方，Shhの拡散を促進させたマウスでは，第二指が消失し，第三指と第四指の癒合が認められる．Gli3の機能喪失によっても，多指が認められることから，Shhによる肢芽前後軸の決定には，Shh濃度依存的に形成されるGliRの勾配が重要であると考えられている（spatial gradientモデル，**図1B**）．濃度勾配に加えて，前駆細胞がShhに曝露された時間によっても各指の運命が決まるとされている（temporal gradientモデル，**図1B**）

3) KOマウスの表現型/ヒト疾患との関連

*Shh*ノックアウトマウスは，神経管背腹軸のパターニング異常，四肢前後軸のパターニング異常のほか，単眼症や全前脳胞症に一致した表現型を有する．また，前腸に由来する食道・気管・肺の形成に異常をきたす．ヒトでは，Shhの機能喪失型変異によって，全前脳症，裂脳症，小眼球症・コロボーマを生じることがわかっている．

【阻害剤】

抗Shh抗体5E1（Robotnikinin）：BioVision社．

【抗体入手先】

5E1：Developmental Studies Hybridoma Bank（DSHB）社．

【ベクター入手先】

Shh（ヒト/マウス）：GeneCopoeia社．

【データベース】

GeneBank

ヒトSHH　NM_000193.2

マウスShh　HM_009170.3

OMIM ID

600725

参考文献

1）Ingham PW & McMahon AP：Genes Dev, 15：3059-3087, 2001
2）Chiang C, et al：Nature, 383：407-413, 1996
3）Nishi Y, et al：Biochim Biophys Acta, 1789：299-305, 2009
4）Bénazet JD & Zeller R：Cold Spring Harb Perspect Biol, 1：a001339, 2009

（大庭伸介，鄭　雄一）

Keyword

2 Ptch, Smo

▶Ptch：Patched
▶Ptchヒトホモログ：Ptch1/2
▶Smo：Smoothened

1) 歴史とあらまし

1991年にInghamは，*ptc*遺伝子でコードされる膜タンパク質がHh（**1**参照）の受容体として働くことを最初に提唱した[1]．キイロショウジョウバエでは1つの*ptc*遺伝子しか存在しないのに対し，脊椎動物は2つの*Ptch*遺伝子（*Ptch1*と*Ptch2*）を有することがその後明らかとなった．*Ptch2*は遺伝子重複によって生じたと考えられている[1]．Ptchはステロール感受性ドメイン（sterol sensing domain：SSD）を有する12回膜貫通型タンパク質であり，真核細胞において最も近縁な遺伝子として*Npc1*があげられる．*Npc1*の機能喪失型変異は，コレステロールの細胞内蓄積を特徴とするNiemann-Pick病を引き起こすことが知られている．

1996年に，3つのグループが，キイロショウジョウバエのwingless〔wg：脊椎動物のWnt（**第10章**参照）に相当〕とhhの両方の受容体であると予測される因子を，Frizzledファミリータンパク質として発見した[2]．さらに彼らは，そのファミリー因子のうちSmoがhhの受容体であると予測した[2]．Smoは7回膜貫通型タンパク質で，PKAとGタンパク質の標的配列を有することから，Gタンパク質共役型受容体（GPCR）であることが示唆された．しかしながら，HhとSmoの直接的な結合や，Smo活性あるいはHhシグナルの調節におけるGタンパク質の関与を示す直接的な証拠は認められていない[1]．現在では，Hhの受容体はPtchであり，SmoはPtchの下流で働くシグナル伝達因子とされている（**概論**参照）．

2) 機能

i）Ptchを介したフィードバック機構

Hh入力のない状態（Hhの非存在下）では，Ptchが

Smoを抑制しており，これは「リガンド非依存性拮抗」として知られる（**図2A**）[3]．したがって，Ptchの機能喪失はリガンド非依存性のHhシグナルの活性化をきたす．反対に，Smoの機能喪失はリガンド非依存性にHhシグナルの活性を消失させる．

HhのPtchへの結合によってSmoの抑制が解かれると，シグナルが活性化し，標的遺伝子であるPtch自身の発現が増加する（**図2B, C**）．つまり，Hh産生細胞の近くにあるHh受容細胞ほどより多くのPtchを発現する．これにより，Hhの不必要な拡散が抑えられ，Hhシグナルが活性化する領域とレベルが制限される．この機構は「リガンド依存性拮抗」として位置づけられ，リガンドレベルでのHhシグナルのネガティブフィードバックといえる[3]．この機構にはPtch1のみならず，Ptch2とHhip1（hedgehog interacting protein 1）も関与する（**図2B, C**）．

ii）Smoの抑制と脱抑制のモデル

概論でも述べたように，SmoはHhシグナルの鍵となるシグナル伝達因子である．PtchによるSmoの抑制と，Hh入力による脱抑制の機構にはいくつかのモデルが提唱されている[4]．

Ptchは，SSDに加えて，RND（resistance-nodula-

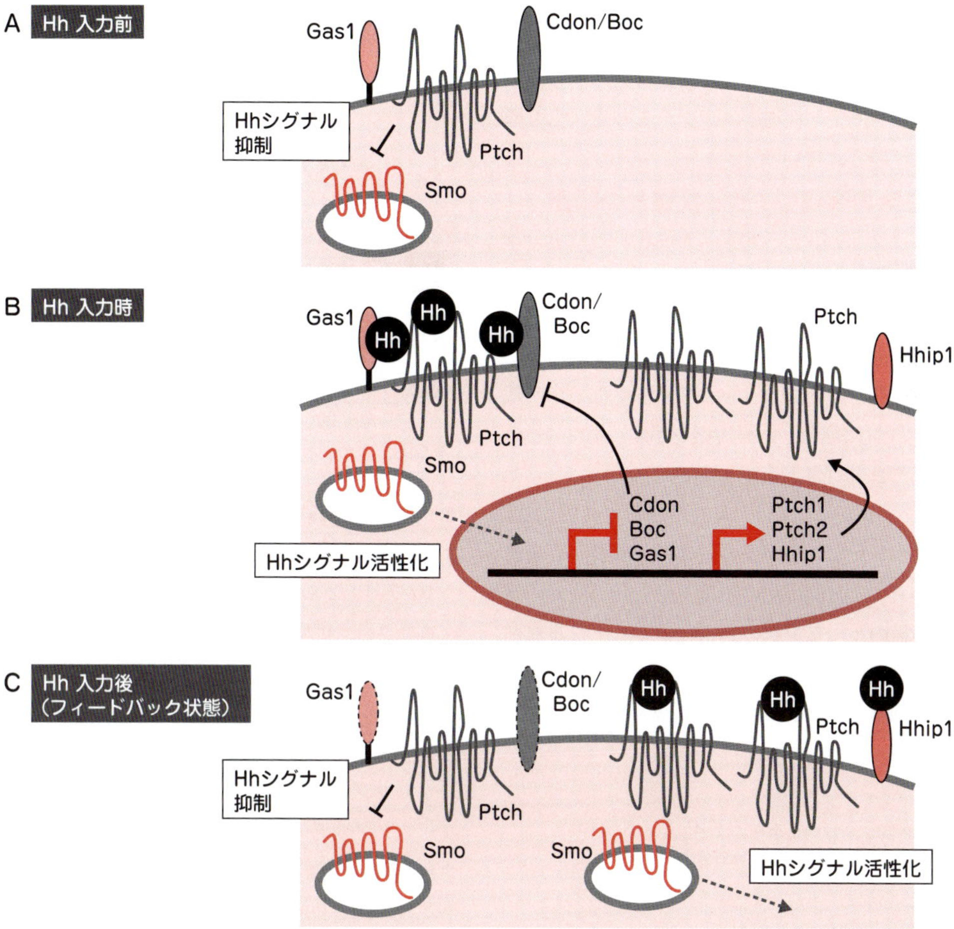

図2　細胞表面におけるHh-受容体結合の制御によるフィードバックモデル

A）Hh入力前の状態．PtchはSmoの活性を抑制し，Hhシグナルは非活性化状態にある．B）Hh入力時．Hhが受容体Ptchおよび共役受容体であるCdon，Boc，Gas1に結合すると，Smoへの抑制が解かれ，標的遺伝子の転写調節へとつながる．このとき，共役受容体Cdon，Boc，Gas1の転写は抑制され，Ptch1，Ptch2，Hhip1の転写が促進する．C）Hh入力後．先の転写調節の結果，シグナル増強活性の強いHh-受容体-共役受容体複合体の新たな生成が抑えられると同時に，増加した細胞表面上のPtchやHhip1とHhとの結合により，細胞内におけるSmo活性状態のバランスが変化すると考えられる．また，別の細胞へのHhの拡散が抑制されることで，別の細胞におけるHhシグナル活性にも影響を与える．文献7をもとに作成．

tion-cell division）トランスポーターファミリーに類似した構造を有する．さらに，同定されたSmo作動薬・拮抗薬（天然・合成低分子化合物）の多くは，構造的にステロールに関係する．以上から，Smo活性の調節にステロール様リガンドが関与しており，Ptchがこのリガンドの流入と流出を制御して，Smoの活性を調節すると考えられる．このようなリガンドの候補として，オキシステロールが有望視されている．

Hhが Ptchに結合すると，細胞内小胞からの輸送あるいは安定性の増加によりSmoの細胞膜への集積が観察される（**イラストマップ❷**）．このとき，Smoの輸送に関与するエンドソームの脂質構成をPtchが変える機構も提唱されている．また，Hh入力のない状態では，Smoは二量体を形成して「閉じた」状態にあり，Hh入力によって「開いた」構造となる．この構造変化による細胞質ドメインのリン酸化の促進が，シグナルの活性化を増強することも示唆されている．

3) KOマウスの表現型/ヒト疾患との関連

*Ptch1*ホモノックアウトマウスは神経管の閉鎖不全と心臓発生の異常を呈し，胎生9.0～10.5日で死亡する[5]．ヒトにおいては腫瘍，骨格の異常，顎骨内嚢胞を特徴とする基底細胞母斑症候群が*Ptch1*のハプロ不全によって起こる．*Ptch1*ヘテロノックアウトマウスが，基底細胞母斑症候群に類似した表現型を示す．また，このマウスにおいては髄芽腫が高率で発生する[5]．

*Smo*ノックアウトマウスは，胎生9.5日で死亡する．*Shh*ノックアウトマウスと同様の表現型（単眼症や全前脳胞症）に加えて，腹側中腸の閉鎖不全と胚の回転の異常，また，心臓のルーピングの異常といった左右非対称性の消失を認める[6]．ヒトにおいては，*Smo*の構成的活性型変異が基底細胞がんを引き起こすことがわかっている．

【阻害剤】

Smo：cyclopamine，jervine，SANT1-4，Cur-61414，IPI-926，GDC-0449（vismodegib）

【抗体入手先】

Smo：Santa Cruz Biotechnology社，Abcam社

Ptch：Santa Cruz Biotechnology社，R & Dシステムズ社，Abcam社．

【ベクター入手先】

Ptch1，Smo（ヒト/マウス）　GeneCopoeia社．

【データベース】

GeneBank

ヒト		マウス	
PTCH1	NM_000264.3	Ptch1	NM_008957.2
SMO	NM_005631.4	Smo	NM_176996.4

OMIM ID

PTCH1	601309	SMO	601500

参考文献

1) Ingham PW & McMahon AP：Genes Dev, 15：3059-3087, 2001
2) Perrimon N：Cell, 86：513-516, 1996
3) Chen Y & Struhl G：Cell, 87：553-563, 1996
4) Briscoe J & Thérond PP：Nat Rev Mol Cell Biol, 14：416-429, 2013
5) Goodrich LV, et al：Science, 277：1109-1113, 1997
6) Zhang XM, et al：Cell, 105：781-792, 2001
7) Holtz AM, et al：Development, 140：3423-3434, 2013

（大庭伸介，鄭　雄一）

Keyword

3 Cdon, Boc, Gas1

▶Cdon：cell adhesion molecule-related/down-regulated by oncogenes

▶Boc：biregional cell adhesion molecule-related/down-regulated by oncogenes binding protein

▶Gas1：growth arrest specific 1

1) 歴史とあらまし

i) Cdon，Boc

1997年と2002年に，免疫グロブリン様ドメインとフィブロネクチンⅢ型リピートを有するタンパク質として，哺乳類のCdonとBocがそれぞれ同定された．2006年に，4つのグループが相次いで，これらがHh（**1**参照）シグナルの調節因子であることを報告した．Beachyらはキイロショウジョウバエ由来の培養細胞におけるRNAiスクリーニングのデータをもとに，細胞膜に存在するHhシグナル調節因子としてihog（interference hedgehog）を同定した．さらに，ihogと類似の遺伝子をboi（brother of ihog）と名づけ，ihogとboiは哺乳類におけるBoc，Cdonに相当すると報告した[1]．McMahonらも同時期に，Hhシグナルによって負の発現調節を受ける細胞膜上の因子としてBocとCdonを報告した[2]．これら2つのグループとOkadaら[3]はともに，BocとCdonがHhとフィブロネクチンⅢ型リピートを介して結合することでHhシグ

ナルを正に制御することを見出した．また，Krauss らは，Cdon を欠失したマウスが全前脳胞症を呈することを報告した[4]．ihog，boi，Cdon，Boc は，4～5個の免疫グロブリン様ドメインと2～3個のフィブロネクチンIII型リピートを細胞外に有することがわかっている．

ii）Gas1

Gas1 は，増殖停止細胞に特異的に発現する遺伝子として，1988年にクローニングされた．2001年にChen-Ming Fan らのグループが，胎生9.5日のマウスの体節および沿軸中胚葉で発現する遺伝子のcDNAライブラリーのスクリーニングを行い，Gas1 がShh と相互作用する因子であることを報告した[5]．Gas1 の発現はWnt（**第10章**参照）によって誘導され，Shh によって抑制される．Boc，Cdon とは異なり，Gas1 は脊椎動物特異的なHh シグナル構成要素で，グリア細胞株由来神経栄養因子（glial cell-derived neurotrophic factor：GDNF）（**第6章-31 32**参照）に一致した細胞外ドメインを有するグリコシルホスファチジルイノシトール（GPI）修飾タンパク質である．

2）機能

i）共役受容体としての役割

Cdon，Boc，Gas1 はHh と結合し，かつ受容体Ptch とも結合する．Cdon，Boc，Gas1 を欠失させると，Hh シグナル活性を完全に除去した状態（Smo 欠失，Shh/Ihh 欠失）とほぼ同じ異常をきたす[6]．したがって，Cdon，Boc，Gas1 は複数の組織においてHh シグナルに必須の共役受容体と考えられるが，Cdon，Boc，Gas1 それぞれの貢献度は組織によって異なることも示唆されている．例えば，神経管におけるShh 依存性のパターニングではCdon，Boc，Gas1 の三者が必須であるのに対して，四肢のパターニングでは，Cdon とBoc よりもGas1 の関与が強いとされている．

ii）フィードバック機構

Cdon，Boc，Gas1 とHh の結合は，受容体Ptch へのリガンド提示の促進，あるいはフィードバック機構にもとづくリガンド集積に拮抗することで，Hh 受容細胞におけるシグナル活性を上げていると考えられる（**図2**）．一方で，Hh シグナルによるCdon，Boc，Gas1 の発現抑制は，これら共役受容体を介したシグナル活性の増強に対して，ネガティブフィードバックがかかることを示している[2]．Ptch のリガンド依存性拮抗作用（**2**参照）と併せると，細胞表面におけるHh タンパク質とPtch の結合が共役受容体によって強化される一方，Hh シグナルの増強に応じてフィードバックがかかる．つまり，細胞表面におけるリガンド-受容体結合の制御により，効果的なHh の受容が図られるとともに，そのレベルと範囲が厳密に規定されることで，Hh はモルフォゲン（morphogen）としての機能を発揮すると考えられる（**図2**）．

3）KO マウスの表現型／ヒト疾患との関連

Cdon ノックアウトマウスは全前脳胞症に類似した表現型を呈し，さらに骨格筋の形成に障害を有する[4]．これに一致して，ヒトにおいてはCdon の機能喪失型ヘテロ変異によって，全前脳胞症が引き起こされる．*Boc* ノックアウトマウスは，交連神経の軸索ガイダンスに異常を認める[3]．*Gas1* ノックアウトマウスは，神経管における前駆細胞のパターニングに異常をきたすとともに，骨格系も障害を受ける．

Cdon，Boc，Gas1 のうち，2因子のダブルノックアウトマウスは，程度の差はあるものの，全前脳胞症様の異常と四肢のパターニング異常を示し，*Shh* ノックアウトマウスに類似した表現型を呈する[6]．3因子のトリプルノックアウトマウスは，*Smo* ノックアウトマウスあるいは*Ihh/Shh* ダブルノックアウトマウスの表現型を模倣する[6]．

【抗体入手先】

Cdon，Boc，Gas1：R & D システムズ社．

【ベクター入手先】

Cdon，Boc，Gas1（ヒト／マウス）：
GeneCopoeia 社，Source BioScience 社．

【データベース】

GeneBank

ヒト		マウス	
CDON	NM_001243597.1	Cdon	NM_021339.2
BOC	NM_001301861.1	Boc	NM_172506.2
GAS1	NM_002048.2	Gas1	NM_008086.2

OMIM ID

CDON	608707	GAS1	139185
BOC	608708		

参考文献

1）Yao S, et al：Cell, 125：343-357, 2006
2）Tenzen T, et al：Dev Cell, 10：647-656, 2006
3）Okada A, et al：Nature, 444：369-373, 2006
4）Zhang W, et al：Dev Cell, 10：657-665, 2006
5）Lee CS, et al：Proc Natl Acad Sci U S A, 98：11347-11352, 2001
6）Allen BL, et al：Dev Cell, 20：775-787, 2011

（大庭伸介，鄭　雄一）

12章 Hipposシグナル

hippo signaling

概論

1. はじめに

シグナル伝達機構におけるリガンドと受容体はその種類と組合わせにおいて，きわめて多様である．一方，その情報を細胞内で処理するしくみは，リン酸化酵素やGTP結合タンパク質に制御されるものが多く，関与するタンパク質群が限られている．しかもリガンドと受容体の組合わせはきわめて多様であるにもかかわらず活性化される細胞内シグナル伝達機構は主要なものはかなり重複して使用されている．生物学的には，異なる多様な情報をできるだけ共通のしくみを用いて，細胞応答に変換する方が効率的で無駄がないということであろうか．

1970年以降急速に展開したシグナル伝達研究も成熟期に達しており，新たなシグナル経路は容易には見出されない状況になっている．このような状況下，Hippoシグナル経路はこれまでにない新規のシグナル経路として注目されている．Hippoシグナルの重要な役割は，細胞周期の停止と細胞死の誘導を引き起こすことにより，器官のサイズを一定に維持することである．関連する分子の発見からは10年以上経過して多くの学術論文が発表されているが，概念としての新しさは2009年に発刊された「Signal Transduction, second edition」(Gomperts BD, et al, eds. Academic Press）にもまだ記載されていない．限られた数の分子から構成され，直線的で理解しやすかったHippoシグナル経路も，その後新たな構成分子が発見され，他のシグナル伝達経路とのクロストークも明らかになってくると，複雑な様相を呈するようになった．ここでは，Hippoシグナル経路の全体について概説して，哺乳動物細胞における生理機能とその破綻による病態との関連について述べる．

2. 特徴

1) 基本メカニズム

Hippoシグナル経路の主要構成分子は，ショウジョウバエと哺乳動物においておおむね類似しており，中核キナーゼ複合体と上位制御分子，下流転写調節分子に分けることができる（**イラストマップ**）[1]．そもそもHippoシグナル経路は，多細胞生物における器官固有のサイズはいかにして調整されるかを解析したショウジョウバエを用いた研究に端を発している．

i）中核キナーゼ複合体

細胞の成長，増殖，死によって，細胞のサイズと数が決定され，器官サイズがコントロールされる．ショウジョウバエ幼虫の器官のもととなる原基におけるモザイクスクリーニングによって，細胞の成長と増殖を制限する遺伝子として，Hippo，Sav（Salvador），Wts（Warts），Mats（Mob as tumor suppressor）が同定された．これらが中核キナーゼ複合体である．タンパク質レベルではこれらの分子は複合体を形成し，リン酸化酵素Hippoが活性化されると，足場タンパク質となるSavとMatsと協調してリン酸化酵素Wtsをリン酸化して活性化する．これらの分子が1つのシグナル経路を構成することが立証され，Hippoシグナル経路とよばれるようになった．哺乳動物細胞ではHippo，Sav，Wts，Matsのホモログが，Mst1/2，Sav1，Lats1/2，Mob1となる．

ii）上流制御分子

上流制御分子としては，接着分子，極性制御分子，細胞膜裏打ち分子の3つの分子群が存在する．ショウジョウバエでは，接着分子のプロカドヘリンのFatとDs（Dachsous）の結合がHippoを活性化する．上皮細胞極性制御分子Crb（Crumbs）もHippoを活性化する．この際，FatとCrbは細胞膜裏打ち分子Mer（Merlin），Ex（Expanded），Kibra（kidney and brain expres-

イラストマップ　Hippoシグナル経路の制御機構

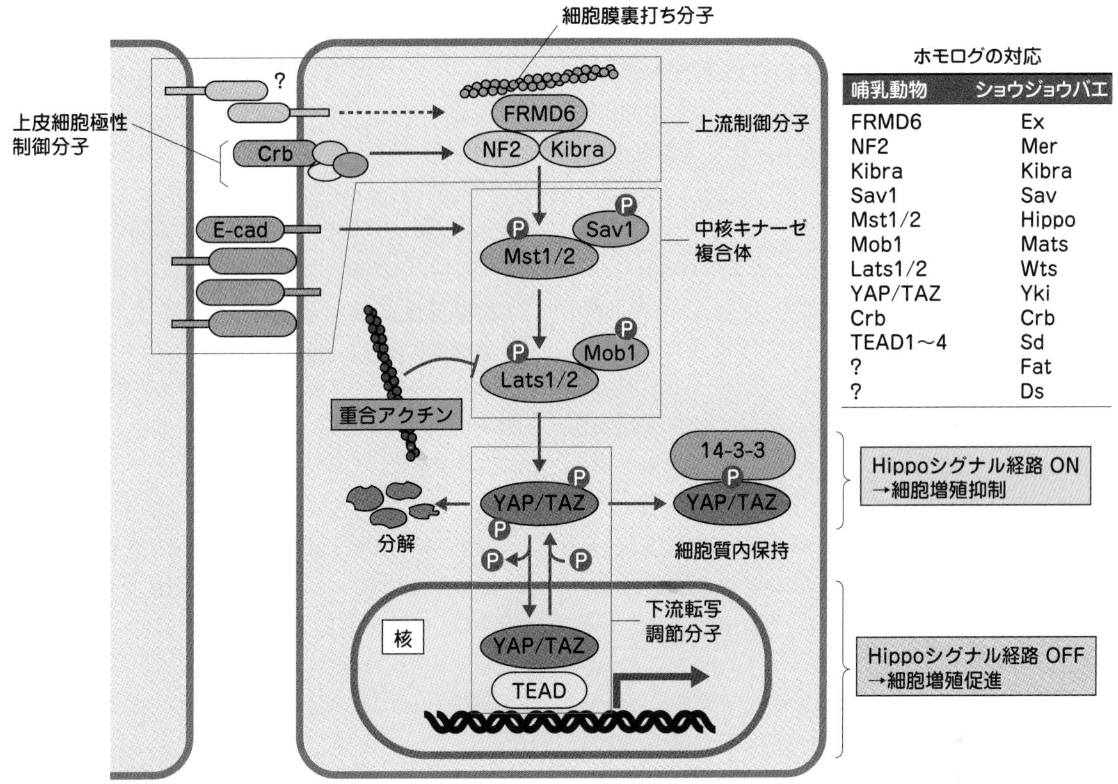

文献6～9をもとに作成.

sion protein）の複合体を介して，Hippoを活性化すると考えられている．哺乳動物では，DsとFatの関与は不明であるが，ExのホモログとしてFRMD6が存在し，Mer（哺乳動物のNF2）とKibraの機能が保存されていて，これらの複合体がMst1/2の活性を制御する．一方でE-カドヘリン（E-cad）を介したアドヘレンスジャンクション（接着結合）が中核キナーゼ複合体の活性を制御することが報告されている．

iii）下流転写調節分子

下流転写調節分子として，転写コアクチベーターYki（Yokie）とYkiが結合する転写因子Sd（Scalopped）が存在する．非リン酸化型Ykiは核内に局在し，Sdの転写活性を促進する．YkiはWtsによりリン酸化されると細胞質内に移行し遺伝子発現が抑制される．Ykiの哺乳動物細胞のホモログは，YAP（yes-associated protein）/TAZ（transcriptional co-activator with PDZ-binding motif）であり，SdのホモログはTEAD1～4（TEA domain family member1～4）である．

iv）Hippoシグナル経路の調節機構又は制御機構

ここまでをまとめると，Hippoシグナル経路においては，上流制御分子により中核キナーゼ複合体が活性化されると，下流転写調節分子が細胞質に留まり，遺伝子発現が負に制御され細胞増殖が抑制される．YAP/TAZの核内外移行については，Mst1/2によるリン酸化が重要であり，14-3-3と結合することにより細胞質内に留まるとともに，ユビキチン化を受けて，プロテアソーム依存的に分解される．また，Mst1/2以外のリン酸化酵素によってもYAP/TAZの核内外移行が制御されていることが示唆されているが，その実態は明らかでない．一方，YAP/TAZの脱リン酸化による核内移行の分子機構は不明である．Hippoシグナル経路の不活性化以外にも，細胞の形態変化や細胞のサイズによりYAP/TAZが核内移行することから，アクチン細胞骨格からのシグナルが制御する可能性がある[2]．

2）他のシグナル伝達経路とのクロストーク

Hippoシグナル経路が形態形成に関与する他のシグナル伝達経路とクロストークすることにより，細胞機能を制御することが，哺乳動物細胞に限っても多数報告されている[3]．

i）HippoシグナルによるWntシグナルの制御

例えば，Wntシグナルとの関連では，細胞質のリン酸化型TAZはDvlと結合してWntシグナルを抑制する．また，核内ではYAPはβカテニンと結合することによりWntシグナルを促進する．一方核内でチロシン脱リン酸化酵素SHP2の作用により，パラフィブロミンは脱リン酸化されてβカテニンと結合し，Wntシグナルを促進する．この際，YAP/TAZはSHP2と複合体を形成して，その核内移行を誘導する結果，Wntシグナルを促進する．これらの結果は，Hippoシグナル経路がWntシグナルを制御することを示している．すなわちHippoシグナル経路が活性化され細胞質にYAP/TAZが存在するとWntシグナルは抑制される．一方でHippoシグナル経路が抑制されることによるYAP/TAZの核内局在はWntシグナルを促進すると考えられる．

ii）WntシグナルによるHippoシグナルの制御

逆に，WntシグナルがHippoシグナル経路を制御することも報告されている．例えば，細胞質内のリン酸化型βカテニンはTAZの分解を促進するが，Wntシグナルが活性化されるとβカテニンが非リン酸化型となり，TAZとともに安定化してYAP/TAZシグナルが促進する．YAP/TAZはWntシグナルの標的遺伝子でもあり，βカテニン/TCF4複合体は*YAP*遺伝子の発現を促進する．また，Wntシグナルが発現誘導するArl4cが細胞形態制御を介してYAP/TAZの核内移行を促進する．

iii）その他のシグナルとのクロストーク

Wntシグナル以外では，YAP/TAZはSmadと複合体を形成することにより，TGF-βシグナル経路（**第3章**参照）を促進する．CrbはYAP/TAZと複合体を形成して，Smad2/3複合体をリクルートすることによりTGF-βシグナル経路を抑制する．また，ShhはYAPの発現と核内移行を誘導して，YAPはShhシグナル伝達経路の転写因子であるGli1の発現を促進する．

3. ライフサイエンスにおける重要性，応用の展望

前述したように，HippoシグナルはYAP/TAZの転写活性を抑制することにより，細胞周期の停止と細胞死を誘導し，器官サイズを一定に保つ．これは主として細胞増殖制御にもとづくものであるが，Hippoシグナルにより細胞分化，細胞形態・極性，組織再生が制御される結果の総和とも考えられる．実際，Hippoシグナルは初期発生，器官サイズ調整，発がんに大きく関与することが明らかになっている．

1）初期発生におけるHippoシグナル

i）胚盤胞における機能

胎生3.5日のマウス胚は，外側の栄養外胚葉と内側の内部細胞塊（inner cell mass：ICM）からなる胚盤胞である．着床前にはYAPとTEAD4は胚のすべての細胞で発現しているが，外側の細胞ではYAPが核内に局在して，内部の細胞ではYAPが細胞質に局在する[4]．この結果，胚の外側の細胞ではTEAD4の活性化を介してCdx2が発現し，栄養外胚葉へ分化する．栄養外胚葉への分化は，胚の子宮への着床に必須である．この胚の外部と内部の細胞でのYAPの局在の違いは，環境の違いによりHippoシグナルの活性化状態が異なるために生じると考えられる．興味深いことに，着床前胚ではLats2を過剰発現させYAPを細胞質に局在化させても，細胞増殖には影響しない．

一方，内部のICMは胚体をつくるが，それに伴い弱いYAPの核移行が認められるようになる．胚性幹細胞（ES細胞）はICM由来の細胞であり，ES細胞の多能性の維持にはLIF（leukemia inhibitory factor）（**第1章-15**参照）が必要である．LIFは種々のシグナル経路を活性化して，多能性維持に必要な転写因子Sox2，Nanog，Oct3/4の発現を促進する．ES細胞ではSrcファミリーのYesが強く発現していて，YesはLIFの受容体gp130（**第1章-11**参照）と結合してYAPをチロシンリン酸化してTEADの転写活性を促進し，その結果Oct3/4の発現が誘導される．

ii）着床後の胚発生における機能

他方，着床後の胚発生においてもHippoシグナルは必須であり，*TEAD1/2*ダブルノックアウト胚は胎生7.5日まで三胚葉の分化も含めた形態的な異常は認められないが，8.5日では胚体が小さくなり，9.5日で致死となる．*YAP*変異胚も同様の形態異常を示す．逆に*Mst1/2*のダ

ブルノックアウトマウス胚はTEADの活性が増強すると考えられるが，胎生11.5日で致死となる．これらの結果は，初期胚の発生においてはHippoシグナルによりTEADの転写活性が厳密に調整されることが必要であることを示している．

2) 器官サイズ調整

i）YAPによる制御

YAPはES細胞などの未分化能の高い細胞で高発現しており，YAPを過剰発現させたマウスの皮膚や小腸では，組織幹細胞の増殖が促進する．成体肝臓では，肝実質細胞と胆管上皮細胞への分化能を有する肝前駆細胞はほとんど存在しないが，肝障害により著しく増殖する能力を有する細胞が存在する．肝臓はHippoシグナル経路により器官サイズが調整されているようで，YAPを肝臓特異的に発現させると肝臓/体重重量比が5％から25％に増大する．さらに，肝臓の増大後，YAPの発現を抑制すると肝臓が元のサイズに可逆的に変化する．

ii）Mst1/2による制御

心臓では，Mst1/2を欠損させると胎生期の心筋細胞増殖は促進され心筋細胞数は増加するが，生後心筋細胞は分裂を停止するので，心臓サイズの増大は個々の心筋細胞のサイズの増大によってもたらされる．Hippo経路は生後心筋細胞の肥大を抑制したりアポトーシスを抑制することにより，心臓のサイズを調整している．Mst1を過剰発現すると，心筋細胞のアポトーシスが増加して拡張型心筋症が誘発される．また，不活性化型のLats2の過剰発現により，心臓重量が増加して虚血再灌流時の心筋細胞のアポトーシスが抑制される．一方，生後Mst1/2を欠損したマウスでは，肝臓に加えて胃のサイズが増大するが，肺，小腸，腎臓のサイズは大きく変化しない．

したがって，Hippoシグナル経路によりすべての器官のサイズが制御されているわけではなく，器官ごとに依存しているサイズ調整のシステムが存在していると考えられる．

3) 発がん

Wtsはショウジョウバエの腫瘍抑制遺伝子であり，Hippoシグナル経路はショウジョウバエにおいて，がん抑制シグナル伝達系として同定されたことから，ヒトがんにおいても研究が進みHippoシグナル経路の構成因子の質的，量的異常が発がんにかかわることが明らかになっている[5]．例えば，Merは*NF2*がコードするタンパク質であるが，神経線維腫症2型の原因遺伝子である．髄膜腫や悪性中皮腫にもその遺伝子変異が認められる．また，*Mer*欠損マウスでは肝臓のサイズが増大して肝がんが発症する．前立腺がん，大腸がんではMst1の発現低下が認められ，軟部肉腫においてMst1/2の高メチル化が認められる．Mst1/2の肝臓特異的欠損マウスでは肝細胞においてYAPのSer127のリン酸化の低下（YAPの核内局在を示す）が認められ，肝がんが引き起こされる．星状細胞腫や乳がん，肺がん，前立腺がんではLats1または2の発現低下が認められる．食道がんや肺がん，大腸がん，肝がんではYAPの過剰発現ならびに核内移行が認められる．したがって，新たながんの治療戦略として，Hippoシグナル経路におけるタンパク質-タンパク質の結合を阻害する薬剤や，YAPのリン酸化を促進して機能阻害する薬剤の開発が望まれる．

YAPは転写因子TEADに結合して細胞増殖にかかわる一方，DNA損傷などによりp73とも複合体を形成してアポトーシスを誘導し，がん抑制にかかわる．乳がんではYAP（11q22）のLOH（loss of heterozygosity）が認められ，乳がん細胞株でYAPをノックダウンすると，乳がん細胞の増殖能や浸潤能が促進する．

参考文献

1）Bao Y, et al：J Biochem, 149：361-379, 2011
2）Aragona M, et al：Cell, 154：1047-1059, 2013
3）Bernascone I & Martin-Belmonte F：Trends Cell Biol, 23：380-389, 2013
4）Nishioka N, et al：Dev Cell, 16：398-410, 2009
5）Avruch J, et al：Br J Cancer, 104：24-32, 2011
6）Harvey KF, et al：Nat Rev Cancer, 13：246-257, 2013
7）Mo JS, et al：EMBO Rep, 15：642-656, 2014
8）Schroeder MC & Halder G：Semin Cell Dev Biol, 23：803-811, 2012
9）Zhao B, et al：Genes Dev, 24：862-874, 2010

（菊池　章，松本真司）

13章 セマフォリン
semaphorins

Keyword

1 Sema3A/3E　2 Sema4A/4B/4D　3 Sema6D　4 Sema7A

概論

1. はじめに

セマフォリン（semaphorins）は1990年代初頭に，ニワトリの脳の後神経節細胞の成長円錐に対する反発分子として発見された．水先案内人の手旗信号（semaphore）のごとく神経軸索の伸長方向を制御していることが名称の由来である[1)～3)]．セマフォリンは線虫から哺乳類に至るまで，種を超えて広く保存されている神経ガイダンス因子として，これまでに20種類を超えるメンバーが同定されているが，近年では神経ガイダンスだけでなく器官形成，血管・脈管新生，腫瘍の転移・浸潤，骨代謝，網膜恒常性維持，自己免疫調節などにおいても重要な役割を果たしていることが明らかになっている．これらの多彩な活性を反映して，臨床疾患の点からも，アレルギーや自己免疫疾患，骨粗鬆症，神経変性疾患，網膜色素変性症，不整脈，がん転移などとセマフォリンの関与が次々と報告され[4)]，疾患の診断や治療，創薬のターゲットとして今後のさらなる進展が期待される．

2. セマフォリンとその受容体

セマフォリンは，セマドメインとよばれる約500個のアミノ酸残基よりなる共通の細胞外領域を有する（**イラストマップ**）．さらに，セマドメインに引き続くC末端側の構造の違いにより8つのサブクラスに分類され，1型，2型セマフォリンは無脊椎動物に，3～7型セマフォリンは脊椎動物に，ウイルスセマフォリン（V）はワクシニアウイルスやある種のヘルペスウイルスにそれぞれコードされている[5)]．2型，3型，7型ウイルスセマフォリンは分泌型，それ以外は膜型のタンパク質である．代表的なセマフォリンの受容体としては，プレキシンファミリー（Plexin-A1/A2/A3/A4，Plexin-B1/B2/B3，Plexin-C1，Plexin-D1）とニューロピリン（neuropilin）ファミリー（Nrp-1, Nrp-2）が知られている．多くのセマフォリンは前述のセマドメインを介してプレキシンと直接結合するが，3型セマフォリンではニューロピリンとプレキシンによる受容体複合体を介してシグナル伝達が行われている．それ以外にも，**Sema4A**（**→Keyword 2**）はTim-2（T cell immunoglobulin and mucin domain protein-2）と，**Sema4D**（**→Keyword 2**）はCD72とも結合し，免疫セマフォリンとして獲得免疫系の調節に働いている．また，Sema7Aは，免疫系および嗅神経の発生過程でインテグリンに結合することが知られている[4)]．各クラスのセマフォリンは，どの細胞におけるどのようなシグナル伝達を担うかによって，多岐にわたる受容体複合体を形成している．

3. 免疫セマフォリンの発見
―CD100（Sema4D）を端緒として

種々の免疫応答において，抗原提示細胞やB細胞上に発現しているCD40と，T細胞上に発現しているCD40リガンドの相互反応は重要な役割を担っている．われわれは，PCR-based cDNAサブトラクションクローニングを行い，CD40リガンドによる刺激によってmRNAが増強されたB細胞のクローンのなかから，マウスCD100（Sema4D）cDNAを同定した[6)]．これをもとに抗マウスCD100モノクローナル抗体を作製し，CD100はT細胞表面には強く，B細胞表面には弱く発現しているが，ひとたび活性化されるとその発現が著明に増強することを示した．また，リコンビナントCD100を用いて，CD40

イラストマップ 主要なセマフォリンとその受容体

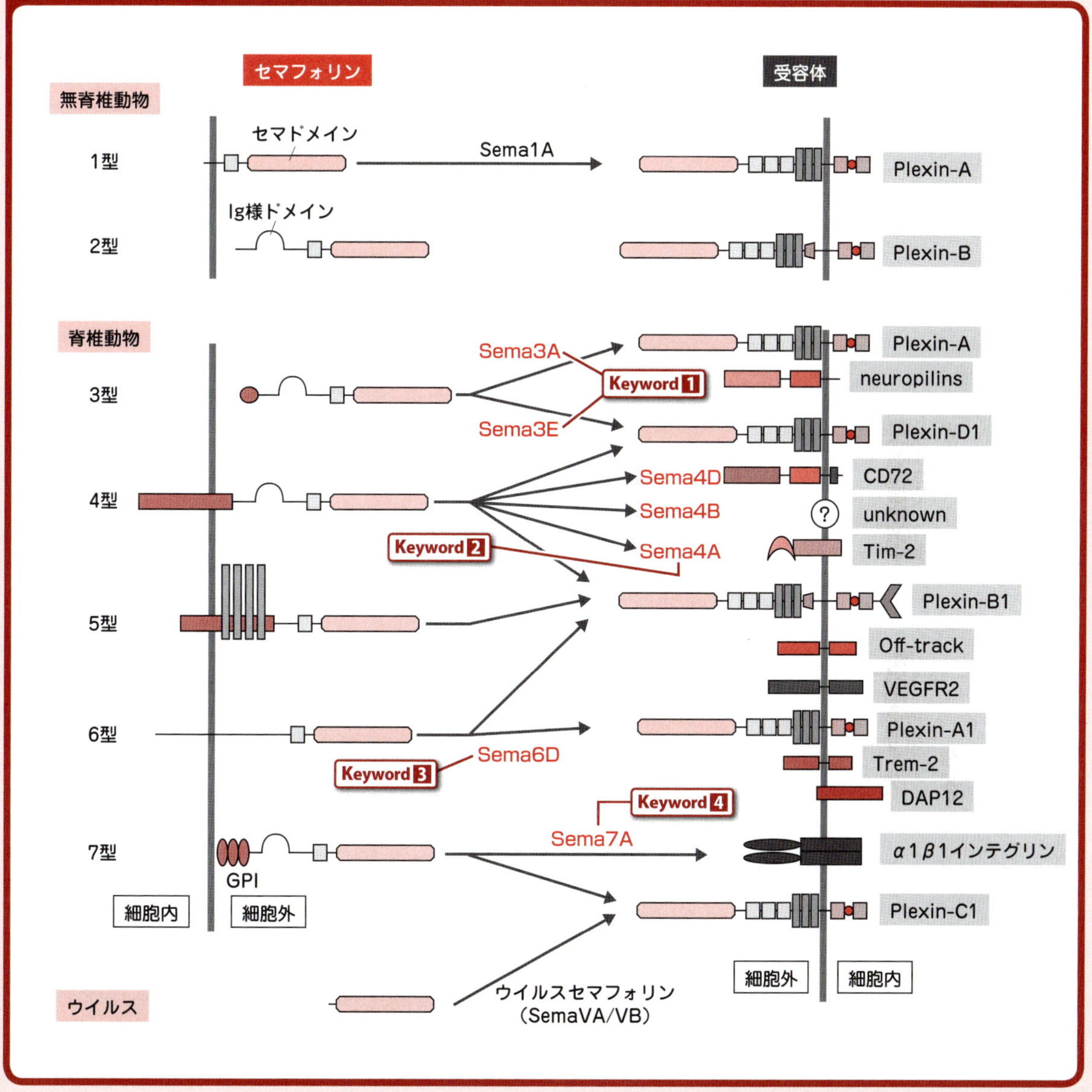

リガンドとIL-4（第1章-7参照）との共培養系において，B細胞の増殖や抗体産生が著明に増強されることを証明した．*in vivo* においても，T細胞依存性抗原で免疫したマウスにリコンビナントCD100を投与したところ，抗原特異的抗体産生の増加が認められ，これらの知見から，CD100が液性免疫応答に必須の分子であることが明らかになった[6]．このCD100の機能解析を端緒として，Sema4Aによるヘルパー T細胞の分化制御[7]，Sema7A（→**Keyword 4**）による炎症反応の調節[8]，Sema3A（→**Keyword 1**）による免疫細胞の移動機構[9]など，免疫に関与するセマフォリンの存在が次々と明らかになっている．これらを総称して，免疫系で機能するセマフォリンは「免疫セマフォリン（immune semaphorin）」ともよばれ，これまでの研究において，脊椎動物にコードされるクラスのなかから，特に3型（Sema3A/3E），4型（Sema4A/4B/4D），6型（Sema6D），7型（Sema7A）について機能の解明が進んでいる．後述の **Keyword 1〜4** では，これらの免

疫セマフォリンの役割や疾患との関連を中心に解説する.

4. “疾患の鍵分子”として注目されるセマフォリン

DNAマイクロアレイやプロテオミクスといった網羅的解析技術の発達に伴い，さまざまな学術領域にて疾患の原因分子が網羅的に探索されるようになった．こういった時代背景もあり，それまで神経領域においてしか研究のなされていなかったセマフォリンが，多彩な学術分野の基礎研究者・臨床研究者の目に留まるようになってきている．実際に疾患の遺伝子解析や遺伝子欠損マウスを用いた解析から，セマフォリンは多くの疾患の病態機序にかかわることが，次々と明らかになっている（**表**）．例えば，免疫疾患においては，アトピー性皮膚炎，多発性硬化症，接触性皮膚炎の病態機序との関与が明らかにされている．アトピー性皮膚炎においては，Sema4A欠損下にアトピー性皮膚炎様の実験的皮膚炎が重症化することに加え[10]，Sema3Aがアトピー性皮膚炎モデルマウスにおいて痒みの原因となるNGF（**第6章-29**参照）感受性C線維の伸長を抑制することが明らかとされている[11]．また，難治性の炎症性脱髄疾患である多発性硬化症においては，Sema4A，Sema4D，Sema7Aの病態への関与が明らかとなっており，特にSema4Aは多発性硬化症のバイオマーカーとなりうることが示されている[12]．セマフォリンはまた，骨代謝疾患においても重要な役割を果たしていることがわかっている．Sema3Aはその欠損マウスが著明な骨量の低下を示し，卵巣摘出による骨粗鬆症モデルに対し，Sema3Aタンパク質投与が有効な治療法となることも示されている[13]．また，セマフォリンは免疫疾患に留まらず，がんの浸潤・転移，網膜変性疾患など，さまざまな疾患に関与している．今後，セマフォリンの疾患におけるより詳細な分子学的メカニズムが明らかになることにより，新たな診断および治療法が確立されることが期待できる．実際，米国においては，Sema4DやNrp-1を標的にした臨床治験がすでに開始されている．

表　セマフォリンメンバーと関連の示唆されている疾患

分類	名称	関連の示唆されている疾患
3型	Sema3A	心臓の交感神経分布異常・不整脈 アトピー性皮膚炎 骨代謝疾患
	Sema3B, Sema3F	肺がんのがん抑制遺伝子の1つ
	Sema3E	がんの転移
4型	Sema4A	アトピー性皮膚炎 多発性硬化症 網膜色素変性症
	Sema4D	免疫不全症 骨粗鬆症 多発性硬化症 全身性エリテマトーデス
7型	Sema7A	神経走行異常 接触性皮膚炎 間質性肺炎
セマフォリン受容体	Plexin-A1	骨代謝異常 統合失調症
	Nrp-1	がんの進展

参考文献

1) Kolodkin AL, et al : Cell, 75 : 1389-1399, 1993
2) Luo Y, et al : Cell, 75 : 217-227, 1993
3) Tessier-Lavigne M & Goodman CS : Science, 274 : 1123-1133, 1996
4) Pasterkamp RJ & Kolodkin AL : Curr Opin Neurobiol, 13 : 79-89, 2003
5) Goodman CS, et al : Cell, 97 : 551-552, 1999
6) Kumanogoh A, et al : Immunity, 13 : 621-631, 2000
7) Kumanogoh A, et al : Nature, 419 : 629-633, 2002
8) Suzuki K, et al : Nature, 446 : 680-684, 2007
9) Takamatsu H, et al : Nat Immunol, 11 : 594-600, 2010
10) Kumanogoh A, et al : Immunity, 22 : 305-316, 2005
11) Yamaguchi J, et al : J Invest Dermatol, 128 : 2842-2849, 2008
12) Nakatsuji Y, et al : J Immunol, 188 : 4858-4865, 2012
13) Hayashi M, et al : Nature, 485 : 69-74, 2012

（西出真之，熊ノ郷 淳）

Keyword

1 Sema3A/3E

▶分類：3型

1) 歴史とあらまし

i) Sema3A

3型セマフォリンは分泌型のタンパク質であり，なかでもSema3Aは神経軸索のガイダンス因子としてのセマフォリンにおいて，代表格といえる分子である．これまで，Sema3Aが成長円錐における神経細胞の形態・運動能の制御を広く制御していることが報告されてきた[1]．一方で免疫系においては，Sema3Aの受容体であるPlexin-A1−Nrp-1が強く発現している樹状細胞において，何らかの機能を有していることが予想されていた．

ii) Sema3E

Sema3Eはその受容体であるPlexin-D1を介し，血管新生シグナルを阻害することで，血管内皮細胞の遊走や血管の萌芽状伸長を抑制する分子である[2]．Sema3Eを腫瘍モデルにおいて強制発現させると，劇的な血管新生の抑制が引き起こされ，腫瘍の増殖が高度に抑えられることが示されている[3][4]．このことから，Sema3Eは，主に腫瘍研究の分野においてターゲットとなる分子であったが，後述するように，免疫系においても，胸腺でのSema3E，Plexin-D1の局在の違いにより，胸腺細胞の皮質-髄質間の移動に関与していることが注目されている．

2) 各メンバーの機能，マウス表現型やヒト疾患との関連

i) Sema3Aによる樹状細胞の制御

Sema3A−Plexin-A1シグナルが樹状細胞のリンパ管への移動を制御することが明らかになった．皮膚や粘膜に存在する樹状細胞は，病原体などの外来抗原の侵入によって活性化されると，それらを捕獲しリンパ管内皮細胞から分泌されるケモカインに反応して遊走する．そしてリンパ管内皮細胞間を通過してリンパ管内腔に入り，抗原特異的なT細胞の分化を誘導するべく所属リンパ節に遊走してT細胞に抗原提示を行う．これまで，危険を感知した樹状細胞がどのようにしてリンパ節へ移動するのか詳細な機序はわかっていなかった．

われわれは，リンパ管内皮細胞から分泌されるSema3Aが樹状細胞に発現するPlexin-A1−Nrp-1受容体複合体に作用し，樹状細胞のリンパ管内腔への移動を促進させていることを明らかにした[5]．Plexin-A1欠損マウスと野生型マウスより分化誘導した骨髄由来樹状細胞を蛍光色素でラベリングし足底に皮下注射したところ，野生型マウス由来の樹状細胞が24時間後に膝窩リンパ節に移動してきているのに対して，Plexin-A1欠損マウス由来の樹状細胞はほとんどが注射部位に留まっており，リンパ節への移動が著しく阻害されていた．このことから，Plexin-A1欠損樹状細胞ではリンパ管内皮を越えリンパ管内腔へ侵入する過程に障害があることが示された．さらにTranswellを用いたリンパ管内皮の遊走実験により，Plexin-A1のリガンドはリンパ管内皮から分泌されるSema3Aであることがわかり，樹状細胞はリンパ管内皮細胞由来のSema3Aを後端部のPlexin-A1を介して感知しながらリンパ管の間隙を通過して，リンパ管内腔に侵入することが確認された．同時に分泌型のSema3Aリコンビナントタンパク質を添加すると樹状細胞のリンパ管内腔へのエントリーが促進することから，リンパ管内皮細胞から分泌されるSema3Aが樹状細胞の運動を促進していることがわかった．

この結果から，Sema3AがPlexin-A1を介して樹状細胞に作用し，T細胞との出会いの場であるリンパ節へ移動するためのナビゲーターの役割を果たしていることが示された（図1）．

ii) Sema3Aによる骨代謝の制御

骨代謝は骨組織局所に存在する骨芽細胞，破骨細胞，骨細胞などにより行われており，これらの細胞はホルモンやサイトカインなどの全身性の液性因子の働きを受けて分化する．骨芽細胞は間葉系細胞より分化し，破骨細胞は単球およびマクロファージから分化するが，これらの分化誘導のバランスの調整にはさまざまな分子が関与している．

Sema3Aの受容体であるPlexin-A1は，Sema6D（3参照）とも結合することが知られており，Sema6D−Plexin-A1シグナルが破骨細胞の分化促進に関与していることがこれまでに報告されてきた[6]．さらに，骨芽細胞から分泌したSema3Aが破骨細胞上のNrp-1を介してTREM（triggering receptor expressed on myeloid cells）との間でPlexin-A1を競合的にリクルートして，破骨細胞の分化を負に制御し下流のRhoAシグナル伝達経路を抑制することで，破骨細胞の遊走を抑制することがわかった[7]．

一方で骨芽細胞においても，Sema3Aが表面上の

13章 セマフォリン

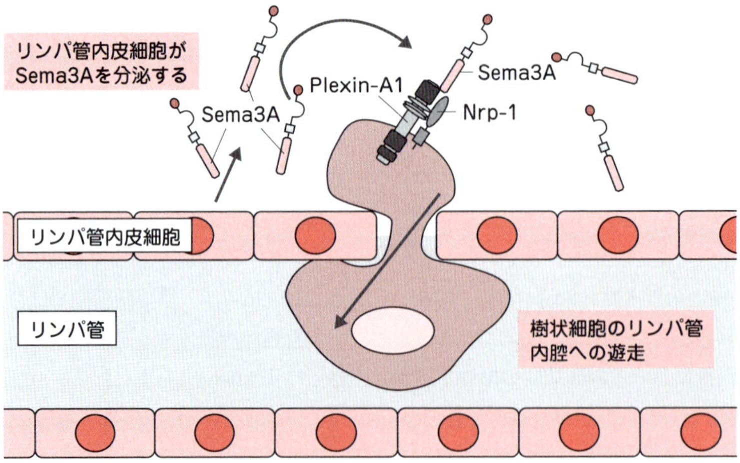

図1 Sema3Aによる樹状細胞の移動制御
リンパ管内皮細胞から分泌されたSema3Aが樹状細胞後方に存在するPlexin-A1－Nrp-1受容体複合体に作用する．それによって樹状細胞はアクトミオシンの細胞収縮作用を通じ，リンパ管内皮細胞間の間隙を通過しリンパ管内腔に入ることができる．詳細は本文も参照.

Plexin-A1－Nrp-1の受容体複合体と結合して，下流シグナルのFARP2（FERM, RhoGEF and Pleckstrin domain-containing protein2）を介してRac1を活性化し，古典的Wnt経路にかかわるβカテニン（**第10章－7**参照）の核内移動を誘導することにより，骨芽細胞の分化を促進することが示された．実際，骨粗鬆症モデルマウスにSema3Aを静脈内投与すると骨量が増加し，骨の再生が促進された.

このようにSema3Aは骨吸収を抑制するだけでなく，骨形成を促進する機能ももち，骨代謝の新たな鍵分子として注目されている.

iii）Sema3Aのその他の知見

前述の通り，Sema3A－Plexin-A1シグナルは神経系のみならず，免疫系においても重要な活性を有している.

コラーゲン誘導関節炎モデルマウスにおいて，Sema3AはT細胞に作用し，炎症抑制性サイトカインであるIL-10（**第1章－23**参照）の分泌を促進するという報告がある[8]．リコンビナントSema3A投与により関節炎スコアやコラーゲンII特異的IgG，炎症性サイトカインの産生が低下する．また，実際に関節リウマチ患者において単球やT細胞においてSema3Aの発現が低下しており，Sema3Aを補充することで関節リウマチの病態を改善する可能性がある．その他，全身性エリテマトーデス（SLE）患者の腎臓組織においてSema3Aが高発現し，樹状細胞を誘導しているという報告[9]や，機序は異なると思われるが，アトピー性皮膚炎のモデルマウスへのSema3Aの皮下投与による治療についても国内を中心に報告があり[10]，Sema3Aは自己免疫性疾患の新たな治療のターゲットとして注目されている.

また，胸膜中皮腫，腎がん，肺がん，前立腺がん，大腸がん，乳がん，脳腫瘍など，種々の腫瘍がSema3Aを分泌していること，Sema3AがMAPKのシグナル経路を阻止することによりT細胞の活性化を抑制するとの報告がなされており[11]，抗腫瘍免疫に対してSema3Aが重要な調節機能を有している可能性が示唆されている.

iv）Sema3Eによる胸腺T細胞の移動の制御

胸腺は皮質や髄質に存在する上皮細胞や樹状細胞と相互作用することにより，T細胞の分化を制御し，T細胞受容体（TCR）の再編成やT細胞の正・負の選択を行っている．その際，ケモカインやS1P（sphingosine-1-phosphate）や接着分子などがT細胞の分化過程において重要な役割を果たしている.

Sema3EはNrp-1非依存的にPlexin-D1と結合する分泌型セマフォリンであるが，これがT細胞の分化を制御していることが明らかになっている[12]．胸腺皮膜下直下で正の選択を受けた$CD69^+$，$CD4^+CD8^+$（double-positive：DP）胸腺細胞は，CCR9とCCR7（**第5章－9 6**参照）の作用により，胸腺皮質から皮髄境界領域を経て胸腺髄質に移動し，SP（single-positive）胸腺細胞になる．Plexin-D1はDP細胞に発現が認められ，SP胸腺細胞では発現が減弱する．Sema3Eは皮質より髄質に発現が強く認められ，Sema3E－Plexin-D1を介したシグナルが，髄質から皮質への移動を促すCCL25/CCR9シグナルを阻害し，DP胸腺細胞の皮質から髄質へと向かう移動を抑制することが示された．これに合致して，Plexin-D1欠損マウス由来の造血幹細胞を移植したキメラマウスやSema3E欠損マウスの胸腺では，皮髄境界領域が崩れDP胸腺細胞の髄質への移動が障害されていた．

このことから，Sema3Eが胸腺細胞の胸腺皮髄移動を制御していることが明らかになった．

【データベース】

OMIM ID

Sema3A：603961

Sema3E：608166

【抗体入手先】

Sema3A：Abcam社 ab23393など

Sema3E：Abcam社 ab80068など

参考文献

1）Takahashi T, et al：Cell, 99：59-69, 1999
2）Gu C, et al：Science, 307：265-268, 2005
3）Casazza A, et al：J Clin Invest, 120：2684-2698, 2010
4）Casazza A, et al：EMBO Mol Med, 4：234-250, 2012
5）Takamatsu H, et al：Nat Immunol, 11：594-600, 2010
6）Takegahara N, et al：Nat Cell Biol, 8：615-622, 2006
7）Hayashi M, et al：Nature, 485：69-74, 2012
8）Catalano A：J Immunol, 185：6373-6383, 2010
9）Vadasz Z, et al：Lupus, 20：1466-1473, 2011
10）Negi O, et al：J Dermatol Sci, 66：37-43, 2012
11）Catalano A, et al：Blood, 107：3321-3329, 2006
12）Choi YI, et al：Immunity, 29：888-898, 2008

（西出真之，熊ノ郷 淳）

Keyword

2 Sema4A/4B/4D

▶分類：4型
▶Sema4Dの別名：CD100

1）歴史とあらまし

4型セマフォリンは細胞表面に発現する膜貫通型の分子であるが，一部は膜表面から切断され，遊離型としても存在する．

Sema4Aは，2002年にわれわれが樹状細胞のcDNAライブラリーからクローニングした分子であり，樹状細胞および分化したTh1型のヘルパーT細胞に強く発現している．Sema4Bは免疫系では主にリンパ球に発現しており，T細胞と好塩基球の相互作用において機能していることが明らかになっている．

Sema4DはCD100としても知られ，セマフォリンファミリーのなかで免疫系において発現することがはじめて報告されたセマフォリンである．Sema4Dは膜型のタンパク質として細胞内，細胞間のシグナル伝達にかかわる他，細胞表面で切断を受け，遊離型としても作用する．Sema4Dの受容体は，神経系においてはPlexin-B1がよく知られているが，免疫系においてはC型レクチンファミリーに属するCD72も受容体として働くことが示されている（**図3**参照）．CD72は細胞内領域にITIM（immunoreceptor tyrosin-based inhibitory motif）を有し，チロシンホスファターゼであるSHP-1と会合している．このCD72とSema4Dが会合して，負の制御因子であるSHP-1がCD72から解離することで活性化シグナルが入る．

2）各メンバーの機能，マウス表現型やヒト疾患との関連

i）Sema4AによるT細胞活性化の制御

樹状細胞に発現するSema4Aは，T細胞に発現しているTim-2（T-cell immunoglobulin and mucin domain-2）を受容体として，T細胞の活性化を促進する副刺激分子として機能している[1]．われわれは，多発性硬化症のモデルマウスとして知られる実験的自己免疫性脳脊髄炎（EAE）の系において，抗原であるMOGペプチドを免疫した後，抗Sema4A抗体を連日投与することでEAEの発症が有意に抑制されることを明らかにした．また，抗Sema4A抗体の投与を行ったマウスのリンパ節から$CD4^+$T細胞を採取し，MOGペプチドで再刺激した際には，抗原特異的なT細胞の産生が著明に低下していた[2]．

これらの結果から，Sema4Aは多発性硬化症の病態に関与すると考えられるようになってきている．実際に，多発性硬化症の患者では健常者に較べ，血清でのSema4A濃度が高く，しかも血清Sema4A高値の患者は重症で，インターフェロン治療への抵抗性がみられた[3]．

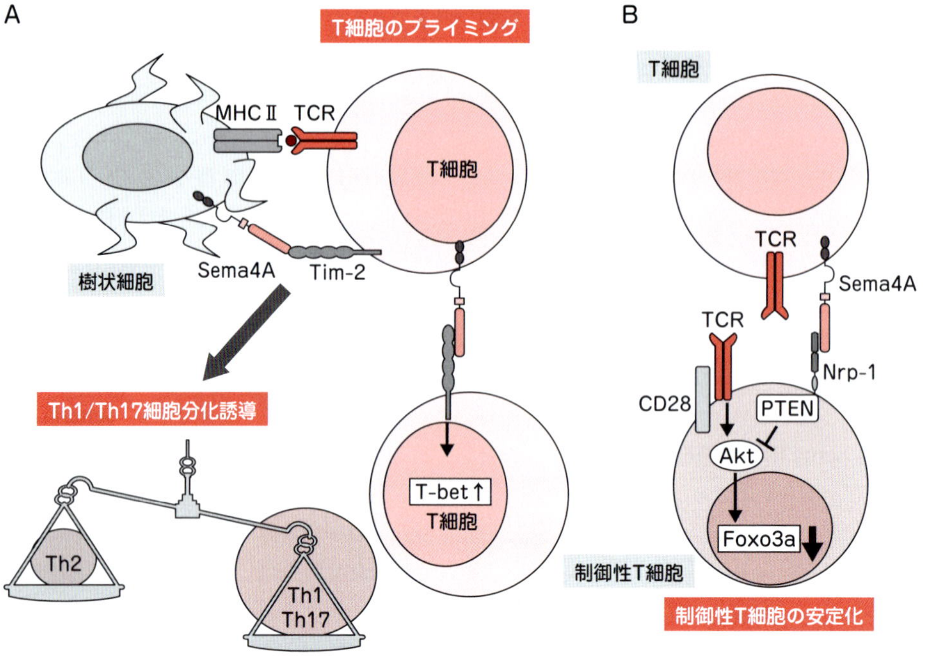

図2 Sema4Aによる免疫細胞の制御

A）樹状細胞に発現するSema4AはT細胞活性化の副刺激因子として，T細胞のプライミングに関与するとともに，Th1/Th17細胞への分化を促進し，転写因子T-betなどの発現を上昇させる．B）T細胞に発現するSema4Aは制御性T細胞上のNrp-1に結合してPTENシグナルを抑制し，制御性T細胞を安定化させる．詳細は本文も参照．

また，樹状細胞由来のSema4AはTh1型のみならず，Th17型の炎症も誘導し（**図2A**），多発性硬化症の発症，重症化に作用していることが明らかとなっており，今後，Sema4Aをターゲットとした多発性硬化症の診断，治療体系の樹立が期待されている．

ii）Sema4AによるT細胞分化の制御

Sema4Aは樹状細胞だけでなく，Th1細胞の表面でも発現が認められている．Th1細胞上のSema4Aは，細胞同士のCell-Cell contactを介して転写因子T-betの発現を増強し，さらにTh1への分化を促進させることが明らかになった（**図2A**）．われわれは，野生型マウスとSema4A欠損マウスからナイーブ$CD4^+$T細胞を採取し，*in vitro*でTh1細胞およびTh2細胞に分化誘導したところ，Sema4A欠損マウス由来のT細胞では，Th1細胞への分化が障害されていることが確認された．*in vivo*においても，Sema4A欠損下では，*Propionibacterium acnes*（尋常性座瘡の原因菌）により誘導されるTh1反応が減弱する一方，*Nippostrongylus brasiliensis*（糞線虫）感染により誘導されるTh2反応はむしろ亢進する知見が得られ，このことから，Sema4AはT細胞をTh1方向へ誘導する作用をもつことが明らかになった（**図2**）[4]．

iii）Sema4Aによる制御性T細胞の制御

制御性T細胞（Treg細胞）は過剰な自己免疫の制御や，免疫の恒常性の維持において重要な役割を果たしている．マウス$CD4^+CD25^+$Treg細胞に発現するNrp-1は樹状細胞に発現するNrp-1との相互作用を通じて，Treg細胞と樹状細胞とが接触する時間を増加させ，ナイーブT細胞と樹状細胞との相互作用を阻害し，免疫反応を負に制御する働きがあることが報告されている[5]．

さらに，T細胞に発現するSema4AがTreg細胞上のNrp-1と相互作用し，Treg細胞の安定性を維持する役割をもつことが報告された（**図2B**）[6]．Nrp-1とSema4Aが直接結合することにより，細胞内のPTEN（phosphatase and tensin homologue）を介したAktのリン酸化が抑制され，それによって転写因子であるFoxo3aの核局在が増強される．Foxo3aの核での増加によって，細胞分化を促進するプログラムを抑制し，細胞休止や細胞生存にかかわる因子を増強させることで，

Treg細胞を安定性させることが示された．さらに，腫瘍マウスモデルにおいても，腫瘍の微小環境内でNrp-1が腫瘍に浸潤するTreg細胞の安定や生存や機能に重要であることが明らかになりつつある．

iv）Sema4Bによる好塩基球活性の制御

Sema4Bは免疫系では主にリンパ球に発現している膜型セマフォリンである．2011年，Sema4BがT細胞と好塩基球の間の相互作用において機能していることが明らかになった[7]．好塩基球は抗原提示細胞としてT細胞を活性化し，好塩基球由来のIL-4（**第1章-7参照**）の産生はナイーブ$CD4^+$T細胞をTh2細胞に分化誘導することがわかっている．また，好塩基球は，IgEを介した免疫記憶にも関与することが知られている．好塩基球にリコンビナントSema4Bタンパク質を添加したところ，好塩基球由来のIL-4の産生が有意に抑制された．さらにSema4B欠損T細胞と好塩基球を共培養すると，ナイーブ$CD4^+$T細胞のTh2細胞への分化が亢進していた．またSema4B欠損マウスは加齢に伴い血清IgE値の上昇が認められ，Sema4B欠損マウスを卵白アルブミン（OVA）で免疫すると，好塩基球の存在下で血清OVA特異的IgE値の上昇が認められた．

このことからT細胞に発現するSema4Bが好塩基球の活性を負に制御することで，Th2細胞への分化を抑制するだけなく，IgEを介した免疫記憶を制御していることが明らかになった．

v）Sema4DによるB細胞の活性化制御

CD100としても知られるSema4Dは，休止期のB細胞では発現が低いが，活性化したB細胞では発現が上昇することが知られている．*in vitro*でB細胞にCD40リガンドおよびリコンビナントSema4Dを加え培養するとB細胞の増殖が促進され，抗体産生能が増強する．実際に*in vivo*においても，T細胞依存性抗原で免疫したマウスにリコンビナントSema4Dを投与すると抗原特異的抗体産生が増加した．またSema4D欠損マウスにおいては，野生型マウスに比べて抗原特異的な抗体産生や胚中心における抗原特異的なB細胞数が減少していた．以上のことから，Sema4DはB細胞の活性化において重要な役割を果たしていると考えられた[2]．

vi）Sema4DによるT細胞プライミングの制御

Sema4DはT細胞にも強く発現しており，活性化に伴ってその一部は膜表面でシェディング（切断）を受けて遊離型としても存在する．

Sema4D欠損マウスでは*in vivo*において抗体産生や抗原特異的T細胞プライミングが障害されており，EAEにも抵抗性を示した[2]．また，野生型マウスにEAEを誘導したモデルにおいても，抗Sema4D抗体を投与することでその症状が改善することが示されており，このことから，多発性硬化症の治療薬として，抗Sema4D抗体の効果が期待され，2015年現在臨床試験が開始されている．

また，全身性エリテマトーデス（SLE）のモデルであるMRL/lprマウスにおいては自己抗体価の上昇に伴い，遊離型Sema4Dが血清中に分泌されてくることや，全身性強皮症患者の血清での上昇がみられていること，Sema4D－Plexin-B1のシグナリングが骨粗鬆症（後述）を誘導し，抗Sema4D抗体の投与により改善することから，関節リウマチ，SLE，強皮症などの治療ターゲットとなりうる可能性も期待されている．

vii）Sema4Dによる骨代謝制御

Sema4Dは破骨細胞にも発現し，受容体であるPlexin-B1は骨芽細胞に発現していることが示されている[8]．本来，生体では破骨細胞と骨芽細胞は隣接せず，骨破壊と骨形成が同時に起こらないように制御されているが，Sema4DおよびPlexin-B1の欠損マウスでは破骨細胞と骨芽細胞がまだらに隣接し，骨芽細胞の数と骨形成の増加によって著明な骨量増加を示し，骨硬化様の表現型を示すことが明らかになった．また，骨粗鬆症のマウスに抗Sema4D抗体を投与すると骨芽細胞が活性化し，治療効果がみられた．さらに詳細なシグナル解析よって，破骨細胞のSema4Dが骨芽細胞のPlexin-B1に刺激を与え，RhoAのシグナリングを介して骨芽細胞の活性を抑制することが明らかになった．

これらのことから，Sema4Dは骨芽細胞を抑制し，骨分解を亢進させる作用があり，抗Sema4D抗体の投与が骨粗鬆症の有望な治療薬の候補となりうることが示された．

【データベース】

OMIM ID

Sema4A：607292

Sema4D：601866

【抗体入手先】

Sema4A：Abcam社 ab70178など

参考文献

1) Kumanogoh A, et al : Nature, 419 : 629-633, 2002
2) Kumanogoh A, et al : Immunity, 13 : 621-631, 2000
3) Nakatsuji Y, et al : J Immunol, 188 : 4858-4865, 2012
4) Kumanogoh A, et al : Immunity, 22 : 305-316, 2005
5) Sarris M, et al : Immunity, 28 : 402-413, 2008
6) Delgoffe GM, et al : Nature, 501 : 252-256, 2013
7) Nakagawa Y, et al : J Immunol, 186 : 2881-2888, 2011
8) Negishi-Koga T, et al : Nat Med, 17 : 1473-1480, 2011

（西出真之，熊ノ郷 淳）

Keyword

3 Sema6D

▶分類：6型

1）歴史とあらまし

6型セマフォリンの1つであるSema6Dは，ニワトリの心臓の形態形成に関与する過程で心臓のcDNAライブラリーからクローニングされた分子である[1) 2)]．ニワトリの心臓形成期において，受容体であるPlexin-A1はVEGFR2やOff-trackと心臓の部位特異的に会合してSema6Dの活性を担うことが知られている．われわれは免疫系においてもPlexin-A1は何らかの受容体分子と受容体複合体を形成してSema6Dの活性を担っているものと考え，網羅的スクリーニングを行った．その結果，Sema6D−plexin-A1間のシグナル伝達は，樹状細胞の活性化制御や破骨細胞の機能制御に関与していることが示唆された．

2）各メンバーの機能，マウス表現型やヒト疾患との関連

i）Sema6Dによる樹状細胞の活性化制御

免疫系において，Sema6Dは受容体であるPlexin-A1を介して，樹状細胞からのIL-12（第1章-21参照）などのサイトカイン産生を誘導する．実際にplexin-A1欠損マウス由来の樹状細胞では*in vitro*でのT細胞活性化能が低下しており，抗原特異的活性化能も障害され，実験的自己免疫性脳脊髄炎（EAE）に抵抗性であることが明らかになっている[3)]．さらに野生型マウス由来樹状細胞では認められるリコンビナントSema6DとPlexin-A1との結合はPlexin-A1欠損樹状細胞では減弱し，リコンビナントSema6Dによる樹状細胞からのIL-12産生誘導やMHCクラスII発現誘導もPlexin-A1欠損樹状細胞では著明に低下していた．このことから，樹状細胞がMHCクラスIIを介してT細胞に対して抗原提示を行う際に，Sema6DとPlexin-A1との相互作用がT細胞と樹状細胞の間で機能し，抗原特異的なT細胞の活性化の制御に関与していると考えられた（図3）．なお，活性化T細胞の表面に発現するSema4D（2参照）もCD72を介して樹状細胞の活性化を促すことが知られている．

ii）Sema6Dによる骨代謝の調節

セマフォリンによる骨代謝の調節は近年のトピックスの1つであるが，Sema6Dも例にもれず骨代謝に関与している．2006年に，Sema6Dの受容体であるPlexin-A1欠損マウスの解析から，破骨細胞の分化と骨形成に，Plexin-A1が重要な役割を果たすことが示された[4)]．Plexin-A1欠損マウス由来の前駆細胞から破骨細胞を分化誘導すると，顕著な破骨細胞の分化・機能の低下が認められ，マウスは大理石病様の症状を呈した．一方で，骨芽細胞の分化・機能は正常であった．これに加え，*in vitro*における破骨細胞の分化誘導の際にリコンビナントSema6Dを添加することにより破骨細胞の分化が亢進

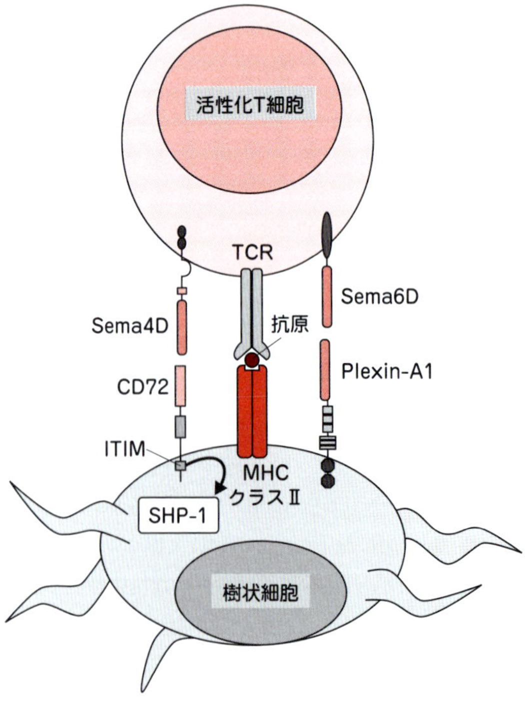

図3 Sema6D（およびSema4D）による樹状細胞の活性化

活性化されたT細胞の表面に発現するSema6D，Sema4Dは，それぞれPlexin-A1，CD72を介して樹状細胞の活性化を促す．詳細は本文も参照．

することが証明され，破骨細胞分化におけるPlexin-A1のリガンドはSema6Dであることが示された．さらに，Sema6D－Plexin-A1間のシグナル伝達のさらなる解析の結果，Plexin-A1とTrem-2（triggering receptor expressed on myeloid cells-2）およびDAP12との会合が明らかになった．また，DAP12欠損マウスや，ヒトにおいてDAP12およびTrem-2に遺伝子変異を有する疾患として知られるNasu-Hakola病で大理石骨病の発症が報告されていることから，Plexin-A1はTrem-2およびDAP12と会合し，これらが受容体複合体として働くことによりSema6Dのシグナルを伝え，破骨細胞の機能制御に関与していることが強く示唆された．

【データベース】

OMIM ID

Sema6D：609295

参考文献

1）Kruger RP, et al：Nat Rev Mol Cell Biol, 6：789-800, 2005
2）Toyofuku T, et al：Genes Dev, 18：435-447, 2004
3）Watarai H, et al：Proc Natl Acad Sci U S A, 105：2993-2998, 2008
4）Takegahara N, et al：Nat Cell Biol, 8：615-622, 2006

（西出真之，熊ノ郷 淳）

Keyword

4 Sema7A

▶分類：7型

1）歴史とあらまし

7型セマフォリンであるSema7Aはセマフォリンファミリーのなかでは唯一のGPIアンカー型の膜タンパク質であり，インテグリンを受容体とする点で他のセマフォリンと異なっている．免疫系において，Sema7Aは活性化T細胞に特異的に発現が増加している．また，リコンビナントSema7Aタンパク質はヒトおよびマウスのマクロファージや単球上のα1β1インテグリン（VLA1）に結合し，IL-6（**第1章-12**参照）やTNFα（**第4章-12**参照）などの炎症性サイトカインの産生を増加させる（**図4A**）[1]．Sema7Aおよびα1β1インテグリンはそれぞれ活性化T細胞とマクロファージ上で一様に分布しているが，これらの細胞が抗原特異的に結合するといずれの分子もその接触面に再分布することから，Sema7Aとその受容体α1β1インテグリンは，活性化T細胞とマクロファージとの相互作用において，重要な役割を担っていると考えられている．

2）各メンバーの機能，マウス表現型やヒト疾患との関連

i）Sema7Aによるマクロファージ活性化の制御

Sema7A欠損マウスでは，抗原特異的なエフェクターT細胞は正常に誘導されるが，実験的自己免疫性脳脊髄炎（EAE）や接触性皮膚炎に対して抵抗性を示す[2]．Sema7A欠損T細胞と野生型T細胞を用いた移入実験から，Sema7A欠損T細胞は炎症局所へ正常に移動できるが，局所で炎症を誘導できないことが明らかになっている．これらの結果は，T細胞依存性の炎症の惹起には，T細胞-マクロファージ間の免疫シナプスにおけるSema7A－α1β1インテグリン相互作用が必須であることを示している．

さらに近年，腸管上皮細胞の基底膜側に発現するSema7Aが，腸管粘膜固有層に常在する調節性マクロファージ表面上のαvβ1インテグリンと相互作用することによって抑制性免疫反応に寄与することも明らかになった（**図4B**）[3]．リコンビナントSema7Aを固相化したプレートに，腸管粘膜固有層から分離した免疫細胞を培養し，Sema7Aの刺激を加えると，腸管マクロファージは活性化され，炎症制御性サイトカインであるIL-10（**第1章-23**参照）の産生が著明に誘導された．一方で，IL-6やTNFαなどの産生には関与しなかった．さらにSema7A欠損マウスを用いたデキストラン硫酸ナトリウム（DSS）誘導腸炎モデルマウスの系では，Sema7A欠損マウスは野生型に比べて腸炎が重症化し，Sema7AがDSS誘導性大腸炎において抑制性の作用を有することが示唆された．

ii）Sema7Aのその他の知見

Sema7Aは創傷修復や免疫抑制にかかわるサイトカインであるTGF-β1によって誘導され，マトリクスタンパク質，CCNタンパク質，線維芽細胞成長因子，IL-13受容体成分，プロテアーゼ，抗プロテアーゼ，およびアポトーシス調整因子などの活性化を介して，TGF-β1誘導肺線維症およびブレオマイシン誘導肺線維症を増悪させることが報告されている．この反応の経路は十分に解明されていないが，Smad2/3非依存性，PI3K-Akt経路依存性である[4]．特発性，または自己免疫疾患に伴う

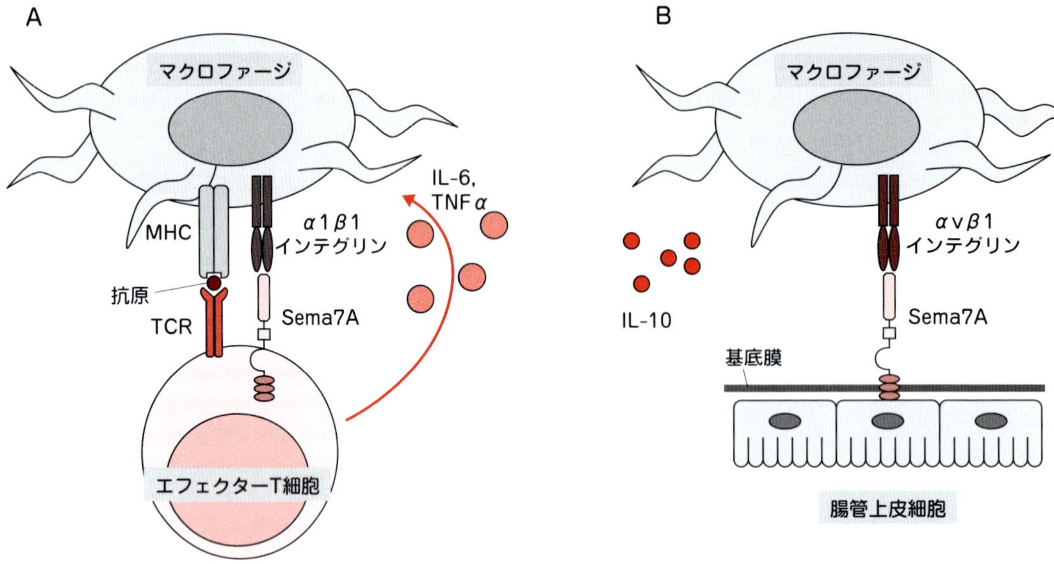

図4 Sema7Aによるマクロファージの制御

A）T細胞に発現するSema7Aはα1β1インテグリンを介してマクロファージを活性化する．B）腸管上皮に発現するSema7Aはαvβ1インテグリンを介して腸管マクロファージを制御する．詳細は本文も参照．

肺線維症は，慢性的に呼吸困難をきたし，診断後の平均生存期間は2.5～5年の難治性疾患である．発症予防はおろか，増悪を阻止することはできず，有効な治療法の開発が切望されている．またSema7Aは間質性肺炎に対する有望な治療候補の1つとして研究が行われている．間質性肺炎以外にも前述のようにSema7A欠損マウスはEAEや接触性皮膚炎に抵抗性があり[2]，これらへの臨床応用も期待されている．

【データベース】

OMIM ID

Sema7A：607961

参考文献

1）Suzuki K, et al：Nature, 446：680-684, 2007
2）Toyofuku T, et al：Genes Dev, 18：435-447, 2004
3）Kang S, et al：J Immunol, 188：1108-1116, 2012
4）Kang HR, et al：J Exp Med, 204：1083-1093, 2007

（西出真之，熊ノ郷 淳）

14章 その他の細胞外因子

other extracellular factor

Keyword

1 midkine　2 pleiotrophin　3 レプチンとアディポネクチン　4 オステオポンチン

概　論

この10年ほどの間に解析が著しく進展し研究上の重要性が増したものの，いろいろな理由から分類することの難しい生理活性因子が存在する．本章では，そのような「その他の細胞外因子」を以下4つのキーワードとして取り上げ紹介する．

4つのうちの2つ，**midkine**（MK）（→Keyword 1）と**pleiotrophin**（PTN）（→Keyword 2）はアミノ酸レベルで約50％の相同性があり独自のファミリーを形成することがわかっている．両方とも進化的によく保存されており，すべての脊椎動物に存在すると思われる．ともに細胞の増殖や遊走にかかわっておりがん化に関連している．一方で，MKは炎症性疾患に特に関連が深く，PTNは神経可塑性抑制因子として働く可能性があるなど別々の機能を担うことも示唆されている．実際ノックアウトマウスなどを用いたフェノタイプ解析から，それぞれに特異的な機能と重複する機能があることが明らかにされている．

レプチンとアディポネクチン（→Keyword 3）は，脂肪細胞から分泌される因子であり，アディポカインに分類される．レプチンは，主として脳に作用して食欲の抑制とエネルギー消費の亢進に働く．実際ヒトにおいて，レプチンが欠損すると過食による重度の肥満になることが知られている．一方のアディポネクチンは，代謝異常に伴う組織炎症の悪循環を遮断しうる善玉アディポカインであることがわかっている．アディポネクチンの血中濃度は脂肪量と逆相関しており，ヒトの低アディポネクチン血症は糖尿病や冠血管疾患発症の予知マーカーとしての可能性が示されている．他にもインスリンとの関連が興味深い．

オステオポンチン（→Keyword 4）は，骨マトリクスにおいて比較的多量に存在する分泌性のタンパク質であり，サイトカインとしての性質を有する因子である．その一部は細胞質や核にも存在しており，分泌性のものと異なる機能をもつことが想像されている．分子構造としてインテグリンとの結合サイトをもっており，細胞と細胞外マトリクスとをつなぐ機能をもつ．生理作用としては，骨形成や骨吸収，自己免疫疾患や脂肪組織の炎症，がんなどにかかわっていることが示唆されている．

（秋山　徹）

Keyword

1 midkine

▶和文表記：ミッドカイン
▶略称：MK

1) 歴史とあらまし

i）発見の経緯

ミッドカイン（MK）遺伝子はレチノイン酸によって誘導される胚性がん細胞の分化に際して一過性に発現の上昇する遺伝子として発見された[1]．実際にこの遺伝子上流にはレチノイン酸反応エレメントが存在し，また，*in vivo*の発現も胎生中期に一過性のピークを示した．遺伝子産物が分泌性タンパク質であることも判明し，胎生中期＝mid-gestationに発現する成長因子という意味からmidkineと命名された．

ii）ドメイン構造

ヒトMKは121個のアミノ酸からなり，リジン，アルギニンの塩基性アミノ酸に富み，10個のシステインを含む13 kDaのタンパク質である．N末端側とC末端側の2つのドメインからなる．いずれのドメインも3本のβシートが逆並行に並ぶ．特にC末端側ドメインには塩基性アミノ酸が同一面に近接する部分が2カ所あり，クラスター1/2とよばれている．特にクラスター1（W69, K79，R81，K102に相当）はヘパリン結合に重要であり，同時にMKの機能発現に重要である．MKは細胞表面や細胞外マトリクスあるいはプラスチック製チューブに吸着されやすく，単離が難しいがヘパリン添加によってこの問題は解決される．ヘパリン以外にも高硫酸化型ヘパラン硫酸，高硫酸化型コンドロイチン硫酸（コンドロイチン硫酸Eなど）への結合能を示す[2]．

進化的にもよく保存されており，すべての脊椎動物にあると思われる．また，ショウジョウバエや線虫にも脊椎動物MKのC末端側ドメインがN末端側ドメインとして保存され，新たなC末端側ドメインと分子をなしている．機能的にも脊椎動物MKのC末端側ドメインが重要であることを示すデータが報告されている[2]．

プレイオトロフィン（PTN）（2参照）とアミノ酸レベルで約50％の同一性があり，10個のシステインはすべて保存され，また，3本のβシートが逆並行に並ぶN末端側およびC末端側ドメインの構造も似ている．5つのジスルフィド（SS）結合をもつことも同様である．他の分子との相同性はなく，MKとPTNで独立したファミリーを形成する[2]．

2) 機能

MKは単層培養した細胞の増殖のみならず，ソフトアガーのような足場非依存性増殖も促す（**図1**）．この効果は抗MK抗体，MKに対するRNAアプタマー，MKをトラップする人工ペプチド，MK siRNAなどでブロックできる．また，抗アポトーシス能も有し，抗がん剤耐性や細胞生存に関与すると考えられる．さらにMKの血管新生能も報告されている．これらが相まって，MKはがんの発生進展に重要であり，ヒトの上皮性腫瘍（がん）でほぼ例外なく高発現を示す．

MKは細胞遊走能があり，特にマクロファージや好中球などの炎症性細胞の遊走を惹起する（**図1**）．一方，血管内皮細胞を標的にレニン・アンジオテンシン系を動かす．

受容体としてPTPRZ1，ALK，LRP1，Notch2，インテグリンα6β1とα4β1などが報告されている．しかしながらこれらの受容体の複合体形成も含めて未解明な部分も多い[2]．PTPRZ1とALKについては2も参考にされたい．

3) KOマウスの表現型/ヒト疾患との関連

i）がん

ほとんどのヒトがんで高発現し，多くのがんで血中MK濃度が上昇する．神経芽腫では血中MKと予後の悪さに正の相関があり，膠芽腫や膀胱がんなどではがん組織での発現と予後に相関を示す．マウス皮下移植がんに対しては抗MK抗体，MK RNAアプタマー抗体，MK siRNAにより腫瘍増大を抑えることができる．さらに神経芽腫のモデルマウスでは，MKノックアウトマウスは野生型に比べてがんの頻度と増殖速度が抑えられる．

ii）炎症性疾患

炎症性疾患でもMKは重要である．MKノックアウトマウスは，虚血再還流による急性腎障害モデルや糖尿病性腎炎モデルなどで野生型マウスに比べてきわめて症状が軽度である．急性腎障害モデルでは，MK siRNAの血管内投与が奏功する．血管再狭窄モデルの新生内膜形成はMKノックアウトマウスで著しく抑えられる[3]．慢性腎臓病のモデルである5/6腎摘出では，MKノックアウトマウスは血圧上昇を示さない．これは，肺においてアンジオテンシン変換酵素の発現上昇が抑えられることに起因すると考えられる[4]．

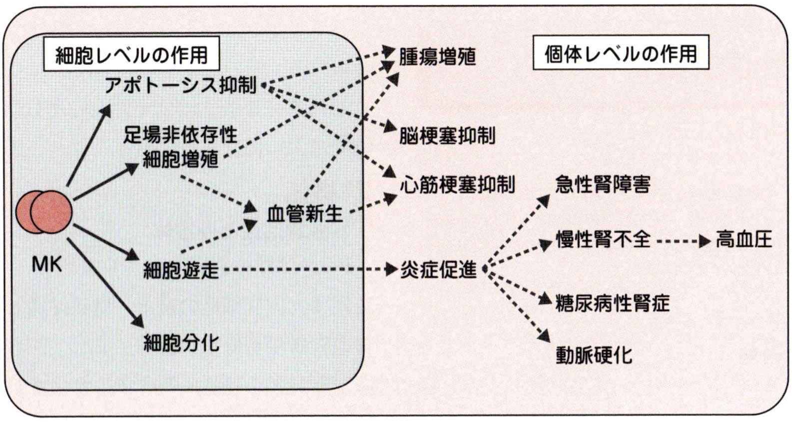

図1　細胞レベルと個体レベルでのMK（midkine）の作用

MKの作用は多岐にわたるが，個体レベルでは大きくがん，神経，心筋，炎症，血圧にカテゴライズできる．そのもとになる細胞レベルの作用はアポトーシス抑制，細胞増殖促進，細胞遊走促進，細胞分化促進などである．

iii）その他の疾患

脳梗塞，心筋梗塞モデルで梗塞巣の周囲にMKは発現する．実際にMKは*in vitro*で神経細胞生存を助け，また神経突起伸長を促す．MK投与により虚血再還流後の神経細胞死・心筋細胞死を部分的に予防できる．また，MKノックアウトの海馬歯状回顆粒細胞は生後一時的に分化遅延を示す．さらに線条体などでのドパミン作動性神経細胞がMKノックアウトマウスでは減少し，パーキンソン病の初期症状を示す．

MKノックアウトマウス，PTNノックアウトマウスそれぞれは胎生致死ではないが，ダブルノックアウトでは多くが胎生致死となる．このことからMKとPTNの機能の一部は重複していると考えられる．なお，MKノックアウトとPTNノックアウトの対比については紙面の都合で**2**に記載する．

【タンパク質入手先】

Merck/Millipore社，R & D Systems社，Origene社，Novus社，Sino Biological社，Prospec社，Peprotech社．

【抗体入手先】

R & D Systems社，Origene社，Novus社，Abcam社，Thermo社，Santa Cruz社．

【ELISAキット入手先】

R & D Systems社，Biovendor社，Peprotech社，USCN社，Boster社，Biorbyt社，Mybiosource社，Abnova社，Aviva社，Creative Diag社．

【阻害剤入手先】

Merck Millipore社，Axon Medchem社．

【データベース】

GenBank accession number

ヒト MK	genome	NC_000011
	mRNA	NM_002391
	protein	NP_002382
マウス MK	genome	NC_000068
	mRNA	NM_001012336
	protein	NP_001012336

PDB ID　P21741

OMIM ID　162096

参考文献

1）Kadomatsu K, et al：Biochem Biophys Res Commun, 151：1312-1318, 1988
2）Kadomatsu K, et al：J Biochem, 153：511-521, 2013
3）Horiba M, et al：J Clin Invest, 105：489-495, 2000
4）Hobo A, et al：J Clin Invest, 119：1616-1625, 2009

（門松健治）

Keyword

2 pleiotrophin

▶和文表記：プレイオトロフィン
▶略称：PTN
▶別名：HB-GAM (heparin-binding growth-associated molecule), HBGF-8, HARP (heparin affin regulatory peptide), osteoblast-specific factor-1, heparin binding neurotrophic factor

1) 歴史とあらまし

プレイオトロフィン（PTN）は，誕生前後のラット脳からヘパリン結合性タンパク質として，あるいはウシ子宮から細胞増殖促進活性のあるタンパク質として，2つの研究室から独立に抽出された[1) 2)]．136アミノ酸からなり，18 kDa，塩基性アミノ酸に富む成長因子である．ミッドカイン（MK）（1参照）とアミノ酸レベルで約50％の同一性があり，10個のシステインはすべて保存され，MKと同様に5つのジスルフィド（SS）結合を有する．また，3本のβシートが逆並行に並ぶN末端側およびC末端側ドメインの構造もMKと似ている．それぞれのドメインにはヘパリン結合部位が同定されている．N末端側およびC末端側ドメインのつくるβシートドメインは，細胞同士の接着や細胞・基質間接着に重要なトロンボスポンジン1型モチーフを有し，これはMKにもみられる．他の分子との相同性はなく，MKとPTNで独立したファミリーを形成する[3)]．PTNは進化的に脊椎動物ではよく保存されている．

2) 機能

i）生理活性と受容体

PTNは線維芽細胞，上皮細胞などに対して増殖活性を示す．内皮細胞の遊走，増殖促進とともに*in vivo*では血管新生も促す（図2）．また，神経突起伸長や上皮間質形質転換の活性も有する．オリゴデンドロサイトの分化も促進する．

受容体としてシンデカン3，PTPRZ1，ALKなどが報告されている．シンデカン3は膜結合型ヘパラン硫酸プロテオグリカンで，PTNによる神経突起伸長にかかわる．PTPRZ1は受容体型チロシンキナーゼである．PTNはPTPRZ1と結合し細胞遊走を促す．また，プルキンエ細胞で発現する膜タンパク質DNERは通常はエンドサイトーシスされるがPTNがPTPRZ1に結合するとDNERのリン酸化レベルが上がり，DNERのエンドサイトーシスは減少し，結果として神経突起伸長が促される．

ii）PTPRZ1とALKのクロストーク説

PTNはまた受容体型チロシンキナーゼALKのリン酸

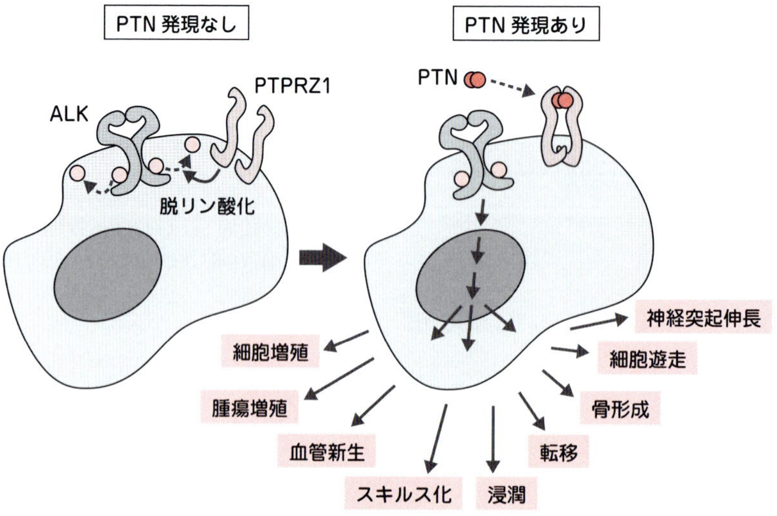

図2 PTN（pleiotrophin）の作用機構
ここではPTN受容体のPTPRZ1とALKのクロストーク説を概説する．PTNがPTPRZ1に結合するとPTPRZ1は二量体化してそのホスファターゼ活性が不活化される．その結果ALKのリン酸化亢進・活性化が起こり，腫瘍増殖などの結果を引き起こす．詳細は本文参照．

化を介して，細胞増殖を促す．ただし，ALKの細胞内ドメインは種間でよく保存されているが細胞外ドメインのリガンド結合部位は25％程度しか保存されない．このことは，MK，PTNが種間でよく保存されることと考え合わせると，MK，PTNがALK以外の分子を受容体とする可能性を示唆する．つまり，PTNがALKのリガンドであるという説とALKにはリガンドは不要であるとする説がある．後者の場合，PTPRZ1がPTN受容体として働くのであり，その基質の1つとしてALKは位置づけられる（**図2**）．すなわち，通常単量体のPTPRZ1がALKの脱リン酸化を担っており，PTNが結合するとPTPRZ1の二量体化を促しPTPRZ1のチロシンホスファターゼ活性が抑制されるために，ALKリン酸化が亢進され，ALKが活性化して細胞増殖に寄与するというものである．他にも，ALKの基質の1つにβカテニンがあるが，そのチロシンリン酸化がPTN添加によって亢進するのもこの機構によって説明される[4]．

3) KOマウスの表現型/ヒト疾患との関連

i）がん

PTNもMKと同様に膠芽腫をはじめ多くのがんで高発現しており，そのノックダウンにより腫瘍増大を抑制できる．しかし，MKとPTNは必ずしも同じ発現様式を示すとは限らず，例えば，神経芽腫では，むしろPTN高発現の症例の予後はよく，MK発現と好対照を示す．マウス乳がんウイルス（mouse mammary tumor virus：MMTV）プロモーター下流でPTNを発現するトランスジェニックマウスは単独ではがんをつくらないが，MMTV-PyMTマウスとの掛け合わせでは著しい血管新生を伴う悪性度の強いスキルス型乳がんを形成する．一方PTPRZ1を発現しないMCF-7細胞にPTNを発現させた後にヌードマウスに皮下移植すると同様の腫瘍ができることから，がん細胞周囲のホスト細胞へのPTNの作用もこの結果に寄与していると考えられる．

ii）その他

PTNは神経活動依存的に海馬で発現が増強し，PTNノックアウトマウスの海馬スライスではLTP（長期増強）の閾値が下がる．このことから，PTNは活動依存的な神経可塑性抑制因子として働く可能性がある．

PTNノックアウトマウスにアンフェタミンを投与すると一過性に記憶学習障害が強く起こる．一方でMKノックアウトマウスではこの表現型をみることはない．また，PTNトランスジェニックマウスでは骨密度が増え，PTNノックアウトマウスでは骨減少症が起きる．一方，MKノックアウトマウスではむしろ骨量が増え，卵巣摘出後の骨粗鬆症発生にも抵抗性を示す．これらの表現型はPTNとMKが独立した機能をもつことを示唆している．ただし，MKノックアウトマウス，PTNノックアウトマウスそれぞれは胎生致死ではないが，ダブルノックアウトでは多くが胎生致死となる．このことからMKとPTNの機能の一部は重複していると考えられる．

【タンパク質入手先】

Merck Millipore社，R & D Systems社，Novus社，Sino Biological社，Prospec社，Cloud-Clone社，Peprotech社．

【抗体入手先】

R & D Systems社，Novus社，Abcam社，Cloud-Clone社，Thermo社，LSBio社，Santa Cruz社．

【ELISAキット入手先】

Biocompare社，USCN社，Mybiosource社，Amsbio社，Elabscience社，Biotang社，Cusabio社．

【データベース】

GenBank accession number

ヒトPTN	genome	NC_000007
	mRNA	NM_002825
	protein	NP_002816
マウスPTN	genome	NC_000072
	mRNA	NM_008973
	protein	NP_032999

OMIM ID　162095

参考文献

1）Rauvala H：EMBO J, 8：2933-2941, 1989
2）Milner PG, et al：Biochem Biophys Res Commun, 165：1096-1103, 1989
3）Kadomatsu K, et al：J Biochem, 153：511-521, 2013
4）Deuel TF：Biochim Biophys Acta, 1834：2219-2223, 2013

（門松健治）

Keyword

3 レプチンとアディポネクチン

【レプチン】
- ▶英文表記：leptin
- ▶略称：Lep
- ▶別名：Ob, Obs, Lepd, Obese protein, Obesity factor

【アディポネクチン】
- ▶英文表記：adiponectin
- ▶略称：AdipoQ
- ▶別名：apM1 (adipose most abundant gene transcript 1), ACRP30 (adipocyte complement-related protein of 30 kDa), GBP28 (gelatin-binding protein of 28 kDa)

1) 歴史とあらまし

もともと内分泌組織ではなく，それ以外の固有の機能で知られていた組織が，重要な内分泌機能ももつことが知られてきた．脂肪組織もその1つである．Colemanは，食欲過剰による肥満モデルである*ob/ob*マウスと*db/db*マウスの原因が，血中因子（*ob*）とその受容体（*db*）の異常であることを示した．Friedmanらが*ob*遺伝子を同定し，レプチン（ギリシャ語の*leptos* "thin"より）と名づけた．その後，脂肪細胞から分泌されるさまざまな因子が報告され，総称してアディポカイン（adipokine）とよぶ．アディポカインのなかでも，レプチンとならんで重要なのがアディポネクチンである．アディポネクチンは松澤らがヒト脂肪組織中に最も高頻度で発現している遺伝子として報告した．松澤らに前後してScherer，Lodish，Spiegelman，中野，富田らもそれぞれの系で発見し報告している．代謝異常に伴う組織炎症の悪循環（悪玉アディポカインともよばれるTNFα，IL-6，FFA，MCP-1などを介する，図3A）を遮断しうる善玉アディポカインはこれまでのところアディポネクチンしか知られていない．

2) 機能

i）レプチン

レプチンは主として脂肪細胞で産生され，主として脳に作用して食欲を抑制し，エネルギー消費を亢進させることで体重を調節している[1) 2) 3)]．レプチンが欠損すると肥満になる．レプチン受容体はサイトカイン受容体ファミリーに属する1回膜貫通型のI型膜タンパク質で，6種類のアイソフォームがあるが，そのうちLepRbだけが細胞内にシグナルを伝え，JAK-STAT経路，PI3K，MAPKを活性化する．LepRbは脳の多くの領域で発現しているが，特に視床下部の弓状核（ARC）における機能がよく解析されている．ARCには少なくとも2種類のLepRb発現ニューロンがあり，1つは食欲抑制作用のあるPOMC/CARTニューロン〔POMCはメラノコルチン系のα-MSH（その受容体はMC3RとMC4R）の前駆体〕，もう1つは食欲亢進作用のあるAgRP/NPYニューロンである（図3B）．レプチンはPOMC/CARTニューロンを活性化し，AgRP/NPYニューロンを抑制する．しかし，これら以外のLepRb発現ニューロンの働きも重要であることがわかり，例えばLepRbを発現しているNOS1ニューロン（主として視床下部に存在する）やGABA

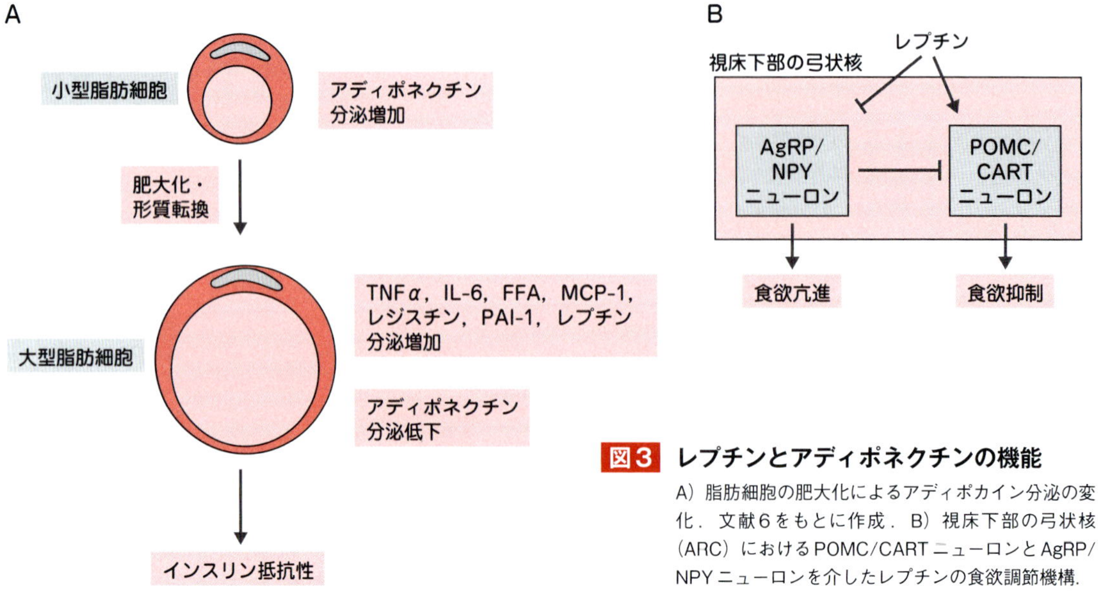

図3 レプチンとアディポネクチンの機能

A）脂肪細胞の肥大化によるアディポカイン分泌の変化．文献6をもとに作成．B）視床下部の弓状核（ARC）におけるPOMC/CARTニューロンとAgRP/NPYニューロンを介したレプチンの食欲調節機構．

ニューロン（視床下部にもそれ以外にも存在する）がレプチンの抗肥満作用に重要な役割を果たしていることが示されている．基本的には血中レプチン濃度は体重と相関し，肥満においてはレプチンが体重コントロール作用を失っている（leptin resistance）．メカニズムとして受容体の下流因子，血液脳関門（BBB）における障害が考えられている．レプチンにはその他，末梢作用がある．

ii）アディポネクチン

アディポネクチンはアディポカインの一種で，血中濃度が脂肪量と逆相関するアディポカインはアディポネクチンとアディプシンのみである[4) 5)]．健常者を前向きに追跡した研究によって，低アディポネクチン血症はヒトにおける糖尿病・冠血管疾患発症の予知マーカーであることが示されている．さらに横断研究においては，インスリン（第6章-19参照）抵抗性とも逆相関することが示されている．モデルマウスにおいてこれを是正すると，インスリン感受性を亢進させ，抗糖尿病効果，脂質代謝の改善，抗炎症作用，抗動脈硬化作用を示す．アディポネクチンは長寿因子でもある．受容体は，山内らがクローニングしたAdipoR1とAdipoR2で，Gタンパク質共役型受容体（GPCR）とは異なるファミリーの7回膜貫通型タンパク質である．肥満においてはアディポネクチンとともにAdipoRの発現も低下している．AdipoRの下流では，AMPキナーゼ，Ca^{2+}の細胞内流入，PPARαを介して，糖新生と脂肪酸合成の低下，脂肪酸酸化の亢進，炎症と酸化ストレスの低下，ミトコンドリアの質と量の向上，運動耐性の向上，インスリン感受性の改善，長寿遺伝子Sirt1の活性化などが惹起される．

また，FGF21シグナルとレプチンやアディポネクチンとの関連の研究が進んでいる．

3）KOマウスの表現型／ヒト疾患との関連

i）レプチン

レプチン系の変異体マウスとして，*ob/ob*マウス，*db/db*マウス（前述），レプチン受容体*Lepr*のコンディショナルノックアウトなどのマウスが存在する．ヒトの先天性レプチン欠損症は，過食により重度の肥満になる．一部の群では，レプチンのSNPと肥満との相関も報告されている．ヒトレプチンのアナログであるメトレレプチンが脂肪萎縮性糖尿病に臨床適用されており，抗糖尿病作用が認められる．肥満症には無効で，amylinアナログとの併用が試されている．

ii）アディポネクチン

アディポネクチン欠損マウスおよび*AdipoR*欠損マウスはインスリン抵抗性と耐糖能異常，脂質代謝異常，高血圧，寿命短縮などを示す．ヒトの低アディポネクチン血症と複数の疾患（2型糖尿病，冠動脈疾患，高血圧，脂質異常症，子宮体がん，乳がん，前立腺がん，胃がん，大腸がん，AMLなど）との相関が示されている．アディポネクチンレベルを上昇させる方法として，カロリー制限，運動，体重減少，チアゾリジン誘導体，FGF21の投与などが報告されている．一方AdipoRを活性化させる方法としてAdipoRon（small molecule），オスモチン（植物防御ペプチド）が報告されている．

脂肪萎縮性糖尿病のインスリン抵抗性は，レプチンとアディポネクチンの両方の作用の不足による．

【阻害剤】

変異レプチンがイスラエルのProtein Laboratories Rehovot社などから購入可能．

【抗体】

ELISAで使用できるものがALPCO社，免疫生物研究所，R & Dシステムズ社，大塚製薬社，積水メディカル社，シバヤギ社などから購入可能．

【ベクター】

理化学研究所バイオリソースセンター遺伝子材料開発室，GE Healthcare（Open Biosystems）社，Life Technologies（Invitrogen）社，OriGene社などから購入可能．

【データベース】

GenBank ID

ヒトレプチン	3952	ヒトアディポネクチン	9370
マウスレプチン	16846	マウスアディポネクチン	11450

OMIM ID

レプチン	164160	アディポネクチン	605441

参考文献

1）Coppari R & Bjørbæk C：Nat Rev Drug Discov, 11：692-708, 2012
2）Könner AC & Brüning JC：Cell Metab, 16：144-152, 2012
3）Zhou Y & Rui L：Front Med, 7：207-222, 2013
4）Yamauchi T & Kadowaki T：Cell Metab, 17：185-196, 2013
5）Ye R & Scherer PE：Mol Metab, 2：133-141, 2013
6）Yamauchi T & Kadowaki T：Nihon Rinsho, 71：251-256, 2013

（杉山拓也，山内敏正，門脇　孝）

Keyword

4 オステオポンチン

▶英文表記：osteopontin
▶略称：OPN
▶別名：uropontin, SPP1, シアロプロテイン1, Eta-1

1) 歴史とあらまし

オステオポンチンは分泌性のタンパク質であり，なおかつサイトカインとしての性質をもつ分子である．また，骨のマトリクスにおいてはタンパク質の90％を占めるⅠ型コラーゲンに対し，残りの10％の非コラーゲン性のタンパク質のなかで，その約1割を占める比較的多量に存在する非コラーゲン性の骨基質タンパク質でもある．オステオポンチンは44 kDaの骨のリン酸化糖タンパク質としてSPP1あるいはシアロプロテイン1，さらには増殖に関連することから2arや，T細胞に存在する分子としてのEta-1（T-lymphocyte activation 1）として報告された．Heinegardは1985年にオステオポンチンのクローニングを行い，その分子のなかにRGDドメインを見出し，これがインテグリンとの結合サイトであること，また細胞外マトリクスに存在することから細胞とマトリクスをつなぐ分子としてフランス語の橋であるponsをもつオステオポンチンと名づけた[1]．

2) 構造とバリアント

オステオポンチンはその構造としてアスパラギン酸の十数個のストレッチ（連続配列）を含むことから，陰性に荷電している（図4）．また，オステオポンチンは多数の糖鎖により修飾を受け，その結果ゲルの電気泳動では条件によってその泳動度合は大きく変化することが知られている．ヒトにおいてはオステオポンチンは第4番染色体の4q13に存在し，314個のアミノ酸から構成される．この領域には類縁のタンパク質であるBSP（bone sialoprotein）やDMP1（dentin matrix protein 1），さらにはDSPP（dentin sialophosphoprotein）やMEPE（matrix extracellular phosphoglycoprotein）などが存在する．これらの分子はインテグリンとの結合部位（RGDドメイン）をもつリン酸化糖タンパク質であることから，SIBLINGタンパク質（small integrin-binding ligand n-linked glycoproteins）と総称される．これらのタンパク質は単一遺伝子の産物であるが，選択的スプライシングや異なる転写位置からの翻訳産物がある．また，多数の翻訳後修飾を受ける．

これまでにヒトでは3つのオステオポンチンの転写産物が得られており，全長のオステオポンチンならびに第5エキソンを欠失するオステオポンチンさらには第4エキソンを欠失するオステオポンチンが見出されている．オステオポンチンの一部は細胞内や核にも存在し，分泌型のオステオポンチンとは異なる機能をもつと推察されている[2]．

3) KOマウスの表現型 / ヒト疾患との関連

i）発現細胞と疾患との関連

オステオポンチン自身は骨芽細胞や前骨芽細胞，さらには骨細胞，軟骨細胞，赤芽細胞，樹状細胞，マクロファージならびにT細胞，肝細胞，平滑筋細胞，筋肉細胞，血管内皮細胞，中耳細胞，胎盤，乳腺，十二指腸や腎臓において発現する[1,2]．分泌されたオステオポンチンは細胞と細胞外基質を結ぶうえで，細胞のインテグリンであるαvβ1，αvβ3，αvβ5，αvβ6，α4β

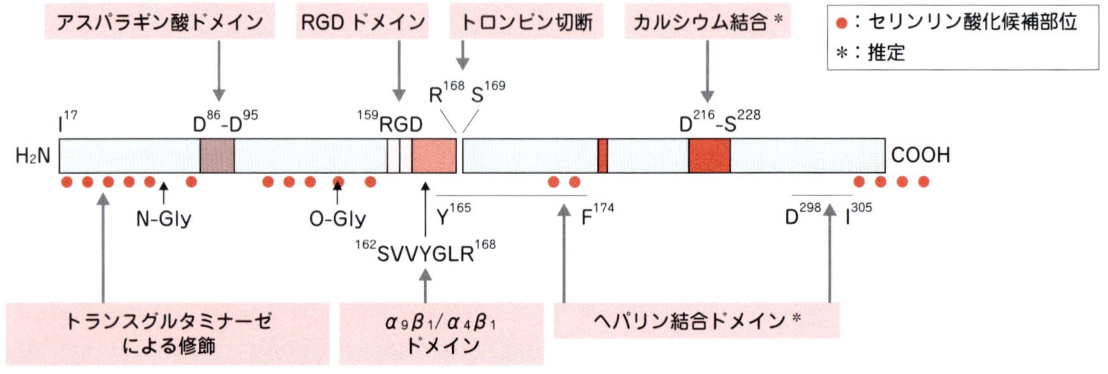

図4 オステオポンチンの構造

1，α5β1，α8β1，α9β1などと結合する．またがんの転移にかかわる[3)～5)]他，インテグリン以外ではCD44と結合し，細胞のさまざまな機能調節や石灰化に関与する．また多発性硬化症やクローン病，リウマチなど自己免疫疾患や，さまざまな炎症や骨形成[6)～9)]および骨吸収[10)～18)]にも関与すると推察されている．さらに脂肪組織の炎症やインスリンの抵抗性における役割が考えられている．

ii）骨萎縮との関連

尾部懸垂等廃用性萎縮のモデルにおいては骨量の減少が骨形成の低下と骨吸収の亢進の両面から進行する．オステオポンチンの欠失マウスにおいては，尾部懸垂におけるこのような骨量の減少が緩和されるとともに，骨形成の低下ならびに骨吸収の亢進のいずれもが緩和される[19)]．一方このような尾部懸垂による骨量の低下は，交感神経系のブロッカーであるプロプラノロールやグアネチジンによって緩和されることから，オステオポンチンが廃用性の骨萎縮にかかわる際に交感神経系の分子との相互作用をもつことが推察された．実際オステオポンチンの欠失マウスでは，交感神経系のアゴニストであるイソプロテレノールによる骨量の低下が緩和される[20)]．また同じくイソプロテレノールによる骨形成の低下ならびに骨吸収の亢進のいずれもがオステオポンチンの欠失によって緩和される．これらの観察は廃用性の骨萎縮の進行に際し，オステオポンチンが交感神経系のシグナルを担うことを示唆している．実際に細胞レベルでも，骨芽細胞の主要な転写因子であるRunx2のイソプロテレノール投与による発現の低下は，オステオポンチンのノックアウトにより阻害された．さらに，イソプロテレノールによる骨における生体内の遺伝子発現の増加は，オステオポンチンの欠失により緩和される．また，分泌型のオステオポンチンの中和抗体を用いて細胞外レベルでのオステオポンチン機能を阻害すると，イソプロテレノールによる骨量低下は緩和されるものの，その緩和は不完全である．なお，イソプロテレノールの存在下でのcAMPの蓄積はオステオポンチンの非存在下で増加し，強制発現することにより低下する．このことから細胞内における転写調節機能が推察され，実際転写因子であるCREBタンパク質のリン酸化レベルはオステオポンチンの非存在下では亢進する．さらにCREBのプロモーターの活性化も，オステオポンチンのノックダウンではより亢進することから，転写レベルでの制御と考えられる．このようなシグナル経路には，オステオポンチンの細胞内におけるGタンパク質との結合が関与することが推察されている．

参考文献

1）Noda M & Denhardt DT：Osteopontin.「Principles of Bone Biology SECOND EDITION Vol.1」(Bilezikian JP, et al, eds), pp239-250, Academic Press, 2002
2）Denhardt DT, et al：J Clin Invest, 107:1055-1061, 2001
3）Ohyama Y, et al：J Bone Miner Res, 19：1706-1711, 2004
4）Nemoto H, et al：J Bone Miner Res, 16：652-659, 2001
5）Hayashi C, et al：J Cell Biochem, 101：979-986, 2007
6）Yumoto K, et al：Proc Natl Acad Sci U S A, 99：4556-4561, 2002
7）Chung CJ, et al：J Cell Physiol, 214：614-620, 2008
8）Koyama Y, et al：Endocrinology, 147：3040-3049, 2006
9）Kato N, et al：J Endocrinol, 193：171-182, 2007
10）Ihara H, et al：J Biol Chem, 276：13065-13071, 2001
11）Matsumoto HN, et al：Endocrinology, 136：4084-4091, 1995
12）Kitahara K, et al：Endocrinology, 144：2132-2140, 2003
13）Ono N, et al：J Biol Chem, 283：19400-19409, 2008
14）Asou Y, et al：Endocrinology, 142：1325-1332, 2001
15）Noda M, et al：J Biol Chem, 263：13916-13921, 1988
16）Morinobu M, et al：J Bone Miner Res, 18：1706-1715, 2003
17）Yoshitake H, et al：Proc Natl Acad Sci U S A, 96：8156-8160, 1999
18）Noda M, et al：Proc Natl Acad Sci U S A, 87：9995-9999, 1990
19）Ishijima M, et al：J Exp Med, 193：399-404, 2001
20）Nagao M, et al：Proc Natl Acad Sci U S A, 108：17767-17772, 2011

（野田政樹）

総索引

数字

和文

あ

か

た

な・は

ま

や・ら・わ

欧文

A

B

C

や・ら・わ

欧 文

A

B

U〜Z

編者紹介

宮園浩平（みやぞの こうへい）

1981年東京大学医学部医学科卒業，スウェーデンルードビッヒがん研究所研究員，がん研究会研究所生化学部長を経て，2000年より現職の東京大学大学院医学系研究科教授．TGF-βシグナル伝達の研究からスタートし，長年にわたってTGF-βとがんの研究を行ってきた．その時々の生命科学技術の発展が，自分の研究にも反映できることが楽しい．最近では次世代シークエンサーの威力に感激し，研究の新たな展開を探っている．

秋山　徹（あきやま てつ）

1981年東京大学大学院修了．医学博士．'94年大阪大学微生物病研究所教授．'98年より東京大学分子細胞生物学研究所分子情報研究分野，教授．専門は分子細胞生物学，分子腫瘍学．最近は特に神経膠芽腫のがん幹細胞とエピゲノム修飾，大腸がん幹細胞とlong non-coding RNA，寿命を制御する遺伝子などについて詳しく研究している．これらの研究により見出された造腫瘍性に必須な分子を標的とする薬剤の開発，血中のがん細胞由来DNAによる診断法の開発などにも取り組んでいる．

宮島　篤（みやじま あつし）

1980年東京大学大学院理学系研究科生物化学専攻修了後，静岡大学理学部助手を経て，'82年から今はなきDNAX研究所，'94年から東京大学分子細胞生物学研究所発生・再生研究分野教授．2003～'09年の間，同研究所，所長を兼任．サイトカイン受容体/シグナル伝達の研究をベースに肝臓の発生・分化・再生の分子細胞生物学的研究とiPS細胞から肝組織および膵島への分化誘導系の開発を行っている．

宮澤恵二（みやざわ けいじ）

1988年，東京大学大学院薬学系研究科修了．関西医科大学肝臓研究所，スウェーデン王国ウプサラ大学ルードビッヒがん研究所，東京工業大学生命理工学部，東京大学大学院医学系研究科を経て2009年4月より山梨大学大学院総合研究部医学域生化学講座，教授．細胞増殖因子やRNAスプライシング因子を中心に，がん悪性化のシグナル伝達の研究を進めている．

膨大なデータを徹底整理する

サイトカイン・増殖因子キーワード事典

2015年 4月25日 第1刷発行
2016年 11月25日 第2刷発行

編　集　宮園浩平，秋山　徹，宮島　篤，宮澤恵二

発行人　一戸裕子
発行所　株式会社　羊　土　社
〒101-0052
東京都千代田区神田小川町 2-5-1
TEL　03（5282）1211
FAX　03（5282）1212
E-mail　eigyo@yodosha.co.jp
URL　www.yodosha.co.jp/

ISBN978-4-7581-2055-5
印刷所　株式会社加藤文明社